KB042593

한국 외군의 외교·군사사

Foreign Forces in Korea
a Diplomatic and Military History

황병무

박영사

머리말

군사력은 내우(변란)와 외환(침략)으로부터 국가의 안위를 보호하는 능력이다. 한국에는 1882년 임오군란 이후 현재까지(1885-1893, 1949.6.-1950.6. 제외) 외국군이 주둔하고 있다. 조선과 한국 정부는 내우가 발생할 때마다 군사력의 부족으로 외국에 청병(請兵)하여 외군을 차용(借用)했기 때문이다.

외군차용이 한국의 정치, 외교, 안보에 미친 득(得)과 실(失)은 무엇인가? 이 물음에 대한 해답을 얻기 위해 『한국 외군의 외교·군사사』를 저술했다. 내우가 외환을 불러오고 외환이 내우를 더욱 키운다는 이른바 내우외환의 연계정책을 분석의 틀로 이용했다.

책은 총 3부로 구성됐다. 제1부는 임오군란, 갑신정변, 동학농민혁명, 을미사변, 아관이어, 대한제국의 종말 등 6가지 사례를 분석했다. 외군차용의 역설을 발견했다. 내부변란으로 왕권 보위를 위해 청(淸)군을 차용했는데 일(日)군이 따라 들어와 대한제국을 강제 합병했다는 것이다. 외세를 빌려 내우를 해결하면 국방의 정체성이 훼손되고 국권이 상실된다는 역사적 교훈을 얻었다.

제2부는 해방 정국에 미·소 양군이 한국 정치, 외교, 안보 상황을 결정하는 사례를 분석했다. 처음 주제로 한국의 외군에 의한 해방과 38도선 분할과 점령, 그리고 한국 정치세력들의 단일정부 수립 능력의 한계와 실패 과정을 살펴보았다. 둘째 주제로 6·25전쟁의 국제성을, 김일성의 미군개입 오산과 미국의 중국군 개입의 경시, 북진 시 북한관할권을 둘러싼 한국군과 미군(유엔군)의 대립, 외세에 의한 정전협정의 체결과 이승만 대통령의 저항 등을 기술했다. 약소국은 강대국이 만든 한반도 분단질서에 순응, 상생 공영보다 무력에 의한 질서파괴 행위는 민족전쟁의 비극(내우)과 외세 간의 전쟁(외환)을 촉발해 남북 분단과 대립을 더욱 교착시키고 한반도 평화를 지정학적 이슈로 만들었다는 교훈을 남겼다.

제3부는 한미상호방위조약에 기초한 주한미군의 군사, 외교사를 '방기·연

루'의 지정학적 위험과 한국 전략무기 개발의 제한과 해제에 관련 사안 중심으로 검토했다. 방위공약 신뢰성의 실체인 주한미군의 지속적 주둔을 위한 한국의 군사, 외교적 노력, 한미동맹의 지역화에 따른 한국군의 해외파병, 북한의 국지도발에 대한 자위권 행사의 한미 협의, 책임국방 실현을 위한 전작권 전환의 조건과 과제, 유엔군 사령부의 역할확대를 살펴보았다.

'연루'의 사례로 사드 배치의 전략적 의미와 파장, 북한 비핵화를 위한 3차에 걸친 벼랑 끝 협상 과정의 분석과 한국의 중재역할의 한계 및 북한 핵 관리를 위한 한미 간 확장억제태세의 신뢰성 강화문제를 다루었다. 북한 비핵화의 미래는 미완의 문제로 남겨놓았으며 한국의 전술핵 잠재력 보유의 필요성을 제시했다. 끝으로 미래 여하한 형태의 제한국지군사도발에 대응할 수 있는 책임국방의 실현을 위한 전력 확충의 방향을 제시하였다. 한미동맹사를 조명하면서 체제와 이념이 같고 안보이익을 공유한 동맹체제는 지속되며, 한국의 평화와 안정 및 경제발전에 기여했음을 확인했다. 하지만 한미동맹의 지역화에 따라 한국이 지정학적 위험에 연루되는 사안을 관리해야 할 과제가 많아지고 있다. 그리고 크고 작은 이러한 과제들은 우리의 안보외교에 선택을 요구하고 있다.

정년퇴임 후 16년이 지났다. 그러나 군사·안보학이 관변학의 지평을 넘어 경험과학에 기초한 정책학을 지향해야 한다는 초심은 변치 않았다. 연수불권(硏修不倦)의 자세로 역사적 자료를 정리, 정책적 명제를 도출하는 데 노력을 기울였다. 많은 선행연구와 언론기사들의 도움을 받았다. 인용문의 원저자를 밝히려고 노력했다.

이 책을 쓰는 데 많은 분들의 도움을 받았다. 문헌과 자료의 편의를 제공한 국방부 군사편찬연구소의 이미숙, 최정준 박사에게 감사한다. 원고의 타자와 문헌정리에 수고해준 국방대학교 군사전략학과 박사과정의 김영환 님에게 고마움을 전한다. 안보 학술서에 남다른 애착을 가지고 이 책을 흔쾌히 발간해주신 박영사 안종만 회장님과 안상준 대표님에게 특별히 감사의 말씀을 드린다. 이 책을 안보 학술·정책서로 체계적으로 편집해준 황정원 님, 그리고 책 발간을 학계에 홍보해줄 정연환 대리에게 감사의 뜻을 전한다.

2020년 8월 여의도 서실에서
南庭 황 병 무

차례

머리말 i

01 한국의 안보조건: 내우외환의 연계정치 ······ 1
1. 국가안전보장의 개념과 국력 1
2. 한국의 안보조건과 지정학 4
3. 내우·외한의 연계: 외군정치의 분석 명제 5

제1부 조선왕조말기 외군차용(外軍借用)의 득(得)과 실(失)

02 임오군란(壬午軍亂)과 외군차용(外軍借用) ······ 15
1. 국내 정세 15
2. 일본의 대조선 외교: 당근과 채찍 22
3. 조선의 사대질서 변형 외교 24
4. 임오군란(壬午軍亂)의 발발과 정치·외교적 파장 27
5. 청국 파병의 동기와 조선 청병의 정치 29
6. 일본의 파병과 청·일 경쟁 34
7. 군란의 정치·군사적 파장 37
8. 임오군란 진압을 위한 외군(外軍)차용의 정책적 의미 43

03 갑신정변(甲申政變)과 일·청군의 개입 ······ 46
1. 수구와 개화세력의 반목과 대립 46
2. 조선의 다변 외교와 청·일의 대조선 정책 48
3. 개화당의 정변 모의와 일본의 사주 50
4. 정변 거사 계획과 경과 52
5. 내정 혁신과 3일 천하의 종말 54
6. 갑신정변의 국제적 파장 60

7. 숙위군 강화와 러시아 군사교관 초치 시도 62
8. 영국의 거문도 점령과 조선 배제 64
9. 갑신정변의 패인: 일(日)군차용 66
10. 갑신정변의 정책적 의미 68

04 동학농민봉기와 외군차용 69
1. 왕조(王朝)의 불안 69
2. 양강(청·일)체제하의 러시아 변수 72
3. 동학농민군 봉기 77
4. 외군차용을 둘러싼 쟁론 80
5. 청·일의 공동 파병과 조선 공동 간섭안 85
6. 일본군의 왕궁 침범 92
7. 동학농민봉기와 외군차용의 정책적 의미 98

05 을미사변: 조선 내홍으로 위장한 일군의 왕비 시해 101
1. 조정의 3개 파벌 대립과 친일세력의 위기 101
2. 군제개편: 훈련대·시위대 105
3. 청국의 패전과 일·로 경쟁 108
4. 일본의 조선 내홍으로 위장한 왕비 시해 111
5. 왕궁 사변의 정치와 열강의 개입 115
6. 훈련대 해산과 춘생문 사건 119
7. 을미사변의 정책적 의미 121

06 아관이어(俄館移御): 로·일군의 공동 주둔 123
1. 고종의 밀지와 의병봉기 123
2. 아관이어(俄館移御)의 동기와 과정 126
3. 아관이어(俄館移御)의 목표: 내정개혁과 일군 철수 129
4. 로·일 공동 주둔의 합의 131
5. 로바노프·민영환 합의 135
6. 외군차용을 고려한 환어지 경운궁 137
7. 아관이어의 정책적 의미 139

07 대한제국 종말의 군사·외교사 142
1. 원수부 설치와 정보기관 신설 142
2. 위협관과 군 구조 개선 147
3. 러·일의 각축과 영국 변수 153
4. 한국 밀사 외교를 통한 중립화(中立化)의 기도(企圖) 159

5. 일본의 대한제국 군사력·외교력의 단계적 폐지 정책 163
6. 대한제국의 종말: 내우·외환의 정책적 의미 171

제2부 외군주도의 광복과 6·25전쟁

08 미·소의 분할 점령과 통일 정부 수립의 실패 ······ 177
1. 광복군과 임정 승인 외교의 실패 178
2. 미국과 소련의 한반도 분할 점령 187
3. 미·소 점령군과 통일 정부 수립의 실패 196
4. 한국 광복의 국제성과 국내적 요인에 관한 정책적 의미 209

09 6·25전쟁과 정전체제 ······ 213
1. 6·25전쟁의 원인 213
2. 6·25전쟁의 발발과 한국의 외군(유엔군)차용 220
3. 중공군 개입과 국지 제한전 228
4. 정전협정 체결과정과 반공포로 석방 242
5. 6·25전쟁과 정전체제의 정책적 의미 252

제3부 한미동맹의 군사·외교사

10 주한미군: 평화보장력, 포기·연루·제한의 전략적 의미 ······ 259
1. 남·북한의 동맹조약과 외군 259
2. 주한미군 '포기(철수·감축)'와 한국 방위의 한국화 266
3. 한국의 좌절된 핵 개발과 미사일 개발의 제한 279
4. 파병의 군사외교 289
5. 위기관리와 자위권 298
6. 정책적 의미 316

11 사드 배치: 핵 시대 연루의 파장과 한국의 사드 외교 ······ 322
1. 사드 배치의 전략적 배경과 과정 322
2. 사드의 군사적 효용성 325
3. 사드 배치의 국내 공론화 327
4. 문재인 정부의 사드 정치와 외교 331

5. 사드 배치와 한·중 갈등 335
6. '사드 외교'의 정책적 의미 351

12 북핵 위기: 벼랑 끝의 북미협상과 한국 중재역할의 한계 ······ 356
1. 강압 전략의 개념 356
2. 제1차 핵 위기 359
3. 제2차 핵 위기의 전말 382
4. 제3차 핵 위기의 전말 393
5. 정책적 의미 410

13 주한미군의 미래와 한국의 국방과제 ······ 414
1. 미국의 확장억제 전략과 태세 414
2. 한국의 북핵 대응 논쟁: 전술핵 배치에서 핵 옵션까지 419
3. 주한미군의 미래와 유엔사 역할 변화의 전망 424
4. 한국 주도의 책임 국방을 향하여 430
5. 정책적 의미 436

참고문헌 438
찾아보기 447

한국의 안보조건: 내우외환의 연계정치

1. 국가안전보장의 개념과 국력

기존의 정의에 따르면 안전보장(security)이라는 말은 라틴어의 'Se'와 'Curitas'의 복합어이다. Se는 영어로 'free from', 즉 무엇으로부터 자유로운 상태를 뜻한다. 'cutitas'는 걱정, 근심, 불안을 뜻한다. 안전보장의 주체가 국가일 때 국가안전보장이란 '국가가 걱정, 근심이 없는 상태'를 의미한다. 그렇다면 국가에 근심을 발생시키는 객체는 무엇인가? 그것은 바로 위협과 취약성이다. 그 위협과 취약성은 바로 국가존립(existence)에 대한 것이다. 위의 정의를 정리하면 '국가안전보장'이란 '국가가 존립에 대한 위협과 취약성이 없는 상태'를 의미한다.

국가존립의 요소는 국가의 구성요소와 동일시된다. 국가의 구성 3대 요소는 영토, 인구, 주권이다. 이들 3대 요소는 각자가 독자성을 가진 안보의 대상이 된다. 또한, 이들 3대 요소는 수많은 상호연관성이 있다. 이 3대 요소를 보호하기 위한 안보영역은 정치, 경제, 군사, 사회, 환경 영역 등 다양하다. 본서에서는 안보의 핵심 영역인 정치, 외교, 군사 안보 중심으로 설명하고자 한다.

일국의 영토는 점령, 손상 및 병합, 분리에 의해 위협을 받는다. 점령, 손상의 위협은 군사적 수단에 의해 행해지기 때문에 군사안보의 대상이 된다. 병합은 영토에 대한 주권을 가진 국가를 상대로 할 때 국가주권 소멸의 위협을 제기한다. 따라서 병합은 정치, 외교 안보의 대상이 된다. 강대국들의 분할지배의 위협에 직면할 경우 영토는 외교안보의 대상이 된다. 영토는 국경선 획정이나 소유권을 둘러싸고 국제분쟁의 대상이 된다. 영토에 대한 위협은 인구에 대한 위협으로 연결된다. 정치적 병합과 군사적 파괴 위협은 영토와 인구를 동시에 목표로 한다.[1)]

정치안보의 대내적 측면은 단위 국가의 안보 위협 요인을 대내적 발생(폭동, 반란, 봉기, 전복)에 유의한다면 외교안보는 자국의 주권에 대한 국제체제 또는 국제질서로부터의 위협을 다룬다. 주권은 대외적으로 영토에 대한 독립적 지배와 내정에 대한 불간섭을 의미하지만, 자국의 국내적 취약성과 국제체제의 성격에 따라 제한을 받는다. 예컨대 국가주권을 보호하기 위해 한 국가가 다른 국가와 맺은 동맹조약이나 가입하고 있는 일반적 국제레짐(국제연합, 핵 확산 금지조약 등) 및 정전협정 등도 역사적, 구조적, 지리적 상황적인 취약 요인을 안고 있다.

군사안보란 국내외의 폭력으로부터 국가의 존립 기반이 자유로운 상태를 말한다. 국가의 존립 기반에 대한 위협은 실제적 점령, 파괴 및 두 가지 행위의 잠재적 위협을 포함한다. 그러나 군사안보 영역의 위협의 본질은 군사력이기 때문에 한 국가의 군사자산은 보호의 대상이 된다. 군사력은 군사안보를 지키는 수단이지만 타국에 위협을 가하는 수단이기도 하다.

군사안보 영역에서의 위협과 취약성은 각국이 보유하는 군사력과 상대에 대한 우호 및 적대감 간의 상호작용의 결과로 인식한다. 19세기 조선 왕조는 변란(내우)을 진압하기 위해 조선에 출병한 청군을 우군으로 인식했지만, 일군은 위협으로 인식해 철수를 도모했다. 21세기 한국 정부와 국민에게는 미국의 핵과 북한 핵에 대한 인식이 다르다. 중국의 군사현대화와 일본의 군사력 증강이 주는 의미도 다르다.

가상 적의 군사력 사용 유형과 전략은 군사위협의 성격을 규정한다. 가상 적의 군사력 사용 목적이 제한된 정치 목적을 달성하기 위한 무력시위 및 국지도발에 한정하느냐, 아니면 자국 영토의 부분 점령으로부터 완전 점령을 시도하느냐, 원거리에서 미사일 공격만을 시도하느냐, 해양에서의 민간 선박을 나포하거나 항구봉쇄 등과 같은 모든 군사행동은 그 전략의 유연성에 따라 군사위협의 유형과 성격을 결정

---

1) Barry Buzan, *People, States and Fear : An Agenda for International Security Studies in the Post Cold War Era*, Boulder: Lynne Rienner, 1991, 김태현 역, 『세계화 시대의 국가안보』, 경기: 나남, 1995, 121~122쪽.

한다.

외교·군사안보를 보호하기 위한 방법은 세력균형과 편승이다. 세력균형은 두 가지 방법에 의해 추구된다. 첫째, 군사력의 취약성을 감소시키기 위해 군사력의 세기(strength)를 증대시켜 상대의 군사력과 균형을 유지한다. 이는 내부적 균형 방법이다. 둘째, 국익과 위협 인식을 공유하는 강력한 군사력을 가진 국가와 동맹을 맺는 외부적 균형 방식이다. 편승(bandwagoning)은 위협의 주된 근원(패권국가나 지도국가)에 유화 또는 승복을 하는 것이다. 동맹은 동맹 이익과 동맹 간 신뢰가 존재하는 한 지속된다. 하지만 편승은 강대국 편이 되어 그 나라의 위협과 간섭에서 벗어날 수 있지만, 강대국의 선의가 지속된다는 보장이 없다.[2)]

국력에 관한 분석이다. 국력을 구성하는 각 부분은 무엇이며, 그 각각의 속성(attributes)은 무엇일까? 국력 제 요소 간의 관계는 명확히 인식할 필요가 있다. 정보·과학 기술력은 국력발전의 선도력이다. 핵심 정보, 과학기술의 국산화 없이 경제발전이나 자주국방은 생각할 수 없으며, 국민의 삶의 질 향상도 어렵다. 경제력은 국민 생활 안정의 기본이며 국민 복지와 국방력 강화의 기반세력이다. 사회·문화력은 문화 콘텐츠 등 그 자체로 부가가치를 만드는 국력 요소이면서 국민 화합을 통해 애국심을 결집시키는 기능을 하고 있다. 외교력은 경제력, 군사력, 정치력, 문화력을 배경으로 국익(국력) 신장을 위한 평화로운 국제환경을 조성하는 힘이다. 군사력은 과학·기술력과 경제력이 뒷받침되어 형성되는 힘으로 영토와 국민의 안전을 지키고 국력의 안정적 발전을 보장해주는 힘이다. 예컨대 전쟁은 외교의 실패에서 오며, 전쟁의 승패는 준비된 군사력의 우열에서 결정된다.

3대 연성 국력은 정치력·외교력·사회 문화력이고 3대 경성 국력은 정보·과학기술력, 경제력, 군사력이다. 이 중 정치력은 다른 모든 국력의 신장을 조정, 통합 추진하는 국가의 리더십이다. 이러한 국력의 제 요소는 상호보완 관계에 있다. 연성 국력과 경성 국력이 균형과 조화를 이루어 행사될 때 국익 달성의 중요한 관건이 될 수 있다.

---

2) Barry Buzan, Ole Waever, Jaap De Wilde, *Security: A New Framework for Analysis*, Boulder: Lynne Rienner, 1998, 군사안보에 대한 논의는 pp. 49~70.

2. 한국의 안보조건과 지정학

한국의 안보불안의 원천은 위협과 취약성이다. 위협과 취약성은 한국 국력의 속성에서 결정된다. Barry Buzan은 물리적 기반을 바탕으로 국가를 강대국(strong power), 약소국(weak power)으로 나누며, 조직이념과 정통성 및 사회·정치적 결속면에서 국가를 강건국가(strong power), 약체국가(weak power)로 나눈다.[3)]

Buzan의 분류에 따른다면 19세기 조선 왕조는 약소국가와 약체국가였다. 19세기 후반 조선은 정치적 리더십 분열, 경제적 빈곤, 사회 무질서 및 군사력 부재 등 심각한 내적 취약성이 외세의 개입을 초래하도록 했다. 그 당시 조선의 안보상황에는 내우(취약성)와 외환(외세의 간섭)이라는 양 요소 간의 동적인 상호작용이 존재했다.

대한민국은 경성 국력(경제력·군사력) 면에서 약소국은 졸업했지만, 강대국의 대열에 끼지 못하고 있다. 이 점에서 한국은 중견국(middle power)이다. 한국은 연성국력(조직이념, 제도) 면에서 약체국가의 위상을 벗어냈지만, 자유민주주의의 기본질서를 보다 확고히 해야 할 단계에 있으며, 분단국가의 취약성 때문에 아직은 강건국가에 속하지 못하고 있다.

한국은 한 민족이 남북으로 나누어진 부분 민족국가(part nation-state)이다. 한반도의 경우 민족의 영토와 국가의 영토가 일치하지 못하고 있다. 남북한은 6·25전쟁이라는 민족적 비극을 경험했으며 자동적으로 대립과 경쟁하며 정통성을 침해한다. 남·북한은 민족 이익과 국가 이익이 충돌한다. 국가 이익이 민족 이익을 앞서고 있다. 국제공조가 민족공조(우리끼리)에 우선한다. 남한은 북한으로부터 평화를 지키며, 북한과 더불어 평화를 만들어야 한다. 통일된 민족국가의 꿈은 강한 영향력을 발휘하여 압도적인 안보문제가 되고 있다.

국가주권에 관련된 한국의 조건이다. 국가의 주권은 대내적으로 지고한 통치권이며 대외적으로 자주적인 외교권을 형성한다. 이는 주권을 법적 개념으로 본 것이다. 그러나 정치 현실에서는 주권은 특정 상황에서 행사될 때 존재하는 정치적 개념이다. 주권은 모든 나라에 동등하게 분배된 것이 아니며, 나라마다 그 향유의 정도가 다르다. 약체국가와 약소국가는 국제적 역학 관계에 따라 특정 강대국이나 강대국 연합의 영향력에 침투를 받고 있는 국가들이다.

---

3) 김태현 역, 『세계화 시대의 국가안보』, 139~144쪽.

한반도의 지정학적 정체성을 임진왜란이 이후와 1945년 이후로 나누어 설명하는 학설이 존재한다.[4] 임진왜란에 의해 이전까지 대륙의 변방이었던 한반도가 대륙세력과 해양세력이 교두보 내지는 완충지대로서 대립 전선이 형성되는 지역으로 변환되었다. 이후 한반도는 유라시아 등 대륙 동부의 전략 요충지로서 국제 관계의 커다란 지각 변동의 시기마다 소용돌이의 한복판에 놓이게 되었다.

유럽에서 발달한 근대 국제 관계의 체제에 편입된 이후의 동아시아 국제 관계는 해양세력과 대륙세력의 충돌로 이해한다. 이 시각에 따르면 1945년 이후 동아시아 질서의 특징은 ① 해양세력(미국, 일본, 한국, 대만, 필리핀)이 대륙세력(중국, 러시아, 몽골, 북한)보다 우위에 있고, ② 해양세력 중에서 서양국가(미국)가 지역 패권을 장악하고 있으며, ③ 한반도가 양대세력의 교차점 내지 완충지대 역할을 하고 있다는 점이다. 한스 모겐소(Hans J. Morgenthau)는 한반도의 독립과 평화는 바다와 대륙에 인접해있는 열강들의 세력균형에 달려 있다고 한다. 스테판 월트(Stephen Walt)는 최근 한국 언론과의 인터뷰에서 치열해지고 있는 미국과 중국의 세력 경쟁에서 한국은 외국(미국)들과 동맹을 맺은 후, 힘의 균형을 통해 안보를 유지하면서 외세의 간섭을 피할 수 있다고 말한다.[5]

3. 내우·외한의 연계: 외군정치의 분석 명제

1) 조선 왕조기

19세기 말 조선 왕조는 내우·외환을 겪는다. 임오군란(1882), 갑신정변(1884), 동학농민혁명(1894~1895) 및 왕후 시해(1896) 사건 등 4차의 변란은 왕권의 존립을 위협했다.

국제적으로 조선 왕조는 청·일의 양강체제에서 러·일의 양강체제로 세력권이 시대를 맞는다. 청국은 조선과의 종속 관계를 유지, 강화하고자 했다. 반면 일본은 청일전쟁에서 승리 후 조선을 자국의 단일 세력권에 편입시켰다. 러시아는 조선 진출을 두고 일본과 각축을 벌였지만 패배한다. 아래에 각 장의 주요 분석 명제를 제시한다.

---

4) 한국 지정학적 정체성에 대한 담론을 정리한 논문은 김학노, “한반도 지정학적 인식에 대한 재고 : 전략적 요충지 통념 비판,” 「한국정치학보」 53권 2호, 2019(여름), 5~30쪽.

5) 「동아일보」, 2019. 8. 28. 24쪽.

1. 조선 조정의 외교·안보의 제1차 목적은 왕권의 보호 유지에 있었다.
2. 조선 지도부의 뇌리에는 내우(亂)가 외환을 불러오고 외환이 내우를 만든다는 내우외환의 연동적 위협관이 각인되었다.
   2-1. 조선은 내부 변란이 발생할 때마다 병력 부족으로 외군(청군)을 차용하여 왕권을 보호하지만, 외세(청·일)의 내정간섭을 초래해 왕조의 안위를 위협받았다.
   2-2. 외세 개입은 조정 내 수구·척신 개혁 계파 간의 분열과 반목을 증폭시켰다. 세력이 우세한 외세에 편승한 계파는 국정을 농단할 수 있었다.
3. 불균형 양강(청·일)체제하에서 열세인 국가(일)의 병력에 의존한 정변(갑신)은 실패했다.
4. 조선은 양강(청·일)체제하에서 전쟁으로 청국을 제압한 일본의 세력권에 편입된다.
   4-1. 일본은 주둔군을 배경으로 동학군을 진압하면서 왕궁을 점령해 내정개혁을 강제로 실시하고 청국과의 전쟁에 승리 후 조선의 대청 종속 관계를 단절시킨다.
5. 청·일 간 세력 교체기 조선은 러시아에 편승해 일본의 조선에 대한 세력 확대를 저지해보려고 했으나, 러시아의 대일 견제 의지와 능력 부족으로 실패했다.
   5-1. 아관이어(俄館移御)에 의해 국왕의 신변 안전은 보장되었지만, 내우(의병 봉기)와 외환(러·일 공동 주둔 합의)을 야기했다.
   5-2. 경쟁하는 강대국 중 힘이 열세인 일방(일)이 소국(조선)을 단독 지배가 어렵다고 생각할 때 분할 점령 등 시간 벌기 작전을 펼친다(야마가타-로마노프 밀약). 이때 소국은 그러한 정책 결정 과정에서 배제된다(Korea Passing).
6. 대한제국은 내부의 취약성, 즉 정치력 분열과 사회 혼란, 군사력 부족 및 정보 부재와 외교 무능으로 일본에 의해 강제 합병되었다.
   6-1. 원수부를 두어 황제에게 군권을 집중시키는 제도개혁을 서두르지만, 실전투력은 치안 유지에도 부족했다.
   6-2. 최초의 정보기관인 제국익문사(帝國益聞社)를 만들지만, 대일본 정보수집보다 밀정정치의 폐단을 낳았다.
7. 국가안보가 상실되면 인민안보는 취약해져 백성의 희생이 커진다.

7－1. 조선 백성은 일본군 주도의 의병 진압작전에 동원돼 인민 상호 간 인민 전쟁을 겪게 된다.

2) 광복과 분단정부 수립기

1. 망명정부의 승인도 얻지 못한 '임시정부'는 중국에서 무장부대의 통합이 어려웠고, 군사력 건설과 작전에 엄격한 제한을 받았다.
   1－1. 해방 직전 독립무장단체는 광복군, 조선의용군, 소련 88여단 한인부대 등 3대 세력으로 분열되어 있었다.
2. 한국 해방의 국제성은 한반도 분단과 2개의 정부를 수립하도록 했다.
   2－1. 트루먼 행정부의 38도선 분할 결정은 군사(승리) 논리가 정치(세력권)보다 중요시한 가운데 이루어졌다.
   2－2. 소련은 군사력 제한과 정치적 계산하에 타협했지만, 북한을 점령할 수 있었다.
3. 남한 정치세력들의 정치적 민족주의는 미·소 점령군의 영향력을 중화시키지 못하고, 남·북한에 각각 단독 정부의 수립을 극복하지 못했다.
   3－1. 남한 내 좌·우·중도 정치세력들은 독립과 통일 정부 수립의 선결 조건으로 '외군 철수'를 외쳤지만 허사였다.
   3－2. 북한에서는 소련군의 지원 아래 조선 공산당 주도로 북조선 인민위원회를 탄생시키는 등 일사분란하게 정부 수립의 기초를 닦았다.

3) 6·25전쟁과 정전체제의 수립

1. 6·25전쟁은 미국과 한국의 대북 억제의 부재에서 발생했다. 억제 부재의 국제적·대내적 실상은 무엇인가?
   1－1. 미국은 한국방위를 제외한 애치슨 라인을 선포했고, 한국 정부는 외군 차용(미군 주둔과 미 방위 공약 획득)에 실패했다.
2. 6·25전쟁 중 유엔군 사령부는 격퇴와 북진 등 전쟁 수행의 주도권과 점령지역 군정권 및 정전협정 조인에 이르는 역할을 담당한다. 한국군은 지원 역할의 수행에 만족해야만 했다.
3. 중국 지원군은 유엔총회의 통한결의안도 무시하고, 미군의 북진 저지를 위해

'인민지원군'이라는 명칭을 사용해 참전한다.

3-1. 전투 방식도 중국적(적을 유인, 역습, 갱도 중심의 지구전 등)이었다.

3-2. 맥아더는 거울 이미지(mirror image)에 사로잡혀 중국지원군의 능력과 전법을 과소평가했다.

3-3. 중국이 작전권을 행사했으나, 스탈린의 조정, 통제를 받았다.

4. 이승만 대통령은 거국적인 휴전 반대 여론에도 불구하고, 휴전협정을 막을 수 없게 되자 반공포로의 석방 카드를 이용해 정전협정과 한미상호방위조약을 맞바꾸는 데 성공한다.

5. 유엔군 사령부는 미국 주도의 통합군 사령부이다. 국제안보의 지형의 변화에 따라 유엔군 사령부의 위상과 역할 변화가 예상된다.

4) 주한미군의 군사·외교사

1. 주둔군 동맹체제(한·미)는 비주둔군 동맹체제(북한·중국·소련)에 비해 국력 발전 정책의 우선순위에 영향을 받고 전략무기의 개발이나, 안보전략의 선택에 제한을 받는다.

2. 한국은 주한미군을 미국 방위공약 이행의 실체로 인정하고, 주한미군의 지속적 주둔을 안보외교의 핵심으로 삼았다.

2-1. 5차에 걸친 주한미군의 감축은 '포기'의 우려에도 불구하고, 동맹이익과 신뢰성을 바탕으로 추진되어 대북 억제력의 약화를 초래하지 않았다. 한국은 한국군 정예화와 책임 국방을 강화하는 계기로 삼았다.

2-2. 주한미군의 전략적 유연성(한반도 영역 밖으로 차출)은 한국에게는 '포기와 연루'의 부담을 주는 사안이다. 한미 양국은 정책 협의를 통해 조정, 타협했다.

3. 한국의 핵무기와 전략 미사일 개발은 지정학적 이유로 미국에 의해 금지와 제한을 받고 있다.

3-1. 한국은 핵무기 개발의 포기에도 불구하고, 핵연료 재처리와 우라늄의 20% 저농축도 어려운 족쇄에 매이게 되었다.

3-2. 한국은 800km 사정거리 연장과 탄두 중량(1t)의 해제에 이르기까지 20여 년이 걸렸으며, 사정거리 800km 제한과 우주발사체에 고체연료 사

용 금지의 족쇄를 풀기 위해 외교적 노력을 기울였다.

4. 한국군의 해외파병은 인명피해 위험과 파병지역 국가와의 관계악화의 우려에도 불구하고, 미국의 세계전략을 지원함으로써 주한미군의 감축과 차출방지 등 안보 실익을 챙기는 데 활용됐다.

   4-1. 파월 한국군의 전투부대(2개 사단)에 대한 한국군 사령관의 작전권 행사는 용병설을 잠재우고, 주권국가로서 책임지역을 할당받아 작전 수행을 한 역사적 선례를 만들었다.

5. 북한의 국지도발에 대한 최선의 대응은 초전 박살로 북한의 도발 의지를 분쇄해야 했다. 사후 보복조치는 미국의 확전방지 기조 때문에 실시가 어려웠다.

   5-1. 영토 수호를 위한 자위적 조치는 교전 규칙에 저촉되는 부분이 있다 하더라도 실시해야 한다.

6. 전시 작전통제권의 전환은 한국군의 숙원사업이다. 준비 부족으로 연기를 거듭하다가 전작권 전환 이후에도 현재의 연합사와 유사한 안을 마련했다. 두 가지 문제가 남아 있다.

   6-1. 한국이 연합방위능력을 주도하기 위한 핵심 군사능력과 북한의 핵미사일 위협에 대한 기본운용능력을 포함한 완전운용능력의 준비와 검증이다.

   6-2. 한국군 엽합사령관과 미군의 유엔군 사령관의 작전통제권의 조정 문제이다.

7. 한국은 북한의 체제 위기를 의미하는 우발사태 발생 시 ① 북한 내전의 안정화, ② 대량살상무기의 통제와 반출, ③ 통일 기반의 조성 문제에 직면한다. 주도권 행사(①, ③)와 국제관리(②)를 구분해 대응해야 한다.

   7-1. 필요시 한국군은 단독 진출에 의한 안정화 작전을 수행해 중국군 개입 구실을 없애야 하며, 남북한 당사자 간 평화공존과 통일 기반을 조성해야 한다.

5) 사드 배치의 연루 문제

1. 미군의 방어무기 사드는 한국에 중국의 간섭을 연루시킨 최초 무기체계이다.

   1-1. 중국은 한국에 배치된 미군의 사드가 자국의 안보 이익을 훼손한다고 주

장하면서, 미국이 아닌 '한국 정부와 국민을 상대로 들볶는 전술'로 압박하였다.

1-2. 사드 배치 문제는 한때 한국 내 정쟁 이슈가 되면서 국론을 분열시켰고, 한미동맹의 이완 문제로까지 파장을 미쳤다.

1-3. 한국 정부는 헤징(위험분산)전략을 채택, 중국에 3不(사드의 추가 배치, 미국의 MD 가입, 한·미·일 군사동맹 불가) 입장표명을 통해 중국으로부터 3개(한반도 전쟁 방지, 북핵의 평화적 해결, 한한령 해제) 지원을 받고자 했다. 하지만 득보다 실이 많았다.

2. 한국은 일본과 안보협력을 강화해야 하나, 일본에 대한 안보(한반도 유사시 일본 자위대 진입 거부)도 유의해야 하는 이중 정책을 펴나가야 한다.

6) 북핵 위기 협상 결과와 전망

1. 비대칭 안보 이익이 충돌할 때 강대국이라 할지라도 사활적 핵심 이익을 수호하려는 약소국을 무력으로 굴복시킬 수 없는 한 당근과 채찍에 의해 협상 목표(완전한 비핵화)를 달성하기가 어렵다.
2. 한국 역대 정부는 내우(북한의 비핵화) 해결을 위해 어떤 경우에도 외환(전쟁)을 이용해서는 안 된다는 북핵 문제의 평화적 해결 원칙을 유지하고 있다.
3. 남북한은 부분 민족국가이다. 국가 이익이 민족 이익에 우선한다. 한반도 비핵화는 지정학적 문제이다. '선 국제공조 후 민족공조'의 길이 정도이다.
4. 북한은 통일전선전략을 이용해 한미의 대북 압박을 약화시키고자 한다. 한국의 미북 비핵화 협상에 중재자 역할은 한계가 있다.
5. 북한의 핵미사일 능력의 강화로 북한의 완전한 비핵화 협상 타결 전망은 밝지 않다.
6. 한국은 전술핵 옵션의 잠재력을 보유해야 한다.

7) 주한미군의 미래와 한국 주도의 책임 국방을 향하여

1. 미국은 맞춤형 확장억제의 수단을 강화함으로써 동맹국과 파트너에 그 신뢰성을 재고해 동맹국에게 핵확산을 막고자 한다.
2. 한국은 '핵·대량살상무기' 대응체계 개선과 능력 강화를 위해 방위력 개선비를 중단기적으로 대폭 증액하면서 미국의 맞춤형 확장억제태세의 보완을 모색하

고 있다.

3. 동아시아 안보 지형의 변화에 따른 주한미군의 위상변화(철군, 감축)는 미국의 국익, 동맹의 안전 및 동맹국 간의 협의를 조건으로 결정될 것이다.
4. 미국은 유엔사를 다국적군 통합을 위한 기반으로 다자간 참여를 유도하는 수단으로 활용하려고 한다.
5. 한미동맹의 지역화가 추진될수록 우리가 연루돼 발생되는 지정학적 위험을 관리할 과제가 많아질 것이다.
6. 한국군은 향후 30년을 내다보고, 미래전 수행에 적합하며 한국의 국력에 걸맞은 군사전략목표와 이를 구현할 수 있는 군사력을 3개의 전장 공간(battle space)에 따라 설정하고 이를 일관성 있게 추진해나가야 한다.

조선왕조말기 외군차용(外軍借用)의 득(得)과 실(失)

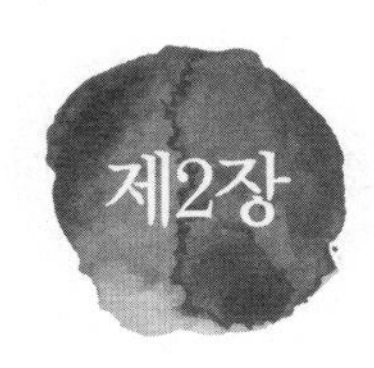

임오군란(壬午軍亂)과 외군차용(外軍借用)

1882년 임오(壬午)년 7월 19일(음력 6월 5일) 조선 군대의 반란은 청국과 일본의 군대를 불러들여 청·일의 조선 내정과 외교에 간섭을 촉발시킨다. 임오군란의 원인이라 할 수 있는 '내우(內憂)'와 이를 구실로 청·일 양대 외세가 조선에서 대치 및 경쟁하는 '외환(外患)'의 상호작용을 분석하여 조선의 정치·외교·군사에 미친 정책적 의미를 살펴본다.

1. 국내 정세

1) 신문물 수입과 개방의 부작용

조선 정부는 1876년 2월 「조일수호조약(朝日修好條約)」을 체결한 이후 수신사의 일본 파견, 신사유람단(紳士遊覽團)의 파견 및 부산과 원산의 두 개항장을 통하여 신문물을 수입하기 시작했다. 종두법이 전래되어 아동들의 보건에 획기적인 예방 의료가 되었고, 금계랍(키니네)의 도입으로 학질(瘧疾)을 값싸고 신속하게 치료할 수 있게 되었다. 1880년경에는 석유가 수입되어 광열계(光熱界)의 혁명을 가져왔으며 양면(洋綿), 양철(洋鐵) 수입으로 일상생활이나 산업적 측면에서 큰 변동을 가져오게 되었다.[1] 하지만 석유가 수입되어 국내 유실(油實)을 찾지 않았고 양면이 나오면서 목화

생산을 낮추었으며 양철의 출현으로 철 생산을 더욱 적게 한다는 탄식의 소리가 나왔다.

더구나 부산과 원산의 두 개항장을 통해 수입되는 물화(物貨)와 수출품을 대조해 보면 큰 불만이 나올 만했다. 수입품은 대부분이 인조 가공품인 데 반해 조선의 수출품은 미곡 · 피혁 · 금 · 은 등의 천산품(天産品)이 대부분이었다. 무역액에서도 수입이 수출보다 배증하였다. 조일수호조약 당시 부산을 거쳐 쓰시마와 교역한 수출액은 25만 원인 데 비해 수입액은 15만 원이었다. 하지만 원산항을 개항한 1880년 5월부터 그해 연말까지 불과 7개월 동안 조 · 일 교역 실적은 수입이 24만 7,259원인 데 비해 수출은 불과 13만 5,800원으로 11만 원 이상의 놀라운 역조 현상을 가져오게 되었다. 더구나 그 당시 원산 시장의 시세를 백미 1환(白米 1丸－日本의 五斤)에 일본 돈으로 27전이었다. 소 한 마리에 15원밖에 안 하는 데 비해, 일본 상인들은 소위「부산 전람소」라는 곳에 도기 화병 1개에 40원씩 하는 것을 전시하였다. 이처럼 일본의 근대 자본주의화한 새 상품의 침략 공세는 봉건적인 생산 양식 그대로의 조선의 자급자족 경제에 무력 침략 이상의 무서운 위협이었다.[2] 개국과 개항은 조선인에게는 위정척사(衛正斥邪) 명분 이상의 생활과 직결된 문제가 되지 않을 수 없었다.

2) 중앙관제의 개편과 군제개혁의 여파

문호개방을 계기로 외국과의 교섭 · 통상 · 무역 사무가 증대되자, 조선 조정은 관제 개편을 단행한다. 1880년 12월 통리기무아문(統理機務衙門)을 설치하고, 산하에 12사(司)를 두었다. 이는 청국의 총리아문(總理衙門)을 모방한 것이었다. 사대(事大) · 교린(交隣) · 군무(軍務) · 변정(邊政) · 통상(通商) · 군물(軍物) · 기계(機械) · 선함(船艦) · 이용(理用) · 전선(典選) · 기연(機沿) · 어학(語學) 등의 각사에 당상(堂上) 및 낭청(郎廳)을 두었고, 1881년 1월 26일 좌의정 김병국을 총리대신에 각사의 당상관을 임명하였다.[3]

하지만 동년 11월 통리기무아문은 개편된다. 12사를 7사로 하고, 각사의 명칭과 직함을 변경한다. 판서급 이상의 인물을 경리통리기무아문사(약칭 堂上經理事)라고 하여 사무(司務)를 총괄하게 하고 부경리사(副經理事)에는 혈기왕성한 소장(少壯)파 인

1) 이선근,『대한국사』6권, 서울: 신태양사, 1973, 216쪽.
2) 이선근, 위의 책, 217~218쪽.
3) 이선근, 위의 책, 208~209쪽.

물을 배치하여 실무를 담당하게 하였다. 11월 21일 각사의 인사를 배치하였는데, 명성황후 계열의 척신이나, 개화파의 중진들이 요직을 차지하였다. 군무사 당상 경리사에 척족 세력의 소장(少壯) 영수라 할 수 있는 민영익(閔泳翊), 부경리사에 홍영식, 통상사 당상 경리사에 김홍집(金弘集), 부경리사에 민종묵, 이용사(理用司) 당상 경리사에 민겸호(閔謙鎬)·박정양, 전선사(典選司) 당상 경리사에 김병덕(金炳德), 율례사(律例司) 당상 경리사에 심순택(沈舜澤), 감공사(監工司) 당상 경리사에 민태호(閔泰鎬)·정범조(鄭範朝) 등 개화운동의 추진세력으로 임오군란 시 많은 인물이 피격의 대상이 되었다.4)

고종 즉위 후 국왕의 생부로서 섭정을 시작한 흥선대원군은 1865년 3월에 비변사(備邊司)를 폐지하고, 그 기능을 의정부에 통합했다. 그해 5월 다시 군사를 정치에서 분리하여 무비(武備)와 문사(文事)를 양립시키는 조치로 삼군부(三軍府)를 설치했다. 1866년 발생한 병인양요(丙寅洋擾)는 군비 확장 정책을 적극적으로 추진하게 되는 계기가 되어 삼군부(三軍府)의 역할과 위상을 높이게 되었다. 다시 말해 1868년 6월 삼군부(三軍府)가 의정부(議政府)와 동격의 정1품 아문(衙門)으로 격상된 것이다. 훈련도감, 어영청, 금위영, 총융청은 삼군부의 지휘를 받는 기관이 되었다.

하지만 1873년(고종 10년) 흥선대원군이 실각하고 고종이 친정을 시작한 이후로 중앙 군제는 새로운 변화를 겪게 된다. 고종은 경복궁과 건릉제실(健陵祭室)에 화재가 발생한 것을 계기로 숙위군(宿衛軍)을 강화하기 위해 1874년 6월 무위소(武衛所)를 출범시켰다. 무위소는 설치 3년 만에 2,000에 이르는 군사를 보유하는 군영으로 성장하였다. 반면 삼군부 휘하의 중앙군인 훈련도감, 어영청, 금위영의 군사들은 무위소 소속으로 빠져나가 삼군부는 임오군란이 발발하기 1년 반 전인 1880년 12월 정식으로 해체되었다.

무위소군은 급여 면에서 5군영 병사보다 우대를 받았고, 인정가(人情價)라고 하여 새로운 규례와 거짓 명목을 만들어 함부로 징수함에 따라 원공납(元公納)의 액수가 절반으로 줄어드는 재정상의 폐단을 유발해 각 사(司)와 각 영(營)의 재정을 고갈시켰다. 이러한 무위소로 인한 직접 폐해를 받는 5군영의 군사는 물론 조정 대신들과 직접 무위소를 혁파하여 원래대로 5군영에 환원시켜야 한다는 주장이 제기되었다.5)

통리기무아문의 군무사가 시도한 군제개혁의 첫 신호는 교련병대(敎鍊兵隊), 속칭

---

4) 이선근, 위의 책, 214쪽.
5) 서인환, "임오군란 당시의 중앙군 조직과 군비실태," 「국사관논총」 제90집, 2000, 86~89쪽.

별기군(別技軍)의 창설이었다. 1881년 4월 고종은 경리사(經理使) 민태호(閔泰鎬)의 건의를 받아들여, 일본 공사 하나부사(花房義質)가 제의한 일본군 교관 호리모토(육군 소위, 堀本禮造)로부터 훈련을 받는 교련병대의 창설을 승인했다. 조선 조정은 군계(軍械) 제작 기술 습득을 위한 공도(工徒)의 파견, 군사 교련을 위한 교관의 초빙 및 군사(軍士) 유학생 파견 등 3가지 문제로 청·일에 대한 군사협력을 추진하고 있었다. 그런데 조선이 청국과 군사협력을 준비하는 과정에서 군사 유학생 파견은 보류하고, 위 두 가지 사안에 대한 문제마저도 추진이 지지부진한 가운데 일본이 틈새를 파고들어 일본 군사교관으로 조선군을 훈련시키는 이른바 조일(朝日) 군사협력을 성사시켰다.

교련병대는 창설 당시 요원은 80여 명이었으나, 10개월이 지난 1882년 2월에는 300여 명으로 대폭 증가하였고, 교련병대의 인신(印信)도 별도로 만들어졌고, 제복의 색깔도 청색으로 구(舊)병영의 것과 차별화되었다. 무가자제(武家子弟)와 유생소년(儒生少年)으로부터 충원해 특권의식을 갖게 만들고, 상부의 편애 등으로 군 내부의 단결을 저해하는 요인을 만들었다. 현직 좌의정 송근수(宋近洙)가 올린 사직 상소(고종 19년, 3월 29일) 중에 교련병대의 설치 운영과 관련하여 "유림소년들로 하여금 윗도리를 벗어젖힌 채 열을 서게 한다든지 오랑캐 상놈인 그들에게 머리 숙여 경례하게 하여 수치심을 품게 하여" 등으로 유교 사회에 맞지 않는 개화정책을 비판하였다.[6)]

임오군란 전 군제개편은 각 군영을 양영(兩營)을 통합하는 데 일단락된다. 1881년 12월 25일 무위소, 훈련도감, 용호영, 호위청은 무위영(武衛營)으로 통합하고 금위영, 어영청, 총융청은 장어영(壯禦營)으로 통합했다. 무위영이 장어영에 비하여 군영의 서열에 우위에 있었다. 무위영의 도제조는 영의정, 제조는 무위대장이 맡았고, 장어영 도제조는 좌의정이, 제조는 병조판서가 맡았다. 무위영은 친위부대로 왕실 호위에, 장어영은 도성 방위 주 기능 외 왕실 호위를 보조하였다.[7)]

이 양영 개편은 국가 방위보다 왕실 호위의 친군체제를 강화하고 유사시 왕권 호위를 위한 지휘체계를 단순화시킨 것이다. 하지만 좌의정 송근수는 양영의 개편이 대신들과 한마디 상의도 없이 졸속으로 이루어진 것을 비판하면서 5군영의 복귀를 건의하였다.[8)] 이후 이 양영과 교련병대는 임오군란을 거치면서 고종 친정기와 대원

6) 최병옥, 『개화기의 군사정책연구』, 서울: 경인문화사, 2000, 182~183쪽.
7) 서인환, 앞의 논문, 98~99쪽.
8) 서인환, 위의 논문, 99쪽.

군 섭정기가 교차되는 가운데 빈번한 개편을 하게 된다. 그 교체의 목적이나 이유가 국토방위를 위한 강병 육성이 아닌 도성 방위와 왕실 호위에 있었다. 그 결과 조선 군제는 제도상의 일관성과 지속성이 결여되었다.

3) 개화정책에 대한 儒林의 저항

1881년부터 통리기무아문의 새로운 체제 아래 업무가 개시되고, 신문물 수입의 부작용이 발생하는 가운데 원산·인천 개항설이 떠돌고 김홍집이 전한 황준헌(黃遵憲)의 조선책략(朝鮮策略)이 조야의 관심을 끌게 된다. 「조선책략」은 1880년 6월 말 수신사 김홍집이 일본을 다녀와 복명할 때 국왕에 봉정한 전략서였다. "중국과 친하고(親中國), 일본과 결합하며(結日本), 미국과 연결(聯美國)하는 전략의 권고였다. 이 전략서의 핵심은 친중국에 있다. 일본과 새로운 관계, 즉 개항의 확대 및 외교 관계의 창출, 미국과의 조속한 수교조약체결, 뒤이어 서구 열강과의 조약체결 등 다변외교의 추진을 권고한 것이다. 문제는 조선은 청국과 상의해 다변외교의 노선을 결정해야 한다는 점이다. 영의정 이최응(李最應), 좌의정 김병국(金炳國) 등은 이 책을 검토하여 제대신헌의(諸大臣獻議)라는 문서를 작성하여 이제 중국은 조선에 대해 '사대질서의 조공국'이 아니라 '서양국제법의 속국'을 원하고 있는 것으로 평가했다.[9] 이러한 우려는 후술하는 청국의 대조선 외교에서 현실화되었다.

1881년 11월 김윤식이 영선사(領選使)로 톈진에 파견되었을 때 현실화되었다. 대미수교를 권장하면서 청국이 종주국으로 조약체결을 도와주는 것이 당연함을 말했다. 조미조약 교섭이 1882년 3월에 시작될 때 리홍장은 조미조약 제1조에 '조선은 청국의 속방이지만 내치외교는 자주에 맡긴다'는 조항을 규정하도록 강력히 주장했다. 이 규정은 미국 대표 슈펠트(Robert W. Shufeldt)의 거부로 삽입되지 못한다. 하지만 리홍장의 강요로 동일한 내용의 조항을 조선 국왕의 친서로 미국 대통령에게 보내졌다.

영남지방은 유림의 본거지이며, 사론(士論) 조성의 중심이 되는 고장이다. 1880년 12월 영남 유림의 주요 인물들은 만인소(萬人疏)를 올리기 위한 소청(疏廳/사무소)을 설치하고, 주화수호(主和修好)의 개혁정책을 반대하는 운동을 활발하게 전개했다.

상소문의 골자는 주화론을 주창한 영상 이최응을 비난했으며, 수신사 김홍집 일

---

9) 김용구, 『임오군란과 갑신정변』, 서울: 도서출판사, 2004, 16~17쪽.

행이 가져온 「조선책략」을 비롯한 국왕과 척족 세력의 실정까지 규탄하였다. 1881년 윤7월 강원도 유생 홍재학(洪在鶴)이 당면한 국정을 비판하며, 아래와 같이 과감한 주장을 하였다.

① 서양 오랑캐의 요기를 물리치는 방법은 화친이 아니라 병인(丙寅)·신미(辛未) 두 양요 때처럼 조야가 결사적으로 목숨을 내걸고 물리쳐야 한다(필자: 대원군의 방책을 찬양)

② 왜인과 서양인은 일체이다. 무릇 양학(洋學)은 천리(天理)를 어지럽히고 인륜을 멸하는 것이다. 만국공법 등 이류사서(異類邪書)를 숭상하는 무리들이 늘어나고 있다. 소위 황준헌의 책자에 빠져버린 자가 조정에서 말하기를 「저의 여러 가지 변론들이 나의 생각과 상부한다」 했으니, 사신(김홍집)과 재상(이최응)이 도(道)를 잃어버린 것이다.

③ 전하께서는 발분하여 용단을 내려 사경에 이른 사직을 지키고 싸워서 지킬 계책을 결정하여 외국 물자를 몰수하고 양서를 불태우는 동시에 유언비어를 날조하여 혹세무민하는 간신들의 목을 자를 것이요, 동래 덕원(德源)에 관(關)을 설치하고 서울의 성 안팎을 무상출입하는 양이들을 추방하라.

④ 안민보국(安民保國)하는 방법으로는 기무아문을 혁파, 5영 군제의 부활, 내영(內營)의 경비를 할당 및 분배하여 군졸의 급료를 후하게 할 것.

⑤ 전하께서는 전교(傳敎)에서 "왜인과 통상은 교린·수호의 도를 위하는 것이다"라고 하였으나 왜인들은 「황제」를 칭하며 무례를 범하고 있다. 오늘날의 교린은 조종(祖宗)의 땅을 베어주고 민생의 피를 메마르게 하니 슬프고 괴이하다.

⑥ 화친을 주장한 개화파를 '나라는 팔고', '아첨하는 간신배'로 지칭하였다. 이들을 참수하고 전날 척사하다가 죄를 지은 자들을 사면하고 그들의 헌책(獻策)을 중용하라.

⑦ 국왕이 소수를 형벌할 수 있어도, 팔로만성(八路萬姓－전 국민)의 원망과 분노를 힘으로 제지할 수는 없을 것이다.

⑧ 끝으로 전하께서 전례 없는 과오를 저지르고서도 깨닫지 못하는 것은 평소에 학문을 하지 않은 탓이다. 전하께서 학문을 못 하게 된 것은 재상 이하가 자리보전을 위해 방해한 때문이다.

이러한 소장(疏章)의 내용은 당시의 개화정책을 비판하고, 영의정 이최응 및 그 부류의 중신들은 물론이며, 국왕에 이르기까지 정면으로 공격하는 것으로 이미 죽음을 각오하는 추상같은 논핵(論劾)이었다.

다른 경기 유생 신섭(申欆) 등의 소문은 주로 황준헌의 책자를 전파한 김홍집을 비롯하여 리홍장과 더불어 개국의 서한을 교환한 이유원을 공격했다. 신섭은 이유원이 인신외교(人臣外交)의 죄를 범할 것이라고 주장하고, 이유원과 김홍집이 손발이 맞아 국시(國是)를 위반했다고 규탄했다. 홍재학과 신섭의 상소문은 국왕과 척족 전부의 중신들을 크게 자극하고 격분시켰다. 홍재학은 윤 7월 20일 서소문 밖 현장에서 거열형을 당했다.10)

4) 이재선(李載先)의 역모(逆謀) 사건

유림을 중심으로 개화정책에 대한 반발이 위정척사 운동의 형태로 전국적인 규모로 일어나게 되자 민비 중심의 척족 정권으로서는 우환이요, 불안이 아닐 수 없었다. 또한 운현궁에 머물고 있던 대원군도 재기의 기회를 엿볼 수 있었다. 유생들의 상소 내용 가운데는 병인·신미 두 양요에 있어서, 대원군의 쇄국·양이 정책을 노골적으로 찬양하는 문구가 나왔다. 서원철폐 때 대원군을 공격했던 최익현, 홍재학 등 화서문인(華西文人)마저도 거소 운동의 주도세력이 되어 민비 정권을 비난하며 궁지에 몰아넣고 있었다.

척족 정권이 어려운 국면에 처해 있을 때 뜻하지 않게 이재선 추대 역모 사건이 발생하였다. 이를 계기로 궁지에 몰렸던 민비의 척족 정권은 정적인 대원군의 재기를 저지하면서 유림의 거소 항쟁에도 일대 타격을 가할 수 있게 되었다.

전 승지 안기영(安驥泳)과 권정호(權鼎鎬)는 모두 남인 계열로 대원군 몰락 이후 관직에서 물러났으며, 척족의 세도정치와 개화정책에 불만을 품게 되었다. 대원군의 서(庶) 장자인 이재선 옹립 역모 사건은 토왜(討倭) 의거를 명분으로 군중을 동원하여, 현 국왕을 폐위하고 이재선을 옹립한다는 점에서 모병이나 군영의 병력을 동원하는 쿠데타 계획과 차별화된다. 실패할 수밖에 없었던 역모 계획에 주목할 점은 토왜(討倭) 의거가 군중을 동원·무장시켜 권력을 탈취할 수 있다는 순진한 유림의 생각이었다. 거사 일은 경기도에 초시(初試)가 시행되는 날(1881년 8월 21일)로 정했으

10) 이선근, 앞의 책, 221~225쪽.

며, 당일 토왜 의거를 외치면 과거를 보러온 유생들이 이에 호응할 것으로 예상했다. 이때 종로에서도 군중이 모여들게 되면 이재선을 앞세우고 제1대는 대원군의 입궐을 외치면서 창덕궁으로 침입, 왕위의 폐위를 단행하고, 제2대는 일본과 수호를 맺은 권신들을 타살하고, 제3대는 서대문 밖의 일본 공사관을 습격하여 공관원을 살해하고 무기를 탈취한다는 계획을 세웠다. 하지만 이 계획은 사전에 누설돼 30여 명의 연루자는 주살되었으며, 이재선은 자수하였으나 사약을 받았다.[11)]

문제는 국민적 지지를 받지 못한 민비 척족 정권의 개화정책은 유림의 만인소 등 내분을 만들었고, 이에 편승한 남인세력 중심의 반정 음모 사건으로까지 발전하면서 왕권까지 위협하였다. 개화세력과 보수세력 간의 대결·항쟁은 날이 갈수록 더욱 험악한 상황으로 발전했다. 임오군란의 주동자들은 이재선 역모 사건 때 계획한 친일본 권신들을 타살하고 일본 공사관 습격을 단행하였다. 이 점에서 임오군란은 미수에 그친 이재선 역모의 대행 역할을 담당한 것이었다.

2. 일본의 대조선 외교: 당근과 채찍

조선은 1876년 2월 일본의 강압에 의한 「조·일 수호조약」을 체결하였으나, 항만세, 수출입 관세, 공관 설치 문제, 개항 후보지 선정 문제 등 양국 간 해결해야 할 문제들이 많이 남아 있었다. 일본은 통상장정을 비롯한 외교관계 정상화가 쉽지 않을 것으로 보고 일본의 발전상을 조선 측에 보여주는 것이 교섭에 유리할 것으로 생각하였다. 이러한 계산 아래 일본은 조선 사절단 파견을 제의하였다.

조선 정부는 일본 측의 제의를 받아들여, 예조참의 김기수(金綺秀)를 수신사(修信使)로 임명하고 75명으로 사절단을 구성하여 일본 측이 보낸 기선을 타고 1876년 5월 29일 도쿄에 도착하여 20일 동안 일본 육·해군 부대를 비롯한 생산시설·군수공장·철도를 비롯한 각 분야를 시찰했고, 각종 학교, 병원, 박물관 등의 근대적 문화시설을 살피면서 감탄과 놀라움을 금치 못했다. 일본 정부는 일왕과의 접견도 마련해주는 외교적 우대를 하였고, 태정대신(太政大臣) 산죠 사네토미(三条実美) 등이 공식연회 2회, 초대연 6회 등을 베풀어 대접하였다.[12)]

수신사 일행은 동년 7월 21일 고종에게 귀국 보고를 하였다. 일본의 근대화에 놀

---

11) 이선근, 위의 책, 226~231쪽.
12) 성황용, 『근대동양외교사』, 서울: 명지사, 2001, 147쪽.

라움으로 일본에 대한 인식이 완전히 바뀌어 일본의 모든 것에 호의적인 보고였다. 이것은 반일 감정에 젖어 있던 조선 조정에 변화를 가져와서 개혁과 수구를 둘러싼 대립을 격화시키는 계기가 되었다. 조선 정부는 이후 일본의 국익추구를 위한 강압 외교에 의한 고충을 받았다. 1878년 조일 간 관세문제에 마찰이 생겼다. 조선 정부는 「통상장정」 조인 때 무지와 일본의 유도 전술에 걸려 일본에 대한 수출입 관세를 수년간 면제할 것을 동의했다. 그 후 대외무역에서 관세징수가 관례인 것을 뒤늦게 알게 된 조선 정부는 일본과의 마찰을 피하기 위해 조선 상인에게만 수출입 세를 부과하였다. 이것은 일본의 상거래에 영향을 주었다. 일본 관리관이 항의했으나 동래부사 윤치화(尹致和)는 수출입 관세가 국제관례라는 이유로 묵살하였다.

일본은 조선에 대해 무력시위로 압박했다. 동년 12월 9일 대리공사 하나부사 요리모토(花房義質)는 군함에 탑승하여 해병을 부산에 상륙시키고 훈련을 구실로 공포 및 위협사격을 감행하였다. 아울러 일본 상민들은 동래부에서 시위·난입하는 행위를 자행하였다. 조선 정부는 이 주권 침해 행위에 맞설 힘이 없었다. 사태 악화를 우려하여 관세징수를 철회하였다.[13] 이 사건으로 동래 주민들의 일본에 대한 분노는 격화되었다. 1879년 4월 동래부로 시위 행군을 하던 일본 해병에게 부산 주민들이 돌을 던진 사건이 발생하였다. 일본 관리관 야마노시로 유조(山之城祐長)와 봉상환(鳳翔丸) 함장 야마자키 카게노리(山崎山崎則) 등은 동래부사 윤치화(尹致和), 현석운(玄昔運)을 칼로 위협하면서 부상을 입혔다. 대리공사 하나부사는 이 사건을 구실로 개항문제와 관세징수에 따른 손해배상문제 협상을 위해 2척의 군함을 이끌고 동년 6월 14일 서울에 들어와 청수관에 유숙하였다.[14]

조선 정부는 일본의 무력시위에 흥분하거나 우발적 충돌이 벌어지면 함정에 빠질 것을 우려하였다. 일본 대리공사 일행에 손가락질하거나 투석하면 효수형에 처한다고 엄명을 내린다. 형조참판 홍우창(洪祐昌)을 보내 일본 측과 협의하도록 하였다.

일본은 개항 후보지로 인천과 원산을 요구하였다. 조선은 수도의 관문인 인천의 개항에는 강력히 반대하였다. 원산 개항에 동의하여, 1879년 8월 31일 원산 개항안에 조인하였다. 일본의 대조선 강압책은 서울에 일본의 상주 공관을 설치하는 데까지 펼쳐진다. 1880년 12월 18일 하나부사는 주 조선 변리공사의 자격으로 서울에 들어와 청수관(淸水館)에 여장을 푼다. 12월 28일에는 일본해군의 의장대 호위를 받으며,

---

13) 진단학회, 『한국사 : 최근세편, 현대편』, 서울: 을유문화사, 1961, 412~413쪽.
14) 성황용, 앞의 책, 150쪽.

돈화문까지 행진한 후 창덕궁 내 중희당(重熙堂)에서 고종을 알현하고 신임장을 봉정한다. 이 신임장 봉정은 하나부사의 서울 상주를 사실상 묵인하도록 만든 조치였다. 일본의 주조선 상주 공관이 설치되어 최초의 외국 상주 공관이 출현하였다.15)

일본은 운양호 사건으로 조선을 개국시킨 이후 조선 주재 일본 상주 공관을 설치하기까지, 조선에 대해 '당근과 채찍' 정책을 사용하였다. 일본은 조선과 이익 충돌이 있을 때마다 당근보다 채찍이 유효한 수단임을 경험하였다. 이러한 일본의 경험(교훈)은 향후 조선의 주권과 이익 침탈에 무력을 앞세운 강압정책의 실시를 추진하도록 만들었다.

3. 조선의 사대질서 변형 외교

일본으로부터 국권침탈을 받고 있던 시기 조선은 청국으로부터 조선 외교의 조언과 미국, 영국과의 수교에 중개 역할의 지원을 받게 되었다. 청국은 일본을 조선에 대한 현실적 위협 국가로, 러시아를 가까운 미래 위협 국가로 평가하고, 개국·다변 외교로 대처하되 청국의 '속국'으로 지원을 받을 것을 조선에 강조하였다.

1879년 7월 리훙장이 영부사(領府事) 이유원(李裕元)에게 보낸 서한을 아래에 옮긴다.

> "지금 일본이 봉상호(鳳翔號), 일진호(日進號)를 파견하여 오랫동안 부산포 밖에 정박시키고, 함포 사격훈련도 실시하고 있다고 하니 그 본의가 어디에 있는지 판단하기 어렵다. 만약 이후에도 반복한다면 중국은 최선을 다하여 지원할 것이다. 다만 거리가 멀어 염려된다. 중국은 병력과 재원이 일본의 10배나 되어 대항할 수 있다고 생각되지만 조선은 그렇지 못하니, 은밀히 군사력을 강화하여 국가보위를 공고히 할 것이며 외교 교섭에 있어서는 조약을 엄격히 준수하여 트집 잡힐 단서를 주지 않아야 할 것이다. 현재의 계책으로는 이독제독(以毒制毒), 이적제적(以敵制敵)의 계책을 써서 차례로 서양 각국과 조약을 체결하여 그 힘으로 일본을 견제하는 길밖에 없다. 조선의 정교금령(政教禁令)은 모두 자주이니 만큼 이와 같은 큰일은 중국이 관여할 바 아니로되, 중국과 조선은 중국 동삼성(東三省)의 울타리이기 때문에 조선의 근심은 중국의 근심이다."16)

---

15) 성황용, 위의 책 151쪽.
16) 최병옥, 앞의 책, 195~197쪽.

1870년대 말 청은 러시아와 이리(伊犁) 분쟁을 겪는다. 이리는 텐산(天山) 산맥의 중부 북쪽에 있는 분지에 구성된 9개 도시 중 하나이다. 러시아·키르기스스탄 국경 부근에 위치하고 남북 신장(新疆)성을 연결해 전략상으로 중요한 지역이다. 청국은 1759년 이 지역을 점령하였다. 청국이 태평천국란(1850~1864)에 휩싸이자 서북부 신장성에서 회교도(回敎徒) 반란이 일어났지만 이를 진압할 여력이 없었다. 러시아는 이를 틈타 1871년 7월 이리를 점령하였다. 1879년 청국은 러시아와 리바디아 조약(Treaty of Livadia)을 체결하여 이를 환수하려 했으나 실패했다. 1881년 2월 청국은 상트 페테르부르그(St. Petersburg) 조약을 체결하여 이리성 서쪽의 호르고스강(Khorgos River) 부근을 러시아에 양도하는 조건으로 이리지방을 돌려받았다.[17]

청국은 러시아와 이리분쟁을 겪으면서 세 가지 교훈을 얻게 되었다. 첫째, 내란은 외세의 영토 침탈을 불러온다는 사실과 외세의 침략을 방지하려면 내치부터 안정시켜야 한다는 교훈이다. 둘째, 국경선은 영토 경계선이며 조약체결 시 신중해야 함을 인식하였다. 마지막 세 번째 교훈은 러시아의 남진정책의 위협이다. 리훙장은 1880년 9월 총리아문(總理衙門, '總理各國事務衙門'의 약자, 1861년 1월 설치, 恭親王이 총서)에 보낸 보고서에서 '러시아인이 해삼위(海參崴, 現 블라디보스토크), 수분하(綏芬河), 도문강(圖們江)의 경계지역을 점거하여 모두 조선의 동북계와 접하게 되었다. 만약 조선을 병탄한다면 이는 곧 우리 동삼성(東三省)의 배후를 두드리는 것이니, 중국에게 커다란 위협이 되어 평안할 수 없을 것이다'라고 지적하였다.[18]

이 시기 청국의 대러시아 위협관이 형성되어 「조선책략」에 반영되었다. 청국은 책자에서 러시아에 대한 경계를 암시했지만 외교 현안에 대해서는 미국이나 영국과 조약을 체결할 것을 권고하였다. 그리고 조선을 속방으로 내세워 중재할 것을 자청하였다.

김윤식(金允植)이 영선사(領選使)로 1881년 11월 톈진에 파견되었을 때 리훙장은 대미 수교를 권장하면서 청국이 종주국으로 조약체결을 도와주는 것이 당연함을 말했다. 1882년 3월에 조미조약 교섭이 시작될 때 리훙장은 조미조약 제1조에 '조선은 청국의 속방이지만 내치외교를 자주에 맡긴다'는 조항을 규정하도록 강력히 주장하였다. 이 규정은 미국의 협상 대표 슈펠트(Robert W. Shufeldt)의 거부로 삽입되지 못한다. 하지만 리훙장의 강요로 동일한 내용의 조항을 조선 국왕의 친서로 미국 대통

---

17) 이리분쟁 과정에 대해서는 김용구, 앞의 책, 11~15쪽, 성황용, 앞의 책, 70~74쪽, 참조.
18) 최병옥, 앞의 책, 98~99쪽.

령에게 보내졌다.[19)]

청국은 조-영 조약 체결의 중재 때에도 '속방' 조항을 삽입할 것을 요구하였다. 그러나 영국의 협상 대표 해군 제독 윌스(Admiral Willes)가 강력히 반대하였기 때문에 미국의 선례에 따르기로 했다. 하지만 조선이 청국의 속방이라는 조선 국왕의 조회문을 전달했다. 6월 6일 조약은 체결되었으나 비준이 보류되어 1883년 11월에야 효력이 발생하였다. '조선이 청국의 속방'이라는 조회문은 1882년 6월 30일 조인된 조-독 수호조약에서도 전달되었다.[20)]

이 시기 조선은 청국에 대해 사대질서를 변화시키기 위한 외교적 노력을 기울인다. 조선은 조-일 통상수호조약에 명기된 '자주국'의 의미를 이해하기 시작했고, 미·영 등 열강과의 수호조약 체결 시 청국이 강요한 '속방' 조항의 채택이 거부되는 이유를 알게 되었다. 고종은 1882년 4월 2일 사대질서의 변형을 교섭하기 위해 어윤중(魚允中)과 이조연(李祖淵)을 문의관(問議官)으로 임명하고, 절목(節目)을 주고 이를 훈령이라 칭하게 하였다. 이 훈령에는 '사대의 절목은 더욱 지켜야 되지만 나라와 백성에 폐가 되는 구례(舊例)에 얽매이지 말 것'이라는 대청 교섭의 기조를 제시한 가운데 호시(互市), 해금(海禁) 문제를 포함한 새로운 통상장정의 체결, 조선 사절의 북경주재 및 파견, 조선 사절 비용의 자체 충당 등 문제를 논의하라는 것이 적시되었다.[21)]

동년 5월 19일 어윤중은 저우푸(周馥)와 회담을 가졌다. 어윤중은 조선의 사대질서의 사절 파견제도와 표문(조선 국왕이 중국 황제에게 보내는 국서제도)을 변경하거나 혁파해줄 것을 요청했으나 거부당했다. 저우푸는 사대의 법(事大之法)은 협상의 대상이 아님을 경고하였다.

어윤중은 청국 예부(禮部)가 수백년 맡고 있는 조공문제를 혁파하기 위해 통상문제는 북양대신이 관장해야 한다는 의견을 개진하면서, 예부를 배제하려 하였다. 그리고 조선 사절이 북경에 주재하면 별도의 하사(賀使), 진주(陳奏) 등의 사절이 필요 없다는 뜻을 전하였다. 하지만 저우푸는 통상장정은 먼저 예부가 상주하고 황제의 유지(諭旨)를 받아 총서(總署)와 북양대신이 작성할 것이라고 말하였다. 협상 결과 모든 통상문제는 리훙장이 타결하고, 총서가 관할하게 되면서 예부의 관여를 배제하였다.

---

19) 조미조약 체결과정에 청국의 역할에 대해서는 성황용, 앞의 책, 154~161쪽.
20) 성황용, 위의 책, 162~163쪽.
21) 어윤중, 저우푸 논의에 대해서는 김용구, 앞의 책, 17~24쪽.

어윤중은 조－미 조약에 규정한 최혜국 조항은 조－청 간 오랫동안 지켜온 법전(法典)에 따를 뿐 예외 조항임을 강조했다. 저우푸는 '속방'이라는 글자를 삽입하자고 제안하였다. 어윤중은 조선은 자주이기는 하나 독립은 아니라고 말했다. 6월 14일 청국 예부는 상유(上諭)를 받아 조선은 번봉(藩封)에 속하며 전례(典例)가 있으니 이를 결코 변경할 수 없으며, 계속 예부가 관할토록 한다. 따라서 조선의 사절이 북경에 주재하는 것을 허락할 수 없다는 입장을 고수하였다.

어윤중은 왜 조선은 '자주'이기는 하나 '독립'은 아니라고 말했을까? 그 구별이 주는 조선 외교정책의 의미는 무엇일까? 김윤식 등 친청파는 기존의 청에 대한 속국과 서방 국가에 대한 자주가 아무 모순 없이 양립할 수 있음을 내세웠다. 조선은 속방관계를 명문화함으로써 중국이 조선의 안위에 책임을 지도록 하면서 열강과는 국교를 수립, 어느 일국의 조선 지배를 상호 견제토록 하겠다는 것이다. 이러한 양절(兩截)체제의 운용은 기존 청과의 종주관계와 열강과의 평등관계를 활용하여 조선의 독립을 지킬 수 있는 '양득론'이 될 수 있다는 견해였다.[22)]

청국은 조선을 속국으로 인정한 상황에서 임오군란 진압을 상국의 임무로 생각하고, 출병을 서두른다. 그리고 일본은 자국 공사관의 피해와 거류민들의 피살을 구실로 조선에 출병한다. 조선 조정은 청국의 출병을 촉진하는 입장이었고, 일본의 출병을 저지할 수 있는 외교·군사 역량이 부족하였다. 조정은 친청·친일파로 나뉘어져 청·일 양국의 내정간섭을 받게 된다.

4. 임오군란(壬午軍亂)의 발발과 정치·외교적 파장

1882년 7월 19일(음력 6월 9일), 13개월 밀린 급료를 받기 위해 선혜청 도봉소(都捧所) 앞에 무위영·장어영 군졸들이 모여들었다. 이는 그 전날 군졸들의 불평을 알아차린 정부가 한 달 치 급료라도 지불하겠다는 통고가 있었기 때문이다. 그런데 선혜청 당상 민겸호의 하인으로 있는 창리(倉吏)가 내준 쌀은 두량(斗量)조차 차지 않았을 뿐 아니라 침수해서 썩은 것이 아니면 모래와 돌이 절반이나 섞여 있었다. 분노한 무위영 소속의 구 훈련도감 군졸들은 창리에게 다가가 시비를 따지는 가운데 분노가 폭발하여, 창리를 구타하면서 도봉서는 순식간에 피바다가 되었다. 민겸호는

---

22) 김용구, 위의 책, 24~30쪽.

이런 급보를 받고 수십 명의 포교를 풀어 4~5명의 주모자를 체포했고, 그중 2명은 가까운 시일 내에 사형에 처해진다는 소문이 장안에 퍼지게 되었다.[23]

흥분한 수백 명의 군졸들은 운현궁을 찾아가 대원군에게 호소하는가 하면 동별영(현 종로 4가에 위치)의 무기고를 파괴하고 무기를 탈취했다. 이어 군졸들은 포도청을 찾아가 구금된 동료들을 석방시켰다. 이후 경기감영을 습격하여 총기를 탈취하는가 하면 강화유수 민태호 이하 척신들의 저택을 찾아 모조리 파괴했다.

성난 군졸들은 하도감(下都監)의 교련병대를 습격하여 교관 호리모토와 일본 육군 어학생(語學生), 일본 외무성 순사 등을 살육하였고, 이어 일본 공사관을 습격하였다. 일본 공사 하나부사는 공관 보호를 위한 조선군이 미비함을 알아차린 후 스스로 공사관에 불을 지르고 28명의 관원들에게 인천으로 피신을 명하였다. 여기에서도 무위영 장교 정의길(鄭義吉)이 인솔한 군졸들에 의해 일본인 5명이 살해당하였다. 이들은 7월 26일 인천에 정박하고 있던 영국 측량선 플라잉 피시(The Flying Fish)호에 승선하여 7월 29일 나가사키(長崎)로 도주하였다. 이들은 당일 외무성에 「임오군란」을 알렸다.[24]

군란 2일 차였던 7월 20일(음력 6월 10일) 수천 명의 군민들이 대궐을 침범하여 민겸호, 김보현(전 宣惠堂上)을 살해한 후 "중전을 없애야만 우리가 살게 된다"고 외치면서 민비를 찾기 시작했다. 민비는 궁녀의 모습으로 변장한 다음 무예별감 홍재희(洪在熙, 후에 啓薰으로 개명) 등에 업혀 무사히 대궐을 빠져나갔다. 여주의 민영위의 집에 숨었다가 후에는 충주 장호원에 있는 민응식(閔應植)의 고향집에서 난을 피했다.

7월 24일(6월 10일) 대궐 밖에서 일어난 군란의 희생으로 영의정 이최응과 호군(護軍) 민창식(閔昌植)은 살해되었으며, 민치상(閔致庠)을 비롯한 영주(泳柱), 영준(泳駿), 영소(泳韶), 영익(泳翊) 등 민씨 척신들의 가옥은 모조리 파괴당하는가 하면 김홍집, 윤웅렬, 한성조, 윤자덕(尹滋悳), 홍완(洪玩), 이민하(李敏夏) 등 요인들의 가옥도 파괴당하고 말았다. 그들에 대한 성토(聲討)의 죄목은 부정축재, 양민학살, 국고의 낭비 및 왜양(倭洋)과 상호소통이었다.[25]

군란 3일 차인 7월 21일(음력 6월 11일)에 이르러 의정부는 대원군을 받들자는

---

23) 이선근, 앞의 책, 240~242쪽.
24) 이선근, 위의 책, 243~244쪽, 성황용, 앞의 책, 170~171쪽.
25) 이선근, 위의 책, 249~250쪽.

진언(進言)을 올렸고, 국왕이 전교를 내려 대원군이 8년 만에 정권을 잡아 사태수습의 책임을 위임받았다. 대원군이 내린 수습책은 다음과 같았다.

첫째, 군민에 대한 효유(曉諭)로 난을 진정시킨다는 대책이다. 난을 일으켰던 군민들은 환성을 올리면서 대원군을 지지하였다. 하지만 군민들은 해산 및 귀가에는 불복하고 민비의 행방을 찾아 지속적으로 소란을 피웠다. 둘째, 대원군은 하는 수 없이 민비의 승하를 알리고 국상(國喪)을 반포하고 국상도감을 설치했다. 대원군은 민비의 죽음이 사실일지 모른다는 추측, 그리고 국상을 반포하여 장례까지 치르면 민비가 생존해 있더라도 복귀가 어렵다고 판단한 것으로 보인다. 셋째, 제2단계 수습책으로 정부 기구의 개편과 동시에 새로운 인사를 발표하였다. 무위영을 혁파하여 과거에 불리던 대로 훈련도감이라 부르게 하고, 5영군문(五營軍門)을 부활시켰다. 또한 통리기무아문을 폐지하고 삼군부를 부활시켰다. 장자인 이재면을 무위대장 겸 훈련대장에 임명하는가 하면, 호조판서와 선혜 당상까지 겸임하게 했다. 신정희(申正熙)를 어영대장에, 임상준(任商準)을 총융사(摠戎使)에, 이회정(李會正)을 예조판서에, 영의정 홍순목을 유임시키는 동시에 인망이 높은 신응조(申應朝)를 우의정으로 임명하였다. 넷째, 개화정책을 반대하고 위정척사를 주장하면서 거소 항쟁을 전개하다가 투옥된 사대부들을 방면하였다. 이를 통해 대원군은 군심과 민심을 안정시키고자 하였다.[26)]

5. 청국 파병의 동기와 조선 청병의 정치

임오군란 발발 7일이 지난 7월 30일 일본 외무차관 요시다 기요나리(吉田淸成)는 주일 청나라 공사 리수창(黎庶昌)에게 사건의 개요를 전달하였다. 리수창은 7월 31일, 그리고 8월 1일, 장수성(張樹聲) 북양대신 서리에게 전문을 보냈다. 그는 두 번째 전보에서 일본이 전함을 보내니 중국도 군함을 파견하는 것이 좋겠다는 의견을 전달하였다. 이 두 전보는 모두 8월 1일 오후에 각각 총리아문(總理衙門) 총서(總署)에 도착하였다.

8월 2일 장수성은 임오군란에 대한 대응책을 처음으로 총서에게 리수창의 의견대로 중국의 군함 파견, 통령(統領) 북양함대 딩루창(丁汝昌) 제독의 군함 출동 준비

26) 이선근, 위의 책, 248~249쪽.

및 마젠중(馬建忠)의 동행에 관한 의견을 개진했다. 그리고 부친상으로 귀향했던 리홍장에게 톈진 복귀를 알렸다. 8월 2일부터 8월 7일까지 조선에 파병을 승인한 황제의 상유(上諭)가 있던 기간 북양아문은 파병준비에 착수하였다. 리수창의 군함 파견 의사를 개진한 전보는 8월 1일 오후 2시 40분에 북양아문에 도착했다.

8월 1일 오후 5시에 진하이관다오(津海關道) 저우푸(周馥)는 톈진에 주재하고 있는 영선사(領選使) 김윤식에게 면담을 요청한 후 조언을 구하였다. 김윤식은 한성-톈진 간 전선이 가설되지 않아 사정을 실시간으로 접촉할 수 없는 안타까움을 느끼면서 조선 조정이 난당을 색출하면 큰 문제는 없을 것이라고 말하였다.

8월 2일 저우푸와의 두 번째 대담에서 문의관(問議館) 어윤중과 함께 참석한 김윤식은 임오군란이 이재선과 안기영 역모 사건의 연장선에 있다고 하면서 대원군 개입을 암시했다. 두 사건 모두 일본인을 배척하는 공통점이 있다는 것과 일본의 조선 간섭이 예측되니 중국은 일본보다 앞서 군함 몇 척과 육군 1천 명을 파견해 해결하기를 희망한다고 말하면서 우선 군함 한 척을 파견해 사태를 파악하는 것이 좋겠다고 하였다.

장수성은 8월 4일 이러한 회의 결과를 바탕으로 임오군란의 조기 진압을 위한 필요성을 두 가지로 요약해 총서에 전달했다. 첫째, 일본이 먼저 군대를 파견해 사태를 수습할 때 조선 조정 내 일본에 의존하려는 세력들이 많아질 우려와 둘째, 난이 초기에 평정이 되지 못하여 창궐할 때 조선의 원조 요청을 받으면 곤란하다는 것이다.[27)]

8월 5일 김윤식과 저우푸는 세 번째 대담을 가졌다. 김윤식은 필담을 통해 저우푸의 최대 관심인 대원군과 이최응의 일본과의 야합 가능성은 낮을 것으로 판단하여 아래와 같이 기술하였다.[28)]

① 대원군과 일본의 야합은 없을 것이며, 대원군이 권력 장악 후에도 일본에게 화해를 구걸하지 않을 것이다.

② 조선 조정 내에 대원군과 협력하는 세력이 없다. 중국이 대원군 성토에 큰 문제가 없을 것이다.

③ 이최응은 주견이 없고, 외교를 모른다. 일본과 연결될 리 없으며, 척왜·척양을 주장하고 있다.

---

27) 김용구, 앞의 책, 87~88쪽.
28) 김용구, 위의 책, 89쪽.

④ 군란 평정에 1천 명의 군사면 충분하고 난당을 타장(打仗)할 필요가 없다. 한성 방어 성명을 발표하고 광목대비(康穆大妃)의 명으로 난당(군란 주모자)을 사면한다면 충분할 것이다.

8월 6일 총서는 최종적으로 파병을 결정하고 장수성에게 통보했다. 그리고 다음 날 이를 승인한 황제의 상유가 군기처에 전달되었다. 장수성은 8월 9일 총서에 '조선의 난의 성격이 김윤식의 말과 일치하니 신속히 난을 평정한 후 조선의 국정을 중국이 주지(主持)해야 된다고 건의했다. 8월 9일 김윤식은 저우푸와의 필담에서 전달한 조선의 중요한 정치 상황은 아래와 같다.[29]

① 난으로 희생이 된 사람들은 외교를 주장한 사람들이다. 민 왕비도 이 때문에 화를 당했다.

② 대원군은 1874년 이래 변을 일으키려 했다. 국왕도 이를 알고 있었으나, 어찌할 수 없었다. 왕비가 무속에 귀의한 것도 실은 자구책(自求策)에서 나온 것이다.

③ 척신들 중 많은 대신들이 희생되었을 것이다. 어윤중과 본인(김윤식)도 국내에 있었다면 분명히 화를 당했을 것이다.

④ 대원군이 국왕을 죽이지 못하는 것은 중국을 두려워하고 사람들의 입을 무서워하기 때문이다. 이어 김윤식은 대원군의 제거 계책을 먼저 대원군을 중국 군대 앞에 나오도록 하고, 만일 나오면 살려주고 그렇지 않으면 토벌하라고 조언하였다.

김윤식은 8월 5일 저우푸와의 세 번째 대담에서 청국이 가장 우려했던 대원군과 일본의 밀착 가능성을 부인했다. 그런 그가 8월 9일 네 번째 대담에서 돌연 대원군 제거 계책마저 일러바친다. 그가 과연 대원군 제거를 국왕이나 왕비의 지시 없이 독단으로 할 수 있었을까? 국왕의 밀지가 8월 6일에서부터 8일 사이에 김윤식에 전달되었을 가능성이 크다.

김윤식의 수기 음청사(陰晴史) 8월 1일자 기록을 보면 그는 저우푸로부터 군란 소식을 듣자 "어찌하여 난당이 사변을 농(弄)하게 되었는지 모르겠다. 반나절은 정신이 아찔하였다"라고 하였다. 8월 2일자 어윤중의 수기에는 "김윤식과 함께 의논하기를 (중략) 주상(主上)의 안위를 알 수 없다. 이 틈을 타서 日人이 군대를 일으키려고

---

29) 김용구, 위의 책, 90쪽.

하니 우리가 이미 명을 받들어 조국을 떠난 만큼 좌시할 수 없다. 저우푸와 의논하여 우리나라를 원조하도록 청하자"고 기록되어 있다. 이는 톈진 주재 조선 대신으로 이행해야 할 책무를 말한 것이다.[30]

장호원으로 도피 및 은신하고 있던 왕비는 윤태준(尹泰駿), 심상훈(沈相薰)을 밀사로 서울에 보내 국왕에 대원군 제거를 위해 청국 정부에 청원의 불가피성을 알리면서 국왕이 취할 비책(秘策)을 건의하게 하였다. 국왕은 민태호, 조영하 등과 연락하여 톈진 주재 김윤식과 어윤중 등에 알려 선후 교섭에 임하도록 방안을 강구하였다고 한다. 8월 9일 네 번째 회담에서야 저우푸에게 대원군 제거 계획을 말한 것은 시간상으로 볼 때 국왕의 밀지를 받고서 취한 조치로 보인다. 장도무(張道斌)의 「임오군란과 갑신정변」에는 「역관 변원규(卞元圭)가 충주에서부터 민비의 사명을 띠고 입경하였다가 다시 청국까지 다녀왔다」고 적고 있다. 기쿠치 겐조(菊池謙讓)의 「대원군전」에 의하면 고종은 그 밀사로서 어윤중을 북경에 급파하였다고 쓰고 있다.[31]

어윤중은 8월 9일 정국의 동향요청을 수락하고, 북양수사 제독 딩루창(丁汝昌) 등과 함께 군함 초용호(招勇號) 편으로 비밀리에 입국하였다. 어윤중은 입국 즉시 군란의 내막을 탐문하고 진상을 딩루창에게 보고하는데 대원군의 조종 아래 이루어진 반역 음모로 단정하였다. 그는 국왕은 유폐 상태로 빈자리를 지키는 정도이다. 지금 만약 신속하게 조치하지 않는다면 일본인은 대거 보복을 꾀할 것이며, 대원군은 대원군대로 병력을 동원하여 수비한다면 백성이 도탄에 빠지고 종묘사직이 위태롭게 될 수 있다고 말하였다.[32] 어윤중의 정탐보고는 톈진에서 저우푸와의 대담에서 김윤식이 밝힌 보고계통과 비슷하다. 가장 두드러진 특징은 두 사람은 모두 일본군 출병의 견제와 대원군의 제거를 강조한 점이다. 대원군이 등장하여 난국을 수습했다는 사실은 어느 누구도 밝히지 않았다.

조영하, 김홍집 등도 대원군의 위세에 반감을 품고 대원군 축출에 동조하였다. 두 사람은 8월 13일 인천부에 상륙한 하나부사를 한밤중에 방문하여 군란의 진상과 그들의 견해를 아래와 같이 전달하였다.

> 대원군이 정권을 전횡하여 국왕의 의사는 하나도 통하지 않으니, 공사가 만일 입

---

30) 이선근, 앞의 책, 257쪽.
31) 이선근, 위의 책, 253~254쪽.
32) 김용구, 위의 책, 262쪽.

경한다면 1개 대대의 병력 정도는 인솔해야만 위엄이 설 것이다. 우리들이 즉시 상경하여 비밀리에 국왕을 알현하고 공사의 입경 등을 주상해볼 테니 며칠 동안 입경을 미루어주기 바란다.

그뿐만이 아니다. 8월 15일 정부로부터 하나부사에게 입경을 좀 더 보류해줄 것을 요청했음에도 불구하고, 조영하, 김홍집은 "신속히 입경하는 편이 유리하다"고 밀보(密報)했다고 한다. 그들의 행동은 국왕과 직접 내통하면서 대원군의 제거 공작에 나선 것이 분명했다.[33)]

하나부사는 8월 16일 오후 8시경에 호위병을 이끌고 입경한다. 이 날 대원군은 반접관(伴接官) 유성진 등을 보내 숙사가 미흡하다는 이유를 들어 하나부사가 거느리는 일본군의 입경을 저지시키려 했으나, 교섭에 실패했다. 입경한 후에는 후대한다는 의미에서 위로 군량까지 보냈으나, 하나부사는 거절하고 대원군을 상대조차 하지 않았다.

마젠중(馬建忠)은 8월 13일 본국에 출병 건의를 위해 직예 총독 서리 장수성에게 띵루창을 파견한다. 그 건의서의 요점은 아래와 같다.[34)]

① 조선국 왕은 청국 황제로부터 책봉을 받았다.

② 중국이 관망만 하여 오늘의 변란을 시급히 수습하지 못한다면 그 폐해가 매우 클 것이다.

③ 화이군(淮軍) 6영(六營)을 동원하여 위원(威遠) 등 3척의 군함과 톈진 소재 초상국(招商局) 기선 등으로 조선에 병력을 수송할 것

④ 왕경(王京, 즉 한성)을 장악하여 역 괴수를 체포하면 난당들도 포진(布陣)할 수 없어 괴멸할 것이다.

청국 정부는 위 건의대로 화이군 6영을 동원하는 모든 절차를 서두르게 되었다. 그런데 문제는 8월 13일 딩루창이 톈진으로 떠나던 날 하나부사는 군함 4척과 수송선 3척으로 1개 대대의 병력을 인솔하고 인천항에 입항했다. 일본이 청국에 비해 조선 출병에 앞선 것이다.

---

33) 이선근, 앞의 책, 264쪽.

34) 이선근, 위의 책, 262쪽, 265쪽.

6. 일본의 파병과 청·일 경쟁

일본은 7월 30일 밤 임오군란의 대응책을 논의하기 위해 긴급 각의를 소집하였다. 개전 응징하자는 강경론 대 외무경 이노우에 가오루(井上馨)로 대표되는 온건론이 맞섰다. 다음 날 어전회의에서 일왕은 군사력 위협하에 조선 정부와 담판을 하고 응하지 않을 때 개전하자는 신중론을 채택했다. 그리고 사태 수습의 책임을 이노우에 가오루 외상에 맡기고, 하나부사 요시모토를 전권으로 파견하여 담판하도록 하였다. 일본 측은 인천과 부산에 정보원을 파견하여 호리모토 레이조 소위 등 13명의 일본인이 희생된 것을 알게 되었다.

조선 정부는 8월 6일 일본 공사관에서 전달된 서한을 통해 하나부사가 군대를 이끌고 조선에 올 것이라는 통보를 받게 되고, 청국의 중재를 요청하였다. 청국은 8월 5일부터 16일까지 세 차례에 걸쳐 조·일 양국관계의 중재를 시도하나 일본에 의해 거부당한다. 8월 5일 리수창 공사는 일본 외교부에 중재 제의를 했으나, 거부당했다. 그는 8월 9일과 12일 총리아문의 전문을 전달하고, "종주국의 의무에 따라 조선에 파병하여 속국에 있는 일본 공사관을 보호해 주겠다"고 제의하였다. 그러나 일본 측은 조선을 자주국으로 인정하고 있기 때문에 조·일 양국 간에 처리할 문제라고 거부하였다. 16일에는 청국 함대를 이끌고 인천 앞바다에 정박하고 있던 마젠중이 일본 함대를 방문하여 중재를 제의했으나 역시 거부당하였다. 조선은 청의 '속국'을 자처하고 청의 힘을 빌려 일본의 출병을 막아보려 했지만 실패한 것이다.[35)]

무력을 배경으로 일본은 강압외교를 개시한다. 8월 16일 일본 군함 4척과 육군 1개 대대가 인천에 집결했다. 같은 날 하나부사는 호위병을 이끌고 한성에 들어와 국왕과의 알현을 요구했다. 일본군의 입경은 임진왜란 이후 약 3백 년 만에 처음 있는 일이라 한성의 민심은 흉흉했다.

조선 정부는 긴급 각의를 열어 대책을 협의한다. 대원군을 비롯한 일부 대신들은 일본의 무례한 행위를 무력으로 대응할 것을 주장했다. 김홍집 등 일부는 타협론을 제시했다. 국왕은 타협론에 무게를 두고 8월 20일 하나부사를 만나기로 결정했다.[36)]

하나부사는 고종을 압박하기 위해 8월 20일 오전까지 인천 주둔 일본군 1천 5백 명의 혼성부대를 서울에 집결하도록 명령하여 돈화문(敦化門) 앞에 진을 쳤다. 그리

35) 이선근, 위의 책, 261쪽.
36) 성황용, 앞의 책, 174쪽.

고 당일 창덕궁에 들어간 하나부사는 주병권을 포함한 8개 항의 일본 측 요구에 8월 23일까지 회답을 촉구하였다. 3일의 짧은 일자를 통해 긴박감을 조성하여 일본 측 요구를 수락하도록 하는 최후통첩형 압박전술을 펼친 것이다.

조선 조정은 8월 21일 긴급 각의를 열고 대책을 논의한다. 영의정 홍순목(洪淳穆)의 보고를 들은 조정 대신들은 일본의 요구가 '국제 관례상 극히 무례한 행위'라고 격분하여 일본안을 반송하기로 하였다. 한편 일본군과 무력 충돌에 대비하기 위해 도성 수비대의 전비태세를 갖추면서 마산포(馬山浦)에 주둔한 마젠중에게 대원군의 편지를 보내 속히 입경하여 일본을 견제해줄 것을 요청하였다.

일본은 조선에 대한 압박 수위를 높였다. 8월 23일 조선 정부는 민비의 국상을 핑계로 일본과의 회담을 기피하였다. 하나부사는 회담 기일의 지연은 외교 관행에 어긋나는 행위라고 비난하면서, 국교가 단절된다면 그 책임은 전적으로 조선에 있다고 위협하였다. 그리고 호위병을 이끌고 8월 25일에는 인천에 정박한 일본 군함에 승선하는 등 개전의 결의를 보였다. 조·일 간에는 일촉즉발의 전운이 감돌았다.

마젠중은 3백 명의 육해병을 이끌고 서울로 급행하여 대원군을 만났지만, 대일 강경 입장을 확인했을 뿐이다. 8월 25일 우장칭이 이끈 3천 명의 군대가 서울에 입성했다. 마젠중은 조·일 국교 단절 사태를 예방하는 것이 긴급하다고 판단하고 인천으로 가서 하나부사를 면담하였다. 그는 하나부사에게 조·일 교섭이 안 되는 원인을 실권자인 집정인에 있으니, 급선무는 국왕이 정권을 장악하는 것이라고 은근히 대원군을 제거할 뜻을 밝혔다. 하나부사 또한 조·일 문제에 어떤 형식의 제3국 개입도 거부한다고 하면서도 청국과의 충돌을 원치 않기 때문에 만일 금명간 조선 측이 전권을 파견한다면 회담을 거부하지 않겠다고 밝혔다. 이처럼 마젠중은 상부의 지시도 받은 대원군 납치 카드를 대일 교섭에 이용하였다.[37]

조선은 일본의 강압외교에 속수무책이었다. 조·일 협상은 8월 28일 시작하여 30일, 즉 3일 만에 끝난다. 6개 조항으로 이루어진 「제물포 조약」과 2개 조항으로 이루어진 「수호조규속약(修好條規續約)」이 체결되었다. 「제물포 조약」의 주요 내용은 조선 측의 임오군란에 대한 공식사과와 책임자 처벌, 일본이 받은 손해 및 육·해군의 출병비 50만 원, 그리고 일본의 주병권이다.

주병권에 대한 일본 안은 '5년간 일본군 1개 대대'를 주둔시킬 것을 주장했었다.

---

37) 성황용, 위의 책, 175쪽.

하지만 합의안은 일본 공사관은 약간의 병력을 두어 호위하게 하였다. 이때 조선 측이 병영의 설치·수리를 담당하며, 1년 후 일본 공사가 원하지 않는다고 인정할 때 철병해도 무방하다고 제시하였다. 주둔 병력과 기간이 줄어든 것은 조선의 대일 강경파의 주장이 관철된 것으로 보인다. 하지만 2년 후 갑신정변 때 일본 측 1개 중대 병력에 의존한 정변세력은 청군 대대 병력의 공격을 방어하지 못하고 패배하고 만다.

일본은 「수호조규속약」을 조선과 체결하고 원산·부산·인천 등 3개 개항지의 유보(遊步) 구역을 사방 50리, 2년 후에는 1백리로 확대하고 1년 후 양화진을 개시장(開市場)으로 하여 일본 공관원들에게 국내 여행의 자유를 인정하기로 하였다.[38]

임오군란은 일본의 대조선 정책방향에 영향을 미친다. 일본은 힘이 중국과 대결할 수 없는 현실을 인정하고, 조선을 중국 영향권에서 이탈시킬 정책 대안이 '조선 독립국론'과 '조선 중립론'이었다. 조선 독립국론은 1882년 10월 외무경 이노우에와 우대신(右大臣) 이와쿠라 도모미(岩倉具視)에 의해 제시되었으며, 갑신정변 직전까지 일본의 대조선 정책 노선이 되었다.

일본에 대한 청국의 가장 큰 위협은 조선이 청국의 번속(藩屬)이 되어, 중국으로부터 토대를 구축하고 병함(兵艦)을 연결해 일본을 압박하는 형세이다. 일본의 안보이익을 보호하기 위해서는 이러한 청·조 연합의 군사압박을 미리 막아야 한다. 이를 위해 일본은 아래와 같은 조선 간섭과 조선 방조가 불가피하다.[39]

① 조선은 독립국으로 만들어야 한다. 조선과 조약을 맺은 각국에 조선을 독립국으로 인정토록 한다.

② 각 국이 '조선 독립국'을 인정하는 요소는 조선의 내란 진압 실력과 내치 주관의 실권 유무이다.

③ 이를 위해 일본은 조선에 무기 제공과 군대 훈련 교관을 파견한다. 광무(鑛務), 농구(農具) 등 재원증진 사업을 신설해 국력을 신장한다.

④ 조선이 일본에 도움을 요청하는 사항을 먼저 청국과 협의하여 청국의 의심을 해소한 후 조선을 지원해야 한다. 청국에 대적할 수 있는 일본의 재력이나 군사력을 증대시켜야 한다. 이후 일본은 군비 증강에 힘을 쓴다.

⑤ 아시아의 안전과 평화를 유지하려면 일본과 중국이 친선을 유지해야 한다. 이를 위해 조선에 변란이 일어날 때 일본은 어느 정도 이익을 포기하고 청국과

---

38) 성황용, 위의 책, 176~177쪽.
39) 김용구, 앞의 책, 76~80쪽.

대결이나 협의를 피해야 한다.

일본 조정은 대조선 정책 대안(代案)으로 조선 중립화를 논의했다. 1882년 9월 이노우에 고와시(井上毅)가 작성한 「조선정략(朝鮮政略)」이 증거이다.40)

이노우에는 조선을 중국의 조공국(tributary)이지만, 종속국(dependency)은 아니다는 전제하에 조선을 영구중립(permanent neutrality)으로 만들 것을 주장한다. 중립 보장국으로 일본, 중국, 미국, 영국, 독일 등 5개국을 적시하고, 5개국이 조선을 벨기에나 스위스와 같은 중립국으로 만든다. 그리고 5국 중 하나가 이를 어기면 다른 4개국이 견제하고, 보장국 이외의 나라가 이를 위반하면 5개국이 조선 중립을 방어한다는 요지이다.

이 중립화 구상은 당시 일본 조정에서 정책 의제화(議題化)가 되지 않았다. 일본은 영국, 프랑스를 설득할 위치에 있지 못했다. 하지만 일본의 조선 중립화 구상은 재현된다. 후술하겠으나, 1896년 5월 모스크바(Moscow)에서 실시된 일·러 외상 회의에서 일본은 러시아의 한반도 진출을 견제하기 위한 '38선 분할 점령안'을 제기하였다. 러시아는 이를 묵살한다. 그러나 러시아는 1903년 9월 러일전쟁 직전 일본에 대해 '39도선 북부 중립화'를 일본에 제안하였다. 양국 국력의 전이과정에서 열세인 측이 조선 중립화를 제기하였던 사실을 주목해야 한다. 이처럼 조선의 지정학적 위치, 그것은 역사적으로 한국 안보의 아킬레스건으로 존재했다.

7. 군란의 정치·군사적 파장

1) 대원군의 청국 압송

윤치호(尹致昊)는 조선의 군란을 이용해 청국이 자행한 내정간섭의 만행을 아래와 같이 쓰고 있다.41)

> 아! 우리나라에 본래 실정(失政)이 없었다고 하면 병요(兵擾)가 어찌 일어날 수 있으며, 인민이 태평했다고 하면 豚兵(돈병: 청군을 돼지로 칭함)이 무슨 일로 왔겠는가? 豚尾(돈미: 주둔군 사령관을 칭함)가 이를 엿보아 나라를 손바닥 위에 올

40) 김용구, 위의 책, 81~84쪽.
41) 최병옥, 앞의 책, 207쪽.

려놓고 꾸짖고, 달래기를 마치 노예의 자식처럼 하고 있다. 그런데도 여러 무리가 부끄러움을 모를 뿐 아니라, 豚尾를 끼고, 君父(대원군)를 위협하면서 私利만을 건지려 하고 있다.

대원군의 납치·청국 압송은 조선 조정의 권력투쟁 요인과 청국의 대일본 카드라는 국제 정치적 요인이 복합적으로 작용한 가운데 이루어졌다. 두 요인 중에서도 조정 내분이 더 큰 영향을 미쳤다. 김윤식은 저우푸와의 회담에서 임오군란의 배후에 대원군이 있음을 암시하고, 조정 내에서 대원군 협력 세력이 없어 중국이 대원군 성토에 큰 문제가 없다고 하면서 납치 계획을 일러바쳤다. 청국의 조선 국정개입은 임오군란의 배후 책임자로 지목한 대원군을 납치하는 폭거로 시작되었다. 8월 29일 남대문 밖에 주둔한 황스린(黃士林)의 청국 진영을 찾아간 대원군을 납치하여 톈진으로 압송하고, 바오딩푸(保定府)에 위폐하였다. 이 소식을 들은 군민들은 분개하여 도성 각처에서 청군과 전투를 벌였다. 그러자 청군은 병권을 장악하고 있던 훈련대장 이재면을 청군 진영으로 유치하며 연금·억류하고, 무위대장 이경하, 어영대장 신정희 등을 파면시킨 다음 왕십리와 이태원 일대의 군인 부락을 습격하였다. 이로 인해 376명의 희생자가 발생하고, 170여 명을 생포하였다.[42)]

마젠중은 다음과 같은 유고문을 발표했다. "군란 배후 책임자인 대원군을 청국 황제의 명을 받고 청의 대군이 구속·압송하였다. 만약 난군 일부가 다시 이상한 모략을 꾸민다면 용서 없이 처단하겠다"는 엄중한 경고문이었다. 난군 소탕작전에 마젠중 등이 조영하, 어윤중과 함께 작전계획을 수립한 것으로 보인다.[43)]

하지만 피살된 이들은 군란의 주모자들이 아니었다. 일본 측에서는 앞의 토벌작전은 청군과 전투를 벌인 자를 단죄한 것이지, 제물포 조약이 요구한 난군 수뇌의 처형과는 전혀 상관이 없는 것이라고 주장하였다. 조선 정부는 수모자(首謀者) 체포에 주력하지 않을 수 없었다. 그 결과 9월 초순부터 10월 중순까지 일본인 살해 및 공사관 습격의 진범으로 손순길(遜順吉) 등 3명을 일본 관리 입회하에 참수하고, 이진학(李辰學) 등 3명은 엄형에 처하여 조약상의 책임을 이행한 것으로 일단락 지었다. 그 후 난군 수모 김장손, 정의길 등 8명은 계속 추적하여 체포, 처형했다.[44)]

9월 12일 우장칭(吳長慶)의 명령으로 청군 100명이 왕비의 환궁을 호위하였다.

42) 申國柱, 『近代朝鮮外交史硏究』, 東京: 有信當, 1966, 200~201쪽.
43) 이선근, 앞의 책, 278쪽.
44) 이선근, 위의 책, 283쪽.

이 당시 진주 중이던 청군의 배치현황을 보면 조선의 군대는 도성과 궁궐을 지킬 수 있는 병력을 상실해버렸다. ① 총지휘관 광동수사 제독 우장칭은 최초 동묘(東關王廟)에 주둔했으며, 이후 하도감[下都監]으로 이동하여 주둔했다. ② 우자오유(吳兆有) 부대는 동대문 밖에 주둔해 있다가 동별궁(東別宮)으로 이동했다. ③ 총병 황스린(黃士林)의 부대는 남대문 밖에 주둔, 부장(副長) 장광첸(張光前)의 부대는 南小營(이태원 남쪽)에 주둔했다. ④ 부장(副長) 팡정샹(方正祥)의 부대는 수원부에 주둔(駐屯)하여, 남양만에서 서울까지의 도로를 경비했다. 황스린·위안스카이(袁世凱) 등이 언제나 큰소리 치고 국왕을 면알할 수 있는가 하면, 국왕 자신이 우장칭 진중으로 예방하는 것도 서슴지 않았다.[45]

8월 말 고종은 즉위 이래의 실정을 자책하면서 전 국민에게 호소·효유하는 윤음(綸音)을 반포했다. 이 윤음에는 '종전의 정령이 백성에게 불편했던 것을 모두 폐지하고, 순량한 관리를 뽑아 민생을 다스림으로써 실효를 강구하고 태사(太赦)를 시행하고 쇄신(刷新)할 것을 다짐하는 내용이었다.[46]

고종의 윤음에도 불구하고 재등장하는 민비정권은 과거의 적폐를 일소하고 혁신·자정의 큰길을 걷기는커녕 오히려 청군세력을 등에 업고, 척신세력의 좁은 인재풀에 의존하면서 사대 수구로의 후퇴를 서슴지 않았다. 대외노선도 친중견일(親中牽日)로 바꾼다.

2) 청국의 종주권 강화

청국은 임오군란 이후 조선의 친중 정치·외교 정세를 이용하여, 자국의 종주권을 재확인 강화하는 데 총력을 기울였다. 그 주된 이유는 조선이 구미 국가들과 체결한 조약에 청국의 종주권을 공인하는 조항이 빠진 데 있었다. 또한 「조일수호조약」 체결 이후 일본의 경제 진출이 촉진되어 조선이 경제적으로 일본에 종속될 우려가 있는 것도 청국에 영향을 주었다.

청국은 1882년 10월 4일 조선과 체결한 「조청상민수륙무역장정(朝淸商民水陸貿易章程)」과 1883년 4월 3일 조선과 체결한 「봉천여조선변민교역장정(奉天與朝鮮邊民交易章程)」에 종주권 관련 조항을 적시하였다. 「조청상민수륙무역장정」은 전문과 8개

45) 이선근, 위의 책, 289~290쪽.
46) 이선근, 위의 책, 285쪽.

조항으로 되어 있는데, 그중 전문과 1조, 2조, 7조 및 8조에 종주권 강화 조문이 다음과 같이 들어 있다.[47]

① 조선은 청국의 번봉(藩封)이며, 이 장정은 속방 조선의 이익을 보호 증진할 목적에서 체결한 것이기 때문에, 각국과 일체 같은 이득을 보도록 하는 데 있지 않다. 즉, 타국에 대한 최혜국 대우를 배제한다고 규정하였다.

② 조선은 톈진(天津)에 대원(大員)을 각 항(港)에도 관원을 파견하여 상무를 처리할 수 있도록 한다(제1조). 조선이 독립국으로 북경에 상주 공관 설치의 요구를 거부하고 오직 상무 처리를 위한 관원의 파견을 허용하였다.

③ 청국의 치외법권을 인정한다(제2조).

④ 청국 군함의 조선 연해 순항, 정박 그리고 조선의 해양방위를 위한 조선 연안 및 항만의 자유로운 출입을 허용한다(제7조).

⑤ 조약의 개정 및 폐기는 조선 국왕과 북양대신이 양 당사자가 되어 결정한다(제8조). 즉 조선 국왕과 북양대신 리훙장을 동등한 지위로 취급하였다.

「봉천여조선변민교역장정」과 1893년 8월에 체결된 「길림조선상민수시무역장정(吉林朝鮮商民隨時貿易章程)」에도 양국 간의 교섭 또는 왕복문서에 조선은 반드시 천조 또는 상국이라는 용어를 써야 하며, 청국 관리는 조선국 또는 귀국이라 표현하도록 규정하였다.[48]

3) 청군식 군제개혁

청군식 군제개혁은 대원군이 천진에서 리훙장의 사문(査問)을 받을 때 예정된 것이다. 리훙장은 대원군에게 무위영과 기무아문의 혁파 이유를 따졌다. 이에 대원군은 "무위영이나 기무아문은 원래 있던 것이 아니라 함부로 설치한 것이다. 이뿐만 아니라 온갖 폐단이 그곳에서 발생하기 때문에 혁파하였다. 또 외국 통상으로 논하더라도 적은 것은 예부에서 큰 것은 정부(의정부)에서 처리할 수 있는 것이니, 무슨 걱정이냐?"고 응수했다.[49] 군란으로 조선의 도성 방위군이 와해된 상황에서 왕성 수비군의 편성은 불가피했다. 문제는 청국 위안스카이가 국왕의 부탁을 받고 친위부대

47) 성황용, 앞의 책, 178~179쪽.
48) 성황용, 위의 책, 180쪽.
49) 이선근, 앞의 책, 273쪽.

의 편성과 훈련에 관여하게 된 점이다.

1882년 10월 500명씩 2개 부대를 편성하여 '신건친군(新建親軍)'이라는 명칭을 붙였다. 제1부대는 위안스카이의 감독하에 부장(副將) 왕더궁(王得功)이 이에 기능을 상실한 삼군부(三軍府) 자리에서, 제2부대는 동영(東營)에서, 제독 주센민(朱先民)의 감독하에 총병(摠兵) 허쩡주(何增珠)가 훈련을 담당하였다.

10월 초에는 조선 측 지휘관이 임명되었다. 양근군수(楊根郡守) 이조연(李祖淵)과 금구현령(金溝縣令) 윤태준(尹泰駿)이 각각 1개 부대를 감독하게 되었다. 이 부대들은 각각 신건친군좌영(新建親軍左營, 三軍府 배치 및 훈련), 신건친군우영(新建親軍右營, 일명 東別營)의 명칭을 가지고 정식 군영(軍營)으로 발족했다. 속칭 청별기군(淸別技軍)으로 불렸다.

친군 좌·우영이 정규부대로 창설되었지만, 청군식 신병훈련의 성격을 벗어나지 못하고 있었다. 12월부터는 국왕의 궁궐 밖 거동 시 호위 임무와 궁내의 숙직 임무를 담당하였지만, 궁궐 경비문제는 금위영과 어영청에 맡겼다.[50]

1884년 1월 21일 윤치호(尹致昊)가 고종과 만나 미국 군사교관 초청문제에 자신의 의견을 개진하던 중 "친군 좌·우영의 병대는 비단 재주가 없을 뿐 아니라, 교만하고 게을러 양병의 주의(主義)를 모르고 있지만 쓸모가 있든 없든 청인의 위세(威勢)를 억누르기 어려워 폐지할 수 없다"고 말한 것으로 보아 어쩔 수 없이 운영되고 있었던 부대였다.[51]

임오군란이 진전된 8월, 해체된 교련병대는 총융청에 소속시켜 훈련 장소를 한적한 평창으로 옮겨 총융사 지휘하에 종전대로 훈련을 실시하게 하였다. 한편 일본식 군사훈련은 박영효(朴泳孝)에 의해 경기도 광주에서도 실시되고 있었다. 1882년 3월 17일 광주 유수(留守)로 부임한 박영효는 수어사(守禦使)를 겸직하여 군권을 지니게 된 것을 기회로 병력의 양성에 착수했다. 박영효는 이 일로 민씨 일파에 의해 파직되고 만다. 이 일본식 군병은 경성으로 징발되어 전후어영(前後御營)에 소속되어 전영사 한규직(韓圭稷), 후영사 윤태준(尹泰駿)의 영솔하에 들어가고 말았다. 10월 박영효가 양성한 속칭 남한교련병대(南韓教鍊兵隊)는 친군전영(親軍前營)이라는 명칭을 받게 된다.[52]

---

50) 최병옥, 앞의 책, 207~208쪽.
51) 최병옥, 위의 책, 210쪽.
52) 최병옥, 위의 책, 215~216쪽.

친군전영은 1884년 5월 22일(음) 남별영(南別營)에 조련국(操鍊局)을 설치하고, 금위영(禁衛營)의 화약고를 인수하였다. 일본 육군 거산(巨山) 학교에서 군사교육을 받고 귀국한 서재필(徐載弼)을 사관장(士官長)에 임명하여 사관생도 교육을 실시하도록 하였다.

1884년 7월 22일(음) 친군후영(親軍後營)이 설치되었다. 평창동 연융대(鍊戎臺)에 주둔하고 있던 부대의 명칭을 바꾼 것이다. 이 친군후영의 병력은 군란 이후 평창으로 이동했던 교련병대의 일부 병력이다. 교련병대의 사관생도대는 이미 친군전영 소속으로 변경되었다. 따라서 지휘관은 도승지 민응식(閔應植)이지만, 일본군식 색채가 짙은 부대였다.[53]

새로 편제된 왕성 수비대의 친군 좌·우·전·후영은 문제점이 발견되었다. 청군식·일군식 복장과 훈련의 불일치는 병심(兵心)의 분열과 기예 습득에 혼란을 가져왔다. 더욱이 좌·우영과 전·후영은 상호비방하고 역시(逆視)하여 적대감을 표출하였다.

고종은 1884년 5월과 8월 각 영의 복장과 훈련방법을 친군병제로 통일하도록 지시하는가 하면, 친군 제영의 수장을 '감독'에서 '친군영사(營使)'로 개칭하였다. 주목할 점은 개편된 친군 4영의 주 임무가 왕실 호위인 숙위(宿衛)에 있음을 강조하고, 군용(軍容)의 안정과 영제(營制)의 규정을 강화하려 했던 것이다.

고종은 동년 8월 29일(음), 용호영(龍虎營), 금위영(禁衛營), 어영청(御營廳), 총융청(摠戎廳)을 해체하고, 병력을 친군 4영에 분산 및 배속시켰다. 이로써 임진왜란 이후 정립된 전통적 조선의 중앙 군제, 즉 5군영 제도는 사라지고 말았다.[54] 고종 집정 초기 대원군이 무위영, 장어영에 기초한 삼군부(三軍府)도 해체되었다. 임오군란의 직접 원인인 일본식 교련병대도 해체되어 친군 전·후병에 분산 배치되었다. 군란 직후 대원군 섭정 1개월여 만에 삼군부는 부활되었지만, 곧바로 해체되면서 친군 4영으로 중앙 군제는 재편되었다.

이러한 청군식 군제개편은 주조선 총지휘관 광동 수사제독 우장칭 예하의 3개 부대가 도성 사대문 안에 주둔했고, 1개 부대는 수원부에 진을 치고 남양만에서 서울에 이르는 도로를 경비하는 가운데 이루어졌다. 조선 조정은 외침에 대한 위협관이 부재했다. 또한 국토방위를 위한 군제를 생각할 겨를이 없었다. 4영 군대마저 청

---

53) 최병옥, 위의 책, 217쪽.
54) 최병옥, 위의 책, 218~219쪽.

국 교관이 훈련을 담당하여 조선군은 청국군의 예하 부대처럼 되었다. 조선은 청국으로부터 무기제조를 담당한 기기국(機器局) 설치를 위해 설비 및 병기·화약 제조에 필요한 서적과 도본 모형의 도입에 협조를 받았다. 그리고 구식 청동포(靑銅砲) 10문, 영국제 선조총(旋條銃, 강선소총) 1천정을 공급받았다. 이를 통해 조선 4영의 전력화 수준을 짐작할 수 있었다.[55]

8. 임오군란 진압을 위한 외군(外軍)차용의 정책적 의미

임오군란의 사례를 통해 조선의 외병차용에 관한 정책적 의미를 도출한다. 조선을 둘러싼 역학관계는 1초(청) 1강(일) 체제였다. 조선의 내우(군란)가 외환(청·일군의 입경)을 초래하였다.

1. 조선은 청군의 입경을 요청하고, 청국 북양의 정책 담당자들은 청병 진출의 촉진자(facilitator) 역할을 담당하였다. 청국은 군란의 진압을 상국의 임무로 생각하고 출병을 서둘렀다.
   1-1. 청국과 조선 수구파 간에는 군란의 주동자로 지목한 대원군 제거 및 일군의 입경 견제라는 두 가지 목적을 공유하였다. 그러나 수구파는 대원군 제거를 보다 중시하였다.
   1-2. 청의 대원군 납치에 대해 조선의 일부 대신들의 불만과 군대의 저항이 커 반청 여론이 만만치 않았다.
2. 조정에서는 일본군의 입경과 강압에 대해 화전양면의 대책을 논의했으나, 국력의 한계를 느끼고 청국에 중재 요청을 의뢰하였다.
   2-1. 하지만 일본보다 국력이 우세한 청국마저도 일군의 입경을 저지하지 못한다. 조선은 청·일 양국군 주둔하의 양강체제에 놓이게 되었다.
3. 군란을 겪고서도 조선 조정의 수구파는 과거 적폐를 일소하고 혁신·자강의 큰 길을 걷지 않는다. 청군세력을 등에 업고 척신세력의 좁은 인재풀에 의존한다.
   3-1. 정부 조직과 군제를 청국식으로 개편한다.
   3-2. 대외노선은 친중견일(親中牽日)을 유지한다.

---

55) 진단학회, 앞의 책, 543쪽.

4. 조선은 종주권 강화를 노리는 청국에 외교적 의존이 더욱 심화된다.
   4－1. 독립국으로 북경에 상주 공관 설치 등 종주권 변형을 시도하였으나 실패하였다.
   4－2. 청국과 체결한 「상민수륙무역장정」 등에는 종주권 강화 조문(번봉, 치외법권 인정, 청군함의 조선 연안·항만의 자유로운 출입)이 삽입되었다.
5. 조선은 청군의 감독하에 청군식 군제개혁을 실시하여, 왕성 수비대로 친군 좌·우, 전·후영을 설치한다.
   5－1. 속칭 청별기군(淸別技軍)으로 불리운 친군 좌·우영은 각각 500명으로 편성되었지만, 부대 명칭의 전환과 척신 중심의 인사교체, 청군식 신병 훈련대의 성격을 벗어나지 못했다.
   5－2. 임오군란의 직접 원인인 교련병대는 친군 전·후영의 명칭을 받게 되지만, 일본군식 색채가 짙은 부대로 남게 되었다.
   5－3. 친군 좌·우, 전·후영은 청군식·일군식 복장과 훈련이 일치하지 않아 병심의 분열과 기예의 습득에 혼란을 가져왔다. 상호비방과 함께 적대감을 표출하였다.
   5－4. 조정은 외침에 대한 위협관이 부재하여 국토방위를 위한 군제를 생각할 겨를이 없었다.
   5－5. 청국 교관이 훈련을 담당하여 조선군은 청국군의 예하 부대처럼 되었다.
   5－6. 4영 군졸은 소총으로 무장하였고, 극히 제한된 화포를 보유하였다.
6. 청·일 간 치열해지는 세력 각축 속에서 조선 조정의 위협관은 수구파 대 개혁파 중심으로 분열된다.
   6－1. 척신 중심의 수구파는 조선이 청의 속방임을 인정하고, 양절(兩截, 청에는 속방, 일본·열강에는 자주국) 외교를 추진하였다.
   6－2. 개화파는 조선이 일본을 비롯한 열강에 자주·독립 외교를 추진하기를 바랐다.
   6－3. 개화파는 청·조 연합을 분열시키기 위해 조선을 독립국으로 인정받도록 만들려는 일본에 편승하여 내정을 개혁하고, 독립외교를 추진하기 위해 권력 장악을 노린다(갑신정변의 원인).
7. 일본은 청·조의 종속관계를 단절시키기 위해 조선의 내우를 외교적으로 이용한다.

7－1. 각국이 '조선 독립국'임을 인정하는 요소는 조선의 내란 진압 실력과 내치 주관의 실권 유무이다.

7－2. 조선 문제로 청국과 대결을 당분간 피하고 타협한다.

7－3. 공관호위를 위한 주병권을 확보한다.

7－4. 조선에 무기 제공, 군대 훈련장교 파견 및 차관공여를 실시해 친일 세력을 확보한다.

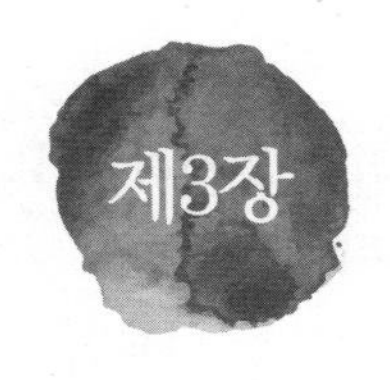

갑신정변(甲申政變)과 일·청군의 개입

1884년 발생한 갑신정변은 조선 정부의 내우(정치실패)가 외세(청·일군)의 개입을 야기시킨 사건이다. 내우외환의 연계 정치의 틀에서 갑신정변의 발발 요인을 분석하고 일·청의 군사개입 과정과 조선의 역할 및 조선 정치, 외교, 군사에 미친 영향을 확인하여 주요 정책적 명제를 도출한다.

1. 수구와 개화세력의 반목과 대립

임오군란 후 정부기구는 신·구 부서할 것 없이 모두 친청 사대의 수구세력으로 가득 채워졌다. 개화 독립당 인사로 알려진 박영효, 김옥균, 서광범 등은 한직에 배치되었다. 그러나 그들은 정부의 개혁의지가 강했고, 일본으로부터 차관도입을 비롯해, 신문물을 국정에 반영하려 하는 데 결속력을 발휘하였다.

하지만 개화파의 개혁조치는 친청 수구세력에 의해 저지되어 개화파 인사들은 고전을 겪게 되었다. 첫째, 외아문의 부속 기관으로 박문국(博文局)을 설치하고 관보 겸 신문 성격의 한성순보(漢城旬報)를 발간하여 계몽문화운동을 전개하려 했으나, 수구파인 민영목, 김만식(金晩植)은 박문국 당상관에 임명돼 실권을 장악했다.[1] 둘째,

---

1) 성황용, 앞의 책, 184쪽.

수구당에 의한 재정권의 장악이다. 재정의 큰 원천인 주전권(鑄錢權)을 그들이 맡았다. 조선 세 곳의 주전소(서울, 평양, 강화도)를 민태호(閔台鎬), 민응식(閔應植), 조영하(趙寧夏)가 각각 관장하고 있었다. 그들은 재정난을 타파한다는 구실로 이른바 당오전(當五錢)의 주조를 강행하여 물가를 올리는가 하면 정치자금의 조달 수단으로 사용하였다. 개화파 인사들은 차관을 들여와 개혁을 추진하여 사대세력을 견제하는 방안을 강구하게 되었다.2)

김옥균은 고종의 위임장을 가지고 차관도입을 위해 1883년 6월 일본에 건너갔다. 그런데 일본의 조선 문제 불개입 정책과 리훙장의 심복인 톈진 주재 독일영사 묄렌도르프(P. G. Von Mollendorf)의 끈질긴 방해공작으로 그의 차관도입은 실패하였다. 김옥균은 도쿄 주재 미국 공사 빙햄(J. A. Bingham)의 도움을 받아 미국·영국 은행으로부터 차관도입을 시도해보았지만 이마저 실패한다. 1884년 3월 그는 빈손으로 귀국하였다.3)

셋째, 개화 인물로 알려진 민영익의 배신 또한 개화파에 큰 충격을 안겨주었다. 그는 홍영식을 부관으로 하고 서광범을 종사관으로 하여 미국으로 출발하여 유럽을 거쳐 1884년 5월 말 귀국하였다. 그를 통해 개혁의 계획을 민비에게 알리고 추진하려 했지만, 뜻을 이루지 못한다. 민영익이 사대세력과 야합했기 때문이다. 그는 크게 실망하여 국왕에게 당분간 칩거의 뜻을 아래와 같이 아뢴다.4)

> 「지금의 국내 실정은 정령(政令)이 하나도 이루어지는 것이 없고, 오로지 분당(分黨)·반목이 심해져서 어느 때 뜻밖의 사변이 발생할지 알 수 없습니다. 그러하오니 잠시 전사(田舍)로 물러가 뒷날의 계획을 기대하는 것이 좋을 줄 압니다.」

김옥균이 국왕에 올린 '칩거' 글 가운데 '뜻밖의 사변 발생' 또는 '뒷날의 계획을 기대'한다는 말은 정변 준비를 의미한 것으로 보인다. 1884년 5월 김옥균은 차관도입 실패 후 귀국하여 평화적인 내정개혁의 마지막 희망을 민영익에게 걸었다가 이마저 실망했다. 그에게 남은 길은 비평화적 정변이었다.

고종은 1884년 8월 친군 4영의 인사를 척신·사대 요인으로 채웠다. 전영사에 한규직, 좌영사에 이조연, 우영사에 민영익, 후영사에 윤태준 등을 차례로 발령했다.

2) 김용구, 위의 책, 111~112쪽.
3) 김용구, 앞의 책, 148~149쪽.
4) 이선근, 앞의 책, 332쪽.

그런가 하면 동년 11월에는 친위 4영에 배속되었던 과거 금위영과 어영청 병사들을 규합하여 또 하나의 친군영인 별영(別營) 창설하였다. 병력은 약 1,450명으로 특수임무를 수행하는 부대로서 시령군(侍令軍), 등룡군(燈龍軍), 장막군(帳幕軍)으로 구성되었다.[5] 이는 후술하겠으나 청·불 전쟁으로 청국이 주둔군 1,500여 명만 남기고 철수했기 때문에 친군 숙위군을 강화하기 위한 것으로 보인다.

2. 조선의 다변 외교와 청·일의 대조선 정책

임오군란 직후 1883~1884년 2년 동안 조선은 청·일 양국 외에 구미 여러 나라와 외교관계를 수립하였다. 1883년 5월 19일(음력 4월 13일) 조·미 수호조약의 비준을 교환하고 초대 미국 공사 푸트(Foote)가 서울에 상주하였다. 같은 해 10월 조선은 영국 및 독일 양국과 통상수호조약을 맺었다.

1884년 4월 28일(음력 4월 4일) 조·영 수호조약의 비준을 교환하고 영국 총영사 애스턴이 서울에 상주하였으며, 6월에는 독일 부영사 부들러(H. Buddler)가 상주하는가 하면 조·이(伊), 조·로(露) 수호조약이 체결되었다.

조선은 더 이상 은둔국이 아니었다. 서양제국과 외교 다변화를 도모하는 자주국이 되었다. 이는 조선에 대한 종주권을 주장해온 청국에게는 우려되는 일이었다. 청국에서는 1884년 4월 정변이 일어났다. 총리아문의 총서인 공친왕(恭親王)이 파직되고, 북양대신 리훙장도 조선 내정의 간섭으로 군사·외교 면에서 국가 재정을 낭비한다는 공격을 받았다. 대원군 납치로 이름을 날린 마젠중이 탄핵을 당하는가 하면, 조선 주둔군의 철수 압력도 커졌다. 이를 틈타 청국 정부를 상대하던 진주사나 대원군에게 파견되는 문후사들이 대원군의 석방 운동을 전개하여 사대당을 불안하게 하였다.[6]

이 무렵 청국은 안남 문제로 벌어진 프랑스와의 전쟁에서 패하여 안남을 프랑스의 보호국으로 인정하였다. 이 전쟁을 수행하면서 리훙장은 조선에 주둔하고 있는 우장칭 산하의 1,500여 명에 이르는 3영의 군대를 철수시켜야만 하였다. 이들은 북양아문 소속으로 조선 주둔군의 절반이었으며, 영장 황스린(黃仕林), 주셴민(朱先民), 방정샹(方正祥)의 부대였다. 이들은 1884년 6월 초 펑텐(奉天)으로 철수하였다.[7]

---

5) 심헌용, "한말 군 현대화 연구," 「국방부 군사편찬연구소」, 2005, 113~117쪽.
6) 이선근, 앞의 책, 334~335쪽, 성황용, 앞의 책, 184~185쪽.

청국의 패전에 따른 안남의 프랑스 보호국화, 그리고 조선에서의 청국 주둔군의 반 정도의 철수 등은 조선 조정의 종주국에 대한 신뢰를 흔들리게 하였다. 일본은 조선 반도에서 청과의 역학관계가 자국으로 기우는 것으로 인식할 수 있는 계기가 되었다. 대립국가 간 힘의 전이(power transition)현상이 일어나면 과거 국력의 열세 국가의 우세국가에 대한 도전은 흔히 있는 일이었다.

임오군란으로 제물포 조약을 체결한 이후부터 일본의 대조선 정책의 방향은 조선을 독립국으로 만들되 이를 위해 청국과 정면충돌을 해서는 안 되며, 조선이 일본에 도움을 요청하는 사항을 선별적으로 수용하면서 조선과 관계를 유지하는 동시에 일본 자체의 실력을 기르는 데 두었다. 이러한 이중외교(二重外交)는 외무경 이노우에에 의해 추진되고 있었다. 전술한 박영효 · 김옥균이 차관도입에 심히 고배를 마신 것도 일본의 이러한 대조선 소극적 정책 때문이었다. 다케조에 신이치로(竹添進一郎) 공사가 1883년 말부터 1884년 10월 말까지 장기간 본국에 소환된 것, 또한 일본의 대조선 정책의 무관심을 보여준 것이다.

청 · 불 전쟁은 일본의 대조선 소극적 정책을 적극적으로 전환시키게 하는 계기가 되었다. 일본에서는 조선에 대한 개입 정책을 둘러싸고 여 · 야 간에 경쟁적 상황이 벌어지고 있었다. 자유당 내 정한론(征韓論)의 계열인 고토 쇼지로(後藤象二郎)는 프랑스 측과 결탁하여 청 · 불 전쟁을 계기로 조 · 청 관계에 개입하여 개화 · 독립당을 지원하는 동시에 조선에서 청국세력을 추출하자는 운동을 추진하였다. 그의 재정적인 지원 아래 수백 명의 장사패를 모집하여 조선 내에서 개화 · 독립당과 호응 · 거사할 계획을 추진하고 있었다. 이 계획은 이토히로부미와 이노우에에게는 대조선 간섭 정책을 촉진하는 요인으로 작용했다. 일본 정부는 다케조에 공사의 서울 귀임을 촉구하였고, 그는 조선 내정의 적극 개입의 밀명을 받았다.[8)]

다케조에 공사는 근 1년만인 1884년 10월 말 서울에 복귀했다. 그는 귀임과 동시에 국왕의 환심을 사고 개화당에 용기를 실어주는가 하면, 청국과 사대당을 공공연히 매도하였다. 11월 2일 국왕을 알현한 다케조에는 소증기선 1척과 산포(山砲) 2

---

7) 우장칭의 화이(淮)군 6영은 리훙장 고향 안후이(安徽)성 출신 민간 의용군을 중심으로 조직한 사조직인 무력 군단이었다. 화이군은 덩저우(登州)에 주둔하고 있던 우장칭 소속 군대였고, 부대장 이름에 따라 칭(慶)군이라고 불렸다. 화이군은 쩡궈판(曾国藩)이 조직한 상군(湘軍)과 함께 강력한 군사조직이었다. 이 군사조직은 1911년 이후 북양군벌의 기초가 되었다. 김용구, 위의 책, 110~111쪽, 144~145쪽.

8) 이선근, 앞의 책, 342~343쪽.

문 등을 기증하고, 임오군란의 배상금 잔액 40만 원의 환납을 통고하면서 이 자금을 독립을 위한 내정개혁에 사용해달라는 일본 정부의 뜻을 전하기까지 하였다.[9)]

11월 3일 다케조에는 천장절(天長節, 일왕의 탄생일의 옛 명칭)을 맞아 교동(校洞)의 신축 공사관에서 축하연을 베푸는 도중 내외 빈객의 면전에서 청국영사 천슈탕(陳樹棠)을 무골해삼(無骨海蔘)이라고까지 매도하였다.[10)]

11월 1일에 다케조에는 김옥균과 만나 개혁운동에 대한 적극적인 지원을 약속하는가 하면, 만일 사태에 일본이 청국과 전쟁을 불사할 것이라고 귀띔하면서 일본의 결의를 내보였다.

3. 개화당의 정변 모의와 일본의 사주

청국의 패전과 일본의 적극적인 대조선 정책의 전환, 그리고 청일 양국 간에 전쟁이 발발할지 모른다는 풍문 등은 조선 조정으로 하여금 대응책 논의를 하도록 만들었다. 1884년 11월 3일 열린 조정회의에서 민영익을 위시한 사대당은 아직 청국의 힘은 쇠퇴하지 않았으니, 청국에 의존해야 한다고 주장했다. 하지만 홍영식, 김옥균 등 개화당은 조속한 조선의 독립을 주장하면서, 청·일 어느 측에 보호를 요청할 것인지에 대해서는 대답을 회피해 민비(閔妃)의 불만을 샀다.[11)]

개화당 인사들이 정변 계획을 결정한 11월 11일 밤 남산 기슭에서 일본군은 무력시위를 벌였다. 총성에 놀란 국왕과 각국 공관의 항의를 받았다. 이 무력시위는 청장(清將) 위안스카이의 예하부대에 떨어진 비상사태 대비 움직임과 조선 4영의 경계태세 강화에 대한 일군의 위협이었다. 다케조에는 이 무력시위로 개화·독립당의 정변 음모에 힘을 실어주고자 했다. 당시 한성 내에서는 친청 수구당이 개화 독립당을 제압하고 기승(氣勝)·발호하게 되면, 조선은 결국 청국에 병탄(併呑)되는 동시에 현재 청·불 전쟁에 대해서도 조선 군대가 청국을 도와 출정하게 되는지 알 수 없다는 유언비어가 나돌았다.[12)]

개화당 요인들에 의한 정변 모의의 시기와 장소는 11월 4일(음력 10월 1일), 김옥

9) 성황용, 앞의 책, 187쪽.
10) 이선근, 앞의 책, 341쪽.
11) 성황용, 앞의 책, 187쪽.
12) 이선근, 앞의 책, 345~346쪽.

균의 북악(北岳) 별장으로 보인다. 김옥균은 이날 박영효, 홍영식, 서광범, 유대치 및 이노우에, 가쿠고로를 초청해 주연을 베풀면서 12월 4일 우정국 피로연을 거사일로 잡았다.[13]

사대당 요원들을 제거한 뒤 국왕을 옹위하여 일사천리로 일대 국정개혁을 단행한다는 것이었다. 거사의 성공을 위해서는 행동원, 정보, 무기의 수집이 필요하지만, 무엇보다도 수구당을 후원하는 청군을 어떻게 견제하느냐를 문제로 삼았다. 개화당 요원들은 왕궁 수비대에 의한 국왕 호위보다는 일본군에 의한 청군의 개입을 억제하거나 청군이 왕궁 진입 시 격퇴하길 바랐다.

김옥균은 11월 25일 다케조에 공사를 단독으로 만나 재정 및 군사 지원에 대해 협의하고 확약을 받았다. 갑신일록(甲申日錄)에 의하면 김옥균이 자금문제를 제기하자 다케조에는 10여만 원의 차관을 약속했다. 이 약속에 김옥균이 미심쩍어하자 공사관원 마사야마(淺山)를 불러 조선 거류 일본 상인의 현금을 전부 거둬들이면 10여만 원은 염려 없다는 증언까지 하도록 했다.[14]

더 큰 문제는 우정국 피로연에서 거사 계획에 대한 다케조에의 군사 지원 약속이다. 김옥균은 거사를 일으킨 뒤에 군사를 동원하여 국왕을 보호하는 임무를 요청하자, 다케조에는 국왕 호위를 위해서 국왕의 친서가 필요함을 말했다. 김옥균은 국왕의 수서(手書)를 얻어 박영효를 칙사로 보낼 것을 약속했다. 다케조에는 흔쾌히 찬성하면서 조선 주둔 일군이 수적으로 청군에 열세이나, 선제적 행동을 한다면 짧게는 2주일에서 길게는 2개월 동안 궁궐 수비를 다음과 같이 장담하였다.

> '가령 청국 군대를 1천 명으로 잡고 우리는 1개 중대를 거느렸을 경우, 장래는 이러하다. 우리가 먼저 북악(北岳)을 점거한다면 2주일 동안 넉넉히 지탱할 수 있고, 만일 남산을 점거한다면 2개월을 충분히 수비할 수 있으니 염려할 것 없다.'[15]

김옥균은 11월 29일 국왕을 알현했다. 김옥균은 국제 정세 면에서 청·불 전쟁으로 인해 청국의 세력이 쇠퇴했고, 일본과 청국이 불화하게 되어 머지않아 일이 터질 것으로 상주했다. 내정 면에서는 「당 5전」과 같은 그릇된 전정(錢政)으로 경제가 침

13) 김용구, 앞의 책, 151~155쪽, 성황용, 앞의 책, 187쪽.
14) 인용되는 『갑신일록』은 김용구 교수가 1967년 서울대 중앙도서관이 소장한 교토대학 판본을 필사해 복사한 13부 중 하나이다. 김용구, 위의 책, 155쪽, 필사본, 20~21쪽.
15) 『갑신일록』, 1884.11.25., 21쪽, 이선근 앞의 책, 348쪽.

체되고, 간신들이 국왕의 총명(聰明)을 막는 동시에 청국의 세력을 빌려 왕권을 농락하는 것을 통탄할 일이라고 털어놓았다.

왕비가 청·일 전쟁 시 그 승부를 물어보자, 김옥균은 양국이 자력으로 교전한다면 예측이 어렵지만, 일본이 프랑스와 연합한다면 일본의 승리가 확실하다고 말했다. 고종은 '그렇다면 우리가 독립하기 위한 대책을 꾀할 때, 또한 이때가 아닌가?'라고 물었다.[16] 여기서 주목할 것은 고종과 민비는 청·일 간 '힘의 전이(power transition)'가 일본에 유리하게 전개되고 있으며, 조선이 청국으로부터 독립을 하기 위해서는 이 시기를 이용해야 한다는 것을 인지하기 시작했다는 점이다.

김옥균은 다케조에와의 교섭 전말과 독립당의 계획을 아뢰면서 신변의 위협을 무릅쓰고 "전하의 중신들이 모두 다 청국을 우러러 받들면서 그 종노릇을 다하고 있기 때문에, 일본이 비록 우리나라를 독립시키고자 하여도 이루어지지 않는 줄 압니다"라고 상주했다. 고종은 "임기조치(臨機措置)는 경(卿)의 생각과 계획에 맡기겠다. 경은 다시 의심하지 말라"고 하자 김옥균은 국왕으로부터 친수밀칙(親手密勅)을 요청했고 국왕은 이 밀칙을 내렸다고 한다. 이 「밀칙」 진위 여부에 논란이 있으나 김옥균의 계획에 국왕이 상당한 신임을 표시한 것은 틀림없다.

4. 정변 거사 계획과 경과

독립당의 거사 계획은 우정국 개설 피로연을 이용하여 사대당의 거물급 요인들을 암살하고 국왕을 앞세워 국정개혁의 대과업을 일거에 단행한다는 것이었다. 계획을 성사시키려면 사대당 요인 암살과 국왕의 호위를 위한 수비병 장악, 대대적인 인사 개편과 내정개혁안 실행 순이었다. 이 가운데서 가장 중요한 것은 사대당 거물급 요인 중 병권을 장악한 4영사의 제거와 왕궁 수비병을 장악하는 일이었다.

『갑신일록』에 의하면 4영사의 살해를 위한 독립당 장사 2명이 다음과 같이 각각 배정되었다.

제거 대상	배정 인원
우영사 민영익	윤경순, 이은종
좌영사 이존연	최은동, 신중모
전영사 한규직	이규완, 임은영
후영사 윤태준	박삼룡, 황용택

16) 上日, 然則謀我獨立之策亦不在於是乎, 『갑신일록』, 23쪽.

또한, 만일에 대비해 한복으로 변장한 일본인 1명씩 추가 배치하였다.

민태호·민영목·조영하에 대한 살해는 전영 병졸 40여 명을 거느린 신복모(申福模)가 맡았다. 안동 별궁에 불이 날 때 문안 차 입궐하는 근신(近臣)들을 당장에 저격하자는 계획이었다. 전영 소대장 윤경완(尹景完－尹景純의 아우)은 병졸 50명을 인솔하고 비상선을 넘어 궐내로 들어오는 자를 순서대로 처치하는 임무를 맡았다.[17]

우정국 연회에는 주인공인 홍영식을 필두로 김옥균, 김홍집, 승지 서광범, 민병석, 주사(主事) 윤치호, 사사(司事) 신락균(申樂均) 및 후영사(궁궐 숙위로 불참) 윤태준을 제외한 3영사가 참석하였다. 우정국 행사에 3영사를 초청한 것은 독립당 요원들이 우정국 연회에서 궁궐 숙위를 담당한 지휘관 셋을 일거에 도모하고자 한 목적 때문이었다.

경비가 삼엄해 안동별궁(安東別宮) 방화 계획은 실패하고 우정국 북측에 있는 민가의 방화에 성공했다. 이에 놀라 밖으로 뛰어나가던 우영사 민영익이 일본인의 칼에 맞아 중상을 입었다. 김옥균·박영효·서광범 등은 급히 입궐하여 국왕을 뵙고, 우정국에서 사변이 터졌음을 아뢰고 모든 죄과를 수구당 측에 넘겨씌우는 동시에 형세가 급박하기 때문에 잠시 피난할 것을 주청하였다. 이때 왕비가 침전에서 나와 "이번 사고를 청·일 양국 중 어느 측에서 일으킨 것인가"라고 물었다. 이에 김옥균 등이 미처 대답하기 전에 동북쪽 통명전(通明殿)에서 굉장한 폭음이 울렸다. 국왕 이하 모든 사람들이 크게 놀라 후문을 통해 피난하기로 하였다. 윤경환이 거느린 군졸들의 호위 아래 경우궁(景祐宮, 1970년대 휘문중·고교 교정)으로 향할 때 김옥균은 사태의 위급성을 들어 일본군의 보호를 주청하자, 국왕도 이를 윤허하였다.[18]

이때 민비가 김옥균의 의견에 대해 "일본 군대만 청하면 청국 군대는 어찌할 것인가"라고 묻자 김옥균은 서슴지 않고 "청병에게도 호위하도록 요청하겠다"라고 대답했다. 하지만 김옥균은 이를 실천하지 않았다. 그뿐만 아니라, 그는 일병 호위 요청을 위해서는 친수칙서(親手勅書)의 필요성을 주청하자 국왕은 방법을 하문했다. 김옥균은 즉시 붓을 꺼내들고 박영호는 종이를 드려 요금문(曜金門) 안의 노상에서 일본공사래호짐(日本公使來護朕), 즉 "일본공사는 와서 짐을 보호하라"는 7자의 칙서를 내려주었다.[19]

---

17) 『갑신일록』, 1884.12.1., 25~27쪽.
18) 이선근, 앞의 책, 355~356쪽, 성황용, 앞의 책, 189쪽.
19) 『갑신일록』, 1884.12.4., 32쪽.

친청 수구당의 거두인 민비는 일본군 보호를 요청하는 국왕의 친서 전달에 침묵했다. 하지만 그녀는 청군이 이러한 정변에 좌시할 것이라고 생각하지 않았을 것이다. 이미 청군을 동시 초청을 지시한 바 있기 때문이다.

국왕과 비빈(妃嬪)들은 경우궁에서 일본군 150여 명을 비롯한 윤경환의 전영 병졸 및 서재필이 지휘하는 13명의 사관생도들에 의해 경호를 받았다. 전문 밖에서는 장사패들이 호위하여 내외의 계엄 상태는 물샐틈없는 것으로 보였다.

이러한 삼엄한 경호 속에 민영목(閔泳穆), 조영하(趙寧夏), 민태호(閔台鎬), 한규직(韓圭稷), 이조연(李祖淵), 윤태준(尹泰駿) 등 여섯 대신들은 개화당이 만든 군왕의 입궐 소명에 따라 경우궁에 들어오다 참살당했다.[20]

5. 내정 혁신과 3일 천하의 종말

개화 독립당 요인들은 정변 다음 날 아침 신임 각료와 주요 인사를 발령하였다. 영의정 이재원, 좌의정 홍영식, 전후영사 겸 좌포장 박영호, 좌우영사 겸 대리외무독판(代理外務督辦), 우포장 서광범, 병조판서 이재완(李載完, 종친), 형조판서 윤웅렬, 판의금(判義禁) 조경하(趙敬夏－조대비의 조카), 호조참판 김옥균, 병조참판 겸 정령관 서재필, 도승지 박영교 등이 임명되었다. 박영효·서광범 두 사람이 군사와 경찰의 전권을 장악했다. 서재필이 병조참판을 박영교가 왕명의 출납을 담당하는 도승지에 김옥균은 재무와 내무를 담당하는 호조참판을 맡았다. 국정 쇄신을 위한 독립당 요원 위주의 인사를 단행한 것이다.[21]

12월 5일 정변파 내각은 14조 혁신 정령(政令)을 발표했다. 그 주요 내용은 대원군의 귀환, 청국에 조공 폐지, 문벌 폐지, 인재 등용, 지조법(地租法) 폐지, 혜상공국(惠商公局)의 혁파 등이 포함되었다. 안보와 관련된 정령으로는 급히 순사(巡査)를 두어 도적을 방지하고, 4영을 합하여 1영으로 만들되 각 영에서 장정을 선발하여 근위대를 급히 설치한다는 것이다.[22] 임오군란 후 정리한 4영제를 다시 1영으로 통합하여 청나라의 군제를 변질시키면서 국왕 호위를 위한 일본식 근위대를 설치하려는 것이었다.

---

20) 『갑신일록』, 1884.12.4., 33~34쪽.
21) 『갑신일록』, 34~35쪽.
22) 『갑신일록』, 37~38쪽.

정변파의 정부 인사와 조직의 혁신은 3일을 가지 못한다. 민비가 우려했던 것처럼 청군의 대거 개입으로 정변세력이 더 이상 국왕을 호위하여, 정변을 주도하지 못하고 도주할 수밖에 없었기 때문이다.

이러한 내정 혁신안이 반포될 때 왕비를 중심으로 비빈들은 경우궁이 협소하니, 환궁하기를 독촉하였다. 정변세력은 국왕을 경우궁보다 좀 더 넓고 경비하기에도 편리한 계동궁(桂洞宮) 이재원의 저택으로 옮겼다. 하지만 사대당 소속이었던 경기감사 심상훈의 밀고로 사대당의 거두 6명이 암살당한 것을 알아차린 민비는 환궁을 거듭 독촉하였다.

정변 파에서는 논쟁이 일어났다. 박영효는 최초 논의 되었던 강화파천(江華播遷)을 재삼 주장하였다. 다케조에는 완강히 반대했다. 일단은 지세 면에서 경비가 쉬운 계동궁에서 며칠 동안을 버텨보자고 합의했다. 하지만 국왕은 12월 5일 저녁 다케조에 공사에게 "이곳은 너무 비좁고 누추하여 잠시도 머무르기 어렵고, 또 대왕대비의 뜻이 간절하다. 비록 청국군으로부터 뜻밖에 변이 생긴다 하더라도 대궐과 이곳이 다를 바 없으니, 속히 환궁하도록 주선해달라"라는 하교를 거듭하였다.

다케조에는 김옥균과 상의할 겨를이 없이 하교에 응답했다. 5일 오후 5시경 어가는 창덕궁으로 환어하였다. 박영효는 무라카이 일본군 중대장과 함께 경우궁 수비와 같은 방침으로 전열을 정비했다. 정변세력의 장사와 수하(手下)의 친병은 내위(內衛)를 일본군은 중위(中衛)를, 4영 군졸은 외위(外衛)에 배치, 3중 경호체제를 갖추었다.[23)]

정변세력은 4영 군졸 2,000여 명 중 800여 명을 지휘·통제한 것으로 보인다. 문제는 병졸의 수가 아니라 녹슨 무기에 있었다. 박영효·서광범은 각 영 무기고에 비치해둔 총과 도검 등 무기를 검사하였다. 그런데 당장 사용해야 할 무기의 대부분이 녹슬어 총구멍에는 탄환이 들어가지 못하는 형편이었다. 신복모(申福模) 이하 사관과 군졸들은 녹슨 총기를 분해·손질할 수밖에 없었다. 일분일초도 안심할 수 없는 비상시기에 무기를 분해한다는 것은 있을 수 없는 위기대응에 큰 모험이었다.

설상가상으로 다케조에는 철병을 제안한다. 그는 이재면·홍영식에게 일본군의 형편이 오래 대궐에 주둔할 수 없다는 이유를 들어 금일(12월 6일) 중에 철병하겠다고 제의했다. 독립당의 정변이 일본의 병력을 왕궁호위의 근간으로 출발했던 만큼

---

23) 이선근, 앞의 책, 370~371쪽.

김옥균·박영효에게는 엄청난 경악이며 실망이었다. 김옥균은 정변을 위한 자립책이 자리 잡을 수 있는 시간, 그리고 녹슨 무기를 분해·손질하는 시간 등 이유를 들어 차후 3일 동안 말미를 주고 그 후에 철병할 것을 간곡히 요청한다. 이 밖에 김옥균은 일본이 철병한 후에는 사관 10인을 교관으로 파견해 근위대를 조련할 수 있도록 주선해줄 것을 요청하였다. 다케조에는 철병을 보류했다. 아울러 차관과 재정 고문의 초빙까지 흔쾌히 승낙했다. 갑신일록(甲申日錄)은 정변 요원들은 「다케조에의 마음씨와 일본 정부를 믿고 의지함이 마치 금석(金石)을 믿는 것과 같았다」고 기술하였다.[24]

청군의 최초 개입은 국왕 이하 비빈들과 정변 요인들이 창덕궁에 돌아와 수비태세를 완료하고, 밤이 되어 4위의 관문을 수졸(守卒)들이 폐쇄하려 했을 때 일어났다. 선인문(宣仁門) 밖 통령 우자오유(吳兆有) 진영의 청국 군사 1대(隊)가 달려들어 폐문을 방해했다. 이튿날 12월 6일 아침 신정부는 지난밤 청군의 폐문 저지를 위한 책임 문제를 들어 위안스카이에게 한 통의 서한을 보내 강력히 항의하고, 재발 시 강경 대처를 하겠다고 경고했다.

이에 대한 응답도 없이 우자오유는 사관 한 명을 파견하여 국왕께 알현을 요청하였다. 격이 낮아 이재원·홍영식 두 대신이 접견하였다. 청국 사관은 우자오유 명의로 국왕께 올리는 한 통의 봉서(封書)를 전달하였다.

「경성 안팎이 이전과 다름없이 평정하니 안심하기 바랍니다.」 이는 국왕을 안심시키며 정변세력에는 무언의 경고장이었다. 조선 조정은 도승지 박영효를 시켜 답신을 보냈다. 하지만 청군 진영에서는 통역관을 보내어 「위안스카이가 군사 6백 명을 인솔하고 입궐하여 알현하기를 청한다」고 전하면서 6백 명을 2대로 나누어 3백 명씩 동·서 양쪽 문으로 들어오겠다고 통고하였다.[25]

정변 요인들은 위안스카이의 입궐 통고를 받자 형세가 험악해지는 것을 인식하고 군사를 대동하지 않는 단독 알현을 허락했다. 동시에 위안스카이가 군사를 인솔하고 입궐을 강행한다면 불상사가 발생할 것이라고 항의했다. 그들은 다케조에와 상의하여 각 영 군졸을 정돈하는 한편 경비 태세를 더욱 강화시키고, 분해했던 종검도 신속히 원상태로 정비하게 하였다.

위안스카이는 오후 2시 반경, 서신 한 통을 다케조에 공사 앞으로 보내어 이른바

---

24) 『갑신일록』, 1884.12.6., 38~39쪽.
25) 『갑신일록』, 40쪽.

군사력 사용 직전 통보하는 선례후병(先礼後兵)의 조치를 취하였다. 시마무라 서기관으로부터 받은 봉투를 다케조에 공사가 개봉도 하기 전에 갑자기 총소리가 대궐을 흔들며 청국 군사들이 동남쪽에서 쳐들어왔다. 총알이 빗발치듯 날아오자, 일본군 측에서도 무라카미 중대장의 명령으로 청군을 향해 응사하기 시작했다. 그러나 조선 측 4영 군사들은 분해한 총기를 정비할 겨를도 없이 맨주먹으로 우왕좌왕하다가 뿔뿔이 흩어지고 말았다. 청군은 왕궁을 기습한 것이다.[26] 위안스카이, 우자오유, 장광첸(張光前) 공동명의의 다케조에 공사에 보낸 서한 내용은 다음과 같다.[27]

> 다케조에 대인(大人) 각하.
> 우리 군대가 귀국 부대와 함께 여기 주둔하는 것은 똑같이 국왕을 보호하기 위함이다. 그런데 엊그제 반란민이 사변을 일으켜 조선의 대신 8명을 살해하고서도 왕성(王城, 창덕궁) 안팎에서 굴복하지 않는다 하며, 더욱이 그들 장수가 귀하의 부대를 조종한다는 소문을 듣고 있다. 우리들은 국왕과 또한 귀하 및 귀국의 군대들이 곤욕을 당하고, 놀라 두려워하는 것을 매우 슬프게 생각한다. 그리하여 이제 군대를 파견, 왕궁으로 진격하여 국왕을 보호하고, 또 귀하의 군사들을 원호하고자 하며 다른 의도는 없으니 안심하기를 바라면서 오로지 이를 포고하는 것이다. 삼가 안돈(安頓)하도록 힘써주기를 바란다.

청군은 왕궁 침입의 명분을 국왕 보호와 일군의 원호라고 적시하였다. 청국은 반란을 일으켜 국왕과 군대를 조정하는 세력들을 응징하겠으니, 일본군이 저항하지 않고 평안을 유지할 때 군사적 충돌을 피할 수 있음을 통보하였다. 하지만 청군은 개화파 주도의 정변에 깊숙이 개입한 일군과의 일전을 피할 수 없다는 각오를 하였을 것이다.

청·일 양군 진영의 임전태세와 병력을 비교할 때 청군이 개입 시 일군에 국왕 호위를 의존한 개화파의 정변은 성공할 수 없었다. 청군 진영은 궐 밖의 수구파 특히 경기감사 심상훈이 통보해주는 궐내의 정보와 민비의 동정을 세밀히 파악하고 있었다. 창덕궁을 공격할 때 이미 위안스카이는 우의정 심순택과 외아문 김홍집으로부터 병력출동의 정식 요청까지 받았었다. 청군 진영에서는 1,500명 정도의 병력을 2개 부대로 나누어, 1대는 우자오유가 지휘하여, 선인문(宣仁門)을 거쳐 궐내로 침공

26) 이선근, 앞의 책, 374~375쪽.
27) 이선근, 위의 책, 190쪽.

하고, 나머지 1대는 위안스카이의 지휘 아래 돈화문을 공격하였다. 사대당이 평소 훈련시켜온 좌·우영 군졸과 흥분한 일반 시민까지 합세하여, 그 규모는 수천 명으로 보였다.[28]

한편 궐내의 수비군은 주력 부대인 일본군 1개 중대 150명, 박영효·서광범이 지휘할 수 있는 전·후영 병력은 800명 정도였다. 하지만 조선군은 총기의 분해로 전력을 제대로 발휘할 수 없었다.

청·일 양군이 혼전을 벌이기 시작하자 왕대비, 비빈들이 궁궐을 떠나 북쪽 산으로 향했고, 국왕도 창덕궁 후문을 벗어나 산기슭에 이르렀다가 연경당(演慶堂)에 잠시 피어(避御)하였다. 김옥균은 정변 성공의 열쇠인 어가를 안전히 모시는 일에 자신 없었다. 이어 그는 다케조에에게 어가를 인천으로 모시어 뒷일에 대처하는 것이 좋겠다고 제의하였다. 그러나 국왕은 강경하게 거부했다. 이때 청군이 우익으로 기습하여 탄환이 마구 날아오자 어가는 피난처를 찾기 위해 방황하다가, 왕비 이하 비빈들이 피신한 동소문안의 북묘(北廟, 중국의 관우를 제사하던 곳)로 향하던 중 산기슭에 멈춰 섰다.

북묘(北廟)에서 가까운 북쪽 산에서 조선 측 별초군(別抄軍) 100여 명이 일본군을 발견하고, 맹렬히 사격을 가했다. 김옥균 등이 무감(武監)을 시켜 어가의 소재임을 큰소리로 알려 사격은 멈췄다. 김옥균은 사태의 급박성을 인정하고 어가를 인천으로 옮기라고 거듭 주장하였다. 청국 군사들이 이미 궐내의 각처 전각을 장악했다는 소식이 전해졌다. 김옥균과 다케조에는 대책을 두고 다투었다. 다케조에는 「일본 공사가 국왕을 호위하면 도리어 누를 끼칠까 두려워한다. 잠시 퇴진했다가 선후책을 강구하는 것이 좋을 듯하다」고 말했다. 이에 김옥균은 크게 놀라면서 다음과 같이 일본어로 따지고 들었다. 「국왕께서 7·8차례나 북문으로 나가시려는 것을 우리들이 무리하게 만류한 것은 오로지 공사의 보호를 믿고 취한 일이다. 그런데 이제 퇴진한다면 앞으로 어떻게 할 생각인가?」

하지만 다케조에는 현재 상황에서 그렇게 할 수 없다는 이유를 다음과 같이 말했다. 「발포한 자는 청국병뿐 아니라 조선군도 이에 호응하였다. 더욱이 국왕에게까지 발포한 것은 오로지 일본군이 호위하고 있기 때문이다.」 다케조에는 청·일 양군의 교전을 '불행한 사태'로 단정하면서 퇴진 후 뒷날의 계책을 꾀하려 한다고 단언했

28) 성황용, 앞의 책, 190쪽.

다. 아사야마의 통역으로 이를 국왕에 아뢰자 국왕은 즉시 무감을 재촉하여 북묘로 향하게 하였다.

수구파 요인들과 다케조에 간에 타협이 성립되었다. 박영효 · 김옥균 · 서광범 · 서재필 등은 다케조에 공사를 따라 일본으로 망명할 것을 결정하고 국왕 앞에 나아가 눈물로 작별 인사를 하였다. 홍영식만 위안스카이와 친분을 믿고 몇 명의 사관생도와 함께 국왕을 따라갔지만, 이들 모두 살해되었다. 또한, 김옥균 등 개화당 요인들의 가족과 일본인 30여 명이 피살되었다.[29]

정변을 진압한 조정은 정변 주도 요인인 박영효, 김옥균, 홍영식, 서광범, 서재필 등을 오적으로 규정하고 나포 · 정형(正刑)할 것을 결정했다. 외무독판(外務督辦) 조병호를 대관에, 감리(監理) 홍순학(洪淳學)을 부관에 임명하여 외무협판(外務協辦) 묄렌도르프와 함께 인천으로 추적하여 다케조에 공사에게 4명의 독립당 요인의 조속한 인도를 요구하며, 만약 불응 시 국제문제로 삼겠다고 압박했다.

다케조에는 어찌된 영문인지 하선을 요구하였다. 정변 동지로써 있을 수 없는 배신행위였다. 하지만 천세환(千歲丸)의 선장 쓰지 가쓰사부로(辻勝三郎)는 인도상 책임을 들어 하선을 거부했다. 묄렌도르프는 외국 기선을 강제로 수색할 수 있는 만용을 부릴 수 없어 물러서고 만다.[30]

다케조에의 배신행위는 현지 외교관으로서 본국 훈령을 잘못 이행해 생기는 책임 문제 때문에 일어난 것으로 보인다. 다케조에는 개화세력이 정변을 착수하기 앞서서 약 1개월 전에 두 가지 안을 본국 정부에 건의하여 답을 기다렸다. 제1안은 청국과의 일전(一戰)을 각오하고, 친일적인 개화파를 선동하여 조선에 내란을 일으킬 것. 제2안은 청국과의 충돌을 피하기 위해 조선 자체의 운명에 맡기되 개화파가 크게 화를 입지만 않도록 보호하는 데 그칠 것. 이에 대한 정부의 훈령은 「청국과의 충돌은 부당하다. 개화파로 하여금 온화한 행동을 취하도록 하라」는 내용이었다. 다케조에는 뒤늦게 인천에 입항한 천세환(千歲丸)이 전달한 훈령을 받았을 때, 본인의 조선 독립당 정변의 군사적 지원이 본국 정부의 훈령과 상반되는 월권행위임을 알았다. 이러한 다케조에의 관료 정치적 요인 때문에 김옥균 등은 한때 망명이 좌절될 뻔했다.[31]

---

29) 『갑신일록』, 41쪽, 이선근, 앞의 책, 378~381쪽, 성황용, 위의 책, 191쪽.
30) 이선근, 위의 책, 387~388쪽.
31) 이선근, 위의 책, 392~393쪽.

6. 갑신정변의 국제적 파장

갑신정변 주도세력은 거사의 명분을 독립주권을 확립하는 데 두었다. 하지만 방법은 외세, 특히 외군(外軍)에 의존했다. 명분과 방법은 이율배반적이었다. 그 실패의 파장은 참으로 컸다. 조선의 주변 정세는 변하고 청·일의 역학관계가 일본으로 유리하게 기울어지기 시작했다. 조선 정부는 서구 열강과 수교 조약을 맺음으로써 열강의 관심이 한반도에 집중되고 있었다.

갑신정변을 마무리하는 2개의 조약이 체결되었다. 바로 조·일 간 한성조약과 청·일 간 톈진조약이다. 한성조약은 일본이 갑신정변의 책임 및 보상만을 요구했기에 외교·안보적 파장이 크지 않았다. 하지만 톈진조약은 조선 외교·안보에 미친 파장이 커 청국 량치차오(梁啓超)가 지적한 대로 청국이 아무리 우위를 주장한다고 하더라도 국제법 이론상 조선은 이미 「청·일 양국의 조선」이 되고 말았다. 다시 말하면 조선반도는 청·일이 만든 국제질서의 구속을 받게 되었다.[32)]

한성조약 체결을 위한 조·일 양국 간의 회담은 1885년 1월 7일부터 시작하여 9일까지 단 3일 만에 마무리된다. 조선 전권인 좌의정 김홍집은 일본 외무경 이노우에 가오루(井上馨)에게 일본 공사가 갑신정변을 공모하였다고 주장하고 정변 과정에 대한 충분한 검토를 선행할 것을 강조했다. 또한 정변 주도자 김옥균 등의 인도를 요구했다. 이노우에는 1월 6일 조선 정부의 기피 인물인 다케조에 공사와 함께 1개 대대 병력을 이끌고, 조선 조정의 반대에도 불구하고 국왕을 알현하고, 국왕과 직접 회담하거나 국왕 면전에서 조선 대신과 회담을 요구하였다. 그는 일본인 피살(40여 명)과 일본 공사관 소실문제부터 논의하자고 주장했다.

조선 측은 사건의 책임이 일본 공사에 있고 일본 공관의 소실도 일본 공사관이 인천으로 피신하면서 문서를 소각하려 할 때 소실된 것으로 조선 정부가 책임이 없다고 주장했다. 이노우에는 다케조에 공사의 개입을 전면 부인할 수 없었는지 다케조에 등 사건 연루자를 본국에 소환하고 청·일 양국군의 동시 철병을 요구한 것이라고, 타협적인 태도를 보였다. 하지만 김옥균 등의 인도에 대해서는 양국 간에는 범인 인도협정이 체결되지 않았다는 이유를 들어 일축했다.[33)] 1885년 1월 9일 체결된 한성조약 5개 조는 갑신정변 처리에 국한되었다.

---

32) 이선근, 위의 책, 397쪽.
33) 성황용, 앞의 책, 194~195쪽.

〈한성조약 5개 조항〉

① 조선은 국서로 일본에 사의를 표명할 것
② 일본인 유족 및 부상자의 구휼과 일본 상민의 재산 피해에 대한 보상으로 11만 원을 지불할 것
③ 일본인 장교를 살해한 범인을 체포하여, 20일 내로 처벌할 것
④ 일본 공관의 신축 이전에 필요한 토지·가옥의 제공 및 그 수리 및 증축에 필요한 비용 2만 원을 지불할 것
⑤ 일본 호위 병사 숙소는 공관 부속지로 선정할 것

5개의 조항 중 조선정부는 1조와 3조의 사항을 신속히 실행했다.[34)]

1885년 4월 18일 리훙장과 이토히로부미 사이에 청·일 톈진조약이 체결되었다. 이때 조선 정부가 주목해야 할 규정은 청·일 양국군의 조선에서의 동시 철병에 합의한 대목이다. 이 조항은 조선에 대한 청국의 종주권 행사를 위한 실력의 포기를 의미한다. 청국은 철병의 조건으로 철병 후 20명의 하급 무관을 잔류시켜 조선군 4영의 훈련을 담당한다는 안마저도 일본 측의 반대로 채택되지 못했다. 청·일은 필요하다면 조선 무관을 청국에서 훈련시키거나 구미국가에서 교관을 초빙하기로 타협했다. 이 밖에 청국은 조선의 유사시 출병의 우선권을 요구하였으나 일본은 조선국왕이 청·일, 양국 중 일국에 파병을 요청할 경우 파병의 동의를 받은 후 출병하도록 주장했다.[35)]

톈진조약 전문 3개 조에서 첫 조항은 청·일 조선 주둔군의 동시 철병을 규정했다. 청국은 조선 주둔군을 철수하고 일본은 주조선 공사관 호위병을 철수한다. 조인일로부터 4개월 이내 전원을 철수하며 청군은 마산포, 일군을 인천항으로 철수한다. 일본은 임오군란 후 조선과 맺은 조약에서 얻은 주둔권을 포기했다. 청군 철수를 유도하기 위해서다.

둘째 조항은 청·일 양국이 조선 군사훈련 교관 선발에 중립 유지의 약속이다. 양국은 조선 국왕에게 병사를 교련하여 자력으로 치안을 담당하도록 권고한다. 외국의 무관을 고용하여 교련을 위임하도록 하고, 이후 청·일 양국은 교관을 파견하여 조선에서 교련하는 일이 없도록 한다. 여기서 주목할 점은 조선의 군사력을 외침의 방어 수준이 아니라 치안 유지 능력을 갖추도록 하되, 자력으로 할 것을 권고한 점

34) 성황용, 위의 책, 195~196쪽.
35) 성황용, 위의 책, 198쪽.

이다. 임오군란, 갑신정변 모두 내홍을 스스로 진압할 수 없어 외군을 불러온 것이다. 이러한 내홍이 재발해 청·일 양국이 조선에서 군사적으로 충돌할 수 있는 사태를 미연에 방지하려는 목적의 조항이다.

셋째 조항은 장래 조선에 변란 또는 중대 사건이 발생하여 청·일 양국 또는 일국이 파병이 필요할 때는 반드시 문서로 사전 통지하고 사건이 평정되면 즉시 철수한다는 내용이다. 이는 양국이 조선 유사(有事)시 파병의 상호억제와 억제 파탄 시 동 시 파병을 합의한 조항이다. 청국은 일본에 조선에서 군사문제에 관한 한 동등한 권한을 허용하였다.[36] 여기에서 가장 큰 문제점은 조선의 주권 사항을 제3국들이 제멋대로 침해할 수 있는 조선이 배제(Korea passing)된다는 점이다.

7. 숙위군 강화와 러시아 군사교관 초치 시도

톈진조약으로 청·일 양국군이 조선에서 철수하게 되자 조선은 표면상 독자적인 군 근대화를 추구할 수 있는 국제적 조건이 형성되었다. 고종은 통리군국사무아문을 의정부에 통합시키고, 1885년 5월 국정을 통괄하고 궁내(宮內)사무까지도 관장하는 내무부(內務府)를 설치하였다. 내무부는 의정부와 동격인 정부 기구로서 총리(영의정 심순택(沈舜澤), 독판(督辦, 정·종 1품) 등 관직을 두고 그 산하 기관으로 군무국, 사헌국 등 7개국을 두었다. 이 군무국은 1894년 갑오개혁 때까지 군사문제를 담당하는 중심부서가 되었다.

1884년 11월 고종은 4영에 분산 배속하였던 과거 어영청과 금위영 소속의 병력을 뽑아 친군별영(親軍別營)을 다시 설치하였다. 이로써 중앙에는 기존 4영 외에 친군별영 5영이 성립되어 각 영의 제도를 형식상으로나마 청군 식으로 통일하였다. 이외에도 1885년 3월 고종은 숙위 전담 병영인 용호영을 다시 설치하기 시작해 1892년 금군의 병력으로 1,300여 명으로 증원되었다.[37]

이 시기 경기 연안 지역의 방어를 위해 기연해방영(畿沿海防營)이 설치되었지만, 갑신정변 이후에는 최초 설치 목적과는 다르게 본부를 한성(南別營)으로 이동하여 결국 중앙군이 되었으며, 국왕을 시위하는 군영으로 변질되고 말았다.

기연해방영은 외무독판 민영목(閔泳穆)의 주청으로 1884년 1월 부평부(富平府)에

36) 성황용, 위의 책, 199쪽.
37) 최병욱, 앞의 책, 246쪽, 258~260쪽.

병영의 위치를 정하였고, 4월 국왕의 허락을 받았다. 창설의 이유를 아래와 같이 제시하였다.

① 경기 연안지방을 관할 구역으로 한다.

② 육군과 수군으로 편성한다.

③ 해서(海西), 호서(湖西) 수군을 통제하고, 경기·황해·충청 연안 지역의 방어를 위한 진영으로 발족한다.

민영목은 병력 873명, 직책별 월급, 재원조달 방식까지 명시하였다. 그는 1884년 5월 병조판서로 임명되어, 독판교섭통상사무(督辦交涉通商事務), 총관기연해방사무(總管畿沿海防事務)까지 겸하게 되어 외교와 군사권을 장악하는 것도 모자라 동년 8월에는 강화유수까지 겸직하게 되었다.[38]

그런데 민영목은 기연해방영의 창설이 애매모호한 군사위협을 핑계로 군권을 장악하려는 관료적 이익 때문이라는 비판을 받았다. 윤치호(尹致昊)는 베트남 문제로 청·불 간 전쟁이 일어나면 프랑스 전함이 조선 내의 항구에 정박할 경우 청국을 도와 프랑스 기함을 포격해야 한다는 이유로 기연해방영을 창설해야 한다는 민영목의 주장에 대해 왜 조선이 개입해야 하는지 납득할 수 없다고 반박했다. 그는 민영목이 군권을 갖기 위해 불필요한 병영을 설치한 것이라고 비판하였다.[39]

기연해방영의 본부는 1885년 3월 의정부의 건의에 따라 용산방만리창기지(龍山坊萬里倉基地)로 이동하였다가, 1886년 2월 남별영으로 이동하고 송영(松營, 개성병영)의 병력 600명 중 500명이 남별영으로 이동하였다. 해방아문(海防衙門)의 부대 명칭을 친군기연해방영(親軍畿沿海防營)으로 개칭하고, 총관기연해방사무(總管畿沿海防事務)는 기연해방사(畿沿海防使)로 부르게 하였다. 고종은 해방영의 병력도 어가가 이동시 각 영의 예에 따라 시위배위(侍衛陪衛)하라는 명령을 내렸다.[40] 갑신정변 후 군제개편은 사실상 숙위군 강화에 그치고 말았다.

톈진조약이 체결되기 직전 묄렌도르프는 일본에 갔을 때 주일 러시아 공사 다비도프(A. Davidov)와 접촉하여 조선군 훈련 교관으로 장교 4명, 하사관 16명을 파견해주면 모종의 권익을 제공한다는 문서를 작성했다. 그는 이 협약에 대한 국왕의 윤

38) 최병옥, 위의 책, 236~237쪽.
39) 최병옥, 위의 책, 235~236쪽.
40) 최병옥, 위의 책, 239쪽.

허를 받아 러시아와 「제1차 조·로 밀약」이 이루어졌다. 이 밀약은 외무독판 김윤식도 알지 못한 채 이루어졌고, 톈진조약에 따라 조선 정부는 미국 측에 육군 교관 초빙을 의뢰하려 했던 때이다. 일본과 청국은 이 협약이 조선과 러시아의 우호관계를 촉진하는 것으로 보고 경계심을 높였다.[41] 일본은 청국에 조선 내정개혁을 제의하였고, 조선 정국의 안정을 구실로 대원군의 귀국 및 석방을 제안하였다. 일본 내정개혁안에는 묄렌도르프의 해임을 비롯하여 주요 대신의 인선에 있어서, 국왕이 리훙장과 먼저 상의하고, 리훙장은 이노우에 외무경과 상의하여 결정할 것 등이 포함되어 있었다. 조선 정부는 청국의 권고를 받아 러시아 군사교관의 초청을 포기하고 미국인 다이(Dye)의 초청을 결정하는가 하면 청국의 문책이 두려워 묄렌도르프의 해임과 청군 철수 후에도 해군력으로 보호를 요청하였다.[42]

리훙장은 묄렌도르프의 해임과 육군 철수 후에도 군함을 인천에 그대로 정박시킬 것을 승인하였다. 그는 김홍집, 김윤식, 어윤중의 중용과 미국인 머릴(Henry F. Merrill)을 해관총세무사, 상하이 주재 미국영사 데니(Owen N. Deny)를 외무협판에 추천하였다. 그들은 각각 1885년 10월, 1886년 4월에 임명되었다.[43] 이처럼 갑신정변을 진압한 청국이 조선 내정에 적극 간섭하고 있었을 때 일본은 청국과 공동으로 조선에 대한 내정개입의 기회를 엿보고 있었다.

8. 영국의 거문도 점령과 조선 배제

1885년 4월 15일 영국의 동양함대 사령관 도우웰(William M. Dowell)은 거문도(Post Hamilton)를 점령하였다. 4월 24일 주청 영국 공사 오코너(Nicholas R. Oconner) 명의의 조선 정부에 보낸 통고문은 러시아와의 대립 때문에 잠시 점령한다는 것이다.[44]

영국은 아프가니스탄과의 경계 분쟁으로 러시아와의 관계가 긴장되고 있었다. 러시아 병선이 블라디보스토크에 집결하고 있었다. 영국은 거문도를 대함대를 정박시킬 수 있는 많은 항구 중 하나로 꼽았다. 거문도는 대한해협(大韓海峽)을 제압하

41) 성황용, 앞의 책, 204쪽, 이선근, 『대한국사』 7권, 70~76쪽.
42) 이선근, 위의 책, 78~80쪽, 성황용, 위의 책, 205쪽.
43) 성황용, 위의 책, 206쪽.
44) 이선근, 앞의 책, 61~63쪽.

여 러시아의 태평양 진출을 견제할 수 있는 전략적으로 중요한 위치에 있었다. 1884년 7월 7일 「조·로 수호통상조약」이 체결되고, 러시아의 조선에 대한 군사적 보호의 대가로 송전만(松田灣)을 러시아에 제공하기로 했다는 조·로 밀약설이 터지고 있었다. 이로 인해 영국은 조·영 수호조약 협상 시에 거문도의 조차를 제의한 바 있었다.[45)]

연안경계와 방호능력을 갖춘 경비정 한 척 갖지 못한 조선은 영국의 거문도 점령의 소식을 듣고 경악했다. 조선 정부는 때마침 한성을 방문하고 있던 딩루창(丁汝昌)을 통해 리훙장에게 중재를 요청했다.

리훙장은 영국이 조차를 제의하더라도 단호히 거부할 것을 권고했다. 그는 황량한 섬인 홍콩을 영국이 조차한 후에 남양(南洋)의 인후에 해당하는 요충이 되었음을 환기시켰다. 그리고 만일 거문도를 조차해준다면 일본이 힐책하고, 러시아가 반드시 다른 섬을 점거하게 될 것이라고 경고했다.[46)]

리훙장의 경고는 조선의 위치가 지정학적 아킬레스건으로 영국의 거문도 점령의 도미노 현상을 우려한 것이다. 조선 정부는 유사당상(有司堂上) 엄세영(嚴世永)과 외무협판 묄렌도르프를 거문도에 파견하여 5월 18일 나가사키에 나가 있는 도우웰을 만나 영국의 거문도 점령의 철수를 요청했으나 실패하였다.[47)]

종주국을 자처하는 청국이 중재에 나서서 영국 정부의 의사를 타진하였다. 그런데 1886년 아프가니스탄의 분쟁이 해결되어 거문도 점령의 구실이 사라졌다. 하지만 영국은 거문도 점령을 협상 카드로 사용한다. 1886년 9월 로즈베리(Archibald P. P. Rosebery) 외상은 청국에게 「영국이 거문도를 철수 후 어떤 국가도 거문도를 점령하지 못하게 한다」고 보증한다면 영국은 안심하고 철병하겠다고 통고했다. 리훙장은 주청 러시아 공사를 만나 이에 대한 보증을 요구한다. 러시아는 9월 25일 리훙장에게 거문도는 물론 조선 영토의 어느 부분도 점령할 의사가 없다는 것을 보증한다고 통고했다.[48)] 로·청 간에 1886년 10월 6일 아래 내용의 3개 항의 「교환 공문」이 채택되었다.

① 조선에 있어서 현상 유지 원칙

---

45) 성황용, 앞의 책, 199~200쪽.
46) 진단학회, 『한국사 : 최근세편』, 782~783쪽.
47) 성황용, 앞의 책, 200쪽.
48) 성황용, 위의 책, 201~202쪽.

② 러시아는 조선 평화를 보증하고 영토 점령을 원하지 않으며, 청국 역시 스스로 그러한 일을 하지 않는다.

③ 장래 조선의 현상 변경을 하지 않을 수 없게 되었을 때 청·로 양국은 공동으로 대책을 협의한다.

청국은 러시아의 문서 보증을 영국 정부에 통고하였다. 영국은 11월 24일 청국에 거문도 철수를 통고하였고, 1887년 2월 말까지 완전 철수하였다.

영국은 그동안의 강제 점령이 불법이며, 강대국 횡포였다는 사실을 전혀 인정하지 않았다. 커존(Land Curzon) 전 영국 외상은 러시아가 조선을 침략하지 않도록 영국이 조치한 것에 대해 감사해야 한다는 등 생색을 내었다.[49)]

이처럼 영·청·로 3국은 조선에서의 세력균형을 유지하기 위해 조선도 모르게 조선의 주권 문제를 타협할 것에 합의하였다. 문제는 강대국 간의 세력균형에 변화가 발생할 때 국력이 부상하는 국가가 조선을 자국의 세력권에 포함하는 이른바 조선에 대한 영토 불변경 합의를 지키지 않는다는 위험이다.

9. 갑신정변의 패인: 일(日)군차용

갑신정변의 패인은 정변 주도세력인 개화파가 국왕 호위 군사력을 충분히 확보하지 못한 데 있었다. 갑신정변은 궁중 쿠데타이다. 정변 성공의 제1요건은 국왕이 정변을 사실적으로 인정하도록 만들기 위해 기득권 세력인 수구파 요원들이 장악한 권력을 탈취해야만 했다.

정변 요원들은 친청 수구세력인 4영의 영사 등을 제거하는 데 성공하였다. 하지만 그들은 정권 장악에 필수적인 국왕의 신변 안전의 보호를 위한 무장력을 확보하지 못하였다. 그들은 정변 내각을 조직하면서 박영효를 전후영사 겸 좌포장에 임명하고, 서광범을 좌우영사 겸 우포장에 임명하여 군사권과 경찰권을 장악하려 하였으나, 실제로 각 영에 대한 작전통제권을 행사하지 못하였다. 오히려 우영의 영사 신태휴(申泰休)는 예하 병력을 인솔하고 청군을 지원하였다.[50)]

---

49) 이선근, 『대한국사』 7권, 68쪽.

50) 개화당의 군사력 부족에 대한 견해는 당시 전영의 정령관(正領官)이었던 윤웅렬(尹雄烈)에 의해 지적되었다. 최병옥, 앞의 책, 221~223쪽 참조.

김옥균 등 정변 주도세력은 조선의 왕궁 숙위 병력을 믿지 못하고, 조선에 주둔하고 있던 일본군 1개 중대 수준의 병력에 의존했다. 그들은 다케조에의 정변 지원 의지와 능력을 마지막 순간까지 확인했다. 이에 다케조에는 정변세력을 안심시켰다. 일군이 수적으로 열세지만, 선제적으로 남산이나 북악에 진지를 구축한다면 청군 공격을 2개월이나 2주 동안 각각 버틸 수 있다고 장담했다. 1개 중대 병력으로 남산 또는 북악 진지를 확보한 후 왕궁호위 병력을 어떻게 차출할지 김옥균은 의심했어야 했다.

다케조에의 장담은 희망사고(wishful thinking)이거나 아니면 정변을 과소평가한 오산일 가능성이 크다. 정변 주도세력이 정변을 기정사실화 한 상황에서 왕궁호위 문제로 다른 마음을 갖지 않도록 하기 위해서이다. 이는 다케조에의 계산된 모험(calculated risk)이었다. 그는 조선 정변 개입에 대한 일본 정부의 지시를 받지 못한 입장에서 왕궁에 일군을 먼저 배치해둔다면, 청·불 전쟁에서 패하고 어려운 여건에 처해 있는 청국의 군사 공격만은 억제할 수 있으리라고 생각할 수 있었다. 다케조에는 정변이 실패하고, 정변 개입이 본국 정부의 훈령을 위반한 것을 알게 되자 인천 부두에서 정변 요원들의 망명을 거부하려했던 것이다.

청군은 병력을 2대로 나누어 궁궐을 직접 공격하였다. 궁궐 외위(外衛)를 맡은 전·후영 군졸들은 녹슨 무기가 작동하지 않아 싸워보지도 못하고 도산하였다. 중위(中衛)를 맡은 일군들도 중과부적으로 퇴각할 수밖에 없었다. 청군 출병의 1차 목적은 정변 주도세력인 친일·개화 대신들과 장수들을 제거하는 데 두었다. 2차 목적은 정변세력을 지원하는 일군들을 퇴각시키고자 하였다. 청국은 가능한 한 일군과의 전면 교전을 피하고자 하였다. 청군 측이 왕정 진격 직전 일군 측에 보낸 포고문 가운데 「국왕을 보호하고 정변 장수가 조종하는 귀하의 군사들을 원호」 운운 등이 이러한 뜻을 담고 있다.

청군 개입의 정치적 목적은 조선에 대한 청국 종주권의 지속적인 확보에 있었다. 이를 위해서는 친일·개화파의 정변을 막아야 했다. 일군의 지원으로 정변이 성공하면, 조선은 연일배청(聯日排淸)의 나라가 되었을 것이다. 이는 청국이 용인할 수 없는 중요한 지정학적 이익을 훼손하는 것이다. 조선의 정치사에 갑신정변은 외군을 배경으로 권력을 바꾸려다 실패한 최초의 정변이었다. 개화세력의 의도는 순수하였다. 하지만 비록 일군을 이용해 집권했더라도, 개화세력이 일본의 간섭을 배제하고 자주적 혁신정치를 얼마나 일관성과 지속성을 유지하면서 추진할 수 있었을지 의문이다.

10. 갑신정변의 정책적 의미

갑신정변의 사례를 통하여 외군차용에 대한 5가지의 정책적 의미를 도출하였다. 1초(청국), 1강(일본) 체제하에서 조선에 대한 세력 경쟁이 증대할수록, 조선 정변세력은 일군차용에 대해 신중해야 했다.

1. 외군차용을 통한 정변은 성공하기가 어렵다.
   1－1. 정변세력은 일군(국왕 호위, 약 150명)의 능력을 과대평가했다.
   1－2. 정변세력은 4영의 수장을 제거하였지만, 병력을 통제하지 못했다.
   1－3. 일본 다케조에 공사는 조선 주둔 청군(약 1,500명)의 개입 의지와 능력을 과소평가했다.
   1－4. 다케조에는 개화파 정변을 사주·촉진하는 역할을 하면서 계산된 모험을 하였다.
2. 내란 진압용 병력 보유는 조선의 독립과 평화유지는 물론 강대국들의 군사 개입을 억제하는 필요·충분조건임이 재차 확인되었다.
3. 청·일이 톈진조약에서 합의한 조선에서의 공동 철병과 조선 유사시 파병의 공동협의 및 제3국 군사고문 초빙안에 유의하고 활용방안을 강구해야 했다.
   3－1. 조선은 청·일이 합의한 공동 파병안이 조선을 배제했다는 점에서 정보 실패를 방지해야 하는 외교적 부담을 안게 되었다.
   3－2. 제3국 군사고문 초빙안을 잘 활용할 경우 군제개편에 청·일의 개입을 배제할 수 있었다.
4. 조선 정부는 강대국의 주권 간섭을 방지할 수 있는 외교역량이 부족했다.
   4－1. 일군의 정변 개입 책임을 물어 재발 방지 약속을 받아내지 못하였다.
   4－2. 일본은 정변을 통해 조선의 친일 대신들과 연합·공모하여 정권을 바꾸거나, 주권을 침탈할 수 있다는 이른바 갑신정변 증후군(syndrome)에 빠질 가능성이 커지게 되었다.
5. 정부는 영국의 거문도 점령으로부터 조선의 지정학적 위치가 아킬레스건(heel of achilles)임을 실감하였다. 영국은 동북아에서 러시아 견제를 위한 역외 균형자임이 확인되었다. 하지만 조선은 지영(知英)에도 불구하고, 용영(用英)의 외교감각과 능력을 갖지 못하였다.

동학농민봉기와 외군차용

1. 왕조(王朝)의 불안

1) 인사와 재정의 문란

조선은 갑신정변 이후 갑오 농민항쟁이 발생할 때까지 태평 10년을 맞이했다. 조선을 둘러싼 청·일 양국의 대립이 소강상태에 들어갔다. 조선은 미·영·독·로 등과 수교통상조약을 체결하여 서양의 근대 문물을 수입할 수 있는 국제환경을 조성할 수 있었다. 하지만 전 국민의 10%에 이른 양반지배 계급은 근대화를 주도해 생산 방면에 앞서기보다는 세도정치 권력의 유지에 집중하였다. 행정은 극도로 난맥상을 보였고, 국고의 탕진과 국민 경제의 파탄을 초래해 전면적인 국민의 반항에 봉착하고 말았다.

특히 인사·행정의 부패가 심했다. 대원군을 축출하고, 세도를 잡은 척족들은 중앙관서에서 지방 관서에 이르기까지 자기들과 친근한 세력들을 배치하였고, 권위를 자랑하여 온 과장(科場)은 매문(賣文)·매서(賣書)하고 관직을 사고파는 도박장이 되고 말았다. 대과 급제로부터 진사과(進士科)에 이르기까지 10만 냥에서 2만 냥을 바쳐야 된다는 말이 떠돌았다. 관직 매매가 백성들에게 주는 피해가 극심하였다. 매직한 지방관 약 3천 명은 임기 중에도 중임과 진급을 위해 왕실과 권문(權門)에 헌납과 증유(贈遺)해야만 했고, 이 돈은 백성들에게 대한 가렴주구(苛斂誅求)를 통해 얻었기 때문이다. 지방관직의 매매는 일종의 조세와 같아졌다. 지방관이 백성의 생활을 보살피는 민정을 펴기가 어려운 면도 이러한 인사부패에 있었다.[1)]

국고는 임오군란 때부터 탕진되었다. 1893년 조선의 재정 상황은 조세수입이 4분의 1로 급강하여, 8도의 세전(稅田)이 60만 결(結)에 지나지 않았다.[2)] 왕실과 조정은 봉급도 제대로 주지 못하는 관리와 군대에게 충성을 바치고, 백성을 돌보라는 명령을 내리기가 어려운 상황이었다.

문호를 개방한 지 10년 안팎에 조선 화폐 동전(銅錢)은 유통가치가 상실되었고, 농가 소득의 하락에 의한 부채와 정부 외채가 증대하여 10여 년 전까지 자급자족하던 조선 경제체제는 붕괴했다.

1890~1891년의 인천 세관의 평균 통계에 의하면 조선이 수입하던 외국 상품의 주요 생산국은 영국(54%)이 1위였으며, 일본(24%), 청국(13%), 독일(6%), 미국(2%), 러시아 · 프랑스(1%)순이었다. 수입품 대부분은 영국산 직물류를 주 품목으로, 연료 · 금속, 제품, 잡화 등 소모품인 반면 조선은 양곡 · 지금(地金), 소가죽 등의 원료 공급지며 동시에 가공 상품 시장으로 전락하기 시작했다.[3)]

1890~1900년대 조선 농가의 평균소득은 30달러였고, 한성 거주 무당 · 판수의 수입은 7달러 50센트였다. 조선 농민의 생활은 도시와 농촌 모두 일본 상인이 아니면 청국 상인이 방출하는 고리대금업에 희생되기 시작했다. 왕실로부터 개인 농가에 이르기까지 빚을 지고 사는 채무자의 신세가 되었다.[4)]

1893년까지 정부가 청 · 일 양국을 비롯한 외국기관 · 상사에서 차용한 외채는 모두 71여만 원이었다. 특히 정부는 미국인 고문 그레이트 하우스와 다이 두 사람의 봉급 합계 2만 2천여 원은 지불하지 못했다. 탁지아문(度支衙門)은 각 청에 지불하지 못한 봉급액이 45만 4천여 원을 비롯하여 도합 94만 6천여 원이었다. 조정은 이러한 적자 행정에 아무런 대책을 세우지 못하면서, 엄청난 왕실의 재정남용과 낭비를 막지 못했다.[5)]

1) 이선근, 『대한국사』 7권, 168~169쪽.
2) 이선근, 위의 책, 171쪽.
3) 이선근, 위의 책, 172쪽.
4) 이선근, 위의 책, 173쪽.
5) 이선근, 위의 책, 174쪽.

2) 화적(火賊), 민요(民擾), 민란(民亂)

1888년 삼남(三南) 지방에 대흉년이 들었고, 관서(關西) 지방의 의주(義州)일대는 큰 수해를 입게 되었다. 전국 각지에서는 식량부족으로 백성의 생활은 난관에 부딪혔다. 날이 갈수록 동요하는 민심과 사회적 불안이 커지게 되었다.

이 무렵 화적, 민요, 민란이 전국 각지에서 횡행했다. 경향 각지에 <화적>이라는 집단 강도가 창궐하였다. 이들 화적 집단은 장사꾼들을 괴롭히는가 하면, 양민의 재산을 약탈하고 살인도 감행하였다. 화적이 상인이나 행인을 대상으로 한 폭력이었다면, 민요·민란은 조정의 잘못된 제도와 지방 관리의 가렴주구로 야기된 백성의 불만이 폭발한 것이다. 1890년부터 1893년까지 일어난 주요 민요·민란은 다음과 같다.6)

① 1890년 8월(음), 경상 함창(咸昌) 민란, 현감 축출
② 1891년 5월(음), 압록강 인접 9개 읍, 1만여 명 부역과 학정에 못 이겨 도강 후 도주
③ 1891년 10월(음), 황해도 평산 백성들 관찰사 이경직(李耕稙)의 부임 행차를 가로막고, 향리의 학대를 호소
④ 1892년 6월(음), 함경도 갑산(甲山)·서천(瑞川) 주민, 청국 비적의 재물 약탈·주민 살해 방지 호소. 제주 어민, 일본 어민의 연해 수산물 채취 금지를 진정

1893년에 이르면서 동학도의 움직임이 일어나기 시작했다. 2월 동학대표 40여 명이 궐문 앞에 꿇어 엎드리고, 3일 동안, 교조(敎祖)의 신원(伸冤)을 요구하는 복합상소(伏閣上訴) 운동을 전개하였다. 3월에는 동학도의 문구로서 「척왜(斥倭)」라고 쓴 대자보가 한성 곳곳에 나붙어, 일본 공사로부터 단속을 요구하는 조회가 접수되었다. 또한 충청도 보은(報恩)에는 전국 동학도 수만 명이 모여 척양·척왜의 기치를 들고 주문(呪文)을 외우며 농성 시위하자, 양호순무사(兩湖巡撫使)로 어윤중(魚允中)을 파견하여 4월 선무·해산시켰다.

이러한 대소의 민요·민란은 자연 발생적이었고 순박하였으며, 인내심이 있는 농민들이 앞장섰다. 투쟁의 대상은 탐관오리 지방관이나 아전 등 이른바 '나쁜 인간'이었을 뿐, '제도 자체'는 아니었다. 하지만 동학 운동은 지도자들이 지식과 조직을 갖

6) 이선근, 위의 책, 181~182쪽.

춘 교문을 바탕으로 농민 대중을 동원하여 '나쁜 인간'만의 응징에 그치지 않고 '제도 그 자체'의 변혁을 위한 혁명으로 발전시켜 조선 왕조 5백 년의 토대가 흔들리게 되었다.[7)]

2. 양강(청·일)체제하의 러시아 변수

1) 청·일 공동의 조선 간섭

1885년~1886년 조선 정부는 대원군을 환국시키고, 해임한 외무협판 묄렌도르프 자리에 상하이 주재 미국영사 데니(Owen N. Deny)를 임명했다. 리홍장은 조선 정부를 강력히 통제하기 위해 온건한 천슈탕(陳樹堂)을 해임하고, 위안스카이를 주 조선 총리교섭통상사의(駐朝鮮總理交涉通商事宜)로 임명하였다.

놀라운 점은 위 인사가 일본이 제시한 조선 공동 간섭안을 기초로 청·일 간 협의로 이루어진 것이라는 점이다. 그 목적은 러시아의 조선 진출을 견제하기 위함이었다. 청·일은 대러시아 연합전선을 결성하였고, 청일전쟁까지 유지되었다.

청·일 「공동 간섭안」 제5조는 묄렌도르프를 해임하고, 그 대신 유능한 미국 인사 1명을 임용하게 하도록 명시되었다. 이에 따라 묄렌도르프 대신 미국인 데니가 1886년 4월 외무협판에 임명되었다. 그런데 7조는 청국의 주한 대신이나 묄렌도르프의 후임으로 기용될 미국 인사 1명을 리홍장의 상세한 훈조(訓條)를 듣고 부임하되, 되도록 일본을 경유하여 이노우에를 면알(面謁)할 것을 제시한 것으로 보아, 새로 임명되었던 데니 협판에게까지 일본이 영향력을 행사하고자 한 것으로 보인다.

제6조는 한성 주재 청국의 상무총판 천슈탕을 경질하고 좀 더 유능한 인물을 후임으로 기용할 것을 제의했다. 이처럼 위안스카이의 한성부임은 일본의 러시아 견제를 위한 조선 정부의 통제를 목표로 한 것이다. 이노우에는 별도의 밀서를 리홍장에게 보내어 조선의 척족세력을 견제하기 위한 방안으로 대원군의 석방 후 송환할 것을 제의했다. 대원군의 청국 납치에 박수갈채를 보냈던 때와는 전혀 달라진 태도였다.[8)]

---

7) 이선근, 위의 책, 184~186쪽.
8) 이선근, 위의 책, 78~79쪽.

2) 조·로 밀약설

위안스카이는 27세 청년으로 1885년 11월 17일 서울에 부임한 후 조선 조정에 감국(監國) 대신으로 군림하였다. 그는 리홍장과 이노우에의 청·일 세력을 배경으로 삼아 안으로 대원군과 그 계열을 비호하여 연·로(聯露) 정책을 시행하려던 민비 및 척족 세력에게 압력을 가하였기 때문에 자연히 반발이 일어났다. 위안스카이는 부임하자마자 이노우에 예방은 물론 일본 조야와도 접속하여, 언로를 열어두었기 때문에 한동안 그의 행동은 청·일 양국이 공동으로 지원하거나 묵인하게 되었다.

대원군이 환국하고 위안스카이의 위세와 간섭이 가중될 때, 김옥균이 일본 낭인들을 모아 강화로 침입하여 한다는 소문이 나돌고 있었다. 불안을 느낀 척족세력은 민영익·민영환·민응식 등이 중심이 되고 홍재희(洪在羲) 등이 가세하여 1886년 8월 러시아 공관에 출입하던 죽산부사(竹山府使) 조존두(趙存斗), 러시아 통역 채현식(蔡賢植) 등을 시켜 러시아가 보호·육성해줄 것을 베베르(Karl Ivanovich Veber) 공사에게 제의했다. 하지만 비밀 교섭을 반대한 민영익이 위안스카이에게 알린 밀보(密報)로 그 음모는 저지되었다. 문제는 국쇄와 총리 대신 심순택도 모르게 인장까지 찍힌 국서를 보면 조선 정부가 그 당시 처한 외교·안보의 위협을 알 수 있다. 위안스카이가 민영익으로부터 입수해 리홍장에게 보낸 국서를 요약하면 아래와 같다.[9)]

> 조선은 자주 독립국이라 하나, 지정학적으로 주변 강대국에게 의해 분할·점령을 면할 수 없어 고민하고 있다. 모든 나라와 일률 평행(평등)관계를 유지하려 하나 타국이 허용하지 않으려 한다. 귀국이 힘을 다해 보호해주고, 필요시 군함과 병력을 파견하여 도와주길 바란다.

이 밀서로 조선 조정은 위기가 감돌았다. 위안스카이는 청군 파견 및 조선 국왕의 폐립을 리홍장에게 건의하였다. 그의 구체적인 계획은 다음과 같다. 먼저 국왕 폐위를 위해 대원군과 왕비 사이의 파벌대립을 이용한 내부 폭동을 획책한다. 즉, 운현궁에 폭도들이 방화하게 한 다음 대궐을 침범하도록 계획하였다. 그리고 이 폭동을 왕비의 척신 세력들이 일으킨 폭동으로 위장한다. 이후 위안스카이는 임오·갑신의 전례대로 이를 진압하겠다는 명분을 내세워 군대를 이끌고 입궐해 국왕을 대궐

---

9) 성황용, 앞의 책, 207쪽, 이선근, 위의 책, 94~95쪽.

밖으로 축출한 후 이재면(고종의 형)의 아들 이준용(李埈鎔)을 세자로 옹립하고, 민심이 세자에게 돌아올 때까지는 대원군이 섭정하도록 계획하였다. 그는 대원군과 힘을 합치면 러시아군이 입경 전 3~5일 내로 이 작전을 끝낼 수 있다고 장담하였다.[10)]

북양대신 리홍장은 위 음모를 거사 직전에 훈령으로 진정시켰으나, 조·로 밀약설에 대해서는 위안스카이의 보고를 전폭적으로 지지하면서 계속 감시·간섭할 것을 허용하였다. 리홍장은 조선 국왕에게 보낸 서신에서 조선이 다른 강대국의 속국이 되지 않으려면, 중국과 연대하는 것이 가장 안전하다고 강조하였다. 청국은 임오·갑신의 두 변란과 조·로 밀약 파문을 거치면서, 조선에 대한 간섭과 보호를 선제할 필요성을 느꼈다. 조선에 대한 영약삼단(另約三端)의 강요가 바로 그것이다.

3) 영약삼단(另約三端)

1889년 7월 조선 정부는 주일 공사에 민영준(閔泳駿)을 임명·파견하고, 8월에는 주미공사에 박정양(朴定陽), 영·불·독·로·이 5개국 공사에 심상학(沈相學)을 임명하였다. 민영익과 미국인 고문 데니 등이 자주 독립국가의 체면을 유지하고, 청국과 평등하게 행동하기 위해서는 외국에 상주 외교공관의 설치 필요성을 건의한 것이 계기가 되었다. 위안스카이가 이를 알고 속방이 자주적인 외교를 펼칠 수 없으며, 차관도입도 곤란하다는 이유를 들어 적극적으로 반대하면서 공사 파견을 중지하도록 강요하였다.

조선 정부는 박정양 공사의 출발을 중지시키고, 청국 정부의 양해와 인준을 얻기 위해 윤규섭(尹奎燮)을 파견하여 10월 리홍장을 만난 후 예부(禮部)를 방문하여 청국 황제의 윤허를 요청하였다. 주조선 미국공사 딘스모어(Hugh A Dinsmore)는 위안스카이에게, 주청 미국공사 덴비(C. Denby)는 청국 정부에 각각 강력하게 항의했다. 1887년 10월 20일 청국은 영약삼단을 조건으로 조선 정부의 요청을 허락하였다.

위안스카이가 1887년 11월 8일 외무독판 조병식((趙秉式)에 보낸 「영약삼단」의 내용은 다음과 같았다.

① 조선 공사는 주재국에 도착하면 먼저 청국 공사관에 착임을 보고하고 청국 공사와 함께 주재국 외무부를 방문할 것

② 조회(朝會)나 공·사적인 연회 같은 교제 석상에서 조선 공사는 반드시 청국

10) O. N. Denny의 「China and Korea」에 의한 요약, 이선근, 위의 책, 97~98쪽에서 인용.

공사 다음 자리에 앉을 것

③ 중대한 안건의 교섭에 있어서는 먼저 조선 공사가 청국 공사와 밀의(密議)할 것[11]

①, ②항은 외교 의전에 관한 문제이나, ③항은 외교 정책상의 문제로 외교 주권에 대한 청국의 간섭을 문서로 보장받자는 규정이다. 더욱이 ③항에는 사전 밀의는 모두 속방이 그 분수를 차려 마땅히 해야 할 체면과 질서로서 타국과는 관계가 없는 일이다. 따라서 '타국이 말썽을 부릴 수 없는 일이다'고 적시하였다. 청국의 미 공사는 박정양의 클리브랜드(Grover Cleveland) 미국 대통령에 대한 신임장 제정을 방해하였다. 청국 공사와 함께 미 국무부를 방문하지 않았다는 이유였다. 미 국무장관 베이야드(Thomas F. Bayyard)는 "미국에 주재하는 조·청 사신은 국제관계에 의하여 각자의 정부를 대표한 독립 관리로 간주한다" 하면서 청국 공사의 행위를 비판하였다.[12] 위안스카이는 박정양 공사의 소환·처벌을 집요하게 요구하여, 미국에 부임한 지 1년도 되지 못해 박정양은 1889년 3월 귀국하였고 사표가 수리되었다. 구주 5개국 공사도 임명된 조선 관리들도 위안스카이의 끊임없는 위협과 방해로 임지로 부임하지 못했다.[13]

위안스카이는 조선 정부의 재정난을 해결하기 위한 대외 차관 교섭에도 적극적으로 간섭·방해하였다. 그는 민영익 주도로 프랑스 은행에서 약 2백만 양의 차관 교섭을 좌절시켰으며, 1889년 박정양과 미 고문 데니 등이 미국 한 은행과의 2백만 달러의 차관 계약도 해약시켰다.

리훙장은 1889년 9월 조선의 차관도입을 원천적으로 봉쇄하기 위해 각국에 공문을 발송하고, 어느 나라든지 청국 정부의 인준 없이 조선 정부와 차관을 성립시킬 수 없다고 통보하였다. 그 이유는 ① 조·청 양국이 종속관계이며, ② 조선 정부의 제1수입원인 개항장의 세관 업무는 모두 청국 측에서 관리하고 있기 때문이라는 것이었다. 이것은 서구 근대 국가의 수법을 본받아 조선의 재정 및 경제를 지배하려는 의도였다.[14] 이러한 횡포는 조선의 재정 상태를 더욱 어렵게 만들어 민생지원은 말

---

11) 성황용, 앞의 책, 211쪽, 이선근, 위의 책, 115쪽.
12) 이선근, 위의 책, 117쪽.
13) 성황용, 앞의 책, 212~213쪽.
14) 성황용, 위의 책, 213쪽, 이선근, 위의 책, 119~120쪽.

할 것도 없고, 군사 근대화를 추진하려는 정부의 의지마저 말살시켰다.

리홍장의 추천으로 임명된 외무협판 데니는 청한론(淸韓論)에서 위안스카이의 강압적인 월권행위에 대해 '조선 탈취를 위한 조작자·음모자 잠상인(潛商人)이며, 외교규칙 위반자'로 규탄했다. 이 때문에 데니는 리홍장과 위안스카이의 미움을 받아 면직되어 조선을 떠날 수밖에 없었다.15)

4) 일본의 전쟁 준비

동학농민봉기가 발생하기 직전 수년간 청·일 간에는 무역·통상·어업 기타의 권익을 중심으로 경제 면에서의 경쟁이 심화되었다. 하지만 조선에서의 정치·군사 면에서는 세력균형을 유지하고 조선에 대한 공동 간섭의 경우에도 절충하여 협력이 이루어졌다. 일본은 이 기간 청국과 러시아를 안보의 최대 도전으로 인식하고 조선을 전략 요충지로 규정하였다. 헌법에 통수권 조항을 신설하고 대로, 대청 전쟁의 대비를 서둘렀다.

1889년 2월 11일 일본이 제정·공포한 헌법 제11조에는 '천황은 육·해군을 통수한다'라고 규정하고, 제12조에는 '천황은 육·해군의 편제 및 상비 병액(兵額)을 정한다'고 규정하였다. 이토히로부미(伊藤博文) 내각은 의회 내 야당 세력과의 대립으로 정치적 진통을 겪고 있었다. 이로 인해 헌법의 공식 주해서인 헌법의해(憲法義解)에서 통수권은 '지존의 대권으로서 오직 유악(帷幄)의 대령(大令)에 속한다'고 해석했다. 따라서 일왕의 통수권 행사는 참모총장·군령부장의 보좌만 받게 되고, 내각의 권한 밖에 놓이게 되었다.16)

헌법학자 우에스기 신키치(上杉愼吉)는 "군부대신은 순전한 군령사항뿐 아니라 기타 군정 사항을 각의에 제출하지 않고, 직접 천황에 상주하여 재가를 얻을 수 있다"는 유권적 해석을 하였다. 이로써 수상이 간섭할 수 없는 별개의 정책 결정 절차가 성립되어 후일 군부가 정부의 통제를 받지 않고 제멋대로 행동할 수 있었다.17)

일본 육군은 열강의 전쟁 의도 평가와 전역 계획까지 마련하였다. 일본 육군을 대표하는 야마가타 아리토모(山県有朋)의 1893년 10월 「군비 의견서」에 따르면, ① 열강은 모두 동양침략을 계획하고 있고, ② 시기는 10년 후 시베리아 철도가 개통될

15) 이선근, 위의 책, 122쪽.
16) 신국주, 앞의 책, 373~376쪽, 성황용, 앞의 책, 218쪽.
17) 성황용, 위의 책, 219쪽.

때이며, ③ 대로전쟁에 대비하여 전략 요충지인 조선을 장악할 필요가 있으며, ④ 기회를 잡아 대청전쟁을 유발, 수행할 군비 확충의 필요성 등을 계획하였다. 참모본부에서는 대청정토책안(對淸征討策案)을 작성했다.[18] 이 작전 계획은 1892년까지 전쟁 준비를 완료하며, 청국 북부 및 조선을 제압하는 데 필요한 요동 반도 등을 점령한다는 내용이었다.

일본은 이러한 전역 계획에 따라 대청 전쟁 준비를 완료해놓고 있었다. 육군은 7개 사단과 후비대로 구성되어 문제가 없었지만, 해군은 2척의 청국 전함에 열세를 면할 수 없었다. 이를 극복하기 위해 소형 쾌속 순양함으로 근거리 공격의 작전 계획을 세워 1893년까지 2척의 쾌속 순양함을 전력화하여 북양함대에 대응태세를 갖추었다.

3. 동학농민군 봉기

1) 민회로서의 동학운동

동학(東學)은 교조(敎祖) 최제우(崔濟愚)가 1860년에 세웠지만, 1864년 순교하였다. 2대 교주 최시형(崔時亨)에 의해 조직적인 종교단체로서 면모를 갖추기 시작했다. 최시형은 '모든 사람을 한울로 인정하라' 등 6개 조항의 동학교문을 만들어 교세를 확장했다. 조정은 1885년 동학당이 반유(反儒)운동을 벌인다는 이유에서 동학당 금지령을 내렸다.

동학당은 1893년 3월 이에 불만을 품고 교조 최제우의 신원(伸冤)운동을 전개하면서, 대표자 40여 명이 광화문에서 불복하여 동학 박해 중지를 청원하였다. 청원의 내용 중에서 '동학이 결코 서학의 일파가 아니다. 공자의 유교 외에 다른 종교에 대해 신앙의 자유를 허용하면서 유·불·선 3교를 통합한 동학만을 이단으로 몰아 탄압하는 것은 부당하다고 주장하였다. 또 국태민안(國泰民安)을 하려면 '천명(天命, 한울)을 우러르고 인륜을 밝혀 기강을 세워야 하는데, 진유(眞儒)가 거의 없어 사계치국(事係治國)에 통곡과 눈물을 금할 수 없다'라고 당시 사대부들을 심하게 힐책하였다.[19]

---

18) 성황용, 위의 책, 219쪽.
19) 이선근, 앞의 책, 195~200쪽.

동학도 40여 명의 복합 상소 운동이 진행되고 있는 동안 척왜(斥倭)·척양(斥洋)의 벽보가 한성의 미국 공관과 기독교 교회당, 외국인 주택에 붙었다. 서울의 외국인들과 기독교인들은 큰 충격을 받았고, 영·일·청국 등의 군함이 외국인 보호 명분을 걸고 인천항에 입항하는 등 불안사태가 조성되었다. 성균관 유생 2백여 명이 상소문을 돌려, 동학을 토척(討斥)할 것을 주장하였다.

이런 가운데서 가장 당황한 외국인은 일본 외교관들이었다. 이들은 방곡(防穀) 배상금 문제로 서울의 외교계에서 고립되고 정보수집과 상황 판단이 어려운 상태에서 위기의식이 강했다. 일본 공사관은 이미 인천에 일본 군함 1척이 들어와 있는데도 3월 말 본국에 연락하여 다른 군함 1척을 더 보내줄 것을 요청했다. 자국 거류민 7백여 명에게 동학당의 거사가 초래할 위험에 대비하여, 부녀자와 아동은 우선 인천으로 철수할 준비를 마치는 한편 성년의 남자들은 일본 경관 및 공사관 직원들과 함께 방어에 힘쓸 것을 지시하였다.[20)]

조선 조정은 1893년 4월 동학당 수령의 체포·엄벌과 잔당의 해체를 명하였다. 동학당은 이러한 탄압에 반항하여 5월 초 충청도 보은(報恩)에서 2만여 명의 동학도들이 보은군 장내에 모여 소파양왜(掃破洋倭)의 정치적 구호를 내걸었다. 2세 교주 최시형을 비롯한 손병희·손천민·서병학·임주호 등의 대 접주(接主) 지휘하에 교인 대열의 진퇴(進退)·습진(習陣)·송주(誦呪) 등의 규율을 엄격히 지키면서, 군량도감(軍糧都監)을 설치해 다수 교인의 식사를 제공하는 등 민폐를 끼치지 않고 평화적으로 집회를 열었다.[21)]

조정과 충청도 관찰사는 동학도들을 설득하여 해산을 종용하였다. 하지만 동학 측에서는 이번 창의(倡義)는 척왜·척양을 위한 것으로 비록 금령(禁令)이 내리고 관헌이 효유(曉諭)해도 중지할 수 없다고 주장하면서 해산을 거부하였다. 사태가 악화되자 조정은 4월 하순 어윤중(魚允中)을 양호도위사(兩湖都衛使)로 임명하여 내려보냈다. 그러나 어윤중이 한성을 떠난 즉후 사태의 중요성을 재인식한 국왕은 차대(次對) 석상에서 어윤중을 선무사로 고쳐 임명하고, 동학 집회를 속히 해산시키도록 독려하면서 경병(京兵)과 강화병(江華兵) 1천 명 정도를 출동시켜 무력시위로 소요를 진압할 수 있는 권한을 위임했다.[22)]

---

20) 이선근, 위의 책, 201~202쪽.
21) 이선근, 위의 책, 202~203쪽.
22) 이선근, 위의 책, 205쪽.

국왕은 같은 차대 석상에서 외군차용을 제기한다. 「청나라가 영국군을 빌려 내란을 평정한 예가 있으니, 우리는 외국의 군대, 즉 청나라 군대를 빌리면 어떻겠느냐」 했다. 이때 영의정 심순택(沈舜澤) 등이 외군의 차용을 반대했다. 하지만 국왕은 내무협판 박제순(朴齊純)을 위안스카이에게 보내 청군을 빌리고 싶다는 의사를 밝힌 적이 있었다. 위안스카이는 외군의 차용을 삼가라고 하면서 경병(京兵) 1천 명을 보은에 증파하라고 권고하였다.[23] 국왕은 동학농민 소요의 초기에 외군차용의 뜻을 가지고 있었다. 후일 발생한 대규모 동학농민군 봉기의 진압이 조선군만으로 어려울 때 청군의 도움을 대안(代案)으로 고려했을 것이다.

어윤중은 동학당 보은집회를 비류(匪類)가 아닌 민회(民會)로 인정하고, 동학당의 양의(攘義)를 거국적인 공민(公民)의 의(義)라고 하면서 동학당과 타협 의사를 보이고 충청도 관찰사 조영식 등 탐관오리의 처벌을 조정에 전달하겠다고 약속했다. 1893년 5월 보은군 집회는 원만한 해결을 보았다.[24]

2) 동학농민군 전주 입성

1894년 2월 접주 전봉준(全琫準) 이하 1천여 명의 농민과 동학 교인들은 전라도 고부군의 아문(衙門)을 습격했다. 이것이 유명한 갑오 동학농민봉기의 첫발이었다. 이 봉기는 탐관오리들의 오랜 학정과 가렴주구에 대한 불만이 촉발하여 일어났다. 직접적인 원인은 고부군수 조병갑(曺秉甲)의 가렴주구에 있었다. 그는 농민들에게 경작을 맡긴 황폐한 땅에서 조세를 강제 징수하고, 불효·불목·음행(不孝·不睦·淫行) 등 맹랑한 죄목을 붙여 부호의 재물을 수탈하는가 하면 군(郡) 내의 만석보(萬石洑) 수리를 이유로 농민들의 노력 동원을 강요하고 부당한 수리세(水利稅)를 받아 착복하였다. 설상가상으로 전라 감사 김문현(金文鉉)과 사태수습을 위해 조정에서 파견한 안핵사(按覈使) 김용태(金溶泰)는 모든 죄와 책임을 동학도와 농민에게 씌워 탄압함으로써, 오히려 모든 사태를 악화시켰다.

1894년 5월 중순 동학군 주력 부대는 고부군 황토현(黃土峴)에서 관군과 대접전을 벌여 승리한다. 그 여세를 몰아 동학군 1만여 명은 태인, 부안, 정읍, 흥덕, 고창 등지를 습격하여, 관아를 파괴하고 죄수를 석방하고 무기를 탈취하였다. 또 부정·부

---

23) 이선근, 위의 책, 206쪽.
24) 이선근, 위의 책, 207~208쪽.

패의 원흉이던 탐관오리와 토호·양반들을 수없이 응징했다. 이야말로 역사상 초유의 대규모 민중혁명이었다.

4. 외군차용을 둘러싼 쟁론

1) 위안스카이와의 협의

전라도에서 관군이 동학군에게 연일 패퇴하자, 조정은 4월 초 전라병사(全羅兵使) 홍계훈을 양호초토사(兩湖招討使)로 임명하고, 정병 5백 명을 인솔하고 동학군을 진압하도록 하였다. 하지만 전주에 입성한 홍계훈은 겁을 먹고 동학군과의 접전을 꺼리면서, 병력의 증원을 중앙에 요청하는가 하면 5월 23일 외병차용을 건의하는 전보를 중앙에 보냈다. 세도 재상 민영준은 국왕에 외병차용안을 올리는가 하면, 위안스카이와도 협의하였다. 차병안은 5월 27일(음 4월 14일)일 중신회의에 붙였다.

스기무라 일본 대리공사가 본국에 보낸 문서에 의하면 조선 대신들은 내정개혁이 시급한 문제라 주장하고, 외병차입 시 3난(難)을 이유로 반대했다. 여기서 말하는 3난이라는 것은 ① 수만 명의 백성을 살해하는 것, ② 외군의 진주로 민심이 크게 동요하는 것, ③ 외국의 군대 진입이 타국의 군대를 불러들여 국가 간 분쟁이 일어날 염려가 있다는 것 등이다. 국왕도 이에 동의하고 외병차용안을 묵살하고, 강화병을 증파하기로 결정하였다.[25]

아래는 민영준과 위안스카이와의 대담 내용이다.[26]

위안스카이: 앞서 초토사를 내보냈다고 하길래 반드시 예정된 날짜까지 반란을 진압할 줄로 알았다. 하지만 반군의 기세가 꺾이지 않았다고 한다. 조선 정부에는 초토(招討)의 장재(將材)가 홍계훈 한 사람뿐인가?

민영준: 정민(精敏)한 자를 택했으니 즉시 반란을 진압하지 못할 것도 아닌데, 그놈들이 상대하고 싶어 하지 않아 어쩔 수 없는 정세이다.

위안스카이: 결사적으로 저항하는 비적 때도 오히려 토벌할 수 있는 것인데, 하물며 적대하기를 원치 않는 도당을 어찌 토벌하지 못하는가? 내가 들은 바에 의하면 서울을 떠날 때부터 장수 홍계훈은 위엄이 없고, 병정들은 규율

25) 이선근, 위의 책, 220~222쪽.
26) 이선근, 위의 책, 234쪽.

이 없었다 한다. 장수란 자가 종일 두려워하여 아무 능한 일도 없고, 진군(進軍)하는 것을 겁내어 오로지 진을 치고 앉아 있을 뿐이라고 한다. 더구나 그가 두려워하는 것이 첫째, 부하들의 명령 불복종이요, 둘째, 적군과 만나는 것이라 한다. 그래서 10리 앞에 적군이 있다 하면 정지하고 추격을 않으니 이래서 어떻게 반란을 진압한단 말인가?

민영준: (여기서 아무 말 못한다.)

위안스카이: 만일 나더러 싸우라 하면 5일 이내로 진압하겠다.

위안스카이는 민영준의 외병차용 제의를 이처럼 설득력 있게 거부했다. 하지만 5월 27일 장성 월평리 황토현에 출동시켰던 관군 3백 명이 동학군의 주력 약 5천 명과의 전투에서 패배당해 야포 1문과 기관포 1문 및 다수의 탄약을 빼앗겼다. 동학군은 정부군으로부터 빼앗은 대포로 성내를 포격하여, 5월 31일 전주에 입성하였다.

전주성 함락의 흉보는 민영준의 '외병차용' 입지를 강화시켰다. 민영준은 외안스카이를 찾아가서 호소했다. 「일본외교문서」는 아래와 같이 적고 있다.[27)]

「방금 전주를 잃었다. 조선의 병력으로는 도저히 적을 막아내지 못하였다. 당장 인재를 얻기 어려우니 대인께서 도와달라.」 위안스카이는 「조선국이 위태한데 내가 어찌 가만히 있겠느냐? 그렇게까지 어렵다면 내가 맡으마.」

하지만 그날 밤의 중신회의 기록에는 외군차용을 반대하는 의견이 지배적이었다. 일부 대신들은 외국 군대를 불러들이려면 좀 더 사태의 추이를 관망하자는 신중론을 폈다. 국왕 또한 외국 군대를 끌어들이는 데 반대했다. 대신 군대를 지휘할 만한 신하가 없으니 위안스카이가 전주 등지에 내려가서 순변사와 초토사 병력을 지휘해주기를 바랬다. 민영준은 국왕의 뜻을 위안스카이에게 전하고, 전주에 내려가도록 해보겠다고 하였다.[28)]

그러나 위안스카이는 다음 날 그와 같은 조정 대신회의를 전해 듣고 '지금 순변사·초토사·강화병 등의 3개 병력이 내려가 있는데 왜 나를 거기에 내려보내서 이용해보려고 하는가?'라고 말하면서 거절했다. 전주성 함락 다음 날인 6월 1일(음 4월 29일) 위안스카이는 리훙장에게 보낸 전보에서 조선의 청병 요청 시 수락이 불가피함을 다음과 같이 밝히고 있다.[29)]

27) 이선근, 위의 책, 237쪽.
28) 이선근, 위의 책, 237~238쪽.
29) 이선근, 위의 책, 236쪽.

> "조선 국왕이 경병과 평양병 2천여 명의 증파를 결정하고도 청병차용을 논의했다. 이 내란을 스스로 해결하지 못하고 지원을 요청하면 상국 체면상 거절할 수가 없다. 거절하면 오히려 다른 나라가 반드시 좋아할 테니, 어떻게 하는 것이 좋겠는가?"

이 전보에는 청국이 파병하지 않으면 일본이 파병할 것인바 선제 파병이 일본의 파병을 견제할 수 있다는 내용으로 해석된다. 위안스카이는 톈진조약을 잊지 않았지만, 일본의 의도를 오산(miscalculation)한 것으로 보인다.

민영준은 영돈녕부사(領敦寧府事) 김병시(金炳始)에게 의견을 구하였다. 그는 내우외한에 의한 국란을 맞아 외병차입을 반대하는 회답을 전술한 3안을 근거로 제시하면서 우리 군사의 전과를 기다려보자고 하였다.[30]

2) 고종의 청병(請兵) 결정: 임오군란 증후군

6월 3일 고종은 청병요청에 동의했다. 국왕은 동학군이 홍계훈에 보낸 소지문(訴志文)에 자극을 받아 민영준을 불러 청국에 청병을 조건으로 붙여 요청할 것을 재촉했던 것으로 보인다.

국왕과 왕비는 소지문 중 대원군의 감국(監國) 건의에 놀라고 있었다. 동학군은 내정개혁과 적폐청산을 봉기의 주목적으로 내걸었다. 감국은 내정개혁의 시행에 필수적인 리더십이며, 이를 대원군이 맡아야 한다는 건의이다. 척족세력들에게는 동학군의 전주성 함락 이상의 위기를 불러올 수 있다. 민왕후는 "임오년 같은 일을 다시 당하지 않겠다"고 분노했다.[31] 이는 '임오군란 증후군'에 영향을 받았다.

고종의 다음 걱정은 청국병 파병 시 한성 진입 여부, 그리고 이를 핑계로 있을 수 있는 일본의 조선 파병을 저지하는 문제였다. 위안스카이의 약속과 장담으로 6월 3일 고종은 아래와 같은 조건 아래 청병(請兵)에 동의한 것으로 보인다.

① 동학농민군 진압을 위한 순무·초토사의 병력을 위안스카이가 현지에서 직접 지휘한다.

② 조선 정부의 요청으로 출병하는 청군은 동학농민군의 서울 진입 동향에 따라 상륙하여 움직인다.

---

30) 이선근, 위의 책, 238쪽.
31) 이선근, 위의 책, 245~246쪽.

③ 청군 출병이 동학농민군의 기세를 제압하여 청군이 한성에 진입하지 않는다면 만국공법이 정하는 바에 따라 일본을 비롯한 어느 나라 병력도 한성에 들어올 수 있는 구실은 없다.

③번 조건은 외병은 동학군이 도성 20리 안에 들어오지 않는다면, 도성에 진입할 수 없다는 만국공법을 원용한 것이다.[32]

고종은 6월 3일 밤 좌의정 조병세(趙秉世)의 명의로 작성한 조회문을 참의 성기군(成岐軍)을 시켜 위안스카이에게 전달했다. 다음은 당시 작성한 파병 요청 공문이다.[33]

> 「한성이 겨우 4백 수십 리밖에 안 되니, 그들의 북진을 내버려두면 경기지방이 소란해질까 걱정이다. 임오(1882년), 갑신(1884년) 양 내란 때에 모두 중국 병사의 도움으로 평정했으니 이번에는 전례에 따라 귀하에게 청하거니와 속히 북양대신에게 전보로 간청하여 청군을 출동시켜 진압해주면 이 나라 장수들이 군무(軍武)도 배워서 장래의 위기에 대비할 수 있을 것이다. 비적이 토벌되면 즉시 철수를 요청하고 감히 오래도록 주둔하지 않도록 하겠으니, 귀하는 빨리 원조하여 이 급박한 사정을 구해주기 바란다.」

리훙장은 6월 5일 위안스카이로부터 조선의 파병 건의 공문을 받자 상부의 승낙을 받아 딩루창(丁汝昌)에게 군함 2척을 이끌고 인천으로 출동하도록 했고, 제독 예즈차오(葉志超)와 네스청(聶士成)은 육군 2천 4백 명을 이끌고 아산(牙山)으로 출항하도록 하였다. 6월 7일 톈진조약 규정에 따라 청국은 일본에 청국군의 조선 파병을 통보하였다.[34]

조선 조정의 청병 요청의 정책 결정 과정을 살펴보면, 내란 진압이라는 안보문제에 대한 조정 공론화를 거친 결정이었다. 최소한 3회 이상의 중신회의를 열었고, 무력보다는 회유, 외병보다는 조선병 사용 등 대안(代案)을 비교·검토하였다. 국왕도 중신회의의 공론에 따랐지만 최후 결정은 그가 내렸다.

정책 결정의 중요한 특징은 상황 의존적이었다는 점이다. 동학군의 전주성 함락

---

32) 이태진, "1894년도 청군 출병 과정의 진상 : 자진 출병설 비판"; 이태진, 『고종시대의 재조명』, 서울: 태학사, 2000, 220~221쪽.

33) 이선근, 앞의 책, 239쪽.

34) 성황용, 위의 책, 218쪽 ; 이선근은 입경 병력을 1천5백 명으로 기록.

이라는 '위기 속 위기'를 맞자 국왕 대 중신 간 외병차용 논쟁의 양극화 현상이 나타났다. 대부분 중신들은 사태의 심각성을 인식했지만, 조선군에 의한 진압상황을 보면서 외병 요청을 잠시 미루자고 했다. 하지만 국왕은 왕비와 더불어 청병 요청을 결정하고, 조회문을 위안스카이에게 보냈다. 청병 요청 공문에는 임오·갑신 양난에 청군 도움의 전례를 예시하고, 비적이 토벌되면 즉시 청군의 철수를 요청하여 항구적인 주둔을 바라지 않는다고 적시했다.

왜 국왕은 끝내 단독으로 청병을 요청했을까? 동학군의 전주성 함락과 동학군이 홍계훈에 보낸 소지문이 영향을 미친 것으로 보인다. 그 소지문에는 국왕과 왕비를 놀라도록 한 동학군들의 「대원군의 감국」 건의가 들어있었다. 왕비는 임오군란 때 홍계훈의 호종하에 궁궐을 떠나 피난했고, 대원군이 정사를 감독했다. 감국 건의에는 조정의 척족세력들이 그토록 두려워하는 내정개혁, 적폐청산을 시행할 수 있는 권한을 대원군에게 넘기자는 위험이 포함되었다. 왕비는 임오년 위기를 두 번 겪지 않겠다는 단호한 의지를 민영준에게 알렸다.

끝으로 언급할 문제는 청병 요청 결정 과정에서 위안스카이의 역할이다. 위안스카이는 민영준 또는 국왕에게 청병 요청을 강요, 아니면 사주했느냐의 문제이다. 위안스카이의 민영준과의 대담, 그의 리훙장에게 보낸 전문 및 일본군 파병에 대한 대응으로 미루어볼 때, 위안스카이는 조선 정부에 청병 수락을 강요했다기보다는 촉진자의 역할을 한 것으로 보인다. 위안스카이는 민영준과의 대담에서 홍계훈의 지휘관 자질을 비난하면서, 자기가 토벌 임무를 받는다면 5일 이내로 끝낼 수 있다고 호언장담했다. 하지만 이는 야전군 지휘관 입장에서 한 말이다. 그는 청병 요청에 대해서 신중한 태도를 보였다. 그러나 전주성 함락 이후 민영준과의 대담에서 처음으로 조선국이 위태하면, 초토사의 임무를 맡을 수 있다는 입장을 표명한다. 하지만 조선조정이 청병 반대를 고집한다는 소식을 듣고 초토사를 거절했다. 끝까지 그 직책을 받지 않는다. 그러면서 리훙장에게 파병 건의를 하였다.

고종이 동의한 청병(請兵)의 3대 조건이 위안스카이가 고종을 강압하기 위한 수단은 아니라고 본다. 이는 고종이 가장 우려한 사항, 즉 청군의 조선 파병 시 일군의 동시 파병을 저지하려는 방안을 제시하여 고종을 안심시키려 했다고 보아야 한다. 일본군이 서울에 진입하자 청국은 그 부당성을 항의하고, 청·일 공동 철병안을 내세워 외교적으로 관철시키고자 했지만 실패했다. 청국의 입장에서는 일군의 도성 진입을 막는다는 계산된 대안을 가지고 있었고, 이것이 실패하자 제2대안인 공동 철병

안으로 대응했던 것이다.35)

청국은 일본의 의도와 능력을 과소평가했고, 조선은 청국의 의도와 능력을 과대평가하지는 않았다 하더라도 그렇게 되기를 바라는 희망사고를 했을 가능성이 크다. 위안스카이가 리훙장에게 보낸 보고서에서 "일본은 국내의 정세가 복잡하여 자국 공사관을 보호할 100명 정도의 병력밖에는 출동시키지 못할 것이고, 이런 경우에는 조선 외무 당국이나, 한성 주재 타국 외교관을 내세워 저지할 수 있다"고 장담하였다. 조선 대신들이 일본의 출병을 걱정한다는 말을 전하자 위안스카이는 "반드시 수습할 방법이 있으니 조금도 걱정 마시라"하며 민영준을 통해서 고종을 안심시켰다.36)

5. 청·일의 공동 파병과 조선 공동 간섭안

1) 청·일의 공동 파병

일본 정계는 정부와 국회 간 국회 해산 문제로 대립 중이었다. 하지만 군부는 청국과의 전쟁 준비를 서둘렀다. 동학혁명이 확대되자 일본 참모본부는 육군 소좌(少佐) 이지지 고오스케(伊知地幸介)를 비밀리 부산에 파견해 정보 수집을 전개하였다. 동시에 참모본부는 동원계획에 착수하였다. 한성의 스기무라 후카시(杉村濬) 대리공사는 5월 23일 청국이 파병 시 동일 수준의 병력을 보낼 것을 요구했다. 스기무라는 조선 정부의 청병차용의 정보를 입수하고, 6월 2일 무쓰 무네미쓰(陸奧宗光) 외상에게 보고하였다. 당시 일본 수상 이토 히로부미는 외무대신과 군부의 수뇌들이 참석한 회의에서 혼성여단 규모의 병력을 파견하기로 결정하였다. 6월 5일 딩루창 휘하 군함이 인천에 도착했을 때 일본은 대본영(大本營)을 설치하고, 휴가 귀국 중인 오도리 케이스케(大鳥圭介) 주조선 공사의 귀임을 독촉하였다.37)

6월 7일 조·중·일 3국의 수도에서 대조선 출병 통고서가 교환되었다. 일본 주재 청국 공사 왕펑자오(王鳳藻)가 톈진조약에 따라 출병 공문을 일본 외무대신에 전달하였다. 그 공문에는 조선 정부가 청국 정부에 보낸 청병 조회문이 거의 인용되었고, 그 결론 부분에서는 「본인(북양대신 리훙장)은 조선의 상황이 긴박함을 보고, 또 파병

35) 위안스카이가 청병 요청을 조선 정부에 강요했다는 입장에 대해서는 이태진, 앞의 논문 참조.
36) 이선근, 앞의 책, 239쪽.
37) 성황용, 위의 책, 220쪽.

원조는 청국이 보호하는 속방(屬邦)의 구례(舊例)로 이에 파병하여 반란을 진압하되 임무가 완료되면 청군은 즉시 철수하고 더 주둔하지 않을 것이다」라고 밝혔다.

일본 정부는 청국이 톈진조약에 따라 출병 전에 조회문을 보내온 취지에 대해서는 양해하겠으나, '보호·속방·구례'를 운운한 것은 인정할 수 없다고 항의했다. 그리고 일본 정부는 제물포 조약에 따라 조선에 출병하는 동시에 톈진조약의 규정에 따라 사전 조회문을 보낸다고 밝혔다. 더욱이 일본 정부는 청국과는 달리 출병의 시일, 규모, 주둔 예정지 등에 대해서는 일체 언급하지 않았다.[38]

조·청 양국은 몹시 당황하여 한성과 북경에서 각각 항의하였다. 6월 6일 조선 정부는 전주성 전투에서 동학군이 패주했다는 낭보를 받았다. 외무독판 조병직은 6월 8일 일본 대리 공사 스기무라에게 조회문을 보내 '이곳 한성은 아무 위험이 없었는데 일본군이 들어오면 오히려 백성이 놀라, 한성이 위험해질 것이다. 즉시, 군사를 귀국시켜 국가 간의 화목을 도모하기 바란다'는 요구를 하였다.[39]

청국에서도 일본 측에 다음과 같이 항의하였다.[40]

> 「중국은 조선의 요청으로 파병하여 반란군의 토벌을 돕게 되었다. 또 반란군의 토벌이 끝나면 즉시 귀국할 것이다. 그러나 지금은 인천·부산 등 통상을 위한 항구를 보호하기 위해 청군이 잠시 주둔하려 할 뿐이다. 그러나 일본 정부의 파병은 오직 조선의 일본 외교관이나 상인들을 보호하기 위한 것이니, 소수의 병력이면 된다. 또 조선 정부의 요청이 없는데도 조선에 파병하는 것은 조선인을 놀라게 할 뿐이다.」

끝으로 언어가 통하지 않고, 군율이 다른 청·일 양국 군대 간 '불상사가 일어날지 모른다'는 우려를 표명하면서 철군을 종용하였다. 2개월 후 청국이 우려한 청·일 양국의 무력충돌은 현실이 되어, 조선 땅은 양국의 전쟁터가 되었다.

조선 정부는 주일 대리 공사 김사철(金思轍)을 내세워 일본 정부에 항의했으나, 묵살 당했다. 귀임 명령을 받은 오도리 케이스케 공사는 6월 9일 인천에 도착하여 다음 날 4백 20명의 육전대와 대포 4문을 이끌고 입경했다. 육군 소장 오오시마 요시마사(大島義昌)가 지휘하는 혼성 여단도 6월 16일까지 인천에 도착하였다.[41]

---

38) 이선근, 위의 책, 241쪽.
39) 이선근, 위의 책, 242쪽.
40) 이선근, 위의 책, 242쪽.

동학도들은 6월 11일, 12일 전주에서 철수하고, 관군과 타협하였다. 그 이유는 첫째, 관군의 위압과 자진 해산 시 처벌 면제라는 권유가 동학군의 사기를 떨어뜨렸다. 둘째, 청·일 양국군의 동학혁명 평정을 위한 입경 소식, 셋째, 관군과 동학군 사이에 폐정(弊政) 쇄신에 대한 합의 등을 들 수 있다. 폐정쇄신은 12개 항목이었다. 이 중 5개 항은 탐관오리 및 부호의 횡포에 대한 엄벌을 비롯하여, 불량한 유림(儒林)과 양반의 징계, 노예 문서의 소각, 칠반천인(七般賤人)의 대우 개선, 백정(白丁)은 평양립(平壤笠) 제거, 청춘과부의 개가 허가 및 무명 잡세의 폐지 등 봉건적 잔재의 말살이 주가 되었고, 왜인과 간통하는 자를 엄벌에 처할 것 등 미풍양속을 해치는 반외세에 대한 조항은 1건으로 거의 내정 쇄신에 관한 것이었다.[42] 하지만 후술하겠으나 일군이 8월 왕궁을 점령하고 조선의 내정개혁을 강압하자 동학군은 항왜 구국 투쟁을 벌인다. 관군은 일본 지휘관의 통제를 받으면서 동학군 토벌작전을 감행했다.

2) 청·일의 공동 철병안

동학군의 전주성 철수 및 자진 해산 이후, 청·일은 양국군의 조선 철수를 둘러싸고 외교전을 벌였다. 조선 정부는 청·일 간의 공동 철병 협의에 기대를 걸었다. 6월 12일 위안스카이와 오도리 일본 공사는 ① 청·일 양국이 더 이상 병력을 상륙시키지 말 것, ② 조선의 내란이 평정된 만큼 이미 상륙한 병력은 속히 철수시킬 것에 합의했다. 하지만 당일 무쓰 외무대신은 오도리에게 '일본 후속 부대를 상륙시키지 않는 것은 매우 곤란하다'는 훈령을 보냈다.[43]

6월 13일 철병문제를 다시 논의하기 위해 일본 공사관을 방문한 위안스카이에게 오도리 공사는 "많은 병력이 여러 날을 배 안에 있으므로, 잠시 상륙해서 휴식을 취하고, 다시 배에 오르도록 하겠다"고 약속했다. 위안스카이는 동의했다. 하지만 이 약속은 이행되지 않았고, 일본군 약 3천 명의 부대가 완전히 무장하고 상륙해 한성을 향해 진군했다.

매킨지(F.A Mckengie)의 「조선의 비극」을 보면, 위안스카이는 오도리의 계획된 속임수에 속았다기보다는 일본 정부 내 군부의 입김에 외무부의 발언권이 약화된 것으로 보았다.[44] 오도리는 본국에 많은 병력의 상륙을 자제해줄 것을 요청하는 전보

---

41) 성황용, 앞의 책, 220~221쪽.
42) 이선근, 앞의 책, 248~250쪽.
43) 이선근, 위의 책, 271~273쪽.

를 보냈다가 힐문성 공문을 받았다.

일본 정부는 6월 13일 자, 15일 자 오도리에게 보낸 공문을 통해 조선에 대한 강경책을 하달했다. 그 내용을 보면 ① 오오시마 소장의 부대가 아무 일도 못 하고 헛되게 귀국하면 창피할 뿐 아니라 정책상으로 이득이 되지 못한다. ② 조선의 사변을 청국과 공동 협력해서 조속히 진압하고 평정된 이후에는 조선의 내정을 개혁하기 위한 양국 상설위원 약간 명을 조선에 두고 재정조사, 중앙지방 관리의 도태 등을 협의할 것, ③ 그 결과가 밝혀질 때까지는 조선에 파견된 군대를 철수하지 말 것, ④ 청국이 일본의 조선 내정개혁안에 찬동하지 않는다면 단독으로 조선 정부를 조종하여 위의 정치적 개혁을 추진하도록 노력할 것 등이다.[45]

조선 정부는 일본 측 일군 주둔의 정치적 음모를 알지 못하고 북양대신 리홍장에게 조회문을 보내 청군 측에서 철수하는 척이라도 하여 일군의 철수를 유도해줄 것을 요청했다. 위안스카이는 오도리에게 동시 철병안의 이행을 위해 「아산 주둔 청군과 인천 주둔 일본군」의 동시 철군을 제의하였다. 그러나 오도리 공사는 본국 정부로부터 철병 훈령을 받지 못했다는 핑계를 대어 위안스카이의 제안을 거부했다.[46] 이로서 청·일 양군의 공동 철수안은 일단 결렬되었다.

3) 주둔 일군: 조선 내정개혁의 강압 카드

무쓰 일본 외무대신은 6월 17일 주일 청국 공사 왕펑자오(王鳳藻)에게 이른바 조선 공동 간섭안을 공식문서로 전달했다. 이에 놀란 조선 정부는 외무독판 조병직을 시켜서 오도리 공사에게 조회문을 보냈다. 이 조회문에서 「전주성의 완전 수복과 동학당의 붕괴를 알리고 일본군을 조속히 철수시켜서 모든 사람들의 의혹을 풀어달라」고 요청했다. 오도리는 조선 정부의 철군 요청을 비웃듯이 '선 청군 철수'를 청국의 조선 '종주권'과 연계하여 아래와 같이 주장하였다.

> 「6월 15일 인천에 도착한 3천 병력을 헛되이 철수시킬 수 없다. 이 대병력을 유효하게 사용할 수 있는 방법을 찾지 않으면 안 되었다. 다행히도 위안스카이가 청·일 양군의 동시 철수를 제안하였다」

---

44) 이선근, 위의 책, 274쪽.
45) 이선근, 위의 책, 279~280쪽.
46) 이선근, 앞의 책, 281쪽.

이어서 오도리의 의도가 나타난다.

「본관은 이 기회를 이용해서 일본군의 철수에 앞서 청군의 우선 철수를 조선 정부 및 위안스카이에게 요구해야 한다고 믿는다. 그가 만일 우리의 요구를 거절한다면 우리는 청국이 조선에 대한 종주권을 유지하여 우리의 조선 독립 지지론을 부인하는 것이라고 반박하고 또 그러한 소행은 조선에서의 일본의 권익에도 큰 영향을 끼친다고 주장하여 거의 강제적으로 청군을 조선에서 몰아내야 한다. 우리의 위엄을 손상시키지 않고 온건한 우호 조정이 이뤄지지 않을 때는 본관이 이상과 같은 강력한 조치를 취해도 좋을 것이다. 이에 대해 급히 회답해주기 바란다.」[47]

위 내용으로 볼 때 일본 정부는 이미 파견한 3천 명의 일군을 조선 내정개혁을 위한 지렛대로, 또 청국이 철군에 불응하고 일본에 대결한다면 전쟁을 위한 기반전력으로 활용할 의도를 가졌던 것으로 보이다.

김윤식의 「속음청사(續陰晴史)」에 의하면, 한성에 들어온 이만여 명(사실은 3천 명)의 일본군은

「남산 봉대(烽臺)에 대포를 설치하고 성을 헐고 길을 만들고 그 밑에 진을 쳤다. 북악산 거리에 병력을 주둔시키고 대포를 세워놓았다. 외무아문에서 항의했지만, 소용이 없었다. 온 한성 시내가 겁을 먹고 피난민이 줄을 이었다.」[48]

이는 갑신정변 때 실수를 반복하지 않겠다는 결의하에 실시한 진지구축이었다.

왕펑자오 일본 주재 청국 공사는 본국 훈령에 따라 6월 21일 공동 간섭안을 거부하는 회답을 보냈다. 그 거부의 이유로 2가지를 강조했다. 조선의 내정개혁은 조선인 스스로 해야 할 일이고, 일본은 원래 조선을 자주 국가로 인정해온 만큼 조선의 내정에 간섭할 권한이 없다. 그리고 조선 반란이 평정된 뒤에 군대를 철수시킨다는 것은 1885년 텐진조약에서 양국이 약속한 것으로 재론할 필요가 없음을 강조했다.

일본 정부는 왕(王) 공사로부터 이런 거부 회답을 받자 오도리 공사에게 다음 세 가지를 지시했다. 첫째, 청국과의 충돌은 불가피하게 되었다. 둘째, 청군 5천 명의

47) 이선근, 앞의 책, 282~283쪽.
48) 이선근, 앞의 책, 284~285쪽.

조선 증파에 대응하여 병력 2천을 곧 증파하여 혼성여단을 강화할 것, 그리고 셋째, 조선 국왕과 정부를 일본 편으로 만들기 위해 채찍과 당근을 사용하라는 것이었다. 6월 22일 일본 외무대신 무쓰 무네미쓰는 왕 청국 공사에게 「제1차 절교장」이라는 공한을 보냈다. 그 공한에는 조선 정부의 당쟁과 내분이 심한 이유는 독립국가로서 임무를 수행할 수 있는 요인이 부재하고, 조선의 내정개혁 없이는 조선의 변란은 더욱 악화될 것이며, 일본은 일본군 철수의 조건을 조선의 안전과 정치의 안정이 보장될 수 있는 변법(辨法)의 협정이 필요하고, 이것 없이는 철병을 결코 단행할 수 없을 것이라는 점을 강조했다.[49]

여기서 주목할 점은 일본이 일본군 주둔의 명분을 ① 조선 사회의 변란과 정부의 내분에 두었다. 이는 결국 ② 조선의 내우가 외군을 불러오고 내정 간섭의 구실을 주었음을 증명한다. ③ 일본은 톈진조약이 규정한 조선 분란 수습 후 청·일 양국군 철수 조항을 위반하고 청일전쟁의 도화선을 만들었다. 이처럼 조선은 지정학적으로 청일 양국의 세력 각축장이 되어 조선 외교의 숙명적 굴레로 남아 있게 되었다. 당시 조선 조정은 외군 배척의 원론적 입장에서부터 친개혁과 청군 철수 등 국론이 분열되어 있었다.

4) 조선 정부의 대응

6월 하순 영돈녕 부사 김병기가 외병 차입의 잘못을 지적하는 동시에 일본군의 입성을 묵인해서는 안 된다고 국왕에게 아뢰었다. 한편, 정부 내의 개혁파로 알려진 조희연(趙羲淵), 유길준(俞吉濬), 홍종우(洪鍾宇) 등은 일본군이 더 오래 주둔하기를 희망하고, 일본군이 철수하기 전에 개혁을 단행할 의사가 있었다. 이들은 민영준을 후퇴시키고, 대원군을 총리로 추대할 생각을 가졌으나, 행동으로 옮기지는 못했다.

위안스카이와 민영준은 일군의 대거 출동 대처를 놓고 의견 대립으로 관계가 나빠졌다. 위안스카이는 민영준에게 청군을 대거 끌어들일 계획을 말했다. 즉, 청군을 끌어들여 의주로(義州路)의 요해(要害)를 지키게 하고 임진강 연안의 요소를 지키게 하는 동시에 나머지 병력으로 서울 성안 각처를 지키게 할 테니 병력이 필요한 장소를 지정하라고 말했다. 하지만 민영준은 청군의 철수를 요구할 입장이라 대답을 회피했다. 그러자 위안스카이가 실망하고 화를 내었다고 한다. 아무튼 위안스카이는

49) 이선근, 앞의 책, 286~287쪽.

이후 칭병을 이유로 귀국하고 말았다. 일본은 이를 조선 정부에 대한 내정개혁의 압력을 가하는 호기로 이용했다. 조선 정부의 대신들은 일본군의 기세에 위압된 분위기 속에서 제대로 된 대응정책을 마련하지 못하고 있었을 때, 6월 하순 일본으로부터 조선의 청국 의존을 단절하라는 최후통첩을 받게 되었다. 조선 정부는 중신 회의를 열고 논의했다. 「한국 계년사」에 의하면 중신들은 청·일 양국 눈치를 보느라 결정하지 못하고, 리훙장의 의사를 묻기로 했다. 톈진에 있던 종사관 서상교(徐相喬)가 리훙장의 의사를 정부에 전보로 다음과 같이 알려왔다.[50]

「조선의 내정에 대해서는 상국(上國－淸國)도 간섭하지 않는데, 어찌 일본이 이웃 간에 그러는가? 절대 현혹되지 말고 장차 후회가 없도록 하라. 일본 공사에게는 자주 독립국이라고 대답하라.」

조선 정부는 6월 29일 자로 외무독판 조병직의 명의로 「병자 수호조약 제1관에 따라, 귀국(일본)과 교제·교섭함에 있어 매사에 자주 평등권을 지켜왔다. 이번에 우리가 청국에 청원한 것도 우리의 자유로운 권리였다. 그러므로 병자조약에 위배된 것은 하나도 없다. 또 우리가 내치·외교 양면에서 자주적으로 행동한다는 것은 청국도 알고 있는 사실이다」라고 회답했다.[51]

오도리 공사는 7월 4일 외무독판 조병직에게 내정개혁 5개 조항 27개 항목을 제시하고, 심의위원을 파견해달라고 강요하였다. 그는 내정개혁의 명분을 조선의 변란, 즉 내우가 강대국 간 충돌을 야기하는 요인이라는 점을 지적, 변란의 근원을 치유하기 위함이라고 주장하였다. 그는 이어 본국 정부에 내정개혁의 단행을 촉구하기 위해 군사 압박 방안까지 건의했다. "일본 호위병을 파견해서 서울의 성문들을 단속하고, 왕궁의 문들을 수비하여 그들이 굴복할 때까지 강박·담판해야 한다"라는 것이다. 이 밖에도 오도리 안에는 조청 종속관계 청산과 청국이 조선으로부터 얻은 권리, 특권(청국의 조선에서의 조선 인민 재판권, 전선 가설공사 등)을 최혜국 조항에 의해 획득할 것 등이 포함되어 있었다.[52]

조선 중신 회의는 일본의 개혁안을 놓고 논쟁을 벌였다. 판중추부사 김홍집은 개혁안에 찬성하였다. 좌의정 조병세는 성상의 결정을 촉구하였다. 국왕은 개혁에 승

50) 이선근, 앞의 책, 293~294쪽.
51) 이선근, 위의 책, 295쪽.
52) 이선근, 위의 책, 300~301쪽.

인하는 의사를 나타냈다. 김병시만이 자주적인 개혁을 주장했다. 리홍장은 일본 측과 접촉하여 '선 일군 철수 후 내정개혁'을 제안했지만 일본의 거부로 회담은 결렬되었다.53)

조선 정부는 김병시, 리홍장의 충고를 유념하면서 '자주적 개혁을 추진하며, 일본군 철수'를 다시 요청하기로 방침을 결정하고 개혁추진 기관인 교정청(校正廳)을 설치하였다. 7월 15일 대일 개혁창구로 만든 제3차 노인정 회담(일명 남산 회담)에서 신정희 등 3인 위원은 오도리에게 조선 정부는 자주적으로 개혁할 테니, 먼저 일본군을 철수시키고 내정 간섭을 하지 말 것을 강력히 요구했다.54)

오도리는 7월 18일 회신에서 철군의 부당성을 "조선의 내정을 개혁하지 않고 민란의 뿌리가 뽑히지 않는 한 우리는 조선 주둔군을 절대 철수하지 못한다"라고 하면서 개혁안이 거부된 데 대해서는 "비단 조선만이 아니라 동양 전체를 위해서도 심히 한탄스럽다"라고 하였다. 한편 일본 정부는 청국 정부에 보낸 절교서에서는 "조선 개혁안이 추진되지 않을 때 뜻하지 않은 변이 생긴다 해도 일본 정부는 그 책임을 질 수 없다"라고 하면서 '뜻하지 않은 변'을 예고하였다.55)

6. 일본군의 왕궁 침범

1) 조일맹약

7월 20일 오도리 공사는 청국 측에 청군의 철수와 조청 사이에 체결된 통상무역장정의 폐기를 요구했다. 그는 청군의 철수는 조일조약(병자수호조약)에 규정한 조선은 자주 국가로 일본과 평등권을 갖는다는 구절을 무시하는 것이라는 주장을 하면서 7월 22일까지 회답을 요구했다. 회답이 늦어질 경우 본관(오도리)이 결의한 바 있으니, 짐작하기 바란다고 협박도 서슴지 않았다. 오도리는 조선이 자주국임을 내세워 번봉 혹은 속방 조항이 들어있는 「조·중상민·수륙 무역장정」 등도 폐기를 선언하고, 그 결과를 일본 정부에도 통지해줄 것을 압박했다.56)

이러한 외교적 위기 사태에 감국 대신을 자처했던 위안스카이는 탕샤오이(唐紹

53) 이선근, 위의 책, 306쪽.
54) 이선근, 위의 책, 307쪽.
55) 이선근, 위의 책, 309~310쪽.
56) 성황용, 앞의 책, 228쪽.

儀)에게 뒷일을 인계하고 도망치듯 한성을 떠났다. 영의정 심순택은 사퇴 상소를 올렸고, 선혜당상(宣惠堂上)에서 물러나 삼청동 별저에 칩거한 세도재상 민영준은 얼굴을 보이지 않았다. 외무독판 조병직만이 탕샤오이와 상의하여 리훙장의 의견을 들었던 것이다.

7월 22일 밤 조선 조정이 오도리 공사에게 보낸 회답은 그래도 청·일 동시 철군에 무게를 두고 있었다. '청군은 조선 정부가 초청해왔기 때문인데 호남 반란군이 평정된 뒤에 이미 여러 차례에 걸쳐서 철수를 요청한 바 있다. 그런데도 아직 철수하지 않은 것은 일군이 아직 주둔하고 있는 것과 마찬가지이다. 다시 탕샤오이 대리에게 요청해서 청국 정부가 속히 철병하도록 노력하고 있는 중이다.[57]

하지만 일본군은 7월 22일 밤과 23일 새벽 행동을 개시했다. 용산 주둔 1개 연대 이상의 병력이 돌연 사대문을 점령하고 국왕이 있는 경복궁을 포위해버렸고, 이들 중 2개 대대가 경복궁 영추문(迎秋門)을 부수고 난입하자, 왕궁 호위 군사들이 총을 쏘면서 막았다. 양측 간에는 공방전이 전개되었다. 그러나 일본의 압력을 받은 국왕의 전투 중지 명령이 하달되자 기영병(箕營兵, 평양에서 궁궐 호위를 위해 파견된 일명 평양병) 500명은 무기를 내리고 도주하였다. 일본군은 궁궐을 장악하고, 각 영의 무기고에 보관되어 있던 대포 30문, 기관포 8문, 모젤, 레밍턴, 마티니 등 신식 소총 2,000정, 수많은 화승총, 활과 군마 15필 등을 탈취하였다. 일본군의 왕궁 점령은 8월 24일까지 계속되었다.[58] 이 기간 중 일본은 조선에 잠정 합동조관과 양국맹약의 체결을 강요하였다. 한편 일본은 경복궁 점령 이틀 후인 7월 25일 선전포고도 없이 조선의 서해 풍도(현재 경기도 안산)에서 청 해군을 공격했고 사흘 후 충청도 성환에서 육전을 개시했다. 일본은 조선과 청국에 전쟁을 동시에 시작해 왕궁 침범으로 조선을 굴복시키고 여순 점령으로 대 청전을 승리로 종결했다.

8월 20일 일본의 왕궁 점령 기간 중 조선 외무대신 김윤식과 일본 공사 오도리 케이스케(大鳥圭介) 사이에 체결된 「잠정합동조관」의 주요 내용은 다음과 같다.

첫째, 일본 정부는 조선 정부의 희망에 따라 내정개혁을 권고 및 실시한다. 둘째, 일본에 경인·경부 철도 부설권을 부여한다. 셋째, 일본 정부가 부설한 경인·경부간 군용 전신에 대한 조약을 체결한다. 넷째, 전라도 연안의 1개 항을 개항한다. 다섯째, 7월 23일 왕궁 부근에 '양국군이 우발적으로 충돌한 사건'을 피차 문제 삼지

57) 이선근, 위의 책, 314쪽.
58) 육군 군사연구소, 『한국군사사 근·현대 1』, 경기: 경인문화사, 282~283쪽.

않는다. 여섯째, 장차 조선의 자주 독립을 공고히할 문제에 대해서는 양국 정부가 따로 위원을 파견하여 합동의정(合同議定)한다. 끝으로 이상의 잠정 조관 조인 후 시기를 보아 왕궁 호위 일본군을 철수한다.[59)]

6일 후인 8월 26일에는 김윤식과 오도리 사이에 공수동맹(攻守同盟)이라 할 수 있는 「조·일 양국맹약」이 체결되어다. 맹약은 제1조에서 청병을 조선국경 밖으로 철수시켜 조선의 자주 독립을 공고히 하고, 조·일 양국의 이익을 증진함을 목적으로 한다고 명기했다. 제2조는 일본은 청국에 대해 공수의 전쟁을 담당하고, 조선은 일본군의 진퇴와 그 식량준비 등의 사항에 반드시 협조하며 편의를 제공한다는 것이다. 제3조는 맹약은 청국과의 화약(和約)이 성립되는 날로 파약한다고 규정하였다.[60)]

이처럼 일본은 조선 왕궁을 점령한 무력을 배경으로 각종 이익(철도부설, 군사 전신 가설, 추가 개항권)을 얻고 청국과의 외교·군사 관계를 단절시킬 뿐 아니라, 진행되고 있는 청일 전쟁에서 조선을 일본군의 후방기지로 이용하려고 하였다.

조선 정부는 강요에 의해 일본과 체결한 맹약으로 청국을 적대시해야 할 뿐 아니라 일본군을 적극 지원해야 할 무거운 짐까지 떠맡았다. 당시 평양전투에서 청군이 일군에 패배하기 전이었다. 청국이 일본에 승리할 수 있는 경우를 생각하지 않을 수 없었다. 조선 정부는 위험회피(hedging) 전략을 택했다. 국왕과 대원군은 평양 주둔 청군 진영에 밀서를 보내 조·청 양국관계는 옛날과 다름이 없다는 점을 강조하고, 그 증거로 8월 17일 평안감사 민병석 휘하의 위수병이 청군을 도와 평양전투에 참전하도록 명하였다. 그런데 일본군은 이두황(李斗璜)이 이끄는 장위영 소속 교도중대를 일본군을 지원하는 전투에 참가하도록 하였다.[61)]

일본 정부는 일본군이 조선 왕궁을 장기적으로 점령 시 발생할 수 있는 위험을 알았다. 러시아 공사 베버의 민비와의 접촉, 밀계 성립의 여부에 일본은 불안하였다. 조선 주제 제3국민의 피해가 있어 경찰권의 발동이 필요한 경우 일본이 그 책임을 면할 수 없었다.

일본은 일본군이 압수한 조선군의 병기는 전리품으로 볼 수 없으며, 압수품 중 청국에서 수입한 「모젤」총만이 실용성이 있으며, 그 외의 병기는 거의 폐품화되거나 탄약이 부족한 상태라고 판단했다. 일본 혼성여단장 오오시마 요시마사(大島義昌)가

---

59) 성황용, 앞의 책, 231쪽.
60) 성황용, 앞의 책, 232쪽.
61) 육군 군사연구소, 위의 책, 261~262쪽.

본국에 보낸 8월 16일 자 기밀 서신에서 위의 이유를 들어 병기를 조선 정부에 반환하여도 그 실용성이 적고, 필요한 탄약을 일본 정부가 공급할 것을 건의했다. 더욱이 오오시마 여단장은 조선군 독립에 필요한 병력 수를 계산하고 모젤총을 기증한 후 그 탄약을 조선의 요청에 따라 원가로 지불할 것을 약속한다면 일거양득임을 밝혔다. 첫째, 일본이 정치적으로 조선 정부의 독립을 공고히하고 자주 지원한다는 모양새를 갖춰 각국 공관의 우려를 해소할 수 있다는 점, 둘째, 군사적으로 조선 정부의 각종 다양한 탄약보급로를 일본이 장악하여 병기를 통제함으로써 조선 병력의 소장(消長)을 조절할 수 있는 장점이 있다는 것이다.[62]

일본은 왕실 호위병 철수 직전 체결한 「잠정합동조관」에서는 일본의 군사교관이 조선군의 훈련을 담당한다는 보장을 받아놓았다. 그렇지만 왕궁 호위병의 철수를 시행하는 단계에 들어서는 일본의 태도가 석연치 않았다. 8월 24일 오전 11시 왕궁 호위의 임무를 조선군에게 이양하는 동시 일본군은 광화문전 친군 장위영에 주둔한다는 조건을 발표했지만, 별도로 궁내에 일본 경찰의 파견 및 그 임무마저 규정하였다. 따라서 장위영에 주둔하는 일본군은 궁외를 경계했다. 동시에 궁내 이변이 발생할 때는 언제든지 궁내에 진입하여 조선 국왕을 호위할 수 있었다.[63]

2) 일군 통제하의 동학군 토벌

일본군의 경복궁 점령은 조선 조정은 물론 백성들마저도 국권이 일본에 종속될 우려를 하도록 만들었다. 평양전투 승리 후 일본의 조선에 대한 보호국화 정책이 노골화되자, 제1차 봉기 후 정세를 관망하던 호남의 전봉준과 호서의 손병희는 손을 잡고 20여만 농민군을 이끌고 척왜(斥倭)를 내걸고 재차 봉기, 한성을 향해 진격하기 시작했다. 농민군은 죽창이 일본군은 스나이더 소총이 무장의 상징이었다. 일본군은 평양전투 후 동학군에 대한 진압작전을 추진하였다. 그 이유는 첫째, 동학군의 존재는 조선 보호국화 정책과 대청전쟁 수행에 중대한 장애로 그 여파가 한성에까지 확대되기 전에 뿌리를 뽑을 필요, 둘째, 동학군의 신속한 진압이 열강의 성가신 간섭을 미연에 방지할 수 있다는 것이었다. 9월 중순 오도리 공사는 본국 대본영에 정벌 병력의 증강을 요청하였다. 9월 18일 일본은 동학군 정벌에 대한 조선 정부에 협조

62) 황병무, "일본이 시행한 군제개혁과 경(京)군: 갑오·을미년 개혁을 중심으로," 육사 「논문집」 Ⅴ: 1967.9., 99쪽.
63) 황병무, 위의 논문, 100쪽.

공문을 발송했고, 21일에는 조선 정부가 이를 수락했다. 일본은 그 이유를 이렇게 들고 있다. 7월 26일에 체결한 양국맹약에는 '양국은 청군을 국경 밖으로 물리칠 것을 합의했으나, 지금 비도들이 패전한 청군과 결탁하여 일군과 인민들을 물리치자는 명분을 내세우고 있다는 것이다.[64]

일본 공사 이노우에 가오루(井上馨)는 9월 27일 새로 부임하자마자 흥선대원군 추방작전을 전개하였다. 대원군의 '동학당 선동'과 '청국 지원' 등을 문제 삼았다. 결국 대원군은 조정을 떠나야 했다. 마침내 일본은 동학농민군 토벌에 정치적 장애자를 제거하였다.

한편 정부는 일본의 정치적 압력과 병력 및 무기의 취약성 때문에 동학군 진압에 일본군을 빌릴 수밖에 없었다. 8월 24일 정부는 종전의 동학군에 대한 선무와 진압이라는 양면 대책에서 적극적 토벌 방침으로 전환했다. 9월 14일 정부는 동학군에 대한 무력 진압 방침을 정식으로 확정하였다. 하지만 중앙에서 군대를 파견할 수 없으니, 각 지방의 감영 병영에 위임한다는 훈령을 충청, 경상, 전라 감영과 경기 및 수원부에 하달하였다.[65]

9월 21일 양호도순무영(兩湖都巡撫營)을 설치하고, 호위부장 신정희(申正熙)를 도순무사로 임명했다. 그리고 이규태를 선봉장, 즉 파견부대의 지휘관으로 임명했다. 양호도순무영(兩湖都巡撫營)은 일본군의 경복궁 점령으로 해체되었던 조선군의 군사력이 동학군 진압을 위해 하나의 지휘부로 재정비된 것이다. 순무영은 조선군 파견부대와 지방군에 대한 지휘 권한을 가진 기구였으며, 선봉장을 통해 파견부대를 지휘하는 체계를 갖추고 있었다. 하지만 일본군은 '양국맹약'을 내세워 본국 훈령에 따라 조선군 파견부대에 대한 지휘권을 행사하여 조선군 파견부대와 마찰을 일으켰다. 일본 정부는 조선 정부가 요청한 동학군의 초무(招撫)보다는 초멸(剿滅)을 앞세워 새로운 일본군 부대를 파견하기로 결정하였다. 그러나 일본 측은 동학군 초멸을 위한 정당성을 충분히 확보하기 위해 일본군의 출동이 조선 정부의 간청에 의한 것처럼 꾸몄다. 11월 6일 이노우에 가오루 공사가 김윤식에게 보낸 공문이 바로 그것이다. 이노우에는 공문에서 '동학당을 초토하는 일로 인해 귀 정부의 간청을 받아 현재 우리 부대를 보냈으니, 금명간 인천에 도착할 것이다'라고 밝혔다. 동시에 이노우에는 조선 정부에 일본군을 수행하면서 지방 수령을 독려할 진무사(鎭撫使) 및 군수 물자

64) 육군 군사연구소, 앞의 책, 263~264쪽, 270쪽.
65) 육군 군사연구소, 위의 책, 271쪽.

를 조달하고 숙소를 공급할 수 있는 일본어에 능통한 조선 관원 등을 선발하여 보내줄 것을 요청하였다. 조선 정부는 위무사로 이도재(李道宰) 등 3명을 그리고 양식, 인마, 관리 6명을 파견하였다.[66)]

11월 6일 동학군 토벌을 위해 파견한 일본의 후비 보병 19대대는 인천에 도착했다. 19대대 대대장 미나미 고시로(南小四郎)는 메이지 유신을 주도했던 조슈번의 군인으로 활동한 후 1890년 소좌 후비역에 임명되면서 퇴역했다가 1894년 9월 19대대장에 임명되었다. 19대대는 3개 중대로 편성되어 병력은 663명이었다. 이외에도 청일전쟁에 참여한 일본군 중 동학군 토벌에 참여한 일군 병력은 후비 보병 제18대대, 제6연대 소속 4개 중대를 포함하여 전제적으로 12개 중대 이상으로 병력은 2,700여 명에 이르렀다.[67)]

선봉장 이규태(통위영 정령관) 인솔하에 출진한 병력은 본진 89명, 통위영 357명, 교도소 장졸 326명으로 총 772명이었다. 선봉진에 후속 출진하여 공주전투 전부터 11월 말까지 참전한 병력이 1,560여 명이었다. 하지만 조·일군의 전투력은 황현의 『매천야록(梅泉野錄)』에서 지적한 바 있지만, 기율과 무기 면에서 비교가 되지 않았다. 이러한 이유에서라도 일본군이 조선군에 작전 통제권을 행사하려 했을 것이다.[68)]

조·일 간 작전 통제권을 둘러싼 갈등은 이규태와 미나미 사이에 벌어졌다. 이규태는 선봉장 소속의 부대는 선봉장 지휘를 받아야 하고, 동학 토벌 파견부대(경리영, 순무영, 통위영 소속)만이 일본군 지휘를 받을 것으로 주장했다. 미나미는 자신의 조선군 지휘 권한 범위를 순무영 파견부대 전부와 지방군에 대한 것으로 이해했고, 이규태를 통위병 지휘관으로 인정하여 선봉장 소속 부대도 지휘하고자 하였다.[69)]

공주성 전투에서 조선군 파견부대의 각 지휘관은 일본군 지휘에 대해 서로 다른 태도를 보였다. 선봉장 이규태는 일본군 19대대 2중대장 모리오 마사이치(森尾雅一) 대위의 작전에 동의했지만, 일본군의 지휘권한에 직접 불만을 나타냈다. 미나미가 이를 알고 이규태를 추궁하였다. 경리청 지휘관 성하영은 일본군의 지휘권을 인정했지만, 이규태의 지휘를 부정하지 않았다. 하지만 이두황은 일본군 사관의 지휘를 환

66) 박찬승, “동학농민 전쟁기 일본군·조선군의 동학도 학살,” 「역사와 현실」, 한국 역사연구회 제54호, 2004, 12쪽, 25~27쪽.
67) 박찬승, 위의 논문, 28쪽.
68) 황병무, 앞의 논문, 102쪽.
69) 박진홍, “청일전쟁기 조일간의 군사관계 : 양호도순무영의 설치과정과 조선군 지휘권에 관한 문제를 중심으로,” 「한국 근현대사 연구」, 2016(겨울), 제79집, 54~56쪽.

영하며, 미나미가 공주성에 오게 되자 이규태의 지휘에서 벗어나게 된 것을 기뻐했다. 12월 22일 이두황은 우선봉장으로 승진했다.[70]

하지만 1894년 12월에서 1895년 1월 사이 이규태는 일본군 지휘권을 인정해야만 했다. 그 이유는 신정희의 일본군 지휘 권한을 인정하라는 권고, 12월 22일 이두황의 우선봉장 승진으로 파견부대 지휘 권한 양분 및 조·일 혼성지대 편성 등으로 조선군 지휘관의 지휘에서 조선 병사를 분리시켰기 때문이다. 동학군의 패배로 자기 역할을 잃어버린 양호도순무영은 이노우에가 군대 개편을 건의한 직후인 1895년 1월 22일 칙령으로 해체되었다. 그리고 순무영을 해체한 뒤 복귀하지 않은 파견부대는 군무아문 소속으로 변경되었고, 이들 부대는 2월 말 군무아문의 지시에 따라 각기 부대를 해산했다.[71] 조선 정부는 1895년(을미년) 대대적인 군제개혁을 단행했다.

7. 동학농민봉기와 외군차용의 정책적 의미

조정의 학정과 부패, 국가 경제의 파탄(내우)은 동학농민군의 봉기를 촉발했으며 청군의 차용에 의한 일군의 진입(외환)을 초래했다. 한반도를 둘러싼 역학관계는 양강(청·일)체제였지만, 일본이 청국에 비해 우세했다.

조선에 진입한 청·일의 군대는 동학농민군 진압 후 공동 철수안의 합의에 실패한다. 일본이 청군을 철수시키고, 조선에 대한 배타적 영향력 확보를 노린 목적 때문이었고, 조선왕궁 침범과 청일전쟁 승리로 목적을 달성했다. 동학혁명이 가져온 외병차용의 정책적 의미를 다음과 같이 요약한다.

1. 고종의 청군차용의 1차적 동기는 척신세력 중심의 왕권 보호에 있었다.
   - 1-1. 외군에 의한 자국 반도들의 토벌은 3난(수많은 사상자 발생, 민심의 동요, 청·일간 전쟁 장소가 될 우려)을 초래할 수 있다는 우려 때문에 청병(請兵)에 대한 조정 공론은 신중론이 지배적이었다.
   - 1-2. 그러나 수구·척신 세력은 동학군이 주장하는 대원군을 감국 대신으로 삼아 내정개혁과 부패 및 적폐청산을 추진할 위험을 예방하고자 하였다.
   - 1-3. 민왕후의 '임오년 같은 일을 다시 당하지 않겠다'는 분노, 즉 '임오군란

70) 박진홍, 위의 논문, 58쪽, 68쪽.
71) 박진홍, 위의 논문, 62쪽, 67~68쪽.

의 증후군'이 외병차용에 결정적 변수가 되었다.

2. 국왕은 임오, 갑신변란을 중국군의 도움으로 진압한 전례에 따라 3가지 조건부를 청군차입으로 인한 일군의 조선 진출을 예방할 수 있다는 희망사고(wishful thinking)를 가졌을 뿐 실패 시 왕권과 독립보장에 미칠 사태를 예측하지 못했다.
   2-1. 청군의 한성 진입은 동학군의 한성 진입 여부에 따라 결정될 것이다.
   2-2. 청군이 한성에 진입하지 않는다면, 만국공법에 따라 일본군이 한성에 들어올 구실이 없다.
   2-3. 청군은 내란 진압 후 즉시 철수한다.
3. 일본의 조선 파병의 정치적 목적은 조선에 대한 청국의 종주권 배제와 조선 내정개혁을 통한 친일 세력의 확보에 두었다. 이를 위해 일본은 조선의 변란을 자국의 조선에 대한 영향력 확대의 기회로 이용하였다.
   3-1. 일본 주장은 조선 변란(내우)이 강대국 간 충돌을 야기시키는 요인이다.
   3-2. 조선 변란의 근본적인 치유는 내정개혁이다.
   3-3. 조선인에 의한 내정개혁은 기대할 수 없다. 일본이 지원해야 하고, 내정개혁이 완성될 때까지 일군은 주둔해야 한다.
4. 세력균형은 일본에 유리했고, 조선은 일본 견제를 위한 다변 외교의 여건을 갖추지 못했다.
   4-1. 청·일 공동 철병안을 부탁받는 청국은 힘의 균형 면에서 일본에 밀리게 되었고, 청일전쟁에서 패해 한반도에서 영향력을 상실했다.
   4-2. 러시아는 조선 문제 개입(조·로 밀약)설만 남기고 조선에 대한 일본 개입에 수수방관했다.
   4-3. 영국은 러시아 견제를 위한 역외 균형자 역할을 할 뿐 조선 문제 개입을 바라지 않았다.
5. 일본군의 조선 왕궁 침범과 1개월간 왕궁 호위 기간 중 조선 조정은 일본의 강압에 의해 아래와 같은 정치·외교·경제·군사 면의 주권 침해를 받았다.
   5-1. 일본에 조선의 내정개혁을 약속
   5-2. 청국과의 종주관계의 단절과 청군 철수 약속
   5-3. 일본에 경인·경부 철도 부설권 부여
   5-4. 경인·경부 간 군용 전신 가설 약속
   5-5. 조선은 청일전쟁 중 일본군에 기지와 식량 제공

5-6. 조선군의 탄약보급로 장악에 의한 병력 조절의 허용

5-7. 일본 군사교관에 의한 조선군 훈련 담당

5-8. 일군은 광화문 전 친군 장위영에 주둔 및 궁내에 일본 경찰 파견

6. 조선 조정은 내정개혁보다 척왜(斥倭)를 내걸고 봉기한 동학군 토벌 작전의 조선 파견부대에 대한 작전통제권을 일본군에 넘겼다.

6-1. 일본 주도의 동학군 토벌은 선무보다 초멸이 주가 되었다. 많은 사상자가 발생했다.

6-2. 동학군의 신속한 진압이 열강의 간섭을 방지하고, 동학군에 대한 대원군 및 청군 지원을 차단할 수 있다는 계산이었다.

을미사변: 조선 내홍으로 위장한 일군의 왕비 시해

1. 조정의 3개 파벌 대립과 친일세력의 위기

청·일 개전과 함께 일본이 주도한 조선의 내정개혁은 3차의 과정을 거친다. 1894년 7월 말에 설치한 군국기무처로부터 11월 20~21일 20개 조항의 「제2차 내정개혁안」 1895년 4월의 「을미개혁」으로 알려진 3차 개혁이다. 이 내정개혁이 실시될 때마다 조선 조정의 주요 인사는 3개의 정치파벌에 의해 장악되었다. 이 파벌들은 갈등과 대립으로 국정 혼란을 일으켰으나, 국왕은 이를 조정할 수 있는 권한이 극히 제한되었다.

3개의 파벌은 대원군 계열과 민 왕비 계열, 그리고 박영효, 서광범 등 친일 개화파로 분류된다. 1894년 10월 조선에 부임한 일본공사 이노우에 가오루(井上馨)는 12월 17일 제1차 김홍집 내각을 출범시켰다. 이 내각은 총리대신 김홍집, 김윤식, 어윤중, 박정양 등 원로대신 등이 중심이 된 구파, 내무대신 박영효, 서광범 등이 중심이 된 구 개화 독립당 계열의 신파, 그리고 외무협판 김가진, 안경수, 조희연 등 친일개화를 표방하던 중간파 등으로 구성되었다. 모든 친일 세력을 망라한 거국 내각의 모습을 갖추었다.[1] 이 내각은 국내·대외 위기를 해소하기 위해 단합하기보다는 주도

1) 진단학회, 『한국사 : 현대편』, 460~461쪽; 성황용, 앞의 책, 251쪽.

권 확보를 위해 상대를 견제하는 데 힘썼기 때문에, 김홍집 내각은 붕괴와 재건 등 혼란을 겪는다.

이준용 옹립 음모 사건과 군부대신 조희연 해임문제 등이 제2차 김홍집 내각 붕괴의 직접적 원인이 되었다. 이준용 사건은 대원군 세력의 제거, 조희연 사건은 김홍집 일파의 제거 등 정권을 장악하려는 권력투쟁의 음모가 숨어 있었으며, 박영효가 주도했었다. 하지만 그 배후에는 일본 공사관의 사주와 민왕후의 밀지가 있었다고도 본다.

청일전쟁이 일본의 승리로 끝나가는 과정에 일본 정부는 조선의 정국 안정을 위해서는 대원군의 정치세력을 제거할 필요가 있었다. 1895년 2월 내무대신 박영효, 법무 대신 서광범을 암살하려던 자가 체포되어 조사하는 과정에 대원군파와 동학당이 손을 잡고 서울을 공격하여 국왕·왕비·세자와 각료들을 시해한 다음 이준용을 국왕으로 옹립하려는 역모를 꾸몄다고 자백하였다.[2)]

사건이 터지자 박영효는 국왕의 재가도 받지 않고 이준용을 체포하여 특별 재판에 회부하였다. 일본인 아다치 켄조(安達謙蔵)가 발행하는 한성신보(漢城新報)에 역모 사건을 폭로하는 기사를 실어 박영효를 두둔하였다. 하지만 미국 공사 실(John. B. Sill)을 비롯한 조선 주재 외교관들은 이노우에 공사에게 사건에 대한 해명을 요구했다. 대원군은 이준용의 석방을 위해 5월 1일에는 이노우에에게 서한을 보내, 각국 대표 입회하에 공동조사를 하자고 제의했다. 이노우에는 이 사건은 조선 내정에 속하는 사건이라 말하면서 대원군의 제의를 거절했다.[3)] 여기서 지적할 점은 조선 내정의 문제를 국제 문제화하려는 대원군의 입장에서 조선 조정에 대한 불신과 무능력을 읽을 수 있다는 것이다. 사건의 종결은 국왕에게 돌아갔다. 박영효·서광범 등은 왕비의 지침대로 극형을 주장했지만, 고종은 5월 13일 이준용을 10년 유배형에 박준양(朴準陽) 등 5명을 교수형, 그 밖의 17명을 10년 이상 징역형에 처함으로써 일단락을 지었다. 결국, 대원군 세력을 제거하려는 목적은 이루게 되었다.[4)]

국왕과 왕비는 왕권의 행사를 막고 일본의 꼭두각시 노릇을 하는 김홍집 내각을 무너뜨릴 기회를 엿보고 있었다. 군부대신 조희연(趙羲淵)의 해임문제를 둘러싸고, 김홍집 내각은 붕괴하게 된다. 조희연은 친일파 거물이었다. 그는 국왕과 왕비

2) 진단학회, 위의 책, 509~510쪽.
3) 진단학회, 위의 책, 512쪽, 514쪽.
4) 진단학회, 위의 책, 517쪽, 성황용, 앞의 책, 253쪽.

가 싫어하는 신태휴(申泰休)를 훈련대장에 임명하려다 박영효의 간섭으로 실패한 후 친김홍집 성향을 보이게 된 인물이다. 조희연은 5월 12일 국왕의 재가를 받기 전 호위병 1개 소대를 출동시킨 사건이 행정착오였지만, 박영효의 고발로 해임문제로 비화되었다.

이 사건은 박영효의 정치적 야망도 있었지만, 「3국 간섭」에 일본이 굴복했다는 사실이 조선 정계에도 알려져 일본이 주도해 구성한 김홍집 내각을 붕괴하려는 국왕의 감정이 얽혀 발생한 것이다. 조정은 5월 13일 각의를 열었지만, 박영효 일파는 국왕이 지시한 해임안을 통과시키지 못했다.

국왕은 5월 17일 개최된 어전회의에서 격분하여 국왕의 군부대신 해임 명령을 시행하지 않은 것은 '君權을 의심'하게 하는 행위라 힐책하고 '그대들은 이 나라를 공화체(共和體)로 만들 수 있을 것'이라고 문책하였다. 각의는 조희연의 즉각 해임을 결정하고, 김홍집 · 김윤식 · 어윤중도 사표를 제출함으로써 제2차 김홍집 내각은 무너지게 되었다.[5)]

이 시기 이노우에 일본공사가 조선 정부의 정파 간의 분열과 대립상을 본국 정부에 보고한 내용은 주목할 만하다. 5월 19일 자 본국에 보낸 보고서에 이노우에는 이 사건은 박영효 일파가 내밀히 국왕과 왕비에게 주상하여 일어난 일이며 각 정파 간 화해는 불가능하다고 지적했다. 또한, 청 · 일 간의 평화가 발표되자마자 일본이 단독으로 조선 내정문제를 간섭할 수 없다는 것을 조선인들이 알고 있어 이에 대한 대책이 시급하다는 점도 지적했다.[6)]

박영효는 1895년 5월 21일 총리대신 서리에 임명되었다. 김홍집 내각을 무너뜨린 공으로 전권을 잡으려는 목적이 달성되는 듯하였으나, 5월 21일 고종은 온건한 박정양(朴定陽)을 총리대신으로 임명하였다. 이때 김윤식, 어윤중, 유길준 등 구파 인물들을 다수 기용하는 한편 내무대신 박영효의 직계인 이명선(李鳴善), 이규완(李圭完) 등 신파를 해임함으로써 국왕이 그들을 경원하고 있다는 것이 드러났다.[7)]

국왕과 왕비가 실시한 위의 인사는 3국 간섭 이후 일본의 간섭이 어려워질 것이라는 인식과 박영호와 이노우에 관계가 소원해진 점, 이완용 등 러시아 · 미국에 의존하려는 구미파 개화 인사들로 구성된 정동파(貞洞派)의 활동이 활발해진 점을 고

---

5) 진단학회, 위의 책, 520쪽, 522쪽, 성황용, 위의 책, 254쪽.
6) 진단학회, 위의 책, 524쪽, 성황용, 위의 책, 254쪽.
7) 진단학회, 위의 책, 528~529쪽, 성황용, 위의 책, 255쪽.

려한 것으로 보인다.

국왕은 6월 6일 역사상 최초로 창덕궁 비원에 외국 공사를 초청하여 독립 축하 가든파티를 열었다. 이 연회는 정동파와 척족의 재등장과 시기를 같이하여 조선 정계의 새로운 동향을 암시했다.

박영효 일파는 불안을 느끼고, 일본 대리공사 스기무라 후카시(杉村濬)에게 왕비와 러시아 공사가 은밀히 접촉한다는 정보를 제공했다. 박영효는 궁궐의 동향을 감시하기 위해 이미 재가가 있었다는 이유로 국왕에게 왕궁 호위병을 일본 교관이 훈련한 훈련대로 전원 교체할 것을 요청했다. 그러자 국왕은 '작년 7월 이후의 칙령이나 재가 사항은 어느 것이고, 짐의 의사로 된 것이 아니다. 따라서 이를 취소한다'고 크게 꾸짖었다. 이는 친일 세력은 물론 일본 정부에 큰 충격을 주는 발언이었다.[8)]

호위병 교체 문제는 국제적 파장을 일으켰다. 6월 29일 미국 공사 실(John B. Sill)과 러시아 공사 베베르(Karl Ivanovich Veber)는 일본 공사관을 방문하여, 호위병 교체 문제에 강력하게 항의했다. 베베르는 박영효의 행동이 항상 포악하고 위험하여 이 땅의 치안을 방해해왔다고 비판하고, 그를 퇴진시키고 호위병 교체시도를 중지하도록 강력히 요구했다. 3국 간섭 성공 후 베베르마저 조선 내정문제, 특히 왕궁 호위병 배치와 같은 민감한 사안에 발언권을 높이는 상황이 발생했다.[9)]

박영효는 지금껏 해온 정치공작이 자신의 정치적 입지만 어렵게 만든다는 것을 알게 되었다. 이 때문에 박영효는 자파 인물 및 몇몇 일본인들과 만나 대책 마련에 부심했다. 하지만 일본인 사사키 히데오(佐佐木秀雄)는 박영효 일파가 왕비 시해 역모를 추진 중이라고 밀고했다. 국왕은 즉시 비밀 각의를 열어 그를 체포하도록 명령하였다. 박영효는 이를 눈치 채고 7월 초 일본 군경의 보호를 받아 재차 망명의 길을 떠났다.[10)]

1895년 7월 5일 총리대신 박정양을 내무대신으로 내려 앉히고, 김홍집을 총리대신으로 발령하여, 제3차 김홍집 내각을 출범시켰다. 내무 박정양, 외무 김윤식, 탁지부 심상훈, 군부 안경수, 법부 서광범, 학부 이완용, 농상공부 김가진, 중추원 이원중이 각료급 명단이었다. 이 3차 김홍집 내각의 특색은 왕실 및 척족의 이른바

8) 진단학회, 위의 책, 535~536쪽, 성황용, 위의 책, 256쪽.
9) 진단학회, 위의 책, 538~541쪽.
10) 「매천야록」에 의하면 박영효의 신뢰를 받는 유길준이 음모 내용을 밀고했다고 한다. 진단학회, 위의 책, 543~548쪽, 성황용, 위의 책, 257쪽.

친미·친로파가 압도적으로 우세했다는 점이다. 이것을 비율로 따져보면 왕실과 척족 측이 8할을 차지하고, 중도파의 김홍집은 2할에 불과하였으며, 친일파는 겨우 안경수 한 사람뿐이었다는 평가이다.[11]

그로부터 불과 두 달 뒤 왕비 시해 사건이 발생했다. 이 점에서 제3차 김홍집 내각의 구성은 왕실의 승리요, 이노우에의 패배로 볼 수 없었다. 이 구성은 일본 측의 계산된 양보로 왕실을 함정에 빠트린 것으로 볼 수 있다는 추측이 가능하다.

왕실과 척족 계열은 자기네 세상이 온 것으로 착각했는지 이어 인사이동을 단행했다. 8월 13일 척족 계열의 궁내부 특진관 민영환(閔泳煥)을 주미 전권공사에 임명하는가 하면 중추원 의장 어윤중을 해임했다. 8월 14일에는 훈련대 인사를 단행했다. 성창기(成暢基)－제1대대 부관, 조희범(趙羲範)－제1연대 부(付), 신우균(申羽均)－제3대대 부관, 안태승(安泰承)－제3대대 부(付) 등을 해임했다. 이어 8월 16일에는 농상부 대신 김가진(金嘉鎭)을 친로파인 이범진(李範晉)으로 바꾸고, 내무협판 유길준을 의주부 관찰사로 좌천시켰다.[12]

김홍집 제3차 내각 각료와 인사 중 3명은 1개월 만에 해임되거나 좌천되었다. 이뿐 아니라 왕실은 8월 중순경부터 정부 각료들과 아무런 사전 협의 없이 칙령을 결정·반포하였다. 이것은 최근 친일파 내각이 개혁·시행한 새로운 복제(服制)를 완전히 무시하고 구제(舊制)로 환원한다는 의미였다. 이어 왕실에서는 일본 사관이 훈련한 훈련대를 해산하고, 미국 교관이 양성한 시위대를 중용한다는 소문이 나돌았다.

2. 군제개편: 훈련대·시위대

전술한 바 있지만 일본군이 왕궁을 점령한 후(1894년 7월 24일) 8월 말까지 조선군은 무장해제를 당함으로써 조선은 군사력의 진공상태에서 왕성 수비마저도 일본군이 담당하였다. 8월 말 조선군은 재무장되었다 하나 일본군이 반환한 병기는 극히 소수였고, 이것마저도 탄약 공급을 통제하여 조선 병력의 소장(消長)을 조절하려 하였다.

일본은 청일전쟁 중 조선정부의 이중적 태도(청군과 일군에 각각 지원병 파견)를 이유로 군제개혁에 관해서는 열의를 보이지 않았다. 동시에 일본은 조선의 강력한 군

11) 이선근, 『대한국사』 8권, 84~85쪽.
12) 이선근, 위의 책, 88쪽.

대는 내정개혁의 와중에 친일세력의 부상이 아직 미흡한 시기에 국내 정치적 불안만을 조성한다는 견해였다.

미우라 공사가 착임(10월 26일) 이후 내정개혁과 동시에 무능한 구식군을 전원 해산하고, 신식군의 개편을 계획하였다. 일본 외교문서에 나타난 개혁의 대요를 볼 때 근대 국가의 군제개혁에 관한 원칙론적 입장에서 출발하려 한 것으로 보인다.

6영의 폐지, 군령권의 일원화, 행정업무(인사, 군수)와 참모 업무(편제, 훈련, 교육, 병제 등)의 유기적 관계 확립, 사관 양성과 군대 교육, 세습 병제의 폐지 및 군령권 후계자인 왕세자의 군사훈련 등이 포함되었다. 이 밖에도 이노우에는 병제(兵制)와 군사교육에 중점을 두면서 군사교육에 공사관 부 구스노제(楠瀨) 소좌(후에 중좌)를 군 조직에 오카모토(岡本)를 각각 천거하였다. 구스노제 무관은 1894년 말기에 군제개혁에 착수하면서, 일본식의 색채가 짙은 개혁이 될 수밖에 없었다.[13]

12월 17일 칙령 제5호는 호위부장(扈衛副將), 통위사(統衛使), 장위사(壯衛使), 경리사(經理使)를 폐지하고, 소속 장졸 및 금군 무예별감(武藝別監), 별군관(別軍官), 전친군영이예(前親軍營吏隷) 등을 군무아문에 이속하고, 차후 법에 따라 편제할 것이라고 규정하였다. 12월 10일 군무 대신은 병방(兵房)과 문군(文軍), 사마(司馬)를 모두 폐지하였다. 이 6영 병정은 군무아문에 대기 발령되었다가 훈련대, 신설대, 공병(輜重兵 馬兵), 시위대로 편입되고 선발되지 못한 일부는 귀가하였다.

1895년 윤 5월 25일에 칙령 제120호에 의해 시위대가 신설되고, 그 편성 및 임무를 다음과 같이 규정하였다.

1. 연병(鍊兵)으로서 2대대는 편성(제2조)
2. 군부대신의 통제하에 궁내를 시위(侍位)(제3조)
3. 시위병 2대대가 교대로 3일에 교체함(제4조)
4. 연대장 1인(副領), 대대장 2인(參領), 부관 2인(副尉), 향관(餉官) 2인(正尉), 중대장 4인(正尉), 소대장 14인(副尉, 參尉)로 편제(제5조)

동일자로 연대장에 부령 현흥택(玄興澤)을 제1대대장에 이학균(李學均), 제2대대장에 김진호(金振澔)를 각각 임명하였다. 시위대 영위관 및 병졸 급료를 훈련대와 동일하게 대우하는가 하면 9월 1일부터 육군복장 건을 시위대에 적용한다고 규정

13) 황병무, "일본이 시행한 군제개혁과 경(京)군: 갑오·을미년 개혁을 중심으로," 육사 「논문집」 V: 1967, 103~104쪽.

하였다.[14)]

여기서 주목할 점은 제2조와 3조이다. 이 연병으로 편성된 2개 대대가 3일에 한 번씩 양 번으로 나누어 궁내를 시위하는 이른바 왕성 수비대이다. 이 수비대는 일본 교관이 아닌 미국 웨스트포인트 출신인 다이(Dye) 장군에 의해서 훈련된 병정이다. 다이는 1888년 초 군사교관으로 조선에 온 후 장교 양성기관으로 연무공원(鍊武公院)을 설치하고, 연병에 임하다가 1894년 7월 일본군의 궁성 진입과 동시에 연무공원은 해체되고, 연병권 마저 박탈당했다. 8월 말 일본군이 궁성에서 물러날 때 다이는 연병권을 다시 찾아 대부분 고장나고 녹슨 무기를 수선하고, 심지어 일군이 궁성 물속에 던져버린 무기를 건져내어 군인들 훈련에 충당했다.[15)]

시위대 창설에 몇 개월 앞서 이노우에 공사는 1월 국왕에게 훈련대를 창설하고, 그 훈련대 중에서 당분간 근위병의 편성을 진언하였다. 조선 정부는 3월 하순 훈련 제1대대를 창설하고, 대대장에 신태휴(申泰休)를 임명하자마자 해임하였다. 전술한 바 있지만, 왕실은 친일계로 알려진 군부대신 조희연이 천거한 신태휴는 갑신정변 때 대원군과 결탁한 전과를 들추어냈다.[16)]

훈련연대의 편제가 발표, 시행된 시기는 7월 23일(음) 이후이다. 칙령 149호에 의하면 훈련 제1대대, 제2대대로서 훈련 제1연대를 편제하고, 본부 직원은 연대장(正領, 副領), 연대부관(聯隊副官, 正尉), 연대 기수(參尉), 무기주관(副尉 또는 參尉)을 각각 두었으며, 본부 下士에는 정교(正校), 부교(副校), 참교(參校) 각 1인이 속해 있는 정도로서, 참모 주무는 물론 대대 이하의 중대 편제마저 없는 단순한 행정편제였다.

이러한 훈련대를 1895년 말까지 6대대를 증편하려는 계획이었고, 이 편성에 필요한 장교 양성기관까지 운영하기 위해 훈련대 사관 양성소 관제가 공포되었다. 이 양성소는 귀천을 불문하고, 일반 백성에서 학도를 모집하여 3개월 교육 후(7월 26일: 18개월로 연장) 참위(參尉)에 임명하는 기관으로 군부 군무 국장에 예속시켰다.

구스노제(楠瀨) 중좌는 훈련대의 교련을 담당하였고, 간부 임용에도 관여하였다. 이 훈련 대대의 편제법은 시위대(윤 5.25. 신설)에도 적용하였다. 이는 훈련대를 정병(精兵)을 위한 기본 병종 부대로 만들자는 계획이었다.[17)]

---

14) 황병무, 위의 글, 118쪽.
15) 이광린, "미국 군사 교관의 초빙과 연무공원,"「진단학보」, 제28호, 1965, 31쪽.
16) 황병무, 앞의 글, 112쪽.
17) 황병무, 위의 글, 113쪽.

전술한 바 있지만, 훈련대를 정병화하는 시기 총리대신 서리 박영효가 국왕에게 왕궁호위의 시위대와 훈련 대대의 교대를 주상하여 국왕의 진노를 샀다. 이 문제는 왕실과 내각의 정치적 분쟁으로 발전되었을 뿐 아니라, 미국과 러시아 공사가 개입하여 일본 공사에게 항의하는 사태를 빚었다.

양국 공사는 호위병 교대안이 일본 고문관의 사주에 의한 것이라는 항간의 여론을 내세우면서, 친일 대신이 국왕을 이 문제로 괴롭히고 있다고 비판하면서, 철회를 강력하게 주장했다. 고무라(杉村) 대리공사는 왕궁호위에 규율을 갖춘 신병으로 대체함은 당연한 논리라고 원칙적인 응답을 하였다. 하지만 그는 3국 간섭으로 야기된 반일 국제 여론과 왕실의 인아거왜(引俄拒倭) 분위기를 인정하고 하는 수 없이 대안을 제시했다. 즉 국왕 폐하가 신임하는 다이에게 훈련대를 예속하든가, 시위대의 사관을 궐내에 유임시킬 수도 있으며, 점차 교대를 권할 수도 있으니 박영효에게 교대 문제를 일시 중지하도록 해보겠다고 약속까지 했다.[18]

1895년 9월 훈련대의 해산설이 나돌았다. 이 훈련대 해산설은 당시 왕실이 인아거왜책을 추진함에 따라 왕궁호위를 훈련대로 교대하려 하는 일본과 친일 세력을 견제하려는 의도가 있었던 것으로 보인다. 그 훈련대 해산의 구실은 순검과 훈련대 병력 간 충돌이었다. 일설에 의하면 경무사 이윤용이 왕비의 밀지를 받아 경무청 소속의 순검들로 하여금 도처에서 훈련대 병정을 공공연히 모욕하거나, 폭행을 하도록 했다. 이런 일이 잦아지자 훈련대 병정들이 격분하여 집단적으로 경무서를 습격하여 순검을 살상하고 각처의 파출소를 파괴하는 사건이 발생했다. 이를 구실 삼아 왕실은 훈련대를 아예 해산하기로 결정했다고 한다. 아무튼, 이 훈련대 해산설은 일본 측이 민왕후 시해 거사일을 결정하는 데 직접적인 영향을 미쳤다.[19]

3. 청국의 패전과 일·로 경쟁

1895년 4월 17일 청일전쟁을 종결하는 시모노세키 강화조약(下關조약, 馬關조약)이 체결되었다. 전문 11개조, 의정서 3개조, 별약(別約) 3개조, 추가 휴전협정 2개로 구성된 조약 중 한반도와 동북아 안전과 평화 관련 조항은 다음 1조와 2조이다.

---

18) 황병무, 앞의 글, 120쪽.
19) 이선근, 앞의 책, 8권, 88~89쪽.

제1조: 청국은 조선국이 완전무결한 독립 자주국임을 승인하고, 조선국이 청국에 대해 시행하던 공헌(貢獻), 전례(典禮)도 폐지한다.

제2조: 요동 반도와 대만·팽호도를 할양한다.

당시 열강의 조선에 대한 이해관계를 알아보자. 영국은 청일전쟁이 일본의 승리로 진행되는 가운데 청일 강화를 공동 중재(arbitration)할 것을 제의하고, 청일 양 당사국의 의사를 타진했다. 영국은 조선의 독립에 대한 열강의 보장안을 제시했다. 일본은 영국의 중재안에 대해 청국은 조선의 독립을 인정하고, 내정에 간섭하지 않는 담보로 여순·대련만을 할양해야 한다고 대응했다.

한편 리훙장은 1894년 10월 12일 러시아 공사 카시니(Gray A. Y. Cassini)를 만나 타국의 조선 점거를 좌시하지 않도록 촉구했다. 이는 러시아의 한반도에 대한 이해관계를 볼 때 일본의 한반도 지배를 견제해주리라는 희망사고가 있었기 때문이다. 하지만 카시니 공사는 일본이 강화 후에도 계속 조선을 점거하려 한다면 러시아가 간섭하겠지만, 현재로서는 국외 중립을 지킬 것이라는 미온적 태도를 보였다.[20]

서구 열강은 조선 문제에 대한 미온적 태도와는 달리 일본의 요동 반도 할양에 대해서는 적극 반대했다. 러시아 주도하에 로·독·불 3국은 '일본이 요동 반도를 점유하는 것은 청국 주도를 위태롭게 하고 조선의 독립을 유명무실하게 하며, 극동 평화를 영구히 저해'하는 것으로 요동 반도의 영구 점유를 단념하도록 권고했다. 동시에 로·독·불 3국은 함대를 요동 반도 부근으로 항진시켜 일본에 대한 무력시위를 감행했다.

러시아는 태평양으로의 출구를 확보하기 위해 부동항을 얻으려 열망했다. 한반도와 남만주가 가장 좋은 후보 지역이었다. 청일전쟁을 마무리하는 일본의 강화조건에서 '여순·대련의 할양 요구'가 나오자 대책 회의를 열었다. 해군 측은 일본의 대륙 진출을 용인하는 대신 조선에서 부동항 획득을 요구하자는 대상(代償)정책을 내놓았다. 그러나 외무성 측은 영국이 러시아의 영토 획득을 견제할 것이라고 반대했다.[21]

러시아는 영·불 및 기타 강국과 연합해서 '조선 독립과 영토 보전'을 요구하기로 의견을 모았다. 하지만 일본이 1895년 4월 1일 요동 반도 할양을 요구하는 조약안

---

20) 진단학회, 앞의 책, 406~408쪽; 성황용, 앞의 책, 237쪽.
21) 성황용, 위의 책, 242~243쪽.

을 제시하자, 러시아는 관계국들과 공동 간섭을 제의했다. 영국은 4월 8일 공동 간섭이 극동에서 러시아의 세력을 확장시킬 우려가 있다는 이유로 공동 간섭에 불참한다는 통고를 했다.

러시아는 1895년 4월 11일 극동에 관한 특별회의를 열어 대책을 논의했다. 장상 빗테(Sergius Witte)는 방어가 어려운 영흥만 대신 신포만(新浦灣)을 획득하자는 대상 정책에 반대하고, 일본의 만주 진출을 허용해서는 안 된다는 강경론을 폈다. 빗테는 대만·팽호도·한반도 남부 등을 일본에 양보해도 좋으나, 만주는 전쟁을 해서라도 지켜야 한다고 주장했고, 이 강경론이 채택되어 독일과 프랑스에 3국 간섭을 제의했다.

프랑스는 참여에 동의했다. 그 주된 이유는 만주에 대한 이권보다는 유럽에서의 고립을 벗어나기 위한 것이었다. 프랑스는 1870년 보불전쟁에서 패배한 이후 1894년 프랑스-러시아 동맹을 체결하여 지겨운 고립상태에서 벗어났다. 따라서 러시아의 공동 간섭 제의를 수락하여야 유럽에서 정상적인 국제관계를 유지할 수 있기 때문이었다.

독일은 일본에 대해 병기 기술과 군사훈련 및 제도를 지원해주고 있었기 때문에 호의적이었다. 하지만 공동 간섭에 두 가지 이유 때문에 참여했다. 첫째, 1870년 국토 통일을 완성한 독일을 제국주의 식민지 획득에 관심을 가지고 동아시아에서도 군사기지의 획득을 희망했다. 독일은 러시아 공동 간섭과 제의를 중국 문제에 관여할 수 있는 기회로 생각한 것이다. 둘째, 1894년 「불로 동맹」의 성립을 유사시 독일이 프랑스와 러시아라는 양면의 적을 맞이하게 될 전략적 약점을 가지게 하였다. 이러한 위험회피를 위해 독일은 러시아와의 우호관계를 유지할 필요가 있었으며, 러시아의 관심을 유럽 밖의 지역으로 돌리는 이점이 있었다.[22]

일본 정부는 어전회의를 열고 국제회의를 열어 요동 반도를 처리한다는 안을 채택했다. 이 방침에 따라 영·미·이(伊) 3국과 연합하여 「3국 간섭」에 대항하려 하였다. 하지만 영국은 일본의 제의를 거절했다. 그 이유는 영국에게는 일본의 만주 진출보다 러시아의 남진을 더 경계했기 때문이다. 영국은 러시아가 일본의 실질적인 조선 지배를 의미하는 요동 점령을 결코 묵인하지 않을 것이기 때문에, 추가 배상을 받는 조건으로 요동 반도를 포기할 것을 권고했다. 영국은 러시아를 일본의 조선 지

22) 성황용, 위의 책, 244~245쪽.

배 견제 세력으로 보았다. 미국은 국외 중립 기본 원칙을 내세워 3국 간섭에 대항을 회피했다. 국력이 약한 이탈리아만이 영미와 결속하여 대항할 것을 주장했다.23)

일본은 국제 연대에 의한 3국 간섭의 저지가 실패하자, 1895년 5월 5일 요동 반도를 영구히 소유할 것을 포기한다는 각서를 3국 정부에 전달했다. 하지만 3국 간섭이 일본 조야에 미친 좌절과 분노는 대단히 컸다. 일본은 청일전쟁의 대가를 러시아에게 약탈당했다는 분노로 인해 러시아에 대한 보복 심리가 자리 잡게 되었다. 이는 후일 러일 전쟁을 일으키는 요인이 되었고, 1895년 말부터 러시아의 '전면적인 철도 건설 완료 이전에' 대 러시아 전쟁 준비를 완료한다는 대대적인 군비 증강 계획을 추진하도록 만들었다. 이 계획은 1896년부터 1903년 사이에 7억 7천 3백만 엔을 투입하여 육군 병력을 3배로 증강하고, 함대 톤수를 4배로 늘려 1895년 6만 톤을 1903년 27만 8천 9백 톤으로 증강한다는 계획이었다.24)

일본은 청일전쟁 종료 후 조선 정부에 일군 수비대 1개 대대의 병력을 주둔하는 요청 공문을 보낼 것을 종용한 것으로 보인다. 1895년 윤 5월 7일 자 김윤식의 조회문은 청일전쟁 중 조선의 질서유지에 공헌한 일본군에 사의까지 표명하면서, 일본 수비대의 전원 철수가 부당한 이유를 아직도 조선의 병제 개편 진행 중이라 조선의 치안 유지가 곤란하다고 밝혔다. 일본 측은 이를 선뜻 승낙하고 한국의 병비를 정돈한 후에 수비대의 철수 문제를 다시 합의하자는 선심까지 제시했다. 조선에 주둔하는 이 수비대는 경부, 인천－의주 간 가설한 전선의 보호에 필요하겠으나, 민왕후 시해의 강압 전력으로써 의미가 컸을 것으로 보인다.25)

4. 일본의 조선 내홍으로 위장한 왕비 시해

「한성신보」 편집장이었던 고바야카와 히데오(小早川秀雄)는 본인이 집필한 수기 「민후시해사건의 진상」에서 다음과 같이 일본의 정책변화를 밝히고 있다. 일본의 대한 정책이 보수에서 급진으로 바뀌는 시기는 미우라(三浦梧楼) 공사의 서울 부임과 때를 같이 했다. 미우라는 서울에 오기 전에 일본 정부에 제출한 의견서에 3가지 대안을 제시했다.26)

---

23) 진단학회, 앞의 책, 446쪽; 성황용, 위의 책, 246쪽.
24) 성황용, 위의 책, 247쪽.
25) 황병무, 앞의 글, 117쪽.

그는 서두에서 군인이었고, 외교술을 모를 뿐 아니라, 오랫동안 한직에 있었기 때문에 세계열강 정치의 추세에도 어두운 사람이다. 하지만 안으로는 조선의 대개혁을 담당하고, 밖으로는 열국의 외교관들과 경쟁해야 할 것을 각오하면서 3가지 대안을 제시했다.

제1안: 지난해(1894년)의 정청주의(征淸主義)에 입각하여 조선을 동맹의 독립 왕국으로 시인하고, 장차 일본의 힘만으로 조선 전국의 방어 및 개혁을 담당하는 방침

제2안: 일본의 힘만으로 조선의 독립과 개혁을 책임지지 말고 또 보호나 점령의 야심도 갖지 말고, 구미 열강 중의 공평한 나라들과 상의하여 조선을 공동보호의 독립국으로 만드는 방침

제3안: 가까운 장래에 한두 강대국과의 분란을 치러야 한다면, 분란이 일어나지 않은 지금에 차라리 단호한 결의로서 하나의 강대국과 함께 조선 반도를 분할 및 점령하는 방법

당시 일본 정부는 위의 의견서에 대해서 어떤 문서상의 회답을 내리지는 않았다. 그 뒤 일어난 일련의 사건으로 본다면 비밀리에 제3안을 채택한 것으로 보인다. 3안 채택에 영향을 미친 요인은 일본의 '러시아의 조선 정책'에 대한 인식이다. 일본 정부에서는 러시아가 조선 왕실, 특히 왕비 세력과 결탁하여 조선을 병합하려 한다는 의심이 커지고 있었다. 러시아가 조선을 병합한다면 결국 일본 세력을 조선에서 몰아내려는 것이니, 일본은 비장한 결의로 그에 대응해야 한다는 것이다.

다음은 왕비를 시해의 표적으로 삼은 이유이다. 왕비는 조선 정부의 핵심 정책 결정자이기 때문이다. '국왕 폐하는 하나의 꼭두각시에 불과하였고, 민왕후가 당대 제1의 지략가이다. 이러한 뛰어난 여성이 왕후라는 존귀한 지위에 올라서 위계와 음모로 러시아와 결탁하여 원조를 받고 있으니, 어찌 두렵지 않겠는가?' 이와 함께 고바야카와 히데오는 수기에서 '당시 조선에서 가장 화근이 된 것은 다름 아닌 민왕후 한 사람이었다'고 강조했다.[27]

왕후 살해라는 극단적 대안을 선택한 다른 이유는 일본 국력은 당시 러시아의

26) 이선근, 앞의 책, 91~93쪽.
27) 이선근, 위의 책, 94~95쪽.

적수가 되지 못했고, 조선 왕실에 대한 강압력도 부족했다는 점이다. 그 증거로 조선 왕실은 그동안 일본이 성의를 다해 성취한 개혁을 임의로 파기했음에도 불구하고, 일본은 조선을 외교적으로 회유하거나 환심을 사려고 했지만 실패했다는 것이다. 다음은 7월 말 이노우에 공사가 왕비를 알현했을 때, 왕비는 왕실이 친일 개화정책을 추구했음에도 불구하고, 일본 측은 오히려 대원군과 손을 잡고 왕궁을 침입하여 왕을 허수아비로 만들었다고 비난했다. 이에 이노우에는 왕실에 대한 반역 음모가 있을 때 병력을 사용하여 왕실을 보호해주겠다고 효유했다.[28] 하지만 이는 조선 궁궐 숙위 병력을 무시한 발언이다.

고바야카와 히데오는 일본이 마땅히 취해야 할 방도는 외교 수단이 아니라, 비상한 수단, 즉 '일도양단(一刀兩斷)' 그 한쪽의 손을 잘라내어 악수가 불가능하게 하는 수밖에 없다고 했다. 환언하면 왕실의 중심인물인 왕비를 제거함으로써 러시아와 조선의 결탁을 근본적으로 파괴하는 수밖에 없다고 쓰고 있다.[29]

미우라는 일본 정부의 승인을 얻은 왕후 시해 방략을 10월 8일 훈련대 해산의 전날 실행할 것을 결정했다. 여기서 주목할 점은 이 방략이 조선 조정의 내분, 즉 대원군과 왕비 및 척족 세력 간 경쟁과 대결 및 훈련대와 시위대의 질투와 반목을 이용하여 조선 내의 궁정 쿠데타로 위장하려는 데 있었다는 점이다.

10월 4일 일본 공사관 밀실에서 미우라 공사를 비롯하여 스기무라 후카시(杉村濬) 서기관, 오카모토 류노스케(岡本柳之助) 공사관부 무관(포병 중좌), 구스노제 요시히코(楠瀨幸彦) 등이 모여 문제의 방략에 대한 실행방안의 대강을 확정했다. 그 요지는 다음과 같았다.[30]

(1) 조선 국왕 측근의 간신을 제거하여 국정을 바로 잡는 것이 이번 거사의 목적이라고 선전한다.
(2) 대원군을 추대·옹위하여 대궐에 들어가서 시해를 단행한다.
(3) 행동부대는 조선의 훈련대를 앞세움으로써, 이번 거사를 조선 군대의 쿠데타로 위장한다.
(4) 실제 행동부대는 일본의 낭인들로 구성하고 그들의 엄호 및 전투는 일본군 수비대가 담당하도록 한다.

---

28) 이선근, 위의 책, 78~81쪽.
29) 이선근, 위의 책, 96쪽.
30) 이선근, 위의 책, 98쪽.

(5) 대원군을 호위할 별동대는 일본 조계의 경비를 담당하고 있는 경찰대를 동원한다.

위의 대강을 보면 대원군과 훈련대는 쿠데타 위장을 위한 꼭두각시에 불과했다. 그 증거는 많이 있다. 왕후 시해 후 조선 조정의 전횡을 예방하기 위해 미우라 공사는 스기무라 서기관에게 4개조의 서약문에 대원군의 사전 승낙을 받도록 했다. 그 4개조 가운데 제1조는 대원군은 국왕을 보좌, 궁중을 감독하되 일체의 정무(政務)는 내각에 맡기고, 절대로 간섭하지 말 것. 그리고 제2조에서는 친일 인사인 김홍집, 어윤중, 김윤식 3인을 중심으로 한 내각을 성립시키고, 개혁을 단행할 것. 제3조에서는 왕실 통제를 위해 대원군 장자인 이재면을 궁내부 대신에 김종한(金宗漢)을 궁내부 협판에 임명할 것. 제4조에서는 최근 역모 사건으로 인한 귀양에서 풀려난 대원군의 손자 이준용을 3년간 일본에 유학시킬 것 등이다. 이는 왕비 살해 후 친일 내각을 구성하여 개혁을 통한 조선 병탄의 기초를 닦으면서, 러시아 세력 침투를 방지하자는 흉계였다. 이러한 정치적 문제를 미우라가 결정할 수 없었다. 훗날 미우라의 증언에서 밝혀졌듯이 조선 정계 변동은 일본 고위층과의 협의로 결정했다고 한다.[31)]

미우라의 음모는 여기에 그치지 않았다. 거사 성공 후 백성을 효유하는 고유문을 국태공 명의로 만들어 대원군의 결제를 받았다. 고유문의 요지는 다음과 같다. 대원군이 조정의 간신, 즉 왕비의 척족세력을 배척하여 유신의 대업을 성취하고 5백 년 종사를 부지하여 너희들 백성이 마음 편히 생업에 종사하기 위함이니 '만약 너희들 백성이나 군대가 나의 행동을 저지하려 하면 반드시 큰 벌을 내릴 것이니, 너희들은 절대 그런 잘못이 없기를 바란다'는 엄중한 경고였다. 거사 행동대에 참가하기 위해 별장을 떠나면서, 대원군은 애손 이준용에게 후일을 당부하는 말을 잊지 않았다. '너는 여기 남아 있다가 만일 오늘의 거사가 실패로 끝나면 곧 일본으로 망명하여 후일을 기하라.'[32)]

대원군이 탄 교여(轎輿)는 일본인 장사패에 에워싸여 별장을 떠난 후 일본군 수비대는 조선의 훈련대를 만나 진용을 갖추어 서대문을 거쳐 광화문으로 돌진했다. 고유문은 거사 당일인 10월 8일 새벽 궁궐 침범 전 게시하였다. 이 행동부대는 일본 공사관 무관 구스노제 요시히코(楠瀨幸彦) 중좌가 지휘하는 조·일 민군 혼성 특공대

---

31) 이선근, 위의 책, 99쪽.
32) 이선근, 위의 책, 103~104쪽.

였다.

이 혼성 특공대의 행군 순서를 보면 맨 앞에는 아다치가 지휘하는 「한성신보」 부대 수십 명과 경찰대 10여 명이 섰다. 두 번째로는 우범선이 지휘하는 훈련대 제1대대가 섰다. 세 번째로는 일본인 장사와 낭인들이 대원군의 교여를 둘러싸고 달렸다. 네 번째로는 일본군 수비대 1개 대대가 달렸다. 마지막으로는 조선인 이두황이 지휘하는 훈련대 제2대대가 따랐다.[33]

미우라 공사는 훈련대 해산설이 나돌고 있을 때 우범선과 이두황을 포섭했으며, 이들은 흔쾌히 응했다. 우범선은 거사 당일 밤 연대장 홍계훈(洪啟薰)에게는 야간 훈련을 핑계로 실탄을 보급받고 출동하였다. 우범선과 이두황은 직속상관인 홍계훈의 지휘권을 이탈하여, 혼성 특공대에 가담했다. 홍계훈은 광화문 방어전에서 일본군 수비대를 상대로 총격전을 벌이던 훈련연대 직할 1개 소대를 지휘하다가 흉탄을 맞고 쓰러졌다.[34] 이 와중에 군부대신 안경수는 감쪽같이 도주했다.

일본 혼성 특공대에 맞선 광화문 방어전은 지휘관을 잃어버린 시위대가 10여 분 동안 저항하다가 종결되었다. 그 사이 특공대 선봉은 국왕의 편전이던 건청궁을 포위했다. 이때, 시위대 연대장 현흥택(玄興澤)은 도주했다. 시위대 잔여세력은 미 군사고문관 다이의 지휘하에 잠시 저항하다가 중과부적으로 곧 패주하였다. 이리하여 혼성 특공대의 일본 낭인들은 왕비의 침전이던 옥호루(玉壺樓)에 침입하여 왕비를 시해하였다.[35]

5. 왕궁 사변의 정치와 열강의 개입

10월 8일 오전 8시 일본 장사패와 군대를 철수시킨다. 일본 측은 이미 대원군에게 사전 약속을 받아놓았던 정부 개편의 인사 발령을 발표했다. 먼저 궁내부 대신 이경직의 후임으로 이재면이 임명되었다. 뒤이어 친러·친미파의 학부대신 이완용, 농상부대신 이범진, 경무사 이윤용 및 군부대신 안경수 등이 해임되었다. 조희연이 군부대신 겸 경무사 서리로 서광범이 법무대신 겸 학부대신 서리로 임명되었다. 다

---

33) 이선근, 위의 책, 104~105쪽.

34) 홍계훈은 친일계 장령이 아니었다. 3국 간섭으로 일본의 조선 내정간섭이 약화된 틈을 타서 국왕이 훈련연대장으로 임명했다. 이선근, 위의 책, 101쪽.

35) 이선근, 위의 책, 105~106쪽.

음 날에는 권형진이 경무사로, 이틀 뒤에는 유길준이 내무협판으로 각각 기용되었다. 친일파 일색의 내각으로의 개편이 분명했다. 10월 8일 자 총리대신 김홍집을 비롯하여 외부대신 김윤식, 내부대신 박정양, 탁지부대신 심상훈, 법부대신 서광범 등의 부서(副署)로 발표된 조칙에서는 '모든 정령을 내각 대신들이 먼저 의결한 뒤 국왕의 재가를 받아 시행하게 하라'는 이른바 내각군주제에 해당하는 제도를 공표했다. 일본은 친일세력이 장악한 내각을 통해 내정개혁을 입맛대로 추진하여 국왕을 허수아비로 만들자는 속셈이었다.[36]

10월 10일 미우라 공사는 왕후 폐위의 조칙을 내도록 국왕을 강요했다. 그 첫째 이유는 러시아 및 미국 공사들의 왕후 시해에 일본 주도와 개입설을 무마시키려는 목적, 둘째 왕후의 폐정(정사 간섭, 정령 혼란, 관작 매매 등)을 백성들에게 알려, 왕비가 생존했더라도 폐비시켜 서인으로 삼아 존재감을 없애려는 것이었다.[37]

일본 공사관은 왕후 시해 사건에 대한 공식 입장은 '해산 위기에 몰린 훈련대가 대원군을 앞세운 정변이며, 일본 수비대의 왕궁 출동은 궁정 소요의 진무를 위한 것'으로 조작하고 있었다. 이러한 입장은 본국에 보낸 공식 보고서에도 변함없이 등장하였다. 열국 공사들의 항의가 잇따르고, 일본이 국제적으로 고립될 수 있다는 우려가 확산되자, 일본 정부는 왕비 시해 사건(왕성사변)의 진상을 철저히 규명하기 위해 외무성 정무국장 고무라 주타로(小村壽太郎)를 단장으로 한 조사팀을 서울에 파견했다. 고무라 주타로는 사변의 진상을 규명하여 본국에 보고했다. 일본 정부는 10월 17일 고무라를 주한 변리공사로 임명하고, 미우라 공사를 비롯한 사변 주모자 및 가담자 50여 명을 차례로 귀국시켰다.[38]

조선 조정은 10월 11일(관보 발표는 12일) 3번째 조칙을 발표하여 '주견을 달리하는 당파도 모두 짐의 신민이니 전날의 개인적 원한을 다 잊고 단합하여 국가의 위기를 극복할 것'을 강조했다. 국왕은 왕성사변이 군부의 반란이 아닌 일제의 주구로서 훈련대가 이용되어 시위대와 교전한 것을 유감으로 생각했다.

사변 2일 후인 10월 10일 국왕은 칙령 제157호로서 시위대를 훈련대에 편입시켜 왕궁을 호위하도록 했다. 10월 12일에는 사변 시 시위대 병졸의 도산(逃散)한 죄를 특별히 관대히 용서하고, 시위 제1대대는 훈련 제1대대로 시위 제2대대는 훈련

36) 이선근, 위의 책, 118쪽.
37) 이선근, 위의 책, 119~120쪽.
38) 이선근, 위의 책, 140~142쪽.

제2대대로 편입, 경동하지 말 것을 군부고시로 발표했다. 이어서 시위대 계열의 장교를 해임했다. 玄興澤(부령, 제1연대장)을 비롯하여 李學均(참령, 제1대대장), 金振澔(참령, 제2대대장) 이하 중대장 등 20여 명이 포함되었다.[39]

일본은 군부의 장악과 시위대 계열의 제거를 도모하였으며, 10월 17일에는 시위대 교관 다이 장군의 해임을 건의, 국왕의 승인을 받고 다이에게 통고했으나, 미국 공사 알렌의 강경한 항의를 받아 처리할 수 없었다.

2000여 명에 가까운 연대 병력의 훈련대로서 왕실 호위를 전담시킨 지 10여 일 후 군부령 제3호로 궁성수위병규칙을 발표했다. 사변 당시 수위병의 무능력과 특히 지휘 장교의 충성심 없는 애매한 처사를 본 군부로서는 궁성 수위병의 엄격한 규율이 필요했다. 이 규칙에서 수위병의 직책을 '왕실을 수호하여 궁성의 존엄함을 유지하고, 궁성에 대하여 추호도 폭행 및 불경한 행실을 금한다' 하였고, 각 수위 사령의 직무와 초소의 일반 수칙까지 세밀히 규정했다.[40]

왕후 시해 사건의 여파로서 궁지에 몰린 일본은 주한 수비군의 철수를 고려하는가 하면, 대한불간섭정책을 표명하고 사건 관계자들을 소환하여 히로시마(廣島) 감옥에 송치하는 등 수습에 여념이 없었다. 고무라 공사는 당시 인천에서 정박하고 있던 자국 군함에서 각각 20여 명 안팎의 수병들을 서울로 끌어들였다. 그리고 러시아 공사를 비롯한 열국 공사들은 훈련대 해산을 강력히 주장했다. 또한, 구미 각국은 왕성 사변을 계기로 일본이 주도한 김홍집 내각을 승인하지 않을 것이며, 대원군을 축출하라는 여론을 확산시켰다.

일본 정부는 교묘한 후퇴 대책을 마련했다. 10월 28일 다음과 같이 조선에서의 철병 및 불간섭 의사를 밝히는 성명서를 발표했다.

> "일본 군대가 조선에 주둔하고 있는 것은 첫째로 일본군의 전신·교통 시설이 조선 반도를 통과해서 일본군 점령하의 봉천반도(奉天半島)까지 설치되어 있으므로 이를 보호·유지하기 위해서이며, 둘째로 조선 내의 일본 공사관·영사관 및 신민(臣民)을 보호하기 위해서이다. 조선 주둔 일본군의 대부분은 주로 위의 전신·교통 시설을 보호하는 경비에 배치되어 있는 만큼, 이들의 주둔은 일본군의 봉천 철수와 함께 필요 없게 될 것이니, 일본군이 봉천에서 철수하면 조선의 일본군도 당연히 철수할 것이다. 일본 정부는 조선의 내정개혁이 이미 기초를 잡았고, 좀

---

39) 황병무, 앞의 글, 121쪽.
40) 이광진, 앞의 글, 32쪽.

더 진전한다면 조선이 단독으로 그 질서를 유지하며 외국인들을 보호할 수도 있는 것으로 믿으므로, 그에 따라 조선의 일본군을 당연히 철수할 것이다. 현재의 정세로 보아서 조선의 내정개혁에 대해 일본 정부의 정략은 불간섭주의를 취하고 있으므로, 혼연히 다른 조약국과 함께 장래에 희망을 걸고 있을 따름이다."[41]

위의 성명서는 봉천반도와 조선 내정개혁의 정세 여하에 따라 일본군 주둔 기간이 조정될 수 있다는 조건을 달았다. 참으로 일본군 주둔 명분치고는 해괴한 변명이었고, 조선의 내정개혁에 간섭을 하면서 '불간섭주의 정략'을 운운하는 것은 언행이 모순된 것이었다.

위 일본의 성명서에 대한 구미 열강의 반응 또한 자국 이익에 기초한 지정학적 위협관이 반영되어 일본 주둔군의 철수에 영향을 미치지 못했다. 오히려 일본은 러시아 위협을 핑계로 구미 열강과의 안보적 유대를 강화할 수 있다고 판단할 수 있게 만들었다.

독일의 반응을 보면, 독일은 일본보다 러시아의 조선 진출을 우려하고 있었기 때문에 일본에 대해서는 오히려 동정적이었다. 독일 외무대신은 "일본군이 조선에 주둔하는 것은 질서의 유지를 위해서 필수 불가결한 일임을 인정한다. 그럼에도 불구하고 서울의 구미 각국 외교관들이 일본군의 철수를 요구한다니 자못 걱정스럽다"고 했다.

영국은 러시아가 시베리아 횡단 철도의 공사를 서두르며 태평양에 적극 진출하려는 정책에 우려하고 있었다. 영국 외상은 런던에서 일본 공사에게 일본 정부의 새로운 조선 정략에 '찬성한다' 하고 러시아의 진출을 억제하기 위해서는 조선을 일본 세력권에 포함시키는 것이 좋겠다고 했다. 영국 외무차관은 '일본의 조선 정략은 싸움보다 분할에 합의했던 영국의 이집트 정략이나 프랑스의 튀니지(Tunis) 정략과 다를 것이 없다고 옹호하는 발언을 했다. 이 발언은 러시아 견제를 넘어, 식민지 획득 경쟁이 열을 올리고 있는 구미 열강의 지정학적 이익이 반영된 것이다. 그들에게는 '나눠 먹기식' 정략이요, 조선에는 '코리아 패싱(한국 배제)'으로 식민지 쟁탈의 표적 국가로 떨어지고 있다는 것도 모르는 비운을 안고 있었다.

미국의 태도 또한 구미 열강과 다르지 않았다. 일본군 주둔이 러시아 세력의 견제에 도움이 된다고 판단하고, 독일 및 영국 등의 대응에 동조했다.[42]

---

41) 이선근, 위의 책, 143~144쪽.

6. 훈련대 해산과 춘생문 사건

일본은 구미 각국 외교관들의 요청대로 군부대신 조희연을 해임하고, 우범선, 이두황 훈련대 영관의 결사반대에도 불구하고 훈련대를 해산했다. 10월 29일 자 칙령 제169부터 연이어 발표된 제172는 훈련대 폐지에 관한 「육군편제강령」을 다음과 같이 제시하고 있다.

○ 칙령 제169호 내용
훈련연대 폐지 및 지방소재의 대대 폐지

○ 칙령 제170호 내용
1) 국내 육군을 친위(親衛), 진위(鎭衛) 양대로 구분
2) 친위대는 경성에 주둔, 왕성 수위를 전임함
3) 진위대는 부(府) 및 군(郡) 간의 요쇄지에 주둔, 지방 진무와 경성 수비를 전임함
4) 각 대의 전술 단위는 대대이며, 대대는 4중대로 편성함. 단 진위대대는 2중대로 편성함

○ 칙령 제171호 내용
친위대는 2대대로 설립함

○ 칙령 제172호 내용
현재, 평양부와 전주부에 진위대 1대대를 설립함[43]

관보 9월 14일(양력 10월 30일) 자 호외에 의하여 훈련대 제1대대장 참령 우범선과 제2대대장 이두황을 휴직시키고, 정위 이범래(李範來)를 참령에 임하여 제1대대장에 참령 이진호(李軫鎬)(사변 당시 훈련 제3대대장)를 제2대대장에 임명했다. 우범선과 이두황은 왕비를 시해한 혼성 특공대에 참가한 조선 측 지휘관이다. 상을 받아야 할 입장이었지만, 훈련대 해산으로 해임될 운명에 처하자 국왕의 측근을 떠나지 않고 훈련대 해산을 강행한다면 김홍집 내각 요인을 살해한다는 엄포까지 했지만 사태가 불리해지자 도주했다. 이 두 지휘관은 왕성사변의 책임론으로 일본 측이 궁지에 몰리

---

42) 이선근, 위의 책, 144~145쪽.
43) 황병무, 앞의 글, 122~123쪽.

자, 일본 측에 의해 토사구팽(兎死狗烹)당한 것이다. 왕성사변은 일본 주도의 정변으로 조선이 이용당한 것이며, 조선군 지휘관은 거사 후 역신으로 몰릴 운명에 처했다.

육군편제강령의 발표와 동시에 훈련대를 해산하고 동시에 시위대 내에서 호위병을 조직한다는 결의에도 불구하고, 실제는 舊 훈련대만이 궁성 내에 잔류하여 조희연 세력과 결탁하여 국왕을 강박하는가 하면 舊 훈련대의 사관은 모두 신 편제(친위대)로 편입되었다. 때문에 주한 일본공사 고무라는 그들의 직계였던 舊 훈련대의 강경한 태도를 염려하여 왕실 호위를 저의 수비대가 담당할 것을 본국 정부에 요청까지 한다. 한편 조정은 11월 26일 정부 각료와 외국 공사 등을 궁중에 불러놓고 다음과 같은 조칙을 발표한다.

① 폐비 민씨를 복위시키고 10월 10일의 왕후 폐위 조칙을 취소한다.

② 친위대(전 훈련대를 포함한)가 아무 죄가 없다는 것은 분명한 사실이니 조금도 동요됨이 없이 더욱 효충(效忠)하게 하라.

③ 조희연, 권형진 2명을 파면하고 이도재(李道宰)를 군무대신에, 허진(許璡)을 경무사에 각각 임명한다.

위의 조칙 중 제2항, 즉 舊 훈련대에 면죄부를 준 조치는 완전히 정치적인 것이었다. 舊 훈련대 사관들에게 형사적 책임을 묻지 않고 새롭게 편성된 친위대 속에 그들의 보직마저 주어 일단 안정시켜 왕궁호위에 전념하도록 하기 위한 조치였다. 이로써 왕궁호위는 명목상 친위대라는 편제하에 舊 훈련대가 담당한 것이다. 따라서 육군편제강령은 형식상 훈련대 해산의 의미만을 갖는 것이었다.[44)]

왕실 호위병을 구 훈련대 계열이 장악한 상황하에서 11월 18일 국왕 탈취 사건인 이른바 「춘생문(春生門) 사건」이 발발했다. 국왕이 폐후의 복위를 발표하자 안경수를 비롯하여 7명이 주동하고, 정동 외국공관에 피신 중이던 이범진, 이완용 등 10여 명 그리고 이진호 등 구 시위대 장교 수백 명과 마공대(馬工隊)를 동원하여 「춘생문(春生門) 사건」을 일으켰다. 이 쿠데타의 목적은 친일 정권에 포위되어 공포에 떠는 국왕을 다른 곳에 모시고, 김홍집 내각을 타도하여 국모에 대한 복수를 한다는데 있었다. 미국인 다이마저도 과거 연무공원 출신인 이진호와 공모한 사건이었다. 하지만 이진호의 밀고에 의해 국왕의 탈취 계획은 춘생문(경복궁 동편문)에서 선전한

44) 황병무, 앞의 글, 123쪽.

친위대 5대 소대(구 훈련대)의 활동으로 좌절되고 말았다.[45]

국왕은 이 사건을 계기로 친위대 장병들을 포상하고 김홍집 내각에 노고를 치하하였으며, 12월 1일 왕후가 서거한 사실과 국상을 발표했다. 동시에 대원군은 스스로 물러나고 그의 애손 이준용은 왕명으로 일본 유학을 떠났다.

일본은 춘생문 사건을 미·로 양국을 공격하는 기회로 삼았다. 일본 정부는 각국 주재 일본 공사에게 왕성사변에 미국인 4명이 관계된 혐의가 있고, 미·로 양국 공사도 이를 묵인 내지는 교사한 혐의가 있고, 적극적으로 선전하도록 지시하는가 하면, 러시아 공사와 미국 선교사들까지 가세하여 저지른 '국왕 탈취사건'이라고 역습했다.[46]

일본 정부는 이를 이용하여 히로시마 감옥에 투옥시켰던 미우라 고로 이하 왕성사변 피고인 전원을 증거불충분이라는 이유로 1896년 1월 20일 석방했다.

주한 일본공사는 춘생문 사건을 구 훈련대 주축의 왕성 수비대를 강화하는 계기로 이용했다. 친위 각 대대를 강화하기 위해 공병대 인원을 친위 각 대대에 보충하려는 칙령을 발표했다. 따라서 구 병영의 개편이라는 명목상의 편제이던 공병대는 사실상 왕실 위주의 기본 병종대에 흡수되어가는 운명에 놓이게 되었다. 이외에도 일본 공사관은 훈련대 사관 양성소 관제를 폐지하고 무관학교 관제를 발표하는가 하면, 일본식 사관 양성을 위해 공사관 부무관이 아닌 전임 교관의 파견을 조선 측에 제의했다. 이는 조선의 내정에 일본의 불간섭 의도를 대외에 알리고 외부의 비난을 피하기 위한 술책이었다. 하지만 이 계획은 1896년 2월 11일 발생한 「아관이어」 사건으로 실현되지 못했다. 이 사건 이후 조선군은 러시아 교관에 의한 러시아식 훈련을 받게 되었다.[47]

7. 을미사변의 정책적 의미

을미년 왕후 시해 사건을 둘러싼 내우외환의 정책적 의미를 요약한다. 조선 조정은 리더십 분열로 대원군 계열, 민왕후 계열 및 친일 개화파로 나누어 대립과 반목이 심각하였다. 군대도 훈련대와 시위대 간 왕궁호위의 주도권 다툼이 지속되고 있었다.

---

45) 이선근, 위의 책, 153~155쪽.
46) 성황용, 앞의 책, 263쪽.
47) 황병무, 앞의 글, 124~125쪽.

1. 조정의 리더십 분열 및 군부의 대립 등 내정의 취약성은 외세의 내정개입의 원인이 된다.
   1-1. 일본은 3국 간섭의 와중에 친로 성향의 왕후 시해를 "조선 조정의 내홍"으로 위장해 실시 후 친일 내각을 만들어 내정개혁을 추진했다.
   1-2. 거사의 목적은 국왕 측근의 간신 제거로 국정을 바로잡는 데 있다고 선전했다.
   1-3. 왕후 시해를 위한 특공대를 조·일의 민군 혼성부대로 구성했다.
   1-4. 거사 성공 후 일본 측은 대원군으로부터 친일 신내각의 정무에 일체 간섭하지 않는다는 보장을 받아놓았다.
   1-5. 훈련대 대대장 우범선과 이두황은 일본 측에 포섭되어 훈련연대장 홍계훈의 지휘권을 이탈, 가담했으나 거사 후 훈련대 해산과 함께 토사구팽당했다.
2. 자국 이익에 기초한 열강의 지정학적 이익관은 조선과 같은 약소국의 독립을 보장하기보다는 특정 국가의 세력권에 편입시키려는 경향을 나타낸다. 이때 약소국은 식민지 쟁탈의 표적이 된다. 그리고 조선 배제(Korea passing)가 일어난다.
   2-1. 3국 간섭에 굴복한 일본은 러시아의 위협을 핑계로 자국군의 조선 주둔을 정당화하고, 러시아 견제를 도모하는 서구 열강과의 안보적 유대를 강화하였다.
   2-2. 3국 간섭에 불참한 영국은 러시아의 태평양 진출을 막기 위해 조선을 일본의 세력권에 포함시키는 데 긍정적이었다.
   2-3. 3국 간섭국 독일, 이에 참여하지 않은 미국도 일본군의 조선 주둔이 러시아 견제에 도움이 된다고 생각했다.
3. 왕궁 호위군을 제압하지 못한 궁정 쿠데타는 실패한다.
   3-1. 안경수, 이범진 등 친러·친미 세력이 주도하고, 이진호 등 구 시위대 장교 수십 명이 일으킨 국왕 탈취 이른바 「춘생문 사건」의 패인은, 다이 휘하의 연무공원 출신인 이진호의 배신이 있었지만, 구 시위대로 구성된 쿠데타군이 왕궁 호위군인 친위대(구 훈련대)를 제압하지 못했기 때문이다.

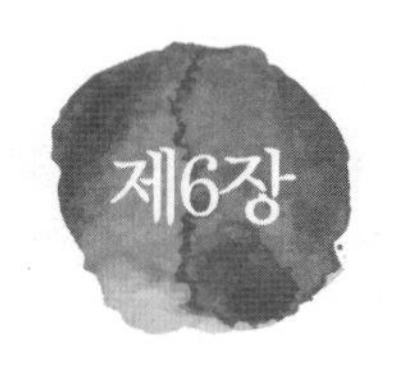

아관이어(俄館移御): 로·일군의 공동 주둔

을미사변과 춘생문 사건을 겪은 조선 조정은 국왕의 신변 보호에 일차적 관심을 가질 수밖에 없었고, 민심은 일본에 대한 분노로 흉흉했다. 김홍집 친일 내각은 일본 공사관의 위압과 권고에 못 이겨 수십여 가지의 새로운 법령을 제정 공포했다. 그 가운데 단발령 조치은 국왕을 비롯한 대신들과 백성들로 하여금 친일 대신들과 일본에 대한 분노와 증오를 폭발시켰다. 반일감정이 치솟으면서 지방 각처에서 일본의 야욕과 친일파의 횡포에 항거하는 의병 활동이 매우 활발하게 전개되었다.

1. 고종의 밀지와 의병봉기

1895년 10월 왕후 시해 사건이 발생한 이후 국왕은 경복궁에 유폐된 상태였다. 국왕은 폐위보다 암살 위험을 더욱 두려워했다. 춘생문 사건은 경복궁 내의 궁궐 수위군의 충성도마저 의심했던 고종이 측근을 이용해 탈출하려는 계획이었다. 을미사변 이후 국왕의 신변 위협을 지켜보았던 헐버트는 다음과 같이 쓰고 있다.

「궁궐 침공에 뒤이은 수개월 동안 국왕은 국정 지도에 아무런 발언권이 없었고, 자신을 실로 내각의 손아귀에 사로잡힌 포로로 여겼다. 그는 심지어 자신의 생명을 염려했고, 며칠 동안 궁궐 밖의 벗들이 자물쇠로 잠근 상자에 담아 그에게 가져다주는 음식 외에는 어떤 음식도 먹지 않았다. 국왕은 궁내의 시해 음모자들을 억제하기 위해 두세 명의 외국인을 궁으로 불러들여 지근에서 거처하기를 청했다.」[1]

단발령 집행 과정에 국왕과 수구 대신들은 수모를 당했으며, 친일세력에 대한 저항이 더욱 커지고 있었다. 원래 11월 국왕은 일본 공사가 상투를 자를 것을 재촉했으나, 왕후의 장례 후로 미루고 있었다. 12월 30일 유길준, 조희연 등이 일본군을 이끌고 궁성을 포위하여 대포를 놓고 선언하되, 「상투를 자르지 않는 자는 다 죽이겠다」고 엄포를 놓자, 국왕이 길게 탄식하며 정병하를 돌아보고 상투를 자르라고 말하자 이에 정병하가 왕의 상투를 잘랐다. 유길준은 세자의 상투를 잘랐다. 일본인은 군대를 동원하여 대비하고, 경무사 허진(許璡)은 순검들과 함께 칼을 들고 거리에 나서 집집마다 뒤져서 닥치는 대로 상투를 잘라냈다.[2]

단발령에 반대하는 사직 상소가 잇따랐다. 12월 31일 학부대신 이도재(李道宰)가 사직하고, 고향에 내려가면서 올린 상소문에는 '중국 청나라 시절, 강제로 관면(冠冕)을 훼손하여 쌓인 불평이 3백 년이 지나도록 해소되지 않고, 발비(髮匪－長髮賊)의 난으로 확대된 고사를 인용했다. 내부대신 유길준은 단발령을 감행하기 위해 유림의 거물이던 전 판서 최익현(崔益鉉)을 포천에서 잡아 투옥시키고 단발을 강요했으나, 최익현이 「내 머리를 잘라낼 수 있으나, 이 머리털은 잘라낼 수 없다」고 버티는 통에 그만두었다는 일화가 있다.[3]

단발령은 왕명으로 되어 있었으나, 일본과 친일 각료들의 연합에 의한 압력에 의해 강행되었다. 따라서 단발령은 조정 대신들의 친일·반일 세력 간의 분열을 증폭시켰다. 백성들은 일본의 야욕과 친일파의 횡포에 항거하는 의병 활동을 전개했다. 이 의병 활동은 국왕의 밀지와 친로파들의 사주를 받았고, 이를 진압하려는 친위대는 친일계열 내각의 지휘를 받았다.

강원도 춘천에서 친로파의 이범진 계열이라는 이소응(李昭応) 등이 봉기했고, 이천에서는 김하락(金河洛)이 제천(堤川)에서는 유학자 유인석(柳麟錫), 홍주(洪州－川)에서는 승지를 역임한 김복한(金福漢), 선산(善山)에서는 허위(許蔿), 장성(長城)에서

1) 황태연, 『갑오왜란과 아관망명』, 서울: 청계, 2017, 596~597쪽.
2) 이선근, 앞의 책, 166~167쪽.
3) 이선근, 위의 책, 168~169쪽.

는 기우만(奇宇萬) 등이 봉기하여 중부 이남이 모두 소란해졌다.

그런데 고종이 1896년 1월 27~29일경에는 이범진을 통해 의병부대에게 밀지를 내린다. 애통소(哀痛訴)로 통하는 밀지는 여러 유형이 있다. 이남규가 받았다는 애통소는 내우를 틈타 외세가 개입하고, 역신들의 정권 농단을 다음과 같이 적고 있다.

「오호! 슬프다. 내 죄가 크고 악이 가득하여 황천이 돕지 않아 나라의 운세가 기울어지고 백성들이 도탄에 빠졌다. 이로 인해 강성한 이웃 나라는 틈을 엿보고, 역신들이 정권을 농단하고 있다. 하물며 나는 머리를 깎고 면류관을 훼손했으니, 4천 년의 예의의 나라가 나에 이르러 하루아침에 견양의 땅으로 변해버렸다. 지금 현세가 이 지경에 이르렀으니, 죄인인 나 한 사람의 실낱같은 목숨은 천만번 죽더라도 아까울 것이 없다. 하지만 종묘사직에 백성을 생각하매 혹시 만에 하나라도 보전될 수 있을까 하여 그대 충의의 의사들을 격려하기 위해 애통의 조칙을 내리노라.」

국왕은 종묘사직을 보전하기 위한 별도의 군 총지휘관과 의병부대 편성을 밀지로 발표한다. 영의정 김병시(국왕의 밀지로 임명)를 도제찰사(전시 군정과 민정을 결단할 전권을 가진 정1품의 임시조직)로 삼아 중의를 진정 무마시키고, 전 진사 계국량(桂國梁)을 감군지휘사(監軍指揮使)로 삼아 칠로(七路)에 근왕군을 두도록 명령했다. 국왕은 의병장들에게 궐 밖의 병마 통솔의 권한을 위임한다고 밀지를 내린다. 다만 서울·경기 지역은 순의군(殉義軍)으로 삼고 국왕이 직접 지휘한다고 알렸다.

국왕은 의병 충원 방법도 제시한다. 처음 의병을 일으킨 선비를 소모사에 임명하면 비밀 병부는 밀사를 통해 보낸다. 관찰사 군수 이하는 자원 중에서 선택하고, 산포수 가운데 용감한 자와 양가의 재주 있는 자들을 소집할 것 등이다.

마지막으로 국왕은 의병의 임무를 아래와 같이 제시한다.

① 흉작이 아주 심한 고을은 금년의 전조(田租)를 반감해줄 것
② 삭발을 우선적으로 금지시키고, 백성들의 삶을 편안하게 할 것
③ 관리의 수를 줄이는 것을 구례에 따를 것
④ 수령 가운데 명령 불복자를 우선 가려내어 처분을 기다리게 할 것
⑤ 모든 잡범과 사형수들을 모두 사면할 것
⑥ 최근 함부로 반포한 신법령을 모두 시행치 말 것[4)]

이 밀지로 보았을 때, 국왕은 정권 유지를 위해 민병을 '충의 의사'로 삼아 전국 각지에서 정치 · 사법 임무를 부여하였다. 하지만 의병부대는 위의 임무를 수행하기에는 그 능력에 한계가 있었다.

의병 활동은 실제 어떠했는가? 이소응은 1월 20일 춘천 의병의 창의대장으로 추대되었다. 이소응 부대는 김홍집 내각으로부터 관찰사 겸 선유사로 임명받은 조인승 부대가 도착하자 가평 관아를 습격하여, 초관(哨官) 100명을 거느리는 종9품 지휘관 박진희를 처단했다. 이후 이소응은 왕명을 받고 범궐한 왜군의 토벌을 위해 서울을 향해 진격했다.

김하락(金河洛)은 1896년 1월 백현 전투에서 일군 180명을 격퇴했지만, 한성에서 내려온 200여 명의 일군의 공격을 받고 패주했다. 유중락 · 김경달이 이끄는 소부대는 지평(砥平)의 맹영재 군수를 회유해 병력을 보충하여 관군과 싸웠다.[5)]

조정은 친위대를 의병 창궐 지역에 파견하여 진압을 서둘렀다. 1896년 1월 내부협판 유세남(劉世男)을 강원도 선유사(宣諭使)로 임명하여, 친위대 장병 420여 명을 춘천 방면에 파견했다. 1월 20일에는 홍주 관찰사 이승우(李勝宇)를 지원하기 위해 친위대 1개 중대를 출동시켰다. 1월 31일에는 안동 방면에 친위대 2개 중대를 파견했고, 2월 4일에는 가평에도 친위대 다수를 출동시켰다.

의병 진압을 위한 친위대의 출동은 왕궁 수비 병력의 감소를 가져와 왕궁 경계에 허점을 드러냈다. 이는 고종의 아관이어를 용이하게 만들었다. 또한, 고종은 법적 지휘권(De Jure)을 가진 국왕으로서 왕궁 수비대에 대한 사실상 지휘권(De Facto)을 가지지 못한 국왕의 처지가 되어, 호위병 한 명도 대동하지 않은 채 러시아 공사관으로 탈출을 결정했다.

2. 아관이어(俄館移御)의 동기와 과정

고종의 아관(俄館)으로 탈출한 1차적 동기는 그 신변 보호에 있었다. 고종이 아관으로 어가를 옮긴 2일 후인 1896년 2월 13일 발표한 윤음은 그 동기가 적시되어 있다.

---

4) 황태연, 위의 책, 582~583쪽.
5) 황태연, 위의 책, 585~588쪽.

「역괴난당들의 흉모궤계(凶謀詭計)가 가로막고 누르는데, 그 방도가 잘못될까 우려해서 외국에 이미 행해지는 관례대로 임시방편을 시행하여 짐이 왕태자를 이끌고 대정동(大貞洞)에 있는 아라사(俄羅斯)국 공사관에 잠시 이어(移御)했다.」[6]

역괴난당은 일본과 이를 따르는 조정 대신들을 의미한다. 이들의 고종에 대한 정치 간섭과 압박은 국왕 폐위와 시해에 이르는 최악의 사태를 우려했다. 아관이어는 국왕이 외국 관례, 즉 만국 공법상의 치외법권 지역인 러시아 공사관으로 옮긴 것을 의미한다. 그리고 이 이어는 '임시'라는 시간상의 제한까지 명시했다.

고종은 러시아 황제로부터 정치적, 군사적 비호권(right of asylum)을 얻은 후 러시아 공사관으로 이어했다. 치외법권 지역에서의 러시아 황제의 비호권까지 얻었다는 점에서 아관망명이라 할 수 있다.[7]

고종은 이범진을 러시아 공사 슈페예르 및 대리공사 베베르와 비밀리 접촉하도록 하여, 러시아 공사관 이어를 준비했다. 고종은 거사 3개월 전인 11월 19일경 공사관 수비대로 자신을 도와달라는 내용의 청원서를 황제 폐하께 요청하는 친필서신을 슈페예르에게 전달했다. 로바노프 외상은 러시아 수비대를 공사관에 잔류시킬 것을 허락했다. 하지만 일군과의 충돌과 열강의 간섭 위험을 이유로 수비대가 궐내로 국왕을 따라 들어가서 경호해서는 안 된다는 조건을 붙였다.

고종의 러시아 공사관으로 피신 결행일은 1896년 2월 9일 밤이었다. 하지만 러시아 공사관, 경비병은 22명 수준이었다. 고종은 경비병 증원을 간청했다. 100명의 수비병이 2월 10일 저녁에 공사관에 도착하자 2월 11일 아침 고종은 탈출을 결행했다.[8]

고종은 철저한 위장과 기만전술로 궁궐수비병의 제지를 받지 않았다. 이범진은 추운 2월 덜덜 떠는 경비원들에게 뜨거운 음식을 주어 환심을 샀다. 국왕은 여자용 교자의 안쪽에 몸을 깊숙이 숨기고 박(朴)이란 궁녀를 앞에 앉혔다. 세자는 두 번째 교자의 안쪽에 숨어 있었다. 교자는 천천히 영추문(迎秋門) 쪽으로 갔다. 수비병들은 추운 날에 잘 얻어먹어 기분이 좋았던지 교자를 힐끗 쳐다보기만 했다. 가마꾼들에게도 비밀이 유지되었고, 40여 명의 시중과 낭인들은 각각 다른 궐문으로 궁궐을 빠져나갔다. 궁중에 있던 각료나 시신(侍臣)들도 국왕과 세자가 실종된 것을 서너 시간

6) 황태연, 위의 책, 617쪽.
7) 「아관망명」의 견해에 대해서는 황태연, 위의 책, 614~619쪽.
8) 황태연, 위의 책, 571쪽, 575~577쪽.

뒤에 앉았다고 한다.[9)]

일본 측 문서에 의하면 위장과 기만에 의한 국왕의 아관이어가 실패할 경우 전국 보부상을 이용하여 강제 탈출 계획을 세운 것으로 보인다. 당시 경기, 충천, 황해의 보부상 수천 명이 11일 아침 궁문 앞에 모여 들은 것은 사실이었다. 하지만 이들이 범궐하여 정규 수비병을 뚫고 국왕을 탈출시킬 만큼 무장을 갖추지 못했다. 일본 수비대까지 출동한다면 엄청난 인명피해를 내고 실패했을 것이다. 국왕도 이를 원치 않았을 것이다. 보부상의 역할을 경복궁을 탈출한 국왕이 정동에 이르는 도로에서 수비대나 경찰의 저지를 받을 때, 교자를 에워싸고 국왕이 러시아 공사관에 도착할 수 있도록 인의 장막을 펼치는 데 있지 않았을까?[10)]

당시 민중의 저항심은 과소평가할 수 없었다. 경리(警吏)들에 의해 체포돼 끌려가던 김홍집과 농상공부 대신 정병하는 흥분해 있던 순검들과 군중에 의해 참살되었고, 탁지부 대신 어윤중은 서울을 탈출했지만, 용인 방면에서 민중의 손에 살해되었다.[11)]

고종이 이어한 후 아관 수비는 러시아군과 조선군이 담당했고, 교대로 보초를 섰다. 새로 임명된 군부대신 이윤용은 무엇보다도 친일 성향의 친위대 장악에 신경을 썼다. 이윤용은 지휘권이 자기에게 있으니, 자기의 명령에만 복종하고 임무를 수행할 것을 하달했다. 그는 러시아 공사관 주위에 초소 설치를 명령했다. 그 후 조선군들은 러시아군과 교대로 보초를 섰고, 소총을 공용했다. 조선 병사들은 교대 시간이 되면 러시아 병사들에게 소총(미제 레밍턴 소총과 독일제 모제르 소총)을 넘겨주었다. 그리고 고종은 일본군에 의해 훈련된 친위대를 믿을 수 없어, 3월 초 공병대에서 차

9) 이선근, 위의 책, 173~174쪽.

10) 보부상(褓負商)은 행상(상품을 당나귀에 싣거나 등짐장수) 집단으로 각 지방의 정기 시장을 행상으로 돌아다니면서 편대를 조직하여 일정한 통솔하에 움직이고 있었다. 조선 왕조는 건국 초부터 이들을 보호하여 왔다. 사변이 일어날 때는 국왕의 충실한 후방부대로 통신·군수·수송 등에 이용되어왔다. 갑신정변 이후에는 이들을 위해 혜상공국(惠商公局)을 설치하고, 척신의 거물이 당상으로 통솔했다. 국왕의 러시아 공관 피신이라는 위급한 사태에 이 보부상들을 동원하여 국왕의 행차가 차단될 경우 이를 저지하는 임무를 맡겼을 것이다. 1898년 참정내신 조병식(趙秉式)은 독립협회로부터 몹시 규탄당하자, 7월에 이 보부상을 중심으로 황국중앙총상회(總商會)를 조직한 다음, 스스로 회장이 되어 독립협회에 대항했다. 얼마 안가서 명칭을 황국협회로 고치고, 독립협회에 정면으로 도전했다. 1899년에는 참령 이기동(李基東)이 부사장에, 상공국장 길영수가 도사무(都司務)로 통솔하게 되었다. 이선근, 위의 책, 276~277쪽.

11) 이선근, 위의 책, 174~175쪽.

출한 인원으로 친위대 4·5대대를 증설하여 러시아군과 교대로 아관 수비를 담당케 했다.[12]

3. 아관이어(俄館移御)의 목표: 내정개혁과 일군 철수

아관이어 후 고종은 내정개혁과 일군 철수를 국정 목표로 설정했다. 내정개혁은 국정 수행에 내적으로 왕권을 확보하자는 것이며, 일군 철수는 외적으로 왕권의 안위를 보호하기 위한 것이었다.

아관이어 다음 날 조칙 1호로 내각 명단이 발표되었다. 총리대신 김병시, 궁내부대신 이재순, 내부대신 박정양, 외부대신 이완용, 법부대신 조병재, 군부대신 이윤용, 탁지부대신 윤동구, 경무사 안경수 등이다. 이른바 친러·친미파를 임용했다. 하지만 김병시는 국왕이 러시아 공사관이 아닌 대궐에 환어할 때 사령장을 받을 것을 주청하면서 사양했고, 이재순 또한 취임하지 않았다. 따라서 박정양이 총리대신 서리가 되었다. 10일 이후 법부대신 조병직은 농상부 대신으로 옮겼고, 아관이어를 시행할 때 공이 많았던 이범진이 법부대신 및 경무사로 옮겨 앉았다. 윤치호는 특별히 사면되어 학부협판으로 대신 서리를 겸했다.[13]

고종은 9월 24일 조령을 발표하여 갑오개혁에서 설치했던 내각제를 폐지하고, 의정부제를 창설한다. 이 의정부제의 복귀는 갑오년 친일세력이 일본을 등에 업고 왕권 찬탈을 목적으로 만든 내각제를 폐기하는 데 있었다. 하지만 이 의정부제는 전래의 의정부제를 국왕 친림하의 직접 토의, 재결제도와 내각제의 절충으로 신의 정부 제도이다. 「독립신문」은 아래와 같이 설명한다.

의정부 관제 제2관 '회의'는 국왕의 임석하에 의정부 주재로 열리고, 모든 정사는 대신들의 공적인 발언을 통해 의결하도록 되어 있다. 이 회의 방식의 장점은 종래 내각제도의 폐단이 시정된다는 것이다. 중대한 정치문제가 국왕과 대신, 대신과 대신 간의 사적인 논의로써 처리되는 폐단을 의정부 제도에서는 공적으로 처리되어 사(私)가 없어질 것으로 평가했다.[14]

고종은 아관이어 후 일군의 철수를 중요한 정치적 목적으로 삼고, 이를 추진한

12) 황태연, 앞의 책, 605~606쪽.
13) 이선근, 앞의 책, 176쪽.
14) 황태연, 앞의 책, 624~627쪽.

다. 이를 위해 2월 15일(아관이어 후 4일째)과 2월 18일 2회의 조령(朝令)을 내려 을미 의병들에게 상황 종료를 알리고, 의병부대의 해산을 명령했다. 이는 무엇보다도 일본군 주둔 구실인 국내 안정을 도모하기 위함이다. 하지만 전국의 의병 활동은 더욱 격화되었다. 국왕의 아관이어가 의병 활동을 항일 투쟁으로 전환시켰다. 의병들의 친일파와 친일 부역자 및 일본인에 대한 보복행위는 격화되었다. 아관이어 후 2~3개월 동안 각 지방 주요 관헌 및 일본인이 입은 피해를 종합해보면 관찰사 피살 3건, 군수 피살 11건 및 일본인 피살 43건에 이르렀다.[15)]

고종은 1896년 3월 1일 경복궁 앞 광장에 주둔한 왜군 병영 이전을 요구하는가 하면, 3월 2일에는 국내 주둔 중인 모든 일군의 철수를 요구하는 공문을 일본 공사관에 보냈다. 고무라(小村)가 본국에 보낸 일관기록(3월 3일 자)에 의하면

> "1895년 윤 5월 7일 전일 외부대신에 내환 외우가 진정되고 병제(兵制) 정비가 되기까지 귀군을 국내 각처에 분산 주둔시켜 불우(不虞)에 대비할 것을 의뢰했던 바, 다행히 귀국의 호의로 이것이 승낙되었음은 우리 정부가 같이 감사한다. 그러나 우리 병제도 어지간히 정비되어 국내의 불우에 대비하기에 족하므로 각지에 분산 주둔해 있는 귀군은 속히 철수하기를 바란다."[16)]

이 공문 중 우리가 주목해야 할 대목은 고종이 일군 주둔 조건인 민란(내우)이 진압되고 앞으로 민란이 재발하더라도 이를 진압할 수 있는 조선의 군사력을 강조하면서, 일본 정부에 일군 철수를 과감히 요구한 점이다. 그리고 고종은 이 공문을 이어지인 러시아 공사관에서 발송했다. 일본이 불응 시 러시아의 개입이 불가피함을 시사한 것이다.

일본은 조선의 요구를 묵살한다. 고무라(小村)는 3월 10일 외부대신 이완용에게 철병 거부 답신을 보냈다. 조선의 내지 형세가 매우 불온하다는 이유였다. 철병 거부는 사실상 국내의 의병 활동에 근거를 두고 있었다. 의병대장 유인석 등은 의병 해산의 왕명에도 불복하고 의병 활동을 강화했다. 관군을 비롯한 일군 부대가 의병과 전국 도처에서 전투 중에 있었다. 의병들이 내세운 정치 구호는 일본과 친일 세력을 자극했다. 이들은 존화주의적 위정척사파를 자청했다. 조선의 근대화와 독립의

15) 이선근, 위의 책, 180~181쪽.
16) 황태연, 앞의 책, 630쪽.

최대 장애물이 배외적·반 근대 세력의 존재를 국제적으로 부각시켰다. 이러한 이데올로기는 일본 의존 조선 근대화 세력인 친일 세력의 반감을 살 수밖에 없었다. 고종 또한 일본 간섭을 배제한 근대화 세력 간 조정 공론의 결집에 타격을 받았다. 의병 활동은 이러한 정치적 이유 때문에 조정의 친일 세력으로 하여금 일군 주둔을 찬성하도록 만들었다.[17]

고종은 일본 측의 철병 거부를 받자, 3월 17일 경복궁 앞의 일군 병영을 양비청(糧備庁, 일본인 주거지 부근)으로 이전하기를 촉구한다. 일본은 일군의 왕궁 근처에 주둔이 조선 국왕의 환궁을 기피한다는 입장을 이해하고, 일군 주둔지 이전에 동의했다. 고종은 3월 23일 다시 일군의 철수를 요구했다. 하지만 일본 측은 철병 거절을 단호하게 회답한다. 그런데 고무라 공사는 조선 조정의 동향을 볼 때, 철군론이 재론되지 않을 것으로 확신한다는 전문을 본국에 보냈다. 고무라의 '확신'은 조선 조정 대신 간 일군 주둔의 찬성 여론을 참고한 것이다. 조선 조정에서는 국왕의 '일군 철수'에 친일세력들의 반대 여론이 일어나고 있었다. 이러한 친일 여론은 러시아가 일군 철수보다 조선에서의 공동 주둔으로 방향을 바꾸자 더욱 증폭되었다. 유기환 외무협판은 지금의 조선 평화는 일본군이 각처에 주둔하고 있기 때문인 것을 조선 백성도 인정한다고 일본공사에 전했다. 서재필도 「독립신문」 논설을 통해, '외국 군사가 신민과 국왕을 보호하는 데 기여'함을 밝히고 있다.[18]

1896년 4월 고종은 러시아 측에 일군 철수에 대한 중재를 요청한다. 하지만 조선의 일군 철수 문제는 러·일 간 조선에서의 세력분할 문제가 되어 러·일 공동 주둔과 공동 보호 문제로 비화한다. 이러한 협의는 조선도 모르게 이루어졌다.

4. 로·일 공동 주둔의 합의

고종의 아관이어는 조선에서의 로·일의 세력 각축을 벌이도록 만들었다. 로일은 조선에서 양국 군대의 공동 주둔을 합의한다. 이 합의의 전제는 조선 내우의 안정을 전제로 했다. 1896년 5월 14일 제1차 로·일 협정인 「고무라－베베르 각서」가 조인되었다. 그 내용 중 양국군의 조선 주둔 문제는 3조, 4조이다. 제3조에서 러시아는 일본 수비병 배치에 대해 다음 사항에 대해 동의했다.[19]

---

17) 황태연, 위의 책, 631~632쪽.
18) 황태연, 위의 책, 633~637쪽.

조선의 현황으로는 서울－부산 간 일본 전신선 보호를 위해 수비병 배치가 필요하다. 현재 3개 중대로 편성된 수비병은 가능한 한 조속히 철수시킨다. 그 대신 헌병은 다음과 같이 배치한다. 대구 50명, 가흥(可興)에 50명, 부산·서울 간 10개 파출소에 각각 10명을 배치한다. 위의 배치는 변경할 수도 있으나, 헌병대의 총수는 결코 200명을 초과할 수 없다. 또한, 이들 헌병도 장차 조선 정부가 안녕·질서를 회복하게 되면 각지에서 점차 철수한다.

제4조는 일본인 거류지 보호를 위한 일본 수비대 관련 사항이다. 조선인으로부터 습격당하게 될 경우에 대비해 서울 및 각 개항장에 있는 일본인 거류지를 보호하기 위해, 서울 2개 중대, 부산 1개 중대, 원산 1개 중대의 일본군을 배치할 수 있다. 단, 1개 중대의 인원은 200명을 초과할 수 없다. 수비중대는 각 거류지의 가장 근접한 곳에 둔영(屯營)한다. 단, 조선인으로부터 습격에 대한 우려가 없게 되면 철수할 것이다.

이 각서대로 하면 조선의 일본 주둔군은 1,200명 수준이다. 그 당시 일본 주둔군을 약 2,000명으로 볼 때, 800여 명의 철수가 불가피하다. 하지만 일본이 이 각서에 따라 일본 주둔군을 철수시키지 않았다. 오히려 로·일 전쟁을 준비하면서, 그 주둔군의 숫자는 보다 증대되었다.

한편, 각서에는 러시아는 조선 주재 공사관 및 영사관을 경비하기 위해 위의 각 지역에 일본군의 인원수와 비슷하게 수비병을 배치할 수 있었다. 그리고 이러한 수비병은 조선 국내가 완전히 평온을 되찾는 대로 점차 철수한다고 규정했다. 이 규정대로라면 러시아 또한 1,200명 수준(당시 공사관 수비병 130명 수준)까지 주둔군을 증파할 수 있었다.

이러한 조선 주둔군 문제는 1896년 5월 28일과 6월 9일 일본 대표 야마가타(山縣)와 러시아 대표 로바노프(Lobanov) 사이에 체결된 밀약으로 더욱 제도화된다.

밀약은 공개 조관이 전문 4개, 비밀조관이 2개 조이다. 공개 조관 제1조는 조선국 정부가 외채를 필요로 할 때, 공동 원조를 한다는 규정이다. 이른바 「고무라－베베르 협정」의 기록을 재확인한 것이다. 로·일은 조선 정부에 대한 경제적 영향력을 공동 행사하여, 경제면의 세력균형을 유지하려는 것이었다. 제2조는 로·일 양국이 조선의 군대 및 경찰을 창설하고 유지하는 데 조선국에 일임한다는 조항이다. 이 조

19) 이선근, 앞의 책, 187~188쪽.

항은 조선군 창설에 로·일 양국의 지원을 배제한 의미를 담고 있다. 하지만 후술하겠지만, 러시아는 조선에 교관 파견을 승인한다.

문제는 비밀 조관이다. 제1조는 조선의 안녕·질서가 문란하게 되든가 혹은 그러한 위험이 있을 때, 로·일 양국은 합의하에 군대를 증파할 수 있다고 규정하고 있다. 과거 합의한 자국 신민의 안전보호와 전신선 유지의 임무를 수행하기 위해 배치된 군대 이외에 파견할 수 있다는 것이다. 더욱이 우발적 충돌사태를 예방하기 위해 양국 정부의 군대와 군대 사이에 전혀 비점령의 공지를 존치하도록 각 군대의 용병 지역을 획정한다고 약속했다.[20)]

이 용병 지역의 분할은 군사적 편의에 의한 분할이지만, 이 안이 확정되기 전 로·일 간에는 조선의 정치적 분할 문제를 논의할 것으로 보인다. 이른바 38도선 분할설로 알려진 로·일의 밀담이 있었지만, 러시아의 거부로 용병 지역의 분할로 끝난 것으로 보인다.

38도선 분할은 일본이 먼저 러시아에 제의했다. 일본이 인식한 불리한 국제적 여건과 군사력의 열세 때문이었다. 3국 간섭으로 일본 만주 진출이 제동이 걸리고 있던 시기 고종의 아관이어로 조선 내정간섭이 더욱 어려워진 일본은 조선에서의 기득권 보호를 위해 러시아와 절충·타협하여 시간을 벌 필요가 있었다.

1896년 5월 24일 모스크바에서 가진 러시아 외상 로바노프(Lobanov)의 제1차 비밀회담에서 야마가타(山縣)는 조선 국내의 안녕·질서가 매우 문란하게 될 우려가 있을 때, 조선을 도와줄 필요가 있다고 인정할 경우에는 로·일 양국은 양국 군대의 충돌을 피하기 위해 각기 군대의 파견지를 분할하되, 한쪽은 그 군대를 조선의 남부지역에 파견하고 다른 한쪽은 북부지역에 파견하는 동시에 양국은 군대 간 상당한 거리를 둘 것을 제안했다.[21)]

로바노프는 일본의 「충돌회피」 운운에 대체로 같은 뜻을 표명하면서도, 일본 안에 회답을 보류하고 정부 특히 군부의 견해를 종합 타진했다. 로바노프가 쓴 「만주지역에서의 러시아의 이권 외교사」에 의하면 아래와 같이 요약되어 있다.

> 「조선국의 운명은 러시아 제국 장래의 조성(組成)지역으로 지리적·정치적 조건을 기초로 내가 판단 및 예정한 판도이다. 그럼에도 불구하고 이에 조선의 남부

20) 이선근, 위의 책, 198~199쪽.
21) 이선근, 위의 책, 195쪽.

지역을 조약에 의하여 일본국에 양도한다면 러시아는 정식으로 또 영구히 전략 및 해군 진출의 가장 중요한 지역을 포기하게 됨으로써 장래에 있어 러시아의 행동의 자유를 스스로 속박하는 것이다.」[22)]

로바노프는 6월 4일 제2차 비밀 회담에서 일본 측 제안 가운데 「南北」 2자의 삭제를 주장하여 장래의 속박을 피하려 했다. 양자 회담에서 남북 분할선에 대해서 일본 측이 38도선을 제의한 것으로 보인다. 일본은 국왕 호위병 훈련 문제에 러시아 장교가 담당한다는 조항을 반대했다. 제3차 회담에서 군사훈련을 위한 외국 교관 초빙문제는 조선인에게 맡겨 현상을 유지하기로 했다.

일본은 당시 이른바 38도선 분할안에 대한 러시아의 거부 이유를 다음과 같이 평가했다. 첫째, 러시아가 일본과 조선 분할로 발생할 수 있는 영국과 미국, 기타 세력의 반발을 무마하기 위한 교섭을 꺼려했다. 둘째, 현재 러시아는 조선국을 남북으로 분할할 의사가 없다. 하지만 조선의 독립이 유지될 수 없게 되든가, 일본의 세력이 강성해져서 일본과 세력 경쟁이 불리하다고 인정될 때는 「공동 분할」을 사양하지 않을 것이다.

로·일은 제1차 회의 시 조선의 출병 조건에 대해서도 합의했다. 즉, '조선의 국왕이 요청하거나 조선의 상태가 이를 필요로 할 때'이다. 전자의 경우는 외군차용을 조선이 결정하지만, 후자의 경우는 강대국 합의에 의한 출병이다. 조선은 배제되어 군사 주권이 침해받는다. 일본은 로바노프·야마가타의 밀약을 조·로 관계를 이간시키기 위해 1897년 2월 고종이 러시아 공관에서 경운궁으로 돌아가자, 그 원문과 비밀 조항까지 통틀어 조선 정부에 통보했다. 즉, 조선에게 러시아를 경계하라는 것이었다.[23)]

일본은 일방으로 외교적 양보를 하면서, 타방으로 러시아에 대한 복수 전쟁 준비에 총력을 기울인다. 이토 히로부미(伊藤博文) 수상은 「군비 확장 10개년 계획」을 세웠다. 군비 확장비 3억 엔 외에 사업 확장비 1억 5천만 엔, 행정 확장비 3억 5천만 엔을 책정했다. 행정 확장비 중 80%는 직접 군사비이고, 사업 확장비 또한 군함 등 전력 운용에 필요한 철도·전신 등 구축에 필요한 경비였다.

육군은 7개 사단에서 다시 7개 사단을 증강하여 평시 15만, 전시 60만 병력을

---

22) 이선근, 위의 책, 196쪽.
23) 이선근, 위의 책, 201쪽.

유지할 계획을 세웠다. 해군은 「6·6 함대 계획」을 제시했다. 로·독·불 3국 연합함대를 격파한다는 목표였다. 로·독·불 증원군은 수에즈 운하 통과가 가능한 순항 전함 이하로 보고, 공격·방어가 우세한 1만 5천 톤급 전함 4척과 건조 중인 2척을 합하면 동양의 제해권을 장악할 수 있다는 계산이었다. 여기에 새로 1만 톤급 장갑 순양함 6척을 추가하는 것이 「6·6 함대 계획」이었다.24)

5. 로바노프·민영환 합의

로·일의 밀약이 체결되는 시기 민영환(閔泳煥) 조선의 전권대신은 니콜라이 2세의 대관식에 참석하기 위해 러시아를 방문한다. 민영환은 로바노프에게 5개 항의 요청을 제의했다. 양자 간에는 조약의 체결이 아니라 다음과 같은 3개 항을 합의했다.

첫째, 조선 국왕은 러시아 공사관에 체재하는 동안 러시아 수비병에 의해 호위를 받는다. 국왕은 스스로 필요하며 편의하다고 생각하는 한 공사관 내에 체류할 수 있다. 만일 국왕이 환궁하게 될 경우에는 국왕의 안전에 대해 러시아 정부가 도덕적인 보증을 책임질 수 있다. 현재 공사관에 주재 중인 러시아 군대는 러시아 공사의 처분에 달려 있으나 필요한 경우에는 증병할 수 있다.

둘째, 군사교관 문제의 해결을 위해 러시아의 고급 장교를 경성에 파견하여 조선 정부와 회담을 개시하도록 한다. 파견된 장교는 우선 국왕의 친위병을 편성하는 일에 종사하도록 한다. 또 전문 경험자를 파견하여 재무(財務)상의 필요한 조치를 강구하게 한다.

셋째, 군사 및 재정에 관한 파견원은 러시아 공사의 지도 아래 조선 정부의 고문으로 복무하게 된다.25)

러시아는 조선에 무엇을 요구하였을까? 조선 군병의 교련권, 함경·평안 2개 도에서 러시아 군함의 임의 출입권 및 병참기지 설치, 러시아로부터 무기 도입과 필요시 재정차용 및 조선 정치개혁에 러시아 행정조직의 이용 등이 망라되어 있었다.

하지만 이러한 러시아의 정치·경제·군사적 요구 모두를 민영환이 전권대사 자격으로 응답할 수 없었다. 민영환은 무엇보다도 고종의 환궁 이후 왕궁 수비대 파견을 중시해 러시아에게 강력히 요구했다.

---

24) 성황용, 앞의 책, 266쪽.
25) 이선근, 앞의 책, 190~191쪽.

로바노프는 수비대가 궁궐 안으로 들어가는 것을 허용할 수 없었다고 단언했다. 그것은 국왕의 신변 안전에 도움이 되기보다는 오히려 해로울 수 있는 정치문제를 야기할 것이기 때문이다. 러시아는 이 문제를 조선의 국지적 이익이 아니라 지정학적 관점에서 생각할 뜻을 비쳤다. 또한, 이 문제를 군사교관 파견문제와 분리시켰다.[26] 민영환은 실무자인 카파니스트 아시아 국장에게 재차 러시아 수비대의 궁궐진입을 제기했다. 카파니스트는 '그것을 약속할 수 없다'라고 하면서도 '서울 주재 러시아 대표가 상황에 따라 결정해야 할 일이다'라고 말한다.[27] 공관장에게 용병권을 위임할 수 있다는 발언이지만, 본국 훈령 없이 어느 공관장이 단독으로 수비대의 궁궐진입과 같은 정치적 문제를 결정 및 시행할 수 있을까? 이는 아시아 국장이 우회적으로 거부 의사를 밝힌 것이다.

이 시기 조선과 만주에 대한 러시아의 지정학적 이익은 로마노프와 리훙장이 맺은 밀약에서도 나타나고 있다. 러시아 황제 대관식에 참석한 리훙장과 로마노프는 1896년 5월 22일 자로 유효기간 15년의 「청 · 로 밀약」을 체결했다.[28]

그 밀약 제1조에서 로 · 청은 일본의 조선 · 청국 영토에 침략을 견제하기 위해 모든 육 · 해군 병력을 동원해서 상호원조할 것을 약속했다. 러시아 군부는 로 · 청 밀약을 근거로 조 · 로 연합군 편성을 시도했다. 조선 · 청국 영토에 대한 일본 침략을 억제 · 방어하기 위해서는 조선군을 활용한다는 전략적 사고였다. 이러한 러시아 군부의 건의는 민영환이 로마노프에게 조선 왕궁호위를 위한 러시아 수비대를 요청한 동시기에 이루어진다.

뿌짜타(Putiata) 러시아 군사교관단 단장이 육군상 반노프스키(Vannovskii)에 보낸 「조선군 증강계획」 건의서를 아래에 옮긴다.

> 「중국과 만주와의 관계에 있어서 입안된 조치들을 고려하여 조선의 해안선이 우리의 영향력이 미치는 경계선이 된다면, 가까운 시일 내에 우리는 이곳에서 조선군으로 이루어진 병단을 가질 수 있다. 병단 조직을 위해 6,000명의 요원을 선발해야 한다. 교관으로 29명의 장교와 131명의 하사관을 임명해야 한다. 그들에게는 부대를 지휘하고 공공시설 및 해안경비를 담당할 권리가 주어질 것이고, 우리의 규정이 도입되어 러시아식 부대가 편성될 것이며, 조선 정부로부터 받은 급여

26) 황태연, 위의 책, 672쪽.
27) 황태연, 위의 책, 649쪽.
28) 이선근, 앞의 책, 191~192쪽.

는 경비대 관리들이 최근에 맺은 계약서에 따를 것이다. 5개년 기간의 계약서는 3년에 걸쳐 부대원들을 4만 명까지 늘린 다음 연장할 수 있도록 되어 있다. 국왕과 정부로부터는 반대가 없다. 그러나 일본에 의한 배후 조종이 계속 강화될 것으로 예상한다. 본인에게 6,000명의 조선군 부대 편성권을 주기 바란다.」[29)]

육군상 반노프스키(Vannovskii)는 1896년 12월 30일 군사교관단으로 장교 29명의 파견을 허가했다. 하지만 그는 조선군 증강계획은 외무성의 반대를 염려했다. 당시 외무상 무라비요프(Nikolai Nikolaevich Muraviyov)는 일본의 반발을 우려했다. 외무상의 일차적 관심은 만주에 있었고, 한반도에 관한 관심은 부차적이었다. 따라서 그는 조선에 대한 차관 공여나 조선군의 창설 등과 같은 정치적으로 민감한 사안을 배제했다.[30)]

이러한 러시아 외무성의 조선에 대한 안보 이익을 고려할 때 민영환이 요구한 러시아군에 의한 국왕의 신변·안전을 러시아로부터 보장받을 수 없었다. 민영환은 러시아의 이러한 태도에 실망을 넘어 분노했을 것이다. 민영환은 귀국 후 고종의 아관이어를 주도한 대신들을 비난하며 조기 환궁을 주장했다.

6. 외군차용을 고려한 환어지 경운궁

고종이 결심한 환어지 경운궁은 국왕 신변 안전을 일차적으로 고려한 곳이다. 동시에 조선군 수비대로 2,000명의 시위대를 창설하고, 경운궁 안팎에 배치할 계획이었다. 고종은 환어 시 신변안전을 전술한 베베르-고무라 각서(1896년 5월 14일)에 의해 보장받았다. 각서 제1조는 로·일 양국은 고종의 환어문제는 전적으로 국왕의 단독 재량에 일임한다. 국왕의 환어에 안전상의 의혹이 없을 때 환어를 권고할 것이다. 또 이때 일본 대표는 일본인 장사의 단속에 엄중 조치를 취할 것을 보증한다고 규정했다. 이 마지막 구절은 경운궁의 안전을 보장받기 위한 일본 장사패(왕후 시해 시 선봉대)들의 대궐 침입의 위험을 사전에 제거하려는 것이었다.

경운궁은 일본군이 범궐하기가 어려운 지리적·지정학적 위치에 있었다. 경운궁은 주변이 미국 공사관을 비롯하여 프랑스·영국 공사관 및 독일 영사관 등 외국 공관들이 밀집해 있다. 러시아 공사관과 경운궁 사이에는 아관이어 이전에 이미 '홍교'

---

29) 「동아일보」 1993년 1월 7일, <한·러 근현대비사>, 심헌용, 앞의 책, 227~228쪽.
30) 심헌용, 위의 책, 229쪽.

라는 구름다리가 설치되어 있었다. 경운궁 환어에 즈음해서는 미국 대사관을 가로지르는 샛길을 뚫어, 러시아 공관과 경운궁을 연결하는 비밀통로도 마련했다. 이 비밀통로는 먼저 영국 공관으로 나가 옛 미국 대사관 터를 가로질러 러시아 공사관으로 연결되었다. 고종과 러시아 공사의 부인 손탁 여사는 이어 이후 가끔 이 샛길을 이용했다.[31] 고종은 급변사태 재발 시 러시아 공관으로 다시 피신할 것으로 생각했다. 대소신료와 재야 유생들의 환궁 상소가 빗발쳤지만, 경운궁 수리를 위한 토목공사가 끝날 때까지 시기를 미루었다.

고종의 경운궁 환어에 시민·관변 단체인 독립협회의 역할이 큰 것으로 보인다. 1884년 갑신정변에 실패하고, 일본과 미국으로 망명한 서재필(徐載弼)은 1896년 1월 조국으로 돌아왔다. 그가 귀국하자마자 당시 김홍집 내각이 제의한 외부대신을 거절하고, 중추원 고문관으로 활동했다.

서재필은 아관에서 고종을 처음으로 알현했을 때 국가와 국민 주권의 상징인 국왕에게 다음과 같이 아뢰었다.

> 「대궐로 돌아가십시오. 이 나라는 폐하의 땅이요, 이 백성은 폐하의 백성입니다. 이 땅과 이 백성을 버려서는 아니 됩니다. 백성과 땅을 떠나서는 나라가 설 수 없지 않습니까? 빨리 대궐로 돌아가십시오. 한 나라의 임금으로 대궐에 계시지 않고 남의 나라 공사관에 계신다면 우선 체면이 손상될 뿐 아니라, 남의 나라 사람들이 웃을 것입니다.」[32]

근대 국가의 3요소, '국민, 영토, 주권'을 미국에서 체득한 서재필의 국왕에 대한 당연한 진언이다. 하지만 고종은 '무서워서 어디 갈 수가 있어야지'라고 회답했을 뿐이다. 이때, 시립하고 있던 친로파 거두 이범진은 서재필이 미처 나가기도 전에 마치 들으라는 듯이 고종께 아뢰기를 「저놈은 그저 역적입니다. 이 위험한 때 폐하께서 대궐로 돌아가라는 말씀이 어디 있습니까?」라고 중상하였다.[33]

하지만 서재필은 1896년 6월부터 독립신문을 통해서 자주·개혁의 사상을 고취

31) 「조선일보」 2003년 11월 11일, "이규태 코너, '덕수궁 비밀 통로',"; 황태연, 앞의 책, 651쪽, 최근 문화재청의 '고종의 길' 복원에 대한 진위논란에 대해서는 「조선일보」 2018년 11월 30일, 박종인, "고종도 모를 '고종의 길'" 참조.
32) 이선근, 앞의 책, 242~243쪽.
33) 이선근, 위의 책, 243쪽.

시킨다. 7월 2일 안경수 등 30여 명은 독립협회를 결성했고, 중화의 숭모 상징인 모화관(慕華館)을 개수하여 독립관(獨立館)을 마련했다. 이 독립협회는 고종의 환궁 여론을 조성하는 데 앞장섰다. 또 고종 환궁 후에는 독립협회는 일부 대신·선비 및 백성들과 함께 칭제(稱制)·건원(建元)을 국왕에게 앙청(仰請)했다. 드디어 1897년 8월 종전에 사용하던 건양(建陽) 연호를 버리고, 광무(光武)를 쓰게 되었고, 10월에는 황제 즉위식을 거행하고 국호도 대한(大韓)이라 일컬어 독립제국(獨立帝國)임을 세계에 알렸다.[34]

고종은 러시아 군사교관단 철수(1898년 3월 12일) 이후 왕궁 호위에 불안을 느꼈다. 이때 법부 고문관이던 미국인 그레이트 하우스가 외국인 순검(巡檢)을 두자는 건의를 하자 이를 받아들였다. 미 고문관은 상해에서 떠돌던 외국인 불량배 30여 명을 데리고 왔다. 이들은 국적조차 불분명한 자들이었다. 민권 계몽에 앞장섰던 독립협회가 외국인 순검(불량배)들의 즉시 해고와 송환을 주장하는 시위운동을 벌였다. 서울 장안의 민심이 흉흉해졌다. 정부는 외국인 순검들의 해고를 선포하는 동시에 입경한 지 불과 10일 만에 그들을 전부 퇴거시키고 말았다.[35] 이는 단순한 정부의 실책이었다. 왕궁호위에 그토록 불안을 느낀 고종은 환궁 직후 방위력 강화를 위한 광무개혁을 실시했다.

7. 아관이어의 정책적 의미

조선이 처한 '내우외한'의 국난은 아관이어 직전 고종이 의병부대에 내린 '애통소'에 아래와 같이 기록되었다.

> 「오호 슬프다. 내 죄가 크고 악이 가득하여 황천이 돕지 않아, 나라의 운세가 기울어지고 백성들이 도탄에 빠졌다. 내우를 틈타 외세가 개입하고, 역신들이 정권을 농단하고 있다.」

1. 의병봉기 등 국내적 취약성이 중대할수록 국론분열을 일으켜 외세의 간섭을 촉진한다.

34) 이선근, 위의 책, 268~269쪽.
35) 이선근, 위의 책, 277~278쪽.

1-1. 단발령은 일본과 친일 관료들의 연합에 의한 압력으로 강행되어 친일·반일 세력 간의 분열을 증폭시켰다.

1-2. 의병의 거국적 봉기는 김홍집·어윤중 등 친일 거두들의 제거에 기여하였으나, 존화(尊華)주의적 위정척사(衛正斥邪) 이념은 일본 의존 근대화 세력의 반감을 자극하여 일본군 주둔을 옹호하게 만들었다.

1-3. 왕권의 안위를 보호하기 위한 고종의 일군 철수 주장은 '국내불온', 즉 '의병 반란'을 구실삼은 일본 정부에 의해 거부되었다.

1-4. '국내안정'을 보이기 위한 고종의 해산명령에도 불구하고, 의병 활동은 더욱 격화되어 항일 투쟁으로 전환되었다.

2. 강대국(로·일)간 세력 각축이 심화되는 과정에 당사국(조선)은 1강국(러시아)에 의존(아관이어)하여, 다른 강국(일본)을 견제하여 안보이익을 달성하기가 어렵다(고무라-베베르 각서).

2-1. 아관이어 이후 고종은 러시아로부터 공관 내의 신변의 안전을 보장받지만, 환궁 후 러시아 수비병에 의한 궁궐 내에서 신변 보호에 확답을 받지 못했다.

2-2. 조선은 러시아에 일군 철수의 중재를 부탁하지만, 오히려 러시아는 조선에서의 러·일의 공동 주둔에 합의했다.

2-3. 파병 조건은 조선 국왕이 요청하거나, 조선 사태(내우)가 이를 필요로 할 시기로 적고 있지만, 모두 강대국이 임으로 결정할 수 있는 조건이었다.

2-4. 공동 주둔의 전제는 조선 내우의 안정, 자국 공사관·거류지 보호, 전신선 보호 등이 열거되었지만, 그 구실은 항상 조선의 내우였다.

3. 경쟁하는 강대국 중 세력이 열세인 일방이 소국(조선)을 배타적 세력권에 편입시키기가 어렵다고 생각할 때 분할 점령을 제기할 가능성이 크다(야마가타-로마노프 밀약). 이때, 소국은 그러한 정책 결정 과정에서 배제된다(Korea passing).

3-1. 명분은 양국 주둔군의 우발적 충돌을 방지하기 위해 남과 북 지역으로 비점령 공지를 만든다는 것이다.

3-2. 일본은 삼국간섭과 고종의 아관이어로 내정간섭이 어려워지자, 러시아와 절충 및 타협하여 시간을 벌 필요가 있었다. 러시아가 반대하더라도 조선 독립이 유지될 수 없게 되든가, 일본 세력이 강해져서 세력 경쟁

이 불리하다고 인정할 때, 러시아가 '공동 분할'을 수락할 것으로 인식했다.

3-3. 러시아는 일본과 38도선 남·북으로 분할 점령이나 군대의 파견지 분할은 남진 전략 추진을 위한 이익 지대의 포기를 의미하는 것으로 인식하여 거부했다.

3-4. 한국은 과거 조선의 분할론이 제기되었던 역사적 교훈을 잊어서는 안 된다. 대두할 수 있는 한반도 중립화론으로부터 한반도 안보 공동체 형성에 이르기까지 지정학적 입장에서 그 정책적 의미를 살펴야 할 것이다.

3-5. 국론분열은 전략적 빈곤과 외교력을 약화시킨다.

대한제국 종말의 군사·외교사

고종이 아관으로부터 경운궁에 환궁 후 연호를 광무(光武)로 국호를 대한(大韓)으로 고치고 광무개혁을 실시했다. 황제에게 군권을 집중시키기 위해 원수부(元帥府)를 설치하고, 군 구조를 대폭 혁신·강화한다. 안보정보 수집기관으로 제국익문사(帝國益聞社)를 창설하여, 대일본 정보 활동을 강화했다.

대한제국은 로·일 전쟁의 결과로 1초(일본) 다강체제(영·미·러)하에 처하게 된다. 조선은 일본을 외교·군사적으로 견제할 러시아를 잃었고, 러시아 견제를 위해 일본 편을 들고 있는 영국과 미국에 대해서는 정보와 외교력이 부재하였고, 전략의 빈곤을 드러냈다.

일본은 선 외교권 박탈과 후 군대 해산 등 용의주도한 한국의 보호화 정책을 추진하여 궁극적으로 한국을 강제 병합하였다. 한국은 이에 대응할 지략과 능력(정치·외교·군사력)이 결여되어 국가의 독립을 상실하는 비운을 맞게 되었다.

1. 원수부 설치와 정보기관 신설

1) 원수부 관제

1897년 8월 고종은 황제에 오르고 연호를 광무(光武)로 하여, 무비(武備)의 중요성을 강조했다. 10월 그는 국호를 대한(大韓)으로 제정하여 조선이 제국(帝國)임을 선포했다. 1899년 8월 고종은 대한제국제(大韓帝國制)를 반포하여, 대한제국의 정치형태와 황제의 권한을 대한제국제(大韓帝國制) 9개 항을 통하여 명확히 규정하려 했다.[1]

대한제국제(大韓帝國制) 제1조: 대한제국은 세계만국에 공인되어온 자주 독립 제국이다. 제2조·3조는 전제정치체제와 황제의 무한한 군권(君權)을 보유하고, 제5조에서는 '대한제국 황제는 국내의 육군과 해군을 통솔하고 편제를 정하며, 계엄령과 해엄령을 내린다'라고 규정했다.

1899년 6월 대한제국 정부는 황제권 강화를 위하여 원수부를 두어 황제에게 군권을 집중시켰다. 동년 6월 22일 반포된 「원수부 관제」 제1조에서 '원수부는 국방과 용병 및 군령을 장악하여 군부와 수도 및 지방에 있는 각 부대를 지휘·감독한다.'고 규정했다. 그리고 원수부는 과거 의정부 산하 군부가 쥐고 있던 국방과 작전계획의 수립, 군대 편성과 교육, 부대 검열 및 군인 상벌 등에 관련 임무를 군무국에 이관했다. 따라서 의정부는 산하 군부의 본래 역할인 군무 일반에 대한 업무를 군비관리 등 일반 행정을 다루는 것으로 축소되었다.[2]

그림 1 대한제국 직제표(1899년 8월)

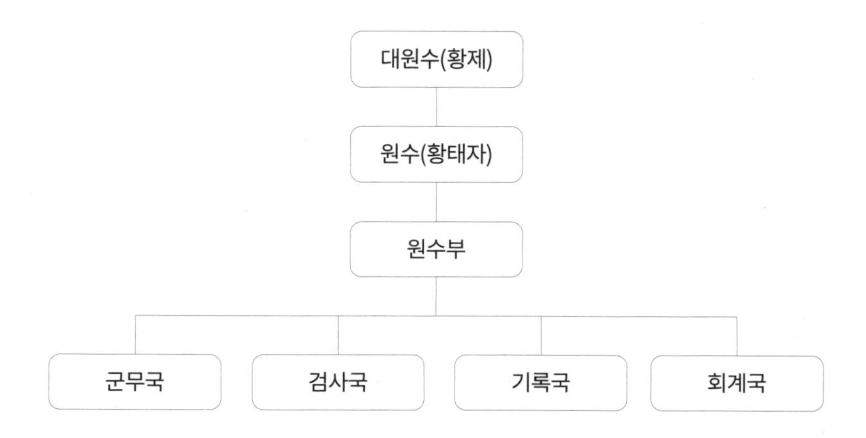

원수부 군무국의 주요 임무는 ① 군사에 관한 지시와 공문을 의정부 산하 군부와 경외 각대에 반포, ② 국방, 군사동원 및 전·평시 군대 편성, ③ 전투준비와 군

1) 심헌용, 앞의 책, 251~253쪽.
2) 심헌용, 위의 책, 254~255쪽.

비 지급, ④ 육·해군 군사학교 관리와 육지와 바다 측량, ⑤ 군부와 경외 각대의 일지와 보고를 접수하여 초록, 보고하는 일 등이었다. 군무국 사무 담당 직원은 영관급 장교인 부장 2명과 영관급 국원 6명, 그리고 위관·하사 10명을 두었다.

1900년 3월 20일 국장의 호칭이 총장으로 바꾸는 관제개정이 있었다. 새 관제 제3관에서 총장의 주요 임무 5개 조항이 신설되었다. 원수부 총장은 봉칙봉령(奉勅奉令)하여 각 부 대신에게 지령할 수 있다거나(제7조) 주임 사무로 각부 대신에게 통보하고, 경무사·관찰사·한성재판소·재판소 판사 이하에게는 훈령·지령한다는 권한을 가지게 되었다.

원수부 관제 제4조는 원수부 관원에는 어떠한 직임을 막론하고 군인 신분이어야 함을 못 박았다. 원수부의 총장직은 황제의 최측근들이 순환보직의 형태로 맡았다. 군인들의 품계가 높아 지방에서는 시위대·진위대의 연대장이나 대대장들이 관찰사에게 군정 사항에 관해 훈령할 수 있었고, 군수나 부윤의 인사에 군부사무규정·군부관제·육군 편제강령 등의 면강하는 시험을 치르도록 하는 서경권(署經權)을 행사했다. 이는 아관에서 경운궁 환어 이후 대한제국의 국내외 안보 상황이 비상사태의 반(半)군정 통제하에 있었음을 증명한다.[3]

2) 제국익문사: 조선 최초의 정보기관

비상사태하 안보 상황은 고종으로 하여금 대한제국의 정보수집기관의 설치를 필요하도록 하였다. 최초로 대한제국은 제국익문사(帝國益聞社)를 만들어 대외정보, 특히 대일본 정보수집 활동을 전개한다.

제국익문사비보장정(帝國益聞社秘報章程)이 1902년 6월 제정되었다. 익문사의 목적은 비밀정보·첩보를 매일 작성해 국왕에 제공하는 데 두었다(제2조). 비탐(秘探) 사항은 4종으로 나누고 그 관할구역을 경성의 일본, 내지의 일본, 항구의 일본, 외국의 일본과 러시아로 나누었다(제4조). 경성에서 비탐 세목은 각 부서 대관의 회합, 이동, 각 군영 장관(將官)의 회합 이동 사항에 존안 자료를 작성했고, 국사범의 친속 동정, 국사범의 서신 왕래 유무 등에 관한 정보도 취합했다.

그 시기 대한제국에 대한 최대의 안보 위협은 일본이었다. 경성에서 비탐 세목

---

3) 원수부 관제에 대한 해석은 육군 군사연구소, 『한국군사사 근현대 Ⅰ』, 338~342쪽, 심헌용, 위의 책, 254~256쪽.

중 각 공사와 영사의 회합 등 일반 정보 외에 일본에 관련된 사항을 내지·항구·외국에서 비탐 세목은 아래와 같다.

- ▶ 일본 수비대 장관과 경관의 회합 및 이동 사항
- ▶ 일본 정당과 낭객의 취산(聚散) 동정
- ▶ 일본 상인배의 사주기(私鑄機)와 폭발약과 각항 금물을 잠매하는 자 유무
- ▶ 일본인의 조선협회지회의 동정
- ▶ 한성신보사(일본 공사관 발행 신문)의 비밀동정 유무

다음은 내지에서 수집할 중요 비탐 세목이다(제6조).

- ▶ 일본 전신수비대와 헌병의 이동 사항
- ▶ 일본인 창립 학교의 학도 취산 사항
- ▶ 일본인으로 자유 여행자 동정
- ▶ 일본인으로 내지에 함부로 거주하는 자
- ▶ 경부철도 노선과 정차장 기지에 일본 노동자 유입 동정

다음은 항구에서 비탐할 중요 세목이다(제7조).

- ▶ 각국 군함의 왕래 동정
- ▶ 일본 정당, 낭객 및 수상자 도착 사항
- ▶ 일본 수비대와 헌병대가 무상왕래하는 사항

다음은 외국에서 비탐 세목이다(제8조).

- ▶ 각국에서 주한 공사를 바꾸는 내정 여하
- ▶ 각국의 협상 동맹하는 이유
- ▶ 각국 군함의 임시 파출하는 사항
- ▶ 각국이 전쟁을 일으키는 이유
- ▶ 각국의 대한 방침에 관한 사항
- ▶ 도주 국사범의 주거지 이동 사항

위의 정보 수집을 위해 익문사 정보원 명칭을 '통신원'이라 불렀고, 5종으로 나누어 그 배치와 정원을 아래와 같이 정했다.

▸ 보통 통신원 15인

(북촌 2인, 남촌 2인, 서촌 2인, 동촌 2인, 정거장 1인, 각 상무판소(商務販所), 한성 신보사, 조선협회지회 2인, 천주교·야소교당 2인)

▸ 특별 통신원 21인

(일본 공관 2인, 아공관 2인, 법공관, 영공관, 덕공관, 미공관, 청공관, 의비(義比)공관 각 1인), 일본 수비대(부(附) 헌병대) 1인, 일본 경찰서(부(附) 전우(電郵) 2국(局)) 1인, 인천항 2인, 부산항(부(附) 창원항) 2인, 목포항, 옥구항, 원산항(부(附) 성진항) 1인, 평양 개시장(부(附) 진남항), 개성부 각 1인

▸ 외국 통신원 9인: 일본 도쿄 2인, 오사카 1인, 나가사키 1인, 베이징 1인, 상하이 2인, 블라디보스토크 1인, 뤼순커우(旅順口) 1인

▸ 임시 통신원은 내지와 외국에 사건에 따라 파송한다는 계획이었다.

이외에도 익문사는 사보를 발간하여 인민에게 구독하게 하여 국가의 위중한 안보 상황을 알려 공중에 경각심을 늘이고, 인민이 놀랄 수 있는 안보상의 유언비어를 막도록 한다는 안보 홍보 기관의 역할도 담당하였다.

익문사는 총책임자로 독리(督理) 1인을 황제 직속으로 두고 통신원이 수집한 정보를 정리해 황제에게 직보하는 체제를 갖춘 것으로 보인다. 익문사 본부직의 직제로서 익문사 비보 장정 제11조는 사무(司務) 1인, 사신(司信) 1인을 둔다고 규정했다. 사무는 비보 수집에 종사한다.[4] 이 점에서 통신사는 바로 정보 생산과 평가라는 두 가지 역할을 담당했다. 통신사가 일본의 대한제국의 외교·군사에 관한 고급정보를 적시에 얻지 못할 때, 정보실패로 이어진다. 또한, 통신사가 친일 성향이 강해 일본의 계획된 한국 외교권 박탈과 군대 해산 및 합방에 대해 획득한 정보를 누락하거나 왜곡할 때, 대한제국은 적시 대응이 어려워진다.

익문사의 활동에 관한 자료가 없음이 유감이다. 고종 황제가 퇴위에 즈음한 정미(丁未) 정변 시 당시 내각 대신 1인에게 3~4인의 밀정을 붙여 기밀을 탐지하게 하여 모든 사무가 밀정들에 의해 결정되었다. "대한제국(大韓帝國)의 소위 전제 정치란 기밀·밀정정치·잡배정치의 폐단에 빠져들었고, 음모·밀책·이간·중상의 부류가 속출하면서 끝내는 국가의 대사가 오류에 처했다"고 일본 마이니치(毎日) 신문 경성지

4) 「익문사 비번장정」의 내용은 이태진, 앞의 책, 393~402쪽, 황태연, 위의 책, 678~786쪽 참조.

국 기자 나라사키(楢崎桂園)는 비방했다.[5]

2. 위협관과 군 구조 개선

1) 적 개념: 외구와 반도

한 국가의 군사력 건설은 위협을 전제로 한다. 1897년 민권 단체인 「독립신문」의 논설은 조선이 당면한 위협을 아래와 같이 쓰고 있다.

> 「조선은 세계만방이 오늘날 독립국으로 승인하여 조선 사람이 어떤 나라에게 조선을 차지하라고 빌지만 아니하면, 차지할 나라가 없는지라 그런고로 조선에서는 해·육군을 많이 길러 외국이 침범하는 것을 막을 까닭도 없고 다만 국중(國中)에 육·해군이 조금 있어 동학이나 의병 같은 토비(土匪)나 진정시킬 만하였으면 넉넉할지라.」[6]

열강의 균형정책을 과신했을까? 아니면 내우가 있을 때마다 외병차용에 습관화되었기 때문이었을까? 그렇다 하더라도 주둔 일군의 2차에 걸친 궁궐침범의 만행을 억제, 저지할 수 있는 능력을 무시한 점이 아쉽다. 정부의 위협관은 외군(軍)이 아닌 외구(寇)에 한정되었다. 1900년 9월 제정한 「육군법률」은 조선이 직면한 대·내외 위협을 현실감 있게 적시했다.

제34조: 적(敵)이라 칭함은 외구(外寇-적)를 말함이니, 내란의 반도(叛徒)도 또한 같음이라. 이는 종래 인식해온 외구와 반도를 적 개념에 포함시켰다.

제203조: 군인이 정부를 전복하거나 군기를 문란하거나 기타 인명 재산을 침손할 목적으로 당을 만들어 난을 일으킨 자는 사형에 처하되, 당을 만들지 못한 것도 같이 논함이니라(이는 군의 정치 개입 금지 조항이다).[7]

황제는 1898년 7월 2일 육군과 해군의 편제와 운용 원칙을 강구할 것을 다음과 같이 지시했다.

---

5) 황태연, 위의 책, 688쪽.
6) 육군 군사연구소, 앞의 책, 336쪽.
7) 육군 군사연구소, 위의 책, 356쪽.

「국가가 사전에 방비를 철저히 하는 것이 제일 급선무다. 오늘에 있어서는 더욱 그러하다. 때문에 지난번에 육군과 해군을 직접 통솔하겠다고 조칙을 내렸다. 군사력의 위력은 수가 많은 것에 있는 것이 아니라 어떻게 양성하고 교련하고 운용하는가에 달려 있다. 그러나 많고 적은 상태에 대해서도 살피지 않을 수 없다. 육군은 10개 대대에 한하여 우선 증설하고, 해군은 상비해야 할 인원과 편제하는 방법, 그리고 이들을 지원할 계책을 군부에서 충분히 의논하여 미리 운용해나갈 원칙을 강구하도록 하라.」[8)]

위의 조칙은 처음으로 국가 방위력 강화가 급선무이고, 병력의 수와 질에 관련하여 해군과 육군의 부대 구조, 병력 규모, 전력화 및 전력의 운용 원칙까지 강구할 것을 강조했다.

원수부 설치를 통해 상부 지휘 구조를 확정한 후, 육군 부대의 증설이 실시되었다. 징병제를 통한 상비군 설치 문제와 해군 창설의 문제는 실현되지 못했다.

2) 중앙군과 지방군

육군 부대 구조와 병력 구조는 중앙군과 지방군 모두 병행하여 강화되었다. 1898년 5월 왕궁호위를 전담하는 제1연대가 개편된 후 1902년 10월 1개 연대를 추가 증설했다. 화력과 기동성을 강화하기 위해 1개 시위연대는 2개의 보병대대, 포병대대와 기병대대를 갖추었다. 총 병력은 5,192명에 달했다.[9)]

고종은 1897년 6월 국왕 호위를 담당했던 시종원들을 해산하고, 신설대의 공병대원들 중에서 선발하여 호위군을 만들었다. 호위군은 동년 11월 격상되어 호위대로 총원 723명의 편제를 갖춘 부대가 되었다.[10)]

도성 방위를 전담하는 친위대도 증강되었다. 1898년 5월 연대급 부대로 재편된 친위대는 1900년에는 각각 3개 소대로 구성된 공병 1개 중대와 치중병(輜重兵: 수송, 군수지원 총 198명) 1개 중대를 증설하여 배속시켰다. 1902년 10월 친위대는 1개 연대를 증설하여 총병력 4,324명에 이르게 된다. 이리하여 중앙군은 총 10,000여 명을 초과했다.[11)]

---

8) 육군 군사연구소, 위의 책, 336쪽.
9) 심헌용, 앞의 책, 229~234쪽.
10) 심헌용, 위의 책, 235~236쪽.
11) 심헌용, 위의 책, 266~268쪽.

원수부는 1900년 7월 지방대의 호칭을 진위대로 바꾸면서 다음 해 8월까지 6개 연대, 18개 대대를 편성했다. 제1진위연대(경기도 강화), 제2(경기 수원), 제3(경북 대구), 제4(평남 평양), 제5(한남 북청), 제6(청주, 2개 대대) 및 제주는 1개 대대가 그 편제이다. 1개 연대는 대체로 3.024명으로 추산되어 총병력은 18,144명에 이른다.[12] 고종 집권 이후 지방군의 병력이 중앙군을 상회하는 주목할 대목이다.

국내 안녕질서의 문란은 변경과 지방의 치안 혼란에 있었다. 1900~1901년 진위대가 활빈당, 영학당(英學黨), 민도, 화적, 비도(匪徒) 등 지방의 민란이나 소요를 진압하고, 범죄자를 토착했던 사례를 황성신문이 보도한 건은 17건이 넘었다.[13]

서북과 관북의 국경치안도 심각한 수준이었다. 강계 지역에서는 진위대 병력으로 청국의 비도를 막을 수 없자, 사설 포수부대를 만들어 방어했다. 1898년 청비(淸匪)가 국경을 넘어와 삼수갑산 주둔대와 교전하는 한편 민가 17호에 방화하고, 주민과 우마 및 재산을 약탈했다. 군수는 사포(私砲) 30~40명을 동원하여 주둔한 위관을 이끌고 적당 100여 명과 교전했지만, 역부족이었다.[14]

진위대 각 대장의 막중한 임무는 진위별칙(鎭衛別則)에서 국내의 비도와 적도가 외국의 비도와 결당하여

① 주둔지 및 부근에서 비상사태를 야기한다면 진압할 것
② 인민을 상해하고 재산을 약탈하거나 안녕질서를 해칠 때, 초토화하여 진정할 것
③ 국가의 체면과 법률을 훼손하며 지방 관가를 침범하거나, 관병과 교전 시 초멸할 것[15]

이를 통해 대한제국은 당시 국가 방위력은커녕 변경과 치안유지 능력도 턱없이 부족한 형편이었다. 1902년 3월 군비 확장으로 인한 재정 부족으로 탁지부 대신 심상훈 등이 일본 공사 하야시 곤스케를 방문하여, 차관을 타진했다. 하야시는 한국의 군비는 '대외국적인 필요'보다 '내국의 질서 유지'면 충분하다고 생각하고 있기 때문에 곤란한 재정상태에서 일시에 다액의 차관을 도입하여, 군대 수를 늘리기보다는 오히려 소수 정예를 택하는 것이 이익이라고 조언했다.[16] 조선 합병을 생각하고 있던

12) 심헌용, 위의 책, 268~275쪽.
13) 육군 군사연구소, 앞의 책, 367~368쪽.
14) 육군 군사연구소, 위의 책, 369쪽.
15) 육군 군사연구소, 위의 책, 368쪽.
16) 육군 군사연구소, 위의 책, 389쪽.

그의 지적이지만 당시 조선 조정이 인식한 안보 위협의 우선순위를 왜곡한 것으로 보이지 않는다.

원수부는 중앙군, 지방군 약 3만 명에 이르는 병력을 무장시키는 문제에 노력을 기울였다. 총포의 해외구입이 주가 되었다. 군부에 포공국(砲工局)을 설치하여 소총과 탄약 생산에도 준비하기 시작했다. 총포의 구입 경로는 러시아, 영국, 프랑스, 일본, 독일 등 다변화되었다.

화기의 수입은 소총과 탄약이 주가 되었고, 화포의 경우는 1902년 3월 영국으로부터 화포(麥沁砲 6문, 야전포 4문, 山戰砲 8문) 18문을 구입했다. 일본은 이를 저지하려 했으나, 영국 측의 반대로 무산되자 장탄(裝彈)교부에 제한을 두어 야포의 발사력을 감소시키고자 했다. 이 밖에도 일본은 1903년 4월 프랑스 1인이 소유한 상회로부터 소총 5만 정, 총검 5만 자루, 실탄 100만 발, 도입 계약을 체결하고, 30여만 원의 대금을 지불하지만, 한국의 반입에는 실패한다. 만주나 연해주로 밀반입되어 의병에 넘어갈 것을 우려한 일본의 방해 때문이었다.[17] 결론적으로 중앙군, 지방군의 전력화는 소화기로 무장한 수준에 그친다. 중앙군 1만여 명의 증대된 병력이 광무개혁의 특징이나 이 병력마저 현대무기로 중무장한 일본 주둔군 중 1개 대대에 맞서 왕궁 호위를 위해 전투력을 발휘할 수 있었을지 의문이었다.

3) 좌절된 개혁: 병역제도와 해군 창설

고종은 1903년 3월 각국의 징병제 문제를 언급하면서, 그들의 육군과 해군 제도를 참작하여 장점을 채택하여 일대 경장(更張)하자는 원론적인 주장을 제기했다. 원수부는 곧바로 17세 이상 40세 이하의 장정을 선비·후비·예비·국민병으로 모집하는 내용의 「징병조례」를 반포했다. 하지만 이 징병조례는 구체적인 시행항목이 마련되어 있지 않았다.[18]

조선 시대 병역제도의 개혁은 쉬운 일이 아니었다. 1901년 8월 원수부에서 외국 위병법에 따라 귀천빈부를 막론하고 18세 이상 3년간 의무 병역을 지게 하려다 폐단이 많다는 이유로 시행하지 못했다. 양반·관료들은 신분제의 붕괴를 우려했고, 소상인층에서는 생산 활동에 지장이 있음을 주장하였을 것이다. 더욱이 예산 부족이

---

17) 육군 군사연구소, 위의 책, 390~391쪽.
18) 육군 군사연구소, 위의 책, 334~335쪽.

큰 장애였다.[19] 이 예산 문제는 해군 창설에도 제약으로 작용했다.

대한제국의 해군 창설에 관한 필요성은 대한국 국제의 제5조에 황제는 육군과 해군을 통솔한다는 대목에 명기되었다. 고종은 그 후 조칙을 통해 해군 편제를 연구할 것을 지시했다.

해군 창설의 제의는 군부대신 윤웅렬의 소사(疏辭)에서 비롯되어, 이것이 기각되자 참령 이민섭, 정3품 이긍무 등 10여 명의 군 간부들이 연명하여 해군 설치의 방략을 원수부·의정부·군부·중추원 네 곳에 헌의(獻議)했다.[20]

1903년 7월 29일 윤웅렬은 해군 창설의 필요성을 다음과 같이 피력했다.

1) 일본 미쓰이 물산으로부터 구입한 양무(揚武)호(3,432톤: 영국 딕슨(E.Dixon)사가 1888년 건조한 상선을 전함으로 개조)를 취역시킬 것. 최초 구입 가격이 55만 원이었다. 원수부가 전함 대금의 지불을 꺼리자, 가격을 재협상하여 약 40만 원 선에서 타결되어 1903년 8월 대한제국 포공국장에 인계되었다.[21] 구매 결정에 의정부 논의 없이 군부에서만 계약을 맺게 한 문제점을 지적하고 군왕의 신속한 조치를 주청.
2) 3면이 바다인 대한제국이 한 척의 군함이 없다는 것은 국가의 수치.
3) 臣(윤웅렬)의 해외 시찰 결과 미래 위협에 대비하기 군함의 중요성 인식.
4) 과거 해방영(海防營, 강화와 부평), 통제영(진남군)에 남아 있는 관청 및 강화·진남의 진위대를 해군영으로 활용한다면 별도의 영(營)을 설치하는 비용 절감으로 해군대 창설.
5) 군함 순찰에 의해 연해에서 해적·밀수선 단속과 아국 상선의 안전 항해 보장 및 비적 침투 방지.
6) 비용 조달방법: 과거 해방영이 거두었던 각 포구의 영업세(현재 객주 이익) 및 해세(海稅)와 선세(船稅)도 부할/영(營)의 비용으로 쓰게 할 것.

윤웅렬의 소사는 왕명에 따라 의정부에서 논의했으나, 양성 병졸의 부재와 비용 문제를 들어 해군 설치는 부결되었다. 1903년 11월 참령 이민섭 등의 헌의는 해군 설립에 관한 군정과 예산에 대해서 다음과 같이 구체적으로 제시했다.

---

19) 육군 군사연구소, 위의 책, 333쪽.
20) 황태연, 앞의 책, 648~651쪽.
21) 양상현, "대한제국의 군제개편과 군사예산", 「역사와 경제」 61, 2006, 203쪽.

1) 해군 설립이 시급하니, 군부 안에 해군국을 설치하고, 장관(將官) 이하 병졸 300명 배치

2) 사관 양성을 위해 해군학교 설립 후 학도 50명 모집 및 교육

3) 사관생도 양성 예산 249,000원 배정

4) 예산 조달 방법: 13도 미곡과 우피(牛皮) 세액

「황성신문」은 신속한 해군 창설을 촉구했다. 일본 공사 하야시는 자국 상사에 대금 지불에 관한 관심 때문에 양무호 인수를 환영했다. 하지만 대한제국은 해군 창설을 신중히 검토했으나 포기한다. 두 가지 이유가 있으리라고 본다. 첫째는 대한제국의 당면 위협인식이다. 위협은 일본의 군사력이지만 이 군사력은 일본 본토가 아닌 조선 주둔 일본군이다. 대한제국은 일군의 조선 내 진출을 막을 수 있는 외교·군사적 능력이 없었다. 시위대·친위대 개편은 주둔 외군의 군사위협으로부터 도성과 황궁을 방어하기 위한 이른바 왕성 방위용이다. 해군을 창설하더라도 일본 육전대의 조선 반도 상륙을 저지할 수 있는 최소한 연안 방어의 전력을 단시일 내 갖출 수 없었다. 이를 알고 윤웅렬은 연해에서 해적·밀수 단속과 비적 침투 방지라는 이른바 '경찰 임무형' 해군으로 그 역할을 한정시켰다.[22] 이 점에서 4문의 대포로 무장한 3,500톤급 양무호는 해안경비 임무에 적합하지 않는 군함으로 판정하고 재매각을 결정할 수밖에 없었다. 둘째, 예산 문제이다. 양무함 도입비와 해군 사관 양성비를 합친 65만 원은 1903년도 국방예산 412만 원의 16%이다. 국방예산의 81%가 육군 예산이다.[23] 1901년 4월 원수부에서 100명의 사관 후보자를 뽑아 외국 해군학교에 보내려 했으나, 예산 부족으로 중지되었다.[24] 양무함을 일본 오사카 한 상회에 4만 2000원에 재판매했다. 하지만 1904년 11월 1천 톤급 증기선 광제호(光濟號)를 구입했다. 최대 속도 15노트, 3인치 포 3대가 장착된 광제호는 해안경비, 등대 순시 등 경비함의 임무를 수행했다. 1905년 11월 을사늑약의 체결로 군함의 사명을 끝내고 연안 세관 감시선으로 전락했다.

결국, 해군 창설은 실패했다. 하지만 군부는 미래 위협 평가로부터 소요 제기와

22) 해군 위계(소형해군: 경찰임무, 연안해군, 제한된 힘의 투사)에 따른 분류에 대해서는 황병무, "주변국 해군력과 한국 해군 현대화 문제," 「신해양 질서와 해군의 진로」 제6회 함상토론회, 해군본부, 1997, 215~235쪽 참조.

23) 양상현, 앞의 글, 198쪽, 201쪽.

24) 육군 군사연구소, 앞의 책, 337쪽.

예산 조달 방법 등 합리적 기획·계획 절차를 밟아 검토했다는 점은 주목할 만하다.

3. 러·일의 각축과 영국 변수

1) 영국의 강압 외교와 러시아 군사교관단의 철수

고종의 아관이어와 경운궁 환어 기간 약 3년은 러시아의 조선 정부에 대한 내정 간섭이 심화되고, 이권획득 경쟁으로 로·일·영이 대립하던 시기였다.

1896년 10월 푸챠아타(Putiata) 대령 등 러시아 군사교관단이 파견되어 시위 대 편제에 개편과 교육 훈련을 담당한 것은 이미 기술한 바 있다. 로바노프 러시아 외상은 조선 유사시 병력으로 지원해줄 것을 약속한 바 있다. 1897년 10월 알렉세이 예프(Karl. Alexeiev)를 재정 고문으로 파견하고, 9월에는 스페이에르(Alexei N. de Speyer)가 공사로 부임했다. 당시 조선 정부의 재정고문 겸 총세무사는 영국인 브라운(McLeavy Brown)이었고, 국내 치안을 담당하는 경무(警務) 고문은 스트리플링(A. B. Stripling) 또한 영국인이어서 러시아의 주목을 받았다. 스페이에르는 브라운의 긴축정책을 정부 및 왕실이 싫어하자, 이를 틈타 브라운을 해고하고, 러시아인 알렉세예프를 임명할 것을 조선 정부에 강요하여 교체에 성공했다.

영국은 이에 강경히 항의하면서 무력시위를 감행했다. 영국 군함을 거문도에 파견하여 저탄소(貯炭所)를 설치하는가 하면 12월 하순에는 8척의 함대를 인천에 입항시키고 영사가 해군 장교 1명과 수병 10명을 인솔하고 입경했다. 이에 당황한 조선 정부는 브라운을 해관총무사로 다시 초빙하면서 그에게 정2품에 금보관훈위(金寶冠勳位)까지 특사했다.[25)]

러시아는 같은 시기에 부산 절영도(絕影島)의 일부를 석탄저장소로 조차할 것을 강요하여 물의를 일으켰다. 외부대신 이도재(李道宰)가 이를 거절하자, 러시아 공사 스페이에르는 고종에게 그의 해임을 요구하여 사표를 받아냈다.

러시아 주구(走狗)인 김홍륙(金鴻陸)의 인사 농단과 다독사건(茶毒事件)은 조선 조야에 반로감정을 더욱 증폭시켰다. 김홍륙은 러시아어 통역사를 빌미로 러시아 공사의 뜻이라 가장하여 인사에 개입하는가 하면, 갈수록 방자해져서 국왕에게조차 위협적인 언사를 쓰다가 피습당했다. 스페이에르는 고종에게 3일 이내 범인을 체포하라

---

25) 이선근, 앞의 책, 212쪽.

는 칙령을 내릴 것과 고종의 사죄를 요구하는 방자한 행동을 하였다.

김홍륙은 1898년 9월 12일 만수성절(萬壽聖節)을 계기로 그 심복 부하들을 사주하여 황제와 황태자에게 독약을 넣은 커피를 주고 시해하려다 미수에 그친 이른바 다독사건(茶毒事件)의 주모자가 되었다. 결국 김홍륙 이하 모두 처형되었다.[26]

대한제국의 조야는 반로감정이 거세게 일어났다. 서재필·이승만 등이 중심이 된 「독립협회」는 1898년 2월 종로에서 군중집회인 「만민공동회」를 열어 러시아 군사교관과 재정 고문의 해임을 주장했다.

스페이에르 공사는 동년 3월 러시아 군사교관단과 재정고문이 조선의 자립을 돕기 위한 것인데 "필요 없다면 24시간 이내 확답"하라고 요구했다. 고종은 일본 공사 가토 마스오(加藤增雄)의 자문을 구한 후 병무·재무를 조선인이 관장할 것이며 "외국 사관·고문은 일체 채용하지 않기로 결정했다"고 통보했다. 이 회답을 받은 즉시 러시아는 군사교관과 재정 고문을 소환했다.[27] 러시아 군사교관단의 철수는 이러한 조선 조야의 반로 감정에 대한 러시아의 불가피한 선택이었다. 계속 물의를 일으킨 스페이에르 공사도 동년 4월 마튜닌(N. Matunine)으로 교체되었다.

아관이어 이후 러시아에 의존, 일본을 견제하여 대한제국의 안위를 보존하려는 조선의 정책은 브라운 사건에서 보듯이 위험회피를 위해 영국의 강압에 순응해야 했다. 또 조선 조야의 반로감정과 일본의 견제는 교관단을 초청하여 군 근대화에 이용하려는 조치마저 좌절시켰다. 러시아는 만주 요동 반도 조차에 눈을 돌리고, 조선 문제로 일·영과의 대결을 회피하고 조선에서의 현상유지 정책을 펴게 된다.

2) 니시·로젠 협정(Nishi-Rosen Agreement)

러시아는 일본에 한국의 분할 및 보호 정책을 제시했다. 일본은 러시아 교관 및 재정 고문의 서울 주재를 트집 잡았다. 러시아 정부는 러시아 교관 및 재정 고문의 철수를 결정한 후 일본 정부에 3월 17일 '상호 한국의 독립을 확인하고, 한국의 내정에 대해 일체 간섭하지 않는다'는 것을 기조로 여순구(旅順口)와 대련만(大連灣)의 대여의 보장을 통고했다. 우여곡절이 있었지만, 타협이 되어 한국에 관한 제3차 일·로 협정인 「니시·로젠 협정」, 이른바 만한(滿韓) 교환 협정이 1898년 4월 25일 조인

26) 이선근, 위의 책, 278쪽, 성황용, 앞의 책, 272쪽.
27) 성황용, 위의 책, 272~273쪽.

되었다. 그 주요 내용은 다음과 같다.

(1) 일·로 양국은 한국의 주권과 완전한 독립을 확인하고 그 내정에 불간섭한다.

(2) 일·로 양국은 한국이 양국 어느 일방에 요청을 하지 않는 한 훈련 교관이나 재정 고문관의 임명에 관해서 사전 협상을 전제로 조치를 취한다.

(3) 러시아 정부는 한국에서의 일본의 상업과 공업적 이익을 인정하고 한·일 양국 간에 상업과 공업상 관계의 발전을 방해하지 않는다.[28]

이 협약으로 볼 때 일본은 한반도를 경영하고 러시아는 만주 경영에 주력한 것 같았다. 일본과 러시아는 한반도에서 세력균형에 잠정적인 조정에 성공했지만, 그것은 언제나 가변적인 것이었다. 청국에서 일어난 의화단(義和團) 사건은 동북아 정세를 급변시켜 영·일 동맹을 촉진하고 러시아의 39도선 분할안 제의 등 한반도를 로·일의 세력 각축장으로 변모시킨다.

• 청국의 외환·내우: 의화단 난의 교훈

1899년 11월 산둥(山東)성에서 부청멸양(扶淸滅洋)이라는 구호를 내걸고 의화단 난(義和團亂, Boxer Rebellion)이 일어났다. 이 난은 청국의 외환과 내란이 연계된 특징을 가진다. 청조는 민란을 이용하여 중국 분할을 노리는 외세를 축출하여 주권을 지키려 했지만, 외세의 간섭을 심화시키는 역효과를 낳았다. 아관이어를 전후하여 고종이 의병봉기를 이용하여 일본군을 몰아내려 했지만, 일본이 조선의 주권 침해를 가속화시킨 사례와 비슷하다.

의화단 난은 외환과 내우가 겹친 청조의 위기로 그 원인은 아래와 같다.

(1) 청·일 전쟁 패전에 따른 중국 분할을 노리는 외세 침략의 심화

(2) 청조 관리의 부패에 따른 국민경제의 파탄

(3) 외국인들, 특히 기독교 선교사들의 특권적 지위(토지구입, 종교 활동 등)의 향유, 나아가 중국의 전통관습·도덕을 매도 및 중국인 신도의 비호

(4) 개혁파 광슈띠(光緖帝)와 수구파 시타이허우(西太后) 간의 정책 대립으로 리더십 분열로 인한 외세 침략과 사회·경제적 변화에 대한 무기력한 대응[29]

---

28) 성황용, 위의 책, 274쪽.
29) 성황용, 위의 책, 304쪽.

의화단 난이 일어나자 광슈띠를 위시한 쉬징청(許景澄) 등의 개혁세력들은 서양 문물의 선별적 수용을 내걸고 배외정책을 반대했다. 하지만 조정의 실권을 장악한 보수세력들은 시타이허우를 앞세우고, 외국인들을 축출하는 데 의화단을 이용할 것을 결정했다. 청조의 비호 아래 의화단 난은 산동, 즈리(直隷), 산시(山西), 만저우 등 전국 각지로 확산되었다. 1900년 5월 톈진, 베이징 간 철도 운행이 중단되었고, 외국조계에 계엄령이 선포되었으며 모든 교회가 폐쇄되었다.

청 조정은 배외적인 의용군 중심의 사조직인 깐수(甘肅)성 회족 출신 깐쥔(甘軍)을 베이징으로 불러들여 의화단과 손잡고 공사관 포위 공격을 공언했다. 각국 공사들은 동년 5월 28일 외교단 회의를 열어 각국 호위병을 입경시키기로 결정하고 총리아문의 허가를 받는다. 각국 증원군 2,000명이 톈진에 들어왔지만, 의화단에 저지당했다. 하지만 다구(大沽)와 톈진이 연합군에 점령당하자 청조는 6월 19일 개전을 결정하고 의화단 토벌을 주장하는 쉬진청(許景澄) 등 5대신을 사형에 처하고, 각주공사관에 24시간 이내 톈진으로 퇴거하라는 최후통첩을 보낸다. 6월과 7월 중 일본 공사관 서기관, 독일 공사 케틀러(Clement August von Ketteller)가 깐쥔에 피살되고, 어린이 53명을 포함한 주로 선교사와 그 가족 231명이 살해되었다.30)

로·영·미·불·일·이·오·독(露·英·美·佛·日·伊·墺·獨) 8개 연합군이 1900년 6월 북경을 향해 진격했다. 연합군은 일본군 8천, 러시아군 4천 5백, 영국군 3천, 미군 2천 5백, 프랑스군 8백, 이탈리아 및 오스트리아군 약간 명으로 구성되고 독일군은 극소수였다.

청국의 패배로 1901년 9월 7일 총 12개 조항으로 된 「의화단 최종의정서」가 조인되었다. 그중 외병의 청국 주둔 관련 조항은 다음과 같다.31)

(1) 각국 공사관 구역은 공사관 경찰권하에 두고 이 지역에는 청국인의 거주를 금한다(치외 법권 지대 설정).

(2) 공사관 방어를 위해 베이징 공사관 방어구역(Diplomatic Quarter of Beijing)에 상설 호위병을 둘 권리를 인정한다.

(3) 베이징과 하이방(海浜－상하이) 간의 자유교통을 유지하기 위해 톈진 등 12개소를 연합국이 점령할 권리를 가진다.

30) 성황용, 위의 책, 305~306쪽.
31) 성황용, 위의 책, 307~308쪽.

패전의 결과는 참담했다. 열강은 청국에 대해 조차지 획득을 넘어서 군 주둔권 등 무력에 의한 직접적 영토침략을 시도하게 된다. 청국은 반식민지로 전락한다. 그 중 러시아의 만주 점령이 당면 위협이 되었고, 이는 영·일 동맹을 촉진하는 요인으로 작용했다.

이 역사적 교훈은 오늘날 사회주의 중국 위정자들에게 심대한 영향을 미치고 있다. 내우가 외세 개입의 원인이다. 외세를 배제하려면 내우를 먼저 안정시켜야 한다. 「進虛而入, 壤外必先安內優」 경구를 안보 정책 결정의 좌우명으로 삼고 있다. 그들은 외세의 내정간섭을 반대한다. 또한 「국내적 안정이 외교적 주도권 행사의 기본이다」, 「평화로운 주변·국제 환경이 국내(사회주의) 경제 발전의 최상의 조건」임을 강조하고 있다.[32]

3) 로·일 각축과 39선 분할안

의화단 난은 러시아로 하여금 만주를 점령할 구실을 주었다. 동청철도(東淸鐵道)의 화약고가 습격당하자 러시아는 연합군에도 병력의 일부를 파견하였지만, 주력부대 1만 2천 명을 철도보호를 구실로 만주에 투입했다. 1900년 10월 러시아는 의화단 진압과 관계가 없는 야오링, 지린, 헤이룽장 등 동삼성(東三省)을 모두 점령했다. 동년 3월에는 한국 정부를 위협해서 마산항을 조차 점거하였다. 이러한 러시아의 만주·한국에 대한 영토적 이익과 독점적 이권 획득에 영·일이 동맹을 맺어 대항하도록 만들었다.

영·일 동맹의 교섭 과정에 만한 교환(滿韓交換)에 대한 의견을 러시아에 타진해 본다. 1901년 11월 이토 히로부미는 러시아 수도에 도착하여 니콜라스 2세(Nicholas II), 람스도르프(Vladimir N. Lamsdorff) 외상, 비테(Sergei J. Vitte) 재무상 등과 만나 어디까지나 개인 의견이라는 전제로 로·일 협상안을 제시했다.

그중 한국 관련은 ① 한국 독립에 대한 로·일 양국의 상호보장, ② 한국에서 일본의 정치·상공업·상업 면에서의 자유행동, ③ 한국 유사시 일본의 군사원조, ④ 한국 정부에 대한 일본의 배타적 조언 및 원조를 러시아가 인정한다면 일본은 만주에서 러시아에 상당한 양보를 할 용의가 있다는 것이다.

---

32) 중국, 내우외환 연계에 기반한 외교정책의 기조에 관한 논술에 대해서는 Melvin Gurtov and Byong-Moo Hwang, *China under Threat : the Politics of Strategy and Diplomacy*, Baltimor, London, Johns Hopkins University Press, 1980, pp. 16~24 참조.

이러한 일본의 만한 교환론에 대한 러시아 측의 회답은 12월 17일에 도착했다. 하지만 러시아는 일본의 한국에 대한 군사 특권을 다음과 같이 구체적인 사안을 들어가며 반대했다. ① 일본은 한국 영토를 군사 목적에 사용하지 않을 것, ② 한국의 상공업에 대한 일본의 자유행동은 인정하나 정치 및 군사상의 사항에 대한 조언 및 조력에는 러시아와 협의할 것, ③ 일본은 조선 내란 진압에 필요한 군대만을 파견하고 그 군대는 러시아 국경에 따라 확정될 경계를 넘지 말 것, ④ 일본은 러시아 국경에 인접한 청국 영토에 대한 러시아의 우월권을 인정하고 동 지역에서의 러시아의 자유행동을 방해하지 않을 것.[33]

이 안은 한국을 보호국화하려는 일본의 입장에서는 도저히 받아들일 수 없는 안이었다. 1902년 1월 30일 영국 외상 랜스다운(Lansdowne)과 일본 공사 하야시 다다스(林董) 사이에 영국 외무성에서 영·일 동맹이 체결되었다. 6개 조항으로 된 이 조약 중 한국 관련 조항은 다음과 같다.[34]

① 양국은 청국 및 한국의 독립을 승인한다. 영국의 청국에서의 이익, 일본의 한국에서의 특수 이익이 침략당할 때는 양 체약국은 이를 옹호하기 위해 필요한 조치를 취한다.

② 양 체약국은 타방 체약국과의 협의를 거치지 않고 상기 이익을 해치게 될 별약(別約)을 타국과 체결하지 않는다.

③ 체약국 중 일방이 상기의 각자 이익을 지키기 위해 제3국과 개전할 경우 타방 체약국은 엄정한 중립을 지키며 타국이 그 동맹국에 대한 교전에 가담하는 것을 저지한다.

일본은 영일동맹을 통해 한국에서의 특수이익을 지키기 위해 러시아와 교전할 경우 엄정한 중립보장까지 받아놓았다. 또한, 일본은 1902년 11월 러시아에 한국 및 만주에 대한 현존이익을 상호인정하고 이의 보호를 위한 출병권을 비롯해 한국의 내정개혁 및 군사원조에 대한 일본의 전권(專權)을 인정할 것. 그리고 한국의 종단철도(縱斷鐵道)와 동청철도(東淸鐵道) 및 우장철도(牛莊鐵道)와의 연락을 방해하지 말 것 등을 제의했다.[35]

러시아는 1903년 4월 러시아군과 만주 마적의 혼성부대를 만들어 한·만 국경을

33) 성황용, 앞의 책, 320~321쪽.
34) 성황용, 위의 책, 322쪽.
35) 성황용 위의 책, 325쪽.

넘어 용암포(龍岩浦)를 점령했다. 러시아군은 용암포 점령 직후 포대시설을 만들고 구련성(九連城)과 봉황성(鳳凰城)을 거쳐 안동현(安東縣)에서 용암포에 이르는 1개 여단의 병력까지 배치했다. 이 용암포 강점사건은 일본의 강력한 항의에 이어 영·미·독·불 등의 각국 공사들은 용암포를 각국에 개방하라고 요구했다.[36)]

러시아의 39도선 북부 중립화 제의는 이러한 만주와 한국을 둘러싼 열강의 세력권 각축 시기에 이루어진다. 일본은 개전 결의 전에 최종 협상안을 1903년 8월 러시아에 제시한다. 일본 안은 기존의 「만한 교환론」과 차이가 없다. 러시아는 10월 3일에 39도선 북부 중립화안을 제시했다.

8개 조항으로 된 러시아안 중 기존 안에 비해 강화된 조항은 두 가지이다. 첫째, 한국 영토의 일부라도 일본의 군사상 목적에 사용하지 않고, 대한해협의 자유항행을 방해할 군사 시설을 한국 영토에 설치하지 말 것. 둘째, 북위 39도 이북의 한국 영토는 중립지로 하여 로·일 양국 누구도 군대를 투입하지 않을 것.

러시아는 만주의 독립과 영토 보전에 관한 제의는 하지 않고, 한반도만을 협상의 대상으로 하여 한반도의 3분의 1에 해당하는 지역을 중립지대로 만들어 일본을 만주에서 격리시키고자 하였다. 일본은 1903년 10월 14일 재수정안을 제시하여 ① 중립지대 설치에는 원칙적으로 동의하나 중립지대를 한만 국경 남쪽 50km 지역으로 할 것, ② 일본은 만주가 일본의 특수이익 범위 밖에 있다는 것을 인정하나 러시아도 한국이 러시아의 특수이익 밖에 있다는 것을 인정할 것 등을 강조했다.[37)]

러시아는 1903년 12월 일본 측 수정안에 대해 제2차 대안(對案)을 제시했다. 하지만 이 안은 일본안을 묵살하고 러·일 협상의 대상을 한국 문제에 국한시켰다. 즉, 평양·원산을 연결하는 39도선 이북 지역을 중립화시키자는 주장만을 되풀이 한 것이었다. 로일협상은 종결되고 1904년 2월 8일 일본 연합함대의 뤼순커우(旅順口) 기습으로 로일전쟁은 발발하였다.

4. 한국 밀사 외교를 통한 중립화(中立化)의 기도(企圖)

한국은 로일전쟁의 가능성이 높아지자 1904년 1월 23일 엄정중립을 선언하는가 하면 익문사 통신원을 이용하여 밀사외교를 추진했다.

---

36) 이선근, 앞의 책, 303~304쪽.
37) 이선근, 위의 책, 304~305쪽, 성황용, 위의 책, 327~328쪽.

한국 정부는 1902년 영일동맹이 체결되고 로일 협상이 결렬되자 영세중립은 안 되더라도 「국외(局外) 중립」만이라도 꾀하여 일본의 침탈을 막아보려고 황국 밀사를 파견했다. 해외 밀사들의 직위와 신분이 낮아 익문사 통신원들이 역할을 맡은 것으로 보인다.

밀사 현상건은 러시아어를 구사하는 궁내부 소장 관리였다. 그는 1903년 8월 21일 뤼순에서 시베리아를 거쳐 모스크바로 향했다. 그의 사명은 ① 러시아와 프랑스를 방문하고 주재 공사들과 협력하여 조국의 국외 중립이 실현할 수 있도록 주선할 것, ② 이것이 실현되기 전에 로일 전쟁을 할 경우 조선 국경 안에서 전투가 전개되면 인명과 재산의 피해가 막심할 것을 예상하고 프랑스 주재 공사와 함께 네덜란드를 방문하고 만국평화회의 의원들의 지원 및 협력을 촉구해볼 것, ③ 고종 황제가 전 주한 러시아 공사 베베르에게 보내는 친서를 전달하고, 러시아 정부의 한국에 대한 금후의 태도와 정책을 살펴보라는 것이었다. 결코, 수월한 임무가 아니었다. 그나마 일본 관헌에 정보가 누설되어 현상건은 일본 측의 감시와 방해 속에서 그 임무를 수행해야만 했다.[38]

일본에도 밀사가 파견되었다. 한일 외교의 실무를 담당했던 역관 현영운을 철도원의 회계과장으로 임명한 다음 시찰을 구실로 1903년 8월 3일 부부동반으로 떠나게 했다. 그에게 주어진 임무는 로일전쟁이 일어나더라도 한국의 국외 중립만은 인정해줄 것을 청탁하라는 것이었다. 동년 9월 일본 정부가 그러한 교섭을 받고 주일 한국 공사 고영희(高永喜)에게 아주 냉담한 회답을 보냈다. "애당초 자위력도 없는 한국이 국제법만을 내세워 국외 중립을 선포한다고 함은 용인할 수 없다"고 전제한 다음 "우선 재정을 혁신하고 병제를 개혁하여 스스로 국력의 충실과 부강을 도모해 보라"고 충고했다. 러시아와 개전 시 조선 반도를 출병기지로 삼으려는 일본에게는 당치도 않는 제의였다.[39]

로일전쟁 직전 고종은 이탈리아 국왕에까지 황제의 서한을 보내서 중립 알선을 청탁해보았지만 허사였다. 황실과 정부는 1904년 1월 21일 청국 지부(芝罘)로 밀사를 파견하여 서방열강에 엄정중립을 일방적으로 선포했다. 외부대신 이지용의 이름으로 프랑스어 성명을 작성하여 일본을 위시한 열국에 발송했다. 그 내용은 대략 다음과 같은 것이었다.

---

38) 이선근, 위의 책, 306~307쪽.
39) 이선근, 위의 책, 301~302쪽.

「로일 양국 간에 일어나고 있는 분규로 미루어보나, 평화적 해결을 위한 협상의 성공이 어렵다는 점으로 보나 한국 정부는 두 강대국과 더불어 사실상 약속된 예비교섭의 결과가 어떻게 되든지 우선 황제의 명으로 엄정중립을 지키겠다는 확고한 결정을 하였음을 이에 성명하는 바이다.」

이 전문을 지부까지 가지고 간 밀사에 대하여 「일본 외교문서는 이학균(李學均)이라고 했다가 나중에 이원춘(李遠春)이라고 했다. 기밀이 누설되지 않은 밀사의 활동으로 보인다.[40]

39도선 중립화를 위한 밀사 외교는 실패했다. 일본군은 1904년 2월 9일 새벽 인천에 상륙하여 서울에 입성했다. 일본은 10일 러시아에 선전포고를 했다. 2월 23일에는 일본의 강요대로 공수(攻守) 동맹을 전제로 한 한일의정서(議定書)가 일본 공사 하야시(林權助)와 외부대신 서리 이지용(李址鎔) 사이에 체결되었다. 그 내용 중 4항은 제3국의 침해나 혹은 내란 때문에 한국 황실의 안전과 영토 보전에 위험이 있을 경우에는 일본 정부는 그 시기에 맞춰 빠르게 필요한 조치를 취할 것이다. 이에 한국 정부는 그러한 일본 정부의 행동에 편의를 제공한다. 이밖에도 "일본 정부는 한국의 독립 및 영토 보전의 목적을 이루기 위해 군략(軍略)상 필요한 지점을 그때마다 수용할 수 있다"고 규정하고 있다.[41]

일본은 이 의정서를 근거로 모든 군사행동과 수용·강점을 마음대로 자행할 수 있었다. 광대한 토지가 군용지로 변했고, 모든 통신망은 재빨리 군용으로 전환되었다. 경부·경의 양 선의 주요 철도 부설권도 군용으로 제공되었다. 정치적으로는 베베르 이래 러시아가 이 조선 조정에 심어놓은 친로파의 모든 세력이 뿌리째 뽑히고, 친일세력으로 채워졌다.

밀사 외교는 1907년 헤이그 밀사 사건까지 이어졌지만 성과는 없었다. 1905년 7월 29일 「가쓰라－태프트 조약(The Katsura－Taft Agreement)」이 체결되어, 미국의 필리핀에 대한 권익과 일본의 한국에 대한 권익을 상호 간 인정할 것을 합의했다. 이러한 협약도 알지 못한 고종 황제는 미국에 전 중추원 의관(전 독립협회원) 이승만을 밀사로 파견했다.

1905년 6월에 일본을 방문하게 된 미 육군 장관 태프트가 하와이에 들렀던 기회

---

40) 이선근, 위의 책, 303쪽.
41) 이선근, 위의 책, 309쪽.

를 이용하여 윤병구(尹炳求) 등 교포들이 그를 성대히 환영하면서 8천 교포의 대표로 윤병구·이승만이 루스벨트(Theodore Roosevelt) 대통령을 면담할 수 있는 소개장을 써달라고 부탁하여 성공했다는 것이다. 그리하여 동년 7월 6일 사가모어 힐(Sagamore Hill) 별장에서 휴가 중인 루스벨트 대통령을 이 두 사람이 만나 회견할 수 있었다.

윤병구·이승만이 작성했던 청원문은 공식 문서가 아니라는 이유로 정식 취급을 거부당했다. 하지만 일본이 한국의 자주 독립을 찬탈하면서 온갖 특권과 이권을 착취하는 행위를 적시하고, 미국의 도움을 진정했다.

이 진정서는 특히 로일전쟁 직후 한일 공수동맹 조약의 체결 경위를 설명하면서 한국이 원하는 국외 중립을 포기하고 일본의 우의를 기대했지만, 배신당하고 있음을 다음과 같이 기술했다.

> 「로일전쟁이 벌어진 바로 뒤 우리 정부는 일본과 공방(攻防)의 목적으로 동맹조약을 체결한 바 있습니다. 이 조약에 의하여 한국은 일본에 개방되었고, 우리 정부와 국민들은 한국 내외에서 행하는 일본 당국의 군사작전을 도왔던 것입니다. 그 조약의 목적은 한국과 일본의 자유 독립을 유지하고 러시아로부터 동부 아시아의 침공을 막는 데 있었습니다. 하지만 지난 18개월간 일본인들은 우리 정부로부터 강제적으로 온각 특권과 이익을 착취하고 있습니다. 지금에 와서 일본이 우리의 자주 독립을 보장하거나 국내개혁을 돕겠다던 약속에 대해 의구심을 가지게 되었습니다.」

윤·이는 루스벨트 대통령을 '만인의 정의와 공정한 행동'을 외치는 지도자로 알고 있으며, 한국이 자주적 정부를 지키고 강국들이 우리 백성을 억압하거나 천대하지 않도록 지원해줄 것을 바란다고 호소했다. 이어 한·미 수호조약 제1조 "만약 타국이 체약국 중 어느 일방에 대해 경모(輕侮)할 경우 반드시 서로 도와서 필요한 조치를 취한다"는 문구를 인용하면서까지 미국의 지원을 거듭 호소했다.[42)]

이러한 진정에 '만인의 정의와 공정한 행동'을 외치는 루스벨트 대통령이 얼만큼 귀를 기울였을까? 고종 황제는 일본 견제를 위해 미국을 이용(用美)하기 앞서 미국의 이익과 정책, 즉 미국을 알았어야 했다(知美). 루스벨트 대통령은 러시아는 전제주의 국가이며, 극동에서 행동은 매우 오만하다고 인식하는 한편 일본을 동정하고 일본의

42) 이선근, 위의 책, 316~318쪽.

승리를 기대하고 있었다. 이러한 루스벨트의 친일 태도는 태프트를 밀약 체결을 위해 일본에 파견할 때 예견된 것이지만, 한국 정부는 알지 못했다.[43]

5. 일본의 대한제국 군사력·외교력의 단계적 폐지 정책

1) 군사력 감축

일본은 1904년 2월 4일 러시아와 결전 결의와 동시에 제3함대를 한국의 진해로 파견하여 불법 점령했다. 이어 마산포와 제물포를 통하여 예비부대와 탄약, 식량 등 군수품을 운송해놓은 상태에서 2월 8일 인천 앞바다와 뤼순항에서 기습공격으로 로일전쟁을 개시했다. 인천해전을 통해 러시아 함대를 한반도에서 몰아내고 병력을 서울로 진주시켰다. 동년 2월 한국과 체결한 한일의정서를 근거로 일본군은 용산을 점령하여 주둔군 사령부와 독도에 기지를 설치했다. 일본은 한국 영토를 대로전 수행을 위한 전초기지로 만들었다.

일본은 1904년 5월 대한시설강령(對韓施設綱領)을 발표하여 일본군 주둔을 공식화하였고, 대한제국 재정의 문란을 핑계로 병력 감축을 시도한다. 한국 정부 군사비 예산의 43%는 과다하니 감군을 통한 군사비 절약이 필요하다는 논리였다. 일본은 조선 정부가 요청하지도 않은 조선 국방의 대역 임무를 주둔 일본군으로 해주겠다고 하였다. 이는 조선의 외교권을 박탈하기 이전 조선 무장력을 감소시켜 일본의 대한제국에 대한 강압 외교 전개 시 저항세력을 없애려는 계획이었다.

일본은 로일전쟁에서 승리를 확신한 1904년 9월 대한제국의 군제개혁을 가속화한다. 일본 공사 하야시 곤스케는 보국에 보낸 보고서에서 군제개혁의 이유를 "한병(韓兵)은 소위 국가의 장식품에 불과하며 흉도조차도 토평(討平)할 수 없고 쓸데없이 국비를 낭비하는 하나의 기관에 불과하다"고 혹평했다.[44] 동년 12월 말 일본은 원수부를 폐지한다. 따라서 황제의 군령·군정권을 일개 대신 급인 군부에게로 돌아갔다. 이는 일본이 조선 황제의 동의나 협의 없이 임의로 부대 및 병력 구조를 감축하려는 의도였다.

일본은 대한제국의 군제를 완전히 자국의 제도에 따라 변동시켜 국방 및 용병에

---

43) 이선근, 위의 책, 313~314쪽.
44) 육군 군사연구소, 앞의 책, 433~434쪽.

관한 일체 군무를 군무대신이 관장하도록 하였다. 1905년 2월 군부에는 군부, 참모, 교육, 경리 등 4국을 두었다. 군무, 참모, 교육 3국의 국장은 참장 또는 각 병과 정령(正領)으로 임명한다는 개정안이 공포되었다. 동년 12월 15일에는 군부대신 이외의 군인들의 정치 불개입의 조령을 반포했다. 동시에 일본은 친일본 사관 양성을 위해 육군무관학교, 육군연성학교, 육군유년학교 같은 군사학교제도를 설치했다.[45]

1904년 12월 일본은 본격적으로 대한제국의 부대 구조를 조정·감축한다. 주한 일본군 사령관 하세가와 요시미치(長谷川好道)는 다시 국가 예산 대비 군사비를 축소하자는 명분을 내걸고 구체적 대안을 아래와 같이 제시하였다.

① 보병은 8개 대대: 8도에 분산 배치

② 기병·포병·공병은 내란 진압상 불필요

③ 헌병: 군인, 군속의 군기·풍기 감시 및 감찰상 확대 필요, 각 보병대대 소재지에 분산배치

④ 호위대: 국방·내란 진압상 불필요, 전폐

⑤ 치중병(수송·군수): 대한제국의 현황상 편성 불필요

1905년 4월 일본은 대한제국 중앙군인 시위대와 친위대를 폐지한다. 이로써 각 2개 연대로 구성된 황제 친위부대인 시위대 1개 연대와 도성 수비부대인 친위대 2개 연대는 폐지되고 포병 1개 중대, 공병 1개 중대, 기병 1개 중대만이 남겨진다.[46]

일본은 각 지방의 진위대 중에서 6개 연대를 폐지하고, 그중 8개의 보병대대만을 남겨두었다. 경기도 수원, 충청도 청주, 경상도 대구, 전라도 광주, 강원도 원주, 황해도 황주, 평안도 평양 및 함경도 북청이 바로 8곳이었다. 진위대의 대대 규모도 러시아식 5개 중대에서 일본식 4개 중대로 전환되어 그만큼 병력도 줄어들게 되었다. 공병대 또한 축소되어 1개 중대만이 남았다.[47]

일본은 조선 치안 유지를 위한 조선 주차(駐箚) 일본 헌병대를 증설한다. 이는 조선 내 집회와 결사에 의한 항일 운동을 탄압하고 전국 각지에서 벌어지는 의병 운동이나 소요사태를 진압하기 위한 일본군 부대였다. 이 부대는 1905년 11개 분대 54개 분견소에 약 400명 정도 존재했으나, 융희 3년에는 개개 분대 457개 분견소에

45) 심헌용, 앞의 책, 280~281쪽.
46) 심헌용, 위의 책, 283~285쪽.
47) 심헌용, 위의 책, 286쪽.

약 6,700명의 병력으로 늘어났다. 일본은 대한제국의 도성·황궁 수비부대와 지방 진위대 부대를 대폭 줄여 전투력을 약화시키고, 일본 주둔군 병력을 주차군이란 명목으로 헌병대를 늘렸다.[48] 일본은 1904년 8월 1개 사단을 주둔시키다가 로일전쟁이 끝난 1905년 10월경에는 2개 사단으로 증강시켜 대한제국의 외교권 박탈과 통감정치의 실시를 위한 무력기반을 조성했다.

2) 일본의 한국 외교권 찬탈과 군대 해산

1905년 11월 17일 밤 외부대신 박제순(朴齊純)과 일본 공사 하야시 곤스케(林權助) 사이에 「乙巳保護條約」 또는 「제2차 한일협정」이 조인되었다. 일본은 한국의 외교권을 찬탈하는 이 조약을 체결하기 전 미·일 및 러시아로부터 한국에 대한 일본의 우월권 및 보호권을 인정받았다. 미국과는 동년 7월 '가쓰라－태프트 협정'에 의해 인정받았고, 영국과는 동년 8월 12일 체결한 「제2차 영·일 동맹조약」을 통해서였다. 동 조약 제3조는 아래와 같은 한국 조항이 들어 있었다.

> 「일본은 한국에서 정치·군사·경제적으로 특수이익을 가지며, 이러한 이익을 옹호 증진하기 위해 한국에 지도·감리·보호조치를 취하는 데 동의한다.」[49]

하지만 일본과 러시아는 포츠머스(Portsmouth) 회담 중 주권 침해 문제를 놓고 논란이 있었다. 일본은 「제2차 영·일 동맹조약」의 한국 조항을 관철시키고자 했다. 이에 대해 러시아 측의 원안에는 「한국 황제의 주권을 침해할 수 없다」는 조항이 첨가되어 있었다. 일본 측은 한국의 주권을 이 이상 국제조약의 조항으로 인정할 수 없다고 주장했다. 하지만 러시아 측은 한국의 주권을 국제조약의 조항에서 소멸시킬 수 없다고 맞섰다. 결국에 서로 타협하여 조약의 본문에서는 '한국에 있어 일본의 우월권을 승인한다'는 조항만 넣고 일본 측 전권의 결의를 아래와 같이 한 항목을 회의록에 기입해두기로 결론지었다.[50]

> 「일본국 전권위원은 장래 한국에 있어서 취할 필요가 있다고 인정되는 조치가 한

48) 심헌용, 위의 책, 284쪽.
49) 성황용, 앞의 책, 339쪽.
50) 이선근, 위의 책, 319~320쪽.

국의 주권을 침해하게 될 경우에는 한국 정부와 합의한 뒤에 이것을 집행할 것을 성명한다.」

이 항목은 어떠한 수단과 방법으로든지 한국 정부의 동의만 얻는다면 그 주권도 침해할 수 있다고 규정한 것이다. 일본은 일거에 한국을 무력 병탄하지 않고 보호기간을 두었다. 그리고 조정 내의 이완용 내각과 같은 매국 정부를 만들고, 일진회 같은 매국 시민 집단을 강화시켜 매국 여론을 조성하면서 매국 정부에 호응하도록 조치했다.

일본 특명 전권 대사 이토는 1905년 11월 9일 한국에 도착했다. 외교권부터 박탈하자는 「신협약안 을사협약」을 외부대신 박제순에 전달하면서 일본 주차 사령관 하세가와를 대동하고 3차례에 걸쳐 고종 황제를 알현했다. 이어 그의 숙소인 정동 손택(孫澤) 호텔(현 이화여고 교정) 회합에서 11월 16일 한규설(韓圭卨) 이하 8대신을 위협했다.

17일에는 그들의 강요 아래 어전에서 각의를 열게 했지만, 어떤 결론도 내리지 않자 이토는 하세가와 주차군 사령관과 헌병 대장을 대동하고 수십 명의 일본 헌병 호위 아래 회의장에 들어가 회의에 직접 간섭했다. 거의 철야로 진행되었던 회의에서 일본 헌병의 감시 아래 대신들은 회의장에 갇혀 있었다. 이토와 하야시는 개별 심문하듯이 각 부 대신 각자에게 조약 체결을 강요했다. 이때 고종 황제는 「정부에서 협상 및 조치하라」고 책임을 회피하였다. 11월 17일 밤 철야를 통해 학부대신 이완용(李完用), 군부대신 이근택(李根澤), 내부대신 이지용(李址鎔), 외부대신 박제순(朴齊純), 농상공부대신 권중현(權重顯) 등이 모든 책임을 고종 황제에게 전가하면서 찬의를 강요하였다. 이토는 각료 대신 8대신(참정대신 한규설(韓圭卨), 탁지부대신 민영기(閔泳綺), 법부대신 이하영(李夏榮) 반대) 중 5대신이 찬성했으니 안건이 통과되었다고 선언하고, 궁내대신 이재극(李載克)을 통하여 그 밤으로 황제의 칙제까지 얻어냈다.[51)]

조선의 외교권을 박탈한 이토는 통감정치를 펴면서 1907년 4월 22일 군편제개혁을 단행하여 「시위혼성여단사령부」 설치를 발표했다. 이 사령부는 5개 중대로 구성된 보병연대, 야전포병 1개 중대, 공병대 1개 중대 및 기병대 1개 중대 등으로 편성되었다. 이 편제는 로일전쟁 종료 후 축소시킨 대한제국군을 여단사령부로 묶는데 불과했다.[52)]

---

51) 이선근, 위의 책, 320~322쪽.

일본은 그나마 남은 여단 사령부도 해체하고 대한제국군의 해산을 시도했다. 을사늑약에 의한 외교권 찬탈의 부당성과 조선의 자주권을 호소하려 한 이른바 헤이그 밀사 사건을 핑계로 그 책임을 물어 7월 26일 고종을 황태자에게 황권을 양위하도록 강압하였다.

이토 통감은 고종의 양위와 군대 해산을 계기로 한국군의 반발에 대한 대비책으로 서울에 일본군 증원을 요청했다. 평양 및 함경도의 일본 수비군 일부가 서울에 집결했고, 일본에서는 1개 혼성 여단 및 총기 6만 정이 들어오게 되었다.

이토는 황실 경호에 필요한 1개 대대(시위연대 제2대대) 병력을 제외하고 한국군 해산을 결정하고 7월 31일 총리대신 이완용 등에게 다음 두 가지 조칙을 준비하도록 했다. 첫째, 총리대신 이완용과 군부대신 이병무(李秉武) 명의의 군대 해산의 조칙이다. 그 주요 내용은 아래와 같다.[53]

① 군비를 절약하여 후생에 사용함이 시급한 과제이다.

② 현재의 용병조직으로는 국가방위에 흡족하지 못함으로 군제의 쇄신을 꾀하여 사관의 양성에 힘쓰고, 훗날 징병법을 발표하여 병력 구조를 공고히한다.

③ 장졸의 노고를 생각하여 계급에 따라 은금(恩金)을 나눠주어 자기 생업에 종사하길 바란다.

둘째, 군대 해산에 따른 폭동의 진압을 이토 통감에게 의뢰한 조칙이 발표되었다. 이는 예상되는 대한제국군 폭동을 조선 주차 일본군으로 진압하려는 권한을 통감이 행사하려는 것이었다.

1907년 8월 1일 군대의 해산이 강행되었다. 통감부는 보병 1개 대대, 기병 1개 중대로 구성된 친위대 및 무관학교 사무를 관장해온 군부를 폐지했다. 그 대신 친위부(親衛府)를 설치하여 친위대의 일을 맡게 하고, 무관학교를 폐지하여 사관의 양성을 일본 측에 위탁하게 하였다. 군부대신 이병무가 친위부 장관에 임명되었다. 통감부는 합병을 위한 사전 조치로 군사조직을 전면 파괴하였던 것이다.[54]

---

52) 심헌용, 앞의 책, 287쪽.
53) 이선근, 앞의 책, 375~376쪽, 심헌용, 앞의 책, 293쪽.
54) 이선근, 위의 책, 379쪽.

3) 의병(義兵)의 항쟁(抗爭)과 일본의 초토화(焦土化) 작전

8월 1일 10시 혼성 여단장 양성환(梁性煥) 이하 각 부대장이 훈련원에 집합하여 군대 해산령에 따르게 되었다. 하지만 훈련원에 집합하지 않고, 일본군과 총검으로 대항한 한국군 부대도 있었다. 대대장 박승환(朴昇煥)의 지휘하에 있는 시위 제1연대 제1대대와 제2연대 제2대대였다.

박승환은 해산령의 전말을 듣고 자결했다. 대대장의 자결 소식이 전파되자, 흥분한 대대원들은 즉시 탄약고를 부수고 무장 궐기했다. 이들은 일본군을 상대로 남대문을 중심으로 시가전을 벌였다. 그러나 끝내는 일본군의 기관총에 몰렸고 총탄마저 떨어지면서, 2백여 명의 사상자가 발생하고 5백여 명이 일본군에 체포되었다. 일본군은 가지와라 요시히사(梶原義久) 대위 이하 1백여 명의 사상자를 내었다.[55]

지방의 군대도 8월 3일부터 9월 3일까지 해산된다. 그 사이 지방의 진위대 병사들도 서울의 시위대 병사들에 호응하여 항거했다. 원주 진위대 및 강화 분견대는 전원이 무기를 탈취해 항거하다가 집단으로 병영을 이탈하였으며, 홍주 분견대 역시 무기를 든 채 집단으로 이탈했다. 불과 1개월 동안 한국군의 조직은 완전히 해체되고 말았다. 하지만 병영을 떠난 장교와 사병들 일부는 정미(丁未)의병 또는 독립군 등으로 변모하여 일제에 항거하게 되었다.

대한제국의 군대 해산에 저항하여 봉기한 정미의병은 국군과 의병이 합류한 조직으로 13도 창의군으로 발전하여 서울탈환작전을 추진했다. 문경의 유학자로 관동창의대((關東倡義隊)를 조직한 총대장 이인영(李麟榮)은 1907년 11월 하순 전국의병에 격문을 보내어 13도 창의군의 서울탈환작전을 호소했다. 그는 서울 주재 각국 공사에게도 격문을 보내 의병을 국제법상 교전단체로 승인할 것을 요구했다. 관동창의군 중군장 이은찬(李殷瓚)과 연천에서 의거한 허위(許爲)는 의병군 조직과 향후 작전계획을 아래와 같이 합의했다.[56]

① 전국 의병군을 통할할 원수부 설치

② 각 도의 의병장 선임

③ 총대장에 이인영 추대

④ 허위의 군사장 선임

---

55) 이선근, 위의 책, 377~378쪽.

56) 한용원, 『대한민국 국군 100년사』, 서울: 오름, 2014, 67쪽.

⑤ 서울탈환작전 최종일은 1908년 2월 20일(음력 설날) 설정
⑥ 동대문 밖 30리 지점 집결지 선정

서울탈환작전을 전개할 연합 의병군은 민긍호(閔肯鎬) 예하의 원주 진위대원 중 신식 화승총으로 무장한 3,000여 명이 포함된 1만 명으로 구성할 계획이었다. 하지만 이 계획은 총대장 이인영이 부친상을 당해 귀향함에 따라 지휘 공백이 발생했고, 정보의 누설로 일본군이 의병들의 집결지 진출로를 차단하여 정해진 일시에 의병들이 집결할 수 없어 실패했다. 그 후 의병장 민긍호는 1908년 중순 강원도에서 활약하다 피살되고, 이강년은 12월 말 충북 제천에서 부하 1백여 명과 함께 체포되어 피살되었다.57)

정미의병(1907~1911)이 을미(1895), 을사(1904~1905)의병과 다른 점은 군인 출신 의병장이 100여 명에 달하여 당시 전국에 산재한 의병장 430여 명 중 1/4을 차지하였다는 점이다. 일제가 의병토벌에 어려움을 겪었던 이유가 바로 여기에 있었다.

일제는 1908년 2개 사단을 증파하여 초토화 작전을 전개했으나 실패했다. 일제는 귀순과 이간 작전을 써보았으나, 이 또한 성공하지 못했다. 그 이유를 1909년 3월 6일 전남 관찰사 신응희(申應熙)는 그 유고(諭告)에서 아래와 같이 알리고 있었다.

「전라남도의 폭도(의병, 필자)는 전국에서 가장 발호하고 극심하여 밤낮을 가리지 않고 힘을 다하여 비도의 토벌에 고심 및 분투하였으나, 아직 진정되지 않은 감이 있음은 필경 폭도의 정황이 분명하지 못하고 또 지방 인민 가운데 폭도의 박해를 두려워하거나 그들을 동정하여 그 정황을 감추고 경찰 또는 수비대 및 헌병대 등에 신고하지 않기 때문이다. 어쩌다 혹 그것을 보고하는 자가 있어도 번번이 시일이 경과하거나 비도가 도주한 뒤의 일이므로 대부분 시기를 놓쳐 토벌대가 흔히 헛수고를 하게 된다. 이러한 폐단을 없애지 않고서는 아무리 경찰·수비대·헌병대에서만 고심 및 초려한다 할지라도 안도할 수 없다.」

신응희는 겉으로 일반 인민들의 폭도진압을 위한 협조를 아래와 같이 당부한다.

「대소민인(大小民人)은 이를 잘 알아서 앞으로는 폭도의 출몰·통과 혹은 음식·숙박하고 혹은 금품을 약탈하여 양민을 납치해가는 폭도의 정황에 관해 보고 들

57) 한용원, 위의 책, 69쪽, 이선근, 앞의 책, 381~382쪽.

은 것이 있을 때에는 각 면장 및 통장에 알려 이들이 때를 놓치지 말고 부근 경찰서 또는 순사 주재소에 보고할 것이다. 또는 비록 일반 인민이라 하더라도 이 뜻을 알아서 신속히 부근 경찰 또는 수비대·헌병대에 급히 알려 앞으로는 비도 진압상에 유감이 없도록 깊이 유의할 것이다.」[58]

이 유교에는 지역 인민에게 비도의 정보(출몰, 통과, 식사, 숙방, 약탈)를 감추지 말고 적시에 제공할 것을 당부만이 적혀 있다. 하지만 일제는 일진회·자위단 헌병보조원을 일본군 주도의 토벌대에 편입시켜 의병의 동태 파악과 의병 및 그 동조세력을 토벌하거나 색출했다. 조선 인민은 반일 의병대와 친일 토벌대 사이에 벌어지고 있는 인민 전쟁의 와중에 선택을 강요받는 공포감에 사로잡혀 있었다. 일제는 양민과 의병 간의 연대를 차단하기 위해 의병에게 정보·식량·은신처를 제공하는 이른바 의병 근거지로 삼으려는 촌락들을 가차 없이 불살랐다. 촌락 방화는 토벌 작전 중에 주로 이루어졌다. 하지만 방화는 주로 친일 자위단이나 헌병보조원이 담당한 것으로 보인다.

1906년~1909년 사이 호남지역에서 의병의 공격으로 살해된 일진회원은 75명 중 51명(전체의 68%)에 이르렀다. 또 일제는 각 고을을 자위한다는 구실을 내세워 자위단을 만들었다. 정보원으로서 경우에 따라서는 일제의 군·경과 더불어 의병의 수색 및 토벌에 직접 참여하도록 하였다. 그러나 지역 주민의 적극적인 협조를 받지 못하자, 1908년 4월경 자위단을 폐지하고 헌병보조원을 모집했다.[59]

헌병보조원은 전투 요원으로 의병 토벌에 직접 참여하는 경우가 많았기 때문에 이들과 의병 간의 대결은 야전에서 더 많이 이루어졌다. 1908년 9월부터 1910년 6월까지 의병과 헌병보조원과의 총 전투사례는 73건에 이른다. 1908년 말부터 1909년 5월경까지 의병은 100여 명에서 최소 70여 명이 전투대를 구성하여 헌병보조원 10명 이하의 소규모 일본 헌병 분견소 병력과 접전을 벌였다. 10명 이하로 편성된 의병조가 수명의 분견대와 접전을 벌인 사례도 비일비재하였다.[60]

일제는 1909년 9월 1일부터 2개월간 호남 의병을 대상으로 대토벌 작전을 실시했다. 이 토벌작전의 특징은 의병 출몰과 은신처로 의심되는 마을들을 송두리째 불태워버리는 전촌전소작전이라는 점이다. 이를 위해 보병 2개 연대와 해군 수뢰함대

58) 이선근, 위의 책, 386쪽.
59) 홍순권, 『한말 호남지역 의병 운동사 연구』, 서울: 서울대학교 출판부, 1994, 191~193쪽.
60) 육군 군사연구소, 앞의 책, 471~476쪽.

및 헌병·경찰을 동원했다. 일본군 발표에 의하면 이 작전으로 103명의 의병장과 4,138명의 의병을 체포 또는 사살했다고 한다. 또한, 일제는 1908년 9월 「총포화약 취체법」을 만들어 가택 수색을 하는가 하면 의병 토벌에 지장이 되는 전국 시읍의 도성을 허물어버렸다.[61)]

1909년 한 해 동안 호남 의병을 상대로 진행된 초토화 작전 중 애석하게도 많은 양민의 마을들이 화재로 폐허가 되었다. 고창 흥덕에는 장성 출신 김영백의 의진에 합류한 부대가 활동했다. 이 부대는 1909년 4월 11일에는 흥덕군 일동면(현 성내면) 구수교(九水橋)에서 수비대 및 헌병보조원들과 전투를 벌였다. 그 전투 이후 일동면 조동(槽東) 마을은 의병지원 마을로 낙인이 찍혀 전소되었다.[62)]

1909년~1910년에는 호남 외에도 경북·충북·황해 의병을 대상으로 대토벌 작전이 확대되었다. 이에 국내외 의병 활동은 위축되었고, 1910년 8월 한일합방 이후에는 국내 투쟁이 어려워지자 간도와 연해주 등 해외로 망명하여 독립군으로 활약하게 되었다.

6. 대한제국의 종말: 내우·외환의 정책적 의미

1. 대한제국은 원수부를 설치, 황제에게 군권을 집중시키면서 해군창설, 병역제도를 시도했지만, 정치 불안정, 신분 사회의 집착 및 예산상 문제로 포기한다. 최초로 정보기관인 <제국익문사>를 만든다.
   - 1－1. 군제의 개편은 왕권 수비대 중심의 부대 개편과 병력 증강이 주가 되었지만, 소화기 중심의 전력화에 그쳐, 주둔군 2개 사단을 배경으로 일본이 한국의 외교권 박탈과 군대 해산 및 병합을 강압할 때 거부할 수 있는 능력이 되지 못했다.
   - 1－2. 제국익문사는 대일본 정보수집 활동을 중시했지만, 고종 황제의 퇴위 등

61) 이선근, 앞의 책, 386쪽, 한용원, 앞의 책, 70쪽, 72쪽.

62) 조동마을은 "평해 황씨 흥덕 종사랑공파"의 집성촌이다. 火光 작전에 의해 30여 가옥이 전소되었다. 영·정조 실학자 황윤석(黃胤錫, 1729~1791)의 생가는 황종윤(黃鍾允 등 자손들과 촌민들에 의해 본채만 겨우 화변을 면하게 되었다. 황윤석이 50여 년에 걸쳐 쓴 일기 「이재난고(頤齋亂藁)」도 건져내었다. 「이재난고」는 1984년 전라북도 유형문화재 111호로 황윤석 생가는 전라북도 지방민속자료 제25호로 지정되어 오늘에 이르고 있다. 하우봉·이선아, 「이재 황윤석」, 2016. 8., 홍디자인, 8쪽, 22쪽, 72~76쪽 참조.

왕조의 불안으로 조정 대신에 대한 기밀·밀정정치의 폐단을 야기했다.

2. 평화를 지키는 힘이 부족할 때 평화를 만들기는 더욱 어려워진다.
   2-1. 대한제국이 일본에 '국외 중립'을 청원하자 치안 유지 능력부터 갖추라는 경고를 받았다. 이는 내란 발생 시 외군을 차용하는 국가는 중립을 유지할 수 없다는 경고이다.
3. 정보실패와 외교력의 부재 또한 조선 독립유지의 큰 약점이 되었다.
   3-1. 영국과 미국은 러시아의 남진을 막기 위해 한국에 대한 일본의 특수이익을 인정하고 있었다(영일동맹, 가쓰라-태프트 협약).
   3-2. 한국은 이러한 전략정보를 알지 못하고, 밀사를 파견하여 일·로·미 등에 국외 중립을 청원하였으나 실패로 돌아갔다. 결국, 한국 문제에 한국 배제되었다.
4. 세력 각축을 벌이는 강대국(로·일) 사이에 약소국(한국)에 대한 영토적 이익이 비대칭적일 때 한반도에 대한 분할·보호 협정의 합의가 어렵다. 전쟁을 통한 승자가 그 이익을 독점한다.
   4-1. 일본은 영일동맹을 맺으면서까지 러시아와 일전을 각오하고 한국을 군사기지화하여 전승 후 한국에 대한 영토적 이익을 확보하려 하였다.
   4-2. 러시아는 만주에서 확보한 이익을 지키기 위해 한반도에서 현상 유지를 바라면서 39도선 이북의 중립지대의 설정을 바라는 희망사고(wishful thinking)를 가졌을 뿐 일본의 한국 점거를 결단코 저지하려 하지 않았다.
5. 청국이 겪은 의화단 사건의 교훈은 한국 안보, 외교정책 결정에도 교훈이 될 수 있다.
   5-1. 내우가 외세 개입의 원인이다. 외세를 배제하려면 내우를 먼저 안정시켜야 한다.
   5-2. 국내적 안정이 외교 주도권 행사의 기본이다.
   5-3. 평화로운 주변·국제환경이 이념과 체제에 관계없이 국내 경제 발전의 최상의 조건이다.
6. 국가안보가 상실되면 인민안보도 취약해져 백성의 희생이 커진다. 조선 인민은 일본군 주도의 의병진압 작전에 대거 동원되어 전투에 참여함으로써, 인민 상호 간 인민 전쟁을 겪게 된다.
   6-1. 양민의 의병토벌작전 참여는 친일·반일 세력을 만드는 등 인민 상호

간의 분열과 반목을 조장했다.

6-2. 의병 은신처(출몰, 통과, 식사, 숙박, 식량 제공)에 대한 소광 작전은 무고한 인민들의 생명과 재산을 빼앗았다.

제2부

외군주도의 광복과 6·25전쟁

미·소의 분할 점령과 통일 정부 수립의 실패

1945년 8월 15일 해방을 맞았다. 한국의 일반 국민은 모두 흥분해 날뛰고 환호했다. 모든 망명 독립운동세력들은 하루속히 귀국하여 일본군과 조선총독부로부터 행정권과 군사력을 이양받아 과도정부의 역할을 하려고 했다. 그러나 김구(金九) 선생은 돌연히 해방의 소식이 기쁨이라기보다 하늘이 무너지는 큰 걱정을 가져다주었다고 아래와 같이 술회하였다.[1)]

「아! 왜적(倭敵)의 항복! 이것은 내게 기쁜 소식이라기보다는 하늘이 무너지는 듯한 일이었다. 천신만고로 수년간 애를 써서 참전할 준비를 한 것도 허사다. 서안과 부양에서 훈련받은 우리 청년들에게 각종 비밀무기를 주어 산동에서 미국 잠수함에 태워 본국으로 보내어 국내의 요소를 파괴하고 혹은 점령한 후에 미국 비행기로 무기를 운반할 계획까지도 미 육군성과 다 약속이 되었던 것을 한번 해보지도 못한고 왜적이 항복하였으니 진실로 애석하거니와…」

김구에게는 우리가 이번 전쟁에 기여한 바가 없기 때문에 장래에 국제 간에 발언권이 빈약하리라는 것이 더욱 우려되는 일이었다. 그는 해방이 대한민국의

1) 김구, 『백범일지』, 조선인쇄 주식회사, 1948, 351~352쪽.

자주·독립·통일 정부의 수립을 자동적으로 가져오지 못할 것이라는 예감을 가진 것이다. 김구는 재중 한인들이 미 육군성 협력하에 군사작전을 실시하려는 계획마저 언급하였다.

임시정부는 중국의 동의와 통제하에 광복군을 창설하였다. 광복군의 항일 전략도 마련했다. 미군과 연합하여 국내진공계획은 일본의 조기 항복으로 실현되지 못했다. 임정의 국제승인을 위한 광복군의 참전 노력은 실현되지 못한 가운데 해방을 맞이했다.

1. 광복군과 임정 승인 외교의 실패

1) 임정의 광복군 창설과 중국 정부의 통제

1937년 중일전쟁이 일어나고 전쟁이 전면전으로 확대되면서 한국 임시정부는 중국과의 대일공동전선을 펼칠 수 있는 기회를 포착했다. 임정은 중국에 대하여 임정을 정식 승인하고, 광복군을 창설하여 중국 측과 광복군에 대한 협정을 체결하고, 광복군을 임정의 국군으로서 새로이 편성하여 한·중 연합전선의 필요성을 강조했다.

임정은 1940년 8월 광복군의 총사령부 구성을 완료하고 9월 15일 내외에 광복군 창설을 알리는 '한국 광복군 선언문'을 공표했다.[2] 임시정부는 이 선언을 통해 독립성과 자주권을 가진 광복군을 창설하겠다는 의지를 내외에 분명히 했다. 즉, 임시정부의 군사조직법에 의거하여 '조국의 독립'을 위한 광복군임과 공동의 적인 일본제국주의를 타도하기 위한 '연합군'임을 명백히 했다. 이 선언을 통해 광복군 창군주체가 한국 독립당에서 임시정부로 바뀌었다. 광복군은 당군에서 국군으로 격상된 위상을 가지게 되었다. 임시정부의 국군이라야 민족의 대표성을 확보할 수 있고 민족 역량을 광복군으로 결집하는 데 보다 용의하다는 이유에서였다.

또 다른 이유는 조선의용대와의 경쟁적 관계를 탈피하는 장점이 있었다. 조선의용대는 조선 민족전선연맹에서 조직한 군사조직이지만, 사실상 민족혁명당의 당군이나 다름이 없었다. 임시정부는 당군인 조선의용대의 경쟁이나 마찰을 우려하여 정부의 군대를 창설하기로 한 것이다.[3]

---

2) 한국광복군 선언문은 육군 군사연구소, 『한국군사사 10 근·현대 Ⅱ』, 서울: 경인문화사, 2012, 300~301쪽.

3) 한시준, 『한국 광복군 연구』, 서울: 일조각, 1993, 88~89쪽.

그러나 임시정부는 중국 정부로부터 광복군을 인정받아야 하는 과제가 남아 있었다. 중국 군사위원회는 이미 조선의용대를 당 위원회 정치부 소속으로 편재하여 통제하고 있었다. 1941년 3월과 5월 사이 김원봉이 통솔하던 조선의용대의 80%가 그의 허락도 없이 중국 공산당 지역인 허베이(河北) 타이항산(太行山)으로 진출하여 장제스에게 큰 충격을 주었다. 동년 11월 15일 중국 군사위원회 판공청은 광복군 총사령 이청천(李青天)[4]에게 '한국 광복군은 본회에 귀속시켜 통할 지휘한다'라고 하면서 광복군 활동규칙을 규정한 한국 광복군 행동준승(韓國光復軍 行動準繩) 9개 항을 보내왔다. 그 주요 내용은 아래와 같다.[5]

1항: 광복군을 중앙 군사위원회에 예속시키고 참모총장이 장악·운용한다.

2항: '광복군이 중국의 군령을 받는 기간에는 한국 독립당 임시정부와의 고유한 명의(名義)관계를 보류한다'라고 하여 광복군에 대한 임시정부의 특권을 완전 박탈하였다.

3항~7항: 광복군의 활동구역·작전·조직·훈련·초모·편성 등에 관한 제반 활동을 규제했고, 심지어 중일전쟁이 끝나기 전 광복군이 한국 국경 내로 진입할 경우에도 중국 군사위원회의 군령을 접수하도록 강요한 굴욕적인 것이었다.

임정에서는 이를 놓고 격론을 벌였지만, 1941년 11월 19일 받아들이기로 결정했다. 그 이유는 중국군의 승인과 재정적 지원 없이는 아무것도 할 수 없는 현실적인 처지 때문이었다. 그렇지만 광복군의 독립성과 자주권을 지키려는 의지를 잃지 않았다. 1941년 11월 28일 임시정부가 발표한 「대한민국 건국 강령」을 제정하면서 '한국 광복군 공약'과 '한국 광복군 서약'이 바로 그러한 의지의 표현이다.

공약과 서약문은 광복군이 비록 중국 군사위원회에 예속되었지만, 광복군은 임시정부의 군대이고 건국 강령을 신봉하는 군대임을 분명히 하려는 것이었다. 동년 12월 국내외 동포를 대상으로 공포한 공포문에서 9개 준승을 받아들였다는 사실과 함께 광복군이 중국 최고 통수부의 절제와 군령에 복종하는 것은, 영불연합군처럼

---

4) 이청천의 본관 성은 충주 池씨이다. 5세 때 아버지를 여의고 모친 경주 李 씨로부터 교육을 받았다. 1919년 만주로 망명하면서 일인의 추적을 피하기 위해 어머니 성인 이씨로 변성명을 했다. 지복영, 『역사의 수레를 끌고 밀며 : 항일 무장 독립운동과 백산 지청천 장군』, 서울: 문학과 지성사, 1995, 15~16쪽.

5) 국사편찬위원회, 『대한민국 임시정부 자료집 10: 한국 광복군 Ⅰ』, 2006, 99~100쪽.

국제법상의 이론과 실제에 부합되는 연합이고 이 또한 중국 국경 안에서만 한정되며, 광복군은 엄연히 대한민국의 국군임을 강조했다.[6)]

1941년 12월 8일 일본의 진주만 공격으로 태평양 전쟁이 발발하자 임정은 재빨리 11일 대일선전포고를 선언하고, 미 국무부에 임정 승인을 요청했다. 헐(Cordell Hull) 미 국무장관은 12월 22일 주 중국 미국 대사 가우스(Clarence E. Gauss)에게 한국 임정의 실력과 재 만주 한국인 무장세력과의 관계, 중국 정부와의 관계, 즉 중국 정부의 광복군 통제 등에 관한 신중한 조사를 훈령하는 등 한국 임정과 광복군에 대한 관심을 보였다.[7)]

이러한 국제정세의 변화를 감지한 임정과 임시의정원에서는 9개 준승을 취소 또는 개정해야 한다는 주장이 한 목소리로 나왔다. 임정은 1943년 초 중국 측에 '광복군을 임정에 예속하도록 하고 광복군 임원의 임명 및 정치훈련은 임정이 담당하며, 광복군에 대한 지원은 차관으로 한다는 개정안을 제시했다. 그러나 중국 측에서는 9개 준승의 취소문제는 '임정이 정식으로 승인된 후에야 가능할 것'이며 '광복군의 구성요소가 복잡하고 사상적으로 통일되지 않고 있다'라는 등의 이유를 들어 논의를 거부하였다.[8)]

9개 준승의 개정문제에 중국 측이 긍정적 반응을 보이기 시작한 것은 1944년 종반에 들어서였다. 여기에는 두 가지 요인이 작용하였다. 9개 준승의 일방적 무효를 선언하겠다는 임정의 강경한 입장, 그리고 미국·영국·중국이 한국의 독립문제를 결정한 카이로 회담이다. 장제스는 1943년 11월 카이로 회담에 참석하기 전 김구를 비롯한 임정 요인들의 면담 요청을 받아들였다. 그는 한국의 독립을 지지하는 것을 약속하고, 먼저 루스벨트 미국 대통령과 협의한 후 카이로 회담에 참석하여 한국의 자유 독립을 제안했다. 12월 1일 미·영·중·소 4개국 영수들의 동의를 얻어 카이로 선언이 발표되었다. '한국인의 노예 상태에 유의하여 한국이 적절한 과정을 거쳐서(in due course) 자유롭고, 독립된 국가가 될 것이다'라고 선언했다. 이 선언은 신탁통치와 같은 국제 감시를 실시할 의도를 암시하고 있었지만, 한국의 독립을 인정한 최초의 국제합의였다. 장제스는 김구와의 약속대로 카이로 회담에서 한국의 독립을 지원했다.[9)]

---

6) 육군 군사연구소, 『한국군사사 10』, 앞의 책, 306~307쪽.
7) 홍순호, 앞의 글, 166~167쪽.
8) 육군 군사연구소, 『한국군사사 10』, 앞의 책, 308~309쪽.

장제스는 1944년 9월 8일 9개 준승을 취소한다는 지시를 내렸다. 1945년 4월 4일 한국 광복군은 임시정부에 소속하며, 중국 국경 내에서만 중국 군대와 연합하여 항일전을 치르고, 기존의 광복군에 대한 원조를 차관형식으로 대체하는 군사협정도 체결했다.[10] 이처럼 광복군은 9개 준승을 받아들인 3년 6개월 만에 자신의 독립성과 자주권을 가지게 되었다. 또한 광복군의 확군은 물론 미국과의 대일 연합작전수립에 있어서 자율성을 가지게 되었다는 데 큰 의의가 있었지만, 한계 또한 가지고 있었다.

2) 광복군의 무장세력 통합 및 국내 진공작전의 준비

임시정부는 1944년 4월 「군무부 공작계획대강」을 작성하는가 하면, 1945년 3월 군사정책과 전략을 검토한 후 '한국 광복군 건군 및 작전계획'을 만들었다. 건군 분야에서는 전한(全韓) 무장세력의 통일과 병력의 확충, 그리고 작전계획 분야에서는 중국과 미국과의 연합작전 문제가 강조되었다. 광복군의 통합문제에 대해서는 미국과 중국의 한인세력과 소련에서 무장세력들을 정치·외교·군사 각 방법을 동원하여 광복군을 중심으로 통일시킨다는 계획이었다. 이는 쉬운 작업이 아니었다.

이승만은 1942년 미국의 전략정보국(Office of Strategic Service)의 당국자와의 접촉을 통해 한국 국제군 편성 계획을 추진하였다. 로스앤젤레스에서 재미 9개 단체가 연합한 재미 한국연합위원회 주도로 한인 78명이 참가한 한인국방경위대를 설치하여 미 육군에 소속시킬 것을 요구하였으나, 미국은 캘리포니아 민병대 한인부대로 인정하였을 뿐이다. 임시정부는 한인 경위대를 광복군 산하로 인준했다.[11] 중국에서는 전술한 조선의용대 주력이 팔로군(八路軍)으로 이탈한 후 김원봉(金元鳳) 산하 부대원들을 광복군 제1지대로 만들어 흡수한 이외에 성과를 보지 못했다.

광복군은 창설계획과 동시에 편제계획에 따라 초모(招募) 활동에 들어갔지만, 모병 대상 지역과 인원에 한계를 느낄 수밖에 없었다. 초모의 대상을 중국 동북지역의 옛 한국 독립군, 윤함구(淪陷區) 내의 한인 장정, 국내 및 동북 지방의 장정들을 초모하고 일본군 내 한인 무장 대오를 귀순시키고, 포로로 잡힌 한인들을 광복군으로 편입한다는 것이었다. 초기 30여 명의 총사령부 인원만으로 출발했던 광복군은 1945

9) 홍순호, 앞의 글, 175~176쪽.
10) 지복영, 앞의 책, 363~364쪽.
11) 홍순호, 앞의 글, 175쪽.

년 8월 현재 총사령부 100여 명, 제1지대 90여 명, 제2지대 250여 명 및 제3지대 180여 명으로 발전하였다. 이 밖에도 특수 활동을 하고 있던 파견대, 공작대의 인원까지 합치면 700여 명의 무장세력에 이르렀다.[12] 대대 규모의 병력으로 발전했지만, 두 가지 약점이 남아 있었다. 첫째, 전투부대의 기본인 중화기로 무장되지 못했다. 자연히 전투훈련보다는 도수훈련과 항일투쟁 정신교육을 중점적으로 받았다. 둘째, 광복군이 구상하고 있던 항일 군사전략의 개념을 구현할 수 있는 무장력으로서는 병력 규모, 부대 구조 및 전력 구조가 턱없이 부족한 상태로 대규모 단독작전을 수행할 수 없었다.

1940년대 초반 광복군의 항일 전략은 3가지로 구성되어 있었다. 첫째, 광복군의 주력을 확대하여 중국군과 연합작전을 통해 동북지역으로 진군하여 압록강 및 두만강을 건너 국내로 진공한다. 둘째, 미군 특수부대와 연합하여 적후 지역(국내 포함)으로 훈련 요원을 침투시켜 지하군을 건설한다. 셋째, 태평양 주둔 미군과 연합하여 해상을 이용하여 한국에 상륙하는 것 등이었다. 이러한 광복군의 작전은 모두 연합작전이다. 임정은 이를 통해 국내 진공의 기반을 닦으면서, 미·중 등으로부터 정부 승인을 얻고자 하는 정치적 동기 때문에 연합군의 군정 분리라는 이중정책을 수용할 수밖에 없었다.[13] 일본의 조기 항복으로 아래의 3가지 연합작전은 실행 일보 직전 또는 계획단계에서 종결되었다.

① 냅코 작전(NAPKO Project)

냅코 작전은 재미 한인들이 독립적인 한인부대 또는 게릴라부대를 창설해서 대일 특수전·정규전에 투입해달라는 요청을 미 전략공작국(Office of Strategic Service)이 1944년 7월 받아들임으로써 검토 및 실행되었다. OSS 당국은 미국의 한인들과 태평양 지역에서 포로가 된 한인 병사들 가운데 요원을 선발, 샌프란시스코 연안의 산타카탈리나섬(Santa Catalina Island)에서 고된 유격훈련, 무선훈련 및 특파훈련 등을 시켰다. 이 한인 첩보원들은 10여 개의 침투로를 개척하여 공중 혹은 잠수함으로 한반도에 침투한 후 첩보를 수집하는 데 초기 목적을 두었다. 이 임무가 성공할 경우 한국 내 첩보망 조직, 저항조직 구축을 통해 장차 연합군의 군사작전 지원으로 확대한다는 계획이었다. 그러나 이 냅코 작전은 미국의 중국 전구와 태평양 전구 사

12) 지복영, 앞의 책, 358~359쪽.
13) 지복영, 위의 책, 376~380쪽.

령부의 승인을 얻지 못해 폐기되었다.14)

② 독수리 작전(Eagle Project)

독수리 작전계획은 1944년 10월 광복군 제2지대장 이범석(李範奭)이 광복군과 OSS 중국지부 사전트(Slyde B. Sargent)에 합작을 제의한 후 합의·수립되었다. 그 계획안은 제2, 3지대에서 45명의 요원을 선발하여, 한반도 5개 전략지점에 침투시켜 각 지역별로 해군기지, 병참선, 비행장을 비롯한 군사시설, 산업시설, 교통망 등에 대한 정보를 수집한다는 것이다. 이들 첩보망이 뿌리를 내리고 연합군이 한반도와 일본에 상륙할 경우 지하운동의 규모와 활동 및 한국인 의식 등에 대한 정보를 수집하고 한국인의 대중봉기를 지원하도록 계획되어 있었다. 훈련 주관 부서는 OSS 중국 지부 비밀첩보과(S. I. Secret Intelligence)이며, 훈련지원을 위해 OSS 소속 장교와 하사관 7명이 동원되었으며, 예산은 매월 25,000달러가 책정되었다. 광복군과 OSS는 광복군 제2지대 본부에 '한미합동지휘본부'를 설치하고 이범석과 사전트가 양측의 지휘관으로서 긴밀한 공조체제를 유지하면서 훈련을 진행했다.15)

독수리 작전은 실행단계에서 침투 방법을 결정하지 못했다. 작전계획에 의하면 항공기를 이용한 공중투하, 잠수함을 이용한 해안침투, 육로로 한반도 침투 등 세 가지 방법이 있었다. 1945년 7월까지 OSS 본부는 잠수함 요청에 대해 별다른 반응을 보이지 않았다. 공중투하를 위한 12명의 대원이 낙하산 훈련을 받기 위해 쿤밍(昆明)에 도착하자마자 일본의 항복으로 낙하산 훈련마저 무산되었고, 독수리 작전계획은 취소되었다.16)

이밖에도 1944년 가을 새로 부임한 OSS 중국지부 총책임자 헤프너(Richard Heppner)가 마련한 '북중국 작전'계획이 있었다. 이 계획은 중국 공산당의 거점인 연안(延安)의 한인들을 활용하여 이들을 만주 및 한반도에 침투시키는 것이 핵심 내용이었다. 그러나 이 작전 역시 계획단계에서 승인이 유보되었다. 국·공 관계의 악화, 중국 내 다른 미국 기관의 견제, 중국 공산당의 과도한 지원 요구 때문이었다.17)

---

14) 정용욱, "태평양 전쟁기 미국 전략 공작국(OSS)의 한반도 공작," 광복 60주년 기념 학술회의, 백범 김구선생기념사업회, 2005년 10월 7일, 45~47쪽.
15) 정용욱, 앞의 글, 48쪽.
16) 정용욱, 위의 글, 52쪽.
17) 정용욱, 위의 글, 49~51쪽.

3) 임정 승인 실패와 한인 군사단체의 좌절된 국내 진공

미국은 태평양 전쟁이 발발하자 임정이 대일전 수행에 도움이 되는 한 한인의 독립운동 단체들의 반일전 수행을 지원할 수 있으나, 어느 단체도 정부로서 승인할 수 없다는 이른바 이중정책을 고수했다. 대일전에 동원되는 한인 단체나 개인에 대해서는 어떠한 대표성도 인정하지 않은 채 개별적 기초 위에서 이용한다는 방침을 세웠다. 임정은 독수리 작전계획 단계에서 미국 측으로부터 한인 독립운동단체와 한인 무장세력에 대한 이중정책을 실감했다. 임정은 OSS와 광복군의 합동작전을 공식화했다. 한미합동지휘본부를 설치하여 미국의 원조를 얻어내고 교전단체로 승인받고자 했다. 하지만 미국 당국은 이러한 요청을 회피하였다. 합동작전은 쌍방의 군사적 필요에 의해서 개별단체나 인물과 임시 공동행동을 취했을 뿐이라고 응답했다. 미국 측은 창구를 작전책임자 사전트, 윔스(Clarence N. Weems)와 광복군 지대장인 이범석, 김학규(金學奎)에 한정시키고, 정치적 문제를 거론하지 않았다.[18]

일본 패망 직후 독수리 작전의 한인 요원, 이범석을 포함한 김준엽(金俊燁), 장준하(張俊河), 노능서(魯能瑞)와 OSS 책임자 버드(Willams H. Bird) 중령 등 미군 측 요원 18명으로 편성된 국내 정진대는 1945년 8월 18일 여의도 비행장에 착륙했다. 그러나 이들은 일본군의 저항으로 산둥의 웨이샨 비행장으로 회항하지 않을 수 없었다. 이로써 광복군의 국내 진입작전은 무산되고, OSS도 10월 1일 해체되었다.[19]

위 국내 정진대의 선발대의 진입이 성공하면 후속 진입계획을 실시할 예정이었다. 이범석을 총지휘관으로 하는 예하 부대로 국내를 3개 지구로 나누었다. 제1지구 ＜평안, 황해, 경기도: 대장 안춘생(安椿生)＞, 제2지구 ＜충청, 전라: 대장 노태준(盧泰俊)＞, 3지구 ＜함경, 강원, 경상도: 대장 노복선(盧福善)＞으로 편성 및 계획되었다. 이들이 8월 20일 내로 함경도로부터 남해까지 잠입하게 되어 있었다.[20]

조선의용대는 저우언라이(周恩來)의 제의와 장제스(蔣介石)의 지원을 받아 김원봉이 조선민족전선연맹의 무장조직으로 결성하였다(1938년 10월). 장제스가 임정의 광복군 창설을 승인하고, 조선의용대에 대한 지원이 제한되자 120여 명의 대원이 1941년 5~6월에 허베이(河北) 타이항(太行山)의 팔로군 해방구로 탈출했다. 김원봉은 중국 공산당이 주장하는 계급투쟁보다는 항일 민족투쟁을 중시했다. 김원봉의 조

18) 정용욱, 위의 글, 54쪽.
19) 국방부 군사편찬연구소, 『독립군과 광복군 그리고 국군』, 2017, 165~171쪽.
20) 김준엽, 『장정』, 경기: 나남, 1987, 411쪽.

선의용대는 광복군에 통합(1942년 4월)되었고, 광복군 부사령관직을 겸임하게 되었다. 한편, 조선의용대는 조선의용군으로 개칭하여 총사령에 무정, 부사령 겸 참모장에 박효삼, 정치위원에 박일우가 임명되었다. 결국, 조선의용대는 광복군과 연안파 의용군으로 활동하게 됨으로써 독립운동전선에서의 분열이 심화되었다.[21] 조선의용군은 소련이 일본에 선전포고를 하게 되자, 8월 10일 팔로군 사령관 주더(朱德)로부터 동북으로 진출하여 일본군을 격멸하라는 명령을 받았다. 이 명령을 수령한 조선의용군 사령부가 선양(瀋陽)에 집결시킨 부대는 아래와 같다.[22]

① 조선독립동맹원과 조선의용군 중심의 한인들
② 옌안(延安)의 조선독립연맹의 지휘부, 참모요원, 조선 혁명군사학교 교직원 및 학생(1945년 11월 초 선양 도착)
③ 팔로군과 신사군 소속의 한군 4개 중대, 김웅(金雄)의 인솔하에 10월 말 도착
④ 진저우(錦州)에서 정치공작을 하던 조선 독립동맹은 한청의 지휘하에 1개 소대를 편성하여 8월 하순 선양에 도착

이들 부대들은 신의주를 통해 입북하고자 했으나, 소련 군정 당국에 의해 저지되었다. 소련 군정당국은 미·소 간의 협약을 핑계하였으나, 조선의용군이 북한에서의 소련 점령정책 추진에 방해가 될 것을 우려했기 때문이라는 설이 설득력이 있다. 당시 소련 군정 당국은 김일성으로 하여금 북한의 권력 장악을 도와 친소정권을 수립하는 데 점령정책의 목표를 두고 있었다.[23]

소련의 입국 저지가 없더라도 조선의용군은 마오쩌둥의 지시로 자유롭게 입국할 처지가 아니었다. 국공내전이 재개되자 조선의용군은 마오쩌둥으로부터 '자위전쟁으로 장제스 군의 침공을 분쇄하라'는 지시를 받았다.[24] 김두봉, 최창익 등 독립동맹의 지도부와 무정, 박효삼 등 조선의용군 고위 간부와 박일우, 주연 등 정치위원들만이 개별적으로 입북했다. 한편, 조선의용군은 만주에서 3개 지대를 편성하여 한인들을 규합, 그 세력을 약 2만 명, 5개 사단(각 사단은 약 4,000명) 수준으로 확장했다. 이 조선의용군은 국부군의 완전한 군사적 패퇴를 의미했던 1949년 5월 남경 함락 이후인

21) 김현대, 『중국의 광활한 대지 위에서』, 연변: 연변인민출판사, 1987, 681쪽; 한용원, 『남북한의 창군』, 오름, 2008, 193~194쪽.
22) 한용원, 위의 책, 252~253쪽.
23) 한용원, 위의 책, 257쪽.
24) 리희일: 서명훈 주편, 『조선의용대 3지대』, 연변: 흑룡강민족출판사, 1987, 102쪽.

7월부터 1950년 4월까지 입북하여 북한군 3개 사단(제5, 6, 7사단, 후에 12사단으로 개칭) 편성의 주력이 되었다.[25] 또한, 6·25전쟁 때 북한군의 주력부대로 활동하였다.

김일성은 1930년대 중국공산당 산하의 「동북항일연군」 제2군 소속으로 100~200명을 거느리는 제3사(師)장이었다. 그러나 이 동북항일연군은 일본군의 3개년 치안숙정계획(1936년 4월~1939년 3월)에 의한 섬멸 작전으로 양정우 사령관이 전사(1940년)하는 등 위기에 처해 사실상 와해되고 말았다. 소련의 도움으로 항일연군은 소련 경내로 퇴각할 수 있었다. 1941년 3월까지 일본군의 소탕작전에서 살아남은 제2로군 사령 주보중과 제2방면군 군장 김일성 등 약 500여 명(이 중 한인은 60여 명)의 항일연군은 「소련 88독립저격여단」이라는 소련 특수부대에 편성되어 해방을 맞자 소련 점령군과 함께 입국하였다.[26] 김일성만이 광복군, 조선의용군과 달리 소련 군복을 입은 채 귀국한 것이다.

김일성은 평양시 소련군 위수사령부 부사령관으로 임명되어 북한 인민과 소련 점령군 간에 연결고리 역할을 수행한다. 또한, 김일성은 1948년 2월 8일 조선인민군 창군식에서 '인민군의 전통은 항일 빨치산'이라고 강조했다. 이 항일 빨치산 요원들은 김일성 주도의 북한 정권의 공고화에 핵심 역할을 담당했다. 최용건(민족보위상), 김일(총정치국장), 김책(전선사령관), 강건(총참모장), 최현(민족보위상), 김광협(총참모장, 보위상), 김창봉(총참모장, 민족보위상), 오진우(인민무력부장), 허봉학(총정치국장) 등이 빨치산파이다. 이들은 88여단에 편입되었을 때 대위(김일성, 최용건, 김책)나 중위(최광, 허봉학)를 부여받았었다.[27]

해방과 동시 미군에 의해 수립된 미군정은 1945년 9월 20일 38도선 이남의 한국에서 '유일한 정부(The only Government)라고 선언했다. 민 군정청은 군정법령 제28호에 의해 사설 군사단체의 해산을 명령했다. 미 군정당국은 광복군을 국군 자격으로서가 아니라 임정 요원들과 마찬가지로 개인 자격으로서의 입국을 허용했다.

광복군 총사령 이청천은 임정이 국제적으로 정부 승인을 받지 못한 현실을 받아들이지 않을 수 없었다. 그는 1946년 5월 16일 광복군 복원선언을 발표했다. 비록 광복군이 개인 자격으로 환국했지만, 귀국 후에도 광복군의 정신과 군인 신분으로

---

25) 연안파 조선의용대의 북한군 참여 현황은 한용원, 위의 책, 278쪽 ; 전사편찬위원회, 『한국전쟁사』 제1권, 1967, 689~690쪽.
26) 리홍원 외, 『동북인민혁명투쟁사』, 참한출판사, 1989, 178쪽; 한용원, 위의 책, 249쪽.
27) 임은, 「김일성 왕조 비사」, 한국양서, 116쪽; 한용원, 위의 책, 274~276쪽.

새 정부의 건군에 종사할 의지를 밝혔다. 이 선언과 동시에 광복군은 귀국을 시작하여 5월 26일 이범석 지휘하에 500여 명이 부산으로 귀국을 완료했다. 하지만 한국군의 창군은 미 군정의 주도하에 비이념적 군 경력 및 군사기술 습득자를 중심으로 이루어졌다. 한국 육군의 창군 요원 53명 중 일본군 출신 26명(49%), 만주군 출신 12명(23%), 광복군 출신은 15명(28%)으로 일본군과 만주군 출신이 주류였다. 더욱이 만주군 중·소위 출신과 일본군 학도병 출신 가운데 공산주의에 오염된 자들이 다수 나오게 되어 군부 반란을 겪기도 했다.[28]

일제 강점기 한국인의 무장독립투쟁은 우·좌파 모두 한계에 부딪혔다. 본토의 진공을 통해 국내 일본군을 격퇴하고 자주 독립 정부 수립의 기초를 닦지 못했다. 한국 광복군은 미군과의 연합작전을 통한 정부 승인에 노력했지만 실패했다. 좌파인 조선의용군은 병력 규모 면에서 광복군에 비해 8~9배 이상이었지만, 본토 진공계획도 가지지 못한 채 해방을 맞이했고, 장제스 정부군을 상대로 전투를 벌이며 중국 공산당 정부 수립을 도운 후 뒤늦게 귀국했다. 소련 88저격여단에 소속된 이른바 빨치산대는 훈련 중에 해방을 맞이해 소련군을 따라 귀국했을 뿐이다.

한국 해방의 주체적 군사역량 부족은 미·소 점령군의 진입을 허용할 수밖에 없었고, 남·북한 모두 미·소의 군정하에 각각 단독정부를 수립하여 분단의 고착화를 막을 수 없었다. 한반도는 미·소의 양극체제하에 놓이게 된다. 임정은 정부 승인을 받지 못해 1951년 샌프란시스코 강화조약에 전승국으로서 참석할 수 없었고, 패전국 일본에 전쟁 배상을 청구할 수 없었다. 이 후과는 전후 한·일 기본관계 성립에서 크게 나타났다. 1965년 체결된 한일기본조약에서 일본은 식민지 지배의 불법성을 인정하지 않았다. 일본군 위안부, 사할린 강제노동, 원폭 피해자 배상문제도 한일청구권협정의 미해결 대상으로 남겼다. 또한, 일본은 무상 3억 달러 중 강제동원 피해 배상금이 포괄적으로 포함되었다고 주장해 양국 간 외교 갈등의 불씨로 남아 양국의 경제와 안보협력에 부정적 영향을 미치고 있다.

2. 미국과 소련의 한반도 분할 점령

태평양 전쟁 종료 후 미국과 소련의 한반도 분할 점령은 미·소의 세력균형을 바

28) 지복영, 앞의 책, 394~395쪽. 남한군 창설에 관한 논의는 한용원, 앞의 책, 196~227쪽.

탕으로 한 외교와 대일 승전을 위한 군사전략이 연계된 결과였다. 미·소의 한반도 분할 점령은 분단을 가져오고, 이 분단은 6·25전쟁의 원인이 되었다. 미·소의 한반도 분할 점령의 정치를 살펴보기로 한다.

1) 미·소의 대일 군사전략과 한반도

1943년 말 미국과 영국의 군사 참모들로 구성된 연합참모부(Concerned Chiefs of Staff: CCS)는 일본을 공격하는 새로운 전략을 구상했다. 이 전략의 특징은 다음과 같다. 첫째, 미국의 새로운 전략무기, 즉 기동성이 뛰어난 항공모함과 B－29라는 장거리 폭격기를 이용하여 해상과 공중봉쇄 및 공중폭격에 의해 일본을 공격할 수 있다는 것. 둘째, 일본 공략의 전초기지로서 중국을 거점으로 한 기존의 전략개념을 폐기한다는 것이다. 장제스(蔣介石) 정부는 국공내전에 휘말려 마오쩌둥의 공산군을 제압하는 데 어려운 상황에 처해 있었다.[29]

위 전략은 1944년 봄 미 군사 전략가들에 의해 재검토되었다. 그 주된 이유는 공중 봉쇄와 공중폭격이 일본의 저항력을 약화시킬 수 있지만, 일본으로부터 무조건 조기 항복을 받아낼 수 없다는 약점 때문이었다. 동년 6월 미 합동참모부는 아시아 대륙보다는 태평양을 통해 일본의 산업 중심지에 침입하여 거점을 점령한다는 수정된 전략을 내놓았다. 루스벨트와 처칠은 이 전략 계획안을 승인했다.[30] 이 안은 미군이 만주지역의 일본군 격퇴를 소련군에 맡기고, 한국을 힘의 공백 지대로 남겨둘 가능성이 높은 안이었다.

소련의 극동지역에서의 작전개념이 처음으로 드러난 시기는 1944년 10월이었다. 모스크바에서 개최된 미, 영, 소 군사회담에서 스탈린은 주소 미 대사 해리만(W. Averell Harriman)에게 독일이 패망한 후 2~3개월 이내에 일본에 대한 공격의 가능성을 시사하면서 미군이 극동에서 소련군과의 연합지상작전을 고려하는지 여부를 질문했다. 해리만은 그러한 계획이 없으며 단지 소련군만이 만주에서 군사작전을 실시하는 것만이 고려되었다고 말했다. 그러자 스탈린은 아래와 같이 작전지역과 구상을 말했다.[31]

---

29) U.S. Department of Defence, *The Entry of Soviet Union into The War against Japan : Military Plans, 1941~1945*, Washington D.C, 1955, p. 55.
30) U.S. Department of Defence, 위의 책, 28~30쪽.
31) Erik Van Ree, *Socialism in One Zone : Stalin's Policy in Korea, 1945~1947*, Oxford

① 다양한 축선을 이용한 만주에 대한 포위 공격 실시
② 모든 해상작전 태세의 강화
③ 지상군과 해군에 의한 한반도 북쪽에 위치한 항구들의 점령
④ 미 해군은 동해에 한정 배치

스탈린은 소련이 대일전에 참여 시 소련군의 작전지역이 만주를 넘어 한반도의 북쪽 지역까지 확장될 것임을 강조했다. 미군의 작전구역을 '동해'로 한정되기를 말한 것은 극동에서의 미·소의 세력 범위를 동해를 기점으로 일본은 미국이 그리고 만주와 한국의 일부는 소련이 세력을 형성할 수 있음을 암시한 것이다.

1945년 2월 미·영·소 수뇌들은 소련의 영토인 얄타에서 회합을 가졌다. 스탈린은 루스벨트에게 한국에 외국 군대를 주둔시킬 것인지 여부를 물었으나 루스벨트는 이를 부인했다.[32] 루스벨트와 해리만의 한국에서의 작전 배제 답변은 1944년 6월에 수정 작성된 대일 작전개념에 근거한 것이다. 스탈린을 기만하거나 한국을 세력 공백 지대로 남겨놓자는 정치적 복안 때문이 아닌 것으로 보인다.

루스벨트의 사망과 트루먼(Harry S. Truman) 행정부의 출범은 전시 중 소련과 긴밀한 협력관계를 유지해온 기존의 정책에 변화를 맞게 된다. 얄타회담 이후 동유럽에서 소련이 보여준 팽창주의 정책에 대해 트루먼의 주요 참모들은 대소 강경정책을 강력히 건의했고, 트루먼은 이를 수락했다. 하지만 대소 강격정책 실시에는 어려움이 뒤따랐다.

트루먼 참모들 간에는 소련의 대일전 참전의 필요성에 대해 의견이 엇갈렸다. 트루먼의 참모장인 리하이(Willam D. Leahy) 제독은 '태평양 전쟁은 지구전으로 스탈린의 도움이 더 이상 필요하지 않다'고 주장했다. 합동기획참모부(Joint Staff Planners: JSP)는 1945년 4월 제출한 보고서에서 '소련의 조기 참전은 일본의 무조건 항복을 받는 데 필요한 조건이 아니다'라고 적시했다.[33]

하지만 육군성과 현지 사령관 쪽의 의견은 달랐다. 스팀슨(Henry L. Stimson) 육군성 장관은 소련의 참전은 전쟁 기간을 단축시키고 많은 미국인들의 희생을 줄일

Berg, 1989, 37쪽; 이동현 "연합국의 전시 외교와 한국", 한국 정치외교사학회 편, 『한국외교사Ⅱ』, 서울: 집문당, 1995, 242~243쪽.

32) FRUS, *The Conferences at Malta and Yalta, 1945*, Washington: United States Government Printing Office, 1955, p. 770.

33) U.S. Department of Defence, 앞의 책, pp. 61~67.

것이라고 말했다. 오키나와 점령 작전(1945.3.－6.)은 일미 양군의 희생이 컸다. 일군은 77,000여 명이 전사했고, 미군은 14,000여 명의 사망자와 수 십 척의 전함을 손실했다. 맥아더(D. MacArthur) 태평양 사령관도 소련의 대일전 참전이 미군의 일본 본토를 공격하기 전에 이루어진다면 미국의 전략을 도울 수 있다고 긍정적으로 평가했다. 이 시기 미국은 미군이 일본 본토 상륙전에 앞서 원자탄을 사용하기로 결정했다.[34]

미국 안보 관료들 간 소련 참전 논쟁이 벌어지던 시기 트루먼의 정책 결정에 영향을 미친 주요 사건이 발생했다. 일본의 스즈키(領木貫太郎) 내각은 4월 5일 아직 참전하지 않았던 소련을 파트너로 만들어 미일전쟁에서 중재자 내지는 중립 역할을 위한 교섭을 제의했다. 일본 측은 소련 측에 유효기간이 1년 남은 소·일 중립조약이 유효함을 구실로 소련 측에 접근했다. 소련은 조만간 항복이 예견되는 일본과 화평보다는 전쟁을 감행함으로써 실익이 크다고 판단하고 일본의 제의를 거절했다.[35]

그렇지만 미국은 일·소의 접근을 우려했다. 동년 7월 3일 국무장관으로 발탁된 번스(James Francis Byrnes)는 일본이 소련과의 담판을 통해 협력을 얻을 가능성을 경시해서는 안 된다고 말했다. 미 연합정보위원회(Combined Intelligence Committee) 보고서 또한 일본은 중요한 영토를 할양하거나 다른 양보를 제시하면서 미·영과 소련 간의 불화를 조장하면서 소련의 중립을 합의할 수 있다고 예단했다.[36]

트루먼은 소련 참전의 필요성을 계속 주장하는 군부의 의견을 무시할 수 없었다. 원폭 실험의 성공에도 불구하고 군부 지도자들은 관동군 능력에 대한 과대평가를 하고 있었다. 이들은 일본 본토를 점령하더라도 독립된 지휘권과 산업기지를 보유한 관동군의 전쟁 지속능력을 소련군의 참전 없이 파괴할 수 없다는 주장을 펴고 있었다.[37]

트루먼은 일·소의 화평방지와 만주의 관동군 격멸을 위한 소련군의 역할을 인정해야 했다. 그는 포츠담 회담의 첫날인 7월 17일 스탈린으로부터 대일참전의 확약을 받아내었다.[38] 결과적으로 트루먼 또한 전임 루스벨트의 소련과의 연합전략을 답습

34) U.S. Department of Defence, 위의 책, pp. 50~51; 이동현, 앞의 글, 246~247쪽.
35) 이완범, “미국의 38선 획정과정에 대한 연구(1944~1945),”「한국국제정치학회 연구 발표회」, 1995, 23~24쪽.
36) U.S. Department of Defence, 앞의 책, p. 86.
37) 이동현, 앞의 글, 254쪽.
38) 트루먼은 자신의 회고록에서 ‘내가 포츠담에 간 이유는 스탈린으로부터 소련의 대일전 참전

하였던 것이다.

트루먼 행정부의 안보 관료들은 한반도에서의 군사작전은 피해야 하지만 소련이 담당했을 때 소련의 한국에 대한 일방적인 지배를 방지해야 할 과제를 잊지 않았다. 1944년 봄 일본 항복에 대비한 이른바 신탁통치를 전제로 한 한국 점령 구상을 정책 의제화시키려고 했다.[39] 스팀슨 육군성 장관은 트루먼에게 카이로에서 합의한 한국에서의 신탁통치를 강력히 추진해야 하며 신탁통치 기간 중 미 육군이나 해병대가 한국에 주둔해야 함을 건의했다. 트루먼의 참모장인 리하이 제독도 전후 일정기간 동안 한국에서의 신탁통치가 필요함을 권고했다.[40] 이로 미루어볼 때 1944년 봄, 미국은 한국의 신탁통치안을 소련의 독점 방지를 위한 세력균형전략의 카드로 이용하려 했다.

소련의 대일전 작전계획은 1945년 6월 28일 총참모부(General Staff) 계획안이 승인을 받아 성립되었다. 이 계획안의 핵심은 일본 관동군 공격계획이었고, 한반도에서의 작전계획은 만주작전 속에 포함되어 있었다. 웅기, 나진, 천진 등과 같은 북동쪽에 위치한 항구들을 점령한 뒤 만주와 일본 사이의 통신망을 파괴하는 데 작전의 일차적 목표를 두었다. 이 작전계획에는 부동항 장악 후 한반도 북부 점령계획 여부는 적시되어 있지 않았다.[41] 하지만 소련은 한국에서의 외군 주둔을 반대했다. 1945년 6월 30일 스탈린과 소련 외상 몰로토프(V. M. Molotov)가 중국 외교부장 쑹쯔원(宋子文)과의 회담에서 스탈린은 4대국 신탁통치 실시를 재확인하면서 한국에는 외국 군대가 주둔하거나 외국의 정책이 시행되어서는 안 된다고 주장했다. 몰로토프도 한국 신탁통치 문제는 이례적인 협약이므로 세부적인 면까지 양해에 도달함이 필요하다고 덧붙였다.[42]

소련 측의 한국에서의 외국 군대의 불필요성, 그리고 4대국 신탁통치 실시의 어

에 대한 개인적인 재 확약을 받는 것에 있었다'고 분명히 밝히고 있다. Truman Harry. S, *Memoirs By Harry S. Truman: Year of Decisions*, Vol Ⅰ, New York: Doubleday & Company Inc., 1955, p. 411.

39) 미 국무부는 당시 다국적이면서도 단일 단위 한국 점령 안을 구상했다. 점령 → 신탁통치 → 독립이라는 장기적인 3단계 구상을 확립했다. 군정을 행할 경우 분할 점령체제를 피하고 가장 빠른 시일 내에 연합 민정으로 전환되어야 한다는 것이었다. 연합 민정은 중앙집권적 공동 군정이었다. 한국의 분할을 막을 수 있는 구상이었으나, 미·소의 이데올로기 대립, 세력경쟁 및 균형을 무시한 이상적인 안이었다. 이완범, 앞의 글, 10~12쪽 참조.

40) 이동현, 앞의 글, 250쪽.

41) 이동현, 위의 글, 251쪽.

42) 이동현, 위의 글, 252쪽.

려움 등에 관한 발언은 한국 북부지역의 점령을 기정사실화한 소련 입장에서는 한국의 단독 지배에 방해요인을 제거하려는 속내가 있다고 보아야 한다. 더욱이 소련은 수백 명에 이르는 한인 무장대와 정치요원을 보유하고 있었다.

2) 38도선의 분할과 전략적 의미

1945년 8월 10~14일 사이에 미국은 북위 38도선으로 한반도를 분할하였다. 분할안은 '일반명령 제1호'에 수록되었다. 트루먼 대통령은 8월 15일 '일반명령 제1호'에 서명한 후 그 전문을 영국과 소련의 수뇌에게 보냈다. 소련은 미국의 예상과는 달리 8월 16일 38도선에 대해서는 한마디 언급도 않은 채 일반명령 제1호에 완전히 동의했다. 한반도 분할에 관한 미국의 정책 결정은 시간의 제약을 받는 가운데 안보부서의 주요 정책으로 의제화되었다. 미 수뇌부는 외교·군사 면의 이익과 소련 요인을 고려하면서 38도선의 분할 결정을 내렸다.

미·소 군 수뇌부 사이에의 한국에서의 작전문제 논의는 포츠담 회담에서 다루어졌다. 1945년 7월 24일 소련의 총참모장 안토노프(A. E. Antonov)는 미국 마샬 육군참모총장에게 한국에서 작전을 펴려는 미국의 의도에 관심을 표명했다. 이에 대해 마샬은 '미국은 가까운 미래에 한국에서의 육·해군 공동 작전을 고려하지 않는다'라고 답변했다.[43]

7월 26일 안토노프, 마샬은 소련이 대일전에 참전할 때 발효된 한국에서의 육군을 제외한 공중 및 해상 작전선에 대해 합의했다. 동해에서 소련은 함경북도의 하단 부근에 위치한 무수단(舞水端, 북위 41도선 바로 아래)을 분계선으로 삼았다. 공군은 함북의 공업지대 대부분과 동 만주를 작전구역에 포함했다.[44]

이러한 미·소 군사 수뇌 간의 한국에서의 육군 작전에 관한 논의를 기피했음에도 불구하고, 마샬은 7월 24일 회의 중에 육군성 작전국장인 헐(John E. Hull) 중장에게 미군을 한국으로 이동시킬 준비를 하라고 명령했다. 헐과 참모들은 지도를 검토한 끝에 38도선 부근이 미·소 양군의 군사작전을 위한 육상 분할선으로 적합할 것이라고 의견을 모았다.[45] 이른바 이 '헐선(Hull's Line)'이 한반도 군사분계선으로 논의된 최초의 것이었다. 과거 한반도 문제를 논의 및 작성했던 국무성 주도의 3성

43) *FRUS*, *The Conference of Berlin*, Vol Ⅱ, 1945, pp. 351~352.
44) *FRUS*, 위의 책, pp. 408~411.
45) 이동현, 앞의 글, 260쪽.

조정위원회(State-War-Navy Coordinating Committee)는 1945년 3월~4월 사이 '한반도 점령과 점령군의 구성문제에 관한 보고서를 작정했지만, 한반도에서는 단일 연합군 사령부하의 공동점령을 강조했지 분할문제를 언급하지 않았다.46)

미국이 원폭을 보유하고 일본의 패전이 가까워지자, 트루먼 행정부는 일본 본토와 일본 식민지, 세력권에 대한 점령계획을 구체화시켰다. 마샬은 7월 25일 트루먼에게 한국에 대한 어떤 점령 관련 지침을 내려줄 것을 권고했다. 합동참모부는 맥아더 사령관과 니미츠 제독에게 일본 정부가 갑작스럽게 붕괴하는 사태가 발생할 경우를 대비해 점령계획 속에 한국을 포함시키라는 명령을 신속하게 하달했다. 맥아더는 합동참모부에 보내는 전문에서 도쿄와 서울을 점령 제1순위에, 제2순위에 부산을, 제3순위에 군산을 제안했다. 주목할 점은 이 제안은 한국 전 지역에 점령안이 아닌 부분 점령을 상정한 것이었다. 2개월 전 5월 16일 합동전쟁기획위원회(Joint War Planning Committee)에서는 점령 최우선 순위에 부산, 진해와 서울, 인천 및 청진과 나진이 포함되었다. 포츠담에서만 해도 마셜 장군과 킹 제독은 소련군이 다롄과 한국을 점령하기 전에 미군을 이 지역에 상륙시킬 것을 주장했었다.47)

점령지역에 관한 계획에 변화를 가져온 원인은 미국의 예상과 다른 소련의 조기 참전이었다. 미국은 스탈린도 말했듯이 잘해야 8월 중순경으로 소련의 대일참전을 예측했다. 하지만 스탈린은 대일 선전포고(8월 8일)에 앞서 8월 7일 극동 소련군에게 만몽, 소만, 한소 국경 전역에 동시에 진격하라는 공격명령에 서명했다. 트루먼은 8월 11일 합동참모부에 "만약 소련군이 다롄항이나 한국에 있는 항구를 점령하지 않았다면 일본 항복 후 즉시 이 지역들에 대한 점령준비를 할 것을 지시했다.48)

8월 10일 3성 조정위원회 사무국 역할을 담당한 육군성 산하 전략정책단 정책과는 일본군 항복을 접수할 미군 지역을 설정하는 일반명령 제1호 초안을 작성하고 있었다. 실무 요원은 본스틸(C. H. Bonesteel)과 러스크(Dean Rusk), 그리고 맥코맥(MeComack, Jr) 등 3명의 대령이었다. 삼성조정위원회 의장은 국무부 차관보 던(James C. Dunn)이었지만 정책단장은 링컨 준장이었다. 던을 제외하면 모두 군인이었다. 본 스틸은 초안 작성 바로 전 맥클로이(John J. Mccloy) 육군 차관보와 링컨 장군으로부터 소련군 능력으로 볼 때 미군보다 먼저 한반도 전체를 점령할 가능성이

46) *FRUS*, 앞의 책, p. 925.
47) Truman, 앞의 책, pp. 433~439; 이동현, 앞의 글, 260~261쪽.
48) 이완범, 앞의 글, 40~41쪽; 이동현, 앞의 글, 263쪽.

크다는 사실에 유의하면서 소련군 남하를 적당한 선에서 저지하기 위한 항복선(분할선)을 모색하라는 지시를 받았다.[49)]

항복선을 38도선으로 확정하는 데 논쟁이 있었다. 8월 11일 이른 새벽 일반명령 초안이 합동기획위원회에 넘겨졌을 때 가드너(M. E. Gardner) 제독은 해군성 장관인 포레스털의 입장을 대변하는 듯 항복선을 39도선으로 옮겨 다롄을 미군 점령지역에 포함시킬 것을 주장했다. 그러나 링컨 정책단장은 두 가지 이유를 들어 반대했다. 첫째, 소련군이 다롄과 산둥반도의 다른 지역을 점령할 수 없는 항복선을 수락하지 않을 것. 둘째, 미군의 오키나와 주둔 병력이 소련군보다 앞서 만주지역의 항구에 전개하기가 어렵다는 것. 3성 조정위원회 의장 던 국무성 차관보는 미국에게는 다롄보다 한국이 정치적으로 더 중요하다고 믿었고, 38도선 이북에서의 항복선 설정을 주장했던 번즈 국무장관도 이에 동조했다.[50)]

실무팀 일원이었던 러스크는 1950년 7월 12일 자 비망록에서 38도선 확정이 그 당시 국무성의 정치적 욕구와 군부의 군사적 능력을 절충한 최상의 방안이었음을 술회하였다.[51)] 하지만 3성 조정위원회는 8월 11일과 12일 일반명령 제1호의 최종 합의를 이룰 때 소련군의 남진 속도에 큰 압박을 받았다. 소련군이 동해안 최북단의 웅기와 나진 근처에서 육·해군 합동작전을 감행함으로써 상황이 급박하다는 위기감 가운데 최종 마무리를 하게 되었다. 8월 14일까지 최종안을 마련한 합동참모부와 3성 조정위원회는 15일 트루먼으로부터 '일반명령 제1호'의 서명을 받았다. 당일 그 전문을 영국과 소련의 수뇌에게 급송해 그들의 동의를 얻게 되었다.[52)]

워싱턴의 정책 입안자들이 소련의 군사작전 능력을 오산한 가운데 일반명령 제1호를 결정했을 가능성을 배제할 수 없다. 소련군은 전쟁이 종식된 8월 15일 당시 한반도에 주둔하고 있던 일본군의 거센 저항으로 청진 부근에서 진격이 저지되어 북위 41~42도 부근에서 머물러 있었다. 진격에 참여한 소련군 병력은 2개 보병사단과 일부 해군 병력이었다. 이 부대들은 극동 제1전선의 제25군 소속으로 8월 16일까지 청진을 점령하라는 상부의 명령을 받았지만, 17일에야 청진에 진입할 수 있었다. 이는 8월 16일 「일반명령 제1호」를 받은 일본 대본영이 일본군에 대한 전투 행동을

49) Michael C. Sandusky, *America's Parallel*, Alexandria, Va: Old Dominion Press, 1983, pp. 225~226.
50) 이동현, 앞의 글, 264~265쪽.
51) *FRUS*, 1945, Vol Ⅵ, p. 1039.
52) 이동현, 앞의 글, 265~266쪽.

중지하라는 명령을 하달하였기 때문이다.[53)]

스탈린이 트루먼의 전문을 받았던 15일은 한반도 진격부대의 작전이 성공하지 못한 시기였다. 그는 군사적 면에서도 트루먼의 전문을 반대할 이유가 없었다. 스탈린은 극동에서 만족할 수준의 점령지역을 이미 확보했다. 미국 측은 소련의 한국 진격 속도를 과대평가한 면이 있지만, 일본 본토점령에 군사력 투입의 우선순위를 두고 있었기 때문에 미군의 한반도 점령을 위한 계획을 세우더라도 최단 시일 내 수개 사단의 병력 전개가 어려웠을 것이다.

군사는 정치 목적을 달성하는 수단이다. 하지만 군사는 능력 운용 면에서 자체 논리를 가진다. 군사력의 충분성 여부는 달성하려는 정치 목적을 제한한다. 미국의 원폭 외교는 일본의 패망을 촉진했지만, 소련의 세력권 확대 저지에 효과를 발휘하지 못하였다. 한반도 항복선 설정에 미국만이 아니라 소련도 군사력의 제약과 정치적 계산하에 타협하였다. 소련은 일본의 분할 점령 제의를 미국으로부터 거부당했지만 수용하였고, 만주 및 북위 38도선 이북의 한반도 외에 사할린(樺太), 쿠릴(Kuril) 열도를 점령지로 확보하여 자국 세력권에 편입할 수 있었다.[54)]

2차 대전 중 독일 분할과 달리 일본이 분할을 면할 수 있었던 것은 미·소 양극 체제하에서 미국의 일본에 대한 핵심적 지정학적 이익과 일본 본토를 점령할 수 있는 충분한 군사 능력 때문으로 보인다. 이 점에서도 정치 목적의 구현은 이를 달성할 수 있는 군사 능력이 있어야 가능하다는 점이 확인되었다.

한반도의 분할 점령이 한국 신탁통치안에 미친 부정적 영향을 과소평가할 수 없다. 1944년 봄 미 국무성은 연합국 단일 단위의 한국 점령 안을 마련했다. 점령→신탁통치→독립이라는 3단계 구상은 미소의 분할 점령으로 신탁통치체계의 합의 이행을 어렵게 만들었다. 분할 점령은 남·북한에 미·소 주도의 군정체계를 만들었고, 급기야 두 개의 정부 수립으로 이어졌다. 광복군 주도가 아닌 외국군에 의한 분할 점령은 통일 정부 수립을 가로막는 주요 요인이었다는 교훈을 남기고 있다.

53) 소련 과학아카데미편, 『레닌그라드로부터 평양까지』, 서울: 함성, 1989, 81~86쪽 ; 이동현 위의 글, 266~267쪽.
54) 일반명령 제1호의 한반도 내 일본군 항복 관련 사항은 참조, 국방부 군사편찬위원회, 「국방조약집」 제1집, 573~575쪽.

3. 미·소 점령군과 통일 정부 수립의 실패

미·소의 점령군은 일본의 식민통치로부터 한국인을 해방시켰지만, 한국에 자주 독립 정부를 세워주지 못했다. 한국의 정부 수립은 해방의 국제성, 미·소의 이해 대립 및 남북한 정치세력 간 갈등과 경쟁의 영향을 받았다. 따라서 동일 정부의 수립에 실패하고 남과 북에 각각 단독정부를 세울 수밖에 없었다.

해방의 국제성이란 해방이 한국인의 자주역량에 의한 대일 투쟁의 산물이 아닌 연합군(미·소)의 대일전 승리 과정에 외세 간에 이루어진 정치·전략적 합의를 의미한다. 여기에는 미·소 간에 남북한 분할 점령, 신탁통치안에 합의 등이 포함된다.

미·소 간의 이해와 정책대립은 해방 정국에 한국 신탁통치안에 합의하지 못하고, 자유주의와 공산주의라는 이념을 바탕으로 남·북에 각각 단독정부를 세워 분단을 고착화시킴으로써 6·25전쟁의 원인을 제공한다.

남북한의 정치세력들은 군정의 종식, 통일 정부의 수립 및 미·소 양 점령군의 철수 등 주요 정치문제에 연합국의 영향력을 중화시키려는 정치적 노력을 하지만 그 한계에 부딪힌다. 그 주된 내재적 요인은 국내 정치세력 간의 분열을 조정 및 통합할 수 있는 강한 리더십이 없었기 때문이다.

1) 미·소 점령군에 대한 한국 정치세력의 인식

미·소 군의 점령기 한국의 좌·우·중도 정치세력들의 점령군에 대한 인식은 부정적이었다. 이들은 한결같이 미·소 점령군은 한국의 통일 정부 수립을 저해하는 세력으로 보았다. 그러나 미·소 양군의 동시 철수와 철수 후 한국의 평화와 안정 유지의 역할에 대한 필요성 등에 대해서는 인식의 차이를 드러냈다. 이러한 인식의 차이는 남과 북이 각각 정부를 세운 후 더욱 커졌다.

이승만은 귀국 초기 미·소 양 점령군의 철수는 미·소 신탁통치안의 철수를 가져옴으로써 한국인들이 스스로 정부를 수립할 수 있는 여건을 마련할 수 있다고 생각했다. 그는 양 점령군의 동시 철수는 좌파가 받고 있는 소련 지원의 감소로 미국의 확실한 지원을 못 받는 우익진영과 비슷한 입장에 놓여 좌파의 찬탁주장을 무력화시킬 수 있다고 주장했다.

이승만은 1946년 12월 군정 종식과 조속한 정권 이양을 위한 도미 외교를 펼칠

때 미·소 양국군의 문제에 대해 그 의견을 다음과 같이 제기했다.[55)]

① 미소 점령군이 점령을 계속하는 한 미·소가 협상으로 통일 정부 수립에 합의하기가 어렵다.

② 미·소 양국군은 비밀협정에 의해 조선을 점령하고 있다. 미·소 간에는 그들의 군대를 조선에서 철수시키고 조선에 독립을 부여한다는 약속을 실행하기 위해 교섭을 재개해야 할 것이다.

③ 소련 지구에는 사실상 정부가 수립, 국내적 문제를 처리하고 있다.

④ 남조선에도 민주주의적 독립 정부 수립을 승인하고 원조해야 한다.

⑤ 미군은 소련군이 조선으로부터 철퇴할 때까지는 남조선에 주류해야 한다.

우파였다가 남북 협상파로 입장을 선회한 김구는 1947년 1월 26일 유엔 한국위원단과의 회견에서 "한국으로부터 미·소 양군의 즉시 철수가 이루어져야 하며, 대신 유엔이 잠정기간 동안 한국의 평화와 질서를 유지하는 책임을 맡도록 해야 한다"라고 입장을 밝혔다.[56)]

중간파(총선거하의 통일 한국 정부 수립)의 지도자인 김규식(金奎植)은 미 군정의 민정장관 안재홍(安在鴻), 홍명희(洪命熹) 등과 더불어 민족자주연맹을 창설했다. 김규식은 통일 정부 수립을 촉진하기 위한 남북한 정당 대표들의 협상을 제의하면서 미·소 양군의 즉시 철수를 주장했다.[57)]

박헌영 중심의 남조선 노동당은 1947년 12월 11일 남한에서만 수립될 괴뢰정권에 반대하며, 유엔 한국위원단 자체를 반대하고, 외국 군대들이 철수한 후 우리 스스로가 통일 정부를 수립할 것을 희망한다는 성명을 발표했다.[58)] 남로당 성명이 발표되던 시기는 미국이 한국 문제를 유엔에 이관(1947년 9월 7일)한 직후였다. 그리고 남한에서는 공산주의자들의 사주를 받은 파업과 폭동이 1946년 9월 대구 총파업, 10월 영남 폭동을 시작으로 여러 곳에서 일어나 치안의 불안이 심각하던 시기였다. 미군정의 강력 대처로 몇 천 명의 정치범과 소요 주동자들이 경찰에 검거되었다.

양 점령군 철수 주장은 남북 협상파들이 평양에서 회담 후 발표한 공동성명에서

55) New York Times, December 6, 1946, p. 18; 이호재, 앞의 책, 219~220쪽.
56) U.S. Military Government, "South Korea Interim Government Activities," Seoul, No. 26, p. 189; 이호재, 위의 책, 239쪽.
57) U.S. Military Government, 위의 책, p. 158; 이호재, 위의 책, 235~236쪽.
58) U.S. Military Government, 위의 책, p. 161; 이호재, 위의 책, 238쪽.

좀 더 구체적으로 제기되었다. 1948년 3월 김일성(金日成)과 김두봉(金枓奉)이 남북한 지도자 회담의 개최를 제의했다. 이를 수락한 김구, 김규식 등은 4월 21일 평양으로 출발하면서 아래의 성명을 발표했다.[59)]

① 38도선은 철폐되어야 한다.
② 어떠한 상태에서도 외세는 한국에서 군사기지를 획득할 수 없다.
③ 미·소 양군의 철수문제에 관해서는 양 당사국이 철수 시기 및 방법에 대해 합의하고, 그 합의 내용을 발표해야 한다.
④ 국민 총선거에 의한 통일 정부를 수립해야 한다.

한국 정치지도자들의 남북협상은 4월 19일~25일 사이 평양에서 개최되었다. 이어서 4김씨(김구, 김규식, 김일성, 김두봉) 회담이 열렸고, 그들은 다음과 같은 공동성명을 발표했다.[60)]

① 현 상태하에서 한국 문제를 해결할 수 있는 유일한 길은 미·소 점령군의 즉시 철수이다.
② 남북 양측 지도자들은 점령군의 철수 후 여하한 내란도 일어나지 않도록 약속한다. 국민의 염원에 어긋나는 여하한 무질서도 일어나지 않을 것이다.
③ 미·소 양군의 철수 후 전 한국 정치회담을 개최한다. 모든 계급과 사회 집단을 대표하는 민주적인 임시정부가 즉시 수립될 것이다. 일반, 직접, 평등, 비밀투표에 의해 통일된 입법기관이 선출되고, 입법기관이 헌법을 제정하고 통일 민주 정부를 수립한다.
④ 본 성명서에 서명한 정당 및 사회단체들은 남한 단독선거의 결과를 인정하지도 않을 것이며, 또한 그렇게 수립된 단독정부를 지지하지도 않을 것이다.

이승만은 위 성명서에 즉각 반박문을 내었다. 그는 외군이 철수하더라도 북한군이 해체되지 않는다면, 북한에서 단독선거를 치를 것이기 때문에 유엔 한국위원단의 감시하에 선거를 치를 것에 동의할 것을 주장했다. 그렇지 않을 경우, 남한은 중앙정부를 수립하고 국방군을 창설한 후 북한과 정치회담을 가질 것이라고 반박했다. 미군정 또한 남북협상을 강력히 반대하고 이승만의 견해와 제안을 지지했다.[61)]

---

59) U.S. Military Government, No. 31, 위의 책, p. 160.
60) U.S, Military Government, 위의 책, pp. 161~162.

이 반박문을 볼 때 당시 이승만은 남북협상 회의는 성공할 수 없고, 북한에서는 단독선거로 정부를 탄생시킬 것이며, 더욱 중요한 대목은 소련군이 철수하더라도 북한에는 보안대의 정규군 전환 작업을 추진하여, 북조선 인민집단군과 사령부를 이미 만들어놓은 것을 알고 있었다고 생각된다.

북한에서는 1945년 10월 10일 조선 공산당 북조선 분국을 설치했다. 김일성은 평양시 소련군 위수사령부 부사령관으로 임명되어, 소련군의 지원을 받으면서 1946년 2월 8일 북조선 임시 인민위원회를 설치하고 위원장에 선출되었다. 7월 22일에는 북조선 공산당이 중심이 되어 북조선 민주주의 민족통일전선을 결성하였고, 8월 30일에는 북조선 신민당(최용건)을 통합하여 북조선 노동당을 창건하였다. 그리고 1947년 2월 20일 기존의 북조선 임시위원회를 개편하여 정식 위원회로 발족시켰다. 이는 북한에서는 정치세력을 노동당 중심으로 통합하고 국가기구 탄생의 기본 틀이 만들어졌음을 의미한다. 북한은 1948년 5월 1일 평양 역전 광장에서 남북 정치협상 회의 참석 차 방문한 남한의 대표들 앞에서 인민군의 열병·분열식을 거행했다.[62] 이러한 무력시위는 통일 정부를 수립하려는 남한의 중도파를 회유, 격려하면서 남한에 있는 공산당원들의 사기를 높이고 협상이 결렬되었을 때 무력이라는 최후의 수단으로라도 통일 정부를 만들겠다는 의지를 보여주기 위한 것으로 보인다.

중국 팔로군의 북한 진입은 남북한 분단을 고착시켰고, 남북한 통일 정부 수립을 헛된 꿈으로 만들었다. 1945년 런던의 미·영·소 외상회의(9.15.~16.)는 소련의 한반도와 중국정책을 완전히 180도로 바꿨다. 이 회의에서 소련 몰로토프 외상은 극동에서 부동항을 얻기 위해 논쟁했으나, 미국과 영국의 반대에 부딪혀 좌절됐다. 9월 20일 스탈린은 북한에 민주주의 정부를 수립하라는 비밀지령을 내린다. 그리고 10월 스탈린은 장제스와 연합하고 중국 공산당에 내전 포기를 종용했던 중국정책을 바꿔 30만 팔로군의 만주 진출을 명령한다. 이후 만주에서는 소련 지원을 받는 팔로군과 미국 지원을 받는 국민당군의 전투가 치열하게 전개되었다. 처음에는 국민당군이 열세였으나, 새로운 병력을 투입해 팔로군을 밀어버렸다. 스탈린은 북한에 팔로군의 진출을 명한다. 1946년 5월부터 북한은 중국 공산당의 후방기지(聖所)로 변한다. 북한은 중국 내전의 연장지역이 되고 말았다. 북한으로 들어간 팔로군은 소련군의 훈련을 받으며 재편됐고, 이후 국민당군을 물리칠 힘을 비축했다. 북한은 1947년부터

61) U.S. Military Government, No. 32, 위의 책, p. 147; 이호재, 앞의 책, 248~250쪽.
62) 한용원, 앞의 책, 130~132쪽, 135~137쪽.

국민당군을 반격하는 기지로 변했다. 북한을 팔로군의 후방기지로 제공한 스탈린의 조치로 인해 한반도 분단은 더 이상 돌이킬 수 없는 상황이 되었다.[63]

당시 남한에서는 5·10 선거에 의한 단독정부 수립 문제를 둘러싸고 우파·중도·좌파 정치세력 간에는 격렬한 대립과 분열이 조성되었다. 결국, 김구, 김규식 등 중도 및 좌파가 선거를 거부했지만, 이승만의 지지자들은 총선거를 성공적으로 끝맺었다. 선출된 198명의 국회의원들은 7월 17일 헌법을 제정하고 7월 20일 이승만을 대통령으로 선출했다. 6월 20일에는 국회가 북한에 방송을 통해 보낼 결의안을 160대 20으로 통과시켰다. 이 결의안은 평양에서 김일성이 보여준 무력시위와 달리 "북한 인민은 총선거를 실시하여 한국 국회에 북한 주민 비율에 따라 대표를 파견할 것"을 요청한 것이다.[64] 이러한 결의안은 유엔 감시하의 선거를 거부한 북한으로 하여금 단독 공산정권의 수립과 북한군을 정규 무력으로 강화·발전시키는 데 절박한 과업으로 만들었을 뿐이다.

2) 주한미군의 철수와 남북한 군사력 불균형

이승만 정부는 정부 수립 직후부터 국내외적으로 안보적 도전을 받는다. 국내적으로는 이승만의 정적인 중도세력들에 의한 주한미군 철군의 압박이며, 구체적으로는 미국의 극동정책이 도서방위권에 입각하여 한국이 대만과 더불어 미국의 극동 방위선에서 제외되는 어려운 상황을 맞이했다. 설상가상으로 한국은 미국으로부터 방위력 확충을 위한 충분한 군사원조를 얻지 못했다. 이는 북한을 교두보로 만들어 남한까지 세력을 확장하기 위해 소련의 대대적인 군사지원을 받았던 북한과 군사력의 불균형을 이루는 계기가 되었다.

1948년 9월 소련은 북한 정권의 요청에 응하여 소련군을 북한으로부터 1949년 1월까지는 완전히 철수하겠다고 발표하고 미국도 남한으로부터 동시에 철군할 것을 요구했다.[65] 한국의 일반 국민 여론은 통일과 독립의 선결 조건으로서 전 외군철수를 강력히 바라고 있었다. 특히 한국의 중도적 정치가와 정당들은 한국 정치에 결정적인 영향력을 가진 미·소가 극우와 극좌세력을 도운 결과로 남과 북에 각각 독립

63) 「중앙일보」 2011. 11. 9., "배영대 정리, 이정식 교수의 구술," 4~5쪽; 김영호, 「한겨레」 2014.7.22., "북한은 동북전쟁 중이던 중공에 '편안한 안락의자' 같았다," 28쪽.
64) 이호재, 앞의 책, 251~252쪽.
65) New York Times, September 20, 1948, p. 1.

정부가 세워졌고, 특히 남한에서 일반 국민의 보다 많은 지지를 얻고 있지만 정치적으로 패배했다고 믿어 외군철수를 강력히 주장했다.66)

1949년 2월 초(1948년 말 처음으로 미군 1개 사단 철수, 1948년 5월 10일 선거 전 미 총 주둔군 2만 3천 명) 국회 내의 소장파 의원 70여 명이 남북평화통일을 실천할 수 있도록 한국에 주둔하고 있는 모든 외국 군대의 즉시 철수를 요구하는 결의안을 당시 입국한 신유엔 한국위원단에 제출하자는 긴급동의가 있어서 다시 한번 미군 철수가 정치문제화되었다.

이승만 대통령은 국회에 직접 나가 비공개리에 그 부당성을 역설했다. 그는 북한에 인민 정부가 세워져 서울에도 유사한 인민 정부를 만들려고 획책한다는 설로부터 38도선 접경지역에서 북한 병사들에 의한 살인, 방화 그리고 남한 내부의 공산주의자들의 선동에 의한 폭동과 유격대의 반란(4·3 제주사태, 여순 반란사건) 등을 예시했다. 이승만은 한인 공산당이 남진하면 우리가 대처할 수 있고, 이북에 가서라도 점령할 수 있지만, 소련군에 대한 대처는 미군만이 할 수 있기 때문에 소수의 미군만이라도 남겨둬야 한다는 논지였다.67)

11월 20일 이범석(李範奭) 국무총리 겸 국방장관도 국회에 출석하여 미·소 군의 전략태세와 남한의 북한에 대한 군사력 열세를 예시하면서 미군의 계속 주둔을 요구하는 결의안을 통과시켜 정부를 도와줄 것을 요구했다. 그는 특히 소련이 북한을 도와 인민군을 양성하였다는 것을 강조하였다. 그 결과 북한 인민군 숫자는 25만, 보안 요원 10만, 유사시 100만 이상 동원을 할 수 있고, 만주에는 수 개 사단(5~7 추정)의 적색 한인 부대가 귀국을 대기하고 있다고 하면서 남한에는 겨우 2만의 군대가 존재하는데 미국의 지원과 훈련은 적극적이 아님을 아쉬워했다. 또한, 이범석은 한반도 유사시 미·소군이 전개하는 데도 시간상 미 해군과 육군이 소련군에 비해 극히 불리(미군 22시간 대 소련군 4시간)함을 들면서 대한민국의 방위태세가 정비될 때까지 미군의 남한 주둔이 필요함을 인정한다는 결의안을 통과시켜줄 것을 제의했고, 이 결의안은 재적 의원 130인 중 찬성 88, 반대 3으로 통과되었다.68) 그러나 주한미군은 예정대로 1949년 6월 30일까지 고문단만 남겨두고 완전 철수했다.

한·미 간의 이견은 남북한 군사력 균형문제에 대한 인식 차이에서 불거지기 시

66) 이호재, 앞의 책, 275~276쪽.

67) 대한민국 제헌국회 속기록 제2회, 국회 제24차 회의, 1949년 2월 7일, 443~445쪽.

68) 위 속기록, 제1회, 국회 제109차 회의, 1948년 11월 20일, 932~935쪽.

작했다. 1949년 6월 2일 장면 대사가 미 국무성 버터워스(W. W. Butterworth) 극동 담당 책임자를 만났다. 버터워스는 얼마 전 조병옥 특사가 웨드마이어(Wedemeyer) 육군 참모총장에게 언급한 남북한 군사력 격차는 사실과 다르다고 반박했다. 한국은 불과 3만 명(조 박사)이 아니라 7만 상비군과 5만 경찰군 외에 해안 경비대 5천 명을 가지고 있다고 밝혔다. 그는 한국 정부가 남한의 군사력을 과소평가하는 성명서를 계속 발표하면 국민에게 안보 불안 심리를 유발할 뿐 아니라, 북한이 오판할 원인이 될 수 있으니 무엇보다도 국민이 정부의 방위력을 신뢰하게 하는 것이 현명하다고 말하면서 정상적인 외교절차를 밟아 미국으로부터 무기와 장비를 얻는 교섭을 하라고 조언했다.[69)]

7월 11일 장면 대사와 조병옥 특사는 국무장관 애치슨을 만나 이승만 대통령의 친서를 전해주었다. 친서에는 3가지 요구 사항이 들어 있었다. 첫째, 미래 위기에 대비하여 미국은 남한군 40만(10만 상비군, 5만 예비군, 5만 경찰군, 20만 보충병)을 양성하고 이 군대를 충분한 훈련과 무기 및 장비를 공급할 것. 둘째, 외국군이 침공하거나 외국의 사주로 인한 내란이 발생 시 미국은 한국을 적극 보호하겠다는 명확한 의도를 세계에 선언해줄 것. 셋째, 미국이 태평양 동맹이나 유사한 아시아 집단 안전보장체제를 만드는 데 적극적인 역할을 담당할 것 등이다. 애치슨은 3가지 요구 중에 군사력 증강 부분에 다소 긍정적이었으나, 대한 방위 공약 선언이나 태평양 방위동맹 문제에 대해서는 거부 입장을 분명히 밝혔다.[70)]

트루먼 행정부는 중국에서의 국공내전에서 장제스 국민당 세력의 패배가 짙어지고 한반도에서 두 개의 정부 수립이 기정사실화 되자 극동의 미·소 군사력 균형을 고려하여 새로운 극동전략을 구상하였다. 1947년 3월 12일 소련의 팽창정책을 적극 대처하기 위한 트루먼 독트린(Truman Doctrine)이 발표되었다. 하지만 미 육군성에서는 전후 신속한 동원해제에 입각한 100여 개 육군 사단을 10개로 줄이는 계획하에 극동에서 소련군 특히 지상군의 우세를 고려할 때 이 트루먼 독트린이 한국에까지 확대 적용되어서는 안 된다고 판단했다. 왜냐하면 한국은 군부가 작성하고 있는 도서 방위전략, 후에 발표된 애치슨 선언에 따라 미국의 핵심 방위선에서 배제되어야 하기 때문이다.

---

69) 장면 대사가 이 대통령에게 보낸 서한, 1949년 6월 4일 인용은 이호재, 앞의 책, 290~292쪽.
70) New York Times, July 12, 1949.

미 합동참모본부는 1947년 중반 대소전쟁계획에 반영되었던 "알류산열도에서 일본, 필리핀을 연결하는 도서방위선상의 도서들이 제공하는 해·공군 기지를 활용하여 전략 공군과 핵무기로 전쟁을 수행한다"라는 개념을 그대로 채택했다. 이 전략개념에 따른다면 전쟁이 발발하여 소련군이 한반도로 진격할 경우 미군은 한국 방위를 포기하고 남한 주둔 미군을 일본으로 철수시킨다. 한국은 전략적 가치가 전무하기 때문에 극동지역에서 공세 이전의 기회가 주어져도, 한반도를 우회하여 중국을 공격한다는 계획이었다.[71]

이러한 도서방위 전략에 입각한 주한미군 철수정책은 미국 국가안보회의(NSC-8) 문건으로 채택되어 1948년 4월 트루먼의 최종 승인을 받았다. 동 문서에는 주한 미군 철수에 따른 부정적 영향을 최소화하기 위한 대책이 포함되었을 뿐 남한 유사시 미국의 대한 방위공약이 전무했다. 그리고 전력화 목표도 한·미 간에 이견이 너무 컸다.

미국은 주한 미군이 철수를 개시한 와중에 여순사건이 발생(1948년 10월)하자 철수 완료 시한을 1949년 6월 30일로 연기하고 NSC-8/2에 적시했다. 또한, NSC-9이 규정한 것보다 15,000명이 추가된 국방경비대 65,000명에 대한 군사원조도 약속했다. 하지만 NSC-8/2에는 한국이 독자적으로 공군과 해군을 보유하지 못하도록 명기했고, 한국의 전력화 목표를 외부의 대규모 침공에 대처하는 군사력이 아니라 내부의 치안 유지와 38선에서의 무력 충돌과 같은 소규모 국경 분쟁에 대처할 수 있는 수준으로 한정했다.[72]

6·25전쟁 발발 직전 한국과 북한의 군사력 비교는 아래와 같다.

표 1 남·북한 군사력 비교표

구 분	한국군	북한군
병력	100,000명	180,000명
화포	700문 (120mm, 80mm, 60mm)	2,540문 (120mm, 82mm, 76mm, 45mm)
대전차포	140문	-
바주카포	1,900문	-

71) 국방부 군사편찬연구소, 『6·25전쟁사 Ⅰ, 전쟁의 배경과 원인』, 2004, 106~107쪽.
72) NSC-8/2 내용은 *FRUS*, 1949, Vol Ⅶ, p. 969~978 참조.

전차	0대	242대
장갑차	27대	-
함대	30척	30척
항공기	10대	211대 (YAK-9, IL-10) 비행대원 2,000명

출처: 대한민국 국방부, 「한국동란 1년지」(서울, 1951) A33쪽.

3) 이승만 대미 외교의 실패

한국은 미국이 한국 방위를 책임지도록 하기 위해 아래에서 논의할 세 가지 제의를 했다. 그러나 이 제의는 미국의 안보이익과 수립한 극동전략에 부합되지 않아 실현되지 못하고 6·25전쟁을 맞는다.

첫째, 진해만을 미군 해군 기지로 사용하라는 제의이다. 이승만은 1949년 6월 초 그의 정치고문인 윌리엄스(J. J. Williams)를 내세워 해군참모총장인 덴펠드(L. E. Denfeld)에게 아시아에서 전쟁이 일어나면 미국이 진해 해군기지를 교두보로 사용할 수 있다는 의사를 타진했으나 회답이 없었다. 그 후 미 태평양 함대 사령관 레드포드(A. W. Radford) 제독이 1949년 7월 8일 한국을 예방하고 이 대통령을 방문했을 때, 손원일 제독을 시켜 다시 제의했으나 허사였다. 미국은 이때 한국을 군사적으로 지키기에는 전략적 가치가 없었기 때문에 이승만이 제의한 진해만의 미군 기지화는 짐이 된다고 생각했다.[73)]

둘째, 이승만의 태평양 동맹의 제창이다. 1949년 5월 2일 이승만은 트루먼에게 한·미 방위군사협정의 체결을 요청했다는 것을 공개하면서 아시아에서 북대서양조약기구와 같은 태평양 동맹을 만들어 공산주의 침략에 집단적으로 대항해야 한다고 주장했다. 그 무렵 자유중국, 필리핀도 애치슨 국무장관에게 동일한 제안을 했다. 이들 3개국은 인민의 지지와 신뢰를 받는 정부보다는 내전(중국, 필리핀의 공산주의 후크(Huk) 반란)과 분단으로 인한 정치·사회적 혼란이 극도로 확산되어 있는 국가들이었다.[74)]

이승만은 장제스 국민당 정부를 구제해야 한다는 의도를 숨기지 않았다. 그는 아

---

73) 이호재, 앞의 책, 296~300쪽.
74) 「조선일보」, 1949.5.2.

시아 대륙의 대공(對共) 항쟁의 중심점은 중국 대륙이다. 이 항쟁의 중심지역인 "중국사태는 세계 각국의 모든 자유와 안전을 직접 위협하는 것이다. 중국의 자유만이 아니라 전 인민의 자유"라고 선언했다.[75] 7월 6일 이승만은 한국을 비공식 방문한 장제스와 진해에서 태평양 동맹에 관한 의견을 교환했고, 7월 10일 필리핀 바구오(Baguo)에서 장제스와 필리핀 대통령 퀴리노(E. Quirino)는 3일간 회담을 개최 후 공동성명 형식으로 태평양 동맹의 결성을 위한 예비회담의 즉각 소집을 제의했다.

이승만은 1949년 8월 태평양 동맹안을 협의하기 위해 장제스와 퀴리노를 한국으로 초청했다. 장제스는 이 태평양 동맹에 미국을 끌어들여 미국의 적극적인 원조를 얻으려는 정치적 복안을 가졌다. 이승만은 미국으로부터 한국에 대한 방위동맹을 얻지 못하더라도 방위 보장 선언이라도 얻으려고 했다는 보도이다. 아무튼, 이승만·장제스·퀴리노의 태평양 동맹 제안은 미국의 대극동정책을 변하게 하려는 정치적 유인책이었지만 실패하게 되었다.[76]

트루먼 행정부는 아시아 국가들은 서유럽 제국과 달리 정치·경제 상황이 다르고 이해관계가 일치하지 않아 아시아에 대한 집단정책이 아니라 개별정책을 수립 및 추진했다. 중국에 대해서는 「내정불간섭」, 일본에 대해서는 「민주화, 비군국화」정책, 한국에서는 원조안을 중심으로 한 경제복구정책을 수립하였다. 이승만은 미국의 냉정한 반응에도 불구하고 8월 6일 장제스를 초청하여 진해에서 회담을 가졌다. 바로 그날 미국은 「중국백서(The White Paper on China)」를 발표했다. 장제스 정부에 결정적 타격을 준 이 백서에는 장제스 정부의 무능과 부패를 폭로하고, 더 이상 원조를 해줄 수 없다는 요지가 담겨 있었다. 또한, 이 백서의 발표는 미국이 태평양 동맹에 참가할 의사가 없음을 밝힌 것이다.[77]

미 국방장관 애치슨은 1950년 1월 12일 애치슨 선언을 발표했다. 이 선언은 미국 내에서는 정쟁의 이슈가 되고, 이승만 대통령에게는 태평양 동맹과 북진통일론을 더욱 강조하는 계기로 작용했다. 애치슨 선언 중 '중국(마오 치하)의 영토적 보존은 미국의 국익에 부합되는 것'이며 '대만과 한국은 미국의 방위선 밖에 있다'라는 구절은 미국 공화당의 적극적인 대공정책과 충돌하는 것이었다. 민주당 트루먼 행정부는 마오쩌둥의 공산주의를 국제 공산당 세력이 아니고 소련과도 긴밀한 이념적 연대 관

---

75) 「조선일보」, 1949.5.3.
76) 이호재, 앞의 책, 304~305쪽.
77) New York Times, August 8, 1949.

계가 없는 중국적 반(反)봉건, 반제국, 토지개혁 농민당 정도로 인지했다. 중·소는 이념 면에서 동조할지라도 국경·영토 분쟁 등 이해관계가 충돌하여, 양국관계는 점점 악화되리라고 전망했다. 트루먼 행정부는 미국이 중공을 국가로 받아들이면서 외교관계를 수립할 때 마오쩌둥의 중국도 유고슬로비아의 티토(Tito)처럼 공산주의 국가지만 중립외교노선을 채택할 가능성이 있다는 희망사고를 가지게 되었다. 이 점에서 대만과 한국을 미국의 방위선에서 제외한 것은 중공의 티토화를 위한 정치적 의도가 숨어 있었기 때문이다. 이러한 해석은 「중국백서」가 발표되었을 때 많은 미 공화당 의원들에 의해 비판의 대상이 되었다. 이들은 장제스 정부에 대한 지원을 지속할 것을 주장했다.[78)]

극동 정책을 둘러싼 미 정부의 국론분열은 의회에서 한국경제의 원조안을 부결시키는 사태로까지 확대되었다. 1949년 1월 1일 대한민국을 완전 승인한 미 행정부는 6월 향후 3년 기간 3억 5천만 달러 수준의 한국 경제부흥법안을 의회에 상정했다. 하지만 대부분의 공화당 의원들은 중국대륙이 공산주의에 넘어가면 그 변두리인 한국은 미국이 경제 원조를 해도 오래지 않아 공산화될 것이니, 미국이 한국에 투자하는 것이 결과적으로 공산주의자에게만 좋은 결과를 주게 되리라는 생각을 가지고 있었다. 그들은 한국 법안에 대만지원법안을 연계시킬 것을 요구하면서 타협안으로 먼저 남한 방위군을 자위할 수준까지 강화 후 경제부흥안을 실행하든가, 아니면 경제부흥안이 실시되는 1년 후 그 이상 미군 철수를 보류할 것을 주장했다.[79)]

트루먼 행정부는 마오쩌둥의 티토화를 위해서 주한미군의 계속 주둔은 정치적으로 불리한 여건을 조성하는 것이며, 그렇다고 마오쩌둥의 티토화를 노리는 미국 정책을 공공연히 말할 수 있는 입장도 아니었다. 1950년 1월 19일 한국 경제원조법안은 하원에서 192대 191로 부결되었다. 트루먼 행정부는 할 수 없이 한국 원조 안을 중국 원조안에 연결시켜 1950년 회계연도에 총 9,000만 달러를 승인받았다. 6·25 전쟁 이전까지 겨우 4,000만 달러만 지급되었다.[80)]

---

78) 애치슨은 방어선 밖의 안보에 대해서는 "공격을 받으면 최초 책임은 그 국민에게 있다. 그 다음은 유엔헌장에 의거해 전 문명세계의 책임이 되는 것"이라고 말했다. Tang Tsou, *America's Failure in China, 1941~1950*, Chicago: University of Chicago Press, 1967, pp. 466~468.

79) 이호재, 앞의 책, 326~328쪽.

80) U.S. Congress House, the Committee on Foreign Affairs, Hearings Korean Aid, 81st Congress 1st Session, 1949, pp. 162~177; 이호재, 위의 책, 329~331쪽.

셋째, 이승만은 한국의 분단은 미국에 책임이 있기 때문에, 북진통일 주장은 '정당한 요구(Just Claims)라고 주장했다. 그는 1949년 9월 30일 기자단 회견에서 한국은 북한의 실지를 회복할 자신이 있다고 선언하는 동시에 실지 회복이 늦어지면 늦어질수록, 곤란한 문제가 생길 것을 유엔에 알리고 싶다고 말했다.[81] 그는 10월 9일 미국이 한국에 무기를 주면 국제적 충돌을 염려하고 있는데 남북 정권 간의 충돌은 국내적 문제로 간주되기 때문에, 국제전으로 발전되지 않는다고 주장하는가 하면 "필요한 싸움은 우리가 한다", "우리에게 무기, 무기를 달라!"고 외치는 등 미군의 도움 없는 한국군만의 자력 통일을 외쳤다.[82]

이승만은 1950년 2월 애치슨 선언에도 불구하고 맥아더를 만나러 동경에 갔다. 그는 일본을 태평양 동맹에 참여시키는 일을 맥아더 장군이 주도해줄 것을 요청했다. 이를 위해 두 가지 이유를 들었다. 첫째, 공산세력이 주로 태평양 지역으로 침투 확장하고 있어 한·일은 공동의 위협에 직면하고 있다. 둘째, 한·일 양국은 과거를 잊고 공동의 적에 대항하기 위해 친선을 회복해 당면 위협에 대응해야 한다. 이승만의 일본 참여 제휴는 중국 대륙이 중공에 넘어가는 위험한 국제위협에 대항하기 위해 국내 반일 감정마저도 국가 이익에 종속되어야 함을 의미한 것이다.[83]

이승만의 북진통일 외교는 미국으로부터 무기획득을 노린 면이 있지만, 역효과를 가져왔다. 미 군사고문단은 만약 남한이 북한을 공격하면 미국은 남한을 돕지 않을 것이라는 경고를 수차례 발표했으며, 한국에 중무기를 공급하지 않으려 했다. 미국 관료들은 이승만을「말썽꾼」혹은「전쟁도발자」로 취급하고 북한의 남침 가능성 대비보다는 북진을 호언하던 이 대통령을 저지하는 데 보다 많은 신경을 써야 했다.[84] 그도 그럴 것이 북한은 남한에 대해 외면상으로 전 한국만의 자결권에 근거한 남북협상을 통한 평화통일을 주장하는 등 평화공세를 펴고 있었다. 내면적으로 북한은 군비 증강에 박차를 가하면서 대남전복을 위한 게릴라 요원들을 남파하는 등 이중정책을 펴고 있었다.

또한, 정부 내에서는 이승만 정부에 장제스 증후군마저 나타나고 있었다. 장제스는 봉건사회를 혁신하기보다는 무능·부패 세력으로 남아 대만으로 쫓겨 갔다. 이승

81)「조선일보」, 1949.10.2.
82)「조선일보」, 1949.10.10.
83) New York Times, February 17, 1950, p. 11.
84) New York Times, March 2, 1950, p. 20.

만도 해방된 한국 사회를 혁신하기보다는 권위주의 체제 유지를 위해 경찰국가화, 부패 및 심각한 인플레이션 등으로 일반 국민의 지지와 신뢰를 잃어가고 있다고 생각했다. 미국은 이러한 남한 상황을 통해 남한에 무기와 경제 원조를 하는 경우 중국 내란에서처럼 '지는 편'을 돕는 것이 아닌가 하는 의문을 품게 되었으며, 대한 원조에 큰 회의감을 가졌고 적극적인 모습을 보이지 않았다.[85]

정부 수립과 동시에 이승만의 통치력과 권위는 미국의 원조량과 지지 정도에 따라 신축성 있게 변하고 있었다. 미국이 군대를 철수하고 대한 방위 보장 선언도 거부하며, 경제원조도 소극적이자 이승만의 정적들은 내각제 개헌을 국회에 제안했다. 이는 정부 수립 1년 6개월밖에 되지 않았던 이승만 주도 정치체제를 흔들어놓은 중대한 사건이었다. 이 대통령은 내각책임제는 정부의 행정권을 약화시켜 한국에 정치적 혼란을 가져올 것이라는 이유로 이 개헌안을 맹렬히 반대했다. 친이세력들은 모든 정부 기구와 각종 관제 단체들을 총동원하여 그를 반대하는 국회의원을 위협하였다. 1950년 3월 4일 내각책임제 개헌안을 부결시켰다. 하지만 민의를 앞세운 테러와 비민주적 통치수단은 국내외에 널리 보도되어 많은 물의를 일으켰다. 더욱이 반공과 북진통일을 압박수단으로 활용, 그 정적들을 공산주의자로 모는 등 비민주적 통치를 정당화했다.[86]

이승만의 무기 요청과 북진통일 허세 외교(Bluffing Diplomacy)의 정치적 의미는 무엇일까? 북한의 군사력이 남한에 비해 우세해져 남침 가능성이 커지자 미국이 무기를 공급해줄 때까지 허세를 부려 북한을 억제할 시간을 벌려고 한 것일까? 이승만은 미국이 한국의 정당한 요구를 들어줄 기미가 보이지 않고 자신의 패는 약하자 허세를 부려 미국을 압박하는 도박판 심리전을 벌였다. 하지만 이승만의 주장은 미국이 이미 결정한 태평양 전략의 기조에 역행하는 것이었다. 미국은 이승만을 우려와 경계(말썽꾼, 전쟁도발자)의 대상으로 여겼다. 따라서 이승만의 허세 외교는 미국에 통할 수 없었다.

이승만의 허세 외교는 국내용일까? 이승만은 남북협상에 의한 통일 정부 수립을 주장하는 반이승만 정치세력의 요구를 반박, 무시하는 정책이 필요했다. 시간이 경과함에 따라 북한정권은 한국보다 정치적, 군사적 실력을 갖추고 정권을 견고히 하였다. 이승만은 북한과의 협상을 두려워할 처지에 놓였고, 실현 가능성이 적지만 이

---

85) New York Times, April 4, 1950, p. 1.
86) New York Times, February 8, 1950, p. 12, New York Times, March 14, 1950, p. 10.

에 대응할 무력통일안을 앞세울 수밖에 없었을 것으로 해석할 수 있다.87)

이러한 국내여론은 1950년 5월 30일 총선에 반영되어 선거 결과는 이승만의 대패로 나타났다. 이승만계 의원은 210석 중 48석(전에는 70석)을 차지한 것에 반해 무소속은 128석을 얻었다. 이들 무소속 의원들은 남한의 절망상태를 타개하기 위한 한 방법으로 북한과의 협상을 주장하거나 이러한 주장에 호감을 가지고 있었다.88)

이승만 정권의 초대 상공장관 임영신은 그 당시 한국의 내우가 전쟁을 유발할 것이라는 우려를 아래와 같이 기술했다.

> 「그때 남한에 살고 있었던 2천만 한국 인민 중 단 10만 명이라도 행복하거나 그냥 만족하고 살았는지를 나는 의심한다. 불안감이 우리 모두에게 엄습하여 괴롭혔고, 이 불안감은 어떻게 해소될 수 없는 것이었다. 우리는 모두 무슨 일이 일어날 것을 기다리고 있었는데 그것이 전쟁이란 것을 모두 알고 있었다. 누가 이 전쟁을 저지하지 못했다고 누구를 원망할 것이냐? 또한, 결국 북한이 공격을 했지만, 누가 전적으로 그들에게만 책임을 돌릴 수 있을까? 모든 한국 여건이 전쟁이 일어나도록 되어 있었다.」89)

4. 한국 광복의 국제성과 국내적 요인에 관한 정책적 의미

한국의 광복을 한국인의 자주역량에 의한 대일 투쟁의 산물이 아니다. 이는 연합군(미·소)의 대일전 수행과정에 이루어진 정치·전략적 타협에 의한 산물이다. 이러한 국제성은 한국인의 정부 수립에 결정적 요인으로 작용했다.

1. 외국에서 세워진 망명정부도 아닌 임시정부가 식민지 해방을 위한 무장 부대를 창설하는 일은 정치·군사적으로 극히 어려운 과제였다.
   1-1. 대일 공동전선을 목표로 내걸고 국민당 정부로부터 창설의 승인을 받은 광복군은 군정 및 군령 사항에 대해서 국민당 중앙군사위원회 참모총장의 통제를 받았다. 이 통제는 1945년 4월에서야 해제되었다.

87) 이호재, 앞의 책, 346~347쪽.
88) New York Times, June 1, 1950, p. 10.
89) Yim Louise, *My Forty Year Fight for Korea*, Seoul: International Culture Research Center, 1958, p. 295; 이호재, 앞의 책, 353쪽.

1-2. 광복군은 건군 분야에서 초모의 대상 인원이 제한되었고, 좌파 무장단체 요원들과 통합이 어려웠다. 해방 직전 독립무장단체는 광복군, 조선의용군 및 소련 88여단 한인 부대 등 3대 세력으로 분열되어 있었다.

1-3. 작전 분야에서 광복군은 미군 특수부대와 연합작전을 통해 국내진공 계획을 세웠지만, 냅코와 독수리 작전 등은 계획단계와 일본의 조기 항복으로 실행될 수 없었다.

1-4. 미군 특수부대와 소규모 첩보작전도 수행하지 못한 광복군을 내세워 미국이나 중국으로부터 임정의 정부 승인을 얻는다는 것은 희망사항이었다. 미국은 임정과 광복군에 대해 엄격한 군·정 분리정책(군사단체에 어떠한 대표성 불인정)을 적용하여, 정부 승인 논의를 배제했다.

1-5. 좌파 조선 의용군은 병력이 광복군에 비해 8~9배였지만, 본토 진공계획을 갖지 못한 채 해방을 맞았고, 그나마 장제스군을 상대로 전투를 벌여 중국공산당 정부 수립을 도운 후 늦게 귀국했다. 소련 88여단에 소속된 이른바 김일성 산하의 빨치산대(동북항일연군)는 훈련 중에 해방을 맞아 소련군을 따라 귀국했다.

2. 트루먼 행정부의 전시 안보정책 결정은 군사(승리) 논리가 정치(세력) 논리보다 중요시된 가운데 이루어졌다.

2-1. 소련 참전은 독립된 지휘권과 산업기지를 가진 관동군을 격파함으로써 전쟁 기간을 단축하고, 미국인들의 희생을 줄일 것이라는 미국 군부의 주장이 관철되어 결정되었다.

2-2. 소련은 미국의 원폭투하로 참전을 서둘렀다. 소련의 최초 대일 작전계획에는 만주작전 수행과정에 한국 북동쪽의 웅기, 나진, 청진 등 항구들을 점령할 계획만이 들어 있었다.

3. 미국은 외교·군사 면의 이익과 소련 요인을 고려하면서 38도선의 분할 점령의 결정을 내렸다.

3-1. 미 3성조정위원회 실무팀은 소련군이 미군보다 먼저 한반도 전체를 점령할 가능성이 크다는 사실에 유의하면서 소련군 남하를 적당한 선에서 저지하기 위한 항복선으로 38도선 분할을 결정했다.

3-2. 소련 또한 군사력의 제약과 정치적 계산하에서 타협했다. 소련은 미국에게 제의한 일본의 분할 점령이 거부당하자, 만주·북한지역, 사할린

(樺太), 쿠릴열도를 점령지로 확보하여 자국 세력에 편입했다.

4. 미·소 양 군정 당국은 점령지역에 유일한 정부로 자처하고 광복군과 조선 의용군을 사설 군사단체로 인정하여 개인 자격으로 입국을 허용하였다.

 4－1. 미군정은 한국의 창군 요원을 비이념적 군 경력자 중심으로 선발하여 일본군과 만주군 출신이 주류를 이루게 되었다.

 4－2. 소 군정은 조선 의용군의 지도부와 정치위원들의 개별 입북을 허용했다. 조선 의용군 주력부대는 국공내전에 참전한 후 6·25전쟁 반발 직전 입국하여 북한군의 주력부대로 활동했다. 하지만 김일성 예하의 소련 88여단 요원들이 정권과 창군의 주력이 되었다.

5. 독립과 통일 정부 수립의 선결 조건으로 '외군철수'를 외친 남한 정치세력들의 정치적 민족주의 구호는 미소의 영향력을 중화시키지 못하고 남북한에 각각 단독정부의 수립을 초래했다.

 5－1. 우파이며 현실주의자인 이승만은 미·소 점령군은 신탁통치를 찬성하고, 통일 정부 수립을 방해하는 세력으로 인식하면서도 미군 철수는 소련군 철수와 동시에 이루어질 것을 주장했다.

 5－2. 중도 정치세력들은 미·소 양군이 극우와 극좌세력을 도운 결과로 남·북에 각각 단독정부가 세워졌고, 국민 대중의 보다 많은 지지를 얻고 있지만, 정치적으로 패배했다고 생각하고 미군 철수를 주장했다.

 5－3. 한편 북한에서는 소련군의 지원하에 조선 공산당 북조선 분국→북조선 임시인민위원회→북조선 민주주의 민족통일전선→북조선 공산당→북조선 인민위원회 탄생순으로 일사분란하게 정부 수립의 기초를 닦았다.

6. 미국은 자국의 안보이익과 극동전략에 부합되지 않는 한국에 대한 방위 책임을 적극 거부했다. 따라서 이승만의 대미 외교는 실패할 수밖에 없었다.

 6－1. 한국 정부는 미·소군의 전략태세와 남한의 북한에 대한 군사력 열세를 예시하면서 미군의 계속 주둔을 요구하는 결의안을 국회에서 통과시키면서까지 미국을 설득했지만, 주한 미군의 철수를 막지 못했다.

 6－2. 이승만 대통령은 미군 철수 이후 미군이 한국 방위의 책임을 지도록 하기 위해 진해만 해군 기지의 사용권을 주겠다고 제의했지만, 미국에 의해 거절당했다.

6-3. 이승만 대통령은 장제스와 필리핀 퀴리노 대통령과 태평양 동맹의 결성을 제창했다. 애치슨 선언이 발표된 직후 이승만은 중국 공산화로 인해 태평양 지역으로 확장되고 있는 공동의 위협에 대항하기 위해 한·일은 과거를 잊고 일본을 포함시켜 태평양 동맹의 결성을 맥아더 사령관이 주도해줄 것을 요청하지만 성과를 보지 못했다.

6-4. 이승만 대통령은 '한국 분단은 미국이 책임이 있다. 실지 회복을 위한 북진 통일은 정당한 요구(Just Claims)이다.' '무기를 달라' 무기를 주면 미국의 도움 없이 한국군 자력으로 통일할 수 있다는 주장을 되풀이 하였다.

6-5. 이승만 대통령의 북진통일 허세 외교는 미국의 우려(말썽꾼, 전쟁도발자)의 대상이 되어 한국군 전력증강 목표의 제한(치안유지군, 단독 해·공군 보유 금지)은 물론 북한군의 도발보다 한국군의 도발을 방지하고자 하는 경계의 대상이 되었다.

7. 이승만 허세 외교의 국제적, 국내적, 정책적 의미는 무엇일까?

7-1. 북한의 군사력이 남한보다 우세해져 남침 가능성이 커지자 미국이 무기를 공급해줄 때까지 허세를 부려 북한을 억제할 시간을 벌려고 했다.

7-2. 정부 수립 이후까지 남북협상에 의한 통일 정부 수립을 주장하는 반이승만 세력의 요구를 반박, 무시하기 위해 무력통일방안을 앞세울 수밖에 없었다.

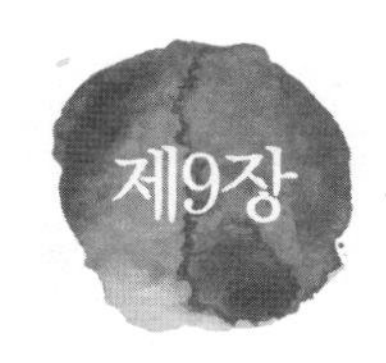

6·25전쟁과 정전체제

1. 6·25전쟁의 원인

6·25전쟁의 원인은 북한의 남침 의도와 능력에 대한 억제가 실패했기 때문이 아니라 억제를 위해 필요한 조치를 취하지 않았기 때문이다. 이른바 억제의 실패(the failure of deterrence)가 아닌 억제의 부재(the absence of deterrence)이다.

미국의 극동 전략과 남북한 군사력 균형에 관한 북한, 소련, 중공 지도자들의 인식을 분석하면 이의 해답이 나온다.

1) 북한의 계산된 모험과 희망사고

김일성이 최초로 공식적으로 스탈린에게 남침을 허락해줄 것을 요청한 시기는 1949년 3월 7일이었다. 스탈린은 아래의 3가지 이유를 들어 거부한다.[1)]

① 북한군이 남한군에 비해 압도적 우세(overwhelming superiority)를 유지하지 못하고 있다.

1) "Conversation between Stalin and Kim Il Sung, March 7, 1949," *Archives of the President of Russia*; Anatoli Torkunov, *The War in Korea*, 1950~1953: *its Origin Bloodshed and Conclusion*, Tokyo: 1CF Publishers, 2000, p. 21.

② 남한에 미군이 주둔하고 있다.
③ 38도선 유지에 관한 협정이 유효하다. 소련 측에서 먼저 파기가 어렵다. 남한이 선공 시 북한이 반격할 기회로 삼을 수 있다.

1949년 5월 마오쩌둥도 김일 북한 총정치국장을 만났을 때 남침의 결정적 행동은 '중공이 전 중국을 완전히 통제할 때'가 보다 적합하며, 스탈린의 승인을 받은 후 행동을 하라고 조언했다.[2)]

김일성은 1949년 8월(미군 철수 1개월 후) 스탈린에게 미군 철수로 남침의 장애가 제거되었고, 북한군이 우세한 사실을 들어 재차 남침 승인을 촉구했다. 김일성은 미군 철수로 38도선의 분계선이 의미가 없어졌다. 38도선 경계상의 남북한 무력 충돌 상황에서도 북한군이 남한군을 격멸하고 최근 강원도 삼척의 석탄광산 지대에 북조선 해방 구역을 만들었다고 예시했다.[3)]

스탈린의 우려는 컸다. 그는 평양주재 소련대사에게 한반도 사태에 관한 정보 분석 보고서를 보낼 것을 명령했다. 1949년 9월 15일 소련대사가 스탈린에게 보낸 보고서는 아래와 같다.

① 남침 시 미국이 개입, 남한 지원 가능성은 크다.
② 현시점에서 북한 군사력은 규모와 역량은 남한군을 완전 패퇴(the full defeat)해 남한점령을 보장할 수 없다.
③ 옹진반도와 개성지역에서 국지전을 펼 때 북한군이 유리하게 이 지역을 점령할 수는 있다. 이 지역 점령을 위해서라면 남한의 도발을 이용할 수 있다.
④ 북한 지도부, 김일성과 박헌영은 한국을 장기, 불확정 기간 동안 분단 상태로 남겨놓을 수 없다는 결의가 강하다. 그들은 소련과 중공으로부터 지원을 희망하고 있다. 김일성은 아마도 중공당이 반드시 도와야 한다고 생각했다. 왜냐하면, 한인들이 중공당이 장제스군과 싸울 때 도왔기 때문이었다.[4)]

소련 공산당 중앙위원회 정치국은 스탈린의 우려를 반영하는 듯 북한 남침의 자제와 여건 조성을 강조하는 결의(1949년 9월 20일)를 하고 주 북한 소련대사 스티코

2) Torkunov, 위의 책, pp. 55~56.
3) Torkunov, 위의 책, pp. 28~29.
4) Torkunov, 위의 책, pp. 36~41.

프(Stykov)에게 그 결의문을 보내어 김일성, 박헌영에게 전달할 것을 요청했다. 그 결의문은 스탈린이 김일성에게 강조한 조건과 크게 다를 바 없으나, 남한의 민중 봉기를 북한 남침 조건으로 중시했다. 그 결의문의 내용은 다음과 같다.

① 북한의 남한 공격은 군사적 준비가 부족하여 장기적 군사작전이 불가피하다.
② 정치적인 면에서도 남한 인민 봉기가 적극적인 게릴라전으로 발전할 수준이 아니다.
③ 미국에게 한국 문제 간섭의 구실을 줄 수 있다.5)

결론적으로 한국 통일은 남한에서 민중 봉기에 맞춰 북한군이 결정적 승리를 할 수 있어야 한다. 이는 남한의 민중 봉기를 남침의 제1조건으로 삼아야 함을 강조한 것이다.

1950년 초에 이르러 한반도 국제환경은 북한의 무력통일에 보다 유리한 상황으로 변화한다. 1949년 하순 중국 공산당의 본토 승리로 북한 지원에 관심과 에너지를 쏟을 수 있었고, 중·소의 동맹조약 체결로 미국이 아시아 공산주의 운동의 개입을 주저하게 만들 상황이 만들어졌다. 1950년 1월 애치슨의 한국 불개입 선언, 소련의 원자폭탄 보유로 미국이 불개입할 가능성은 크다고 인식할 수 있는 환경이 조성되었다.

애치슨 선언을 김일성이 전보로 보고받았을 때 흥분했다고 한다. 김일성은 1950년 3월 30일부터 4월 25일까지 모스크바에 체류하면서 스탈린으로부터 남침 승인은 물론 남침 준비를 위한 스탈린의 중·소 간 조정자 및 조력자의 역할을 확인하게 되었다. 스탈린은 김일성에게 무기와 장비는 지원하겠으나, 어떠한 사태에도 소련군의 직접 개입은 없을 것이다. 그리고 북한의 남침에 대한 마오의 승인과 지원을 받을 것을 지시했다. 이 때문인지, 김일성의 회고에 의하면 1950년 5월 선양(瀋陽)에서 소·중·북 공산당 고위회담이 열렸고, 이 회담에서 북한의 선제공격 시 발생할지 모르는 미군의 개입에 대비한 모스크바와 북경의 대북한 지원 원칙을 합의했다고 한다. 미군의 개입 시 소련은 무기를 보내고, 중국은 군대를 보내어 북한을 돕는다는 약속이 바로 그것이다.6)

1950년 6월 25일 북한은 남한의 능력을 경시하고, 미국의 불개입 의도에 희망사고를 가진 가운데 공산주의 통일을 위한 계산된 모험으로서 남침을 개시했다. 그 계

---

5) Torkunov, 위의 책, pp. 41~42.
6) 思想運動硏究所 編, 「日本共産党事典」 東京全貌社, 1978, 1020쪽.

산된 모험의 배경은 다음과 같다.

① 북한이 남한을 공격하게 되면 남한에서 민중 봉기가 일어날 것이다.

② 북한의 공격은 신속하게 이루어져 '3주' 안에 승리를 거두게 될 것이다.

③ 미국이 한국 내전에 개입할 전망은 거의 전무하다.

④ 설사 미국이 한국전쟁에 개입하기로 결정을 내리더라도, 미군이 투입되려면 최소한 50일이 걸릴 것인데 그때는 이미 늦은 것이 되고 말 것이다.[7]

북한은 남침 시 민중 봉기가 일어날 것이라는 남한 내부 역량에 대하여 오인했다. 이는 나중에 박헌영을 숙청한 구실이 되었을 정도로 중대한 정책 결정의 오류로 입증되었다. 6·25전쟁이 일어나기 전 몇 달 동안 남한은 여러 가지 내부적 어려움(내우)에 직면해있었고 경제적 어려움과 내부 전복의 가능성이 팽배하여 있었다. 쌀값은 1950년 6월 3주 동안 30%나 치솟았다. 5월 30일 국회의원 선거에서 이승만 측은 총 216석 중 47석밖에 차지하지 못했다.

「뉴욕타임즈」 기자인 핸슨 볼드윈(Hanson Baldwin)이 요약했듯이 6월 25일은 내부전복과 정치적 불안정, 그리고 인플레이션으로 인해 파탄지경에 이른 경제 때문에 취약해진 국가를 장악할 수 있는 호기로 보였음이 틀림없다.[8]

그러나 1950년 봄 동안 남한 내의 게릴라 운동은 거의 진압되었고, 남로당(SKLP)의 조직도 남한 정부의 계속된 검거로 의해 이미 붕괴되어 있었음에 주목할 필요가 있다. 사면조치에 의한 4만여 명에 달하는 남로당원들을 전향시켜나갔다. 20만 명에 달하는 국가보도연맹(National Guidance Alliance)원들의 활동은 남로당원들을 색출하고 전 공산주의자들을 계속 감시하는 등 남한 경찰을 지원했다.[9]

1950년 3월에는 남한에 잔류해 있었던 남로당의 거물인 김삼룡(1948년 제주 4·3 사태의 주모자)과 이주하가 검거되었다. 따라서 남로당 조직이 이미 고위층에서 하부 당원에 이르는 의사소통을 운용할 수 없는 형편이었다. 같은 해 3월 말에는 중무장한 유격대 700여 명이 남파되어, 소백산맥을 연결하는 선을 확보하여 남한을 양단

---

7) Strobe Talbott ed., *Khrushchev Remembers*, NY: Little, Brown Co., 1970, p. 410; Robert A Scalapino and Chongsik Lee, *Communism in Korea, Part 1*, Berkeley, U. C. Press, 1972, p. 396.

8) 「New York Times」, June 27, 1950.

9) 황병무, '오지와 한국 전쟁의 원인'; 황병무, 「전쟁과 평화의 이해」, 서울: 오름, 2001, 278~279쪽.

(兩斷)하고자 하였다. 이 남한 양단 전략이란 소백산맥 이남 지역, 즉 경남과 전남지방을 유격구 내지는 점령구(해방구)로 전환하고 남한의 허리를 양단함으로써 수개월 후에 실시될 6·25 남침 시 미군이 개입하기 이전에 북한 정규군이 소백산맥 이북 지역을 점령하고 그 이남 지역은 유격대들이 점령하여 전격적으로 전 영토를 단시일 내에 적화하고자 한 북한의 남침전략의 일부였다. 하지만 남한 군경의 집요한 추격 작전과 포위섬멸작전에 의해 5월 초에는 김상호(金尙昊), 김무현(金武顯) 유격부대는 완전 소탕되고 말았다.[10)]

1950년 봄 (미군 철수와 애치슨 선언 후) 북한 지도자들의 절대 다수가 미군 불개입이라는 낙관론에 빠지도록 만들었다. 다만 총사령관 최용건만이 미국의 개입에 대비한 적절한 대응책을 촉구했다. 하지만 이들 모두는 한국 통일의 조속한 실현에 관해서는 공산주의 민족해방의 지상과제로 의견 일치를 보고 있었다.[11)]

2) 정보실패의 조직 및 관료적 요인

정보실패의 원인을 북한·소련 등 공산권 지도자들의 인식에서만 찾을 수 없다. 이러한 인식을 제공한 미국 측에도 그 책임이 있다고 보아야 한다. 오래전 닉슨 대통령은 북한이 미국의 의도를 오판한 원인을 트루먼 대통령의 대한반도 정책을 포커에 비유한 바 있다.

"북한의 공산주의자들은 탁자 위에 펼쳐져 있는 카드의 앞면만을 보고 우리들의 의도를 판단하고 있었다. 그들은 우리들의 잘못 표현한 말에 근거하여 오산을 하게 된 것이다. 북한 공산주의자들이 애치슨의 발언을 조금이라도 미심쩍어했다면, 한국에서의 전쟁을 피할 수 있었을 텐데."

이에 덧붙여 닉슨은 "엎어놓은 한 장의 카드가 중요한 것이다. 적이 만약 상대방을 이길 수 있다고 생각한다면 베팅을 올릴 것이다. 그러나 만약 이길 수 없다는 것을 안다면 그 카드를 접고 게임을 그만둘 것이다"라고 덧붙였다.[12)] 닉슨의 말 중에 엎어놓은 한 장의 카드는 무엇이었던가? 이는 1950년 4월 미 국무성이 채택한 소위 NSC－68 문건을 말한 것으로 보인다. 이 문건은 1949년 8월 소련의 핵폭발 실험, 동년 가을 마오쩌둥의 중국 대륙 장악, 그리고 국제 공산주의 팽창을 저지하지 못한

---

10) 임동원, 「혁명전쟁과 대공 전략 : 게릴라전을 중심으로」, 서울: 양서각, 1967, 240~242쪽.
11) 황병무, 앞의 책, 277쪽.
12) Richard Nixon, *The Real War*, New York: Warner Books, 1981, p. 275.

민주당 행정부의 실패에 대해 미국 내에서 점증하여 가는 비판 등의 영향을 받아 작성되었다. 이 NSC－68에는 대소 봉쇄정책을 유럽 중심에서 벗어나 소련 진영의 변경으로까지 전 세계지역으로 확대 계획이 들어있었다. 그 결과 한국은 미국 방위선의 최전방에 위치하게 되었다.[13]

문제는 이 보고서가 6·25전쟁이 일어나기 전까지 트루먼 대통령의 승인을 받지 못했다는 것이다. 트루먼은 NSC－68을 이행하는 데 필요한 세부계획과 비용을 평가하도록 지시했을 뿐이다. NSC－68의 결론 부분이 채택된 후 9월 30일에 이르러서야 NSC－68/2의 형태로 대통령의 승인을 얻었다. 다시 NSC－68/3으로 바뀌었고, 이를 수정한 NSC－68/4가 1950년 12월 14일 대통령의 승인을 받아 전후 미국의 대소 정책으로 확정되었다.[14] 후술하겠으나, 이 NSC－68은 10월 초 유엔군이 38선을 넘어 북진하는 정책의 근거로 작용했다. 이 때문에 6·25전쟁 발발 이전의 몇 달 동안 NSC－68은 워싱턴의 주요 정책결정자들 사이에서도 거의 알려지지 않았다. 애치슨 국무장관과 주한 미국 대사 무초, 그리고 덜레스(Dulles)를 포함한 몇몇 고위 관리들은 이 문건을 알고 있었으나, 톰 코넬리(Tom Connally) 상원의원은 이를 모르고 있는 것 같았다. 1950년 5월 U.S News/World Report와의 회견에서 상원 외교분과 위원장인 코넬리 의원은 남한에 대한 공격이 미국의 개전 이유가 될 수 없다고 주장했다. 이와는 대조적으로 존 포스터 덜레스는 서울을 방문하여 1950년 6월 19일 한국 국회에서 '한국의 방위는 곧 미국의 방위이기도 하다'고 말했다.[15]

이로써 보건대 닉슨이 말한 '엎어놓은 한 장의 카드'는 미국 안보부서에서 거의 확정한 대한 방위 공약이 포함된 문건이다. 미국의 비공개로 스탈린과 김일성이 알 수가 없었다고 보아야 한다. 상대에게 분명한 경고의 부재로 억제 성립의 요건을 갖추지 못했다. 북한의 오판은 정보의 왜곡이 아니라 미국 방위 공약에 관한 정보전달의 부재에 책임이 크다. 이는 미국 안보정책 조직과정의 문제이기도 하다.

북한은 남침 직전까지 미군의 개입을 미심쩍어했다. 북한 남침 시 3주 내의 승리, 미군이 개입하더라도 최소한 50일의 경과 시간의 계산, 그리고 미군 개입 시 중공은 군대를 보내고 소련은 무기를 보낸다는 약속 등은 미군 개입이라는 최악의 사

---

13) Glen D, Paige, The Korean Decision, New York: The Free Press, 1968, pp. 58~61.
14) NSC－68(4.14), *FRUS*, 1950, pp. 234~292; 군사편찬연구소, 『한미군사관계사』, 2002, 366~369쪽.
15) Paige, 앞의 책, 74쪽.

태를 대비하면서 남침 계획을 만들었다고 보는 증거이다.

북한은 침공 3일 만에 서울을 점령했다. 그리고 기다렸지만 남한에서의 민중 봉기는 일어나지 않았다. 설상가상으로 6월 30일 미국은 지상군 투입을 공식적으로 발표했다. 북한은 7월 1일 일반 동원령을 발표했다. 7월 16일 조기 승리의 전망이 흐린 점을 인식한 김일성은 '평양 방송'을 통한 연설에서 "미제국주의자들이 우리들의 국내 문제에 개입하지 않고 무력침공을 하지 않았더라면 우리나라는 통일되고 전쟁도 종식되었을 것"이라고 말했다. 이는 「미군 불개입」에 대한 김일성의 희망사고가 무너졌음을 의미한다.[16]

또한, 남한의 내우가 북한 오판의 근거가 되었다는 점도 주목해야 한다. 북한 지도자들은 남한의 정치적 불안정, 경제적 어려움 때문에 전쟁을 시작하기만 하면 곧 군사적 승리를 할 수 있을 것이라고 예단했다. 이 점에서 국내적 취약성은 가상적의 군사개입을 불러오는 하나의 요인이 된다는 교훈을 남기고 있다. 다음은 국제체제론적 전쟁 원인이다. 미·소 양군의 주둔과 남·북한 단독정부의 수립은 한반도에서 미·소 중심의 세력 형성을 의미한다. 체제 유지를 위해서는 구성 국가는 '균형' 유지의 행동률이 필수이다. 하지만 북한·소련(중공 포함)은 체제(현상) 파괴의 역할을 담당했다. 남한·미국은 '균형' 유지를 위한 필수요소인 힘의 균형을 통한 억제 역할을 방기했다. 역학관계에서 우세하다고 인식하는 체제 내의 국가는 균형을 파괴하려는 정책을 채택하기가 쉽다. 평화유지의 최소 조건은 상대와의 균형이며 최대 조건은 우세 균형이다. 따라서 현상 유지 국가군은 현상 타파 가능성이 높은 국가군의 정책 의도와 능력을 계속 탐지는 물론 힘의 균형을 유지해야 한다.

끝으로 미국의 정보조직과 정보과정의 문제점이다. 정보는 정보생산자(수집자, 분석자)와 사용자 간의 연계를 통해 정책 의제화된다. 미국 정부는 CIA 기능이 완전 확립되지 못한 한국과 미국의 첩보 기관이 제보한 남침 정보를 국가안보정보로 융합할 능력이 결여되어 있었던 제도적 미비를 극복하지 못했다.[17]

이밖에도 정책적, 관료적 차원에서 나타나는 정보의 수용성 문제 또한 정보실패의 원인이 되었다. 장제스의 중국 본토 상실은 미국의 극동 정책을 변화시켰다. 대만과 한국은 미국 방위선에서 제외되었다. 미 정책 당국의 고위정보 사용자는 미 극

---

16) 황병무, 앞의 글, 275~276쪽.

17) 6·25전쟁 발발 관련 정보실패의 문제를 정보생산자와 사용자 간 조직과정에 관한 분석에 대해서는 장호근, 『6·25전쟁과 정보실패』, 서울: 인쇄의 창, 2018, 제3장 참조.

동사령부의 정보생산자가 보낸 남침징후에 관련된 정보를 심각하게 고려하지 않았고, 정책 의제화(議題化)를 하지 않았다. 왜냐하면 미 방위선에서 제외된 지역이기 때문이다.

정보수집과 통보 면에서 관료 및 조직 이익의 개입은 정보실패를 초래한다. 하급 정보기관은 상급 정보기관이나 고위정책 당국이 선호하는 정보만을 통보하려는 성향을 지닌다. 그 이유는 고위 정보당국이 원하지 않는 정보를 통보하는 하급기관이나 관료는 그러한 정보 활동에 대해 인사상 보상을 받지 못하기 때문이다. 6·25전쟁 발발 직전 미국의 고위 정책지도자들은 북한의 남침징후에 관한 정보가 과도하게 워싱턴 정책 당국에 유입되는 것을 원하지 않았고, 그러한 정보를 수집하는 기관을 탐탁하지 않게 생각했다. 따라서 맥아더 사령부나 주한 미국 대사관은 북한의 남침징후를 수집하는 정보 활동에 열의가 없었다. 고위 정보전달자들은 남침에 관련된 정보를 정책 의제화하기 위한 행동 경로(action-channel)에 상정되도록 적극적인 노력을 기울이지 않았다.[18]

2. 6·25전쟁의 발발과 한국의 외군(유엔군)차용

1) 북한의 남침과 유엔군 사령부 창설

북한의 남침 소식은 발발 약 6시간 후인 6월 24일 21:26분(현지 시간) 미국 국무부에 전달되었다. 애치슨 국무장관은 주말 휴가 중인 트루먼 대통령에게 보고 후 결심을 받아 유엔 안전보장이사회의 소집을 요청했다.[19]

이승만 대통령은 25일 11:35분(현지 시간) 주미 대사관 한표욱(韓豹頊) 참사관과 장면(張勉) 대사를 전화로 불러 '자력으로 북한의 남침을 격퇴할 수 있을지'에 우려를 표명하며, 미국 정부에 직접 원조 요청을 하도록 지시했다.[20] 장면 대사는 미국에 의해 요청된 안전보장이사회에 나가 25일 14:00(현지 시간) '북한의 침략은 인류에 대한 죄악이다. 정부 수립에 유엔이 큰 역할을 하였는데 평화 유지에 기본 책임을 지닌 안보리가 침략을 적극 지지하는 것은 당연한 의무이다'라는 요지의 성명문

18) 최경락·정준호·황병무, 『국가안전보장서론, 존립과 발전을 위한 대전략』, 경기: 법문사, 1989, 183~185쪽.
19) *FRUS*, 1950, Ⅶ, Korea, p. 127.
20) 한표욱, 『한미외교 요람기』, 서울: 중앙일보사, 1984, 76~78쪽.

을 낭독했다.[21] 유엔 안보리는 결의안(UNSCR 82)을 통과시켰다. 이 결의안의 초점은 북한의 남침을 규탄하고 침략 중지 및 철수를 요구하는 것이었다. 이 결의는 유엔이 집단안전보장조치로 침략을 저지하고 평화의 회복을 달성하려는 최초의 유엔 결의였다.

6월 26일 03:00 한밤중에 이승만 대통령은 맥아더 장군에게 전화로 "오늘 이 사태가 벌어진 것은 누구의 책임이며, 귀국에서 좀 더 관심과 성의를 가졌더라면 이런 사태까지는 이르지 않았을 것이다. 우리가 여러 차례 경고하지 않았느냐. 빨리 한국을 구해주기 바란다"라고 지원요청을 했다.[22]

이처럼 한국 정부는 북한의 남침 저지를 미국에 전적으로 의존하고 있었다. 미국은 6월 27일 안보리 결의(UNSC Resolution 83)를 통해 유엔 회원국에 지원을 요청했다. 트루먼 대통령은 한국군 부대 지원과 미·해·공군의 참전을 명령하였으며, 6월 30일 지상군의 직접 개입을 극동군 사령관에게 지시했다. 그 당시 한국 전선을 시찰하고 워싱턴에 보낸 맥아더의 보고서에는 한국군 전투력을 아래와 같이 평가하고 있었다.

> "한국군은 전적으로 반격할 능력이 없으며, 추가적으로 돌파당할 중대한 위협을 안고 있다. 현재의 전선을 유지할 보장과 상실된 지역을 회복할 능력은 지상군 전투부대를 한국의 전투지역에 투입하는 데 달려 있다. 만일 필요하다면 1개 전투단을 절대적으로 필요한 지역인 한강 방어선에 증원하고 조기 반격을 위해 일본에서 2개 사단 규모를 가능한 대로 증파할 예정이다."[23]

한국전쟁은 미국 주도의 유엔군이 담당하게 된다. 7월 7일 유엔군의 참전을 효과적으로 지원하기 위한 통합사령부의 창설을 권고하는 결의안이 통과되어(UNSCR 84) 유엔군 사령부가 발족하였다. 도쿄 극동군 사령부에서 유엔군 사령부가 창설되었다. 이승만 대통령은 7월 14일 맥아더 원수에게 현 적대행위의 상태가 계속되는 동안 '대한민국 육·해·공군의 모든 지휘권을 이양한다'라는 서신을 보냈다.[24] 이 유엔군 사령부는 미 극동군 사령부 예하 구성군 사령부인 제8군 사령부, 미 극동해군사령부

21) 한표욱, 위의 책, 80~84쪽.
22) *FRUS*, 1950, Ⅶ, Korea, p. 173; 프란체스카 여사, 『이승만 대통령(1)』, 중앙일보사, 1984, 24쪽.
23) 국방부 군사편찬연구소, 앞의 책, 308쪽.
24) 국방부 전사편찬위원회, 「국방조약집」 제1집, 1988, 34~38쪽.

및 미 극동공군사령부의 조직을 이용하여 전쟁 기간 내 한국군과 16개국에서 파견된 각 군을 지휘 및 작전 통제하였다.

맥아더는 지상 작전의 중요성을 인식하여 대구에 미 8군 사령부를 설치하였다. 이로써 미 제8군 사령관은 주한 미 육군사령관으로서 예하의 미 지상군 부대를 포함하여 한국전선에 참여하는 유엔 지상군 부대를 통합 지휘하게 되었다. 한편, 한국 육군의 작전 통제의 경우 미 8군 사령관이나 그의 참모장이 한국의 육군 참모장을 통해 예하 부대에 명령과 지시를 하달하도록 하였다. 그러나 미군 부대에 배속된 경우에는 미군 지휘계통으로 통제했다.[25)]

미국의 유엔군 사령관직 수행으로 전쟁 수행 면에서 그 비중은 한국을 비롯한 16개 유엔 참전국에 비해 비교되지 않을 만큼 크게 나타났다. 한국전선에서 미국의 지상군 비율은 전체 유엔군의 50.3%를 차지하고, 해군은 85.9%, 공군은 93.4%라는 우세한 군사지원을 하였다. 병력 면에서도 미국은 한국전쟁 3년 동안 연 1,789,000명을 한국에 파견했다(도표 참조). 그 결과 전사자 및 사망자 36,940명, 부상 92,134명, 실종 3,737명 그리고 포로 4,439명의 인명피해를 입었다.[26)]

표 1 한국전쟁 시 참전 국가별 지원 내역

구 분	계	미 국	한 국	기타 유엔군
지상군	100%	50.3%	40.1%	9.6%
해 군	100%	85.9%	7.4%	6.7%
공 군	100%	93.4%	5.6%	1.0%

미국은 개전 초기 전쟁 목표를 남침한 북한군의 격퇴에 두고 이를 수행할 충분한 능력을 갖출 때까지 시간을 벌기 위한 전략에 방어 전략을 수행하였다. 1950년 9월 인천상륙작전이 성공하자 미국의 전쟁 목표는 바뀌고 전략개념도 변한다. 미국은 침략군의 격퇴를 넘어 침략지를 점령, 해방시킨다는 목표 아래 전략적 공세로 그 전략개념을 바꾼다. 1950년 11월 중공군의 본격적 개입이 이루어지자 미국은 전력의 열세로 북한의 점령지역으로부터 전략적 철수를 단행했다. 이어 남북한이 캔사스선을 따라 대치하게 되자, 다시 전략적 방어로 전환했다.[27)]

25) 국방부 군사편찬연구소, 『한미군사관계사』, 앞의 책, 471~472쪽.
26) 국방부 군사편찬연구소, 위의 책, 324쪽.

전략적 대치 시기 미국에서는 정치 수뇌부와 야전사령관 사이에 전략 논쟁이 일어났다. 맥아더는 중국 봉쇄와 만주 폭격 및 장제스 국부군을 활용한 확전을 통한 한국전의 승리를 주장했다. 트루먼은 군사력에 의한 북한 해방을 포기하고 대중 봉쇄로 전략적 방어를 한국전쟁 수행전략으로 고정시켰다. 휴전회담 및 외교협상을 통해 정전체제를 만들었다.

2) 유엔군의 북진과 점령지역 통치문제

미국에서의 북진 논의는 7월 1일 미 지상군이 한국에 도착하기도 전에 국무성 극동국 정책기획국에서 시작되었다. 찬·반 양론이 대립되었다. 극동국의 앨리슨(John Allison), 러스크(David D. Rusk) 그리고 맥아더와 합동참모부 요원들은 북진을 통한 한국 통일의 달성이라는 전쟁목적의 변경을 주장했다.

케넌(J. F. Kennen), 니체(P. Nitge) 등 정책 기획실 관계자들은 유엔군의 38선 이북으로의 진격은 소련의 직접적 또는 중국을 통해 군사적으로 대응할 염려가 있다고 반대했다. 이들은 한국에 통일 정부를 수립한다는 장기적 목표와 북한군의 38선 이북으로의 격퇴라는 단기적 목표를 분리하여, 사태를 국지적으로 해결할 것을 제의했다. CIA(중앙정보국)는 이 의견을 지원하고 있었다.

트루먼 대통령과 애치슨은 북진 안에 동조했다. 8월 25일 국무성 내의 정책 요원들은 38선 이북에서의 유엔군 행동 방침에 합의를 보았다. 이 방침은 9월 7일 국가안보회의에서 NCS－81로 확정되었고, 약간의 수정을 거쳐 9월 21일 NSC－81/1로서 대통령의 승인을 획득했다.[28)]

이 문서가 제시하는 것은 ① 유엔군의 38선 이북에서의 행동 방침은 군사적 목표의 점진적 확대를 수용한다. ② 유엔군의 작전은 중국과 소련의 주요 부대가 북한에 개입하거나 개입 의도의 표명 및 북한에서의 작전에 군사적으로 대항할 위협이 존재하지 않는 경우에 한하여 승인한다는 것이다. 이른바 조건부 승인이었다. 그리고 중·소 군사개입의 위협 판단에 어려운 인지상의 문제가 포함되어 있었다. 육군성은 인천상륙작전이 실시된 9월 15일 맥아더에게 NSC－18/1의 요점을 통고했다. 이에 따르면 맥아더는 38선 이북에서의 작전계획이나 점령계획은 사전에 합동참모

---

27) 국방부 군사편찬연구소, 위의 책, 378~380쪽.

28) *FRUS*, 1950, Ⅶ, pp. 649~652, pp. 712~721; 김철범, "한국전쟁과 미국의 외교정책," 김철범 편, 『한국전쟁을 보는 시각』, 을유문화사, 1990, 174~176쪽.

본부의 승인을 받도록 되어 있었다.[29]

한국 정부 또한 유엔군의 북진에 대한 여론을 적극적으로 조성했다. 7월 10일 장면 대사는 유엔에서 발언하는 가운데 38선은 의미를 상실했으며, 전 한국의 해방과 통일은 필수적이라고 주장하고 나섰다.[30] 이승만 대통령은 미 8군 사령부가 한국으로 들어온 7월 13일 한국군이 북한 침략을 격퇴하기 위해 절대 38선에 멈추지 않을 것이라고 강조했다.[31] 그는 19일 트루먼 대통령에게 보낸 서한에서 "대한민국 정부와 국민은 이번이 한국을 통일할 좋은 시기라고 생각하고 있다"라고 전했다.[32] 국회에서도 대전 피난 무렵인 7월 중순부터 남북통일문제를 논의했다.

한국 정부의 통일 의지는 38선 이북에 대한 법적 권한을 행사해야 한다는 주장으로까지 확대되었다. 인천상륙작전의 성공이 확인된 후인 9월 21일 장면 대사는 애치슨 국무장관에게 서한을 보내 "한국 정부가 38선 북쪽 영토에 대한 관할권을 가져야 한다"라고 주장하였고, 북한지역에서 자유로운 분위기가 보장된 후 유엔 감시하의 선거가 실시되어야 한다는 견해를 표명하였다.[33]

미 합참을 NSC－81/1을 기초로 하여 맥아더에게 북진을 허락하는 이른바 '9·27 훈령'을 하달했다. 합참은 국무부의 의견을 수용하여 맥아더에게 북한에 대한 무조건 항복을 요청하는 방송을 하도록 지시했다. 맥아더는 10월 1일 12:00에 대북 방송을 하였다.[34] 당일 한국군 3사단은 이승만 대통령의 지시를 받은 정일권 육군 참모총장의 명령에 따라 38선을 돌파하여 북진했다.

10월 2일 맥아더는 작전명령 제2호를 유엔군 예하 전 부대에 하달했다. 이 명령의 골격은 미 제8군의 제1군단을 주공으로 제10군단을 조공으로 삼아 각각 서쪽과 동쪽에서 북진하여 정주－군우리－영원－함흥－흥남을 잇는 선(한만 국경선 90~170km, 일명 맥아더 라인)까지 진출한 후 그 선 이북지역에 대한 작전은 한국군에 넘긴다는 것이었다. 이 작전선은 평양 함락 다음 날인 10월 20일 압록강 60km까지 유엔군이 진출할 수 있는 '신 맥아더 라인'으로 변경되었다.[35]

---

29) *FRUS*, 위의 책, p. 826.
30) *FRUS*, 위의 책, pp. 354~355.
31) *FRUS*, 위의 책, p. 373.
32) *FRUS*, 위의 책, pp. 428~430; 서용원, 「한국 전쟁 시 북한 점령정책」, 국방군사연구소, 1995, 96쪽.
33) *FRUS*, 앞의 책, pp. 748~750.
34) The U.S. Department of the Army, *Korea*, 1950, Washington D.C: Government Printing Office, 1952, p. 151.

10월 7일 유엔총회의 결의를 이행하기 위한 구체적인 조치는 10월 12일 유엔 소총회(The Interim Committee, the Little Assembly)에서 규정하였다. 이 소총회의 결의문에는 38선 이북지역에 대한 남한 정부의 관할권을 인정하지 않고 전 한반도에서 유엔의 감시 아래 실시된 선거를 통해 통일 한국정부를 수립한다는 것이다. 또한, 이 결의문은 유엔군 사령관이 북한의 통치와 행정 면에서 유엔 한국 통일부흥위원단과 현안 문제를 논의하여 모든 책임을 수행하여줄 것을 미국에 요청했다.[36] 미국은 유엔을 빌려 북한지역에 대한 한국의 통치주권을 명백히 부인하고, 유엔군에 의해 점령된 북한지역의 정부와 민간행정에 대한 모든 책임을 유엔 한국 통일부흥위원단이 담당하기 전까지는 유엔 통합군 사령부가 임시로 담당할 것을 권고했다. 그 결의문은 남한 정부의 북한지역에 대한 통치권 배제 이유를 '전쟁 행위의 발발 당시 한국 정부의 효과적 통치하에 있다고 유엔에 의해 승인되지 않았다'고 밝히고 있다. 그리고 전쟁이 진행되고 있는 현재도 한국군이 아니라 유엔군이 전쟁을 주도하고 있기 때문에 점령지역의 통치도 남한 정부가 아니라 유엔 한국 통일부흥위원단이 담당해야 한다는 것이다.[37]

한국 정부는 즉각 반발했다. 이승만은 "북한도 엄연히 대한민국의 땅이 아닌가? 유엔군도 북진하고 있지만, 그들은 어디까지나 우리를 도와주려고 온 군대이지 대한민국 국군이 아니다. 그러므로 북한에 대한 주권 행사는 의당 우리가 해야 한다"라고 지시했다.[38] 이승만의 말대로 유엔군(외병)을 한국이 차용했다. 그리고 그들은 우리를 도왔지만, 전쟁 수행 과정에 손님이 아니고 주인이 되었다. 이 점에서 외군차용은 주권의 제한을 가져왔다. 하지만 유엔군은 한국에 북한지역의 자유 통일의 기회를 만들고 있었다.

내무부 장관 조병옥은 이 대통령의 지시를 받아 '북한시정요강'을 만들어 10월 13일 공표했다. 이 요강에는 북한에서의 모든 사법 및 행정은 한국의 주관하에 실시될 것이며, 군의 진격과 더불어 각도별 계엄사령관하에 민정장관을 파견하여 말단행정을 담당할 계획이고 치안이 확보되는 대로 행정관을 수복지구에 파견할 계획이 적시되어 있었다.[39]

---

35) 국방부 군사편찬연구소, 앞의 책, 482~483쪽.
36) 박명림, 『한국 1950: 전쟁과 평화』, 나남, 2002, 562~570쪽.
37) 박명림, 위의 책, 371~372쪽.
38) 정일권, 『전쟁과 휴전』, 서울: 동아일보사, 1986, 198~199쪽.
39) 「동아일보」, 1950.10.14., 국방부 정훈국, 「한국전란 1년지」, B53쪽.

하지만 미국 정부는 유엔이 북한을 통치해야 한다는 신념이 확고해 10월 20일 주한 미국 대사인 무쵸(John Muccio)와 이승만 대통령은 북한지역의 통치문제에 대해서는 10 · 12 결의를 따르기로 하되, 군정 실시 시 한국 정부가 추천하는 인사(남한 경찰과 월남민)를 쓰기로 타협이 이루어졌다. 그러나 한국 정부는 이후에도 점령정책 기본 방침을 수립하기 위해 각 부처 장관 9개 분과로 편성된 '북한행정대책위원회'를 조직하는가 하면, 11월 26일 한국 통일부흥위원단이 입국하자 조병옥 내무장관이 대표가 되어 위원단과 접촉하여 한국 정부의 북한 시정방침을 적극 설득하는 등 북한지역의 통치권 확보에 노력했다.[40]

유엔군 주도의 군정은 실시되었다. 미8군은 10월 9일 행정명령 제26A호(Administration Order No.26A)를 하달하였다. 이 명령서에는 유엔군은 해방군으로서 통일 정부가 수립될 때까지 북한 현지 당국이나 유엔군이 임명하는 현지 민간인을 통해 법과 질서를 유지하고, 군사작전의 보호, 군대의 안전 확보 및 현지 주민의 안정과 복지를 촉진할 것이 강조되었다. 특히 통일에 대한 우호적 분위기 조성에 책임을 지고, 모든 제대의 지휘관들은 북한의 주민, 관료, 군대에 대한 보복을 방지하기 위한 모든 필요한 조치를 취할 것을 당부했다.[41]

가장 중요한 요인은 전황이었다. 미 제10군단이 북한 동부지역, 미 제8군이 서부지역을 각각 담당했다. 한국 1군단이 10월 1일 38선을 돌파하여 10일 원산에 입성한 후 26일 미 10군단이 상륙하자 군정을 이양하였다. 약 1개월에 이르지 않는 기간이지만 한국군은 북한지역 통치에 주도권을 확립하기 위해 10월 10일 이북지역에 계엄령을 선포했고, 12일에는 이승만 대통령이 신성모 국방장관을 대동하고 원산을 방문했다. 이날 내무부 장관 명의의 '북한시정 방침'이 공표되었다.[42]

한국군은 점령지역 민정을 위해 자치위원회를 조직했다. 도 · 시 · 군 · 면 단위뿐만 아니라 모든 공장이나 기업에도 자치위원회를 구성하여 운영하는 방식을 택했다. 한국군 제1군단 민사처는 10월 22일 함경남도 자치위원회를 조직했다. 경찰, 건설, 재무, 상공, 농림 등 8개부를 두었고, 각 부 아래는 과와 계가 있어 완전한 지방정부의 형태를 갖추고 있었다. 도 이외에 시, 군, 면에도 자치위원회를 조직하고, 수장은

---

40) 「조선일보」, 1950.11.10., 「한국전란 1년지」, 23~24쪽; 양영조, "남한과 유엔의 북한지역 점령정책 구상과 통치," 「한국근현대사 연구」 제62집, 2012(가을), 90~93쪽.

41) 서용원, '한국 전쟁시 점령정책 연구,' 국방조사 연구소, 1995, 100~102쪽.

42) 양영조, 앞의 글, 94~95쪽.

선거로 선출했다.[43)]

동부지역에서 한국군 부대는 영향력과 권위를 확장하고자 했다. 이를 위해 재남 한인을 불러들였다. 대한청년단, 방첩대 파견대, 군정 경찰과 철도 경찰의 활약이 컸다. 대한청년단의 경우, 전원을 내무부 촉탁으로 임명하여 여비 1만 원씩을 지급해 1개 군에 대장 1인, 대원 20인 단위로 투입했다. 한청, 서청, 기독교 청년회는 자생적인 치안대를 편성하는가 하면 철도 경찰대는 북한 철도를 경계하기 위해 철도 경찰관을 북한으로 파견했다. 하지만 일부 한국군 장병들의 비행(약탈, 강간)이 발생하여 현지 주민들의 반발을 불러일으켰다.[44)] 이에 따라 육군본부는 훈령 제77호를 하달하여 장병들이 책임감을 가지고 국군 역사상 오욕을 남기지 않도록 만전을 기하라고 거듭 강조했다.[45)]

평양과 평안남도의 군정은 10월 21일부터 시작되었다. 미 1군단은 평양 시장을 임명하고 현지민의 추천을 받아 평양시위원회 위원들을 임명하여 그들이 위원장을 선출하도록 하였다. 평남도 미 제1군단 민사처에 의해 김성주가 도 위원장에 임명되었다. 그런데 한국 정부도 김병연을 평남지사로 임명하여 입북시켰다. 김성주 세력이 김병연을 박해하고 대한청년단 사무소를 습격하는 등 폭행 사건이 벌어졌다. 이승만 대통령은 헌병 부사령관 김종원에게 평남 군정에 한국 정부의 영향력을 발휘하도록 밀명을 내렸다. 따라서 평남 군정은 미군 당국, 한국군 김종원, 도지사 김성주 간의 충돌과 불화가 잦았던 것으로 보인다.[46)]

평양시는 치안 공백이 극심하였다. 시내에는 유엔군이 진입하기 이전부터 자생적인 치안대가 조직되어 이들이 치안을 혼란하게 만들었다. 주민들 일상의 안정을 위협하고 있었다. 평양시 외곽에서는 상당수의 민간인들이 처형된 것으로 알려졌다. 평양을 방문(10월 27일~11월 1일)한 이선교 의원의 「평양시찰보고」에 의하면 한국군과 유엔군이 평양에 진입하기 이전 치안대는 다수의 약탈과 비행을 저질렀고, 평양은 완전히 죽음의 도시였다고 밝히고 있다. 그리고 한국군의 약탈, 살상, 비행도 평양의 안전을 크게 위협했다고 적고 있다. 이 밖에도 평양 시민들은 남한과 북한 통화교환 비율(10대 1에서 1대 1)에 불만을 품는 등 부정적인 눈으로 미군과 한국군을

---

43) 양영조, 위의 글, 95~96쪽.
44) 「동아일보」, 1950.10.17.; 「조선일보」, 1950,11.1.
45) 양영조, 위의 글, 98쪽.
46) 박명림, 앞의 책, 599쪽.

바라보았다.[47)]

중공군의 개입으로 12월 4일 미 8군은 평양 철수를 결정했다. 북한 주민 약 5만 명이 4일과 5일 월남했다. 이북 5도 위원회가 발행한 자료에 의하면 1·4후퇴 이후 월남한 북한 동포는 약 150만 명이었다. 그 이전에 월남한 피난민 약 350만 명을 합치면 도합 500만 명에 이른다.[48)] 이들이 월남한 동기와 이유는 좌우대립에 의한 상호학살의 공포가 증가되었지만, 트루먼 대통령이 11월 30일 원자폭탄 사용에 관한 기자회견 등 확산된 원폭 공포심도 빼놓을 수 없었다.

3. 중공군 개입과 국지 제한전

1) 북한의 파병요청과 중공군 개입

한국군이 38선을 넘은 10월 1일, 박헌영은 마오쩌둥에게 북한 정권의 위기를 설명하면서, 긴급 구원을 요청하는 김일성의 전문을 휴대하고 베이징으로 날아갔다.

> "직면하고 있는 상황은 매우 심각합니다. 우리 인민군은 상륙해온 적군의 공격에 결사적인 저항을 해보았으나, 남부 전선의 인민군에게는 이미 매우 불리한 상황으로 되어 있습니다. 단지 현지의 상황 속에서 적군이 우리들의 심각한 위기를 이용하여 38도선 이북으로 진공을 계속한다면 우리의 병력만으로는 위기를 극복하기가 매우 어렵습니다." 이어 전문은 "귀하께서 우리에게 특별한 원조를 해주시도록 의뢰하는 바입니다. 적군이 38도선 이북지역을 공격 중인 현재 중국 인민해방군이 긴급하게 아군을 원조하기 위해 직접 출동해줄 것을 요청합니다"라고 호소했다.[49)]

이 전문은 북진하는 한국군에 이어 뒤따르는 유엔군에 의한 북한 정권 붕괴의 위험을 강조하면서 중국군의 '긴급출동'을 요청하고 있다. 같은 날 스탈린은 주중 소련 대사에게 긴급 전문을 보내 마오쩌둥과 저우언라이에게 전할 것을 명령했다. 이 전문은 중공군의 한국전 참전을 기정사실화하여 지체 없이 5~6개 중국군 사단을 북한에 보내 북한군이 중국군의 보호 아래에 예비대를 편성할 기회를 주고, 중국군은 '지

---

47) 양영조, 앞의 글, 102쪽.
48) 이북5도위원회, 「이북5도 30년사」, 1981, 74쪽.
49) 황병무, '한국전쟁과 중국의 외교정책'; 김철범 편, 앞의 책, 235~236쪽.

원군'의 명칭을 사용하여 이들 부대를 지휘하는 것을 요청했다.[50]

중국에서는 마오쩌둥의 주관 아래 정치국 회의와 정치국 확대회의를 열어 참전의 당위성에 지도부의 의견을 모은 뒤 10월 8일 마오의 명의로 파병 명령을 내린다. 10월 8일은 유엔총회에서 이른바 통한 결의안을 가결하고 미 제1기갑사단이 38선을 넘어 북진한 다음 날이다.

파병의 목적은 "조선 인민의 해방전쟁을 지원하고 미 제국주의자들과 주구(走狗)들에 의한 침략을 격퇴하여, 조선 인민의 이익과 중국 인민 및 모든 동양국 인민들의 이익을 방어하기 위한 것"이라고 명기했다. 이를 위해 동북변방군은 중국인민지원군이 되어 조선 영토에 즉시 이동할 것, 동북변방군은 제13병단(兵團)의 제38군, 제39군, 제40군, 제42군 및 국경방어포병사령부와 그 예하 부대 제1, 2, 8포병 사단으로 구성하였다. 전쟁이 장기화되자, 중국은 제9병단, 제3병단, 제19병단 예하 12개 군단을 추가 투입했다. 펑더화이(彭德懷)를 중국인민지원군 사령관과 정치위원에, 가오강(高崗)을 동북군구의 사령관과 정치위원에 임명했다. 가오를 후방기지 사령관으로 모든 보급품의 조달과 지원 및 조선 동지들에 대한 지원에 책임을 지도록 했다. 이 명령문은 중국 인민지원군이 북한 땅에 들어가 조선 인민, 조선군, 조선 정부와 노동당, 다른 민주 정당 및 조선 인민의 지도자인 김일성에게 우호감과 존경심을 보이는 것이 작전 임무 수행 과정에 매우 중요한 정치적 조건임을 강조했다.[51]

왜 중국은 파병부대를 "중국 인민지원군(志願軍)이라 했는가? 그리고 스탈린은 마오에게 보낸 전문에서 '지원군'의 명칭을 사용하도록 했는가? 중국은 조선에서의 전쟁을 항미원조(抗美援朝)전쟁이라 불렀다. 역사적으로 1592년 일본의 조선 침략으로 발생한 임진왜란 시 명(明)은 조선을 지원할 때도 항왜원조(抗倭援朝) 전쟁이라고 명명했다. 1592년 4월 왜군이 조선을 침략한 지 28일 후 충주의 방어선이 무너지자 선조는 파천(播遷)하였다. 6월 11일 이덕형(李德馨)을 명군의 청원사로 임명해 평양을 출발했고, 선조는 왕세자 광해로 하여금 분조(分朝)를 설치한 후 의주에 대기했다. 명나라는 요동보호와 번국보전(藩國保全)이라는 참전목표를 내세운다. 명군 10만 명 파병을 계획했으나, 조선이 원한 4만 3천 명을 보내, 1593년 1월 평양전투에서

---

50) Stalin's Cable to Beijing, October, 1950, States Archives, Coded Message N4581, Anatoli Torkunov, 앞의 책, 102~103쪽.

51) 한국전략문제연구소 역, 『중공군의 한국전쟁사』, 서울: 세경사, 1991, 12~13쪽. 中國軍事科學院軍事史部, 「中國人民志願軍抗美援朝史」, 軍事科學出版社, 1987.

승리한다. 조선은 평양성 전투의 승리를 재조지은(再造之恩)으로 받아들였다. 그러나 1월 25일 벽제관 전투에서 명군이 대패한 후 명군 지휘부는 왜군과의 결전을 포기하고, 강화협상을 통해 종전을 시도했다. 조선은 협상 과정에서 소외되었고, 결말이 보이지 않는 강화협상은 1597년 정유재란이 일어날 때까지 지속되었다.[52] 임진왜란기 조선의 청병외교와 명군의 참전목표, 휴전 과정과 조선의 배제는 6·25전쟁 시 북한의 청병외교와 중공군의 참전목표와 전쟁 수행 및 협상 과정과 유사하다. 약소국의 외병차용의 득과 실에 관한 교훈을 얻을 수 있다.

중국은 지정학적 요인과 국제공산주의 의무를 고려한 가운데 중국 인민지원군이라는 명칭을 사용했다. 마오와 공산당 지도부는 북한에 대한 군사지원이 미국과의 국가 간에 공식적인 전쟁이 될 것을 두려워했다. 만약, 미국이 중국에 선전포고를 하고 북경을 공습한다면 국제법상 이를 비난할 수 없었다. 중국은 중국 민간인들이 자원(volunteer)해서 조선 전쟁에서 조선군을 지원하여 국제 공산주의 의무를 수행하려 한다는 파병목적을 내걸었다.[53] 하지만 이는 명분론이다. 중국은 참전과 동시에 전쟁을 주도했고, 전쟁이 중국 본토, 특히 만주에까지 확전되는 것을 두려워했다. 중국은 전쟁을 한반도에서의 제한 국지전으로 종결시키려 했고, 결국 성공했다. 스탈린도 한반도에서 중·미 대결로 1950년 2월 4일 발효된 중·소 동맹조약에 의해 중국에 파병의무가 발생되는 것을 피하고자 했다. 스탈린은 중국 참전부대를 지원군이라 부르기를 희망했다.

인민해방군 소속 부대원들은 모표, 흉장을 떼고 간부들은 조선인민군 군복으로 갈아입고 지원군 선서의식을 거행했다. 이는 비밀을 유지하려는 필요성과 함께 중국의 참전으로 미국에게 나라 대 나라의 전쟁이라는 선전 구실을 주지 않기 위해서였다.[54]

10월 19일 지원군 4개군, 3개 포병 사단이 안동과 집안에서 압록강을 건너 북한에 들어갔다. 비밀을 지키기 위해 매일 황혼 무렵에 이동을 시작하여 다음 날 새벽 4시가 되면 이동을 중단했다. 그리고 5시 이전에 도하 부대는 작전지역에서 은폐를

---

52) 한명기, "조선의 명군에 대한 결전 요구와 군사작전," 국방부 군사편찬연구소, 「임진왜란기 조명연합작전」, 2006, 53~69쪽; 나종우, "왜란의 발발과 조선의 청병외교," 「군사」 제60호, 2006, 13~29쪽.

53) Chen Jian, *China's Road to the Korean War : The Making of the Sino-American Confrontation*, New York: Columbia University Press, 1994, pp. 187~188.

54) 洪學智 저, 홍인표 역, 『중국이 본 한국 전쟁』, 서울: 고려원, 1992, 46쪽.

끝냈다. 이는 마오쩌둥의 지시로 맥아더와 미 정부 당국을 철저히 속여 중공군 주력 부대의 참전을 모르도록 하여 기습의 효과를 높이기 위한 것이었다. 10월 25일 지원군이 1차 공세를 개시하기 직전까지 20만 명의 병력이 도하했다.[55)]

중국지원군 사령부는 1차 전역에서 운산(40도선 이북)전투를 치른 11월 2일 생포한 한국군과 유엔군 포로를 석방해 중국군 주력이 참전하지 않은 것으로 맥아더를 기만하자는 데 의견의 일치를 보았다. "맥아더는 우리의 참전을 형식적인 것으로 생각하기 때문에 포로 일부를 풀어주면 맥아더는 자신의 판단이 맞았다고 확신한다. 적을 안심시킨 후 진격하자." 이 보고를 받은 마오쩌둥도 환영의 답전을 보냈다. 미군 포로 27명과 한국군 포로 76명, 총 103명을 뽑아 간단한 교육과 이발을 시키고 여비까지 지급한 뒤 어두운 밤에 미군 비행기를 피해서 이동해 운산 남쪽에 가서 풀어주었다.[56)]

2) 맥아더의 정보실패와 확전의 제한

미국의 참전에 대한 판단은 무엇이었는가? 10월 1일 한국군 3사단이 북진했다. 10월 3일 심야에 중국 외상 저우언라이(周恩來)는 주중 인도대사 파니카(Kavalarm M. Panikkar)를 공관에 초대해 한국군이 아닌 미군이 38선을 넘으면 중국은 참전한다는 의사를 미국 측에 전달해주길 요청했다.[57)]

미 국무부 러스크(Dean Rusk) 극동 담당 차관보는 저우언라이의 성명이 과장스럽기는 하지만 단순한 협박은 아니라고 생각했다. 그는 한국군이 북한의 항복을 받아내는 데 주된 역할을 담당하고 유엔군은 해·공군 병참 지원에 한정해야 한다는 대안을 상부에 알렸으나 채택되지 못했다.[58)]

미국 정부는 오히려 유엔군이 북한을 점령할 권한을 유엔으로부터 승인받는 데 집중했다. 10월 7일 통한결의안을 유엔 총회 본 회의에서 47대 5(기권7, 불참1)라는 다수표로 가결시켰다. 그 결의문은 ① 북한지역 내의 유엔군의 전투 활동의 승인,

---

55) 洪學智 저, 홍인표 역, 위의 책, 49쪽, 55쪽.

56) "김명호의 중국 근현대," 중앙 Sunday, 2019. 9월 7~8일, 29쪽.

57) K. M. Panikkar, *In Two Chinas : Memoirs of a Diplomat*, London: George Allen, Unwin, 1995, p. 110; Mel Gurtov, Byong Moo Hwang, *China under Threat : The Politics of Strategy and Diplomacy*, Baltimore: Johns Hopkins University Press, 1980, pp. 51~52.

58) FRUS, 1950, 앞의 책, p. 849.

② 유엔 감독하에 통일국가의 수립을 위한 선거를 포함한 조치들의 권고, ③ 유엔 한국통일부흥위원단(UNCURK)의 결성 등이 포함되었다.[59] 10월 7일 유엔군이 38선을 넘는다. 다음 날 맥아더 유엔군 사령관은 평양 정권에 '무조건 항복'하라는 최후 통첩을 발표하였다. 이 날 맥아더는 미 국방장관 마샬(George Marshal)로부터 한 통의 전문을 받았다. 그 전문에는 ① 사전 통보 없이 중국군 주력부대가 공개 또는 비밀리에 작전을 개시할 경우 귀관의 판단에 따라 현재의 군사작전을 계속 수행할 것, ② 중국 영토에서 군사작전을 수행할 경우 귀관은 워싱턴으로부터 반드시 승인을 받아야 한다는 내용이었다.[60]

1950년 10월 15일 웨이크섬에서 맥아더는 트루먼 대통령과 회담 시 저우언라이의 경고와 마샬의 지침 그리고 통한결의안 등을 알고 있었다. 그는 트루먼이 소련과 중국의 개입 가능성을 물었을 때 '거의 없다'고 하면서 그 이유를 두 가지로 들었다. 첫째, 개입 기회를 놓쳤다. 맥아더는 인천상륙작전 직후가 적절한 시기로 판단하고 있었다. 둘째, 공군 없이 중국군이 평양으로 밀고 내려오려 한다면 대살육이 벌어질 것이라고 대답했다. 그는 야전사령관으로서 중국군 병력 현황을 만주에 보유하고 있는 30만 명 가운데 10만 명 내지 12만 5천 명 정도가 압록강을 따라 배치되어 있으며 그중 5만 명에서 6만 명 정도가 압록강을 넘어올 수 있을 것이라고 말했다.[61] 맥아더는 해리만(Averell, W. Harriman), 러스크(Dean Rusk)와 가진 추가 회담에서 중국은 소련의 지원 없이 미국에 대하여 전쟁을 선포할 것이라고 믿기가 어렵다. 하지만 중국이 선전포고를 한다면 미국은 이를 심각하게 다루어야 할 것이라고 답변했다.[62]

그 당시 맥아더는 중·소 동맹의 응집력을 심각하게 여기지 않았다. 중국이 소련의 지원 약속을 받아 미국에 선전포고를 할 수 없다고 생각했던 것이다. 배석했던 브래들리(Omar Nelson Bradley) 합참의장이 작성한 요지문에 따르면 맥아더는 한국 전황의 전망에 대하여 매우 낙관적인 견해를 밝혔다. 그는 크리스마스 때까지 전쟁

---

59) UNGA, Res, 376(V), October 7, 1950.

60) Message from J.C.S to Commander in Chief, Far East Command, 10. 7, 1950, 『한국전쟁자료총서 49: 미국무부 한국국내 상황 관련 문서 XI』, 국방부 군사편찬연구소, 1999, 341쪽.

61) 이상호, "웨이크 섬(Wake Island) 회담과 중국군 참전에 대한 맥아더 사령부의 정보 인식," 「한국 근현대사연구」 제45집, 2008(여름), 151~153쪽.

62) 이상호, 위의 글, 154쪽.

을 종료하여 미 제8군을 일본으로 철수시키는 한편 10군단은 북한 점령을 위해 재정비하여 주둔시킬 것이라고 말했다.[63)]

유엔군은 중국지원군의 1차 공세(1950년 10월 25일~11월 5일)를 맞아 청천강 이남까지 후퇴하였다. 맥아더는 11월 4일 합참에 보내는 보고서에서 중공군의 개입을 언급하면서도 중공군 주력의 공개적이고 완전한 개입을 인정하지 않았다. 그는 중공군의 참전을 ① 외교적 이유로 인한 은밀한 개입, ② 의용군의 사용, ③ 한국군과 조우전 등의 유형으로 지적했을 뿐 출병 규모 및 목적에 대해서는 명료하게 밝히지 않았다. 그는 "중공군의 공개적인 완전 개입은 국제적으로 가장 큰 중요성을 가지는 엄정한 결정일 것으로 아직 실행되지 않았다. 나는 성급한 결정은 시기상조이며, 최종 평가를 위해서는 앞으로 완전한 군사적 사실들이 수집되어야 한다고 믿는다"라고 밝혔다.[64)] 이 문안대로라면 맥아더는 1차 전역 종료 직후까지 중공군 주력이 '항미원조' 구호하에 전면 개입한 사실의 인지에 실패했다.

하지만 맥아더는 11월 초, 중공군의 전장으로의 추가 증원을 막고 보급을 감소시킬 목적으로 미 극동공군사령관에게 한만 국경도시인 강계, 삭주, 북진, 신의주 등에 폭격을 명령했다. 그런가 하면 11월 7일 맥아더는 합참에 전력의 보충과 만주 폭격을 강력하게 요구했다. 그는 보고서에서 "중공군 개입이 전황을 완전히 바꾸어놓았다"라고 인정하면서 자신에게 보내줄 모든 병력의 파견 계획을 즉각 실행해주도록 요청했다. 더욱 많은 전력의 지원이 없다면 지금까지 획득한 모든 것을 잃어버릴 것이 될 것이라고 경고했다.[65)] 특히 맥아더는 적의 공군기가 한만 국경을 넘나드는 일종의 완벽한 성역을 갖게 되어 유엔군의 공군과 지상군의 사기가 떨어졌다는 사실을 밝히고, 만주지역에 대한 폭격을 허용할 것을 요청했다.

11월 9일 미 국가안보회의는 맥아더를 지원하는 정책을 하달했다. 첫째, 중국의 출병 의도가 확인될 때까지 전 한국을 군사적 수단으로 신속히 점령한다는 원래의 계획을 계속 실시한다. 둘째, 유엔군 사령관의 북한 점령 임무를 변경시키지 않는다.

---

63) 『한국전쟁 자료총서 50 : 미국무부 한국 국내상황 관련문서 XII』, 국방부 군사편찬연구소, 63~86쪽.

64) James F. Schnabel, *The U.S.Army in the Korean War : Policy and Direction : The First Year*, Washington. D.C.: Office of the Chief Military History in U.S. Army, 1972, pp. 240~241.

65) Commander in Chief, Far East MacArthur to the Join Chief of Staff, 1950.11.7., *FRUS*, 1950 VII, pp. 1076~1077; Schnabel, 위의 책, p. 238.

셋째, 맥아더 사령관은 군사작전 면에서 자유 재량권을 행사할 수 있다. 넷째, 압록강의 교량에 대한 폭파계획은 승인하나 만주지역에 대한 폭파는 불허한다.66) 국가안보회의는 중공군의 출병 규모보다 출병 의도의 확인을 중시했다. 중공군과의 개전 초기 미 정책 당국이나 맥아더는 중공군의 참전 의도와 참전 규모에 대해 오판하고 있었다. 맥아더는 야전 사령관으로서 중공군의 배치를 보고한 것에 지나지 않았고, 참전 여부는 상부인 워싱턴 당국에서 결정할 문제라고 강조했다.67) 딘 애치슨은 1951년 5월에 열린 맥아더 청문회에서 중국군의 참전 문제가 고려 대상이긴 했지만, 그 가능성은 없는 것으로 판단했다고 증언했다. 당시 중국 참전 가능성을 확인할 수 있는 정확한 정보는 없었다고 덧붙였다.68) 미 합동참모본부는 한반도에 5~6개 군 규모의 중공군이 들어와 있다고 생각했지만, 야전 지휘관을 존중하는 전통에 따라 그저 맥아더에게 전진의 중단 여부를 물었을 뿐 멈추라고 명령하지는 않았다고 밝히고 있다.69)

국무부와 맥아더는 중국군의 참전 의도와 규모에 대한 정보판단에 실패했다. 특히 중국군 참전 규모에 대한 정보실패는 작전실패로 이어졌다.

중국 지원군사령부는 1차 전역에서 유엔군의 공군과 포병의 위협과 살상을 감소시키기 위해 야간 전투와 근접 전투를 폭넓게 실시하여, 전역 및 전투의 기습 요소를 증대시켜 출국 전역을 성공할 수 있었다고 평가했다. 중공군의 살상은 10,000여 명에 달했고, 유엔군과 중공군의 살상 대비는 1:0.62를 기록했다.70)

맥아더는 제2차 전역(1950년 11월 24일~12월 6일)에서도 중공군의 참전 규모와 작전술을 과소평가했다. 중공군의 전선 병력은 3개 군이 증강되어 9개 군 30개 사단 38만 명에 달하여 유엔군의 지상 작전부대의 1.72배였다. 동부전선에서는 유엔군 9만여 명 대비 중공군 5만 명으로 유엔군의 1.66배였고, 서부전선에서는 유엔군 13만여 명 대비 중공군 23만 명으로 유엔군의 1.76배였다.71) 맥아더는 우세한 공군력에 의한 압록강 폭격작전으로 중공군의 도강을 저지하는 데 실패했다. 중공군 공식 전

---

66) Harry S. Truman, *Years of Trial and Hope*, New York: DoubleDay Company, 1950, pp. 378~380.
67) Douglas MacArthur, *Reminiscences*, New York: McGraw-Hill Book Company, 1964, p. 366.
68) 이상호, 앞의 논문, 155쪽.
69) 리처드 B. 프랭크 저, 김홍래 역, 『맥아더』, 서울: 플래닛미디어, 2015, 314쪽.
70) 한국전략문제연구소 역, 앞의 책, 38~39쪽.
71) 한국전략문제연구소 역, 위의 책, 46~47쪽.

사는 전승의 요인을 아래와 같이 적고 있다. "적군이 힘만 믿고 방자하게 구는 심리를 이용하여 적을 아군 깊숙이 유인하는 방침을 채택했으며, 계획적으로 주력 부대를 은폐 및 철수시키고 고의로 약하게 보여 적군의 착각을 확대시키고, 적을 아군의 익숙한 전장으로 진격하도록 유인한 후 기습적인 타격을 가하여 전역의 원만한 승리를 얻었다."[72]

유엔군은 12월 6일 평양을 내주고 후퇴했으며, 20일에는 10군단 예하 미 제7사단 일부, 육군 3사단 및 수도 사단이 흥남으로부터 철수했다. 제2차 전역에서 중공군은 30,700여 명이 사망한 가운데 유엔군 36,000여 명(그중 미군 24,000여 명)을 섬멸해 중공군 대 유엔군의 사상 비율을 0.85:1로 기록하고 있다.[73]

맥아더는 11월 28일 워싱턴에 "우리는 완전히 새로운 전쟁에 직면했다"라고 통보했다. 맥아더는 중공군 참전 의도와 능력에 대한 오인을 인정하고 워싱턴 수뇌부에 새로운 전략 대안을 구상하여 북한 점령에 의한 한국전 종료를 위해서는 확전이 불가피함을 아래와 같이 제시했다.

첫째, 중공군의 한국전선에 증파를 막기 위해 중공군 집결지, 만주(성역)를 폭격해야 한다.

둘째, 미 해군이 중국 본토 해안을 봉쇄해야 한다.

셋째, 국민당 정부의 병력을 전쟁에 투입하고, 대중 연합전선을 펼쳐야 한다.[74]

맥아더는 확전이 아니면 한국에서 철수를 주장했다. 11월 29일 맥아더는 한반도에서 유엔군의 지상 작전을 지원하기 위해 전술핵 사용에 관한 보고서 준비를 지시했다. 이 보고서에 따르면 대천 지역에 집결해 있는 중공군 2만 명을 상대로 원폭을 투하할 경우 약 1만 5천 명을 살상할 수 있다고 판단했다. 또한, 중공군의 대규모 개입으로 발생할 수 있는 위기 시 즉시 원폭을 사용하여 전술적으로 효과를 내기 위해서 120개의 핵폭탄을 일본에 비축할 것을 권고했다.[75]

11월 30일 트루먼 대통령은 원자폭탄 사용에 관한 기자회견을 했다. 그 내용은 12월 1일 전 세계 언론에 일제히 보도되었다. 런던, 파리의 신문들은 '충격과 분노

---

72) 한국전략문제연구소 역, 위의 책, 70쪽.
73) 한국전략문제연구소 역, 위의 책, 69~70쪽.
74) D. Clayton James, *The Years of MacArthur, vol 3, Triumph and Disasters, 1945~1964*, Boston: Houghton Mifflin, Company, 1985, pp. 542~550.
75) 김영호, 『한국전쟁의 기원과 전개 과정: 스탈린과 미국의 롤백』, 서울: 두레, 1998, 290~292쪽.

(shock and outrage)'라는 제목으로 보도했다. 영국 수상 애틀리(Clement R. Attlee)는 워싱턴을 방문하여 한국전선에서 핵무기를 사용할 경우 영국군의 철수를 요구하는 국내 노동당 소속 국회의원들의 항의 편지를 전달하면서 핵무기 공동 관리를 제기했다. 12월 2일 한국 국방장관 신성모도 한반도 북부에 원자탄을 투하해달라고 간청했다는 소문이 나돌았다. 그러나 트루먼은 핵무기를 사용할 만큼 국제정세가 악화되지 않을 것이라고 말하면서 핵무기 공동 관리를 반대했다. 트루먼 행정부는 한국전쟁 당시 핵무기를 재래식 무기로 간주(핵폭탄의 위력은 평균 15킬로톤 이하 유지) 했었다. 하지만 미국 정부는 유엔 동의 없는 사용은 미국의 도덕성에 부정적인 영향, 소련까지의 확전 가능성, 소련 핵무기로 인한 핵 억제 능력의 제한 등의 이유로 핵무기 불사용을 결정했다.[76]

트루먼은 12월 초 북한을 해방시키는 목표를 포기하고 봉쇄정책을 추구하는 데 동의한다. 이 사실을 맥아더에게 알리지 않았지만, 12월 5일 맥아더에게 외교정책에 관한 발언을 할 때는 반드시 국무부의 확인을 받으라고 지시했다.[77] 다행히 신임 8군 사령관 리지웨이는 중공군에게 실시한 국지적 공세가 성공하여 3월 15일 서울을 영구적으로 탈환했고, 38선을 향해 전진하는 등 전황을 유리하게 바꾸었다.

맥아더는 워싱턴 수뇌부가 38선의 교착상태를 수용하려는 생각을 혹평하고, 유엔군에게 부과된 제약이 중공군에게 피난처를 제공했다고 비난했다. 그는 외교적이 아닌 군사적 해결만이 한국의 분쟁을 끝낼 수 있는 방법이며, 어떤 것도 승리를 대신할 수 없다고(no substitute for victory) 말했다.[78] 3월 24일 맥아더는 발표한 코뮤니케에서 중국 공산당이 산업력이 부족하여 공군과 해군을 지원할 수 없으며, 지상군에게도 일급 화력을 제공하지 못한다고 비웃었다. 그는 중국 지도자들에게 한국에서 패배를 공개적으로 인정하고 자기에게 협상을 애걸하라고 요구했다. 트루먼을 향한 것으로 민주당 행정부가 추진했던 중국의 티토화 구상을 단념하고 적 중국을 굴복시키라는 것이었다. 그는 미국의 외교정책이 유럽보다 아시아에 우선순위를 두어야 하고, 소련과 중국 간에 통합된 음모가 없다. 따라서 중국에 대해 봉쇄와 폭격 및 장제스 국민당 군대를 활용하여 한국전의 승리를 추구해야 함을 주장했다.[79] 야전

76) 국방부 군사편찬연구소, 앞의 책, 337~339쪽. 이재학, "상황적 억제이론으로 본 한국 전쟁 기간 트루먼 행정부의 핵무기 불사용 결정," 「국제정치논총」 제54집 3호, 2014, 94~105쪽.
77) 김홍래 역, 앞의 책, 343~344쪽.
78) 김홍래 역, 위의 책, 347쪽.
79) 김홍래 역, 위의 책, 345~346쪽.

사령관 맥아더의 주장은 정치에 대한 불복종이었다. 그는 해임을 각오하고 미 수뇌부의 정책 전환을 추구했다. 그의 주장은 아이젠하워가 대통령에 당선된 후에도 지속되었다. 결국, 맥아더는 4월 12일 해임되었다.

3) 공산 진영의 작전 협의와 조정

중국지원군이 10월 25일 1차 공세를 개시한 후 1953년 7월 27일 정전협정을 체결할 때까지 5차례의 전역을 치른다. 중국은 군대를 제공하여 주요 전역에서 주도적 역할을 담당했고, 소련은 중국군과 북한군에 대해 무기와 장비를 제공했다. 북한군은 중국군의 작전 통제를 받았고, 스탈린은 주요 작전에 개입하는 경우가 많았다.

1950년 12월 8일 북·중 간에는 연합지휘부(약칭)가 창설되었다. 12월 3일 마오쩌둥, 저우언라이, 김일성이 베이징에서 협의를 시작하여 12월 7일 합의 후 12월 8일 내부적으로 발표했다.[80] 펑더화이를 연합사령부의 사령관 겸 정치위원, 김웅(金雄)은 부사령원, 박일우(朴一禹)를 부정치위원으로 임명하고, 중조연합사령부 예하에 중국인민지원군 사령부와 조선인민군 총참모부를 두기로 했다. 1953년 2월 북한 정부의 요청으로 최용건(崔庸健)을 부사령원으로 임명하여 2명의 조선군 부사령원을 두게 되었다. 이는 중공당에 편승하여 조선 노동당의 지도 권위를 훼손하는 박일우를 견제하기 위한 것이었다고 한다. 중국은 이 연합사령부 창설을 대외비로 했다.

작전권만이 중·조 연사에 넘어간 것이 아니었다. 연합사령부는 작전 관련 교통·운수(공로, 철도, 항구, 비행장, 유·무선의 전화, 전보 등) 및 인력·물자 동원업무에 관한 지휘권을 장악했다. 북한 정부는 철도운수의 관리권은 주권에 관련 사항으로 연합사령부에 이양하지 않으려고 북한 주재 소련 고문단을 통해 스탈린에게 중재를 요청했다. 스탈린은 부대 지원을 위한 전쟁물자의 전선 수송계획을 적시, 정확하게 실시되어야 한다고 말함으로써 중국 주도의 연합사령부에서 담당할 것을 지지했다.[81] 이밖에도 연합사령부는 작전 관련 신문보도 문제를 연합사령부 지도부가 지정하는 기관에 임무를 부여하고, 북한 신문기관이 '조선인민군 총사령부' 명의로 통일하여 발표할 것을 규정했다.[82] 중·조 연합사령부는 북한 정부에 대하여 전황의 변화에 따른

---

80) "中朝兩方 關于 成立中朝聯合指揮部的協議,"「周恩來軍事文選 제四권,」人民出版社, 1997, 122쪽.

81) 박영실, "정전회담을 둘러싼 북한·중국 갈등과 소련의 역할,"「현대 북한연구」제14집 3호, 2011, 54~56쪽.

전쟁 수요와 조선 후방의 동원문제에 관하여 보고와 건의를 하도록 했다.

중·조 연합사령부는 정식으로 제3차 전역에서부터 작전권을 행사했다. 하지만 중국 정부는 스탈린과 북한 부대 구조, 배치 및 무기 지원 등 세부 문제까지 협의해야만 했다. 스탈린은 작전 협의에 만족하지 않고 직접 김일성에게 부대 구조의 재편을 지시하는가 하면 마오쩌둥에게 지시공문을 보내기도 했다.

1951년 1월 30일 제3차 전역이 끝나고 유엔군의 반격작전이 개시된 직후(1월 25일) 스탈린은 김일성과 마오쩌둥에게 육군 부대(사단) 구조의 재편을 지시한다. 그는 북한군 28개 사단 중 19개 사단이 전선에 배치되었고, 9개 사단은 만주에 재편성을 위해 주둔하고 있지만, 북한 사단은 적절한 수의 장교를 확보하지 못해 전투력 발휘가 비효율적이었다. 따라서 북한군의 사단을 23개로 줄이고, 감축된 5개 사단의 장교를 나머지 사단에 보충하여 전투력을 강화할 것. 그리고 1개 군단을 4개 사단으로 구성해 6개 군단을 만들어 과거 8개 군단을 6개 군단으로 감축하라는 지시를 내렸다. 김일성은 스탈린의 지시에 따른다.[83]

제3차 전역 이후 작전지휘를 둘러싸고 스탈린, 마오쩌둥, 김일성 간에는 의견 대립이 있었고, 그때마다 스탈린은 자기의 주장을 앞세워 해결하거나 조정했다.

1951년 1~2월 전투 후 마오쩌둥은 펑더화이에게 한국군에게는 대부대 작전을 실시하고 유엔군에게는 소부대 작전을 실시하되, 유엔군을 평양 – 원산 선을 넘지 않은 지역까지 유인 후 역습 작전을 감행할 것을 지시했다. 펑더화이는 마오의 작전 지시를 따르려 했으나, 스탈린은 반대했다. 국공내전 중 얻은 교훈을 한국전에 적용할 수 없다는 이유였다. 영·미군은 장제스처럼 바보가 아니다. 그리고 적을 평양 부근까지 유인하여 실시하는 작전이 실패할 경우 조선인들의 중국지원군에 대한 신뢰감은 무너지고 적군의 사기만을 올리게 할 위험한 작전이라는 것이다. 스탈린은 유엔군에 대한 대규모 공세 작전을 주장했다.[84]

1950년 12월 31일 중·조 연합군 총 30여만 명(중국지원군 6개 군 인민군 3개 군

82) 「周恩來軍事文選」, 앞의 책, 123쪽.
83) Coded Message no. 651, January 36, 1951, the 8th Directorate of the General Staff, Armed Forces of the Soviet Union, Archives of the President of Russia, Torkunov, 위의 책, p. 120, p. 124.
84) Coded Message No.3282, the 8th Directorate of the General Staff, Armed Forces of the Soviet Unions, Archives of the President of Russia, Torkunov, 위의 책, pp. 127~128.

단)은 약 200km에 걸친 전 전선에서 공격을 개시하여 38선을 돌파, 남진을 시도했다. 1월 4일 밤 지원군 50군과 39군 116사단, 인민군 제1군단은 서울을 점령했다. 7일 지원군 50군은 수원을 점령했고, 인민군 1군단은 8일 인천을 점령했다. 하지만 펑더화이 총사령관은 전군에 추격정지 명령을 내림으로써 제3차 전역이 일단락되었다.[85]

공산 진영에서는 사기가 왕성했고 "서울마저 해방시킨 터에 이쯤에서 제3차 전역을 종결짓는 거요"라고 공개적으로 투덜거렸다. 그러나 펑더화이의 판단은 달랐다. 이번 전역에서도 쉽게 이기기는 했지만, 상대 주력을 무력화시키지 못한 점, 신속한 남진으로 보급선이 500~700km로 길게 뻗어 그 보호를 위한 방공력이 부족하다는 점, 유엔군이 공산군을 남쪽 깊숙이 유인한 후 배후에서 상륙작전을 꾀하려는 음모를 우려했다.[86]

김일성은 분노했다. 즉시 주 북한 소련대사 라자예프에게 그 항의의 뜻을 전하고, 남진을 지속해줄 것을 요청했다. 라자예프는 펑에게 불만을 전하는 데 그치지 않고, 스탈린에게까지 보고했다. 펑은 마오에게 전보를 보내 자기의 의사를 전달했다. 스탈린은 마오에게 보낸 답변에서 "열세한 장비로써 세계 최강의 미 제국주의를 무찌른 펑더화이는 당대 천재적인 군사전문가이다"라고 칭찬했다. 이후 라자예프는 귀국 조치되었다.[87]

서울을 재점령한 후 1월 25일~29일 중·조 양국군 고급 간부 회의가 군자리에서 열렸다. 펑 사령관은 "3차례 전역의 경험에 비추어볼 때, 상대가 아무리 우수한 장비를 갖추고 있다 해도 우리가 탄력성 있는 부대 운용과 용감무쌍한 보병작전(야간 전투와 대담한 우회 및 침투, 필자 의견)을 결합하여 밀어붙인다면, 전쟁에서 승리를 보장할 수 있다"라고 결론지었다. 하지만 병참을 책임진 홍쉐즈는 후방 보급의 어려움 속에서도 불굴의 전투 정신을 아래와 같이 적고 있다.[88]

「병사들은 지금 3가지 두려움에 떨고 있는 실정이다. 굶주림과 탄약 부족, 그리고 부상을 당한 후 버려지지 않을까 하는 두려움이다. 이것은 우리가 제공권을 완전히 빼겼기 때문이다. 지난 3차례의 전역을 통해 우리는 1천 2백여 대의 트럭을 잃

---

85) 홍인표 역, 앞의 책, 166~168쪽.
86) 홍인표 역, 위의 책, 169쪽.
87) 홍인표 역, 위의 책, 170~172쪽.
88) 홍인표 역, 위의 책, 175~176쪽.

었다. 하루 평균 30대 꼴이다. 우리의 후근 역량이 부족해 물자 보급에 큰 어려움을 겪고 있다. 우마차 등 모든 운송수단을 동원해 보급에 최선을 다하겠다.」

중국지원군이 이처럼 어려운 물자 보급 상황에서 유엔군의 공세를 맞아 패퇴했다. 3월 15일 미 제3사단과 국군 제1사단이 서울을 다시 탈환했다. 3월 23일에는 유엔군은 고양, 의정부, 가평, 춘천을 점령했으며, 4월 10일에는 이른바 38도선 이북 3.2~10km 지점인 캔사스(임진강에서 양양을 잇는 선)선에 도달했다. 하지만 유엔군은 5월 하순 삼척 북쪽까지 후퇴하다가 공세로 전환하여 현 휴전선까지 점령지역을 확대했다.89)

1951년 4월 22일~6월 10일 유엔군에 대해 감행한 제5차 전역에 실패한 중국지원군은 5월 말 스탈린의 동의를 얻어 새로운 전략을 채택했다. 이른바 '협상하면서 싸운다'라는 개념으로 조선에서 전전(戰前) 상태를 회복하면서 정전을 추구한다는 것이다.90)

김일성은 새로운 전략방침에 즉각 불만을 나타냈다. 5월 30일 펑더화이에게 보낸 서신을 통해 '조선 문제는 평화적으로 해결할 수 없고, 전쟁을 38선에서 멈출 수 없을 것'이라고 강조했다. 중국 지도부는 북·중 간 전략조정을 위해 6월 초 김일성을 베이징에 초청해 논의했지만, 성과를 걷을 수 없었다. 할 수 없이 스탈린의 판단에 맡기기로 했다.91)

6월 13일 가오강(高崗)과 김일성은 모스크바에서 스탈린과 협의했다. 스탈린은 중국지원군과 북한군의 전력이 유엔군에 비해 유리하지 않다는 평가를 근거로 협상을 통한 정전을 추구하되, 군사분계선은 전쟁 전 38선의 회복에 두어야 한다는 결정을 내렸다. 스탈린은 마오쩌둥에게 회담의 결과를 통보했다.92)

---

89) 국방부 군사편찬연구소, 앞의 책, 482~483쪽.

90) Byong Moo Hwang, The Role and Responsibility of China and the Former Soviet Union in the Korean war, *International Journal of Korean Studies, XVI : Fall/Winter*, 2010, p. 116.

91) 柴成文, 趙勇田, 「板門店 談判」 解放軍 出版社, 1992, 115쪽.

92) 지안첸, "한국전쟁시 중국의 개입과 공산 불럭의 협력," 황병무·이필중 편, 『6·25전쟁과 한반도 평화』, 국방대학교 안보문제연구소, 2000, 54쪽.

그림 1 중공군 5차 공세

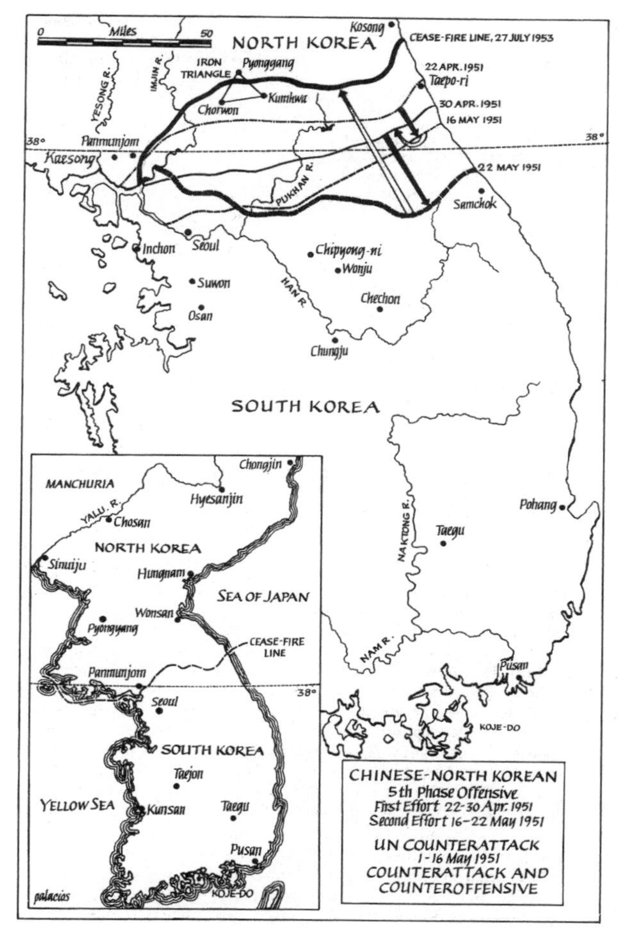

출처: Dean Acheson, 「The Korean War」, 1969, W.W.Norton & Company. Inc. NY. 117쪽

스탈린-가오강-김일성 회담에서 도출된 결정에 따라 6월 23일 소련의 유엔 대표 말리크(Jacob Malik)는 공식적으로 "38선으로부터 상호 군대를 철수하고 휴전을 할 것을 요청했다. 중국은 즉각적으로 소련의 주장을 추인했다. 미국과 유엔 측이 공산 측의 협상 요청에 긍정적인 반응을 보임으로써 양측은 개성에서 7월 10일 협상을 개시하자고 동의했다. 유엔 측과 공산 측은 2년 동안 장기간 '싸우면서 협상'이라는 군사·외교 터널을 통과해야만 했다. 동시에 중국지원군은 8월 이후 군사전략을 지구전으로 바꾸면서 지하장성 난공불락의 갱도건설에 들어간다. 갱도건설의

목적을 방공, 방포, 방폭, 방우, 방조(防潮), 방화, 방한 등 7가지에 두고 1952년 봄에 완성했다.

4. 정전협정 체결과정과 반공포로 석방

1) 군사분계선 확정 논란

미국은 1950년 12월 중국의 군사개입 이후 한반도의 재통일이라는 전쟁 목표를 포기할 것을 결정했다. 12월 11일 아시아 및 아랍 13개국은 유엔정치위원회에 한국전 종전을 위한 정전 3인 위원회(Cease-Fire Group 3 Persons) 설치안을 제출했다. 이 안은 12월 14일 유엔 총회 결의 제384호로 가결되었다. 동 위원회는 한국 전역에서 군사행동 중지와 38선에 약 20마일의 비무장지대 설치를 골자로 하는 휴전협정 체결을 제의했다.[93)]

중국은 2차 전역에서 군사적 승리에 들떠 유엔의 제안을 거절했다. 1951년 1월 13일 정전 3 위원회는 휴전과 평화회복 조치, 외국군의 철수 및 대만 문제, 중국의 유엔대표권 등 정전 5개 항을 유엔 총회 정치위원회에 제출했다. 하지만 소련은 이에 반대하였고, 중국 또한 중국의 유엔 가입과 대만으로부터의 미군 철수에 관련된 정치 협상을 먼저 시작하는 조건으로 반대했다. 결국, 중국은 1951년 2월 1일 유엔 총회에서 평화계획을 반대한 대가로 한국전쟁의 침략자로 낙인(Naming Communist Chinese on Aggressor in Korea)찍히게 되었다.[94)]

트루먼 행정부의 정전정책은 1951년 5월 17일 대통령 승인을 받은 NSC-40/5로 확정되었다. 군사분계선을 38도선 이북으로 조금이라도 확대된 지역에 긋는 조건에서 전투행위를 종결하고 그 후 적당한 시기에 외국군을 철수시키고, 북한의 재침에 대비하여 한국군의 전력을 강화시킨다는 것이다.[95)]

유엔 측과 공산 측은 1951년 7월 10일 최초로 정전회담을 가진 후 7월 26일 제10차 회담에서 5개 항의 의사일정에 합의했다. 의사일정에 포함된 의제(議題)로는 ① 제1항: 의제의 선택, ② 제2항: 군사분계선 및 비무장지대 설정, ③ 제3항: 휴전감시 방법, 기능 문제, ④ 포로교환 문제, ⑤ 제5항: 쌍방 각국 정부에 대한 권고 등

93) 국방부 군사편찬연구소, 앞의 책, 327쪽.
94) 정일형, 『유엔과 한국문제』, 서울: 신명문화사, 1961, 53쪽.
95) NSC-48/5, *FRUS*, Korea VII, pp. 439~444; 국방부 군사편찬연구소, 앞의 책, 366쪽.

정전협정의 기본이 된 문제였다.[96)]

의제의 선택에 한반도로부터 외국군의 철수가 협상을 위한 전제조건이 되어야 할 것인가에 유엔군·공산군 쌍방의 의견이 일치하지 않았다. 한국 정부도 강력히 주장한 의제였다. 하지만 유엔 측과 공산 측은 전투행위의 중지를 위한 정전 협상의 진행이 주요 관심이었다. 양측은 외국군의 철수문제는 야전에서 협상할 의제가 아닌 정치문제로 5항 의제에 추가하기로 합의했다.[97)]

한국 정부는 유엔 측과 공산 측의 정전 협상이 시작될 기미가 보이자 반대 의사를 표명했다. 1951년 6월 5일 한국 국회는 정전반대 결의안을 채택했다. 6월 11일에는 "38도선 정전반대 국민 총궐기 대회를 개최하고, 3천만의 총의로써 공산 침략자들에게 시간과 기회를 다시 주게 되는 정전에 결사반대 한다"라는 결의문을 미국 트루먼 대통령에게 전달하는 등 침략자에게 응징 없는 한국인의 정전반대 의사를 천명했다. 그러나 트루먼 대통령은 리지웨이(Matthews B. Ridgway) 유엔군 사령관에게 휴전교섭을 추진할 것을 지시했다는 소식이 전해졌다. 한국 정부는 6월 30일 처음으로 5개 항의 정전 협상에 대한 입장을 발표했다.

① 중공군의 전면 철수
② 북한의 무장해제
③ 북한에 대한 모든 원조 방지
④ 한국 문제를 토의하는 국제회담에 한국 대표 참가
⑤ 한국의 주권 및 영토보존에 분쟁을 야기하는 결정에 대해 반대

위의 성명은 정전회담에 한국 대표의 참가 항을 제외하면 대부분 정치적 사항으로 정전회담 자체를 반대한다는 국회 결의와 큰 차이가 없었다. 한국은 7월 10일부터 시작된 정전회담에 백선엽 육군 소장을 파견했다.

양측의 대표들은 군사분계선 설정을 둘러싸고 논란이 제기되었다. 공산 측은 38도선 군사분계선을 주장했다. 반면 유엔 측은 현 전선을 군사분계선으로 설정하고, 폭 4km의 비무장지대를 설치할 것을 제의했다. 유엔군은 1951년 중순, 38도선 북방 이른바 철의 삼각지대(철원, 금화, 평강) 이남을 확보했다.[98)]

96) 국방부 전사편찬위원회, 『한국전쟁 휴전사』, 1989, 85쪽.
97) Ridgeway to JCS, 10 July 1951, *FRUS*, 1951, VII, 651~652쪽.
98) 38도선－휴전선 지도, Dean Acheson, *The Korean War*, New York: W.W. Norton

이 밖에도 유엔 측은 38도선을 두 가지 이유로 수용할 수 없었다. 첫째, 38도선이 인위적으로 방어하기가 어렵다는 점, 개성으로부터 서부 해안에 이르는 짧은 부분을 제외하고는 38도선 북쪽에 유엔군이 점령하고 있는 요새화된 전선을 포기하는 것에 반대했다. 둘째, 전쟁 이전의 분단선보다 북쪽에서 전쟁을 중단함으로써 북한이 남침의 패배를 의미하는 실질적인 증거가 된다는 점이다.[99)]

1951년 8월 23일 협상은 중단되었고, 10월 25일 협상이 재개되었다. 이 6주 동안 미군은 지상군 작전 선을 북방으로 이동하고, 공중공격을 감행하여 평양과 나진에 엄청난 피해를 입혔다. 개성 부근에서 소규모 전투도 벌였다. 이른바 강압 작전을 전개하여 군사분계선에 대한 유엔군 측의 제의를 수용하도록 한 것이다. 또한, 워싱턴의 훈령을 받는 소련 주재 미국 대사 커크(Alorn G. Kirk)는 10월 5일 소련 외상 비신스키(Andrei A. Vyshinski)를 만나 휴전협정 재개를 위해 중공과 북한을 설득하도록 부탁했다. 비신스키는 소련이 공식적으로 협상의 당사자는 아니지만, 한국전쟁의 평화적 해결을 위한 지원을 약속했다.[100)]

공산 측은 10월 25일 재개된 협상에서 38도선을 포기하고, 군사접촉선을 수용했다. 하지만 북한은 동부 평야지대의 보다 많은 주민들과 양질의 농지를 보유했고, 서울에 대한 공격을 위해 유용한 접근로를 확보하기 위한 개성을 포함, 휴전선을 확정 지으려고 하였다.

2) 이승만의 '반공포로' 석방 외교

전쟁포로의 교환 문제는 군사분계선 획정 문제보다 정전회담을 교착상태에 빠지게 했고, 이승만 대통령의 자의적인 반공포로의 석방은 유엔 측과 공산 측 모두를 당황하게 했다. 이 대통령은 반공포로의 석방 카드를 이용하여 정전회담 승인과 미국의 한국에 대한 방위조약과 교환하려 했다. 이 사건은 중공의 외교 차관 우슈찬(伍修權)이 언급한 대로 "중국과 미국이 이승만에 대항하는 역설적인 상황에 직면하도록 했다."[101)]

Company, Inc., 1971, p. 117에서 인용.

99) 제임스 매트레이, "한국전쟁 휴전 협상 : 원심 작용적 협상전략?," 황병무·이필중 편, 앞의 책, 109쪽.

100) Kirk to Acheson, 2, 3, and 5 October, 1951; FRUS, 1951, pp. 970~971, p. 988; 제임스 매트레이, 위의 논문, p. 112.

101) Byong Moo Hwang, 앞의 논문, p. 118.

1952년 2월 전쟁포로의 송환방식에 유엔군의 개인 의사에 따른 자유 송환과 공산 측의 강제 송환의 주장이 대립하여 포로 교환문제가 결렬되었다. 이 포로 교환문제는 한해를 넘긴 1953년 2월 양측은 부상병 포로부터 우선 교환하자는 방안을 토의하기 위해 판문점에서 회담을 재개하자는 의견을 교환하였다. 이 기간 미 극동공군은 최대의 항공강압작전을 실시하였다. 1952년 7월 11일 제5공군과 해군 함재기 등 822대를 동원하여 제1차 평양 대공습을 실시했다. 8월 24일 제2차 공습, 8월 29일 한국 공군 36대가 참가한 총 1,222대로 제3차 평양 대공습을 실시했다.[102] 이 작전은 폭격 개시 전에 평양 시민에게 평양을 떠나라는 사전 경고의 내용이 남긴 전단을 살포한 후 실시되어 많은 심리적 효과를 노렸다.

1953년 미국에서는 한국전쟁의 종결을 공약한 아이젠하워 대통령이 취임하고 같은 해 3월 5일 스탈린이 사망함으로써 휴전 성립의 유리한 조건이 이루어지고 있었다.

4월 13일 유엔군 측과 공산 측은 부상병 포로 교환에 합의했다. 유엔군 측은 본국 송환을 거부하는 약 47,000명의 포로를 중립 위원국 관리하에 둔다는 실시방안을 제기하는 등 휴전회담의 걸림돌인 포로 송환문제에 종결시키고자 했다. 이 소식이 전해지자 한국 정부는 대대적인 휴전 반대 운동을 다시 시작했다. 유엔 정전위 한국 측 대표인 최덕신(崔德新) 장군은 1953년 5월 25일 휴전회담의 참석을 거부했다.

이와 동시에 한국민의 전국적인 휴전 반대 데모는 더욱 격화되고, 점차 확대되어 갔다. 특히 상이군인들의 데모 행렬은 눈물겨운 장면이었다. "무엇을 위하여 누구를 위하여, 우리는 팔과 다리 그리고 눈을 잃었나." "우리의 눈과 다리와 팔을 돌려달라"라고 그들은 목메어 부르짖었다. 플래카드에는 "통일 없는 휴전은 3천만의 죽음"이라고 혈서로 쓰여 있었다.[103]

국무총리 겸 외무부 장관 변영태(卞榮泰)는 5월 29일 휴전 후 5개 중립국의 한국 내의 활동을 저지하기 위해 필요하면 전 한국군을 유엔군 산하에서 탈퇴시키겠다고 위협했다. 또한, 그는 "우리는 우리 자신의 병력을 사용할 준비를 갖추었으며, 그들 5개국 군대와 일전을 불사할 각오를 하고 있다"라고 말했다.[104]

이승만 대통령은 5월 30일 아이젠하워 대통령에게 친서를 보냈다. 그 내용은 아래와 같다.

---

102) 공군본부, 『유엔 공군사(하)』, 1978, 152쪽.
103) 「동아일보」, 1953.5.25.
104) 「동아일보」, 1953.5.29.; 이호재, 앞의 책, 362쪽.

① 유엔이 유엔군을 한국에 파견하여 3년간 싸움을 계속한 것은 무력으로 침략자를 응징하여, 한국을 통일시킴으로써 세계의 집단안전보장제가 확립될 것이다. 그러나 심히 유감스럽게도 유엔의 새로운 제안은 너무나 유화적이어서 굴복한 인상을 금할 수 없다.

② 휴전으로 한반도의 일부를 안정시키는 것은 진정한 평화를 가져오지 못할 것이고, 이것은 오히려 더 큰 전쟁의 전조에 지나지 않는다.[105)]

하지만 이 대통령은 현실주의자였다. 한국 각료와 이 대통령은 국토통일을 위해 필요하다면 단독으로라도 계속 싸울 것임을 주장했으나, 미국의 무기와 장비 및 물자 보급 없이는 한반도 통일을 위한 단독 작전 수행능력이 없었다. 한국 통일문제는 유엔 대 공산권 양 진영 간의 싸움으로 발전하여, 더욱 국제성을 가지게 되어 한국이 조정할 수 없게 되었다. 따라서 전쟁을 종식시키려는 휴전문제에 관해 한국 정부와 이 대통령의 발언권은 대단히 제한되었다. 이승만 대통령이 가진 것은 휴전 반대에 관한 국민의 전폭적인 지지였다. 이른바 휴전 반대로의 국론 통일, 그것은 이승만의 강대국 외교의 버팀목이 되었다. 미국과 공산 측도 휴전 성립에 관한 한 이 대통령의 동의를 무시할 수 없었다.

이 대통령은 아이젠하워 대통령에 보낸 서신 끝부분에서 미국은 한국 주민의 휴전 반대 여론은 상기시키면서 모든 외국군대의 동시 철수, 그리고 철수 이전에 미국이 한국과 상호방위조약을 체결할 것을 조건으로 내세웠다. 이 대통령은 미국이 상호방위조약을 체결하여 한국의 안전을 보장해준다면, 미국이 고려하고 있는 어떠한 휴전도 수락할 것을 약속한다고 밝히고 있다.

아이젠하워 대통령은 6월 6일 이 대통령에게 보낸 답신에서 미국의 입장을 아래와 같이 3개 원칙으로 밝혔다.

① 미국은 유엔의 일원으로서 한국 통일을 위해 평화적 수단에 의한 노력을 계속할 것이다. 미국은 한국 통일문제에 관하여 휴전 후 정치회의 개최 이전과 회의 중에 한국 정부와 협의할 것이다.

② 휴전의 성립과 수락 이후에 현재 미국과 필리핀, 미국 호주 및 뉴질랜드의 조

105) 이 대통령의 아이젠하워 대통령에 보낸 편지, 1953.5.30.; U.S. Congress, *Senate Hearings, Mutual Defence Treaty with Korea*, Appendix VII, p. 52; 이호재, 위의 책, 364~365쪽.

약에 준하여 이 대통령과 상호방위조약에 관해 즉각 협상할 준비를 갖추고 있다. 동 조약은 현재 대한민국의 관할하에 있거나 장차 평화적으로 관할하에 들어오게 될 영토에 적용된다. 또 동 조약은 미국 헌법에 따라 미 상원의 조언과 동의를 얻어야만 성립된다.

③ 미국 정부는 하원의 예산 책정으로 전쟁의 폐허가 된 대한민국에 경제 원조를 계속하여 중공업과 농업을 재건할 것이다.

동 서안에서 아이젠하워 대통령은 미국 정부와 국민의 소망은 한국과 공동으로 한국의 통일을 달성하는 것이라고 거듭 강조했다. 그러나 그는 현 상황하에서 전쟁에 의한 통일은 무모한 모험을 감행하는 것이며, 통일은 '오로지 평화적인 수단에 의해서만 성취될 수 있다'고 강조했다. 그리고 그는 '미국과 한국은 단결해야 된다'고 결론을 맺었다.[106]

유엔군은 5월 25일 송환 거부 포로 석방을 철회하였다. 6월 8일 유엔군 사령관 클라크(Mark. W. Clark), 북한군 사령관 김일성 그리고 중공군 사령관 펑더화이는 그동안 문제되었던 포로 교환문제에 완전히 합의를 보았다. 포로협정 체결은 휴전 이전에 방위조약의 체결을 희망하던 한국 정부에게는 큰 충격이었다. 따라서 한국 정부와 국민의 즉각 다시 휴전 반대 운동을 전국적으로 재개했다.

수많은 휴전 반대 군중대회에는 다음과 같은 결의 구호가 외쳐졌다. "아인젠하워 대통령에게 보낸 한국 측의 휴전안이 채택되거나 수락되기 이전에는 한국민은 어떠한 휴전협정도 받아들일 수 없다."[107] 군중들은 이 대통령에 대한 지지와 그들의 요구를 외치면서 '우리의 형제인 반공포로를 공산주의자들에게 돌려보내지 않기 위해 죽음으로 항쟁할 각오가 되어 있다'라고 외쳤다. 국회도 '공산주의 재침을 예방하고 북진통일의 준비를 하기 위해 전후방을 막론하고 모든 필요한 조치를 신속히 취할 것'을 결의하는 결의안을 129대 0의 만장일치로 가결하였다. 군중의 외침과 국회의 결의는 이승만 행정부에 큰 힘이 되었다.[108]

---

106) 아이젠하워의 이승만에 대한 답신은 Council on Foreign Relations Documents on American Foreign Relations(1953), Peter Curleols, New York, Harper Brothers, 1954, pp. 303~305; 이호재, 위의 책, 366~367쪽.

107) 「동아일보」, 1953.6.8.

108) 「동아일보」, 1953.6.10. 이승만 대통령과 한국 민의 격렬한 휴전반대에 직면한 미국은 한때 유엔 명의로 계엄령을 선포하고 이승만을 감금한 뒤 군정을 실시하려는 '에버레디

유엔군 측은 반응이 없었다. 특히 미국은 휴전협정 체결 전에 상호방위조약 체결을 원한 한국의 요구에 응하려는 어떠한 움직임을 보이지 않았다. 이에 이 대통령은 반공포로 석방이라는 결정적 카드를 유엔군 측과 공산군 측에 내밀었다. 한국 정부는 1953년 6월 18일 자정에서 새벽 사이에 27,312명의 반공포로를 대구, 영천, 거제도, 마산, 광주, 논산, 부평 등에 있는 포로수용소에서 석방시켜버렸다. 감시 임무를 담당한 한국 헌병들은 포로들의 탈출을 방조하였다. 일반 국민들도 석방된 포로들에게 환대와 음식 제공뿐 아니라 은신처까지 마련해주었다. 지방의 유력 인사와 관리들은 반공포로들을 보호해줄 것을 호소했다. 그런가 하면 반이승만계 신문마저도 사설로써 이 대통령의 포로 석방을 영웅적인 조치로 찬양했다.[109]

한국 정부의 일방적인 포로 석방조치는 휴전 조인을 낙관하고 있던 유엔군 측과 공산군 측에 큰 충격을 주었다. 유엔당국은 처음에는 이것을 포로들의 집단 탈출이라고 하면서 가능한 한 재수용을 위해 노력하고 있다고 발표했다. 미국 정부는 이 대통령의 반공포로 석방은 유엔군 사령부의 권한을 침해한 것이라고 비난했다. 하지만 포로의 재수용이 불가능한 것을 확인한 유엔당국은 한국 정부의 포로 석방을 기정사실화하고 차후 휴전회담 성공에 미치는 부정적 요인을 배제하려고 했다.

유엔군 당국은 휴전을 성립시키려면 이승만 대통령의 동의를 얻을 필요가 있다고 인식했다. 이러한 인식 전환에는 중립국 위원국과 공산 측의 태도와 요구도 영향을 미쳤다. 6월 19일 스위스와 인도는 이 대통령이 휴전 협상에 동의하지 않는 한 중립국 송환위원회의 역할을 맡지 않겠다고 통고했다. 공산 측은 처음에는 이 대통령의 포로 석방을 유엔군 당국과 공모에 의한 것이라 비난했지만, 전술한 우슈찬(伍修權)의 발언에서 알 수 있듯이 중국은 이런 문제가 휴전회담을 결렬시키지 않도록 미국이 노력을 해줄 것을 요구했다. 공산 측은 7월 7일 클라크 장군에게 보낸 서한에서 "유엔군 측이 유사한 사건이 재발하지 않도록 확실한 보장을 강구하는 책임을 져야 한다"라고 요구했다.[110]

한국 정부는 반공포로를 석방한 후에도 휴전 반대 운동을 계속 전개했다. 그리고 휴전을 한다면 휴전 이전에 한미 상호방위조약이 체결되어야 한다는 한국 정부의 요

(Everready) 플랜'을 검토했지만 현실적 부담 때문에 그 계획을 중단했다. 인보길 인터뷰, 「조선일보」, 2020.8.3., A27쪽.

109) 이호재, 앞의 책, 368~369쪽.

110) 이호재, 위의 책, 370~371쪽.

구를 계속 주장했다. 이 대통령은 6·25전쟁 3주년 기념식장에서 통일에 대한 한국민의 결의를 재천명하고, 한국이 휴전을 수락할 수 있는 조건을 다음 세 가지로 재차 명시했다.[111)]

① 한국으로부터 유엔군과 중공군의 동시 철수
② 한미상호안전보장 협정의 체결
③ 휴전 후 개최된 정치회담기간을 3개월로 한정하고 동 회의에서 통일에 실패할 경우에는 전쟁을 계속할 것

앞에서 논의했듯이 ①항과 ③항은 휴전 후 정치회담에서 논의하기로 합의한 사항이다. 정치회담이 통일 회담이 될 수 없는 것, 그리고 휴전 후 전쟁 지속은 한국 정부의 구호일 뿐 실현성 없는 요구이다. 오직 한미방위조약만을 미국이 형성한 냉전체제하에서 세력균형 유지를 위해서 체결해야 하고 할 수 있는 과제였다. 6월 25일 대통령 특사인 로버트슨(Walton S. Robertson) 국무 차관보가 방한하여 한국 정부와의 협상 끝에 7월 12일 공동성명에서 한미상호방위조약 체결에 동의했다. 7월 14일 워싱턴에서는 미·영·불 3개국 외무장관들은 중공이 재차 침략행위를 감행한다면 평화회복을 위한 공동조치를 강구할 것이라는 공동성명을 발표했다. 한국 정부도 휴전을 방해하지 않을 것에 동의했다.[112)] 공산 측도 7월 10일 회담 재개에 호응함으로써 7월 20일 쌍방은 휴전을 위한 실무 작업에 착수하였다. 이리하여 1953년 7월 27일 오전 10시 유엔군 수석대표 해리슨(William K. Harrison, Jr) 미 육군 중장과 공산군 수석대표 남일(南日)이 국어, 영어, 중국어로 된 전문 5조 63항으로 된 협정문서 9통과 부문 9통에 각각 서명했다. 13:00시 유엔군 사령관 클라크(Mark, W. Clark) 대장은 정전협정에 확인 서명했다(최덕신(崔德新) 한국 대표, 16개국 참전 대표들과 임석). 김일성은 당일 오후 10시에 평양에서 서명했고, 펑더화이는 7월 28일 오전 9시 30분 개성에서 서명함으로써 정전 조인 절차는 모두 끝났다.[113)]

한반도에 전투행위는 중지되었지만, 남북한 간 대치상태는 지속되고 있다. 한국은 한반도에서 평화를 지키면서 평화체제를 만들어 정전체제를 종식시켜야 한다. 이를 위해 힘이 필요하다. 한미동맹을 활용해야 한다. 평화를 만드는 데 외군차용의

111) 이호재, 위의 책, 372쪽.
112) 국방부 군사편찬연구소, 앞의 책, 543쪽.
113) 국방부 전사편찬위원회, 앞의 책, 308~314쪽.

지혜를 슬기롭게 발휘할 때이다.

3) 유엔사(UNC)의 위상과 역할

정전협정은 적대 쌍방 간 최후의 평화적 해결이 달성될 때까지 적대행위와 무장 행동의 완전한 정지를 보장하는 군사협정이다. (서문, 제2조), 제1조는 군사분계선으로부터 각각 2km씩 비무장지대를 설정하여 완충지대로써 적대행위의 재발을 방지하고자 하였다. 제2조는 정전감시기구로 군사정전위원회 및 중립국 감독위원회의 설치와 그 임무를 규정하고 있다.

유엔군 사령관(Commander－in－Chief, United Nations Command)은 유엔 참전 16개 회원국 군대와 한국 군대를 대표하여 정전협정에 서명하였다. 이러한 권한은 1950년 7월 7일 채택된 안보리 결의 제84호에 의한다. 제84호는 첫째, 유엔 회원국에 미국이 지휘하는 통합사령부(Unified Command Under United States of America)에 병력과 그 밖의 지원을 제공하도록 권고(Recommend)하고 둘째, 미국이 통합사령부의 지휘관을 임명할 것을 요청하며, 셋째, 통합군 사령부가 북한 격퇴작전 수행 중 참가국과의 유엔기를 재량에 따라 사용할 것을 허가하고, 넷째, 미국정부는 통합사령관이 취한 조치에 대하여 적절한 보고서를 안보리에 제출할 것을 요청했다.114)

1950년 7월 24일 유엔군 사령부는 일본 도쿄에서 창설되었다. 그러나 1951년 샌프란시스코 평화조약에 의해 일본이 미군의 점령상태에서 주권회복이 되자 동년 9월 애치슨 미 국무 장관, 요시다(吉田) 일본 수상 간 상호교환한 각서에 의해 일본 내 기지 및 시설을 계속 사용하게 되었다. 교환각서의 법적 구속력을 강화하기 위해 1954년 2월 19일 주일유엔군 지위협정을 체결하여 미일안보조약하에서 미국에 제공된 시설과 기지를 유엔군도 사용할 수 있도록 규정했다(제5조 2항). 이 행정협정에는 미국, 영국, 프랑스 등 유엔 참전국 10개국과 의료지원팀을 파견할 이탈리아 등 모두 11개국이 조인하였다.115)

1957년 7월 10일 유엔군 사령부는 서울로 이전했다. 이로 인해 일본 내 유엔군이 더 이상 존재하지 않는다면, 지위협정 제25조에 따라 유엔군사령부가 더 이상 주일 미군 기지를 사용할 수 없다는 심각한 법적 문제를 야기할 우려가 있었다. 이를

---

114) 김동욱, "유엔군 사령부의 법적 지위,"「대한국제법학회 · 한국국제정치학회」 공동연구시리즈 I, 2013, 12, 107쪽에서 재인용.

115) 국방부 군사편찬연구소, 앞의 책, 549쪽.

방지하기 위해 유엔군 후방지휘소(United Nations Command-Rear)가 창설되었다. 이 후방지휘소는 유사시 유엔군이 한국을 지원하기 위해 유엔군 사령부가 주일 미군 기지의 사용을 보장하고 지원하는 데 있다. 일본 내 유엔기지로는 요코다(横田), 카데나(嘉手納)의 공군기지, 요코스카(横須賀), 화이트비치(White Beach), 사세보(佐世保)의 해군기지, 후텐마(普天間)의 해병대 기지가 있으며, 지휘소는 자마(座間)에 있다가 요코다 공군기지로 옮겼다(2019년 6월 현재).[116] 유엔군 사령부의 법적 지위는 미국 주도의 통합군 사령부이다(안보리 결의 제84호). 이 통합군 사령부는 유엔헌장 제29조에 따라 설립되지 않았고, 유엔의 예산으로 운영되지 않기 때문에 안보리의 지휘, 감독을 받는 보조기관이 아니다. 한국전쟁 당시 유엔사 지휘체계도 유엔군 사령부 → 미 육군 참모총장 → 합참의장 → 국방장관 → 대통령 라인으로 되어 있었다. 맥아더 사령관은 유엔의 정치적 목표와 상관없이 군부의 지휘에 따라 작전을 수행했고, 안보리 요구에 따른 주기적인 보고서 제출에 한정되었다. 유엔 회원국이 아니었던 한국의 참여는 유엔안보리 결의에 의거한 것이 아니라 미국과의 양자협정(이승만의 맥아더에 한국군의 지휘권 이양 서한)으로 미국의 지휘하에 들어가 통합사령부의 병력이 되었다.[117]

미국만이 유엔군 사령부의 존속이나 해체에 대한 결정 권한이 있다는 사실은 1970년대 중반 유엔 총회에서 채택한 두 개의 유엔사 해체의 결의안에서도 증명되고 있다. 1975년 11월 18일 유엔 총회는 결의 제390호(A)와 제390호(B)를 채택했다. 미국이 주도한 앞의 결의(A)는 정전협정을 유지할 수 있는 새로운 조직에 대한 합의를 전제로 유엔사의 해체 의지를 밝힌 것이다. 결의(B)는 북한의 입장을 지지하는 공산권이 제기한 안으로 유엔군 사령부의 해체는 물론 정전협정이 평화협정으로 대체해야 된다고 밝히고 있다. 이 두 개의 결의는 유엔군 사령부의 해체를 위해서는 정전협정을 대체할 적절한 제도의 탄생을 의미하고 있다.[118]

미국과 한국은 휴전 관리 업무를 유엔사에 맡기고 한국방위는 한미연합사령부가 담당하도록 하는 대안을 마련했다. 유엔사에 관련된 모든 권한과 결정을 미국이 쥐고 있다. 북한과 중국은 한반도 평화체제 구축과 관련하여 유엔사의 해체를 주장하

116) 국방부 군사편찬연구소, 위의 책, 550쪽.
117) 김동욱, 앞의 글, 110~116쪽.
118) 이기범, "유엔군 사령부의 미래 역할 변화와 한국의 준비," 「아산정책연구원」, 2019(출처: http://www.assaient.organ/contents, 출력 일자, 2019.07.13.).

고 있다.

문제는 미래 유엔사의 역할이다. 평시에는 정전협정 관리 및 유지 업무를 수행하고, 전시에는 유엔 회원국으로부터 전력을 제공받아 연합사를 지원하는 보조적 역할을 맡을 것인가? 아니면 정전협정 폐기 또는 평화협정 체결 후 유엔사의 명칭을 바꿔서 한반도 평화체제 유지 및 지원기구로 전환할 수 있을 것인가? 한국에 전시작전통제권을 한미 미래사령부(사령관 한국군 장군)에 전환 이후에도 미국은 한반도에서 유엔사의 정전관리 임부 수행을 할 것이다. 이때 미군 유엔군 사령관과 한국군 미래연합사령관 간에 발생할 수 있는 지휘 혼선을 방지할 수 있는 제도화가 필요하다.[119)]

한국은 미군과 유엔군이라는 외군차용의 안보국방체제를 유지하는 한 군사 주권의 확보와 국군의 주도권 행사에 제약을 받을 수 있다. 하지만 국가 이익 차원에서 득이 큰 방향으로 미래 연합사와 유엔사를 활용해야 한다. 예컨대, 북한의 국지도발에 대해서는 신 연합사령부가 한국군 주도, 미군 지원 방식으로 대응하겠지만, 북한이 대량살상무기를 동원해 전면전을 도발하거나 중국이 개입된 전면전으로 확대될 때 신 연합사령부에서 유엔군 사령부로 작전 통제가 위임될 가능성이 크다.

5. 6·25전쟁과 정전체제의 정책적 의미

6·25전쟁과 정전체제의 수립에 관한 정책적 의미를 도출한다. 한반도는 미·소 중심의 양극 및 냉전 체제하에 놓이게 된다. 이러한 체제가 형성되는 초기, 공산권은 공산체제의 국제적 확장을 위해 한반도에서 세력균형보다 지배체제의 형성을 도모했다.

1. 6·25전쟁은 미국과 한국이 실시한 대북 억제가 실패한 것이 아니라 억제 성립 요건의 부재에서 발생했다.
   1-1.미국은 대한정책을 대중·대일 정책에 종속시킴으로써 남북한 중심의 세력균형 유지를 위한 균형자 역할을 등한시했다.

---

119) 손한별, “한반도 평화체제와 유엔사의 역할: 유지, 확대, 이전, 전환, 해체,” <한국의 미래 안보전략> 2019, KAIS. ISA. IDSS 공동하계학술대회, KAIS: 2019, 53~103쪽, 특히 65~70쪽 참조.

1－2. 애치슨 선언(1950년 1월 12일)에 의한 한국의 미 방위선 제외, 소수 미군 전투부대의 주둔 거부, 남북한 군사력 균형 유지에 미흡한 남한에 대한 군사 원조 등이 대북 억제 부재의 요인이 되었다.

1－3. NSC－68은 북한의 남침 억제를 위한 경고카드이기보다는 6·25전쟁발발 이후 유엔군의 북진을 허용한 근거로 작용했다.

1－4. 정부 차원의 대외 정책(애치슨 라인)이 결정되자 극동군 현지 사령부로 하여금 북한의 남침 증후 수집을 소홀히 하도록 만들고, 비록 중요한 남침 증후 정보를 상부에 올린다 해도 정부 차원에서 정책 의제화되지 않는 경향이 발생했다.

2. 한국 정부는 외군차용(미군 주둔, 동맹조약 및 미국의 방위 공약 획득)에 실패로 대북 남침 억제에 실패했다.

2－1. 외군차용은 한미 안보이익이 일치할 때 성공한다는 교훈을 남기고 있다.

2－2. '북진통일을 위한 무기를 달라'라는 구호는 미국으로 하여금 이승만 정부를 '말썽꾼'과 같은 경계의 대상으로 인식하도록 하여 무기 지원을 전환하도록 만들었다. 국제정치체제의 불순응은 국익 훼손의 대가를 지불한다.

2－3. 남한 일부 지역에서 발생한 민중 봉기(내우)는 북한으로 하여금 남침(외환)의 호기로 오인하도록 만들었다.

3. 6·25전쟁은 유엔안보리 결의에 의해 발족된 미군 주도의 유엔군 사령부에 의해 주도되었다.

3－1. 미 수뇌부의 지시를 받은 유엔군 사령부는 격퇴－반격－점령지 군정－정전협정에 이르기까지 주도적 역할을 수행했다.

3－2. 작전 지휘권을 유엔군 사령부에 이양한 한국 정부는 유엔군의 북진에 대해 절대적 지지를 보내고, 여론조성에 적극적인 역할을 담당했다.

3－3. 한국 정부는 한국이 차용한 유엔군은 한국을 도우러 온 손님이 아니고, 전쟁수행의 주인이 되었음을 인정하고 점령지역 정치·군사 관할권을 유엔군 측에 이양해야 했다.

3－4. 2개월 미만의 짧은 민정 기간 중 한국 군·민은 각 도·시의 시장과 위원장 선임을 비롯해 살육, 약탈, 방화, 비행 등을 잠재우는 치안 유지와 현지 주민들의 불만 해소에 민사관할권을 행사했다.

4. 중국은 북한을 핵심 이익 국가로 인식하여 강대국에 의해 점령되는 상황을 좌시하지 않았다(항미원조). 이러한 인식은 미·중이 대결하는 상황에서는 지속될 것이다.

  4-1. 중국은 유엔의 통한 결의안도 무시하고, 파병하여 정전체제를 만들었다. 이 점에서 유엔 결의의 실효성도 국제 역학관계에서 결정된다는 교훈을 남기고 있다.

  4-2. 북한 유사시 미군의 북한 진입은 중국군 개입을 야기한다는 사실을 유념하고 필요시 한국군 단독진입의 전략태세를 갖춰야 한다는 교훈을 남기고 있다.

5. 맥아더의 불복종 사례에서 군사는 정치에 종속·통제를 받아야 한다는 교훈을 남기고 있다. 그렇다고 맥아더의 정보실패는 의도적인 정보의 정치화에 따른 결과는 아니다.

  5-1. 맥아더는 중국군의 '너는 네 방식대로 싸우고 나는 내 방식대로 싸운다(你打你的 我打我的)'는 인식보다 '너도 내 방식으로 싸울 것이다'라는 거울 이미지(mirror image)에 사로잡혀 중국군의 능력과 전법을 과소평가했다.

  5-2. 맥아더는 만주에 대한 공군 폭격, 해양 봉쇄, 유엔군이 아닌 장제스 지상군의 투입 및 필요시 전술핵 사용 등을 고려한 확전을 구상했지만, 트루먼의 승인을 얻지 못했다.

6. 중국은 파병목적을 '미군의 침략 격퇴를 통한 조선인민의 해방 전쟁 지원(抗美援朝)'에 두었다. 싸움의 방식도 중국적이었다(你打你的 我打我的).

  6-1. 중국은 스탈린의 동의하에 중국의 참전이 미·중 간 국가 간의 전쟁으로 확대되는 것을 방지하기 위해 중국 인민지원군(志願軍)이라는 명칭을 사용하였다.

  6-2. 중국지원군은 주력부대의 압록강 도강을 철저히 숨겨 제1차, 2차 전역에서 유엔군을 내부로 깊이 유인(誘敵深入) 후 역습 작전으로 평양을 다시 탈환할 수 있었다.

  6-3. 중국지원군은 제공권을 미군에 빼앗겨 '굶주림과 탄약 부족, 부상을 당한 후 버려지지 않을까' 하는 3가지 두려움 속에서 유엔군에 항전(抗戰)했다.

6-4. 중국지원군은 (1951년 8월-1952 봄) 38선 이북에 건설한 6,250km, 지하장성 난공불락(地下長城 難攻不落)의 갱도 중심의 지구전을 펼쳐 휴전협정의 체결을 뒷받침했다.

7. 6·25전쟁 중 작전권은 중국이 행사했으나, 중·조 간 작전 이견을 비롯한 북한 부대 구조의 개편·배치에 이르기까지 스탈린의 조정, 통제를 받았다.

7-1. 중·조 연합사령부는 제3차 전역에서부터 작전권을 행사했으며, 교통·운수 및 인력, 물자 동원 업무에 지휘권을 행사했고 언론을 통제했다.

7-2. 스탈린은 1951년 1월 중국지원군이 서울 점령 후 남진 여부를 둘러싼 중·조 대립 시 펑더화이의 남진 중단 전략을 지지했다.

8. 정전 협상 초기 유엔군 측과 공산 측은 군사분계선 설정을 둘러싸고 논란이 제기되었다. 한국 측은 정전회담 자체를 반대했다.

8-1. 유엔군 측은 군사분계선으로 군사 접촉선을 공산군 측은 38도선을 주장했으나, 1951년 8월 하순부터 10월 중순에 이르는 6주 동안 유엔군 측의 평양과 나진에 실시한 엄청난 공중 강압작전으로 군사접촉선을 분계선으로 확정지었다.

8-2. 한국은 국회에서 정전반대 결의안을 채택하고, 38도선 정전반대 국민총궐기 대회를 개최하는 등 '정전결사반대' 결의를 미 트루먼 대통령에게 전달했다.

8-3. '외국군 철수'는 정치문제로 정전 협상의 주요 의제가 되지 못했다.

9. 이승만 대통령은 거국적인 휴전 반대 여론에는 불구하고, 휴전협정을 막을 수 없게 되자, 반공포로의 석방 카드를 이용해 정전협정 체결과 미국의 한국에 대한 방위 조약을 맞바꾸는 데 성공했다.

9-1. 한국 정부는 휴전협정 체결 전에 상호방위조약 체결을 위한 미국의 어떠한 움직임이 보이지 않자, 6월 18일 2만 7천여 명의 반공포로를 석방하여 유엔군 당국으로 하여금 휴전을 성립시키려면 한국의 동의를 얻을 필요에 강박관념을 갖도록 만들었다. 미 대통령 특사가 내한하여 7월 12일 한미상호방위조약 체결에 합의하는 공동성명을 발표했고, 7월 27일 정전협정이 체결되었다.

10. 유엔군 사령부는 미국 주도의 통합군 사령부이다. 미국만이 유엔군 사령부의 역할 및 존속이나 해체에 대한 권한이 있다. 국제 안보 지형의 변화에 따라 유

엔군사령부의 위상과 역할 변화가 예상된다.

10-1. 유엔사는 예전처럼 평시에 정전협정 관리 및 유지 업무를 수행하고 전시에는 유엔 회원국으로부터 전력을 주일 미군 7개 기지(유엔군 후방지휘소)에서 제공받아 한미연합사를 지원하는 역할을 맡을 것인가?

10-2. 유엔사는 정전협정 폐기 또는 평화협정 체결 후 유엔사의 명칭을 바꿔 한반도 평화체제 유지 및 지원기구로 전환할 수 있을 것인가?

10-3. 미군 유엔군 사령관과 한국군 미래 연합사령관 간의 지휘 관계는 어떻게 설정할 것인가?

제3부

한미동맹의 군사· 외교사

주한미군: 평화보장력, 포기·연루·제한의 전략적 의미

1. 남·북한의 동맹조약과 외군

한미상호방위조약은 1953년 10월 1일 미국 워싱턴에서 변영태 한국 외무부 장관과 덜레스(John F. Dulles) 미국 국무장관이 서명함으로써 체결되었다. 이 조약은 본문 6조와 미국의 양해사항으로 구성되었다.[1)]

제1조는 국제분쟁의 평화적 해결을 강조한 조항이다. 양 당사국은 국제관계에 있어서 국제연합의 목적이나 의무에 배치되는 방법으로 무력의 위협이나 무력의 행사를 삼갈 것을 약속했다. 이 조항의 한국에 주는 의미는 평화적 수단에 의한 남북간 분쟁이나 한국 통일을 규정한 점이다.

제2조는 어느 일방의 정치적 독립과 안전이 외부로부터의 무력 공격의 위협을 받을 때 상호협의한다. 당사국은 단독적으로나 공동으로나 자조적 상호원조에 의하여 무력 공격을 방지하기 위한 적절한 수단을 지속적으로 강화시키고, 본 조약을 실행하고 그 목적을 추진할 적절한 조치를 협의와 합의하에 취한다. 이 조항은 한국의

1) 대한민국과 미합중국 간의 상호방위조약 원문, 외교통상부, 『한국외교의 50년: 1948~1998』, 1999.12., 부록 342~345쪽.

방위를 위한 연합지휘체제 작전계획 및 주요 전략증강 문제까지도 미국과 긴밀히 협의하도록 만든 조항이다. 한국은 미국의 방위지원을 받는 대신 작전권과 작전계획 및 전력증강에 이르기까지 미국의 통제와 협의 및 합의해야 했다.

제3조는 미국 원조 의무의 조건과 대상을 적시하고 있다. 한국의 행정지배하에 합법적으로 들어갔다고 인정하는 금후의 영토(동 조약 미국의 양해사항에서는 대한민국의 행정적 관리 및 미국에 의해 결정된 영역)에 대한 외부의 무력 공격에 대해 헌법상의 절차에 따라 원조 의무를 규정하고 있다. 외부의 무력 공격에 대한 미국의 원조 의무에 대해서는 공격 규모에 대해서 한미 간에 이견이 발생할 수 있었다. 북한 급변 사태가 발생하더라도 한국에 대한 무력 공격을 감행하지 않는 한 미국은 원조 의무가 발생하지 않는다. 그리고 북한 무력 공격에 대한 미국의 군사 대응은 미 헌법 절차에 따라야 한다. 한국은 미군의 자동개입을 보장하기 위해 한동안 미 지상군을 북한군과 대치하는 최일선 지역에 배치하는 데 성공했다.

제4조는 한국이 미국의 육·해·공군의 한국 영토와 그 주변에 배치하는 권리를 허용한다고 규정했다. 이로써 한국은 한국방위를 위한 외군차용에 성공했다.

한미상호방위조약과 합의의사록은 미군이 유엔군의 일원이 아니라 미군 자체의 자격으로 공식적으로 계속 주둔을 시킬 수 있는 법적 근거가 되었다. 한국은 이러한 한미상호방위조약을 통해 6·25전쟁 발발 직전 그토록 바랐지만 얻지 못한 미군 주둔을 기반으로 한미연합방위체제, 한국군의 규모와 군사체제의 정립 및 미국의 무기지원 등을 보장받게 되었다. 한국 정부는 6·25전쟁 후 오늘에 이르기까지 주한미군을 미국의 방위공약 이행에 대한 신뢰의 실체로 인정하고 주한 미군의 지속적 주둔을 안보외교의 핵심으로 삼아왔다.

이에 비해 북한은 6·25전쟁에 참전한 중국 인민지원군 40만 명을 1958년 10월까지 3단계에 걸쳐 철수시켰다. 그리고 북한은 1961년 7월 소련, 중국과 각각 우호협력 및 상호원조 조약을 체결했다. 북한이 중·소와 맺는 상호원조조약의 특징은 북한이 외부의 침략을 받았을 때 중·소군의 유사주류(有事駐留)를 약속한 이른바 평시 주둔군 없는 상호원조조약이다. 하지만 북한은 이들 조약을 통해 중·소로부터 '북한이 무력침공을 받았을 때 지체 없이 군사 및 기타 원조를 제공한다'라는 자동개입을 보장받았다. 북한은 지리적 근접성 때문에 유사시 중·소의 자동개입이 보장된다면, 자국 내 중국군의 주류는 큰 문제가 되지 않았다.

하지만 한국은 한미동맹조약이 규정한 미국의 헌법 절차(제3조, 5조)에 따른 군사

조치를 '즉각적'으로라는 자동개입조항으로 수정을 위해 오랫동안(1960년~1970년대) 노력했으나, 성사시키지 못했다. 또한 조약 효력의 소멸 요건도 당사국 일방이 통고 후 1년 후면 실효되는(제6조) 불안정성을 합의에 의해서만 효력이 종료되는 것으로 개정하려 했으나, 이 또한 성사시키지 못했다.

한미동맹과 북·중·소 동맹의 큰 차이는 자국 내 외군의 주둔 유무이다. 외군변수가 남·북한 각각의 외교·안보 정책에 큰 영향을 미쳤다. 한국은 외교·안보 정책의 핵심을 주한 미군의 지속적 주둔에 두었다. 북한은 정전 직후 중국지원군의 주둔을 바랐으나, 소련과 중국의 평화공존 외교 및 1956년 종파 투쟁 시 중·소의 간섭에 대한 반발 등으로 인해 중국지원군의 철수를 원했다. 그 내막은 이렇다.[2)]

정전 직후 소련의 새로운 지도부는 자본주의 진영과 평화공존을 강조하면서, 서구 국가들과 관계개선에 나섰다. 중국 역시 평화공존 5원칙을 내세우며, 한반도 정전체제 유지와 평화적 통일 추구라는 전략방침을 소련과 공유하면서 김일성에게 한반도의 긴장을 고조시키지 말 것과 경제회복에 전념할 것을 요구했다. 마오쩌둥은 1953년 11월 김일성과의 회담에서 조선인민군의 병력을 29만에서 10만 명으로 감축할 것을 제안하면서, 김일성의 공군 및 기계화 사단 확대 의지에 반대 의사를 표명했다. 안보를 중국군에 맡기고 북한은 전후 경제회복에만 집중할 것을 권유했다. 중국지원군은 평화군이 되어 평양 중건 등 경제회복의 지원을 약속했다. 1954년 9월과 1955년 3월 두 차례에 걸쳐 13개 사단이 북한에서 철수했다.

김일성은 반발했다. 중·소 양국의 평화외교노선의 북한 침투를 막기 위해 연안파와 소련파의 주요 간부를 한직으로 보냈다. 연안파 중에서는 조중연합사령부 부정치위원 겸 내무상 박일우를 체신상으로 역시 조중연합사 부사령원을 맡았던 김웅은 민족 보위부상으로 전직했다. 또한 중국 인민해방군 제166사단 출신이자 인민군 제5사단장으로 중국군과 합동작전에 참여했던 방호산 역시 김일성 육군대학교 교장에 임명했다. 박일우와 방호산은 2년 후 비판을 받고 정치무대에서 축출되었다. 이러한 김일성의 인사 조치는 전쟁 시기 확대된 중국의 영향력을 제거하는 데 목적이 있었다.

이어서 당 지도부 및 선전부서에서 소련파가 배제되기 시작했다. 당 조직 및 선전사업을 총괄했던 박창옥은 당 부위원장에서 해임되고 국가계획위원장으로 전직되

---

2) 김규범, "1956년 '8월 전원회의 사건' 재론 : 김일성의 인사정책과 '이이제의' 식 용인술," 「현대북한연구」 22권 3호, 2019, 7~47쪽; "김명호의 중국 근현대", 중앙 Sunday 2019.11.30.~12.1., 29쪽, 2019.12.14., 29쪽 참조.

는가 하면, 중앙당학교 교장 김승화와 「근로자」 책임 주필 기석봉은 각각 전문성과 관련이 없는 건설상과 김일성 육군대학 부교장으로 전직되었다.

1956년 2월 소련 제20차 공산당대회에서 제기된 흐루쇼프(Nikita Khrushchev)의 스탈린 비판은 권력 핵심에서 밀려난 간부들에게 유리한 정치적 기회를 제공했다. 이들은 '8월 종파'를 형성하여 김일성의 개인숭배를 비판하고, 집체 지도 원칙의 준수를 주장하면서 김일성 주위의 소위 '아첨꾼'들을 당 지도부에서 축출할 것을 결의했다. 소련과 중국은 이를 지원하면서 김일성에게 압력을 가했다. 김일성은 정권 안보에 위협을 받았다.

김일성은 중국에 보낸 비망록에 조선 문제 해결을 위해 유엔에 협조를 요청하자고 하면서 지원군의 철수를 제의했다. 중국은 당황했다. 마오는 김일성이 사회주의 진영에서 탈퇴할 생각이 있다고 판단했다. 소련 대사에게 "김일성은 지원군이 철수하기를 바란다. 티토(전 유고슬라비아 대통령)의 길을 걸을 가능성이 있다"라고 전했다.

1956년 12월 18일 중국 정부가 북한에 보낸 전문에서 "유엔군은 조선 전쟁의 한 쪽만 담당했고, 남한 정부만 승인했다. 조선 문제 해결에 협조할 자격이 없다"라고 하면서 "조선 반도 통일은 조건이 성숙하지 않았다. 많은 시간이 필요하다"라고 했다. 1957년 1월 저우언라이는 소련을 방문해 지원군 주둔에 관한 입장을 조율하고 다음과 같이 발표했다.

> 「중국 인민지원군은 조선에 계속 주둔해야 한다. 조선 인민과 모든 사회주의 진영의 이익에 부합되기 때문이다.」

그러나 1957년 11월 모스크바 세계 공산당 회의에 참석 직후 마오의 입장은 달라진다. 중국 인민지원군에 대한 중·소·북한의 3국 회담에서 지원군 철수를 합의한 것으로 보인다. 마오는 김일성에게 중국지원군을 전원 귀국시키겠다면서 그 이유를 "레닌은 무슨 일이건 현실에서 출발해야 한다"라는 명언을 남기고 "지금은 동풍(東風)이 서풍을 압도할 적기다. 미국도 함부로 날뛰지 못하게 해야 한다. 우리 사이는 좋은 일이 더 많았다"라고 설명했다. 마오는 세계 최초의 인공위성 스푸트니크(Sputnik)의 발사와 대륙 간 탄도탄의 성공적 실험으로 명시된 소련의 힘이 자본주의 진영을 압도할 것이라고 말했지만, 중국의 북한 내정 간섭이 김일성으로 하여금 중국지원군 철수를 소련에게 부탁했고, 소련이 동의했을 것으로 보인다. 김일성은 즉석에서 동의하고 감사를 표했다. 귀국과 동시에 마오에게 전문을 보냈다. "노동당 중앙도 지원군 철수를 찬성했다"라며 실시 방안을 다음과 같이 제시했다.

「조선 정부가 한반도에 주둔하는 지원군과 미군의 철수를 요구하는 성명을 발표하면 중국은 조선의 의견을 지지하고 1958년 말까지 철수를 완료하면 된다. 소련에는 중국 측에서 통보해라.」

1958년 1월 8일 저우언라이가 베이징 주재 소련 대사에게 지원군 철수를 통보했다. 소련 외교부는 "영명(英明)한 결정"이라고 응답했다. 2월 5일 북한은 다음과 같은 성명을 발표했다.

「모든 외국 군대가 동시에 북조선과 남조선에서 철수할 것을 요구한다. 전 조선이 자유로운 선거를 통해 평화통일이 실현되기를 갈망한다.」

2월 6일 중국 중앙은 전국 당 기관과 지원군 당 위원회에 "지난해 소련을 방문했던 마오 주석이 김일성에게 미 제국주의를 타격하고, 국제정세를 완화하기 위해 지원군 철수를 준비하겠다고 천명했다. 국내외의 거대한 반응이 예상된다. 선전에 힘쓰라"라고 했다. 1958년 2월 14일 중국 국무원 총리 저우언라이와 외교부장 천이(陳毅)는 방북하여 김일성과 함께 8만여 평양 시민들의 환영을 받으면서 중국지원군 철수를 공언하는 행사를 가졌다. 중국지원군 약 44만 명은 1958년 10월 25일까지 완전 철수했다. 1950년 10월 25일 제1차 전역의 시작 후 8년 만이었다.[3]

김일성은 연안파 간부와 친소세력을 철저히 청산했다. 구금 중인 김두봉을 비롯해 김원봉과 조소앙도 제거해버렸다. 한편, 중국은 미국이 마타도어(Matador) 핵미사일을 대만, 한국 및 일본에 배치하자 1958년 10월 진먼·마주(金門·馬祖)에 대해 포격을 개시했다. 중국은 대만의 미국 군사체제에 의존을 약화시키기 위한 '처벌적 포격'임을 강조했다.[4]

북한은 1960년대 초 국방의 자주적 4대 군사 노선을 채택 및 추진했다. 중국지원군의 철수, 남한의 미군 주둔과 전술핵 배치 등에 안보 우선 전략을 선택했다. 북한은 중국과 소련 사이에서 일방에 편승보다는 균형 외교를 추진하면서 중국, 소련

---

3) 柴成文·趙用日, 「板門店談判」, 318~327쪽.
4) Mel Gurtov/Byong Moo Hwang, *China under Threat*, 1980, 94~95쪽.

과 각각 동맹조약을 체결했다. 북한 유사시 중국군의 즉시 지원과 유사주류(有事駐留)를 보장받았다. 북한은 대남 우위의 군사력을 유지하면서 1960년대 후반 이후 대남 국지도발을 자행했다. 중국과 소련은 북한의 대남 도발을 저지하지 못했다. 따라서 북한은 중·소의 연루 우려를 면제받았다. 1950년대 이후 북한은 외교·전략적 균형이 불리해지자 핵무기 개발에 의한 한·미 연합전력에 대해 억제와 방위력을 강화해나갔다. 북한의 중·러와의 동맹조약이 북한 핵무기 개발의 족쇄가 되지 못한 것이다.

한편, 한국은 정전협정 체결 이후부터 1970년대 초까지 '선 경제건설 후 국방건설' 정책을 내세웠다. 주한 미군의 주둔으로 군사적 열세를 보완할 수 있었기 때문이다. 하지만 1960년대 말 북한의 도발이 급증하고 1970년대 초 미국의 군원이관 및 주한 미군 철수 문제가 대두되면서 자주적인 군사력 건설 문제가 시급한 과제로 제기되었다. 정부는 "싸우면서 건설하자"라는 구호를 외치면서 경제와 국방을 병행시켜나가기 시작했다.

1974년 2월 국방부는 최초로 자주적인 전력증강계획인 '율곡계획'을 확정했다. 율곡계획의 기본 전략 개념은 한미연합억제전략에 바탕을 둔 한미군사협력체제 유지, 주한 미군의 계속 주둔 보장, 방위전력의 우선적 발전, 자주적인 억제 전력의 점진적 형성이었다. 1973년 4월 박정희 대통령은 율곡계획 초안을 보고받을 시 자주성이 더욱 강화된 군사력 건설에 대한 지침을 내렸다. 첫째, 자주국방을 위한 군사전략 수립과 군사력 건설 착수, 둘째, 작전 지휘권 인수 시에 대비한 장기 군사전략의 수립, 셋째, 중화학공업 발전에 따라 고성능 전투기와 유도탄 등을 제외한 주요 무기와 장비의 국산화, 넷째, 주한 미군의 철수 시에 대비한 독자적인 군사전략 및 전력증강계획을 발전시킬 것을 지시했다.[5]

1980년 들어 한국은 한미연합방위체제하에서 '한국방위의 한국화'를 위한 전력증강에 힘입어 한국방위에 미군이 담당한 임무와 역할을 점진적, 단계적으로 인수해 한국방위의 주도와 지원(미국) 관계를 확립시켜나갔다. 이러한 한미동맹을 기반으로 한 연합방위체제는 전쟁 억제, 평화 유지를 위한 보장력이 되었다. 한국은 이러한 한미동맹 보장력을 배경으로 민주주의와 경제발전을 할 수 있었으며, 평화를 지키면서 평화를 만드는 정책 대안을 발전시킬 수 있었다.

---

5) 한용섭, 『국방정책론』, 서울: 박영사, 2012, 379~381쪽.

한미동맹은 국력 면에서 강대국과 중견 국가 간의 비대칭 동맹이다. 미국은 중견국인 한국에 미군을 주둔시킨 가운데 연합방위체제를 만들어 한국의 안보를 보장한다. 한국은 미국에 기지사용권, 외교, 군사전략의 조정 등과 같은 권리를 주게 된다.

이러한 비대칭 동맹의 성격 때문에 한국의 외교안보전략이 대등하고, 동반자적 입장에서 상호 간 협의를 거쳐 이루어지고 발전하는 데 제약요인으로 작용한 점을 인정해야 했다. 한국의 역대 정부는 한미동맹체제의 유지와 발전과정에 미국의 포기(abandonment)와 연루(entrapment) 및 제한(restraint)에 민감성과 취약성을 가지게 되었다.6)

포기는 미국의 대한 방위공약의 이행에 있어서 능력(주한 미군 등)의 축소와 정책(대북억제)의 완화 등을 의미한다. 주한미군은 한미동맹의 초석이며 대북억제의 실효적 군사력이다. 1953년 이후 현재까지 주한미군은 5차례의 구조조정과 재배치를 시도했다. 미국의 통보는 일방적이었고, 한미 간의 협의는 주한 미군의 축소 절차와 후속 보완조치에 관한 사안들이 주가 되었다. 한국은 주한미군의 감축에 대응하면서 한국방위의 한국화를 추진해 책임 국방을 달성하는 계기로 삼았다.

연루는 초강대국인 미국의 세계적 차원의 안보이익과 한국의 안보이익이 연계되거나 쌍무적 동맹이익 때문에 한국이 미국의 정책을 직·간접적으로 지원할 때 발생되는 국내외적 부담을 의미한다. 1960년대 말 베트남 파병, 2000년대 초 이라크 파병이 이에 해당된다. 미국의 미사일 방어체계의 한국 도입은 한국 방어를 위한 것이지만 주변국의 견제와 보복을 불러온다는 점에서 연루에 해당된다. 북한 핵개발도 주한미군과 연루돼 있다. 역으로 미국은 북한의 대남 도발에 대한 한국의 강력한 보복 조치로 발생할 수 있는 대규모 무력 충돌에 연루되는 사태를 우려하고 있다. 미국은 한반도 위기관리에 대한 통제권을 가지고 확전 방지를 주도했다.

제한은 한국의 무기체계 획득과 작전계획에 대한 통제를 의미한다. 법적 근거는 한미상호방위조약 제2조이다. 외부의 무력 공격을 방지하기 위한 적절한 수단을 강화시키기 위해 한·미 양국은 적절한 조치를 합의하에 취하도록 되어 있다. 한국은 미국의 방위지원을 받는 대신 작전권과 전력증강에 이르기까지 미국의 통제를 받아야 했다. 대표적 사례가 한국의 핵무기 개발의 금지와 미사일 사거리 및 탄두 중량

6) 김일석, "한미동맹의 미래 발전", 차영구·황병무 편, 『국방정책의 이론과 실제』, 오름, 2003, 351~357쪽; 이수형, "동맹의 안보 딜레마의 포기·연루의 악순환, 북핵 문제를 둘러싼 한미의 갈등관계를 중심으로," 「국제정치논총」 제39집 1호, 1999, 21~38쪽.

의 제한이다. 한·미 양국은 2010년대 핵우산 제공, 미사일 방어 재래식 타격력의 역할 증대 등을 포함한 확장억제의 실효성을 높이기 위한 맞춤형 억제전략을 발전시켜나갔다.[7] 그 안에 한국 전력증강의 제한 또는 족쇄가 들어 있었다.

2. 주한미군 '포기(철수·감축)'와 한국 방위의 한국화

주한미군은 한미동맹의 신뢰의 상징이다. 그 지속적 주둔이 전쟁 억제의 필수조건이며 한국의 정치적 안정과 경제발전을 보장해주는 힘으로 인식되었다. 하지만 미군은 동서 냉전의 종식, 해외 과잉 개입 및 경제적 부담 등의 이유로 몇 차례 주한미군 주둔정책의 변화를 시도했다. 한국은 이때마다 주한미군의 철수와 감축을 반대했으며, 미국에 선보장치를 요구했다. 미군 주둔정책의 변화는 한미연합방위체제의 제도(한미연합사령부의 창설, 팀스피리트 훈련 실시 등)를 강화시켰으며, 한국군에게는 전력 공백을 보완하기 위한 전력증강사업을 촉진하는 요인으로 작용하였다. 이 결과 한국군은 점진적 단계적으로 한국방위에 미군이 담당했던 임무와 역할을 인수하여 한국방위의 한국화를 강화하게 되었다.

1) 닉슨 대통령의 7사단 철수

1969년 7월 26일 닉슨 대통령은 닉슨독트린(Nixon Doctrine)을 발표했다. 그 내용은 첫째, 미국은 앞으로 베트남전쟁(내전) 같은 군사적 개입을 피한다. 둘째, 미국은 아시아 국가들과의 조약상 약속을 지키지만, 강대국의 핵 위협을 제외하고는 내란이나 침략에 대해 아시아 각국이 스스로 협력하여 그에 대처해야 한다. 셋째, 미국은 태평양 국가로서 그 지역에서 중요한 역할을 계속하지만, 직접적으로 군사적 또는 정치적인 과잉개입은 하지 않으며 자조(自助)의 의사를 가진 아시아 제국의 자주적 행동을 측면 지원한다는 등이다. 특히, 남북한처럼 국지적인 침략 위협에 대치하고 있는 나라는 북한이 중국의 직접 개입 없이 남침했을 경우 한국이 1차 방위를 담당해야 한다는 의미를 담고 있었다.[8] 이에 따라 미국은 1968년 1월 북한 무장공비의 청와대 기습 기도사건, 미 해군 정보함 납치사건, 동년 가을 북한 무장공비의

7) 국방부, 「2012 국방백서」, 2012, 64~65쪽.
8) 1973년 초 레어드(Melvin Laird) 미국방장관이 의회에 제출한 「국방보고서」 참조, 『한미동맹 60년사』, 124쪽.

울진, 삼척 침투사건 이후 한반도 긴장이 증폭되고 있는 상황도 고려하지 않았다. 1970년 7월 포터(Willam Porter) 주한 미 대사는 정일권 국무총리에게 주한 미군 1개 사단(7사단)의 철수를 공식 통보했다.

한국 정부는 한반도 긴장 상황 그리고 베트남에 한국 전투 병력을 파견하여 미국을 돕고 있는 상황에서 일방적인 철군 통보를 받자 한미상호방위조약의 위반이고, 미국의 배신이라고 강하게 반발했다. 국회에서는 7월 주한미군 감축 반대 결의안을 채택하는 가운데 철군이 이루어질 경우 정일권 국무총리 내각이 총사퇴한다는 배수진을 했다. 하지만 1971년 2월 양국 정부는 주한미군 감축 일정을 확정했다.[9)]

1971년 3월 동두천에 주둔해온 미 제7보병사단 2만 명과 3개 공군 비행대대가 철수함으로써 1960년대 말까지 약 62,000명이었던 주한 미군 병력은 대략 41,000명 수준으로 감소되었다.

당시 한국에 주둔한 미 지상군은 1개 군단, 2개 사단 중 1개 사단이 철수하여 군단 사령부가 유지될 수 없었다. 1971년 7월 미 육군 1군단이 해체되었다. 박정희 대통령은 병력과 주둔 경비의 절반을 부담한다는 조건으로 미 제7사단 산하의 포병, 탱크 장비를 이양 받아 국군에 배속시켜 한·미 제1군단 혼성 사령부를 만들었다.[10)] 한·미 양국은 제2사단의 재배치에도 합의했다. 서부전선의 미 보병 2사단을 후방으로 돌려 북한군과 직접 대치하는 휴전선의 지상 방어 임무를 한국군이 전담하도록 한다는 것이다. 이 합의에 따라 1971년 3월 말까지 미군은 휴전선 일대에서 철수를 완료하고, 대간첩 작전 지휘권을 비롯한 모든 지역의 방어책임을 한국군에 이양하였다. 이로써 한국군은 공동경비구역(Joint Security Area) 주변 500km를 제외하고 18년 만에 처음으로 155마일 휴전선 전체의 방위 임무를 맡게 되었다. 공동경비구역(JSA)에 출입하는 철책선 입구와 이를 감시하는 두 개의 감시초소(Guard Post)를 미국이 계속 관할하도록 한 것은 군사정전위원회 회담을 보호하고 유엔군(주한미군)의 상징성 때문이었다. 미 국방부는 이것을 인계철선(trip wire)이라고 불렀다.[11)]

한국 정부는 미 육군 7사단 철수를 한국군 현대화(자주국방)의 계기로 삼았다. 최규하 외무부 장관은 1971년 2월부터 미 대사와의 협의를 통해 한국군 현대화를 위한 15억 달러에 대한 특별 군사원조를 확약받았다. 또한, 후술하겠지만 1968년에 창

9) 이재전, "주한미군 철수론의 서곡", 「국방일보」, 2003.3.5.
10) 국방부, 「1996~1997 국방백서」, 237쪽.
11) 이재전, "주한미군의 감축과 인계철선," 「국방일보」, 2003.5.26.

설된 양국 국방장관 간의 연례 국방 각료회의도 안보협의로 확대하여 외교부 관계관이 참석할 수 있도록 하였다. 동 교섭 과정에서 정부는 무기 탄약의 국외 생산이 가능하도록 하는 한편 이를 위해 1971년 9월 국방과학 연구소를 설치했다.[12] 이보다 앞서 1970년 봄 자주국방제도 연구를 위한 이스라엘 국방제도 연구단이 구성되어 이스라엘 본받기 운동이 전개되었다. 1971년에는 본격적인 한국군 현대화계획으로 명명된 '율곡사업'을 검토하기 시작했다. 율곡사업은 육군이 자주국방의 기치를 내걸고 장비를 현대화하기 위한 무기도입사업으로 율곡의 10만 양병설과 임진왜란을 기억하면서 자주국방의 정신을 되살리려는 의지가 담겨 있었다.

2) 카터 대통령의 핵무기, 주둔군 철수정책의 파장

1976년 민주당 후보로 대통령에 당선된 지미 카터(Jimmy Carter)는 선거 공약대로 한국에서 핵무기와 주한미군의 단계적(4~5년) 철수를 주장하여 한미관계는 긴장되었다. 철수론의 배경에는 ① 미국에 과도히 의존하는 동맹국들이 주는 경제적 부담, ② 중·일 평화우호조약(1977), 미중수교(1978) 등 국제 긴장 완화, ③ 박정희 유신체제로 인한 인권탄압에 대한 혐오감 등이 영향을 미쳤다.

1977년 3월 카터 행정부는 주한 미 지상군 33,000명의 4~5년 내 철수안을 한국에 통보했다. 한국 정부는 충격과 우려 속에서 '선 보완 후 철수'를 촉구하면서 보장 없는 철수를 반대했다. 유신체제에 반대했던 민주화운동세력도 미군 철수를 반대했다. 그도 그럴 것이 한반도 정세는 월남패망 후 북한의 남한에 대한 적화 의지가 강화되었고, 비무장지대 남침용 땅굴 굴착, 서해 5도 도발 및 1976년 8월 판문점 도끼만행 사건으로 긴장이 크게 조성되고 있었다.

미국 정치계에서도 퍼시(Charles Percy) 상원의원, 샘넌(Sam Numn) 민주당 의원들이 철군을 반대했으며, 동아시아 5개 지도자들도 반대했다. 일본 후쿠다 야스오(福田赳夫) 수상은 1977년 2월 먼데일(Walter F. Mandale) 부통령이 일본을 방문했을 때 주한 미군의 철수는 심각한 실수가 될 것이라는 의사를 전달했다.[13]

특기할 사실은 상부의 지시와 결정에 침묵의 수칙(Code of Silence)이 강조되는 군 지도자들이 주한 미군의 철수를 반대하고 나선 점이다. 베시(John W.Vessey) 유

---

12) 외교통상부, 『한국의 외교 50년』, 앞의 책, 134~135쪽.
13) 『한미동맹 60년사』, 127쪽.

엔군 사령관과 그의 참모장 싱글러부(John K. Singluv) 소장은 철수 반대에 적극적이었다. 베시 사령관은 1977년 1월 주한 미 지상군이 철수하면, 북한과의 전쟁 위협이 크게 증대될 것이라고 말하면서 한국군이 더 큰 방위 임무를 떠맡기에 충분한 군원을 의회가 승인하는 등 철수 보완책을 강조했다. 카터 대통령은 마침내 베시 장군에게 불만을 토로했고, 그를 참모차장으로 전보했다. 싱글러브 소장은 워싱턴 포스터 지와의 인터뷰에서 "미 제2사단의 철수가 남한의 전력을 약화시켜 김일성의 남침을 유발할 것"이라고 공개적으로 카터 대통령의 철군 정책을 반대했다. 그는 소신을 밝힌 다음 날 본국으로 소환되었다. 훗날 그는 군 통수권자인 미 대통령에게 군인의 견해를 반영시킬 필요를 느꼈다고 회고했다. 이 때문에 그는 주한 미군 철수 반대의 상징적인 인물이 되었다.[14]

미 상원은 1977년 6월 공화당 내 철군 반대론자들의 의견을 반영한 수정안을 통과시켰다. 7월 25일 서울에서 열리는 제10차 한미 안보협의회에서 주한미군 6,000명을 1978년까지 감축하고 나머지 지상 병력의 철수는 향후 4~5년간에 걸쳐 단계적으로 시행한다고 발표했다. 대신 주한 미 공군의 증강, 미 해군의 지속적 지역배치 그리고 미국의 정보, 통신 및 기타 지원부대의 잔류를 약속했다. 이는 미국이 한국에서 지상 전투 병력의 완전 철수를 통고한 것이다.[15]

한국은 철군 협의를 통해 주한미군 장비의 무상 이양, 대외군사판매 차관의 추가 획득, 대북 침략 저지를 위한 무기의 우선 제공 등을 이끌어냈다. 1976년 안보 불안을 해소하기 위해 팀스피리트 훈련과 1978년 한미연합사령부의 창설을 합의했다. 또 한국은 미국이 1975년 한반도에 관한 4자 회담 제의에 유의하고, 한국의 참여 없이 어떠한 교섭도 하지 않을 것임을 재확인했다. 이른바 미국이 코리아 패싱을 하지 않는다는 약속을 받아냈다.[16]

카터 행정부의 지상군 철수계획은 미 의회와 군부, 한국과 일본 정부의 발발로 1978년 12월 최초 미 제2사단 1개 보병대대와 지원 병력 3,400명으로 축소하여 실시되었다.[17] 그 후 주한미군 철군 계획을 카터 대통령이 1979년 7월 1일 방한, 박정희 대통령과 정상회담 이후 백지화되었다.

14) 「국방일보」, 2009.9.17.
15) 제10차 한미연례한보협의회의 공동성명서, 『한미군사관계사』, 751쪽.
16) 위의 공동성명서, 752쪽.
17) 제11차 한미연례한보회의 공동성명서, 『한미군사관계사』, 752~753쪽.

한국 정부는 주한미군 철수를 강행하려는 카터 대통령의 마음을 되돌리기 위해 카터의 방한 시 대대적인 환영인파를 조직하고, 만찬 때는 카터의 고향 노래인 '그리운 조지아주'도 연주했다. 박 대통령은 회담에서 미군 문제를 언급하지 말아달라는 미군 측의 부탁에도 45분간 미군 철수의 부당성을 연설했다. 카터 대통령은 박 대통령의 발언 중 자신들의 참모들에게 '이렇게 나오면 정말 미군을 철수시키겠다'라는 메모를 건네기도 했고, 비공식 대화에서 박 대통령에게 유신체제에 반대했던 정치범 석방을 요구했다. 미국은 회담 후 7월 20일 '미군의 추가 철수를 1981년까지 연기한다'라고 통보했다. 카터 대통령은 이후 박 대통령에게 친서를 보내 '주한미군 철수 연기 결정이 미국에서도 환영을 받고 있다'라며 한국을 배제한 북미 간 접촉은 없을 것이라고 안심을 시켰다. 그러나 북한의 국방비(GNP의 20%)에 비해 한국 국방비(GNP의 5%)가 너무 낮다고 지적하면서 한국도 군 전력의 향상을 위해 방위를 높일 것을 기대하며, '정치범 86명의 석방을 환영하지만 나머지 정치범의 석방을 기대한다'라며 박 대통령에 대한 우회적인 압력을 넣었다.[18)]

카터 대통령은 한국의 10.26(박 대통령 서거), 1980.12.12. 군사변란에 이어 6월 광주 민주항쟁에 대해서는 인권과 민주화보다는 신군부 세력이 강력한 지도력을 확립하는 길이 한국에서의 안보 불안과 정치 불안을 잠재울 수 있는 것으로 보았다. 1987년 6월 한국 내 민주화 위기 시에도 미국의 레이건 대통령은 확고한 민주제도에 기반한 정치 안정을 국가안보와 동일시하고 진정한 민주화(대통령 직선)를 지원했다.

1977년 1월 카터 대통령도 취임 즉시 해럴드 브라운 국방장관에게 한국으로부터 핵무기 철수계획을 제출할 것을 지시했다. 동년 8월 11일 자 핵무기 철수에 대한 CIA의 평가는 부정적이었다. 10개 항목 중 북한의 오판 가능성과 한국의 핵무기 개발 재개 가능성에 대한 평가는 아래와 같다.[19)]

첫째, 평양은 미군 지상(핵)무기의 철수를 지상군 철수에 따른 논리적으로 당연한 결과로 볼 것이다.

둘째, 공중(핵)무기의 철수는 전쟁이 벌어질 경우 미국이 핵무기를 재도입할지 의심하게 만들 것이다.

---

18) 외교통상부는 2010년 2월 22일, '1979년 외교문서'를 공개했다. 위 내용은 「조선일보」 2010.2.23.

19) 미국 CIA 문건에서 새로 밝혀진 박 대통령 시대 핵 개발 자료 해석, 중앙 Sunday 2011, 10.2.~3., news3.

셋째, 한국은 핵무기 전면 철수를 향후 전쟁에서 미국의 핵무기 사용 포기로 간주할 것이다.

넷째, 한국은 동맹으로서 대미 신뢰 감소와 북한의 공격적 전략은 박 대통령이 핵무기 프로그램을 재개하게 할 수 있다.

이 문건이 카터 대통령에게 미친 영향은 파악되지 않았다. 하지만 한국에서는 1977년 6월 제97차 국회에서 미국의 핵무기 철수와 한국의 핵무기 개발문제가 본격적으로 논의되었다. 당시 금기시되었던 핵무장 문제가 국회에서 공론화했다는 사실은 미국의 핵무기 철수에 대한 지렛대로 행정부의 철수 유예에 영향을 미쳤을 것이다.[20] 미국의 핵무기 철수는 1991년 9월, 조지 부시(George H. W. Bush) 대통령 시기까지 연기되었다.

3) 넌-워너 법안과 주한미군의 역할조정

1989년 3월 부시(George H. W. Bush) 행정부 출범을 계기로 미 의회를 중심으로 주한미군의 철군 논의가 전개되었다. 이 배경에는 소련에 의한 전통적 안보위협의 감소, 미 재정 압박에 따른 국방 예산의 대폭 삭감, 한국의 경제성장에 따른 보다 많은 책임과 비용 부담의 필요성이 고려되었다. 1989년 3월 2일 민주당의 레빈(Carl M. Levin) 의원이 주한미군 43,000명 중 5년간의 단계적 철수를 통해 10,000명만을 잔류시키는 내용을 골자로 하는 감군안을 제출했다.[21]

1989년 7월 31일 미 상원조사위원회 위원장 샘 넌(Sam Nunn) 의원과 공화당의 워너(Warner) 의원을 포함한 상원 군사위 소속 의원 13명의 공동 발의로 한미 안보관계 법안인 '넌 - 워너'안이 미 상원 본회의에 제출되었다. 이 법안은 미 대통령은 아래의 3가지 조건을 검토하여 주한미군에 대한 철수계획을 수립, 1990년 4월까지 한국과의 협상 결과를 보고하며, 발표 일부터 1년 내에 추가 보고서를 제출할 것을 규정했다. 세 가지 조건은 다음과 같다.

① 동아시아 및 한국에서의 주둔 군사력의 위치, 전력 구조, 임무의 재평가

② 한국에 보다 많은 책임과 비용의 부담

③ 한미 양국은 주한 미군의 부분적, 점진적 감군의 필요성과 가능성에 대한 협

---

20) 엄정식, "미국의 무기 이전 억제정책에 대한 박정희 정부의 미사일 개발전략", 「국제정치논총」 제53집 1호, 2013, 151~183쪽. 특히 165쪽.

21) 『한미군사관계사』, 710쪽.

의에 의한 판단이었다.

1990년 4월 19일 미 국방부는 '넌－워너 수정안'에 따라 대통령 보고서인 「21세기를 지향한 아태지역의 전략적 틀(A Strategic Framework for the Asia Pacific Rim: Looking for the 21st Century)」, 일명 동아시아 전략구상(EAST: East Asia Strategic Initiative)을 의회에 제출했다.[22)]

EAST의 핵심은 1990년부터 3단계로 구분하여 아태지역의 주둔군을 철수 및 조정하는 계획이었다. 1단계로 1~3년 이내에는 역대 주둔 135,000명에서 14,000명을 철수시키고, 2단계인 3~5년 후에는 철수 규모를 명시하지 않은 채 군사력 감축 및 병력 재조직(reorganization)을 실시하며, 마지막으로 3단계인 5~10년 후에도 규모 미상의 군사력을 추가로 감축시킬 것을 명시했다. 주한 미군과 관련해서는 1단계로 공군 2,000명, 지상군 5,000명 등 7,000명을 감축시키고, 2단계에서는 6,500명을 철수시키며, 3단계는 2단계 완료 후에 별도의 계획을 수립하도록 했다. 한미는 1990년의 제12차 한미 군사위원회에서 1992년 말까지의 1단계 추진사항에 합의했다. 따라서 미 지상군 5,000명과 공군 1,987명 등 총 6,987명이 철수했다.[23)]

하지만 1993년부터 시행될 2단계 감축은 북한의 핵 개발 의혹으로 유보된다. 클린턴 행정부의 출범과 동시 작성된 1995년 2월의 「아태지역에서의 미국의 안보전략(United States Security for the East Asia Pacific Regime)」, 일명 「신 아태전략(EASR: East Asia Strategic Report)」을 통해 주한미군을 포함한 아태지역 주둔 미군을 적어도 20세기 말까지 10만 명 수준으로 유지할 것을 천명하였다. 이로써 1990년대 초반부터 시작된 주한미군의 철수 논의는 일단 종지부를 찍게 되었다.[24)]

주한미군의 감축과 더불어 한미 양국은 한국방위에 대한 미군의 주도적 역할을 절차 지원적 역할로 전환시켜나갔다. 한국방위의 한국화 논의는 한국 측이 1985년 제17차 안보협의회의에서 연합지휘체제 개선 문제를 제기하면서부터 시작되었다. 1990년 이후에는 주한미군 감축에 따라 점차 한국군에 아래와 같이 이양되었다.[25)]

① 군사정전위원회 수석대표를 한국군 장성으로 교체(1991년 3월)

---

22) 엄정식, "미국의 무기 이전 억제정책에 대한 박정희 정부의 미사일 개발전략", 「국제정치논총」 제53집 1호, 2013, 151~183쪽. 특히 165쪽.
23) 『한미군사관계사』, 712쪽; 국방부, 「1994~1995 국방백서」, 112쪽.
24) 『한미군사관계사』, 713쪽.
25) 「1994~1995 국방백서」, 113쪽.

② 판문점 비무장지역 「을」 구역 경계책임과 경계초소(GP) 2개 중 1개소 인수 (1991년 10월)

③ 판문점 공동경비구역(JSA)의 미군 병력 100명을 한국군으로 대체(1992년 12월)

④ 한미연합야전군 사령부(CFA) 해체(1992년 7월 1일)

⑤ 지상구성군 사령부(GCC)의 사령관을 한국 장성으로 보임(1992년 12월)

⑥ 평시 작전통제권을 한국군에 이양(1994년 12월 1일)

‘한국방위의 한국화’ 구상에 따라 한미연합방위체제를 점차 한국 주도의 전략적 협력체제로 전환함으로써 상호보완적인 안보동반자 관계로 발전시켜나가려는 계획에는 한반도 안보환경의 특수성을 고려하여 추진할 수밖에 없었다. 남북대결 구조가 지속되는 한 대북 연합 억제력의 유지에 우선순위를 두어야 했다. 한국군의 방위역량을 증대시킨 만큼 방위역할을 부분적으로 이양하는 단계적, 신축적으로 추진되어야 했다.

국방백서(1995~1996)는 한미군사협력의 중점이 변화되는 시기를 북한의 위협이 완전히 소멸되고, 남북평화공존단계에 진입하는 시기로 보았다. 이 시점을 분기점으로 한미 양국군 군사협력의 중점을 ‘대북 도발 억제’에서 점차 한반도의 평화공존과 통일을 촉진하기 위한 ‘통일 지향적 안보협력’ 그리고 장기적으로는 ‘동북아지역 전체의 안정과 평화유지’ 차원으로 조정해나감으로써 전환기적 안보위협에 효과적으로 대응하기 위한 미래 지향적 안보동반자 관계로 발전시켜나간다는 것이다.[26]

4) 부시 대통령의 미군 재배치에 의한 주한미군 감축

2003년 11월 25일 부시(George Walker Bush) 미 대통령은 미국의 해외 주둔 미군 재배치(GPR: Global Defense Posture Review)를 발표했다.[27] 미국은 GPR 추진 방향을 탈냉전 후 새로운 위협에 대한 작전 가용성을 확보하고 대테러전 추진의 적합성을 향상시키기 위한 것이라고 밝혔다. 그 핵심은 전략적 유연성의 향상, 동맹국의 역할 증대와 새로운 파트너십 형성, 범세계적 및 지역의 문제를 동시에 대처하고 병력 숫자보다는 능력에 중점을 둔다는 것이다.

---

26) 「1995~1996 국방백서」, 113~115쪽.

27) GPR 관련 아래 핵심내용은 『한미동맹 60년사』, 280~291쪽.

미국은 GPR 개념에 의해 유럽지역에서는 주독미군을 중심으로 서유럽 방위에 주력했던 군사전략에서 탈퇴하여 새로운 NATO 국가를 중심으로 해외 주둔 미군 재배치를 추진했다. 아시아에서는 북한 위협, 테러 위협, 중국의 부상 등에 대한 견제가 가능한 장기적이며 지속적인 동맹 관계를 위한 공고한 체제 구축을 위해 미·일 동맹을 중심축으로 전력을 재배치했다.

동시에 미국은 GPR 개념을 충족시킬 수 있도록 전력 구조를 신속화·경량화·첨단화의 병행으로 개편했다. 그리고 군사대비 중점을 전면전과 재래전에서 국지전과 테러전 대비로 전환하고 군사전략을 위협기초전략에서 능력기초전략으로 전환했다.

미국은 새로운 안보전략에 따른 해외 주둔 미군 재배치(GPR) 일환으로 주한미군의 규모 조정 및 재배치를 추진했다. 또한, 이라크 안정화 작전을 위한 미군의 소요가 늘어나면서 타 지역에 주둔하고 있는 미군의 감축이 불가피했다. GPR 추진성과를 가시화하는 차원에서 주한미군의 조기 감축을 희망했다. 2004년 5월 미국은 주한미군 3,500명의 이라크 재전개를 결정하고, 7월 7일에는 2005년 말까지 총 12,500명을 감축하겠다는 기본계획(안)을 주한 미군 사령관이 합참의장에게 직접 전달했다. 미 측이 제시한 감축기본계획에는 전형적인 대화력전 무기의 다련장포(MLRS) 1개 대대, 팔라딘 자주포(155mm)가 포함되어 있었다.

표 1 주한미군 감축 관련 미국 측 기본계획

구분	주요 내용
미국 측 제시안	• 주한미군 12,500명을 2005년까지 감축 희망 - 1단계 2004년에 미 2사단 중심 감축(6,000명 수준) - 2005년 말까지 미 8군 및 공군 등 감축(6,500명 수준) • 규모는 감축하되 전력 현대화로 주한미군 능력은 강화 - 전력 현대화: 2006년까지 150개 분야에 110억 달러 투자 - 주한미군 지휘체계 및 구조 개편(작전사령부, 미래전 특수부대)

출처: 「한미동맹 60년사」, 313쪽

정부는 2004년 7월 31일 안보관계 장관회의를 통해 정부 협상안을 확정하고 8월 4일 미 측에 전달했다. 정부안 중 5대 협상 중점은 다음과 같다.

① 대북 억제에 필요한 긴요 전력의 감축 최소화

② 한미 간에 이미 합의한 군사 임무 전환 일정

③ 주한미군 전력의 증강계획

④ 미 제2사단의 1, 2단계 재배치
⑤ 협력적 자주국방 추진 계획과 연계

또한 안보 우려를 해소하기 위해 연합방위체제를 강화하는 노력을 병행하도록 했다. 정부는 대미협상안을 준비하면서 심리적 대북 억제력 감소, 대화력전 능력 및 북한 특수전 부대 저지 임무의 가능 여부 등을 중요시했다.[28]

한미 양국은 2차례의 실무회담을 통해 견해 차이를 조정했으며, 2004년 10월 6일 양국 대표가 최종 협의를 통해 감축 인원과 일정을 합의했다.

표 2 주한미군 단계별 감축 인원과 일정

단계	연도	감축 인원	감축 대상	주둔 인원
1단계	2004년	5,000명	제2전투여단 기타 지원병력	32,500명
2단계	2005~2006년	5,000명	육군 및 공군지원부대	27,600명
3단계		2,500명	육군지원부대 및 기타 지원병력	25,000명

출처: 국방부 주한미군 감축 협상 결과 기자회견 설명자료(2004년 10월 6일)

한미 양국은 감축에 따른 전력 공백을 보완하고 미군의 임무를 줄이기 위해 한국군에 10대 군사 임무를 전환하는 데 합의했다. 미군은 2003년부터 2006년까지 150개 분야에 110억 달러 규모를 투자하여 전력 현대화를 위해 능력을 강화하고 주한미군을 재편하여 전력 운용의 극대화를 추진했다. 그 내용은 주한미군의 아파치 롱보우 2개 대대, 방공(PAC－3) 8개 포대, 고속 수송함(HSV) 배치 및 감시 및 정찰(C4ISR) 자산 등이 포함되었다. 다련장포(MLRS)와 대포병레이더(AN－TPQ) 등을 포함한 대화력전(Counter－Fire) 자산은 잔류하고, 감축되는 부대의 주요 장비는 개편과 연계하여 조정하되, 미 육군 사전배치재고(APS: Army Prepositioned Stocks)에 포함하여 유사시 즉각 사용을 보장한다는 것이다.[29]

한국군은 2003년 11월 7일 미군과 체결한 '군사임무전환이행'에 관한 합의각서

28) 한국국방연구원, "주한미군 감축 관련 대응 방향", 「국방현안보고」, 2004.6.12.
29) 『한미동맹 60년사』, 314~315쪽.

(MOU) 및 2004년 2월 11일에 체결한 군사임무전환이행계획(부록)에 따라 10대 군사임무전환을 추진했다. 그중 정치적·작전적 중요한 의미를 가진 군사임무전환이 포함되었다. 첫째, 판문점 공동경비구역(Joint Security Area)은 정치적 상징성 때문에 그 지휘부는 미군이 계속 임무를 수행하되 병력을 90% 이상 한국군으로 대체했다(2004년 10월 31일 임무 전환). 둘째, 대화력전 수행본부를 미 제2사단 사령부에서 한국군 제3군 사령부로의 전환이다(2005년 10월 1일 임무 전환). 이 임무 전환은 2005년 UFL 연습 때 한미 공동평가단에 의해 능력 평가를 받은 후 이루어졌다. 셋째, 해상대특작부대 작전은 미 AH-64 공격용 아파치 헬기 대신 한국 공군과 공격헬기로 임무를 수행했다(2006년 1월 19일). 넷째, 주한 미 공군이 수행해오던 중부지역 근접항공지원 통제 임무(CAS)를 3군 사령부에 인수했다(2006년 8월 31일).[30]

주한미군은 2003년 37,500명에서 2004년 5,000명, 2005년 3,000명, 그리고 2006년 1,000명, 총 9,000명이 감축되어 처음 감축 계획(12,500명)보다 3,000명이 많은 28,500명이 주둔해 오늘에 이르고 있다.

5) 전략적 유연성과 미국의 포기와 한국의 연루 문제

미국은 GPR를 국방변환(DT: Defence Transformation)과 연동시켜 해외 주둔 미군 재배치는 전력의 유출·입(flow out and in)이 자유로운 전략적 유연성(strategic flexibility)을 중시했다. 미국은 주둔 국가(Host Nations)와 더불어 공동의 적에 대한 위험부담을 공유해왔으나, 이제는 주둔군 이외의 지역에서 벌어지는 전쟁에 대비한 발진기지(staging points) 혹은 보급기지(coaling stations)로 사용하려는 데 목적을 두었다.[31]

한미 양측의 실무회담(FOTA)에서 미국 측은 '지역 안보는 한반도 안보의 핵심적 부분이다. 잠재적 적은 한미의 전략적 유연성에 유의해야 할 것이다'라고 강조했다. 한국 측은 '지역 임무'의 표현에 대해 중국을 겨냥한 것처럼 묘사될 수 있다는 우려를 표명했다. 2003년 11월에 개최된 제35차 한미안보협의회 공동성명에서는 양국 국방장관은 주한미군의 전략적 유연성이 지속적으로 중요함을 재확인했다는 내용을

---

30) 「국방일보」, 2006.8.30. CAS는 전·평시 우리 군부대로 접근해오는 적의 전차, 병력, 미사일, 포병 전력 등을 항공기를 통해 원거리 격파하도록 지상군이 요청하거나 통제하는 임무를 말한다. 한국군은 그동안 서북지역과 동부지역만 임무를 수행해 왔었다.

31) 최종철, "주한미군의 전략적 유연성과 한국의 대응전략 구상", 이수훈 외, 『조정기의 한미동맹, 2003~2008』, 서울: 경남대 극동문제연구소, 2009, 280~283쪽.

포함했다. 한미 양국은 한미 상호방위조약이 주한미군의 전략적 유연성에 대한 충분한 근거가 있는지 진지한 토의를 진행했다.[32)]

2005년 2월 전략적 유연성 문제협의를 위한 정부 대표단이 임명되었고, 이후 10개월간 미국 측과 12회에 걸친 공식, 비공식 회의를 거쳤다. 2005년 3월 노무현 대통령은 공군사관학교 졸업식에서 '우리의 의지와 관계없이 동북아 분쟁에 휘말리는 일은 없을 것'이라고 정부의 원칙을 천명했다.[33)] 한미 양국은 2005년 2월 전략적 유연성에 대해 본격적으로 논의하기로 결정하고 2006년 1월 19일 반기문 외교부 장관과 미국 라이스(Condoleeza Rice) 국무장관 간 제1차 한미장관급 전략 대화 및 공동성명을 통해 주한미군의 한반도 영역 밖 출동에 관한 전략적 유연성에 관하여 다음과 같은 양해사항을 합의했다.

① 한국은 동맹국으로서 미국의 세계군사 전략적 유연성의 필요성을 존중한다.
② 전략적 유연성의 이행에 있어서, 미국은 한국이 한국민의 의지와 관계없이 동북아 분쟁에 개입되는 일은 없을 것이라는 한국의 입장을 존중한다.

한국은 주한미군의 전략적 유연성을 인정하는 대신 미국은 한국의 의사에 반하여 동북아지역 분쟁에 개입하지 않는다는 취지의 공동성명이 발표된 것이다. 한국 외교부는 '이번 합의는 한미 양국의 필요를 균형 있게 조화시킨 것으로서 이를 통해서 한미동맹이 21세기 새로운 국제안보환경의 변화에 효과적으로 적응할 수 있는 토대를 마련한 것'이라고 평가했다.[34)]

그러나 한국 측에서는 전략적 유연성으로 야기될 미국의 포기와 한국의 연루에 관한 우려가 남아 있었다. 2010년 10월 뉴욕에서 열린 제42차 한미안보협의회의에서는 전략적 유연성에 따른 안보 공백을 메우기 위해 미군의 보완전력 제공에 대해 합의했다고 밝혔다. 그렇지만 한미는 전략적 유연성 추진의 세부사항에서는 여전히 이견을 보인 것으로 전해졌다. 양국은 이번 한미안보협의회의에서 ① 주한 미군을 다른 분쟁 지역으로 차출할 때의 사전 협의 문제, ② 주한미군의 수를 명시하는 문제, ③ 주한미군 기지 이전 시점을 명시하는 문제 등을 놓고 이견을 드러냈다.

주한미군을 차출할 경우 내용과 시기를 협의하느냐 통보하느냐가 걸림돌이 되었

---

32) 『한미동맹 60년사』, 317쪽.
33) 위의 책, 318쪽.
34) 외교부, 『2007년 외교백서』, 47쪽.

다. 한국은 협의를 주장한 반면, 미국은 통보를 강조해 통보로 기울어진 것으로 보인다. 주일미군의 경우 작전출동, 부대 배치 변경, 장비의 주요 변경 등에 관해 양국간 사전 협의를 제도화하고 있다. 주한미군의 병력 수를 문서로 보장하는 문제도 쟁점이 되었다. 한국 측은 전략적 유연성에 의한 병력 차출에 따른 안보 공백을 우려해 2006년부터 유지해온 주한미군 28,500명의 숫자를 명기하자고 주장했지만, 미군 측 반응은 부정적이었다. 결국, 국방협력지침에는 주한미군 현 수준 유지 공약 준수라는 표현을 쓰기로 했다. 미군기지 이전 시기를 명시하는 문제도 이견 중 하나였다. 미군 측은 주한 미군 이전 시점을 못 박아줄 것을 요구했지만, 한국 측은 주한미군의 전략적 유연성이 본격적으로 시행될 수 있는 시기를 늦추기 위해 미2사단의 평택기지 이전 시기를 확정짓지 않으려 했다.[35)]

2007년 11월 평택 미군기지 공사를 시작했다. 한국이 경비를 부담하는 조건이었다. 미군은 2016년 상반기까지 미 2사단을 이전하기로 계획하고 있었다. 미군은 이 평택기지를 전략적 유연성을 발휘하는 전진기지로 사용할 계획이다. 당장 시급한 부대는 오산 미 공군기지를 활용해 수송기로 해외의 다른 분쟁 지역에 투입할 수 있다. 또 대규모 군수지원은 평택항을 통해 할 수 있다. 더구나 평택기지는 중국과 마주 보는 서해안 쪽에 위치해 중국에 대한 암묵적인 견제용도 된다. 앞으로 주한미군과 주일미군은 유엔군 사령부를 통해 긴밀히 연계될 전망이다. 주일 미군의 핵심기지 7곳이 유엔사 후방기지로 지정되어 있다. 외부로 차출된 주한미군이 감축으로 이어져서는 안 된다는 우려는 한때 한미연합사령관을 지낸 벨(Burwell B. Bell)의 인터뷰에서도 나타났다. 그는 "외지에 긴급배치(contingency deployment)된 미군 부대가 한국으로 돌아온 사례는 실제로 없었다. 북한이 침략자로 남아 있는 한 전략적 유연성의 개념은 그만두어야 한다"고 강조했다.[36)]

그러나 미군 의회조사국의 보고서는 한국 정부가 미국 정부와 전략적 유연성에 관하여 타협을 한 것으로 평가했다. 한국은 주한미군을 한반도 주변 군사긴급사태(on off－peninsula military contingency)에 작전기지가 아닌 배치(deploy)만을 허용하겠다는 것이다. 주한 미 공군이 동북아지역 국가의 군사 분쟁에 개입, 작전을 펴고 다시 한국기지로 돌아간다면 한국은 자국의 의지와 관계없이 역외 군사 분쟁에 기지를 제공하는 국가가 된다. 한국은 이러한 군사 분쟁의 연루에 의한 안보 불이익을

35) 「동아일보」, 2010.10.9.
36) 벨 전 한미연합사령관의 인터뷰, 2013.3.12., 『한미동맹 60년사』, 319쪽.

막고자 했다.[37] 문제는 전략적 유연성이 미래 미국 전략의 운용에 다시 등장할 가능성이 커지고 있다는 점이다. 군사기술의 발전과 국제안보환경의 변화 및 한국 단독 방위력의 증대, 미국 국방 예산의 제약 때문이다. 샤프(Walter Sharp) 전 주한 미 사령관은 2009년 12월 전략국제문제연구소(CSIS)가 주최한 토론회에서 전략적 유연성의 미래 실시 가능성에 대해 "한미 양국 간 협의를 통해 미래의 어느 시점에서는 전 세계의 다른 곳에 우리가 독자적으로 배치되거나 양국 군대가 함께 배치될 수 있어야 한다"고 말했다.[38]

미국 측은 한국의 전시작전통제권 이양 시기를 한미동맹 역할을 한반도 너머로 확대하는 기회로 보고 있다. 문재인 정부는 전작권 조기 전환을 위한 준비를 내실 있게 추진하고 있다. 한국군이 주도하는 신 연합방위체제가 출현한다. 2019년 10월 한미가 전작권 전환 이후 발생하는 위기 사태에 대한 논의를 시작했다. 10월 29일 정부 소식통에 따르면 미국도 최근 '한미동맹 위기관리 각서'의 내용을 개정하는 협의에서 '미국의 유사시'까지 동맹의 대응 범위를 넓히자는 의견을 제시했다. 미국은 이 문구를 추가하면서 위기관리의 범위를 호르무즈 해협과 같은 태평양 너머 지역으로까지 한국의 지원 역할을 넓히고자 한 것이다.[39] 현재 한미 상호방위조약은 양국의 군사적 협조 범위를 '태평양 지역에서의 모든 위협'으로 규정했다. 한국은 조약을 위반하면서까지 각서 개정에 합의할 것인가? 하지만 한국은 과거 동맹이익과 국익에 기초하여 이라크전에 파병했다. 앞으로 한국은 남중국해에서 벌어지고 있는 미·중 갈등이나 인도·태평양 전략 구상에 대해 현재 유지하고 있는 '전략적 모호성'을 변경해야 할 가능성을 배제할 수 없다. 이는 국익과 동맹이익을 조화시켜 결정해야 할 과제로 남아 있다.

3. 한국의 좌절된 핵 개발과 미사일 개발의 제한

1) 좌절된 핵 개발

주한 미 7사단의 철수에 이어 미국 내의 철군 논의는 박정희 대통령의 '자주국

---

37) Mark E. Manyn et al., "U.S · South Korea Relations", *Congressional Research Service*, February. 12, 2014, pp. 15~16.
38) 「조선일보」, 2009.12.16.
39) 「중앙일보」, 2019.10.30.

방' 추진의 계기로 작용한다. 박 대통령은 '비오는 날(주한미군 철수)에 대비해야 한다'는 집념하에 핵무기 개발을 위하여 청와대 내에 무기개발위원회라는 임시 비밀기구를 설치, 지대지 미사일(최대 사정거리 500km) 개발과 핵연료 재처리 시설을 도입하려는 계획을 추진했다.[40] 이 핵 개발계획은 이를 저지하려는 미국 측과 3년여 동안 밀고 당기는 협상의제가 되었다.

박 대통령은 1975년 4월 스나이더 주한 미 대사와의 면담에서 미군이 철수하기 전인 향후 3~5년 내 한국형 단거리 미사일을 개발하겠다는 확고한 의지를 밝혔다. 그리고 북한의 공군력 우위에 대응해나가겠다는 전략의 개요를 설명했다. 만약, 미국이 도와줄 태세가 되어 있지 않다면 한국으로서는 제3국으로부터라도 지원을 받아야 할 형편이라고 덧붙였다. 초대형 공군 전투기 개발계획은 없으나, 미국으로부터 직구매보다 돈이 덜 드는 공동 프로젝트에 관심을 표명했다.[41]

미국 정부는 미 록히드사의 미사일 발사 장비의 한국 국방과학연구소(ADD)에 대한 판매는 핵무기 개발의 야심 찬 계획에 포함된 것으로 보아 처음에는 반대했다. 그러나 미국 정부는 한국의 핵무기 개발문제를 미사일 개발문제와 다른 민감한 전략적 이슈로 인정했고, 감시와 통제력 확보, 미국이 팔지 않으면 프랑스로부터 도입할 우려 및 한국 국방산업의 미국에 대한 의존도 증대 등을 평가한 후 록히드사의 발사 장비의 한국판매를 승인했다. 한국은 위 발사 장비와 기술을 사들여 1978년 9월 사정거리 180km의 첫 국산 지대지 미사일인 「백곰」의 시험 발사에 성공했다.[42]

문제는 핵 개발이다. 청와대 오원철 수석을 사령탑으로 한 핵 개발팀은 연구용 원자로는 캐나다의 NRX형을 재처리 시설은 프랑스제를 도입하기로 하고, 1973년~1974년에 이를 적극 추진했다. 1975년 4월 원자력 연구소와 프랑스의 SGN 사이에 재처리 시설을 위한 기술 용역 및 공급계약이 체결되었다. 이 계약 체결 직전, 3월 4일 미국 국무장관 헨리 키신저(Henry Kissinger)는 서울을 비롯한 오타와, 파리, 도쿄, 빈 등에 훈령을 동시에 하달한다. 그 내용은 아래와 같다.[43]

---

40) 김정렴, 『아! 박정희: 김정렴 정치회고록』, 서울: 중앙 M&B, 1997, 53쪽.

41) 박 대통령의 핵 개발계획과 미국의 저지 공작에 관련된 비화에 대해서는 미 정부가 공개한 비밀문건들을 참조했음. "1975년 5월 1일, 국무부에 보낸 스나이더 주한 미 대사의 보고 전문" 요약 인용은 박두식·유용원, "최근 비밀 해제된 한미 외교문서에 나타난 박정희 핵 개발 저지 공작," 「월간조선」, 1998. 11월호, 166~185쪽.

42) 위의 글, 169~172쪽.

43) 위의 글, 173~176쪽.

첫째, 한국의 핵무기 개발계획은 초기 단계로 향후 10년 안에 제한된 개발에 성공한다.

둘째, 한국의 핵 보유의 전략적 파장에 전략적 관심을 강화해야 한다. ① 주변국, 특히 북한과 일본 등에 대한 파급적 효과, ② 일본을 비롯한 소련, 중국 및 미국까지 연계되어 있는 지역의 최대 불안정 요인으로 작용, ③ 한반도 분쟁 발생 시 소련과 중국이 북한에 핵무기 지원 동기 유발, ④ 한국의 핵무기 확보 노력은 필연적으로 한미동맹에 영향을 미친다는 점, 특히 미국의 안보 공약에 대한 한국의 신뢰가 약화될 것이며, 대미 군사의존을 줄이려는 대통령의 야심과 관계가 있다는 점, ⑤ 한국의 핵무기 확보(10년 이상)하려는 계획은 한국이 폭파 장비 또는 무기를 갖기 이전에 널리 전파됨으로써 그 자체만으로도 주변국들에게 중대한 영향을 미칠 것 등이다.

국무부 훈령은 다음과 같은 정책들을 제시했다. 첫째, 미국은 공급 국가들과의 공조 속에서 한국이 민감한 기술과 장비에 접근하는 것을 저지하고 특히 캐나다로부터 CANDU형 중수로의 수입 추진에 우려를 표명했다. 둘째, 한국의 핵확산금지조약(NPT) 가입을 위한 압력, 캐나다 정부와의 협력 아래 추가적인 행동 필요. 셋째, 한국의 핵시설에 대한 첩보 및 감시능력의 제고 및 관련 분야에서 한국의 기술적 상태에 대한 정보의 확대. 넷째, 한국과 접촉할 때 하나하나의 구체적인 행동에서 모호한 태도를 취하지 말 것. 그 이유는 이 분야에 관한 한 "한국은 아주 위험한 목적을 가진 끈질긴 고객"이며, 이미 비확산조약(NPT)의 비준과 캐나다와 프랑스와의 안전규약 수용에 대해서도 아주 신속한 태도를 보였지만, "필요하다면 이중적 자세도 불사"하려는 국가이기 때문이라는 것이다.

재처리 시설을 둘러싼 한미 갈등이 고조되는 가운데 박 대통령은 1975년 6월 26일 미 「워싱턴 포스트」와의 회견에서 "미국의 핵우산 보호를 받지 못한다면, 우리 안전을 위해 핵 개발을 포함한 모든 가능한 수단을 동원하겠다"라는 강경 발언을 하였다. 미 국무부는 한국의 재처리 및 플루토늄 저장을 막는 구체적 조치를 취한다. 한국이 미국으로부터 수입하려는 고리 2호기에 대한 차관 공여를 위한 의회 청문회 연기, 한국에 대해 미국이 제공한 원자로 재처리에 대해서는 미국이 거부권을 가지고 있음을 상기시켰고, 8월 중, 제공 예정된 원자로에 대한 미국 핵 통제위원회의 수출허가 요청 유보 및 동북아 다자적 지역 차원의 재처리 시설 협의에 한국의 참여를 요청했다.[44]

한국 정부는 위 미국의 저지조치에 아랑곳하지 않고, 주한 미국 대사의 프랑스의 실험용 재처리 시설의 구입을 취소하라는 요구를 2차로 거절했다. 주한 미국 대사는 이와 같은 거절은 박 대통령이 심사숙고한 결정임을 상기하면서 미 국무부에서 3가지 방안 중 제3안만이 성공할 가능성이 크다고 적극 권고했다. 당시 ①안은 더 이상 추가적인 대응의 중지, 한국 정부가 미국의 지원 없이 핵 분야에서 일 추진이 어렵다는 것을 스스로 깨닫게 하는 방안, ②안은 재처리 시설의 판매는 묵인, 국제적 사찰과 쌍무적 사찰을 한국이 받아들이도록 하는 방안이었다. 3안으로 스나이더 대사는 "박 대통령은 결국 현실주의자이다"를 강조하면서, 박 대통령에게 '도전장'보다는 '중재안'을 낼 것을 건의했다. 그는 박 대통령에게 '지속적 협의'를 제의하며 핵 개발 분야를 비롯하여 다방면에서 협력관계는 양국의 우호적 노력 없이는 유지될 수 없다는 사실을 분명히 밝힐 것을 덧붙였다. 필립 하비브 미 국무부 차관보가 방한하여 박 대통령을 설득하는 데 결정적인 역할을 하였다. 스나이더 대사 또한 한국의 국무총리, 부총리를 면담하고 한국이 재처리 시설을 도입할 경우 부정적인 영향을 들어가면서 한국 측을 설득했다.[45]

국무총리 지시를 받은 과학기술처 차관은 12월 16일 자로 발령을 받은 신임 주미대사와 함께 스나이더 대사를 면담하고 한국이 프랑스로부터 재처리 시설도입을 포기할 경우 원자력의 평화적 이용 분야에서 구체적으로 어떠한 협력을 제공할 용의가 있는가를 문의했다. 문의 중에는 ① 상업적 원료 제작 프로젝트에 미국의 기술적, 재정적 지원 동의, ② 한국의 장기적 원자력 발전소 건설계획을 위한 미국의 설계, 제조, 원자로 안전관리 및 폐기물 처리 기술 등에서 지원과 훈련 제공, ③ 아시아 지역 핵연료 재처리 센터 설립의 시기와 장소, 참여국 운영방법, 한국의 역할 및 한국 기술 인력을 사전에 훈련시킬 미국의 용의, ④ 미국산 천연 우라늄 및 원자로 구입을 위한 미국의 차관제공 용의 등 구체적 사안들이었다.[46]

과학기술처 차관의 대미 원자력 분야의 협조 의사 타진은 한국이 공식적으로 재처리 시설을 포기하겠다는 약속과 연계시키지 않았다. 미국 측은 한국의 재처리 시설의 포기에 대한 의도파악을 우선시했다. 한동안 한미 간에는 줄다리기가 지속되었다.

한국 정부는 일보 후퇴했다. 1976년 1월 한국 정부는 프랑스의 SNG사와 체결했던 재처리 시설 건설계약의 파기를 프랑스 정부에 요청했다. 프랑스도 이를 받아들

44) 위의 글, 179~180쪽.
45) 1975년 12월 10일, "국무부로 보내는 주한 미 대사관의 전문", 위의 글, 180~181쪽.
46) 1975년 12월 16일, "국무부로 보내는 주한 미 대사관의 전문", 위의 글, 183쪽.

여 핵 개발은 외형상 좌절하게 되었다. 그러나 미국은 동년 1월 22일 워싱턴 대표단을 파견, 김정렬 비서실장에게 한국 정부의 선 재처리 시설도입의 완전 포기 후 미국의 원자력의 평화적 이용 분야에서 지원을 밝혔다. 한국도 재처리 시설 포기에 대한 대가를 요구했다. 미국은 핵확산을 막고자 하는 미국 정부의 목표를 박 대통령과의 정면 대립을 피하고 그의 체면과 위신을 손상시키지 않고 달성했다는 점에서 자부심을 가졌다. 한국은 핵 재처리 시설의 도입 포기를 약속했다.[47]

박정희 정부는 핵무기 개발 선언을 주한미군의 주둔과 핵우산의 보장 및 미사일 개발 지원 등을 위한 지렛대로 활용했다. 전두환 정부는 핵 개발 및 미사일 개발을 자제하고 폐기하는 정책을 택했다. 노태우 정부는 부시 대통령의 한반도 전술 핵무기의 철수 및 폐기 선언을 계기로 한반도 비핵화 평화선언(1991년 11월 8일)을 했다. 이후 한국의 핵 정책은 한반도 비핵화 정책으로 방향을 잡아나갔다.

한국 핵 개발 좌절의 파장은 한미 원자력 협정에 반영되어 한국은 핵연료 재처리 금지라는 족쇄에 메이게 되었다. 1956년 한미는 최초로 원자력 협정을 체결했다. 한국은 미국 원자력 기술의 이전과 연구용 원자로 국내 도입의 근거를 갖추었다. 1973년 기존 협정을 개정하여 한국은 미국의 우라늄 핵 원료 공급과 한국의 안전조치 이행을 근간으로 미국과 본격적인 협력을 시작했다. 2015년 2차 개정을 통해 한국은 사용 후 핵연료의 해외 위탁 재처리, 재활용 기술의 연구와 우라늄 20% 미만 저농축을 원칙적으로 인정받는다. 하지만 '고위급 위원회의 협의를 거쳐 서면 합의한다'는 단서 조항이 있어서 20% 미만 저농축도 현실적으로 쉽지 않다.[48]

해외 위탁 재처리를 허용받았지만, 사용 후 핵연료를 영국, 프랑스까지 싣고 갔다가 플루토늄을 제외한 나머지 고준위 방사성 폐기물을 다시 한국에 반입 보관해야하기 때문에 막대한 비용이 든다. 사용 후 핵연료의 재활용 기술연구에 있어서도 핵무기로 전용이 불가능한 재활용 기술(파이로프로세싱)의 연구만 일부 허용받았다. 반면 일본은 1968년 체결된 미·일 원자력 협정을 통해 일본 내 시설에서 사용 후 핵연료를 재처리할 권한을 얻었다. 1998년 개정된 협정에서 일본 내 재처리 시설, 플루토늄 전환시설, 플루토늄 핵연료 제작 공장 등을 두고 그곳에서 플루토늄을 보관할 수 있는 "포괄적 사전 동의"를 얻었다. 요컨대 일본은 우라늄의 20% 미만 농축을 전면 허용받고 '당사자와 합의 시' 20% 이상의 고농축도 가능하다. 한편, 미국은 한국의 소

47) 위의 글, 184~185쪽.
48) 조선일보 특집, "한국 홀대하는 미국의 원자력 협정," 2019.11.20., A5쪽.

량의 우라늄 농축(2000년)과 플루토늄 추출(1982년)을 2004년에 문제 삼았다.

한미 원자력 협정은 한국이 독자적으로 추진하려는 원자력 추진 잠수함의 건설에 제약 요인이다. 북한은 2019년 10월 신형 SLBM(잠수함 발사 탄도미사일)인 북극성−3형의 시험 발사에 성공했고, 이를 탑재할 3천 톤급 신형 잠수함의 진수도 임박한 상황이다. 이에 맞설 대책으로 원자력 추진 잠수함이 유력한 대안으로 거론된다. 미국 원자력 잠수함의 구매·임차는 미국의 거부로 불가능하다. 핵잠수함용 원자로 등 기술 지원에 대해서도 미국은 부정적이다. 국내 전문가들은 잠수함 탑재용 소형 원자로 기술을 어느 정도 확보했다고 본다. 문제는 핵연료, 즉 농축우라늄의 확보이다. 미 핵잠수함은 90% 이상의 고농축 우라늄을 사용하지만, 프랑스는 20% 이하의 저농축 우라늄을 사용한다. 한국형 원자력 잠수함의 모델로 알려진 프랑스 신형 쉬프랑급(바라쿠다급) 공격용 핵잠수함(5천 3백 톤급)은 5%가량의 저농축 우라늄을 사용하는 것으로 알려졌다. 한국의 경우 몇 %로 농축하는 원자력 잠수함을 운용하려면 원자력 협정의 족쇄를 풀어야 한다.[49]

한국이 보유하려는 원자력 잠수함은 북한과 주변국 위협에 대한 억제용이지 공격용이 아니다. 미국의 역할을 줄여 미국의 안보이익에도 도움이 된다는 점을 이해시킬 필요가 있다.

2) 미국 통제하의 미사일 개발

카터 행정부는 한국의 미사일 개발을 제한(restraint)하고자 했다. 한국의 미사일 개발로 인한 지역 군비경쟁과 한반도 불안정을 이유로 들었다. 특히 미국은 한국이 상황에 따라 미사일을 현상 변경을 추구할 수 있는 공격용으로 사용할 수 있다는 점을 우려하였다. 1977년 8월 6일 박정희 대통령은 언론과의 비공식 인터뷰에서 미국이 "억제용 무기를 공격용 무기로 인식한다"고 불만을 나타냈다. 1977년 한미 안보협의회의에서 미국은 한국에 대한 방위산업의 지원을 '무기 수출 분야'와 '장거리 미사일 개발'을 제외한 조건에서 약속했다.[50]

한국은 미국의 제한 속에서 1978년 9월 26일 백곰 미사일의 시험 발사에 성공하여 세계에서 7번째로 지대지 미사일을 개발한 국가가 되었다. 시험 발사 후 성능이

---

49) 조선일보 특집, "원자력 잠수함, 미국에 요구할 3가지," 2019.11.9., A3쪽.
50) 엄정식, 위의 글, 167~168쪽.

인정되면서 10월 1일 백곰을 운용할 1개 시험포대가 창설되고, 1980년까지 실전 배치됐다. 백곰은 외형적으로 볼 때 미군 나이키－허큘리스 지대공 미사일과 비슷하지만, 핵심 기술인 유도조종 장치와 기타 소프트웨어 등 90% 이상이 국산품으로 구성되어 있는 국산 탄도미사일이었다. 사정거리가 180km, 유사시 군사분계선(MDL)에서 150km 내에 있는 평양을 직접 타격해 응징할 수 있는 성능을 지녔다.[51]

한국 국방과학연구소(Agency for Defense Development)는 백곰 개발에 필수적인 추진제(propulsion) 생산기술과 원료 획득에 어려움을 겪었다. 미국이 지원을 차일피일 미루고 있었고, 미국이 제공하는 추진제 원료에만 의존할 경우 미국의 일방적 통제에 백곰 개발의 운명이 달려 있을 수 있었다. ADD는 정부의 승인을 받아 프랑스 국영기업과 접촉했다. 비용은 프랑스의 조건이 미국보다 불리했다. 박정희 대통령은 경제적 고려보다 안보적 고려를 중시했으며, 무기도입의 다변화는 미국의 지원을 끌어낼 수 있다는 기대를 가지고 있었다. 미국이 이를 알고 우리와 프랑스 정부에 압력을 가했지만, 영향력의 한계를 느꼈다. 프랑스 정부는 한국과의 거래가 상업적 거래라는 입장을 취했으며, 미국이 제공하지 않았던 기술이나 원료를 한국에 제공하는 데 일종의 자부심을 느끼고 있었다.[52]

미국은 백곰 미사일의 시험 발사가 성공하지 추진제 원료를 한국에 판매하기 시작했다. 하지만 주한미군 사령관 존 위컴(John Adams Wickham, Jr)은 1979년 7월 노재현 국방장관에게 탄도미사일 개발을 중단하라는 공식 서한을 발송했다. 이에 대해 노재현 장관은 9월에 한국의 미사일 개발 범위를 미국이 용인할 수 있는 수준으로 제한하겠다는 입장을 서한으로 회신했다. 이때 언급된 것이 사거리 180km 이내, 탄두 중량 500kg 이내였다. 노재현 장관의 서한은 우리 스스로 미사일의 사거리와 탄두 중량에 대한 지침을 마련한 것으로 미국이 원하는 바를 자율적으로 준수한다는 약속이었기 때문에 결국 쌍방의 협정과 동일한 효력을 지닌 문서로 인식되었다. 이 지침은 1990년 10월 1차 한미미사일 협정으로 공식화되었다.[53]

이 미사일 지침은 2001년 1월 사거리를 300km로 연장하는 일부 개정이 있었다. 한국은 북한 대포동 미사일 발사에 위협을 느끼면서 미국을 설득해 사거리를 늘리는 것으로 미사일 지침을 개정했다. 미국은 한국이 미사일 기술 통제협정(MTCR)에 가

---

51) 「국방일보」, 2017.9.25.
52) 엄정식, 위의 글, 176~177쪽.
53) 「국방일보」, 2017.9.25.

입하는 조건으로 이를 수용했다. 한국이 미국으로부터 전술 지대지 탄도미사일 에이태킴스(ATACMS)를 도입할 경우, 미국 또한 이 지침 개정에 동의할 수밖에 없었다. 한국은 미국의 에이태킴스 블록 1(사거리 165km)과 에이태킴스 블록 1A(사거리 300km)를 각각 110발씩 도입해 실전 배치했다. 이 지침 개정으로 한국은 비군사적 분야에서의 로켓시스템 개발이 가능해졌다. 특히, 순항미사일에 대한 규제도 상당 부분 완화되었다. 사거리 1,000km 이상의 순항미사일 '현무-3'가 탄생할 수 있었던 배경이다.[54] 그 후 한미는 2009년부터 2012년 10월 4년여에 걸친 협상 끝에 미사일 사거리 연장에 합의했다. 미국 국무부와 국방부는 사거리 연장의 필요성을 인정하면서도 중국, 러시아 등 주변국의 입장을 고려해 막판까지 550km 카드를 고수했다. 이명박 대통령은 미사일 사거리 연장을 위해 2차(2011년 10월, 2012년 3월)에 걸쳐 방미 중 오바마 대통령을 설득하는 데 성공했다.[55]

2012년 10월 7일 발표된 개정 미사일 지침(RMG: Revised Missile Guideline)은 아래와 같다.

첫째, 탄도미사일의 경우 최대 사거리를 300km에서 800km로 늘렸으며, 탄두 중량은 사거리 800km 기준으로 500kg으로 하여 사거리를 줄이는 만큼 그에 반비례하여 탄두 중량을 늘리는 트레이드오프(trade-off)를 적용한다.

둘째, 무인항공기(UAV) 분야에서는 탑재 중량을 500kg에서 2,500kg까지 5배 확대했다.

셋째, 순항미사일의 경우에는 기존의 지침 내용과 동일하게 사거리 300km 범위 내에서는 탑재 중량에 제한이 없고, 탑재 중량이 500kg을 초과하지 않는 한 사거리는 무제한으로 한다.

넷째, 지침의 범위를 넘어서는 미사일이나 무인 항공기의 경우에도 기존 지침과 동일하게 연구개발에는 제한이 없도록 한다.[56]

미사일 협상 타결의 군사적 의미를 몇 가지로 요약할 수 있다. 첫째, 제주도 서귀포를 비롯한 한국 영토의 어느 곳에서도 평남 신의주(760km), 함북 나선(부산에서 780km) 등 북한의 최북단을 사정권에 넣을 수 있다. 실제로 북한의 장사정포와 KN-02 미사일 위협으로부터 안전한 지역인 한국의 중부권 이남 지역에서 북한 전

54) 「이데일리」, 2017.7.29.
55) 「중앙일보」, 2012.10.8., 8쪽.
56) 외교부, 『2013 외교백서』, 52~53쪽.

지역을 타격할 수 있다. 이 때문에 미사일 사거리 연장은 북한 위협을 억제하고 필요시 방어에 충분한 수단이 되었다는 군 당국의 설명이다. 주변국의 입장을 고려하여 800km 이상의 미사일은 운용하지 않기로 결정했다. 둘째, 사거리를 550km 정도로 줄일 경우 탄두 중량을 1t까지 늘릴 수 있다. 여러 곳을 동시다발로 공격할 수 있는 다탄두 미사일(MIRV) 등의 특수폭탄을 사용할 수 있다. 또한 800km 사거리 확보는 우리의 미사일 기술을 한 단계 올리는 계기도 되었다. 미사일이 600km를 넘어 비행할 때는 대기권을 벗어났다 재진입(reentry)하는 기술을 적용해야 하기 때문이다. 정부는 재진입 기술을 확보하더라도 대륙 간 탄도미사일(ICBM) 기술을 개발할 의사도 필요 없음을 밝혔다. 셋째, 다목적 무인항공기의 탑재 중량을 2.5t으로 늘리기로 한 것은 '포착 → 결심 → 공격'으로 이어지는 과정을 줄여 정찰하다가 이상 징후가 포착되면 바로 정밀 유도 폭격을 할 수 있기 때문이다. 익명을 원한 국책 연구기관 연구원은 "광학장비와 통신장비 및 레이더 등 자기 방호 장비를 모두 합하더라도 총무게는 980kg 내외이다"라며 "이를 제외하면 1,500kg 정도의 무기 탑재가 가능하다"라고 말했다. 한 발에 250kg에 달하는 GBU-38 공대지 정밀유도탄 6발 탑재가 가능한 셈이다.[57)]

이번 발표를 앞두고 외교부는 10월 초 중국과 일본, 러시아 대사관 관계자에게 사전 설명을 했다. 주변국에는 위협 요소가 아니라는 메시지를 보낸 것이다. 그러나 중국 신화통신은 10월 7일 긴급 기사로 한국의 미사일 사거리 연장 소식을 전하면서 한국이 미사일기술확산방지(MTCR)에 역행했다고 보도했다. 신화통신은 이어 한국은 MTCR 회원국으로서 MTCR의 적용 대상이 아닌 최대 사정거리 1,500km의 '눈속임용 순항미사일을 구축하기로 선택한 것'이라고 주장했다.[58)]

이번 지침 개정에 우주발사체 고체연료 추진체 사용 해제는 빠져 있다. 정부는 그 이유를 두 가지로 설명했다. 첫째, 2001년 고체연료 추진체 사용을 제한한 것은 우리 스스로가 민간 로켓을 군용(ICBM)으로 전환하지 않겠다는 의지를 해제할 필요가 없었다는 것이다. 둘째, 이번 협상은 군사 및 전략적 관점에서 북한 미사일 위협 대응책 모색에 초점을 맞추며 협의를 진행했다. 또 현재로서는 민군 로켓 연구개발 사업이 액체연료 추진체 개발에 전력을 기울이고 있다. 향후 고체연료 추진체 개발

---

57) "한미 미사일 지침 개정 주요 내용 및 의미, 기대효과" 청와대 정책소식, Vol. 135, 2012.10.23., 4~22쪽.

58) 「중앙일보」, 2012.10.8., 8쪽.

을 추진하면서 미 측과 협의할 수 있을 것이라는 향후 협상 과제로 남겨놓았다.[59)]

이번 지침 협상에 대해 '미사일 주권 제한'이니 MD 참여 등 이면 합의(deal)가 있지 않았느냐 등 일부 언론과 정치권 일부에서 논란이 되었다. 정부는 미사일 지침은 우리의 일방적 자율규제 선언 형식으로 되어 있으며, 법적 구속력이 있는 협정이나 조약과는 성격이 다르며 우리가 원한다면 일방적으로 포기할 수 있다고 밝혔다. 또한, MD 레이더 기지 설치, MD 참여, 혹은 미국의 구매 등에 대한 요구는 없었다. 다만, 북한 미사일 위협에 효과적으로 대응한다는 차원에서 우리가 구축하고 있는 미사일 방어체계(KAMD)를 운용하는 데는 미국의 정보망과의 연동 및 협력체제가 필요하다고 했다.[60)]

2017년 7월 28일 밤 북한의 기습적인 화성-14형 미사일 2차 시험 발사 직후 정부는 29일 한·미 미사일 지침 개정의 협상 추진을 전격 발표했다. 한·미는 11월 7일 3차 개정에 합의했다. 미사일 지침 3차 개정의 핵심은 미사일 탄두 중량의 제한(1t)의 해제였고, 사거리는 800km로 종전처럼 유지하기로 했다. 지하에 구축된 북한의 핵·미사일 핵심시설에 1t 이상 집중 발사로 북한에 대한 독자적인 응징능력을 강화해 억제능력을 키울 수 있다.[61)]

하지만 우주 발사체에 고체연료를 사용할 수 없도록 하는 부분은 바뀌지 않았다. 우주 로켓에는 액체연료와 고체연료를 사용할 수 있는데 고체가 액체보다 추진력이 강해 고체연료를 사용하느냐 여부는 한 나라의 우주 개발 역량과도 직결된다. 다만, 고체연료를 활용한 우주발사체가 대륙 간 탄도미사일 등 군사목적으로 전용될 수 있다는 점을 들어, 미국은 한·미 미사일 지침으로 한국의 고체연료 활용을 제한해왔다. 한국은 국산 로켓인 나르호나 누리호를 액체연료 기반으로 개발해왔는데 복잡한 구조와 불안정성으로 수차례 실패했다. 북한은 북극성-3형(SLBM-사거리 2,000km) 정도의 고체연료 엔진을 보유했고, 신형 고출력 미사일 백두엔진 개발에 성공해 대륙 간 탄도미사일의 전력화를 완성한 단계이다.

한국은 2018년 11월 민간용 고체연료 우주발사체를 개발할 수 있도록 한미 미사일 지침을 개정하는 문제를 두고 미국과 협의에 들어갔다. 한·미 당국은 2020년 7월 28일 한국의 우주발사체에 대한 고체연료 사용의 제한을 푸는 한·미 미사일 지

59) 청와대 정책 소식, 앞의 글, 19쪽.
60) 위의 글, 12~13쪽.
61) 「국방일보」, 2017.9.8., 2쪽.

침을 개정했다. 탄도미사일 800km 사거리 제한은 유지한다. 고체연료 기반 로켓의 개발은 저궤도 정찰위성의 다수 발사는 물론이고 중장거리 탄도미사일 개발의 기반과 우주 인프라 산업 진출 토대가 마련되었다. 미국 또한 한국 등 동맹국이 자체 중거리 미사일을 개발해 배치한다면, 군사적 부담이 줄어들 수 있다. 한미동맹의 향상을 기대할 수 있는 성과 중의 하나다.[62)]

4. 파병의 군사외교

1) 월남 파병

한국은 동맹국인 미국의 세계전략을 이해, 지원하기 위해 파병을 실시했다. 대표적인 사례는 1960년대 중반 이후 미국 주도의 베트남전쟁에 수 개의 사단 병력을 파견했던 것이며, 2000년대 초 이라크의 치안 유지와 재건을 위한 군대의 파병 등이다.

한국군의 제1, 2차 월남파병부대는 비전투요원(1차 파병: 군 의료진, 태권도 교관 154명/2차 파병: 건설, 공병단 1,028명)으로 구성되었다. 1961년 11월 박정희 국가재건회의 의장은 미 케네디(John F. Kennedy) 대통령과 면담 시 미국 승인과 지원을 전제로 한국군 부대 파견의 의사가 있음을 밝혔다. 1962년 한국 정부는 월남 정부로부터 월남에서의 공산위협의 심각성을 알리는 서한을 받았고, 한국 정부는 자유 베트남 지원 의사를 밝혔다. 1964년 5월 미국 정부는 한국을 포함한 25개 자유 국가들에 월남에 대한 지원을 서면으로 정식 요청했으며, 동년 3월 월남의 구엔 칸(Nguyen Khanh) 수상은 한국군의 파병을 요청했다.

한국군의 제1차 파병 결정은 박정희 국가재건회의 의장 중심의 소수 집권 엘리트에 의해 이루어졌다. 한미 협의 의제는 이러한 결정을 집행하기 위한 절차상의 조건이 주가 되었다. 주한 유엔군 사령관(미군 사령관)의 작전 통제하에 있는 한국군 일부 파병에 대한 유엔군 사령관의 승인, 미 군원에 의존하고 있는 한국군의 여건상 군수지원을 미 측으로부터 받는 문제 등이었다. 주월 파견부대의 성격이 소규모 비전투원으로 구성되었기 때문에 작전통제문제에 대해 미국은 문제시하지 않았다. 이 문제도 한·월남 간의 협의 의제였다.[63)]

---

62) '북한의 핵·미사일 개발 경과 및 평가'는 「2018 국방백서」 227~230쪽, '한미 미사일 지침' 개정 기사는 「중앙일보」 2020.7. 29. 4~5쪽, 「국방일보」, 2020.7.29. 1쪽, 3쪽.
63) 유윤식, 『한국군 월남 파병 정책 결정』, 국방대학교, 2003, 100~107쪽.

1964년 2월 브라운 주한 미국 대사는 박 대통령을 방문, 건설공병단 1개 대대의 추가 파병을 요청하였다. 한국 정부는 추가 파병에 원칙적으로 동의하는 입장이었지만, 1차 파병 때와는 달리 미군 측에 4가지 사전보장책을 요구했다. 주한미군 병력의 유지 및 강화문제, 한국군의 전투력 강화문제, 한미행정협정의 조속한 해결, 군원이관의 연기, 특별원조의 공여 등이었다. 한국 측의 이러한 요청 사항 등이 미국 정부에 의해 만족할 만한 보장을 받아내지 못했다. 그러나 한국 정부는 파병의 명분론적 당위론(월남의 지원요청, 자유민주주의 수호, 우방 16개국의 은혜에 보답 등)이 우세했고, 비교적 소규모 전투요원이라는 면에서 미국과 월남의 추가 파병 제의를 빠르게 긍정적으로 처리했다.

협의의 쟁점은 파병(비둘기)부대의 작전통제권에 관한 사항이었다. 한국, 월남, 미국은 신중한 협의를 거쳐 1965년 2월 8일 한국, 월남, 미국 군사실무협정서에 조인했다. 그 협정서에는 한국 정부가 임명한 부대장이 한국 군사지원단의 지휘권 및 작전통제권을 가지며 지원단 각 부대에 대한 통제체제는 월남전 총참모장, 미국 군사지원단 참모장 및 한국군 군사지원단 부대장으로 구성된 국제군사지원방침회의에서 행사하도록 합의했다. 당초에는 미군은 한국군의 작전통제권이 미군에 있는 것으로 월남은 작전통제권을 자국이 행사할 수 있도록 강력히 요청했다.[64]

제3차 파병의 대상은 전투부대(청룡, 맹호)였다. 미국의 파병 제의는 존슨 대통령의 친서를 비롯한 국무부 고위 관료들에 의해 연쇄적으로 전달되었다. 전투부대의 파병 결심은 박 대통령이 1965년 3월 방미하여 존슨 대통령과의 면담 후 내려졌다. 박 대통령은 외무부로 창구를 일원화하여 파병 조건과 절차에 관해 협의할 것을 지시했다. 이동원 외무부 장관은 국방부와 긴밀히 협의하여 파병 조건을 다음과 같이 도출하였다.[65]

① 선 한국군 현대화 지원
② 북한 남침 시 미 의회의 사전 동의 없이 미군의 즉각 출병을 보장할 수 있도록 한미방위조약의 개정
③ 한국군 파월에 따른 일체의 경비 부담
④ 전쟁에 필요한 군수물자의 한국 공급을 보장하는 월남 시장에의 접근 허용 등이었다.

64) 유윤식, 위의 책, 108~119쪽.
65) 유윤식, 위의 책, 127쪽.

국방부는 ①항에서 제의한 바 있지만, 파월부대를 대체할 1개 예비사단의 전투사단화, 이에 따르는 1개 예비사단의 신설, 3개 예비사단의 준전투사단화에 따른 중장비 지원 등을 브라운 미 대사와 하우즈 유엔군 사령관과의 회담을 통해 승낙받았다. 그러나 군원 이관 문제는 한미정상회담 의제로 이관했다. 한반도 유사시 자동 군사개입을 보장할 수 있는 한미방위조약의 개정 요구에 대해서는 미국의 반응이 없었다.[66]

파월 전투부대의 작전지휘권 문제는 미국과의 협상 의제가 되었다. 이세호 실무협의 단장은 주월 사령관 웨스트 모어랜드(William C. Westmoreland) 장군과의 협상을 통해 주월 한국군의 작전 지휘권을 얻어냈다. 한국 측 논리는 첫째, 재래전이 아닌 월남전쟁의 게릴라전 성격의 특수성. 둘째, 한국 국민들을 납득시킬 수 있는 명분, 특히 월남군의 자체 작전지휘권 보유. 셋째, 6·25전쟁 시 참전 16개국들 군대와의 한국군의 원활한 협조 경험 및 파병국 사령관들 간의 긴밀한 협조에 의한 작전 수행의 가능성을 내세웠다.[67]

제4차 파병협의는 실리추구의 회담이 되었다. 제3차 파병까지의 한국 측 요구를 미국이 실행하지 않았고, 미국의 끝없는 파병 요청에 지나친 한국 개입의 우려, 그리고 미국의 월남전 일방주의적 정책 결정 등이 한국으로 하여금 미국의 1개 사단 이상의 증파 요구에 신중한 대응을 하도록 만들었다. 한국 정부는 증파 이전에 제3차 파병 시까지의 한국의 요구조건을 이행할 것. 그리고 한미 합의 사항을 기존의 구두 약속이 아닌 문서화하기 위한 합의의사록 작성을 제의했다.

미국 정부는 '선 증파 후 협상'을 주장했고, 한국이 요구한 조건을 상당히 완화한 합의의사록을 만들 것을 요구했다. 그러나 한국 국무회의가 제4차 파병안(1개 전투사단, 맹호사단 완편을 위한 1개 전투연대)을 의결하고, 국회에 동의를 요청하자 미국 정부는 일방적으로 합의 내용을 수정하여 브라운 각서로 바꾸어 1966년 9월 한국 측에 전달했다. 제4차 파병협의 시 한국 정부가 받아낸 것이 문서로서 구속력이 약한 각서였지만, 수락할 수밖에 없었다.[68]

월남 파병의 목적이 주한미군의 월남전 전용을 막는 데 두었다면, 1971년 주한미 7사단의 철수는 안보 공백을 최소화하려는 한국의 파병 효과에 부정적 영향을 미

66) 「한국일보」, 1971.11.21.
67) 하장춘, "주월 한국군 군사실무협정 및 작전권 확보," 「한국일보」, 1971.12.2.~3.
68) 유윤식, 앞의 책, 140~148쪽.

쳤다. 또한 한미 간의 전략적 상호주의가 실행되지 않은 사례이기도 하다.

하지만 파월 한국 전투부대(2개 사단)에 대한 작전권의 행사는 귀중한 역사적 교훈이다. 한국 내부에서조차 작전의 일원적 통제가 작전의 효율성을 높일 수 있다는 군사 논리하에서 우수한 작전능력과 경험을 가진 미군이 통합 지휘할 것을 바랐다. 그러나 파월 한국 부대장은 타국에서 우리가 작전권을 행사할 수 있는 권한을 확보하고 책임 지역을 할당받아 작전 수행을 한 선례를 만들었다.

여기에는 박정희 대통령과 채명신 주월 사령관 간 한국군의 작전권 관련 논쟁의 비사가 있었다. 박 대통령과 채 장군 논쟁의 내용을 아래에 소개한다.

채명신: 각하, 제가 듣기로는 각하께서 주월 한국군의 작전지휘를 미군 사령관에게 일임한다고 하셨다는데 사실입니까?

박정희: 물론이지, 그래야 한국에서처럼 미군과 협조도 잘될 것 아닌가? 미군의 지원을 받는 데도 원활할 것이고 말이야.

채명신: 그건 안 됩니다. 이번 파병은 베트남 공화국 요청에 의해 대한민국 국군 이 파견되는 형식이 아닙니까?

박정희: 그건 그렇지.

채명신: 각하 파병 반대 이유 가운데는 우리가 미국의 청부 전쟁 또는 용병으로 참전한다는 비난의 목소리까지 있습니다. 작전지휘권이 그대로 미군에게 있다고 인정하면, 바로 청부 전쟁이나 용병이라는 사실을 입증해보이는 것입니다. 우리는 명분상 자유 베트남을 위해 파병하는 것으로 돼 있는데 이렇게 되면 미군 지휘하에 들어간다는 뜻입니다. 사리에 맞지 않지요.

박정희: 이론이야 그렇지만 한미동맹 관계를 더욱 돈독하게 하고 한국의 안보와 우의를 위해서도 미군 지휘하에 있는 편이 유익하다는 것을 알아야 해.

채명신: 그건 아니라고 봅니다. 주권 국가의 군대로 파견되는데 미군의 지휘를 받으려면 떳떳하지 못합니다. 또 우리가 외국에 나가 피 흘려 싸우는데 용병이라는 누명을 쓰면 더 억울합니다.

대통령은 얼굴빛을 달리하며 담배를 피워 물더니 말했다. "불평분자들은 어떤 좋은 것도 이유를 달아 깽깽거려. 묵살해. 귀담아들을 필요가 없어." 대통령은 탁자까지 손으로 치며 화를 냈다. 손가락에 끼었던 담배가 떨리기도 했다. 그렇다고 나 역시 여기서 물러날 수는 없었다.

채명신: 현실적인 애로점을 말씀드리겠습니다. 만일 한국군이 미군 지휘하에서 작전

을 한다면 미군들이 힘든 지역, 어려운 국면에 한국군을 투입할 것이 뻔합니다. 매우 불확실한 전장에서 계속 패전해 희생자가 많이 생긴다면 어떻게 하시겠습니까? 미국의 청부 전쟁에 말려들어 저런 꼴이 됐다고 정치공세도 만만치 않을 것입니다.

박정희: 그럼 이제 와서 나더러 어쩌란 말이야?

여기까지 이르자 채 장군도 좀 난감해졌다. 대통령이 브라운 대사에게 사전에 언명한 것을 번복한다는 것은 외교적으로 어려움이 있는 것이다. 하지만 채 장군은 양보해서는 안 된다고 생각했다.

채명신: 각하. 브라운 대사에게 사전에 말씀하신 것은 취소나 결정하기가 곤란할 수도 있다고 생각합니다. 하지만 지난날의 전쟁과 전혀 다른 성격의 불확실한 베트남전에 미국이 충분하고도 치밀한 계획 없이 개입하고 있다는 생각을 가지고 있는 저로서는 미군 지휘하에는 도저히 들어갈 수 없다고 굳게 결심하고 있습니다. 브라운 대사가 자주 각하를 대하고 있는데 빠른 시일 내에 자연스럽게 내가 파월사령관으로 채명신을 임명했는데 한국군 중에서 게릴라전에 관해 연구도 많이 했고, 실전 경험도 풍부하니 미군 사령관과 잘 협조가 되면 좋겠다고 말씀해주세요. 그다음은 제가 베트남에 가서 처리하겠습니다.[69]

채명신 장군의 박 대통령에 대한 진언은 수용되었다. 파월 전투부대의 작전지휘권 문제가 미군과의 협상의제가 된 것이 이를 증명한다. 더욱이 이세호 한국 측 실무협상단장은 주월 미 사령관 웨스트 모어랜드(William C. Westmoreland) 장군과의 협상에서 한국군의 작전지휘권을 얻어낼 때 한국 측 논리 4가지 중 3가지는 채명신 장군이 박 대통령에게 진언한 내용과 일치한다. 첫째, 재래전이 아닌 베트남 전쟁의 게릴라전 성격의 특수성, 둘째, 한국 국민들을 납득시킬 수 있는 명분, 셋째, 남베트남군을 지원하려고 가는 한국군이 베트남군도 보유하는 작전지휘권을 보유할 수 없을 때 생길 수 있는 용병설 논란 등이 제대로 반영되었다.

박 대통령이 주한 미국 대사에게 통보한 내용을 번복할 수 있었던 청와대 정책결정 구조의 성격도 분석해볼 만하다. 당시 청와대 정책결정 구조는 '지도자－참모집단'의 유형에 속한다. 한 명의 권위 있는 의사결정자가 이에 종속된 참모 이외의

69) 채명신, "역사를 넘어 시대를 넘어,"「국방일보」, 2007.9.20.

다른 의사결정자들과 협의하지 않거나 하더라도 혼자서 주요한 결정을 내릴 수 있는 권력 관계를 형성하는 구조이다. 보좌관들은 독자적인 권력기반이 없고, 참모들의 역할은 지도자의 결정에 침묵의 수칙(code of silence)를 지키거나, 잘된 결정이라고 찬동(positive reinforcement)의 목소리를 낸다. 특히, 지도자가 불유쾌한 반응을 보이면 참모는 쉽사리 잠잠해지면서 새로운 정책대안을 내려고 하지 않는다.[70]

그런데 박 대통령과 채명신 장군의 의사결정 논의는 '지도자-자율적 참여자'의 유형과 비슷하다. 채 장군은 박 대통령이 탁자까지 손으로 치며 화를 내면서 다른 의견을 묵살하라고 했지만 물러서지 않았다. 박 대통령이 "그럼 이제 와서 나더러 어쩌란 말이야?"라고 말했을 때 채 장군은 박 대통령의 입장을 고려하면서 대안을 진언하는 지혜를 발휘했다. 이는 대통령과 야전 사령관이 권위와 직책을 떠나 국가안보이익을 최우선시한 합리적 의사결정의 전형이었다.

2) 이라크 파병

아프가니스탄 전쟁은 미국이 9·11테러의 주범인 빈 라덴과 알카에다 조직, 그리고 이를 직접적으로 지원한 아프가니스탄을 응징하기 위해 '항구적 자유 작전(OEF: Operation Enduring Freedom)'이라는 이름으로 2001년 10월 개시한 대테러 전쟁이다. 한국은 2001년 9월 24일 대미지원계획을 발표하고 국회 동의 등 국내법 절차를 거쳐 육군 의료지원단, 해·공군 수송지원단, 건설공병 지원단을 파견했다.[71]

미국은 이라크 전쟁에 대비하여 2002년 11월과 2003년 3월 2차례에 걸쳐 한국에 파병을 요청했다. 2003년 3월 20일 이라크 전쟁이 발발했다. 정부는 "대량살상무기 확산 방지, 한미동맹 관계의 중요성 등 제반 요소를 감안하여 미국의 노력을 지지해나가는 것이 우리의 국익에 부합된다"라는 공식적인 입장을 밝히고 국가안전보장회의와 국무회의를 개최하여 건설공병 지원단과 의료지원단의 파병을 결정했다.

하지만 국회의 파병안 동의절차 과정에서 파병 반대 여론과 시위가 확산되고, 국회 본회의가 2차례나 연기되는 등 어려운 국면을 맞이한 후, 4월 2일 국회 본회의에서 파병안이 최종 가결돼 이라크 전쟁 지원을 위한 파병이 본격적으로 추진되었다.

---

70) 정책결정 과정에서 대안 개발의 의사결정 구조의 3가지 유형에 대한 논의는 황병무, "국가안전보장 정책 전개의 개요", 최경락·정준호·황병무, 『국가안전보장서론』, 법문사, 1989, 192~197쪽.

71) 국방부, 「2004 국방백서」, 2004, 112쪽.

한국은 2003년 봄 미국 주도의 '이라크 자유 작전'에 건설공병지원단(서희부대)과 의료지원단(제마부대) 675명을 이라크로 파병했다. 노무현 대통령은 국정연설에서 명분이나 논리를 떠나 북핵 문제를 슬기롭게 풀기 위해 먼저 '한미 간 신뢰가 강화'되어야 한다는 점을 고려하여 내려졌음을 강조했다.[72)]

미국 정부는 2003년 9월 한국 정부에 이라크에 추가 파병을 해줄 것을 요청했다. 미국이 바라는 파병의 성격은 일정 지역의 치안을 책임지고 재건을 담당할 수 있는 독립작전이 가능한 규모의 부대를 말한 것으로 알려졌다. 파병 시기는 미군이 이라크 파병부대를 전면 교체하는 2004년 2월과 3월을 희망했다. 파병지역은 최초 이라크 북부 모술이 거론되었으나 다른 특정 지역이 대안으로 떠올랐다.

한국 정부에게는 이라크 제2차 파병 관련 성격, 규모, 시기, 지역에 관한 결정을 국내여론, 한미관계, 국제동향, 안보 상황 및 이라크 내부 상황을 고려하여 신중히 내려야 할 주요한 안보 사안이 되었다. 이 안보 이슈는 대다수 시민단체들의 파병 반대 여론, 2004년 4월 총선 시기의 표심 및 일부 국회의원들의 파병 반대 여론 형성 등으로 정치화(politicization)되었다.

이라크 추가 파병의 반대 측은 미국 주도의 이라크 전쟁에 파병의 정당성 결여라는 극단적 이유와 인명피해, 위험 비용과 부정적 국민 여론을 내세웠다. 찬성 측은 한미동맹의 중요성을, 조건부 찬성론자들은 유엔 주도 아래 다국적군 일원으로의 파병을 주장했다.[73)]

정부는 국익과 한미관계를 동시에 고려한 가운데 제2차 파병 결정을 내려야만 했다. 노무현 대통령은 미국 부시 대통령의 북한에 '선 핵 포기'를 고집하면서 불량국가와의 협상 불원, 필요시 군사 옵션 등 한반도에 전운을 감돌게 하는 강경 자세를 위험하게 생각했다. 노 대통령은 미국이 한국과도 협의 없이 북한에 무력을 사용할 수 없다 하더라도 한반도에 전쟁 분위기를 고조시킬 경우 정부의 통치력에 국민의 불신을 증폭시킬 뿐 아니라, 북한 핵 문제의 평화적 해결 전망을 어둡게 한다고 판단했다. 그의 정책 우선순위는 북한 핵 사태의 평화적 해결을 위한 미국과의 신뢰 구축이었다. 그다음이 주한 미 2사단의 재배치와 구조조정의 문제였다.

2003년 10월 18일 태국 방콕에서 열리는 APEC 정상회담 개최 직전, 정부는 국가 안보회의를 개최한 후 한국의 이라크 추가 파병을 결정했다. 결정을 서두르게 한

72) 황병무, 『국가안보의 영역, 쟁점, 정책』, 서울: 봉명, 2004, 201~202쪽.
73) 황병무, 『국방개혁과 안보외교』, 오름, 2009, 135~137쪽.

주요 이유는 파병 결정이라는 선물을 가지고 노 대통령은 부시 대통령과의 정상회담에서 북핵 사태의 평화적 해결을 위한 6자 회담의 재개 및 주한미군의 재배치 등 한반도 안보 현안 문제 해결에 미국의 이해와 협조를 촉구하고자 했다. 10월 20일 노 대통령과 부시 대통령은 정상회담을 마치고 4개 항으로 구성된 언론 발표문을 공표했다.[74)]

공동 언론 발표문 3항과 4항은 한반도 안보문제에 대한 협의와 협력을 확인하고 발전시키자는 내용이었다. 두 정상은 6자회담이 북한 핵 프로그램을 완전하고 검증 가능하며 돌이킬 수 없는 방법으로 제거(CVID: Complete, Verifiable, Irreversible Dismantlement)하는 목표를 달성하는 데 중요하다고 평가했고, 차기 회담을 조기에 개최하고 구체적 진전을 이루는 것이 바람직하다는 데 견해를 같이했다. 노 대통령은 이라크 추가 파병에 대한 대가를 시사한 대목은 바로 "노 대통령은 다자간 틀 안(6자회담)에서 북한 핵 문제 해결을 위한 부시 대통령의 노력을 평가했다"라고 공동 발표문에 적시한 점이다. 아울러 양 정상은 "미군 재배치는 한반도 안보 상황을 신중히 고려해 추진해나가기로 했다"라는 과거의 합의를 재확인했다.

공동 발표문 2항에 따라 이라크 파병부대의 성격, 규모, 시기, 장소에 대해서는 별도의 협의할 문제가 되었다. 미국은 파병의 성격과 관련해서 별도의 지역을 받아 독립적인 작전이 가능한 안정화군(stabilization force), 즉 치안 유지를 담당하는 부대를 원했다. 파병 시기에 대해서는 이라크 주둔 미군의 감축이 맞물리는 2004년 초를 주장했다.

정부는 이라크 상황이 악화되어 주둔 미군과 이탈리아 부대에 대한 폭탄테러의 증대, 터키의 파병 철회에 이어 일본도 파병 시기를 내년으로 연기하는 등 부정적 기류가 거세지고, 미국도 이라크에 주권을 조기 이양하고 미군 철수를 고려하고 있다는 보도 등에 결정의 어려움을 겪고 있었다. 더욱이 파병문제의 결정에 국방부의 "전투부대를 보내 책임 지역을 맡는 치안유지냐, 장병들의 생명을 더 잘 보호해줄 수 있는 비전투 재건을 담당하는 부대냐"를 놓고 국가안보회의에서 논란이 있었다. 정부는 미국의 요청과 국내 4월 총선 지지층 반대여론 무마 등을 고려하여 재건부대 위주의 절충안을 결정했다.[75)]

국방부는 이라크 추가 파병에 대한 국회와 언론, 국민 설득을 위해 다각적인 노

74) 한미정상의 '공동언론 발표문'은 「한겨레」, 2003.10.21.
75) 「조선일보」, 2003.11.11.; 「동아일보」, 2003.11.14.

력을 전개했다. 국방부 장관은 각 정당 정책위원장, 정책협의회 4당 대표 방문, 국방위원회 현안 업무보고 등을 통해 추가 파병의 필요성을 설명하고 국방위원회와 본회의에서 조기 심의·의결해줄 것을 요청했다. 또한, 국방부가 중심이 되어 범정부 '파병지원추진위원회'를 운영했다. 국방부 차관을 위원장으로 하고, 각 부처의 차관보급을 위원으로 편성된 실무위원회의 회의를 통하여 관련 부처 간 긴밀한 협조체제를 유지하는 가운데 실무적인 문제를 토의했으며, 두 차례의 추진위원회를 개최해 범정부 차원의 파병에 관련된 안건들을 토의 및 조치했다.

언론인들을 초청하여 정책설명회를 개최하는 등 언론에 대해서도 파병의 필요성과 파병을 통한 국익 창출의 극대화 노력에 협조해줄 것을 요청했다. 한편 국방부 장관은 대통령의 특사 자격으로 중동권 3개국(오만, UAE, 쿠웨이트)을 방문하여 한국군 추가 파병에 대한 이해와 지지를 당부했다.[76]

정부는 12월 23일 국무회의를 열어 3,600명(제마부대 460명 포함) 규모의 자이툰부대를 이라크 북부 키르쿠크를 중심으로 한 아르빌(경기도 크기, 인구 95만 명)에 파병하여 독자적인 재건지원과 평화정착 치안 유지 임무를 담당하는 정부안을 가결했다. 파병부대는 독자적인 지휘체제를 유지하고 파병 기간 중 약 2,300억 원의 비용은 모두 한국 정부가 부담하기로 했다. 국방부 관련 부서는 파병 인원 소집 공고 및 지원자를 접수한 결과, 14.8대 1의 높은 경쟁률을 기록했는데 최종적으로 3천 6백 명을 선발했다.[77] 추가 파병 병력의 40%를 경계병으로 구성하여 나머지 60%는 행정, 공병, 의료 부대로 구성했다. 문제는 현지 치안인력이 감당하지 못하는 안보 불안 상황이 발생했을 때 경계병의 역할이다. 원래 경계병은 상대방이 총격을 가할 때 총격으로 방어하는 정도의 역할을 하는 것이다. 이는 미국과 추가 협의를 통해 교전규칙을 마련, 한국군 개입 및 통제 수준, 무기 사용의 권한 등을 결정했다.[78] 결론적으로 이라크 추가 파병에 대한 정부의 결정은 한미관계, 북한 핵 문제, 파병부대의 안전 및 2004년 총선의 국민 여론 등 모두를 감안하여 내린 정치적 결정으로 파병안은 국회에서 무난하게 통과되었다(2004년 2월 13일).

---

76) 「2004 국방백서」, 115~116쪽.
77) 위의 책, 117쪽.
78) 「조선일보」, 2003.12.24.

5. 위기관리와 자위권

1) 위기관리 협의

1967년 1월 동해안에서 한국 어선을 보호하던 당포함(56함)이 북한의 해안포 사격을 받아 침몰되면서 수십 명의 장병이 사상당한 사건이 발생했다. 유엔군사에서는 판문점에서 문제를 제기했지만, 북한 측의 사과를 받지도 못하고 북한에 대한 어떠한 보복 조치도 취하지 않았다. 1968년 1월 북한의 미 해군 정보함 푸에블로호 납치사건(Pueblo Incident)은 한국전쟁 이후 처음으로 한반도에 전쟁위기를 조성했었다. 박정희 대통령은 주한 미 포터 대사를 청와대로 불러 '유엔군 사령관의 권한과 능력에 대해 실망을 하고 유엔군의 권능이 신뢰를 받기 위해서라도 보복 권한을 가져야 된다고 주장했다. 박 대통령은 "유엔은 여러 나라도 구성되어 있어 어떠한 행동을 취하기가 복잡하니, 한미 양국이라고 하는 것이 지휘계통을 단순화할 수 있을 것이다"라고 말했다.[79)]

1968년 1·21사태(북한 특공대의 청와대 습격 미수 사건)와 푸에블로호 문제를 다루는 한미 협의는 미국의 존슨(Lynd on B. Johnson) 대통령 특사인 국무장관 사이러스 반스(Cyrus R. Vance)와 박 대통령과의 면담으로 절정에 이른다. 이 면담에서 한미 간에는 대북 보복 조치는 어떠한 경우에도 사건 협의가 있어야 할 것에 합의했다. 박 대통령은 대북 보복 조치는 자위권에 해당하며, 그 권한을 위임해줄 것을 요청했지만 거부되었다. 반스는 한국의 단독 보복 조치로 인한 대규모 무력충돌에 연루되는 것을 방지하기 위해 박 대통령에게 '사전 협의'에 대한 동의 각서를 요청했다. 하지만 박 대통령은 미국도 유사한 대북 보복 조치를 취할 경우 한국에 사전 협의에 상호주의를 내세워 거부했다. 박 대통령 또한 한국도 모르는 북한과의 군사충돌에 연루되는 것을 방지하고자 하였다.[80)]

박 대통령의 '보복' 강조는 대북 도발 억제와 관련된 전략 개념이었다. "아무리 남침 도발을 한다 해도 보복은 없다"라고 북한이 인식한다면 우리의 방위력 증강도 근본 문제(재발 방지 보장)를 해결할 수 없다. 이처럼 박 대통령은 미국이 한국군 현대화를 위한 원조보다는 보복 조치만이 대남군사도발을 예방할 수 있는 현명한 책임

---

79) 황병무, 『한국 안보의 영역 쟁점·정책』, 앞의 책, 174쪽.
80) 「박정희 대통령, 반스 미국 대통령 특사 면담, 요지」, 1968.2.15., 10:30~12:00, 청와대 별관, 인용은 황병무, 위의 책, 176~180쪽 참조.

을 강조했다. 역사적으로 북한의 군사도발에 대한 한미 양국의 대응조치는 북한에 잘못된 학습 효과를 남겼다. '군사도발의 보복 면제'라는 인식은 북한으로 하여금 군사력 균형의 유불리에 관계없이 정치적 필요가 있다면 남쪽을 향해 저강도 도발을 강행하도록 만들 수 있기 때문이다. 북한의 오산을 막기 위한 조치는 1983년 10월 북한이 저지른 '랑군 폭파 사건' 직후였다. 한미정상의 공동성명에 북한 도발 시 미국의 '적접 반격'이라는 강경한 대응 경고가 처음으로 공표되었다.[81] 이는 후술하는 북한의 판문점 공동경비 구역에서의 이른바 도끼 도발 사건을 경험한 미국이 북한에 대해 강압의 수준을 높이려는 의도가 있었던 것으로 보인다.

한미 양국은 1960년대 말 북한 도발에 따른 한반도의 긴장해소와 월남 파병 등 양국 간의 안전보장 문제의 정례적 협의를 위해 국방 각료급 연례회의를 개최하기로 합의했다. 1968년 5월 한미 국방장관 각료회담을 개최한 후 1971년부터 명칭을 한미안보협의회(SCM: Security Consultative Meeting)로 바뀌면서 외교부도 참여하는 명실상부한 안보정책 협의기구로 활용했다. 이 한미 연례 한보협의회는 양국의 국가통수 및 군사지휘기구로부터 위임을 받아 1978년 7월에 창설된 한미군사위원회(Military Committee Meeting)에 전략지침 및 지시를 제공하고 있다.[82]

2) 폴 버니안 작전(Operation Paul Bunyan)

한미 간의 정책·전략 협의가 긴밀히 진행되지 않는 경우가 있었다. 위기관리 시에 더욱 그러하였다. 1976년 8월 판문점 공동경비구역에서 북한군이 미국 장교와 병사를 도끼로 살해한 '미루나무 사건' 처리에 대한 모든 결정은 워싱턴 정책 당국의 단독(solo) 결정이었다.

스틸웰(Richard G. Stilwell) 유엔군 사령관은 박 대통령에게 사태의 전개, 미국의 실제적 및 계획된 남한과 인근 해역에서의 군사력 증강 그리고 문제의 미루나무 절단을 상부에 건의했다는 점에 대해 브리핑했을 뿐이다. 워싱턴에서는 키신저 국무장관 주재로 국가안보회의 산하의 '워싱턴 특별대책위원회의'가 열렸고, 스틸웰 장군이 건의한 미루나무 절단 작전(작전명 Paul Bunyan)이 결정되었다. 포드 대통령의 최종재가를 받는 과정에서 키신저는 '미루나무 절단'보다 강경한 조치(북한군 표적에 미군

81) 국방부, 「1996~1997 국방백서」 자료 편, 237쪽.
82) 『한미군사관계사』, 앞의 책, 572~574쪽.

포격 또는 전술항공 공격)를 건의했으나 거부되었다. 포드 대통령은 여하한 보복작전을 선호하지 않았다.[83)]

폴 버니안 작전 시 한국군은 유엔사의 지시에 따라 태권도 요원으로 구성된 64명의 특전사 특공대를 작전에 참가시켰다. 스틸웰 사령관이 판문점 근처에 있는 캠프 키티호크에 있는 미 육군 중령 비에라(Victor Vierra) 대대장의 방에서 작전참모 박 중령, 김종헌 특공대장, 통역관 김석한 대위 등 3명의 장교에게 내린 작전 명령은 간단하고 분명했다.[84)]

① 미군이 미루나무를 절단할 때 그 주위를 한국군이 경호한다.

② 무기의 휴대는 규정에 따라 금한다.

③ 한국군은 작전 부대장인 미군 중령 비에라의 지휘에 따른다.

64명의 특공대는 비에라 대대에 배속되었다. 그들에게는 나무를 자르는 미 공병대를 원형으로 둘러싼 미 경계조를 외곽에서 경계하는 임무가 주어졌다. 판문각과 '돌아오지 않는 다리'의 외곽을 담당하는 일선 경계였다. 더구나 한국군은 무기를 휴대할 수 없고, 몽둥이를 들고 경비한다는 것이었다. 규정에 의해 무기는 권총 30정만이 반입이 허용되었고, 그것은 미군이 휴대했다.

당시 특공대를 파견했던 부대는 제1공수특전여단이었다. 합참의장 노재현 대장과 육군 참모총장 이세호 대장은 제1공수여단을 찾아 여단장 박희도 준장에게 대통령의 격려의 당부와 함께 격려금 50만 원을 건넸다. 그 두 장군들은 '도발해오는 적이 있으면 철저히 응징하라'라는 명령을 내렸다. 이러한 간명하고 정확한 명령을 수령한 박희도 장군은 임무를 수행하고 부하들의 생명을 지키려면 소총은 물론 수류탄도 가지고 들어가야 한다고 결심을 굳히고, 특공대는 품 안에 수류탄과 함께 권총을 넣도록 했고 M-16 소총만은 따로 가져갈 것을 지시했다.[85)]

1976년 8월 21일 오전 7시 45분 B-52 전략 폭격기 3대와 F-111 및 F-4 전투기 편대들이 서울 주변 상공을 경계 비행하는 가운데 유엔군 110명(한국 측 64명, 미 공병대 16명, 경비소대 30명) 참가 요원들은 미루나무 절단 작전을 45분 만에 완전

---

83) Richard G. Head, Frisco W. Short and Robert C. McFarlane, *Crisis Resolution: Presidential Decision Making in the Mayaguez and Korean Confrontations*, Boulder, Colo.: Westview Press, 1979, pp. 186~190, pp. 193~194; 황병무, 위의 책, 181~182쪽.
84) 박희도, 『돌아오지 않는 다리에 서다』, 서울: 샘터, 1988, 140~141쪽.
85) 박희도, 위의 책, 143~150쪽.

무결하게 완수했다.[86] 8월 21일 오후에 개최된 군사정전위원회에서 한주경 조선인민군 소장은 8월 18일에 공동경비구역에서 발생한 사건에 유감을 표명하고, 유사한 사건이 앞으로 재발하지 않도록 노력해야 한다는 김일성의 메시지를 낭독했다. 6·25전쟁 이후 북한이 구두로나마 미국에 최초로 사과한 것이다.

그림 1 폴 버니안 작전구역

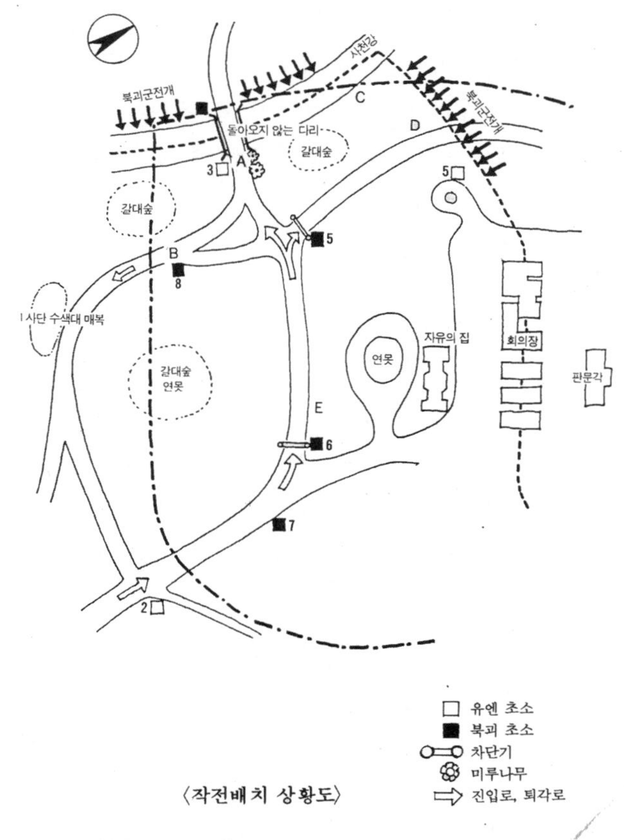

출처: 박희도, 『돌아오지 않는 다리에 서다』, 175쪽

문제는 한국 특공대의 명령 위반에 대한 스틸웰 사령관의 강력한 유감 표명과 사실 규명의 요청이었다. 한국군의 무기 소지, 공동경비구역 내의 북한군이 불법으로 설치한 초소(5, 6, 7, 8) 차단기 파괴(지도참조), 지휘관인 비에라 중령의 통제 밖

86) 박희도, 위의 책, 157쪽.

에서 작전을 지체시키고 심지어 미 운전병들을 위협하는, 즉 권총을 들이대는 행위 등이 지적되었다. 결국 한국군 내에 군사위원회가 구성되고, 29명의 장교를 처벌했다고 유엔군 사령관에게 보고했다.[87] 하지만 스틸웰 장군은 1976년 11월 퇴역 시까지 박희도 장군에게 책임을 묻지 못한 것을 후회했다. 특공대장 김종헌 소령에게는 미 2사단장의 표창장이 배달되었다.[88] 유엔군(미군) 주도의 성공한 폴 버니안 작전 수행과정에 참여한 한국 특공대는 현지 미 지휘관의 모든 명령에 복종해야만 했다. 하지만 한국 특공대 지휘부는 국제법 위반을 밥 먹듯 하는 북한군을 상대해야 하는 부하들의 안위를 염려하지 않을 수 없다. 손자(孫子)도 일찍이 병불염사(兵不厭邪), 즉 자군의 자위를 위한 간계를 싫어할 수 없다고 하였다. 군인의 자위를 위한 무기 소지는 어떠한 교전규칙이나 군령도 금지할 수 없다는 교훈적 사례로 남고 있다.

3) 연평도 교전과 국지 도발 대응계획

2010년 11월 23일 오후 북한군은 무도와 개머리 포진지의 해안·곡사포를 동원하여 서해 연평도를 향해 2차례 무차별 융단 포격을 퍼부었다. 북한군은 오후 2시 34분 첫 포격 도발을 시작, 12분 동안 해안포와 곡사포 등 150여 발을 쏟아부었다. 우리 군은 13분 만인 오후 2시 47분 K-9 자주포로 무도의 해안포 진지를 향해 첫 반격 포격을 시작했다. 북한군의 2차 포격 때도 상황은 비슷했다. 북한은 오후 3시 12~19분 20여 발의 포격을 해왔고, 우리 군은 오후 15시 25분부터 대응 사격을 했다.[89]

정부와 국민은 큰 충격을 받았다. 북한의 포격에 한국의 영토가 침범당했기 때문이다. 시기적으로도 그해 3월 천안함 폭침이 준 충격이 가시지 않았을 때였다. 천안함 폭침은 대북 도발 억제와 격퇴 모두 실패했던 사건이었다. 정부는 5월 24일 대통령 담화와 안보 관계 장관들의 합동 기자회견을 통해 천안함 대응 7대 조치를 발표했다. 그중 대북 도발에 적극적 자위권 발동이라는 응징행위가 포함되었다. 또 우리의 방어태세를 강화하기 위해 호국훈련을 서해에서 실시하고 있는 시점에 북한이 우리 정부와 군을 비웃기나 하듯 연평도에 사전 계획한 군사공격을 감행했다는 점이다.[90]

---

87) 박희도, 위의 책, 188~190쪽.
88) 박희도, 위의 책, 194쪽.
89) “대한민국이 공격당했다”, 「조선일보」, 2010.11.25., A5~A6쪽.

우리 정부의 대응은 어떠했는가? 전쟁 지휘의 최고 사령탑인 청와대가 신속하게 명확한 대응지침을 내리는 데 미흡한 점이 있었다. 지침이 '단호한 대응과 확전 방지' 에 오락가락했다. 청와대는 23일 오후 3시 50분 비공식 브리핑에서 대통령은 보고를 받은 직후 "확전되지 않도록 관리를 잘하라"라고 지시했다고 발표했다. 그러나 당일 오후 6시 홍상표 홍보수석은 공식 브리핑에서 대통령은 "확전되지 않도록 하라"는 말은 한 번도 한 적이 없다고 언론에 전했다.[91]

언론 보도에 의하면 이명박 대통령은 상황실 TV를 통해 자신이 내린 첫 지시가 '확전 방지'였다는 보고를 보고 도대체 누가 저런 말을 했느냐고 화를 냈다고 한다. 그 진위를 당시 국가위기관리센터 긴급회의에 배석했던 한 인사가 대변인한테 개인적인 의견을 전달한 것으로 판명되었고, 책임을 추궁받았다.[92] 이 무렵에는 긴급 외교·안보장관 회의가 소집되었다. 회의에서는 "우리 군의 보복 타격을 계속할 것이냐?"를 두고 논의가 진행되었다. 이 자리에서 이 대통령은 출격한 전폭기가 폭격을 하면 아니 되느냐고 물은 것으로 전해졌다. 국방부 측은 교전규칙에는 상응하는 화기(화포에는 화포)로의 대응을 정하고 있으며, 자칫하면 큰 전쟁으로 확전될 우려가 있고, 미군 측과 협의해야 한다는 부정적인 의견을 냈다고 청와대 참모들은 전하고 있다. 이 대통령은 23일 오후 8시 45분 합동참모본부와 국방부를 찾아가서 "교전 규칙을 지켜야겠지만, 이건 우리 영토를 침범당한 사건이다. 국토를 지키는 건 교전규칙과 관계없다"라고 명령했다. 이 대통령은 군 고위관계자들이 교전규칙에 너무 얽매여 있는 것에 실망했다. 그리고 정부의 교전규칙을 지시했다. "북 도발 시 현장에서 적극 대응하고 보고는 나중에 하라(선 조치 후 보고)", "우리 영토를 공격받으면 발원지와 지원세력까지 육·해·공으로 공격하라"라는 내용이었다.[93]

적극적 자위 조치를 강조한 이 대통령의 교전규칙의 지침은 북한의 연평도 포격에 대한 우리 군의 수세적 대응에(공격의 주도권, 표적의 선정, 종료) 대한 반성이었다. 북한의 2차 공격 징후 포착 시 F－15K에 의한 정밀폭격을 감행했더라면 2차 포격을 저지할 수 있을 뿐만 아니라 도발은 대가를 치른다는 응징의 효과가 있었을 것이다. 정부는 늦었지만 2010년 12월 하순 연평도 포격 훈련을 감행했다. 한 신문

---

90) 황병무, "5·24 조치와 군사력의 역할", 「서울신문」, 2010.8.19.
91) 「조선일보」, 앞의 글, A6쪽.
92) "이명박 대통령의 퇴임 인터뷰," 「조선일보」, 2013.2.5., A6쪽.
93) 「조선일보」, 위의 글, A6쪽.

은 ‘주권을 쐈다. 북한군은 잠잠했다’라는 제목을 달았다. 중국과 러시아는 남북 군사충돌을 우려하면서 훈련 중단을 요구했다. 미 국방부와 합참은 ‘위기대응팀’을 꾸려 24시간 비상통신체제를 유지하며 포격 훈련 상황을 실시간 모니터했다. 미군 당국은 정보 분석팀과 통신, 통제 요원을 훈련장에 파견했다. 주한 미국 대사와 한미연합사령관은 청와대를 방문해 우려 겸 지원 의사를 밝혔다.[94] 게이츠(Robert Gates) 전 미국 국방장관은 2014년 1월 출간한 그의 회고록 ‘임무(Duty)’에서 2010년 북한의 연평도 포격 사건이 확전되지 않도록 개입했다고 밝혔다. 버락 오바마 미 대통령과 힐러리 클린턴(Clinton) 국무장관, 마이클 멀린 합참의장 등 당시 안보팀은 한국 측 상대방과 며칠간 통화를 하면서 사태 진정을 논의했다. 그래서 한국 측에서 세운 북한에 대한 군용기를 동원하는 등 과도한 공격계획을 취소시킬 수 있었다. 그리고 중국도 북한 지도자에게 상황을 악화시키지 말라고 노력했다는 증거가 있다고 덧붙였다.[95]

남북 간 군사 분쟁 발생 시 누구의 선제 도발이냐는 큰 문제가 아니었다. 미국과 중국은 확전 방지에 정책의 우선순위를 두었다. 자위권 대 확전 방지 문제는 북한의 국지 도발 공동 작계 협의 과정에 한미 양측에 논란의 대상이 되었다. 2012년 1월 한미 양국 합참의장은 ‘공동 국지 도발 대비계획 전략지시(SPD)’에 서명했다. 이 문건에는 자위권과 확전 억제가 모두 반영되었다. 하지만 하위 문서인 국지 도발 공동 작계를 작성하는데 양국 실무진이 서로의 입장을 반영하기 위해 충돌했다.[96]

한국 합참과 한미연합사령부는 양국 합참의 SPD 합의와 동시에 국지 도발 공동 작계에 포함해야 할 북한의 특수부대 침투, 생화학 및 사이버 공격, 수도권 공항과 항만 피습 등 다양한 시나리오를 가상해 한미 양국군의 전력을 동원할지를 논의해왔다. 주한미군까지 포함하는 미군 전력을 동원할 때는 미 대통령의 승인이 있어야 하는 것으로 알려지고 있다.

한국 정부는 북한의 핵, 미사일 위협에 대응하여 국제법상 허용된 자위권의 범위

---

94) 북한의 해안포 포격에 대한 우리 군의 수세적 대응에 대한 논평은 황병무, “연평도 교전의 교훈,” 「서울신문」, 2010.11.30.; 황병무, “통일준비, 국방 정체성 강화부터,” 「서울신문」, 2011.1.11.

95) 이명박 대통령은 2011.6.23. 청와대에서 가진 국회 국방위원들과의 오찬에서 중국 정부로부터 전달받은 내용이라며, “북한이 함부로 추가 도발을 하지 못할 것”이라는 말을 하면서 “중국이 추가 도발을 할 경우 더는 북측을 돕지 않겠다는 뜻을 우리 정부에 알려왔다”고 밝혔다. 「동아일보」, 2014.1.15.

96) 홍장규, “한미국지도발계획,” 「디펜스 21」, 2012, 39쪽.

내에서 우리 국민의 안전과 생명을 보호하기 위해 필요한 모든 조치를 취할 수 있는 의무와 권리가 있다. 특히 핵무장한 북한의 미사일 위협과 핵무장 이전의 북한 미사일 위협은 본질적으로 다르다는 점을 지적하면서 ① 미사일에 핵탄두가 장착되었을 수도 있다면, 단 한 발도 우리 영토에 떨어지도록 방치할 수 없다(제로 옵션). ② 핵무장한 세력에 대한 비핵국가의 자위권과 비핵국가 간에 행사하는 자위권의 범위와 방식은 같을 수 없음을 강조하였다. 이는 북한 미사일 위협에 대한 소위 킬 체인의 자율적 운용에 미군의 간섭을 가능한 한 배제하려는 의도가 있었다.[97)]

한국 측은 북한이 국지 도발할 경우 도발 원점과 적의 의도를 파악해 지원세력까지 타격한다는 자위권 개념을 주장했으나, 미국 측은 한반도의 안정적 평화 관리를 우선해 확전 억제의 입장을 강조했다.[98)] 한국은 한미의 국지 도발 공동 작계는 미군의 지원세력을 활용하고 한미동맹의 공고함을 과시하는 효과가 있지만, 미국의 확전 억제 원칙에 제약당하는 이른바 한국의 자위권 행사에 간섭을 받게 되는 것이다.

한미의 대립점은 ① 국지도발 대비 공동작계의 최종 승인권자, ② 정전 시 교전규칙이 영향을 미치는 지역을 놓고도 이견을 보였다. 한국은 최종 승인권자를 작전통제권과 군사적 수단을 보유한 합참의장으로 해야 한다고 주장했다. 반면 미 측은 정전 시 교전규칙을 관할하는 유엔군 사령관이 돼야 한다는 입장이었다. 또 정전 시 교전규칙의 관할 지역을 군사분계선(MDL) 일대로 제한해야 하는지 아니면 한반도 전 지역으로 확대해야 하는지의 문제에 대해서도 양국의 주장이 엇갈렸다. 미 측은 한반도를 하나의 전구로 볼 때 하나의 전구에는 하나의 지휘권이어야 한다는 이유를 내세워 유엔군 사령관에게 최종 승인권을 주어야 한다고 맞섰다.[99)] 군 관계자는 미국이 이처럼 유엔군 사령관의 영향력을 고집하는 것은 유사시 확전을 방지하고 안정적으로 관리하겠다는 뜻과 함께 전작권 전환 이후에도 한국군을 제어하고 한미 군사동맹의 주도권을 쥘 수 있는 제도적 수단을 확인하려는 의도로 보인다고 말했다. 이 점에서 최근 논의되고 있는 유엔사의 재활성화에 관심이 쏠리고 있다. 유엔군 사령

---

97) 청와대 정책 소식, 앞의 글, 7, 21쪽.
98) 커트 캠벨(Kurt Campbell) 미 국무부 동아태 차관보는 북한의 추가 도발에 대한 한국의 '원점 타격' 대응을 북한이 다시 공격하지 못할 것으로 보고 있으나, 북한이 다시 상황을 악화(escalation)시키는 조치를 취할 가능성이 있다는 입장 아래 한국이 이것까지 막을 준비가 돼 있는지에 의문을 가지고 있다고 말했다. 「중앙일보」, 2011.4.1.
99) 홍창기, 앞의 글, 39~40쪽.

부는 군사분계선 관리까지 대부분의 임무를 한국군에 넘겼지만, 명목상의 법적 기구로 남게 되지는 않을 것으로 보인다.

정승조 합동참모본부 의장과 제임스 서먼 한미연합사령관은 2013년 3월 22일 '공동국지도발계획'에 서명했다. 연평도 포격 도발 이후 한미 합참의장의 합의로 한국군 주도 미군 지원의 도발 대비계획으로 알려지고 있다.[100] 이 공동 작계는 초기 대응과 위기협의라는 2단계로 나누어진다. 군사위기의 성격상 초기 대응은 한국군이 단독으로 담당한다. 자위적 차원에서 충분성 원칙과 비례성 원칙을 준수한다. 현장 지휘관은 '선 조치 후 보고'라는 절차를 따라 행동할 수 있다. 한국이 요청한다면 미 측은 초기 대응 과정에도 개입할 수 있다.

2차 단계에서 한미 군 관계자는 위기협의를 통해 '승인된 행위'를 결정한다. 한국 측이 초기 대응이 충분하지 못해 피해가 클 때, 보복응징 조치를 미 측에 요구하더라도 위기협의를 통해 이른바 공동 대응계획에 대한 합의가 되지 못할 때 보복 조치는 취할 수 없다. 한국은 평시 작전통제권을 가져왔지만, 위기관리에 대한 권한을 미국에 위임한 상태다. 과거 미국은 한반도에서 확전 방지를 위기관리의 기본 원칙으로 삼아왔다. 한국의 응징계획은 '승인된 행위' 규정에 의해 발목이 잡힐 것이다.

우리 군은 철통방위태세를 유지해 북한의 어떠한 기습도발도 거부, 초전 박살로 종결해야 한다. 이는 북한의 도발 의지를 분쇄해 추가 도발을 억제하는 길이다. 사후 보복은 미국의 동의 등 정치적 제약이 따른다. 북한은 국지 도발을 정치 수단으로 이용하고 있다. 상대에 어떠한 도발도 패배한다는 학습을 시킬 때 벼랑 끝 전술과 공세적 무력도발에 익숙한 북한의 전쟁관을 변화시킬 수 있다.

우리 군은 2015년 5월 '국가 위기관리 기본지침'을 개정했다. 이를 기초로 안보 분야 매뉴얼 및 작전계획과 예규를 발전시켰다. 적의 도발 징후를 조기에 포착할 수 있도록 정찰용 무인 항공기, 다목적 정찰위성, 군 정찰위성 등 독자적인 감시능력을 지속적으로 확충해나가고 있다. 또 연합위기관리 연습 강화, 지휘통신 체계의 상호 운용성 향상 등 연합 위기관리체계를 지속적으로 발전시켜나가고 있다.[101]

그렇지만 한·미연합위기관리 체계의 운용상 킬 체인(Kill-Chain), 즉 북한 탄도 미사일을 탐지-식별-결심-타격이 가능한 선제공격을 결심하는 데 정치·군사적 어려움이 있다. 적의 미사일 공격 징후를 포착했다 해도 한국이 선제적 자위권을 행

100) 「한겨레」, 2013.3.25.; 「조선일보」, 2013.3.25.
101) 국방부, 「2016 국방백서」, 2016, 45쪽.

사하려 해도 미국이 반대할 수 있고 미국이 공격하자는 데 한국이 반대할 수 있다.

4) 한미연합군 사령부 창설과 작전통제권

1960년대 말 연이은 북한의 무력도발에 대한 유엔사의 대응에 한국 정부의 불만은 증폭되었다. 1972년 유엔군 중 마지막 남은 태국군이 철수하고 미군만이 남게 되어 유엔사가 한국의 방위를 담당할 수 없는 상황이었다. 미국은 유엔사가 정전업무만 담당하고, 한국방위에는 별도의 기구를 만들어 지휘해야 할 부담을 느꼈다. 한국군에는 소수의 주한미군을 가진 미군 장성이 작전계획 작성 및 작전통제권 행사과정에 한국군의 적극 참여가 필요하다는 인식이 증대되었다.

한미 군사위원회(MCM)는 1978년 11월 7일 한미연합군 사령부 창설에 따라 양국 간의 군사적인 문제를 협의하기 위해 양국 합참의장을 대표로 하여 설치된 군사기구이다. 이 한미군사위원회는 한국방위를 위해 한미 양국이 상호발전시킨 전략지시와 작전지침을 연합군 사령관에게 제공하고 한반도 방위문제를 관장하는 한미 양국의 국가통수 및 군사지휘기구(NCMA: National Command and Military Authority)의 실무적인 최고 군령기구 역할을 하고 있다. 이 한미군사위원회는 한미 군사현안을 처리하기 위해 한미 양국의 합참의장 주재하에 매년 한미 연례 안보협의 회의와 같은 시기에 열리고 있다. 또한, 군사위원회 상설회의는 한반도 긴급 상황 발생 시 어느 일방의 요청에 따라 수시로 열린다. 한국 합참의장과 미 합참의장을 대리하는 주한미군 선임 장교가 각각 대표로 참석한다.

한미연합사령관은 효율적인 한미연합작전 수행과 연합전력을 형성하고, 전평시 미국의 정보·통신지원과 유사시 미 해·공군의 직접지원 및 전쟁 지속을 위해 필요한 군수물자를 지원한다. 이 연합군사령부는 연합방위체제의 실질적 운용 주체이다. 사령관과 부사령관을 포함한 구성 요원을 한미 간 동률 보직 원칙에 따라 편성되었다. 그 예하의 구성군사령부의 편성과 운용의 책임은 주된 전력을 제공하는 쪽에서 담당함을 원칙으로 했다. 지상 구성군사령관에는 최초 연합사령관이 겸직했으나, 나중에 연합사 부사령관인 한국군 육군 대장으로 변경되었고, 해군 구성군사령관은 한국 해군 중장인 함대사령관이 공군 구성군사령관은 미 7공군 사령관인 공군 중장이 임명되었다.[102]

---

102) 『한미군사관계사』, 583~591쪽, 600~603쪽.

한국 정부는 어떻게 해서든지 주한미군을 한국에 잔류시키기 위해 노력을 기울였다. 연합사 부사령관을 4성 장군으로 보임한 것도 그러한 노력의 일환이었다. 주한미군을 감축하여 주한미군 사령관(연합사령관)을 중장이나 소장을 보낼 경우 한국은 반대할 수 없다. 연합사 부사령관이 한국군 대장일 때 미국은 소수의 군대를 유지하더라도 대장을 보낼 수밖에 없었다는 것이다. 그리고 유사시 준장 및 소장이 아닌 대장이 미국 정부에 메시지를 보낼 때 권위와 위상이 다르다는 점이다.[103)]

한미연합사 창설에 이견과 비판도 적지 않았다. 한미연합사를 창설해도 그 운용은 미 측이 주도할 것인데 작전통제권을 공동으로 행사하자고 하여도 현행 유엔군사령부의 일방적인 미 측 행사와 별 차이가 없을 것이라는 비판에 있었다. 그런가 하면 연합사령관에 미국 대장이 부사령관에 한국군 대장이 맡는다 해도, 한국방위의 전략과 작전계획을 세우고 실행까지 독점을 하면 한국 국방장관과 합참의장의 역할이 약해지고 운신의 폭도 오히려 좁아질 것이라는 견해도 있었다. 연합사의 구성 사령부에게 각 군의 작전능력을 모두 넘겨주다시피 하면 각 군 총장의 권한이 대폭 축소될 것이라는 우려도 있었다.[104)]

이상의 우려와 비판은 한미연합사 운용의 근간인 한미군사협의와 지휘의 통일에 부정적 영향을 미친 요인은 아니었다. 하지만 1980년대 이후 한국의 자위적 방위력이 강화되고, 주한미군의 축소와 철수 문제, 남북관계의 개선 및 중·러와의 국교 정상화 등 국제정세의 변화는 한국 정부로 하여금 작전통제권의 주도적 행사에 정책적 관심을 기울이도록 했다. 그 결과 1994년 12월 한국군이 평시 작전통제권을 행사하게 되었다. 조선·중앙·동아 보도 매체는 사설을 통해 평시 작전통제권 환수는 주권독립국가로서의 위상과 국민적 자긍심을 회복한 한국군의 역사적 사건으로 환영하면서 가급적 빠른 시일 내에 전시작전통제권의 전환을 촉구했다.

이러한 국민적 환영에도 불구하고 한국군의 평시 작전통제권의 전환은 상징적이었으며, 한국군이 실질적 전쟁 수행 능력을 향상시키는 데 큰 도움이 되지 못했다. 연합사령관이 전시와 연관되어 있는 작전통제권을 이른바 연합권한위임사항(CODA)으로 확보하였기 때문이다.

이 위임사항에는 한국방위를 위한 연합작전계획의 수립과 발전을 비롯한 연합군사훈련의 준비 및 시행, 연합군사정보와 위기관리 등이 포함되었다. 따라서 한국의

103) 이재전, "연합사 부사령관이 대장인 까닭", 「국방일보」, 2003.3.10.
104) 류병현, 『한미동맹과 작전통제권』, 한국 재향군인회 안보복지대학, 2007.8., 116~117쪽.

합참의장이 가져오는 평시 작전통제권의 내용은 한국군의 군사대비태세의 강화, 한국군 작전 부대의 합동전술훈련의 주관, 평상 시 경계 임무와 초계 활동 등 전술적 사항에 한정되었다.105)

작전통제권의 전환은 그 후 역대 정부의 숙원적인 안보과제로 남아 있다. 2007년 노무현 정부는 2012년 말까지 전시작전통제권 전환을 미 측과 합의했다. 2010년 이명박 대통령은 오바마 미 대통령에게 요구해 2015년 말로 한 차례 연기했다. 2013년 말 박근혜 정부는 전시작전통제권을 2015년 이후로 재연기를 요청했다. 2014년 10월 한미연례안보협의회는 전환 시기를 한반도 안보 상황과 한국의 준비 상태를 고려해 사실상 무기 연기했다. 문재인 정부는 2017년 6월 트럼프 미 대통령과 가진 정상회담에서 기존에 합의한 전시작전통제권 전환을 보다 가속화시킬 것을 합의했다. 양측 국방장관은 전작권 전환 이후 연합 구조(안)을 마련했다. 현재의 '미군 사령관, 한국군 부사령관' 체계에서 '한국군 사령관, 미군 부사령관' 체계로 변경될 예정이다. 전작권 전환 이후에도 현재의 연합사와 유사한 체제를 지속 유지하면서 한국군이 연합군 사령관 임무를 수행하도록 하고 주한 미군의 주둔과 유엔사 및 미국의 확장억제정책을 지속 유지하기로 했다. 2022년까지 정부는 연합방위능력을 주도하기 위한 핵심 군사 능력과 북한의 핵미사일 위협에 대한 기본운용능력(Initial Operational Capability)을 포함, 완전운용능력(Full Operational Capability), 완전임무수행능력(FMO) 검증 평가를 추진하기로 했다.106) 정부는 "2021-2025 국방중기계획"을 발표했다. 그러나 정찰위성과 장거리 요격미사일 등 일부계획은 2023년 이후 실현될 예정이다. "2023년 전작권 전환"을 제약하는 요인이다.

위의 능력을 확보한다 해도 세 가지 문제점이 남는다. 첫째, 한국군 연합사령관과 미군 유엔군 사령관과의 작전통제권에 관한 사항이다. 유엔군 사령관은 정전시 교전규칙의 관할권을 가지고 있으며, 그 관할 지역도 한반도 전 지역임을 주장하고 있다. 북·미가 종전선언을 합의한다 해도 유엔사가 해체될 가능성은 희박하다. 오히려 유엔사는 활성화를 모색 중이다. 2019년 11월 한미안보협의회에서 한국 측은 정전협정과 유엔사의 권한 및 책임을 전적으로 지지하고 존중한다고 확인했다.

둘째, 북한의 핵·미사일에 대한 억제와 방어는 미국의 핵우산을 기초로 한 확장억제에 의존이 불가피하다. 우리의 3축 체제가 핵무기를 배제한 재래식 전력에 의존

---

105) 황병무, 『국방개혁과 안보외교』, 56~59쪽.
106) 「2018 국방백서」, 132~134쪽.

하기 때문이다. 미국이 한국에 핵 공유 약속을 하더라도 핵 운용과 관련된 권한을 유엔사가 맡을 가능성이 크다.

셋째, 미국은 유엔사를 통해 인도·태평양 지역 유사시 주일 미군과 주한 미군을 통합적으로 운용하여 지역 군사작전을 수행하려는 계획을 가지고 있다. 미국 한국사령부(U.S.Kor Com) 소속의 주한미군(육군병력 중심)과 인도-태평양사령부 소속의 주일 미군(공·해군 해병 중심)의 통합 운용을 위해 유엔사가 필요하다는 입장이다. 결국, 전작권 전환과 맞물려 유엔사와 연합사의 권한 조율 문제가 남아 있다.[107]

5) 북한 유사사태와 한국의 주도권

북한 유사사태는 권력 붕괴 유형과 체제(Regime) 붕괴 2가지 유형으로 나누어 볼 수 있다. 권력 붕괴는 모반이나 쿠데타에 의한 권력 엘리트의 교체를 의미한다. 체제 붕괴는 백두 혈통(김씨) 정권 대 도전 세력의 대결로 인한 신생 정부 출현 가능성이 불확실한 불완전 무정부 상태를 말한다. 정치범 폭동으로 사회 혼란이 증폭되고, 국가 경제, 사회 통제력이 약화되어 무단이탈 주민과 식량 난민이 대량 발생해 북한 위기의 안정과 봉쇄 및 인도적 개입의 필요성이 증대된 상황을 일컫는다. 아래는 각국 정부의 대응 시나리오다.[108]

체제 붕괴에 처한 북한 정부는 ① 국가 존속을 위한 사활적, 정치적, 외교적 노력, ② 외국(특히 한·미)의 불개입 선언, ③ 유엔을 통한 인도적 지원 수용 가능성, ④ 필요시 중국에 정치, 군사적 지원요청, ⑤ 북한 주민의 분열로 신정부 지지 여부가 불확실한 상태에 처한다.

지정학적으로 안보이익을 가장 많이 가진 중국은 ① 북한 정권의 조기 안정화를 위한 정치·외교적 노력을 기울이며, 친중 개혁 성향 인사로 정권의 교체를 희망, ② 내정 불간섭을 강조, 신정부 수립 시까지 러시아와 연합, 북한 문제의 유엔 제의를 반대, ③ 한·미 정치 및 군사개입 저지, ④ 대북 인도적 지원(식량, 일용 필수품 등) 제공, ⑤ 대량 난민 유입에 신중한 대처, 국경 지역 난민 캠프에 일시 수용 후 북한

---

107) 김현욱, 「제51차 한미안보협의회의(SCM) 성과 및 과제」 '국립외교원 안보연구소, 주요 국제문제 분석」 2019-35, 2~8쪽.

108) Ferial Ara Saeed and James J. Przystup, *Korean Futures : Challenges to U.S. Diplomacy of North Korean Regime Collpase*, Strategic Perspectives 7, *Center for Strategic Research Institute for National Strategic Studies*, National Defense University, U.S.A., September 2011, pp. 3~14.

사태의 안정화 후 송환 방안 고려, ⑥ 한반도 통일에 대한 평화적, 민주적 기존 원칙을 강조한다.

중국의 군사개입의 조건은 한·미 연합 군사개입이 임박하다고 판단할 때, 선제 개입하거나 북한 신생 정부가 대량살상무기의 통제력을 상실하거나 위기의 장기화와 안정화 전망이 불확실할 때이다. 중국이 추구하는 장기 이익은 북한의 개혁 리더십에 의한 생존과 발전이며, 국가로서 존립하는 북한의 완충지대화, 그리고 비핵화 북한은 한·미 동맹을 약화시키고, 한국을 친중 경사 레버리지로 만들 수 있다는 것이다.[109]

북한 유사사태는 미국 정부 내 정책 논쟁을 제기할 가능성이 크다. 위기를 단순히 봉쇄하고 안정화에 그치는 소극적 대응이냐 아니면 대량살상무기의 제거를 포함, 체제의 변화를 추구하는 적극적 대응 여부이다. 미국은 우선적으로 유사사태가 심각한 지역 안보문제로의 확산 방지를 위한 외교적 노력을 기울인다. 주변국이 참여하는 국제관리 협의체를 만들어 위기를 봉쇄하고, 안정화를 추구한다. 이때 미국은 한국 및 주변국과 협조해 대북 인도적 지원을 실시하지만, 중국 단독이나 러시아 양국이 북한 문제에 개입하는 것을 저지한다.

미국은 대량살상무기 및 시설 통제와 폐기에 정책 대안을 숙고한다. 제1대안은 북한 안정 후 국제 감시체제하에, 신생 북한 정부의 협력하에 평화적인 해결이다. 제2대안은 미국 단독 또는 한·미 연합 특수부대에 의한 강제적 폐기이다. 이 안은 30여 년 기다린 북한 핵 폐기라는 숙원을 해결한다는 장점이 있다. 하지만 중국군 개입의 빌미를 줄 위험이 크다.[110]

일본은 북한 사태가 지역 안보문제로 확산되는 것을 방지하는 데 외교적 노력을 기울인다. 이를 위한 다자간 협의체의 구성을 주장, 일원으로 권한 행사를 한다. 또한, 일본은 대량살상무기의 제거를 위한 미국의 군사개입을 지원할 것이다. 문제는 2015년 일본은 집단자위권 용인을 포함한 11개 안보법률안(집단자위권 법안)을 제정, 개정했다. 이 집단자위권 행사의 구실로 북한에 직접 진출 기회를 완전히 배제할 수 없다. 대량 난민 대책은 해상난민 구조 등 임시 수용소를 설치할 것이다.

러시아는 북한 위기를 지역에서 영향력 확대 계기로 활용할 수 있다. 다자간 협의체(6자회담 회의체)에 의한 대량살상무기 제거를 주장하면서 미 군사개입을 반대할

109) 위의 책, pp. 22~23.
110) 위의 책, pp. 24~25.

것이다. 그러나 러시아는 북한 난민 유입방지를 위한 군사개입에는 관심이 없다. 중국군 개입에 대한 태도는 당시 러·중, 러·미 관계에 의존할 가능성이 크다.

북한 유사사태에 대한 주변 4강의 공통점과 차이점을 알아본다. 공통점으로는 ① 위기 안정과 봉쇄, ② 지역안정과 평화를 위협하는 문제로 확산 방지, ③ 상호이익 충돌로 관계 악화 방지, ④ 국제 관리에 의한 인도적 지원 및 대량살상무기의 폐기, ⑤ 한국 통일에 대해 애매성 내지 무관심 유지이다. 차이점으로는 ① 북한의 체제 변화를 평화적, 필요시 강제력 사용 여부, ② 대량살상무기 폐기 방법을 평화적 또는 군사적 수단에 의존 여부, ③ 인도적 개입과 대량살상무기의 제거를 순차적 또는 동시 병행 여부 등이다.

한국 정부의 대응과 과제이다. 북한의 유사사태에 대한 대응 정책을 둘러싸고 정부 내 공론화가 불가피하다. 보수 정부가 집권하고 있다면, 신속 접수의 정책 방향이 우세할 것이며 진보 정부라면 단계적 합의형 흡수통일을 주장할 것이다. 정부는 신속한 국론통일에 대한 국내 여론의 압박을 받을 것이며, 북한 위기관리에 한국의 주도적 역할을 행사하라는 압력을 받을 것이다.

한국의 대응과제는 크게 3가지이다. 북한 내전을 안정화시키는 문제, 북핵 폐기와 통일문제이다. 그리고 이 세 가지 문제의 해결에 한국이 단독으로 할 수 있는 과제와 국제협의체를 형성할 수 있는 과제로 나눌 수 있다. 북핵 폐기는 핵 국가 간 처리할 수 있는 문제이다. 국제 관리가 불가피하다. 안정화 작전과 통일문제는 남북한 내부의 문제로 우리가 주도권을 행사할 수 있다. 이 두 가지 문제에 외세가 개입한다면 역사적으로 경험한 내우가 외세를 불러와 내우 해결이 더욱 어려워지고 한국의 북한에 대한 관할권을 상실하는 결과를 초래해 통일의 기회로 만들 수 없다. 우리는 역사적 과오를 다시 범할 수 없다.

한국 정부의 1차적 과제는 북한의 관할권 획득을 위한 주변국 설득이다. 우리의 헌법 제3조 영토조항을 원용하더라도 북한은 1991년 유엔 가입으로 국제사회로부터 국가성을 인정받아 설득력이 약하다. 그래도 정부는 북한 문제를 한민족 내부 문제로 당사자 해결 원칙을 강조하고, 북한 문제의 안보리 회부나 외세 개입을 배제해야 한다. 그리고 신북한체제는 국경과 내부 폭력에 대한 통제력 상실로 한국의 안전을 위협하고 있어 한국의 자위권 발동이 불가피하다는 것. 북한 일부 교전 단체의 개입 요청을 제시하거나, 유엔 안보리 결의 인권범죄에 따른 보호책임(Responsibility to Protect) 조항을 들어 한국의 단독 개입을 주장할 수 있다.

필요시 한국군 단독 진출에 의한 안정화 작전을 수행해야 한다. 안정화 작전의 정치적 목표는 북한 구세력이 참여하는 신정부의 수립을 방지하고 국제적으로 강대국 관리에 의한 북한의 일정 지역에 완충 지대나 분할지역의 설정을 방지하는 데 둔다. 6·25전쟁 기간 유엔군과 한국군이 북진했을 때 북한 통치기구로 설치된 유엔한국통일부흥위원단은 한국의 관할권을 인정하지 않았다.

중국군 개입의 우려를 해소하기 위한 세 가지 사례를 제기한다. 첫째, 6·25전쟁 시 중국군은 한국군이 아닌 미군 주도 유엔군이 북진했을 때 개입했다(항미원조의 구호). 둘째, 중국이 북한 난민의 대량 월경을 막기 위해 군사 개입할 가능성이다. 중국은 북한 월경자를 난민으로 인정하지 않고 북한으로 돌려보내고 있다. 또한, 2009년 발생한 미얀마의 코캉 사태에 대한 중국의 대응은 인접 국가의 내정 간섭에 신중했다. 코캉 지역은 중국 윈난성(雲南省)과 접경지역으로 인구 30만 명 중 90%가 한족인 코캉족(명·청 교체기의 한족 유민)이며, 군대의 보유와 자치가 허용된 곳이다. 미얀마 군사정부가 자치권을 박탈해 직접 지배하려 하자 3만 5,000명이 넘는 난민과 700여 명의 무장 병력이 윈남성과 중국의 다른 지역으로 탈출했다. 중국 정부는 변경지역에 인민해방군 병력을 긴급 증원했지만, 미얀마 영토로 진입시키지 않았다. 중국 정부는 코캉 사태는 미얀마 내정문제로 발표하고 미얀마 정부와 협의를 통해 코캉족 피난민을 7개의 수용소에 임시 수용한 후 사태 진정 후 미얀마로 송환시킬 것을 합의했다.[111]

셋째, 중국은 북한 안정화 임무를 받은 군대의 파견은 북한 당국의 승인과 유엔의 보호 아래 국제법에 따라 이뤄져야 함을 강조한다.[112] 유엔 보호는 미국의 일방적 개입을 방지하기 위한 수단이다.

한국은 단독 개입 의지와 능력을 보여주며 단독 개입만이 중국 이익에 부합됨을 설득해야 한다. 첫째, 북한 위기의 안정과 봉쇄에 실패해 지역안정과 평화를 위협하는 문제로 확산될 때 강대국 간 충돌로 이어질 수 있는 위험성, 둘째, 북한 위기는 지정학적 문제로 강대국 간 합의에 의해 처리하기가 곤란하며 국제군에 의한 안정화 작전을 북한 주민들의 강력한 반발을 초래한다는 점, 셋째, 대량살상무기의 통제와

---

111) 신상진, "중국의 미얀마 코캉사태 대응 전략: 북한 급변사태에 주는 시사점,"「통일정책 연구」 제20집 1호, 2011, 107~129쪽. 황병무, "중국 내정불간섭의 속내,"「한국일보」, 2011.9.14.

112) 황병무, "북한 급변사태와 중국,"「서울신문」, 2010.4.10.

제거만을 위한 강대국들의 군대 진출도 합의가 어렵기 때문에 선 안정화 후 대량살상무기의 제거라는 순차적 절차를 택해야 한다. 넷째, 북한 위기는 한민족 내부의 문제이다. 한국군이 북한 내 군부 교전 단체의 개입 요청을 받아 진입해 안정화 작전 수행 시 북한 민심을 쉽게 안정시킬 수 있다. 다섯째, 중국은 한중 국교 수립 시 당사자 간의 평화적, 민주적 통일에 동의했다. 한반도 평화·통일 기반이 구축된다면 한반도는 완충지대가 되어 주한 미군은 지역 안정자의 역할로 변할 수 있다.

한국은 북한 유사시 미·중의 개입을 전제로 한 작전계획보다 개념계획의 작성을 원하고 미국과 이견을 조율해 작전계획의 부록에 이 문제를 처리했다. 작전계획이 될 때 북한 유사시 한미연합사가 작전 방침을 임의적으로 결정할 가능성이 높다. 한국은 자체의 의지와 관계없이 전쟁에 휘말릴 수 있는 위험을 방지해야 했다.[113]

안정화 작전은 정치와 군사작전이 병행 실시돼야 한다. 북한에 대한 정보역량이 풍부하지 못하다. 당이 군을 통제하는 것은 분명하지만, 급변상황하에서 당내의 누가 군을 통제하는지를 알아내야 한다. 대북 정치공작은 '선 당심 확보 후 군심해체'로 나가야 희생과 비용을 줄이고 안정화 군사작전을 조기에 마무리할 수 있다. 안정화 작전은 저항집단의 진압과 북한 주민에 대한 선무공작을 동시에 펼쳐야 하지만 진압 작전은 북한 주민들이 반군보다 안정화 군을 지원하도록 사회·심리 면의 선무공작의 성공 여부에 결정된다는 사실을 명심해야 한다. 북한에도 돈벌이와 개인주의 성향이 강한 300만의 장마당 세대가 존재한다. 남한에는 탈북자가 3만 명에 이르고 있다. 이 중 선발된 인원을 선무공작대로 앞세울 수 있다. 탈북자 관리에 보다 신경을 써야 한다. 하지만 보다 중요한 사실은 북한 주민들이 남한 주민들의 삶을 보다 부러워하도록 만드는 일이다. 이 때문이라도 남북 주민 간 인적·물적 교류 및 협력은 끊임없이 확대될 수 있는 여건을 조성해야 한다. 동시에 북한 위기 시 상황은 유동적이다. 클라우제비츠가 말한 전쟁의 안개(foggy war) 상황을 잊어서는 안 된다. 실시간 정보 획득이 안정화 작전 수행에 필수적이다. 이 때문에 기존에 만들어놓은 안정화 작전계획 문건의 포로가 되어서는 안 된다. 실수는 금물이다.[114]

한국은 남북한 합의형 평화적 통일기반을 구축해야 한다. 평화적 통일기반 구축 대안을 고려해볼 수 있다. 제1안은 독일형으로 북한에서 총선을 실시한 후 구성된 정부와 통일조약을 체결하는 방안이다. 이 안은 2(서독·소련)+0.5(미국)에 의해 성

113) 「동아일보」, 2010.10.9.
114) 황병무, "북한 급변사태를 통일의 기회로," JPI.Peace Net. 2015.8.18.

립됐다. 1990년 2월 서독의 콜 총리는 조기 통일론을 주장하면서 고르바초프(Mikhail Gorbachev)로부터 "독일 통일은 스스로 결정해야 한다"라는 확약을 받아냈다. 조지 부시 대통령을 회유해 통일 독일의 나토 잔류와 군 규모 39만을 확정했다. 1990년 3월 동독에서 첫 자유선거를 통해 통합 내각이 출범한 이후 5월 화폐·경제·사회 통합 조약을 체결했고, 8월 통일 협정에 서명, 10월 2일 동독 의회의 해산과 10월 3일 동독이 서독에 편입해 독일 통일이 이루어졌다.

제2안은 남한 주도의 한시적 연방제형이다. 한·미·중 협의를 통해 통일 후 한미동맹과 주한미군의 역할 변화에 대해 중국의 우려를 해소해야 한다. 그리고 통일 한국이 동북아 평화와 안정에 기여한다는 구상을 구체화시킬 수 있는 방안을 제시해야 한다. 남한 정부는 외교·안보 정책을 주관하고 북한 정부는 군대를 무장해제하고 치안 유지와 선거에 의한 정부를 수립해 경제·사회 체제를 유지한다. 남한 정부는 5~10년 기간 경제지원을 통한 경제통합과 인적, 물적 교류를 통한 사회통합을 추진한다. 그리고 남북한 정부는 약정에 의해 단일 정부를 수립한다는 방안이다.115)

이러한 과업을 수행하기 위해서는 국가 안보회의 산하에 대북 위기관리 총괄기구의 설치, 운영이 필수적이다.116)

'인도적 지원팀'은 식량, 의류, 난민촌, 전염병, 생활 식수 관련 정부 부처 간 협조팀을 만든다. 그리고 인도적 지원이 유엔 안보리 승인 또는 단독지원 여부를 확인한다. '법률검토팀'은 유엔 안보리 결의와 총회 결의 중 한국 관련 조문을 검토해 한국의 자위권 행사에 유리하고, 불리한 사항을 파악해야 한다. 정전협정 4조(60항)는 한국 문제의 평화적 해결을 적시하고 있다. 조·중 조약(1961년), 북·러 조약(2000년)에 규정한 북한 유사시 원조 조항도 검토대상이다. 미·일 안보조약 특히, 방위협력 지침, 한미안보조약, 남북한 협정과 그 이행 사항도 파악해야 한다.

'미국과 주변국 협의팀'은 한국 정부의 북한 관할권 인정을 위한 외교로부터 북한 위기관리의 한국 주도권과 능력을 인정받고 남·북한 합의형 평화적 통일방안의

---

115) 이 안은 남한의 영토조항을 인정하고, 북한의 독립성을 인정하지 않는 점에서 2000년 6월 15일 남북공동선언이 제시한 남한의 '연합안'과 북한의 '낮은 단계의 연방안'과 구별된다. 남궁영, "남북정상회담과 통일방안의 새로운 접근," 「한국정치학회보」 제36집 1호, 2002(봄), 309~332쪽; 1987년 북한은 소련을 통해 미국에 '남북 연방제 통일'(연방공화국) 거쳐 중립국 및 완충지역을 선포하는 헌법을 채택하자고 제의했다. 「중앙일보」, 2018.3.30.; 김계동, "북한 급변사태 시 주변국 관계," 「국방대 안보문제연구소 안보학술논집」 제22집, 2011, 10쪽, 54~56쪽.

116) Saeed and Przystup, 앞의 책, pp. 29~34.

이해와 지지를 얻는 외교를 추진해야 한다.

'대량살상무기 제거팀'은 대량살상무기의 확보와 통제, 핵시설, 핵분열 물질의 확보와 통제, 핵 프로그램 과학자 통제, 핵무기의 핵물질 출구 봉쇄 및 핵확산 안전 조치(Proliferation Security Initiative)에 관한 사항을 관리한다. '통일기반 구축팀'은 북한 신생 정부와 주민의 합의형 통일방안에 대한 지지를 얻는 데 협의와 홍보에 주력하고 주변국의 지지를 확보하는 데 외교적 노력을 기울인다. '정보융합팀'은 이해 당사국의 우려와 이익을 실시간 평가하고, 현안 이슈의 목록을 작성하여 종합적 상황을 평가하도록 만들어 단계적 추진사항을 결정한다. 끝으로 '정책운영팀'은 정책, 외교, 군사협정실시를 위해 협상 전문가, 협상 장소, 협상 메커니즘을 신중히 결정한다. 이러한 위기관리의 분야별 팀을 총괄적으로 운영해 북한 위기관리의 한국의 주도권과 능력을 국제사회로부터 인정받아야 한다.

6. 정책적 의미

1. 동맹을 체결한 국가는 동맹으로 얻은 이익이 상존하는 한 동맹을 유지하려고 한다.
   - 1-1. 1954년 이후 한미 간 상호방위조약의 체결 이후 70여 년간 유지될 수 있었던 이유는 동맹 국가들이 '한반도와 지역의 안정과 평화 유지'라는 동맹이익을 공유했기 때문이다.
   - 1-2. 한국은 역사적 이유 때문에 정치적 독립과 안전을 보다 중시했다.
2. 양초 강대국(미-소) 중심의 냉전체제에서 분단국 남·북한은 자국 내에 동맹군의 주둔 여부에 따라 국력 발전 정책의 우선순위에 영향을 받았다.
   - 2-1. 한국은 주한미군은 미국의 대한방위공약 이행에 대한 신뢰의 실체로 인정하고, '선 경제건설 후 국방건설'의 정책을 택할 수 있었다.
   - 2-2. 북한은 북한이 침공을 받았을 때 중·러의 자동개입 보장에도 불구하고, 주둔군 부재로 인한 안보 불안 때문에 '선 국방건설 후 경제건설'의 노선을 채택했다.
3. 주둔군 동맹체제는 비주둔군 동맹체제에 비하여 보장국의 피보장국에 대해 전략 무기 개발이나 안보전략의 통제에 보다 큰 영향력을 발휘한다.
   - 3-1. 한국은 주둔군의 철수, 동맹에 의한 연루 문제를 관리해야 했고, 미국에

의한 핵 개발의 저지, 미사일 사거리와 탄두 중량에 제한을 받는가 하면 위기 대응의 자위권 행사도 확전 반대의 이유로 제약을 받아왔다.

3－2. 북한은 중·소에 의해 핵 개발이나 대륙 간 탄도미사일(ICBM) 개발이 저지되지 않았으며, 정치적 필요에 감행된 대남 국지 도발도 제약을 받지 않았다.

4. 5차례에 걸친 주한미군의 감축은 한국의 안보 우려 사안이었으나 동맹이익을 바탕으로 미 방위공약의 신뢰성을 유지하면서 추진되었으며, 한국방위의 한국화를 촉진했다.

4－1. "핵우산 제공과 방위공약 이행을 제외한 내란과 침략은 아시아 각국이 스스로 대처해야 한다"는 '닉슨독트린'으로 한국군은 공동경비구역을 제외하고 18년 만에 처음으로 155마일 휴전선 전체의 방위 임무와 대간첩 작전권을 이양받는 계기로 삼았다(미군 7사단 철수).

4－2. 동맹이익을 심각히 침해하는 카터 행정부의 주한 지상 전투 병력의 완전 철수와 한국 배치 핵무기 철수계획은 미국 의회, 군부 및 일본과 한국 정부의 반대에 부딪혀 중지되었다(주한 미군 3,400명 철수).

4－3. 카터 대통령은 주한 미군 철수 연기와 박정희 정부의 정치범 석방을 연계시키는 이른바 인권외교를 전개했다. 그러나 카터 대통령은 1979년 12·12군사변란에 이어 발생한 광주 민주항쟁 시에는 인권과 민주화보다는 군사 안보와 정치적 안정을 우선시하였다. 1987년 6월 민주화 위기 시, 레이건 행정부는 확고한 민주제도(대통령 직선제)에 기반한 정치 안정을 국가안보와 동일시했다.

4－4. 한국 정부는 철군 협의를 통해 주한미군 장비의 무상 이양, 내외 군사 판매차관의 추가 획득을 이끌어냈으며, 팀스피리트 훈련 실시와 1978년 한미연합군 창설에 합의해 한미연합 방위체제를 강화시켰다.

5. 미 상원의 '넌－워너 법안'은 미 의회가 주도한 최초의 주한 미군 감축 계획안이다. 감축 판단의 세 가지 조건을 제시하고, 동맹이익을 평가해 결정하라고 주문했다. ① 주한미군의 전력 구조, 임무, ② 한국에 보다 많은 책임과 비용의 부담, ③ 부분적 점진적 감군의 필요성과 가능성에 대한 한미 양국의 협의에 의한 판단이었다.

5－1. 3단계 철수계획 중 1단계 철수(지상군＋공군, 6,987명) 완료 후 1993년부

터 시행될 2단계 감축은 북한의 핵 개발 의혹으로 유보되었다.

5-2. 한국방위의 한국화가 가속화되었다. 주한 미군이 수행해오던 역할 중 6개가 1991년 3월~1991년 12월 기간 중 한국군에 이양되었다. 평시작전통제권의 이양이 1994년에 이루어졌다.

6. 부시 행정부의 해외 주둔 미군 재배치계획(GPR)에 따른 주한 미군 9,000명(2003년~2006년)의 감축이 이루어져 2020년까지 28,500명의 주한미군이 상주하고 있다. 이번 주한미군의 감축은 계획에서부터 집행에 이르기까지 몇 가지 정책적 의미를 가진다.

6-1. 탈냉전 후 새로운 위협에 대한 작전 가용성을 확보하고 대테러전 추진의 적합성을 향상시키기 위한 군사혁신 차원에서 이루어져 병력은 줄었지만, 능력이 강화되는 방향에서 추진되었다.

6-2. 주한미군의 감축이 한미연합방위의 한미상호 간 보완적 체제를 더욱 강화했다. 미군은 150개 분야에 전력 현대화를 추진했고, 한국군은 미군의 10대 임무를 전환했다. 그런 면에서 한국방위의 한국화를 더욱 추진하는 요인으로 작용했다.

7. 한 미 양국은 주한 미군의 전략적 유연성(한반도 영역 밖으로 차출)을 둘러싸고 정책 협의를 통해 조정했다. 미국의 포기와 한국의 연루에 관한 우려가 남아 있었다.

7-1. 한국은 주한미군의 전략적 유연성을 존중하는 대신, 미국은 한국의 의사에 반하여 동북아 분쟁에 개입되는 일이 없을 것이라는 한국의 입장을 존중했다.

7-2. 외부로 차출되는 주한 미군의 감축으로 이어지는 사태의 방지 및 차출 시기와 내용의 사전 협의 또는 일방적 통보문제, 주한미군의 현 수준(28,500명)의 유지에 대한 미군 측의 보장 등이 한국의 우려 사항이었다.

7-3. 한국의 역외 군사 분쟁에 연루를 방지하기 위해 한반도 주변 군사 긴급사태(On-off Peninsula Military Contingency)에 한반도를 주한미군의 작전(operate)기지가 아닌 배치(deploy)만을 허용하는 기지가 되겠다는 입장이다.

7-4. 미국은 '미국의 유사시'까지 동맹의 대응 범위를 넓히고자 하고 있으며, 평택기지를 전략적 유연성을 발휘하는 전진기지로 사용할 계획이다.

한국은 대북 대응 중심에서 지역 안보 차원으로 한미동맹을 확대·전환하기 위한 신안보협력 지침이나 가이드라인을 신중히 검토해야 할 입장이다.

8. 한국의 핵무기 개발은 지역 불안정에 전략적 파장과 한미동맹을 약화시킬 수 있다는 이유로 미국에 의해 저지되었으며 핵연로 재처리에 족쇄가 되었다.
   ① 주변국 특히 북한과 일본 등에 미칠 파급적 효과(도미노 현상)
   ② 미국의 안보 공약에 대한 한국의 신뢰 약화, 한국이 대미 군사의존을 줄이려는 성향의 증대
   8-1. 미국은 한국에 강압보다 지속적 협의와 원자력 기술 이전 보장 등 설득을 통해 한국의 핵 개발을 저지했다.
   8-2. 한국은 핵 포기에도 불구하고 미국과 원자력 협정의 체결로 핵연료 재처리와 우라늄의 20% 저농축이라는 사실상 어려운 족쇄에 매이게 된다.

9. 한국의 미사일 개발은 공격용 전략무기로 지역 군비경쟁과 한반도 불안정을 야기한다는 이유로 미국에 의해 제한된 개발범위가 단계적으로 해제되었다.
   9-1. 한국은 800km 사거리 연장과 탄두 중량(1t)의 해제에 이르기까지 20여 년이 걸렸으며, 지침의 자율적 준수선언, 미사일 기술 통제협정(MCTR) 가입 및 미국의 전술지대지미사일(사거리 300km) 도입 등 안보 외교적 노력을 기울였다.
   9-2. 북한 최북단을 사정권에 포함할 수 있지만 주변국을 사정권에 넣을 수 없는 사정거리 800km 제한을 유지하지만 우주발사체에 고체연료 사용 제한을 푸는 한미 미사일 지침을 개정했다(2020.7.).

10. 한국군의 해외 파병은 인명 피해 위험과 파병지역 국가와의 관계 악화라는 우려에도 불구하고 미국의 세계전략을 지원함으로써 한국의 국익을 챙기는 데 활용하고자 했다.
   10-1. 한국군의 베트남 파병은 신생 박정희 정부의 승인과 지원 및 주한미군의 베트남전 전용을 막는 데 두었지만, 미 7사단의 철수를 막지 못했다.
   10-1-1. 미국의 작전 통제하에 있는 파월 한국군의 전투부대(2개 사단)에 대한 한국군 사령관의 작전권 행사는 용병설을 잠재우고 주권 국가로서 책임지역을 할당받아 작전 수행을 한 역사적 선례를 만들었다.
   10-1-2. 박대통령과 채명신 야전사령관은 권위와 직책을 떠나 국익을 최우

선시한 합리적 의사결정의 모범을 보였다.

10－2. 이라크전에 한국군 비전투 부대의 파병 결정은 국내적으로 파병 반대 여론으로 정치 쟁점화되었지만, 안보이익을 바탕으로 결단을 내렸다.

10－2－1. 정부는 이라크전 파병의 목적으로 북핵 사태의 평화적 해결(군사 옵션 배제), 한미 간 신뢰 강화, 미군 재배치 방지 등을 내걸었다.

10－2－2. 파병 반대 측은 미국 주도의 이라크 전쟁에 파병의 정당성 결여, 인명피해 위험, 비용 부담, 다국적군 일원으로 파병을 주장했다.

10－2－3. 국방부가 중심이 되어 범정부 파병 지원 추진위원회를 운영하여 국회, 언론, 국민 설득을 위해 다각적으로 노력했고, 중동권 3개국에 대통령의 특사를 파견해 파병에 대한 이해와 지지를 당부했다.

11. 북한 국지도발에 대한 최선의 대응은 초전박살이다. 이를 통해 북한에 '도발 무용론'을 학습시켜야 한다.

11－1. 이는 국민을 안심시키고, 북한의 도발 의지를 분쇄해 추가 도발을 억제하는 길이다.

11－2. '도발은 실패한다'라고 학습시킬 때 도발로 난국을 돌파하려는 북한의 전쟁관을 변화시킬 수 있다.

11－3. 사후 보복 조치는 미국의 확전 방지의 기조 때문에 실시하기가 어렵다.

12. 영토 수호를 위한 적극적 자위 조치는 교전규칙에 저촉되는 부분이 있더라도 실시해야 한다.

12－1. 연평도 교전(2010년 11월) 사태 이후 '영토를 공격받으면 발원지와 지원세력까지 공격하라', '선 조치 후 보고' 등 공세적 방어 지침은 이례적이다.

12－2. 폴 버니안 작전(1976년 8월) 실시 시 판문점 공동경비구역에 경계조로 참가한 한국군 특공대의 무기 휴대는 규정 위반이었지만, 적의 도발에 대비한 자위 조치였다. 사후 미군의 항의에 대응 및 수습했다.

13. 우리의 국력과 군사력에 걸맞은 책임 국방을 실현하기 위해서는 우리 군이 한미 연합방위체제를 주도할 수 있는 능력을 구축하고 전시작전통제권을 행사할 필요가 있다.

13－1. 2007년 한·미 간 전시작전통제권의 전환 합의 이후 3차례 연기되어 2022년을 예정하고 있으나 주도능력 부족으로 전작권 전환이 무리라

는 시각이 남아 있다.

13-2. 한국군 연합군 사령관과 유엔군 사령관과의 작전통제권에 관한 조율 문제는 남아 있다.

13-3. 재래식 전력으로 구성된 우리의 3축 체계의 제약으로 핵 운용 관련된 권한은 유엔사가 맡을 가능성이 크다.

13-4. 북한 비핵화가 달성될 때까지 또는 최소한 자체적 북핵 대응력을 갖춘 뒤, 전작권 전환을 연기해야 한다는 전직 국방장관들과 안보 관료들의 우려의 목소리가 나오고 있다.[117]

14. 한국은 북한의 체제 붕괴를 의미하는 유사사태가 발생 시 ① 북한 내전의 안정화, ② 대량살상무기의 폐기, ③ 통일기반 조성 문제에 직면한다.

14-1. 위의 3가지 과제 중 ①과 ③의 과제는 한국이 주도권을 행사해야 하나, ②의 경우 주변국 공동의 국제 관리에 넘겨야 한다.

14-2. 한국은 ①과 ③의 과제 해결을 위해 북한의 관할권 인정을 위한 주변국설득에 성공해야 한다.

14-3. 한국군은 단독 진출에 의한 안정화 작전을 수행해 북한 문제의 국제화를 막아야 한다.

14-4. 한국은 대량살상무기의 폐기는 미·중·러의 공조에 맡기되 '선 안정화 후 대량살상무기의 폐기' 절차를 주변국이 북한 신정부와 협의해 실시하도록 외교력을 발휘해야 한다.

14-5. 한국은 북한의 신정부와 민주적·평화적 방법에 의한 단계적 통일 정부의 수립안을 합의 및 이행해야 할 과제를 안고 있다.

14-6. 국가안보회의 산하에 대북 위기관리총괄기구(인도적 지원팀, 법률검토팀, 미국과 주변국 협의팀, 대량살상무기 제거팀, 통일기반 구축팀, 정보융합팀, 정책운영팀)의 설치, 운영이 필요하다.

---

117) 전작권을 군사 주권의 문제라기보다 생존 보장을 위한 정책 대안에 우선순위를 두어야 한다는 입장에서 북한 핵·미사일 관련 한국군의 초기 대응능력(3축 체계)이 확보될 때까지 연기해야 한다는 입장은 김용현(전 합참작전본부장), "2022년 전작권 전환, 전쟁 억제 가능할지 놓고 판단해야," 「중앙일보」, 2020.8.25., 23쪽 참조.

사드 배치: 핵 시대 연루의 파장과 한국의 사드 외교

1. 사드 배치의 전략적 배경과 과정

억제는 핵 시대에 등장한 개념이다. 클라우제비츠(Karl Von Clausewitz)는 전쟁을 자연 현상으로 인식했다. 전쟁의 주요 목표는 승리였다. 핵무기 등장 이후 핵전쟁은 상호공멸을 가져온다는 위협 때문에 억제의 중요성이 국가전략에 반영되기 시작했다. 상호확증 파괴의 개념은 핵을 가진 두 개의 국가 중 일방이 타방을 공격하고 싶어도 핵 보복의 위협 때문에 선제공격을 감행할 수 없이 상호억제가 성립한다는 것이다. 그러나 이 억제 개념은 레이건 정부 시절 신뢰성과 윤리성을 기초로 재평가되어 단점을 보완하기 시작했다. 상호확증파괴에 의한 억제체제가 파탄되지 않는다고 보장할 수 있는가? 만약 억제가 실패하여 한 발의 핵폭탄이 뉴욕 등 인구 밀집 지역을 강타할 때 그 참담한 인명피해를 어떻게 감당할 것인가? 정부는 전략 실패에 대한 윤리적, 정치적 책임을 질 수 있는가? 한 발의 핵 공격을 막을 수 있는 방안(zero option)은 없는가? 이에 대한 해답이 미사일 방어(missile defense)다.

미국 클린턴(Clinton) 행정부는 국가 미사일 방어체제(NMD)와 전역 미사일 방어체계(TMD)를 형성했고, 북한, 이란 등 불량국가와 러시아 중국의 우발적 발사로부터 미국을 보호하기 위해 알래스카에 요격미사일 기지를 설치하고자 했다. 부시 행정부는 1992년 러시아와 맺은 탄도탄 요격 미사일협정(ABM)을 폐기하고, 새로운 MD망 구축을 위해 영국, 프랑스, 독일을 비롯한 일본 등 동맹국과의 공조 유지를 위한 외교적 노력을 기울였다. 이 무렵 러시아, 중국, 북한이 연대하여 미국이 구축하려는 MD에 반대하기 시작했다. 한국은 2001년 2월 한·러 공동성명에 ABM 조약의 보존, 강화라는 조항을 삽입했다. 미국은 한국이 동맹이익을 떠나 러시아 입장을 지지한 것으로 오해하여 엄중 항의했다. 이를 거울삼아 3월 한·미 정상회담 공동발표문에는 MD는 '미국과 이해 당사자들 간 협의할 사항'이라는 입장을 표명했다. 그때부터 2020년 현재까지 한국은 미국의 NMD 참여에 공식적으로 부정적인 입장을 유지하고 있다.[1)]

북한의 핵실험과 미사일 개발의 고도화는 미국이 한국에 MD 배치를 촉진하는 계기를 만들었다. 2014년 3월 북한이 노동 미사일을 고탄도로 발사하여 650km를 비행시켰다. 스캐퍼로티(Curtis Scaparotti) 한미 연합사령관은 동년 6월, 북한 미사일을 보유 중인 패트리어트(PAC－3)로만 방어하기가 어려우므로 사드(Terminal High Altitude Area Defense)의 배치가 필요하다는 결론을 내리고 한국에 우선적으로 사드를 배치해줄 것을 본국에 요청했음을 밝혔다. 그는 2013년 7월(2월 북한 2차 핵실험) 미국 의회 청문회에서 한국에서의 3단계 미사일 방어(MD)계획을 밝혔다. 1단계는 주한 미군은 패트리어트(PAC－3)를, 한국군은 PAC－2를 배치하는 것으로 이미 완료되었으며 2단계는 한·미·일 MD체계의 통합을 증진시키면서 패트리어트 미사일을 업그레이드하는 것으로 '현재 진행형'이라고 밝혔다. 당시 박근혜 정부는 전작권 환수 연기 직후에 PAC－3 구매를 결정했다. 3단계는 준중거리 및 중거리 탄도미사일 대응을 위해 사드 또는 이지스 같은 상층 방어체제와 X－밴드(AN/TYP－2) 레이더를 배치하는 것이다. 2014년 12월 한·미·일 군사정보 공유협정을 맺었고, 2012년 추진했다가 포기한 한일 군사정보공유약정(GSOMIA)체계를 다시 추진하고 있는 상황에서 주한 미군 사드 배치는 2단계와 3단계를 병행 추진하는 것으로 볼 수 있다.[2)]

2년 이상의 많은 논란 끝에 2016년 3월 국방부와 주한미군 사령부는 한국에 사드 배치에 관한 약정서에 서명했다. 국방부에 따르면 "SOFA 규정에 따라 한국 정부

1) 황병무, 『21세기 한반도 평화와 편승의 지혜』, 오름, 2003, 222~224쪽.
2) 김동엽, "사드 한반도 배치의 군사적 효용성과 한반도 미래," 「국제정치논총」 52권 2호, 2017, 291~327쪽, 301~302쪽.

는 부지와 기반시설 등을 제공하고 사드 체계의 전개와 운용·유지비용은 미국이 부담한다"라는 원칙이 약정서에 적시되었다. 동년 7월 13일 류제승 국방부 정책실장은 "한·미 공동실무단은 군사적 효용성 극대화와 지역주민의 안전을 가장 중요한 평가기준으로 적용해 최적의 배치부지로 경북 성주 지역을 건의했고, 한·미 양국 국방부 장관이 이를 승인했다"라고 발표했다.

국방부는 사드를 성주지역에서 작전 운용하게 되면 북한의 핵·미사일 위협으로부터 대한민국의 1/2에서 2/3 지역을 굳건히 지킬 수 있을 뿐만 아니라 국가 중요시설, 한미동맹의 군사력을 방어할 수 있는 능력과 태세를 획기적으로 강화하게 될 것이라고 설명했다. 또한 "우리 군은 국민의 안전을 보장하고, 국가 안위를 지키는 조치보다 더 중요한 가치는 없다고 인식하고 있다"라며 "국민과 성주지역 주민들이 군의 충정을 이해하고 지원해주시기 바란다"라고 당부했다. 이어 한국군은 수도권 방어를 위해 한국형 미사일 방어체계의 증강배치를 추진한다고 했다.[3] 2016년 이후 2018년 초까지 사드 배치 문제는 안으로는 국론분열과 정쟁의 이슈가 되었고 밖으로는 중국의 사드 배치 저지 압박과 문화, 경제적 제재 및 무력시위와 러시아의 외교적 압박을 받게 된다. 이 기간 한국은 대중국 설득외교에 치중하면서 국내적으로 사드에 대한 정치·전략적 입장을 확립하는 데 노력을 기울인다. 2017년 1월 10일 미국을 방문 중인 김관진 국가안보실장은 "사드 배치는 자주권에 관련된 문제로 중국이 반대해도 상관하지 않겠다"라고 말했다. 그는 마이클 플린 국가안보보좌관 내정자와 만나 "사드 배치를 차질 없이 추진한다는 (한·미의 기존) 입장을 재확인했다"라고 말했다. 이어 "중국의 대북 제재 동참이 절대적으로 필요한 만큼 중국을 견인하기 위해 미국과 긴밀히 협력할 것"이라면서 "미국도 사드 배치의 정당성에 대해 중국을 더욱 설득할 것"이라고 말했다.[4]

2017년 4월 말 사드 발사대 2기와 레이더를 예고 없이 성주 기지에 반입했다. 박근혜 대통령의 탄핵으로 5월로 앞당겨진 대통령 선거에서 쟁점이 되는 것을 피하고 신정부 들어서기 전에 사드 배치를 기정사실화하려는 의도로 보였다. 사드 잔여 발사대 4기의 배치 계획은 하루 전인 9월 6일 공개되었고, 9월 8일 반입되었다. '절차적 정당성'을 강조하며 사드 배치의 국회 비준 동의를 공약으로 내건 문재인 정부의 집권(5월 10일)으로 지연되었다.[5] 그나마 발사대 6기의 실전 배치용 공사는 2018

3) 「국방일보」, 2016.7.14., 1쪽.
4) 「조선일보」, 2017.1.12.

년 4월까지 사드 반대 시위대에 막혀 진행되지 못했다. 이 때문에 남북대화와 한중 대화 국면을 인식한 정부가 일반 환경 영향평가 등 후속 조치에 시간을 끌면서 시위대에 빌미를 주었다는 의혹이 일게 되었다.[6]

2. 사드의 군사적 효용성

사드 체계는 미사일과 발사대, 레이더 및 BMC(Battle Management Command, Control, Communication, Intelligence)로 구성되어 있다. 사드는 2008년에 전력화되어 현재까지 운용되고 있는 미 MD체계의 종말 단계(Terminal Phase) 요격체계이다. 해외 주둔 부대나 인구 밀집 지역 등을 방호하기 위한 전구급(Theatre) 미사일 방어 수단이다. 사드는 탄도미사일이 대기권에 진압하기 전·후에 요격하며 사거리는 200km, 요격 최고 고도는 약 150km이고, 최고 속도는 마하 8.2(2.8km/s), 발사 중량은 900kg이며 요격체(kill vehicle)가 IIR(Imaging Infra－Red) 탐색기의 로밍에 의해 직격 파괴(hit to hit) 방식으로 탄도미사일을 요격한다.

① 사드는 중국 ICBM을 탐지 및 요격할 수 없다.

MD용으로 설치된 X－밴드 레이더는 탐지거리가 긴 '전진배치모드(Forward Band Mode)'와 탐지거리가 짧은 '종말단계기반모드(Terminal Band Mode)'로 운영할 수 있다. 전진 배치용은 최장 탐지거리가 2,000km이다. 종말 단계 요격용은 유효 탐지거리가 600~800km(최장 1,000km 미만)이다. 한국에 배치된 종말 단계 요격용은 중국 내륙의 ICBM 기지나 베이징 등을 탐지하지 못한다. 반면 일본에 배치된 2기의 사드 전진 배치용 레이더는 탐지거리가 2,000km에 달해 중국 베이징 인근까지 들여다볼 수 있다. 그러나 중국은 일본에 배치된 미 레이더를 한 번도 문제 삼은 적이 없다.

성주 기지에 배치된 사드 미사일로는 중국 ICBM을 요격할 수 없다. 중국이 ICBM을 신장, 광동 및 내몽고에서 발사해 표적을 미국의 워싱턴이나 로스앤젤레스 같은 인구 밀집 지역으로 가정한다면 그 비행 궤적은 한반도를 경유하지 않는다. 실제 비행 궤적은 대부분 북극 지역을 통과한다. 그 이유는 발사지점과 목표지점의 최

5) 「조선일보」, 2017.9.7.
6) 「중앙일보」, 2018.4.13.

단 거리를 따라 이동하는 탄도미사일의 비행 특성 때문이다. 그렇지만 중국 남부지역에서 발사되어 미 서부지역을 타격하는 탄도미사일의 경우는 한반도 주변 상공을 통과하게 된다. 이 경우라도 ICBM의 비행 정점 고도는 1,000km이기 때문에 최고 요격 고도 150km인 사드로는 요격이 불가능하다.7)

② 중국 탐지를 위해 레이더 모드를 쉽게 바꿀 수 있나?

중국과 사드 반대론자들은 사드 레이더 탐지거리를 소프트웨어만 바꾸면 8시간 만에 쉽게 늘릴 수 있고, 레이더 방향도 중국 쪽으로 바꿀 수 있다고 주장한다. 전진 배치용과 종말 단계 요격용은 소프트웨어만 다르기 때문에 모드(mode)를 바꿀 수는 있다. 국방부 관계자는 "8시간은 전날 엔지니어와 시설 장비, 부품을 모두 갖춘 정비창에서만 가능한 이론적 시간"이라며, "본토에서만 가능하다. 모드가 전환된 전례는 없다"고 말했다. 또 북 미사일을 겨냥해 북한 쪽으로 고정해놓은 레이더 탐지 각도는 45~120도이다. 서해 왼쪽 중국 내륙을 탐지할 수 없다. 그리고 레이더 각도는 돌릴 수 있지만, 안전구역 재설정 등 절차가 복잡하고 시간이 걸린다.8)

③ 사드 배치가 미국 MD 체계 편입 또는 MD 체계 개발비 제공의 의미를 갖는가?

김관진 국방부 장관은 2013년 10월 16일 기자 간담회를 통해 "MD에 가입해달라는 미국 측의 요청도 없었고, 필요성, 적합성이나 수조 원에 달하는 금액을 고려할 때 맞지도 않다"라고 밝혔다. 특히 김 장관은 "미국 MD는 근본적으로 미국 본토 방어를 위한 것"이라며 "우리의 한국형 미사일 방어체계는 북한 미사일에 대한 요격체계로 대한민국을 방어하는 것이므로 미국의 MD와 목표, 범위, 성능이 다르다"라고 말했다. 김 장관은 한국형 미사일 방어체계의 큰 밑그림도 공개했다.9)

"PAC-2를 PAC-3로 개량하고, M-SAM(중거리), L-SAM(장거리) 지대공 미사일을 개발해 종말 단계에서도 하층 영역에서 중첩 방어 방식으로 구축할 것이며, M-SAM은 오는 2020년, L-SAM은 2022년까지 개발된다. 해상 운용형 SM3 사드는 구입 결정을 하지 않았고, 고려하지 않고 있다."

---

7) 신영순, 'THHAD 논쟁에 얽힌 虛와 實', 한국전략문제연구소 월간보고서, 「국가전략」, 2014.12. No. 3, 26~32쪽.

8) 「조선일보」, 2017.8.8., A5쪽.

9) 「국방일보」, 2013.10.17.

김 장관은 북한 미사일 방어와 관련한 '상호운용성'에 대해서도 과장 해석을 경계했다. "상호운용성은 북한 미사일에 대한 탐지·식별 및 궤적에 대한 정보를 미국의 우수한 정보 감시체계로부터 받는다는 의미"라고 설명했다. 주한미군의 사드 배치와 관련해 북한의 핵과 미사일 위협에만 국한된 탐지정보를 공유할 예정이다. 양해각서(MOU) 체결로부터 미사일 공동개발, 생산, 배치, 운용, 연습, 훈련 등 전 분야를 협력하는 MD 체계 편입과는 무관하다는 점이 「국방일보」에 기재되고 있다.10)

④ 전자파의 인근 주민의 건강과 환경에 미칠 유해성은 없는가?

사드 레이더 운용이 인체에 영향을 미칠 수 있는 지상 안전거리는 100m이다. 기지의 북쪽 울타리로부터 500m 떨어진 기지 내부에 설치돼 인근 주민들에게는 영향이 없다. 사드 레이더의 안전거리 밖 전력 밀도는 100w/㎡에 불과하여, 5도 이상의 각도로 하늘을 향해 전자파를 발사하기 때문에 안전거리 밖의 사람과 농작물의 피해는 없다.

3. 사드 배치의 국내 공론화

2016년 3월 한·미 간 사드 배치에 관한 약정서 채택 이후 부지 결정 등 사드 배치를 가속화했던 시기는 국내적으로 총선이 있었고, 이어 탄핵정국으로 이어져 정국이 혼란된 때였다. 국제적으로 중국이 사드 배치를 공공연히 반대하면서 한한령(限韓令) 등 한국에 제재와 압박을 가했다. 사드 배치는 한국 내정의 뜨거운 감자가 되어 공론화 과정에서 정파 간 갈등으로 번져가면서 대중(中) 외교에 혼선을 맞는가 하면 미국에 대해서는 동맹의 신뢰감을 약화시키는 계기가 되었다.

사드 배치에 대한 국내 정파 간 논쟁은 대통령 선거(2017년 5월 9일) 앞뒤에서 두 방향으로 나누어진다. 2016년 3월 사드 배치에 대한 한미 약정서 채택 이후 더불어민주당은 사드 도입 반대 강경파와 무당론(전략적 모호성)파 간에 논쟁이 시작돼 무당론 기조가 흔들렸다. 송영길, 추미애 등 8·27 전당대회 주자들이 강경론을 주도했고, 성주를 다녀온 의원들이 반대 당론에 가세했다. 송영길 의원은 8월 4일 기자회견을 열어 "정부가 국회에 사드 배치 비준 동의서를 제출하지 않으면 국회의장 명

---

10) 「국방일보」, 2016.7.18., 2쪽.

의로 헌법재판소에 권한쟁의 심판 청구를 추진하겠다"라고 밝혔다. 또한 "이미 사드에 대한 '반대 당론'을 정한 국민의당, 정의당과 연대하겠다"라는 공약도 내놓았다. 추미애 의원은 "일찍부터 '무당론'은 굉장히 어긋난 정책"이라며 "저는 사드에 명백히 반대한다"고 밝혀왔다. 성주를 방문한 김현권 의원은 당 정책 조정회의에서 "주민들은 이른 시일 내에 「사드 배치 반대」를 당론으로 정해줄 것을 요구하고 있다"고 말했다.[11]

문재인 더불어 민주당 전 대표는 2016년 7월 13일 자신의 페이스북을 통해 "사드 배치는 국익의 관점에서 득보다 실이 더 많다며, 재검토와 공론화를 요청한다"고 밝혔다. 이에 10월 9일에도 "사드 배치 절차를 중단하고 외교적 노력을 다시 하자"라며 사드 배치에 반대하는 입장을 분명히 밝혔다. 하지만 박근혜 대통령 탄핵안이 12월 국회에서 통과된 후에는 "사드 배치 문제는 다음 정부로 미뤄야 한다"라며 입장 변화를 보였다. 언론 인터뷰에서는 "이미 합의가 이뤄진 것을 쉽게 취소할 수 있다고 생각하지 않는다"라고 말하며, 과거와는 달라진 입장을 명확히 했다.[12] 하지만 우상호 원내대표는 "사드에 대해 전략적 모호성을 유지해야 한다는 현재의 입장에 전혀 변함이 없다"고 강조했다.

더불어 민주당의 사드 배치에 대한 당론 분열은 논쟁에 그치지 않았다. 일부 의원들은 2016년 8월 3일 사드 체계 배치가 예정된 경북 성주를 찾아 사드 반대 촛불집회에 참석했다. 북한이 탄도미사일을 발사해 일본의 배타적 경제수역에 떨어뜨린 날이다. 이들은 성주 군청에서 주민 간담회를 갖고 주민들의 사드 반대 당론 채택 요구에 긍정적으로 대답했다.[13]

더불어 민주당 초선 의원 6명의 방중으로 정치권에서는 공방의 논쟁이 가중되었다. 김영호 의원 등 6명은 8월 8일부터 2박 3일 일정으로 중국 베이징을 방문하여 한·중 학자 간 좌담회, 교민 간담회 등에 참석할 예정이었다. 김 의원은 "의원들이 자비를 들여 학자와 교민을 만나 상황을 파악해보려는 것일 뿐인데 마치 중국에 기대, 사드를 반대하는 것처럼 침소봉대했다"라고 말했다. 하지만 방중 의원 대부분이 사드에 대해 공개적으로 반대 입장을 밝혀왔고, 중국 관영 매체가 한국의 사드 배치를 연일 비판하는 상황에서 이들의 방중이 적절한지를 놓고, 여·야 모두에서 부정

11) 「중앙일보」, 2016.8.6.
12) 「시사저널」, 2017.4.4., 18쪽.
13) 「중앙일보」, 2016.8.5., 26쪽.

적 의견이 나왔다.

새누리당 정진석 원내대표는 8월 5일 당 회의에서 "(더민주 의원들의 중국 방문은) 한·미 군사동맹을 훼손할 뿐 아니라 주변국에 기대는 사대(事大) 외교는 대한민국의 자존심만 구긴다"며 "굴욕적인 중국 방문 계획을 즉각 철회하기 바란다"라고 말했다. 국회 국방위원장인 새누리당 김영우 의원도 "대한민국 국회의원이 우리 정부의 주한 미군 사드 배치 결정을 반대하는 이웃 나라에 직접 가서 그 입장을 들어보겠다는 무모한 일은 우리 헌정사에서 단 한 번도 없었다"고 말했다. 국민의당 김성식 정책위의장은 "더민주 의원들이 중국에 가는 것보다 당내에서 사드 배치 철회 국회 비준 절차 촉구 등 당론을 모으는 게 더 중요할 것 같다"라고 말했다. 논란이 커지자 더민주 우상호 원내대표와 김영호 의원은 이날 오후 기자 간담회를 자청해 "중국 경제적 보복 등 한·중 관계를 훼손하는 행위를 자제해달라는 뜻을 전달하는 것"이라고 했다.[14)]

청와대도 직접 나섰다. 박근혜 대통령은 8월 8일 수석비서관회의를 주재하면서 "북한은 올해에만 미사일을 수십 발 발사했고, 지난 3일에도 노동 미사일 2발을 발사했다"라며 "이런 상황에서 사드 배치는 하지 않을 수 없는 자위권 조치"라고 말했다. 그러면서 최근 사드 배치로 사실과 다른 이야기들이 국내외적으로 많이 나오고 있어 우려스럽다"라며 한 예로 지난 3일 더민주 김한정(초선) 의원이 성주를 방문해 "이 문제(사드 배치)는 북한으로 하여금 추가 도발을 해도 우리가 할 말이 없게 만들었다"라고 주장했다. 박 대통령은 이러한 주장은 "북한의 주장과 맥락을 같이 하는 황당한 주장"이라고 비판했다. 박 대통령은 더민주 초선 6명이 이날 사드 문제를 논의하기 위해 중국을 방문한 것도 문제 삼았다.

박 대통령은 "정부는 북한의 위협으로부터 국민들을 보호하고, 외교적으로도 북한의 핵 포기와 우리 국익을 지키기 위해 각고의 노력을 기울이고 있다"라며 "정부가 아무런 노력을 하고 있지 않기 때문에 중국을 방문해 얽힌 문제를 풀겠다고 하는 것은 정부의 외교적 노력을 이해하지 못하는 얘기"라고 일축했다. 박 대통령은 "여야를 막론하고 이런 때일수록 하나가 되어야 하고, 정부를 신뢰하고 믿음을 줘야 한다"라며 "국가 안보와 관련된 문제는 초당적으로 협력하는 게 정치의 기본적 책무"라고 말했다.[15)]

---

14) 「조선일보」, 2016.8.6., A5쪽.
15) 「중앙일보」, 2016.8.9., 1쪽.

그러나 '안보는 초당 협력이 기본 책무'라는 박 대통령의 언명은 통하지 않았다. 더민주 김한정 의원은 보도 자료를 내고 "미·중 강대국의 갈등에 불필요하게 당사자로 개입한 박근혜 정부의 외교·안보 무능을 색깔론으로 덮을 수는 없다"라고 반박했다. 의원 30여 명이 8월 1일 성주를 방문한 국민의당 손금주 대변인도 "야당에 책임을 떠넘기는 대통령의 적반하장도 유분수"라고 비판했다. 새누리당 정진석 원내대표는 국민의당 성주 방문과 관련해 "국회의원은 국가문제를 해결하고 국민통합에 앞장서야 한다"라며 "정치권이 분열을 유발하고, 갈등을 확대재생산 해서는 안된다"고 했다.[16)]

미국 사드 배치는 국가 안보 이익과 무관한 연루로 중국의 제재를 받게 된 외교의 무모함인가? 그리고 박 정부가 중국의 한국에 대한 제재의 책임을 야당에 떠넘기고 있는가? 초당적 협력이 필요한 외교 안보 사안이 포퓰리즘(Populism)에 편승한 정치권에서 정쟁의 수단이 되지 않았는가?

5·9 대선에 임하는 대선주자들은 사드 배치에 대한 각자의 주장을 내세워 지지층의 표심을 노렸다. 5·9 대선을 1개월 앞둔 시점에서 주요 대선 후보들의 사드 해법은 현실성이 적고 시간벌기용 등 논란이 많았지만, 정의당을 제외하면 조금씩 우클릭하는 경향을 보여주었다.

문 후보는 4월 10일 조선일보와의 인터뷰에서 사드 배치에 대해 "북한이 핵을 동결하고 협상장에 나오면 배치를 보류할 수 있고, 북핵이 완전 폐기되면 배치가 필요 없게 된다"면서도 '핵 개발 계속 시 배치 강행 입장'을 밝혔다. 4월 9일 한 언론사와 가진 인터뷰에서는 "사드 배치는 주권적 결정 사항이다"라고 했다. 그러나 문 후보는 국회 비준이 필요하며, 한미 사드 배치 합의 약성서 공개를 주문했다. 입지 결정이 졸속으로 이루어졌다고도 비판했다.[17)] 하지만 한미동맹조약에 근거를 둔 약정을 국회 비준 대상인지 반론이 제기되었고, 약정 공개도 미국의 동의가 있어야 가능한 것으로 현실성이 부족하다는 의문이 제기되었다. 문 후보 핵심 참모는 사드를 지렛대로 중국이 북핵 해결에 나서게 하고, 미국이 인상을 요구하고 있는 방위비 분담금 조정 등을 동시에 이룰 수 있다고 주장했다.[18)]

국민의당 안철수 후보는 당론으로 '당초 사드 배치를 반대하는 것은 박근혜 정부가 중국을 이해시키려는 외교적 노력을 거치지 않고 강행하는 등 국익에 막대한 손

16) 「조선일보」, 2016.8.2.
17) 「조선일보」, 2017.4.11., 4.13.
18) 「동아일보」, 2017.5.2., A6쪽.

해를 끼쳤기 때문'이라며, "하지만 지금은 한·미 간 합의에 따라 실제로 진행되고 있어, 집권하면 철회할 수 있다고 얘기하는 것은 대통령이 되겠다는 사람으로서 책임 있는 모습이 아니다"라고 했다. 안 후보는 합의는 지켜져야 하지만 미국이 비용 부담을 요구하면 국회 비준을 거쳐야 한다고 말했다.[19]

자유 한국당 홍준표 후보는 사드 배치를 당연시하고 '미국산 셰일가스 수입을 늘려 사드 비용 부담 문제를 상쇄할 것'을 주문했다. 바른 정당 유승민 후보는 "주한미군 무기들이 들어오는데 돈을 낼 거면 차라리 한국이 직접 사드를 구매해야 한다"라고 말했다. 정의당 심상정 후보만이 "사드 배치 원점 재검토와 비용 요구 시 사드를 돌려보내야 한다"라고 말했다. 대선 후보들이 비용 문제에 너무 민감한 반응을 보였다. 미 측이 비용 부담을 요구할 협정 등 근거가 없는 것이었다. 과거 관례로 볼 때 미국이 동맹국에 무기를 배치하고 나서 비용을 받아간 전례가 없었다.[20]

이에 중국 관영 신화왕(新華網)은 2017년 1월 5일 문재인 전 대표의 대선 당선 가능성을 집중 조명하는 분석 기사를 실었다. 신화왕은 "사드 배치 문제는 차기 정권에 넘겨야 한다"라는 문 전 대표의 발언을 소개하며 "문 전 대표의 이러한 모습은 기회주의적인 박근혜 정부와 대비되는 신중한 풍모"라고 평가했다. 신화왕의 기사가 실릴 때는 송영길 의원 등 8명의 방중단이 1월 4일 왕이 중국 외교부장을 만나고 5일 중국 외교부 산하기관 학자 7명을 만나고 있었다. 이 방중단은 사드 설득 외교를 펼치러 간 것이다. 왕이 외교부장은 한국 정부가 사드 체계의 배치를 일시 중단하면 한·중 양측이 상호이해 가능한 절충점을 찾을 수 있다는 뜻을 밝혔다. 쿵쉬안유(孔鉉佑) 외교부장 조리(차관보급)는 한류 제한 조치(限韓令)는 중국 정부가 아니라 국민이 제재하고 있는 것이라고 분명히 했다.[21] 이러한 중국 관계자들의 언명으로 미루어볼 때 사드는 주권적 조치여서 중국에 설명할 수는 있지만, 설득할 대상을 아닌 것으로 보인다.

4. 문재인 정부의 사드 정치와 외교

2017년 3월 초 사드 발사대 2기가 한국에 반입, 처음으로 전개된 후 1개 포대의

---

19) 「조선일보」, 2017.4.11., 「동아일보」, 2017.5.2. A6쪽.
20) 「동아일보」, 2017.5.2., A6쪽.
21) 「중앙일보」, 2017.1.5., 3쪽.

배치 완료까지 우여곡절의 연속이었다. 문재인 정부는 보수, 진보 세력으로부터 사드 배치에 찬·반의 압력을 받았다. 대외적으로는 미국의 신속한 배치 압력을, 중국으로부터는 사드 배치 중단의 압력과 보복 제재를 받게 되었다.

문재인 대통령은 취임과 동시에 5월 말 사드 발사대 4기의 비공개 반입 경위에 대한 철저한 진상조사를 지시하면서, 사드 배치는 중단되었다. 당시 김관진 국가안보실장과 한민구 국방부 장관을 비롯한 전·현직 군 관련자들이 청와대로 불려가 조사를 받았고, 일부 실무진은 보고 누락을 이유로 직위 해제됐다. 성주 부지에 대한 환경영향평가 절차 등 사드 배치의 모든 과정을 처음부터 되짚어보겠다고 정부가 발표하자 올해 안에 사드 배치를 완료하기가 힘들 것이라는 관측이 나왔다. 새 정부가 '절차적 정당성'과 공론화 과정을 이유로 전 정부에서 결정된 사드 배치를 되돌리려 한다는 지적이 나왔다.[22)]

한국 리서치가 발표한 사드 배치에 대한 국민여론(조사일시: 2017년 5월 12~13일) 조사결과는 응답자의 56.1%가 배치 결정을 재검토해야 한다고 답했다. 한편 배치 결정을 수용해야 한다는 의견은 39.9%에 그쳤다. 이념적으로는 진보층에서 재검토해야 한다는 의견이 75.9%로 높았고, 보수층은 수용해야 한다는 의견이 63.1%로 많았다. 이번 대선에서 문재인과 심상정에 투표한 사람들이 재검토 의견에 많이 동조한 반면, 홍준표, 안철수, 유승민 투표자들은 수용 의견에 더 쏠렸다.

배치 결정을 수용해야 한다고 응답한 이들 가운데서는 그 이유로 북한 핵무기에 대비하는 등 안보 차원에서(66.8%)를 꼽는 이가 압도적으로 많았다. 미국과의 외교 갈등을 고려해서(10.8%), 중국의 압력에 끌려가서는 안 되므로(10.7%) 이미 배치를 하여 현실적으로 돌이킬 수 없으므로(9.9%) 등이 뒤를 이었다.[23)]

문 대통령은 5월 11일 시진핑 주석과 전화 통화를 했다. 시 주석은 첫 통화지만 사드 배치 문제를 언급하지 않을 수 없다며, 40분간의 통화 중 절반 정도를 사드 얘기에 쓴 것으로 전해졌다. 그 후 문 대통령의 친서를 갖고 방문한 이해찬 특사를 맞아 중국 측은 "사드는 중국의 정당한 이익을 침해하는 위협으로 실질적(철회) 조치 없이 한·중 관계는 어렵다"라며 한국 정부가 추진하는 국회 비준 절차에 대해서도 이미 배치된 사드를 정당화하려는 수순이 아니냐는 의구심을 보였다고 하였다.[24)] 중

22) 「동아일보」, 2017.9.7., A5쪽.
23) 「한겨레」, 2017.5.17.
24) 「조선일보」, 2017.5.24., A8쪽.

국 측은 우리 정부에 사드 기지를 시찰하게 해달라고 요구한 것으로 알려졌다. X-밴드 레이더가 중국 본토를 탐지하는 것을 확인하려는 의도였다. 중국은 지난 박근혜 정부 때도 우리 정부에 성주 사드 기지를 상시 감시할 수 있도록 해달라는 요구를 했던 것으로 알려졌다. 그러나 사드 체계가 주한미군 소유이고, 사격 레이더의 성능 등은 미군의 군사기밀이란 점에서 미국의 양해 없이는 불가능한 일이다.[25]

문재인 정부는 미국으로부터는 사드의 완전하고 신속한 배치에 대한 압력을 받았다. 미 하원의원 18명은 6월 23일, 트럼프 대통령에게 보낸 서한에서 "사드의 완전한 배치를 저해하고 있는 절차적 검토 작업을 신속히 처리할 방법을 모색하라"라고 촉구하고, "문 대통령에게 사드 배치 결정은 동맹의 결정이며, 주한미군과 수백만 한국 국민을 보호하기 위한 결정이란 점을 다시 강조해 말하라"라고 당부했다.

6월 28일(현지 시각) 문 대통령의 방미 시 "한국은 사드 체계와 주한미군 중 선택하라"라는 극단적 요구가 등장했다. 이날 열린 하원 외교위원회 회의에서 공화당의 스티븐 섀벗 의원은 사드 배치 지원에 대한 강경 발언을 했다. '한국이 미사일 체계와 우리 군대를 갖든지 아니면 미사일 체계도 없고, 우리 군대도 없든지의 선택'이라고 말했다.[26]

문 대통령의 사드 배치에 대한 '절차적 정당성'을 뒤집은 사건은 북한에서 제공했다. 7월 29일 북한은 대륙 간 탄도미사일(ICBM)급 화성-14형을 동해상으로 발사했고, 9월 3일에는 수소 폭탄급 6차 핵실험을 감행했다. 문 대통령은 7월 29일 긴급 소집된 국가안전보장회의에서 "잔여 사드 발사대 4기의 조기 배치를 미국 측과 협의하라"고 지시했다.[27] 문 대통령은 성주 골프장에 대한 환경영향평가 실시 방침을 발표 하루 만인 29일 화성-14형 발사를 빌미로 뒤집은 것이다.[28]

문 대통령은 9월 8일 사드 배치와 관련한 정부 입장을 아래와 같이 발표했다. "정부는 그간 북한의 추가적인 도발을 막고, 비핵화를 위한 대화의 조건을 만들어가기 위해 다양한 노력을 전개해왔으나 북한은 정부와 국제사회의 일치된 요구와 경고를 묵살한 채 거듭된 탄도미사일 발사에 이어 6차 핵실험까지 감행했고, 우리의 안

---

25) 「조선일보」, 2017.6.14.
26) 「중앙일보」, 2017.6.30.
27) 「한겨레」, 2017.8.1., 5쪽.
28) 정부의 일반환경평가 방침이 발표되자, 성주투쟁위원회·김천시민대책위는 일반행정평가보다 이미 배치된 사드 장비를 모두 철수한 뒤 원점 재검토하는 전략환경영향평가를 실시할 것을 주장했다. 「조선일보」, 2017.7.29., A3쪽.

보 상황이 과거 어느 때보다 엄중해졌다. 이번 사드 배치는 안보의 엄중함과 시급성을 감안한 임시배치이며 현 상황에서 우리 정부가 취할 수 있는 최선의 조치이다. 그러면서 "북한이 핵과 미사일을 갈수록 고도화하고 있는 상황에서 방어능력을 최대한 높여나가지 않을 수 없다. 국민 여러분의 양해를 구한다"라고 했다.[29]

문 대통령의 담화 중 '임시배치'와 국민들의 '양해'를 구한다는 말은 정치·외교적 의미가 있는 것으로 보인다. '임시배치'는 중국을 의식한 것이고 '양해'는 사드 반대 여론을 고려한 것이다.

더불어 민주당 사드 배치에 반대해온 '사드 특별대책위원회'의 일부 의원은 임시배치 결정이 충분한 소통 없이 이루어졌기 때문에 민주당 지지층 내부에서 균열이 생길 수 있다고 반발했다. 당의 한 관계자는 "과거 노무현 정부가 이라크 파병을 결정하면서 지지층의 강한 반발을 샀다"며 "이번 사드 배치가 그런 식으로 비화할 가능성도 배제할 수 없다"고 했다.[30] 문재인 정부의 우군 역할을 해왔던 정의당은 비판 발언을 쏟아냈다. "정부 출범 초 약속했던 사드 배치 진상 규명, 국회 공론화, 전략 환경영향평가 등 세 가지를 모두 뒤집었다"고 말했다. 이에 강춘식 더불어 민주당 원내 대변인은 "일부 지지층이 반발하고 있지만, 사드 배치에 찬성하는 국민 여론이 우세하다"라며 "지지층의 후폭풍이 크지 않을 것"이라고 주장했다.[31]

그러나 성주 사드 기지 공사는 7개월째 시위에 막혀 지지부진했다. 소성리 사드 철회, 성주주민대책위원회 등 6개 사드 반대 단체의 진입로 점거로 자재 반입에 실패했기 때문이다. 국방부는 사드 작전 운용을 위한 공사는 하지 않고 한·미 장병 생활 여건 개선을 위한 공사만을 하겠다고 시위대를 설득하고자 했다.[32] 하지만 시위대는 공사 장비 반입을 허용하는 조건으로 시위대 대표가 기지 내부에 들어가도록 해달라는 조건을 내거는가 하면, 생활 여건 개선 장비마저도 반입을 거부했다. 이는 영구 주둔을 의미하기 때문이라는 것이다. 일부 언론은 국방부가 이렇게 불법 시위에 굴복한 것은 사드에 미온적인 청와대의 눈치를 살피는 것 아니냐는 의문을 제기했다. 또 청와대는 중국과 북한 눈치를 보느라 국방부에 시위대 강력 저지 지침을

---

29) 「중앙일보」, 2017.9.9., 4쪽.
30) 「조선일보」, 2017.8.2., A5쪽.
31) 「중앙일보」, 2017.9.9., 4쪽.
32) 국방부 관계자는 2017.8.1일 발사대 추가 배치는 투명한 절차를 거쳐 반대 주민을 설득하고 배치 시점을 주민들에게 사전 통보하는 방안으로까지 고려해 진행하겠다고 말했다. 「조선일보」, 2017.8.2., A5쪽.

내리지 않았을 가능성도 있다고 보았다.33)

이러한 관료적, 국제적 요인보다 더욱 중요한 요인은 정부가 안보 포퓰리즘을 너무 의식해 안보정책 결정의 무능과 무책임을 드러내지 않았느냐는 점이다. 비밀을 원칙으로 하는 군의 무기 배치 지점, 시기를 공개하고 전자파 괴담까지 광기를 드러내도록 했지만, 사실이 아닌 것으로 증명되었다. 안보 포퓰리즘 조성과 통제에 신·구 양 정부의 책임을 면할 수 없다. 그리고 사드 배치와 반대를 정쟁의 수단으로 삼아 미국에 대해서는 동맹의 신뢰감을 약화시키고 중국에 대해서는 우리의 국론분열을 사드 철회의 최대 레버리지로 이용하도록 만들었다. 한 언론은 정부도 사드 배치의 전 과정을 기록한 '실패백서'라도 만들어 차후 실수 방치의 교훈으로 남아야 할 것을 지적했다.34)

5. 사드 배치와 한·중 갈등

1) 사드 배치에 대한 중국의 인식

중국 외교부는 2016년 2월 15일 정례 브리핑에서 한국에 사드 배치가 동 지역 특히 중·미 관계에 미치는 영향에 대한 질문을 받자 대변인 담화를 통해 "우리는 미국 측이 한반도에 사드 체계를 배치할 가능성에 대해 엄중한 우려를 표명한다. 사드 체계의 적용 범위, 특히 X－밴드 레이더의 탐측 범위가 한반도 방위 수요에서 크게 벗어나 아시아 대륙 중심까지 들어온다. 이는 중국의 전략 안보 이익을 직접적으로 훼손할 뿐 아니라 동 지역 국가들의 안보 이익을 훼손할 것이다. 이와 동시에 우리는 자국의 정당한 국가 안보 이익이 침해되는 것을 절대 용납하지 않을 것이다. 중국의 정당한 국가 안보 이익은 반드시 효과적으로 수호 및 보장되어야 한다"35)라고 밝혔다.

이 언명 중 '정당한 국가 안보 이익이 침해되는 것을 절대 용납하지 않을 것이다'라는 대목에서 중국의 안보 이익이 공격받았으니 "반드시 효과적으로 수호 및 보장되어야 한다"라는 표현으로 '반격'을 명시하고 있다. 반격 방법이 들볶는 전술(磨煩)

33) 「동아일보」, 2018.4.13., A31쪽; 「중앙일보」, 2018.4.13.; 「조선일보」, 2018.4.1.
34) 「조선일보」 사설: '국가의 총체적 실패 드러낸 사드 426일', 2017.9.8., A35쪽.
35) 정보출처: 한국 외교부 홈페이지(http://mofa.enewsmaker.co.kr/enewspaper/subarticle/pre_print_article.php?paid=370), 2쪽.

로 나타났다.

중국은 반 사드 공동전선을 러시아와 맺었다. 왕이 중국 외교부장은 러시아 외교장관 방중 시(2016년 3월 9일) 공동 기자회견에서 다음과 같이 발언한다. “중·러 양측은 미국의 한국에 사드 체계 배치 행동이 관련 국가의 실질적인 방어 수요를 크게 초과하고, 일단 배치가 이루어지면 양국의 전략안보에 직접적인 위협이 된다고 본다. 또한, 동 조치가 한반도 핵 문제의 해결에 도움이 되지 않고, 오히려 이미 긴장된 한반도 정세에 기름을 붓는 격이 될 것이며, 지역의 전략적 균형을 파괴할 것이라고 본다. 관련 국가는 중·러의 엄숙한 입장과 정당한 우려를 존중해야 한다.”[36]

‘중·러의 엄숙한 입장과 정당한 우려’는 단순히 한·미만을 겨냥한 것이 아니라 사드를 매개로 한 한·미·일 방위 협력의 강화가 결국은 중·러·북한을 겨냥해 지역의 전략적 균형을 파괴하는 위협이 된다는 것을 경고했다. 2016년 한·일 간 군사정보보호협정(GSOMIA)의 체결 직후 문상균 국방부 대변인이 8월 4일 “일본의 요청이 있을 경우 주한 미군 배치 사드가 탐지한 정보를 한·미·일 정보 공유 약정 범위 내에서 공유할 수 있다고 밝혔다”라고 홍콩 사우스 차이나 모닝 프스트(SCMP)가 보도했다. 중국 전략 미사일 부대인 제2포병 출신의 군사전문가 쑹중핑(宋忠平)은 SCMP에 “이렇게 시작된 정보 공유가 점차 확대되면 장기적으로 군사동맹으로 이어질 수 있다”라며 “이는 한·미·일 3각 군사동맹을 의미하는 것으로 동북아의 안정에 심각한 위협을 가져올 수 있다”라고 주장했다. 중국 군비통제·군축협회 쉬광위(徐光裕) 선임 연구원(예비역 소장)도 “한·일 공조가 강화되면 중·러는 미사일 정보가 노출돼 한·미·일 3국으로부터 강력한 도전에 직면할 것”이라고 말했다.[37] 이들의 주장대로라면 미국의 MD가 한·미·일 3각 군사동맹의 촉진제가 된다는 것이다.

이러한 우려는 2016년 3월 30일 중국 외교부 정례 브리핑에서 나타나고 있다. 중국은 미국이 사드 배치에 대한 기술적 설명을 중국 측이 수용하지 않는 이유를 “미국의 한국 사드 배치 추진은 단순히 기술적인 문제가 아니라 동북아 지역의 평화와 안정과 관련된 전략적 문제이다”라고 말했다.[38]

중국의 이러한 사드 반대 입장은 2017년 1월 11일 처음으로 펴낸 「아시아·태평양 안보협력」 백서에서 분명히 명기됐다. 사드 반대 입장을 북핵 문제에 바로 다음

---

36) 위의 홈페이지, 7쪽.
37) 「조선일보」, 2016.8.6., A4쪽.
38) 위 중국 외교부 홈페이지, 6쪽.

항목으로 소개했다. 사드 문제를 북핵 문제에 버금가는 우선순위에 두고 있다는 의미이다. 중국은 "미사일 방어는 세계의 전략 안정과 대국의 상호신뢰에 관한 문제이며 마땅히 신중하게 처리되어야 할 문제"라고 전제한 뒤 "냉전식의 군사동맹에 의존해 미사일 방어 시스템을 구축하는 것은 지역의 전략 균형을 엄중하게 파괴하고 중국을 포함한 역내 국가의 전략안보이익을 엄중하게 손상하며, 한반도 평화 안정을 지키려는 노력에도 배치된다"고 강조하면서 "한·미가 관련 프로세스를 중지할 것을 강력하게 촉구한다"고 맺었다.[39] 이러한 중국의 사드 반대 입장은 2019년 7월 24일 4년 만에 발간된 '신시대 중국 국방'이라는 「국방백서」에서도 "미국이 사드를 배치하면서 아시아 태평양 지역의 전략적 균형과 안보 이익을 엄중하게 훼손했다"라고 강조했다.[40]

중국은 미국의 사드 대화 제의를 거부했다. 로즈 고테밀러(Rose Gottemoeller) 미 국무부 군비 통제 국제안보 담당 차관은 2016년 3월 22일 기자들과 만나 "사드의 한반도 배치 문제에 대한 중국의 우려를 해소하고 싶다"라며 사드의 기술적 한계와 사실관계에 대해 중국과 대화를 나눌 기회를 가졌으며 좋겠다고 말했다. 하지만 화춘잉(華春瑩) 중국 외교부 대변인은 28일 정례 브리핑에서 "사드 문제는 절대로 간단한 기술적 문제가 아니다"라면서 "이 문제의 실제 성격과 위해성을 매우 경계하고 있다"라고 잘라 말했다.[41]

중국의 사드 반대 이유는 역사적이고 전략적인 속셈을 알 때 더욱 명료해진다. 구소련·북한·중국이 6·25전쟁 공모 시 미국이 군사 개입을 한다면 중국은 군대를 보내고 구소련의 무기를 보내 김일성을 도운다고 약속했다. 하지만 중국의 참전은 한국군이 아닌 미군 주도의 유엔군이 38선을 넘어 북진할 때 결정되었다. 휴전회담 초기에 중국은 한반도에서 모든 외국군의 철수를 주장했지만, 미국의 강한 반발로 철회했다. 그 후 미군은 한반도에 항구 주둔의 기반을 다졌고, 중국군은 1958년 전원 철수했고 북·중 동맹 조약을 맺어 북한 유사시 주류한다는 보장을 북한에 해주었다.

1969년 중·소 국경 분쟁과 1972년 닉슨·저우언라이의 담판은 중국의 주한미군에 대한 인식을 변화시킨다. 중국은 구소련을 주 위협으로 인식했고, 미국으로부터

39) 「중앙일보」, 2017.1.12., 5쪽.
40) 「동아일보」, 2019.7.25.
41) 「동아일보」, 2016.3.24.

는 '하나의 중국'을 인정받고 타이완으로부터 모든 미군과 전술핵무기의 철수를 얻어내는 데 성공하면서 주한미군의 존재를 대소 억제력으로 인식, 묵인한다.

1970년대 중국은 주한미군을 지역 불안정 요인이나 중국 안보의 위협이라기보다 한반도 통일의 방해 요인으로 선전했다. 1970년대 중반 북한은 공산권의 힘을 빌어 유엔총회에서 유엔군 사령부의 해체를 시도했으나 실패했다.[42] 1980년대 중국은 미국으로부터 준 나토급(V급) 육·해·공 무기와 군사기술을 구입해 군 현대화에 도움을 받았다. 그 대가로 중국은 미국에 만주와 신장지역에 소련의 핵실험을 모니터할 수 있는 기지와 시설을 제공했다. 중국은 주한미군을 포함한 동북아에서 미군 주둔을 묵인했다. 1979년 12월 아프가니스탄을 점령한 소련군 견제를 위한 미·중 안보 협력이 필요했기 때문이다.[43]

하지만 1990년대 초 이후 중국은 주한미군에 대한 태도가 변한다. 1989년 6월 4일 천안문 사태, 그리고 소련의 붕괴는 중미 관계를 갈등과 대립 관계도 변화시켰기 때문이다. 중국은 주한미군의 철수를 주장하지 않았으나, 주한미군의 증원이나 새로운 첨단 무기의 도입 및 한미 연합 훈련의 강화에 대해서는 명시적으로 반대하는 태도를 견지했다. 주한미군의 주둔은 지역 안정, 특히 한반도 안정의 상징적 역할에 그쳐야지 주둔군 세력 확장으로 한·미·일 군사동맹으로 연결될 때 '아시아 태평양 지역의 전략적 균형과 안보 이익을 훼손한다'고 보기 때문이다. 중국은 도광양회(韜光养晦)의 전략을 한시적으로 추진했다. 중·미의 역학관계가 미국 우세의 쇠퇴를 보일 때 도광양회는 방기될 가능성이 크다.[44]

2010년대 초 이후 중국은 '빛을 감추고 기회를 기다린다(韜光养晦)'라는 수동적 외교 노선을 버리고 '떨쳐 일어나 해야 할 일을 하겠다(奮發有爲)'라는 적극 외교 노선으로 전환하기 시작했다. 중국은 안보·외교 목표로 ① 중화 부흥을 위한 유리한 국제환경의 조성, ② 중국에 유리한 세력균형의 재편, ③ 신형대국관계에서 신형 국제관계를 강화해 우호·협력국 확장을 위한 외교 지평의 확대, ④ 영토 주권과 핵심 이익의 보존과 발전을 위해 적극 외교의 추진을 내세웠다.[45]

---

42) 황병무, "1970년대 한반도 문제에 대한 중공의 인식," 「아세아 연구」 30권 2호, 1987, 355~402쪽.

43) Byong Moo Hwang, The Evolution of U.S－China Security Relations and its Implications for the Korean Peninsula, *Asian Perspective* 4:1, Spring－Summer 1990, pp. 69~90, pp. 85~87.

44) 황병무, "중국 도광양회의 속셈은," 「국민일보」, 2001.6.18.

사드 배치는 단순히 한·중 양국 관계를 넘어 동북아 지정학적 경쟁의 구성 요소가 돼가고 있다. 중국은 역학관계에서 우세한 미국에 사드 배치를 중지하라는 강압외교를 펼칠 수 없다. 일본의 사드에 대해서도 압박할 명분과 실력이 부족하다. 하지만 한국은 다르다. 중국은 아직도 한국에 대해서는 사대자소(事大字小)의 역사적 우월감, 한반도 평화와 안정을 위한 중국 역할에 대한 자기상, 그리고 한·중 경제협력 및 한국 내 친중 여론 등 한국에 대해 많은 외교적 레버리지를 가지고 있다.

2) 중국 사드 제재의 전개

중국은 한국에 배치된 미국의 사드를 자국 안보 이익에 대한 공격으로 인식했다. 중국은 공격받으면 반드시 반격한다는 전략 원칙을 사용했다. 중국은 6·25전쟁 이후 '너는 너대로 싸우고, 나는 나대로 싸운다(你打你的, 我打我的)'라는 전통적 싸움의 방식을 활용했다.[46] 중국은 한국 국력의 모든 부문에 대해 전 방위 들볶는 전술을 감행했다. 이는 전쟁 위기를 만들지 않는 통제된 압력이다. 중국 언론의 사드 반대 여론전, 한·중 문화교류 중단, 한국 수출업계와 중국 진출 기업에 대한 경제 보복, 유엔에서의 반사드 외교전, 한국에 대한 사드 배치 철회외교, 압박 및 기존의 군사교류 중단, 한국 방공식별구역(KADIZ) 무단 진입에 의한 무력시위 등이 망라되었다. 중국은 단기적으로 사드 철수의 목적을 달성하지 못하더라도 한국이 미국의 전략무기를 더 이상 배치하지 못하도록 해 장기적으로 한미동맹력을 약화시키는 목적을 염두에 둔 것이다.

중국 특유의 '들볶는 전술'은 반사드 여론몰이로 시작됐다. 2016년 8월 3일 자 중국 공산당 기관지 인민일보는 사드 관련 기사로 도배했다. '사드의 그림자 드리운 성주군'이라는 제목으로 사드 배치 예정지인 성주군 르포를 메인기사로 보도했다. '중국의 안전 이익에 고의로 손해를 주는 것을 용납 못해'라는 사설에서는 박근혜 대통령의 실명까지 거론하며 사드 배치 중단을 압박했다.[47] 8월 5일 자 중국 관영 영자지 차이나 데일리 '사드가 대북공조를 파괴한다'라는 제목의 사설에서 '사드 배치

---

45) 2023년경 미·중 관계는 '평등, 민주, 자유'보다는 중국의 전통적 이데올로기인 '공정, 정의, 문명'에 입각한 새로운 국제 질서를 바탕으로 전개돼야 하며, 중국은 미국에 대항하기 위해 기존 금기시 해왔던 정치·군사 동맹을 구축해야 한다는 주장을 편 저술은 閻學通, 「歷史的慣性 : 未來十年的中國與世界」, 北京 中國出版社, 2013.

46) 中华人民共和国国务院新闻办公室, 「中国的军事战略」, 2015. '적극방어전략방침' 참조.

47) 「조선일보」, 2016.8.4., A4쪽.

가 북한에 대한 유엔 결의를 이행하는 데 분열을 초래할 것'이라고 썼다. 이 사설은 '중국은 안보에 대한 우려로 한·미·일과 함께 대북 유엔제재를 이행해왔지만, 사드가 이런 연합전선에 죽음을 선언했다'라고 강조했다. 아울러 인민일보 해외판도 이날 '사드가 초래할 도미노 효과를 경계해야'라는 제목으로 한 면 전체를 사드 비판으로 도배했다.[48] 특히, 8월 1일 자 인민일보 한 칼럼은 사드 배치로 한국이 받을 보복을 아래와 같이 주장했다.

"사드를 배치하면 다방면에 걸쳐 제재, 보복을 당하고 한국의 정치·경제·안전·환경·사회 등 각 부문에 위험을 초래하고 잇따른 충돌이 폭발하면 한국이 먼저 공격당할 것인데 뒷감당을 어떻게 하려느냐?"[49]

이러한 중국 언론의 반사드 여론몰이는 박근혜 정부가 요지부동인 만큼 중국이 한국 내 반대여론에 힘 실어서 경북 성주군 주민, 야당과 정권에 비판적인 학자와 언론 등의 사드 반대여론을 확산시키려는 의도가 있었다.

중국의 사드 보복은 '중국 내부'를 처음에는 향해 이뤄져 한한령(限韓令: 한류 금지령)으로 발전되었다. 2016년 8월 4일 중국 관영 영자지 글로벌 타임스는 28만 명이 참가한 중국판 트위터 시나웨이보(新浪微博)의 여론 조사에서 응답자의 86% 이상이 한국 연예인의 방송 출연 금지를 지지했다고 전했다. 중국 방송사의 한국 방송물 반영자제, 비자 대행 중국 업체의 면허 취소 등 중국인, 중국 업체를 상대로 조치를 취했다. 중국 내 한류 드라마 예능, 가요 등 대중문화와 여행업체에 대한 보복 제재가 이뤄졌다. 8월 6일 베이징에서 열릴 예정이었던 KBS 2TV 드라마 '함부로 애틋하게'의 주인공 김우빈과 수지의 팬 미팅 행사가 불과 사흘 앞두고 돌연 연기됐다. 그런가 하면 주한 중국 대사관은 한국인의 상용(常用) 비자 발급 절차를 까다롭게 변경해 불편을 주었다.[50]

2017년 들어 중국의 사드 보복은 공식화되었다. 3월 2일 중국인 단체 관광 금지 조치가 실행되어 국내 면세점 매출이 급감했다. 3월 3일 사드 부지를 제공한 롯데마트에 사업 철수 명령이 내려져 4월 2일 현재 영업정지 처분을 받은 롯데마트 점포는 전체 99개 중 75개에 달했다. 이후 영업 손실이 1조가 넘었다는 보도이다.[51] 중

48) 「조선일보」, 2016.8.6., A4쪽.
49) 「조선일보」, 2016.8.2., A6쪽.
50) 「동아일보」, 2016.8.5., 4쪽.
51) 「조선일보」, 2017.4.3.

국 내 반한감정 탓에 현대차 현지 판매가 급감했다. 현대차는 2016년 3월 한 달 동안 10만여 대가 팔렸다. 지난해 같은 기간에 비해 40% 줄어든 6만 대 남짓으로 집계됐다.[52)]

중국의 경제 보복은 롯데에서 수출업체 전반으로 확산되었다. 한국의 수출 상품에 제품명, 날짜 표기 방식까지 트집 잡아 세관 통과를 거부했다. 이러한 사소한 요구에 맞추려면 다시 수출 제품을 한국으로 가져와야 하기 때문에 수출업체는 항의했지만, 세관 당국자는 '원칙에 따른 것'이라고 묵살한다. 또 중국 업체들은 이 혼란을 틈타 '상업적 쇼비니즘(chauvinism: 배타적 애국주의)'를 선동하면서 한국 제품 대신 중국 제품을 사라는 마케팅 활동을 노골적으로 펼쳤다.[53)]

한국은 중국의 사드 보복을 완화하기 위해 외교적 채널을 이용했다. 2016년 2월 6일 임성남 외교부 1차관과 장예쑤이(张业遂) 중국 외교부 부부장 간 서울에서 열린 제7차 한중 외교차관 전략대화에서 임 차관은 사드 배치가 '중국 측의 이익을 훼손하지 않고, 한·중 관계에 영향을 미치지 않기를 희망한다'라고 했다. 중국은 이에 대해 '엄정히 우려하고 명확히 반대하는바' 한국이 '신중히 처리하기를 희망한다'라고 대답했다. 사드 보복은 협상의 대상이 되지 못했다.[54)] 3월 20일 김장수 주중 대사가 중국 외교부와 상무부 등에 롯데마트의 영업정지 해제를 요구하는 서한을 보냈다. 하지만 중국 당국은 별다른 움직임을 보이지 않았다.[55)]

사드 보복에 대한 법적 대응의 유일한 길은 세계무역기구(WTO)에 제소하는 길이 있다. 하지만 승소는 어렵다. 중국이 WTO 규정을 어겼다는 걸 구체적으로 입증해야 하는데 중국이 워낙 교묘하게 압박과 제재를 가해 뚜렷한 물증이 없기 때문이다. 한 시민운동단체가 '롯데를 살립시다'라는 운동을 벌였다. 서경석 국민운동 공동집행위원장은 '중국의 비이성적 보복에는 상호주의에 입각해 맞서야 한다'라며 한국의 시민단체는 중국 당국의 파룬궁(法輪功) 탄압과 인권 침해 문제 등을 국제사회에 알려 맞대응해야 한다고 주장했다. 3월 24일 국민운동은 서울·부산·대구·인천 등 전국 16개 도시 롯데 점포 앞에서 소비자에게 사드 배치를 둘러싼 안보 상황을 알리고 롯데 제품 구매를 장려하는 행사를 벌이기도 했다. 그러나 중국 제품 불매운동은

52) 「중앙일보」, 2017.4.4.
53) 「조선일보」, 2017.4.3.
54) http://mofa.enewsmaker.co.kr/enewspaper/subarticle/pre_print_article.php?paid=370
55) 「조선일보」, 2017.4.3.

그 제재의 효과가 약하기 때문에 포기했다.[56)]

하지만 세계 최대 무역국 중국의 경제 보복이 무역 전반으로 확대되고, 한국 경제에 치명상을 입히지 못했다. 2017년 12월 4일 관세청 등에 따르면 작년 7월 사드 배치 결정 이후 3개월 연속 마이너스(전년 대비)를 기록했던 대중(對中) 수출은 작년 11월부터 13개월 연속 증가세를 보였다. 금년 들어 10월까지 1,142억 달러로 작년 같은 기간보다 13.4% 늘었다. 전체 수출 증가(17.2%)에는 못 미치지만, 대중 수출은 사드 보복이라는 악재를 잘 견딘 것이다. 이의 일등 공신은 반도체·정밀기계 등 하이테크 품목과 석유제품·석유화학 등 중간재이다. 중국에서 생산되는 공산품 가운데 상당수가 한국산 반도체를 비롯한 소재 부품을 수입해 이를 가공 조립한 것이다. 한국의 대중 수출액에서 중간재가 차지하는 비중은 2015년 기준 73.4%였다. 가공무역 중심의 중국은 한국의 중간재 수출을 막으면 중국의 완제품 생산 공장 가동이 중단되는 자폭행위나 마찬가지이다. 그렇지만 한국이 무역의 4분의 1을 중국에 의존하는 이상 사드 보복과 같은 '중국 리스크'는 변수가 아닌 상수로 남아 있다.[57)]

군사 분야에서의 중국 사드 보복은 군사교류 전면 중단과 한국 방공식별구역 침범 등 무력시위 등으로 나타났다. 한·중은 2011년 7월 국방장관 회담에서 국방 분야 전략적 협력 동반자 관계로 격상시키기로 했고, 2015년 12월에는 국방장관 간 핫라인도 개설했다.

하지만 국방부 당국자는 2017년 1월 8일 "지난해 7월 이후 중국이 9건의 군사 관련 일정을 일방적으로 취소해 핫라인은 물론 모든 교류가 중단된 상태"라며 "전략적 협력 동반자 관계로 볼 수 없는 상황이다"라고 말했다. 실제 2016년 예정됐던 한민구 국방장관의 방중 요청에 중국은 아예 응답하지 않아 핫라인은 끊긴 상태다. 또 2011년 이후 매년 열렸던 차관급 국방전략대화에 중국이 응하지 않아 회의 자체가 무산됐다. 2016년 중국의 서울안보대회 초청 거절, 11월 중국 주하이(珠海) 에어쇼에 한국 대표단 방문 불허, 12월 한국 해군사관학교 해외 순항 훈련단의 칭다오(靑島)항 방문 불허 등이 잇따랐다. 더욱이 9월 북한의 5차 핵실험이나 탄도미사일 발사 때도 군사 당국 간 공조나 협의는 없었다. 그러나 국방부는 당시 중국의 사드 보복 조치에 대해 공식적으로 알지 못한다는 입장을 취했다.[58)]

---

56) 「조선일보」, 2017.4.4., A23쪽.
57) 「조선일보」, 2017.12.5.; 「동아일보」, 2017.4.3.
58) 「중앙일보」, 2017.1.9.

중국은 사드 배치 경고를 위해 무력시위에도 나섰다. 사드 배치 발표 직후 중국 군용기는 한국 방공식별구역(KADIZ)을 침범했다. 2016년 8월 18일 중국군은 동해 공해상에서 구축함 전략 폭격기 등을 동원해 대규모 훈련을 시행하는 과정에서 군용기 3대가 KADIZ를 침범해 한국군 전투기들이 긴급 출격한 것으로 알려졌다. 중국 군용기가 KADIZ를 침범한 건 2016년 1월 31일 이후 약 6개월 반 만이며, 사드 배치 발표 이후 처음이었다. 이 때문에 사드 배치에 불만을 나타내는 중국군이 무력시위에 나선 것이라고 보았다.

중국 군용기의 무단 진입 실태는 2016년 50여 회, 2017년 80회, 2018년에는 140여 회로 2년 만에 2.8배로 증가했다. 중국 군용기와 군함이 대만해협을 관통해 동해상으로 작전 활동을 반복하는 것으로 나타났다.[59] 중국의 첫 항공모함 랴오닝호(遼寧號)가 항모전단을 이루어 발해만 일대에서 전단 차원의 첫 실전 훈련을 실시했다. 도널드 트럼프 미국 대통령 당선인이 잇따라 반중(反中) 행보를 보이는 상황에서 훈련 해역이 한국과 가까운 발해만이라는 점에서 사드에 대한 경고의 의미가 담긴 것으로 보인다.

중국 해·공군의 서해로부터 대만해협을 통과해 동해로 진출한 것은 반사드 경고 이상의 의미를 갖는다. 베이징의 한 군사전문가는 원양지역을 겨냥한 중국의 해군력 시위가 공세적으로 바뀌고 있으며, 이 지역 작전의 상시화, 일상화를 겨냥한 것이라고 풀이했다. 특히, 동해를 중국의 세력권으로 만듦으로써 유사시 한반도 접근을 봉쇄할 수 있는 해양 통제권 확대를 노린다는 것이다.[60] 중국은 미국이 대만해협과 남중국해에서 중국을 겨냥한 강압작전에 대항하기 위해 미 해군의 영향권 아래 있는 서태평양 지역에서 영향력 확대를 노리고 있다는 해석이다.

3) 한국의 사드 외교

문재인 정부는 정권 초기, 미국과 중국 사이에서 사드를 운용하지도 철회하지도 않는 전략적 모호성을 유지하고자 했다. 정부는 2017년 7월 28일 사드 배치와 관련해 1년 전후의 시간이 소모되는 '일반 환경영향평가'를 하겠다고 발표했다.

문 대통령은 취임 후 첫 번째 열리는 한·미 정상회담 전날인 6월 29일(현지 시

59) 「조선일보」, 2019.2.27.
60) 위의 기사.

각) 미 하원 지도부를 만난 자리에서 "본인 또는 새 정부가 사드를 번복할 의사를 가지고 그런 절차(환경영향평가)를 하는 것 아닌가 하는 의구심을 버려도 좋다"라고 말했다. 문 대통령의 이런 발언은 미국의 신뢰를 회복하는 데 큰 역할을 했고, 도널드 트럼프 미 대통령과의 회담에서 사드는 주요 의제로 등장하지 않았다.[61]

미국 하원은 문 대통령 방미 3개월 앞서 3월 말 사드 배치 관련 중국의 한국에 대한 보복 조치 중단 촉구 결의안을 냈다. 다음 달 초 중국 국가 주석의 방미를 계기로 중국 정부에 대한 미국 의회의 공개 경고를 목적으로 한 것이지만, 사드 배치로 곤경에 처해 있는 한국 정부를 돕고자 한 것이 분명하다. 이 결의안에는 중국 정부가 중단해야 할 조치들을 명시했다. 중국 내 50여 개 롯데마트 폐쇄, 중국 진출 한국 기업에 대한 전 방위 조사, 롯데와 제휴 중인 미국 기업이 입는 직접적인 피해, 한국 여행상품 판매 금지, 한중 문화 공연 행사 취소 등을 보복 사례로 명시하였다. 또 이 결의안은 '한미동맹은 한반도와 동북아를 넘어 평화와 안보를 위한 미국 대외정책의 핵심축(linchpin)'임을 강조했다. 미국 의회는 '대북제재강화법안'과 '북한 테러지원국 재지정 법안' 등을 잇따라 발의했다.[62]

문 대통령은 7월 초 독일에서 시진핑 중국 주석을 만났을 때 발언은 트럼프 대통령에게 한 말과 달랐다. 그는 "사드는 전임 정부에서 결정된 일로 절차적 정당성을 확보하기 위한 과정에 있다"라고 말했으며, 결론적으로 사드는 북핵과 미사일 도발로 인한 것이다. 절차적 정당성을 찾는 과정에서 시간을 확보하고 그 기간 중 핵동결이라든가 북핵 문제의 해법을 찾아내면 결과적으로 사드 문제가 해결되는 것 아니냐고 말했다.[63]

이런 해법은 문 대통령이 대선 후보 시절 취했던 '전략적 모호성'의 연장선에 있는 것으로 보인다. 북한의 화성－14형 미사일 발사는 문 대통령을 도와주지 않았다. 이 때문에 환경영향평가 실시 방침은 발표 하루만인 7월 29일 사드 발사대 4기 추가 배치를 지시하면서 뒤집혔다. 정부의 미·중을 상대로 한 '전략적 모호성' 외교는 미·중의 의심만 키울 가능성을 남긴 채 한계에 부딪혔다. 그렇지만 정부는 이를 포기하지 않은 채 중국의 이른바 안보 우려를 해소해주는 대가로 지원(북핵 평화적 해결 지원, 사드 보복 해제, 한반도에서 전쟁 방지 등)을 얻기 위한 협상 카드로 사용하고

61) 「조선일보」, 2017.7.29., A3쪽.
62) 「중앙일보」, 2017.3.25., 6쪽.
63) 「조선일보」, 2017.7.29., A3쪽.

자 했다.

사드 관련 최초의 한·중 외교장관 회담은 2017년 8월 6일 마닐라에서 열린 ARF 회담 중에 열렸다. 왕이 외교부장은 강경화 외교부 장관에게 ① 사드가 ICBM을 막을 수 있나? ② 왜 이렇게 빨리 배치하는가? ③ 미국 MD에 가담하는 것이 한국의 이익에 부합한다고 생각하는가? ④ 한국인들이 이를 받아들일 수 있겠느냐? 등의 의문을 제기했다. 그러면서 "한국이 안보에 관심을 두고 있는 것은 이해하지만, 한국의 관심사가 중국의 불안을 야기해서는 안 된다"라며 "사드 문제는 양국 관계의 정상적 발전에 영향을 준다"라고 했다.

강 장관은 ① 북한의 추가적인 도발이 미사일 도발로 위협이 고조됐다. ② 국민 생명을 지키기 위한 방어적 조치이다. ③ 미국 미사일 방어체계와는 무관하다는 점을 강조하며 사드 배치의 당위성을 설명했다. 하지만 사드 보복을 철회해달라는 요구를 하지 못했다. 외교부 당국자에 의하면 시간 부족 때문이었다고 한다. 하지만 중국은 공식적으로 정부 차원에서 경제 보복을 하고 있다는 사실을 인정한 적이 없었다.[64]

사드 배치 관련 한·중 간 최초의 협의 결과는 2017년 10월 31일 한·중 합의문 발표와 강경화 외교부 장관의 국회 답변으로 정치적 쟁점이 되었다. 특히, 한국 측이 중국 측에 "미국의 MD 체계, 사드 추가 배치, 한·미·일 군사동맹을 하지 않겠다"라는 이른바 3불(不) 입장표명은 그 내용에서 '약속' 여부에 이르기까지 논란이 증폭되었다.

원래 한·중 양국 합의문은 남관표 국가안보실 제2차장과 쿵쉬안유(孔鉉佑) 중국 외교부 부장 조리 간 협의를 비롯해 한반도 문제 등과 관련하여 외교 당국 간 소통을 진행해 나온 결과였다.[65] 한·중 간 이견은 '3不'의 약속이냐 입장 표명이냐였다. 중국 외교부는 3不 약속이라는 표현을 썼다가 우리 정부의 항의를 받고 표태(表態: 입장표명)로 바꾸기는 했으나, 중국 관영 매체를 통해 '약속 이행'이 다시 등장했다.[66] 환구시보(環球時報)는 3불(不)에 1한(限)을 붙여 썼다. '1한'은 이미 배치된 체계의 사용에 제한을 가해 중국의 전략 이익을 해치지 않는 것이라고 전했다.[67]

---

64) 「조선일보」, 2017.8.7.

65) http://mofa.enewsmaker.co.kr/enewspaper/subarticle/pre_print_article.php?paid=503 "한중관계 개선 관련 양국 간 합의 결과 참조."

66) 「중앙일보」, 2017.11.28., 3쪽.

67) 「동아일보」, 2017.11.24., A6쪽.

한국 외교부 홈페이지에 게재된 협의 결과 중 사드 관련 내용은 아래와 같다. 한국 측은 중국 측의 사드 문제 관련 입장과 관심 사항을 인식하고, 한국에 배치된 사드 체계는 그 본래 배치 목적에 따라 제3국을 겨냥하지 않는 것으로서 중국의 전략적 안보 이익을 해치지 않는다는 점을 분명히 하였다.

중국 측은 국가 안보를 지키기 위해 한국에 배치된 사드 체계를 반대한다고 재천명하였다. 동시에 중국 측은 한국 측이 표명한 입장에 유의하였으며, 한국 측이 관련 문제를 적절하게 처리하기를 희망했다. 양측은 양국 군사 당국 간 채널을 통해 중국 측이 우려하는 사드 관련 문제에 대해 소통해나가기로 합의했다.

중국 측은 MD 구축, 사드 추가 배치, 한·미·일 군사협력 등과 관련하여 중국 정부의 입장과 우려를 천명했다. 한국 측은 그간 정부가 공개적으로 밝혀온 관련 입장을 다시 설명했다.

발표문의 문맥으로 볼 때 중국 측이 한국 측에 3不에 대한 약속을 요구했고, 한국 측은 약속 대신 그동안 공개적으로 밝혀온 관련 입장을 표명한 것이다. 한국 정부는 한·중 정책협의의 우선순위를 발표문 첫 대목에서 나타났듯이 '한반도 비핵화 실현, 북핵 문제의 평화적 해결 원칙을 재차 확인해 모든 외교적 수단을 통해 북핵 문제 해결을 지속적으로 추진해나가기로 재천명하고, 이를 위해 전략적 소통과 협력을 더욱 강화해나가는 데' 두었다.

중국 외교부 2017년 10월 31일 자 정례 브리핑에 의하면 "중국 측은 한국 측이 관련 표명(表態)을 실제 행동으로 이행(落到実處)하기를 바라며, 양측은 각 분야에서의 교류 및 협력을 위해 양호한 환경을 조성하기 바란다"라고 말했다.

사드 문제가 위 합의를 통해 봉합되지 못했다. 정부 당국자는 중국어 '階段性處理'는 '단계적 처리'를 의미하고 이는 '현 단계에서 문제를 일단락 봉합한다'는 것이라고 주장했다. 그리고 '사드 문제는 거론하지 않을 것'이라고 장담했지만, 1월 23일 중국 외교부는 강경화 외교부 장관과 왕이 중국 외교부장 간 회담 결과를 홈페이지에 공개하며 사드 문제를 첫머리에서 강조했다. 왕 부장은 "한국의 3不 입장 표명을 중시"하며, "한국이 계속해서 사드 문제를 타당하게 처리하기를 바란다"라고 요구했다. 이어서 "한·중 합의사항인 사드 협의를 위한 군사 당국자 간 채널 소통을 조속히 시작하기를 바란다"라고 말했다.[68]

---

68) 「동아일보」, 위의 기사.

중국이 사드 협의 이행과 관련해 우리 군에 요구한 핵심 사안은 "중국 모르게 미국이 사드 레이더 모드를 현재의 종말 모드에서 (중국 본토를 탐지할 수 있는) 전진 모드로 바꿀 수 있다는 의심을 기술적으로 해결해달라"는 것이었다. 정부는 외교 채널을 통해 "레이더 모드를 변경하려면 소프트웨어 교체를 위해 사드 장비를 미국으로 가져가야 한다"라며 "이렇게 장비가 이동할 경우 중국의 정보자산으로 이를 금방 알 수 있다"고 전달했지만, 중국 측은 "사드 장비를 미국 본토에 가져가지 않고, 간단하게 소프트웨어를 교체할 수 있다"며 이의 확인을 위한 사드 포대 현장 실사를 요구했다. 정부는 이에 응할 수 없다는 입장을 전달했다.[69]

한국 3不 입장표명은 북핵 문제의 평화적 해결 및 한반도에서의 전쟁 방지 등 안보위협을 해소하기 위해 중국의 협력을 얻기 위한 카드로 보인다. 2017년 협상 중·하반기 한반도는 북한의 연이은 미사일 도발(5월 14일: 화성 12형, 7월 4일: 화성 14형, 11월 29일: 화성 15형)과 6차 핵실험(9월 3일) 등으로 전운이 감돌았다. 트럼프 미국 대통령은 8월 북한이 미국을 계속 위협하는 한 지금껏 전 세계가 보지 못한 '화염과 분노'에 직면하리라 말했다. 북한은 화성-12형 미사일로 괌을 포위 사격하겠다고 맞받았다. 맥마스터(Herbert Raymond McMaster) 미국 국가안보보좌관은 서울을 위험에 빠뜨리지 않는 군사 옵션을 말했다. 3척의 항모전단의 한반도 인근 해역 배치, 핵 잠수함의 한국 입항, 북한 지하시설 전투를 상정한 육군 훈련 등을 언론에 공개했다. 9월에는 미 전략 폭격기 B-1B 랜서 편대가 북방한계선(NLL) 북상 작전을 편 것 또한 언론에 공개됐다.

3不 협의를 끝낸 다음 달인 11월 1일 문재인 대통령은 국회 시정 연설에서 한반도 문제를 평화롭게 해결하기 위한 5대 원칙을 제시하는 가운데 '우리가 이루려는 것은 한반도 평화'라며 "따라서 어떠한 경우에도 한반도에서 무력 충돌은 안 된다. 한반도에서 대한민국의 사전 동의 없는 군사적 행동은 있을 수 없다"라고 강조했다. 이어 남북이 공동선언한 한반도 비핵화 선언에 따라 "북한의 핵보유국 지위는 용납할 수도 인정할 수도 없다"라며 '우리도 핵을 개발하거나 보유하지 않을 것'이라고 한반도 비핵화 원칙을 재확인했다.[70]

---

69) 「조선일보」, 2017.11.25., A5쪽.
70) 황병무, "미국 대북 군사옵션과 한국의 대응," 「동아시아 해양의 평화와 갈등」, 한국해양전략연구소, 2019. 7, 352~356쪽. 북핵 위기 시 미국의 일방적 대북 공격으로 한국의 연루 위험이 컸던 사건은 1994년과 2003년 두 차례 있었다. 제12장 참조.

이와 같은 문 대통령의 정책 의지는 2017년 12월 4일 중국을 방문하여 시진핑 중국 국가 주석과 정상회담을 가진 후 발표한 성명에서 반영되었음을 알 수 있다. 시 주석의 성명서는 아래와 같다.

"한반도 비핵화 목표를 확고·부동하게 반드시 견지해야 하며, 한반도에서 전쟁과 혼란이 발생하는 것을 절대로 용납하지 않고, 한반도 문제가 최종적으로 대화와 협상을 통해 해결되어야 한다." 이어서 한반도 문제를 평화적으로 해결할 것을 아래와 같이 천명하였다.

> "한·중 양국은 한반도에서의 평화와 안정 수호에 있어서 중요한 공동 이익이 있다. 우리는 지속적으로 한국 측과 함께 안전 수호와 전쟁 방지(維穩防戰), 그리고 평화를 권하고 대화를 촉진하는 데(勸和促談) 있어 소통과 조율을 강화하고자 한다. 중국은 또한 대화와 접촉을 통한 남북관계 개선 및 화해 협력 추진을 계속 지지할 것이다. 이는 한반도 문제의 완화(和緩) 해결에 도움이 된다."

문재인 대통령은 "평화적 수단을 통한 한반도 핵 문제 해결을 위해 결연히 힘쓰고 있으며, 중국과 함께 역내 평화와 안정을 수호하고자 한다"라고 말했다. 또한 문 대통령은 한국은 일대일로 사업에 적극적으로 참여하고 이를 함께 건설하고자 한다고 말했지만, 시 주석은 "사드 문제에 대한 중국 측 입장을 재천명하였으며, 한국 측이 지속적으로 동 문제를 적절히 처리(妥善處理)하기를 희망한다"라고 말했다.[71]

문 대통령은 사드 보복 해제에 대해서는 12월 15일 리커창(李克强) 총리와의 회담에서 논의했다. 리 총리는 '한·중 간 경제·무역 부처 간 소통 채널이 정지된 사태'임을 인정하면서 '향후 양국 경제·무역 부처 간 채널을 재가동하고 소통을 강화할 수 있을 것'이라 했다고 청와대가 밝혔다.[72] 리 총리는 "한·중 FTA 2단계 협상을 적시에 가동하며, 인문 교류 연대를 긴밀히 하여 한·중 관계의 안정적이고 장기적인 발전(行穩致遠)을 위해 민심 기반을 공고히 해야 한다"라고 밝혔다. 문 대통령 또한, "한·중 2단계 협상을 조속히 개시하고 인문 교류를 긴밀히 하여 다음 25년을 향한 파트너 관계를 구축하기 위해 노력하기를 희망한다"라고 대답했다. 이는 중국이 그동안 사드 보복을 '민간 차원'의 일이라고 주장해왔지만, 리 총리 발언으로 중국 정부가 경제 보복을 주도했음을 사실상 인정한 것이다. 그러나 어느 곳에서도 중

71) '한중 정상회담 결과(2017.12.4.), 위의 한국외교부 홈페이지, 2017.12.30.
72) 「조선일보」, 2017.12.16., A3쪽.

국 정부가 사드 보복을 철회하겠다는 뜻을 공식화하지 않았다. 오히려 중국은 사드 보복 철회를 사드의 단계적 처리에 연계시키고 있었다. 15일 문 대통령을 만난 장더장(張德江) 전국인민대표대회 상무위원장(한국 국회의장격)은 "중·한 양국은 사드의 단계적 처리에 의견을 같이했고, 이를 바탕으로 시진핑 주석, 리커창 총리가 문 대통령의 이번 방중을 성사시켰다"라고 했다.[73] 하지만 중국은 베이징, 산둥성 등 일부 도시에서 한국행 관광 상품의 오프라인 판매를 재개했을 뿐, 그 이후에도 인터넷에서 여행상품 판매를 금지하고 있다.

3不에 대한 전략적 및 국제적 파장은 컸다. 맥마스터 백악관 국가안보보좌관은 11월 2일(현지 시각) "세 분야에서 주권을 포기할 것으로 생각하지 않는다"고 말했다. "강 장관의 발언들이 (원칙이라고 불릴 만큼) 명확하다고 생각하지는 않는다"라며 이렇게 밝혔다. 맥마스터 보좌관은 "중요한 것은 중국이 스스로를 방어하겠다는 한국을 더 이상 벌주지 않는 것"이라며 "정말로 필요한 것은 북한에 대한 처벌과 제재이지, 한국에 대한 처벌과 제재가 아니다"라고 했다.[74]

미국의 싱크 탱크와 뉴욕 타임지는 한국은 중국에 미사일 방어를 지역화하거나 미국이 원하는 지역 동맹에 가입하지 않는다는 약속을 한 것으로 보이는데 이러한 약속들을 한·미·일 안보협력에 대한 기대와 상충될 수 있다는 우려를 표명했다. 한·중 사드 합의 이틀 전에 열린 한·미 국방장관 간 안보협의회의(SCM) 공동성명에는 "한·미·일 3국이 아시아·태평양 지역에서 공동의 안보 도전에 직면해 있다는 것에 공감"하며 "아·태 지역 평화와 안정에 기여하기 위해 3국 간 안보협력을 증진시켜나가기로 했다"라는 문구가 있다.[75]

국내에서는 사드 협의가 한국 자위권을 제약하는 안보 족쇄가 될 수 있다는 우려와 비판이 나왔다.[76] 첫째, 정부는 현 1개 포대의 배치를 임시 배치로 규정하고 일반 환경 영향 평가 후 완전 배치를 결정하겠다며 정식 배치를 지연시키고 있다. 성능개량과 추가배치는 한미 군 당국의 협의 사항으로 남겨놓고 있다. 북한이 수백 발의 탄도미사일을 동시다발로 발사하면 현재 배치된 사드로는 요격이 불가능하다. 사드 추가 배치의 제한은 한반도에서의 한·미 연합작전계획을 크게 훼손하고 안보

---

73) "리커창 총리 회담 결과(2017.12.15.)," 위의 한국 외교부 홈페이지.
74) 도널드 트럼프 대통령의 아시아 순방 하루 앞둔 이날 백악관에서 순방 5개국 11개 언론사와의 인터뷰에서 발언이다. 「한겨레」, 2017.11.4., 8쪽.
75) 「조선일보」, 2017.11.3., A5쪽.
76) 김민석, "한중 사드 협의가 안보 족쇄가 되는 3가지 이유", 「중앙일보」, 2017.11.3., 32쪽.

취약성을 높인다는 것이다.[77] 둘째, 한국의 미사일 방어에 참여하지 않겠다는 입장은 김대중 정부 때부터 견지해온 정부의 기본 입장이다. 정부는 대신 한국형 미사일 방어(KAMD)를 구축하겠다는 입장을 밝혀왔다. 그러나 한·미는 북한 미사일이 발사될 경우 미사일의 탐지·추적 정보 등을 실시간 공유해 효율적으로 요격하는 시스템 구축도 함께 서두르고 있다. 한·미 간 미사일 방어가 정보 교환을 매개로 연동되도록 하겠다는 것이다. 정보 공유 면에서 사실상 MD에 편입된 것과 비슷하다. 정부는 북한 핵 능력이 고도화되는 단계에서 전략적 모호성을 계속 유지한다지만, 중국은 믿지 않고 미국은 동맹의 신뢰성 약화로 보고 있다. 셋째, 한·미·일 군사동맹의 발전 문제이다. 한·일은 2016년 11월 23일 한일군사정보보호협정(GSOMIA) 발표 이후 12월 16일 처음으로 북한 핵·미사일 위협에 관한 정보를 공유했다. 공유된 정보의 내용에 대해서는 일본과 서로 공개하지 않기로 합의했다. GSOMIA 이전 2016년 6월 한·미·일 3국 해군의 연합 미사일 경보 훈련이 최초 시작된 이후 다섯 차례 열렸고, 3국의 연합 해상구조훈련(SAREX)도 해마다 하고 있다. 한·미·일 3국 군사협력은 꾸준히 확대 강화되고 있었다.[78]

이러한 한·일 군사협력이 군사동맹으로 발전할 가능성은 매우 희박하다. 한국은 일본 자위대의 한국의 동의 없는 한반도 진입을 반대하고 있다. 주권국가로서 당연한 주장이다. 문제는 2015년 4월 말 개정된 미·일 방위협력지침(가이드라인)에 따라 자위대가 한반도 사태에 개입할 수 있는 시나리오가 많아지고 있다는 점이다. 이 지침은 미·일 안보조약에 근거한 군사협력 매뉴얼로써 1978년 소련 침공에 대비해 일본의 요청으로 제정되었다. 1997년 북 핵 위기 때 미국 요청으로 1차 개정을 했고, 이번에 아베 정권의 군사 대국화 정책과 미국의 중국 견제라는 이해가 일치하면서 미·일 동맹의 세계화를 목표로 18년 만에 2차 개정한 것이다.[79]

첫 번째 시나리오는 한반도에서 전쟁이 발생하면 한미 연합사령관이 한반도 인근에 선포하는 연합작전구역(KTO) 내 자위대의 개입은 미국에 대한 '긴밀한 협력', 즉 후방지원이라는 형태로 구체화된다. 일본은 2014년 7월, 각의 결정을 통해 후방지원이 가능한 비전투지역의 기준을 크게 완화했다. 후방지원의 지역적 범위가 부산

77) 「조선일보」, 2019.12.9., A3쪽.
78) 「한겨레」, 2017.11.4.
79) 일본의 신 가이드라인 및 주변 사태법 제정에 대해서는 박영준, 『제3의 일본』, 경기: 한울, 2008, 242~245쪽 참조.

등 한반도 내부까지 확대됐다. 이 경우 한국 정부의 요청이나 동의가 필요하지만, 작전통제권이 없는 정부가 미군 사령관이 요구하는 자위대 병참 부대의 상륙을 거부할 가능성은 높지 않아 보인다.[80)]

두 번째 시나리오는 일본은 한반도 사태가 심각한 상황에 이를 경우 일본의 존립이 뿌리부터 위협받은 이른바 '존립위기사태'로 인식할 수 있다. 이 경우 일본은 한반도 주변에서 활동하는 미국 함선에 대한 방어, 북한 선박에 대한 검사, 미사일 방어(MD) 활동 등 한반도 주변에서 좀 더 적극적인 역할까지 담당할 수 있다. 아베 신조 일본 총리가 '자위대 무장 병력의 해외 파병은 없다'라고 공언하고 있으니, 자위대 전투부대가 한반도에 상륙할 가능성은 높지 않다. 그러나 향후 안보 환경의 변화에 따라 이 제한은 얼마든지 완화할 수 있다.

세 번째 시나리오는 북한이 미군에 후방 기지를 제공하고 있는 일본을 직접 타격하는 경우이다. 일본은 개별적 자위권을 행사해 적기지 공격 등의 작전으로 한반도 사태에 직접 개입할 수 있다. 이 경우 일본은 한국의 사전 동의를 받아야 한다는 한국의 요청을 여러 차례 거부해왔다.[81)] 최근 자민당 내에서는 적기지 공격능력 보유를 포함한 새 안전보장 논의가 진행되고 있다. 2020년 7월 초 요미우리 신문이 실시한 여론조사에서 적기지 공격능력에 대한 찬성 의견은 43%, 반대 의견은 49%였다.[82)]

북한 유사사태는 일본군의 개입 가능성을 증대시키고 있다. 1894~1895년 동학란(내우)이 일본군의 한반도 진입을 촉진했다. 2000년대 일본의 군사력 역할이 확대될수록 한반도 사태에 대한 일본의 영향력은 커질 것이다. 미국은 인도·태평양 안보와 번영에 필수적인 한·미·일 3각 협력체제의 강화를 강조하고 있다. 한국은 일본과의 안보협력을, 동시에 일본에 대한 안보(유사시 일본군 진입 저지)라는 이중 정책을 펴나가야 할 입장에 처해 있다.

6. '사드 외교'의 정책적 의미

1. 핵 억제는 실패할 수 있다. 상호확증파괴의 전략개념에 대한 보완책으로 미사

---

80) 이장희, "자위대의 한반도 진입 근본 대책 없는가?", 「한겨레」, 2015.5.5.
81) 김윤형, "자위대 시나리오", 「한겨레」, 2015.8.28.; 「동아일보」. 2015.4.29., A8쪽.
82) 「동아일보」 2020,7.18., 12쪽.

일 방어(MD)가 필요하다.

1-1. 미사일 방어의 핵심은 한발의 핵 공격도 제로화(zero option)할 수 있는 방어체계의 구축에 있다. 국가 안보전략의 윤리성은 존중돼야 한다.

1-2. 미국 레이건 행정부는 기존 핵 억제 전략의 개념을 재검토했고, 클린턴 행정부는 국가 미사일 방어체제(NMD)와 전역 미사일 방어체제(TMD)를 형성했으며, 부시 행정부는 러시아와 맺은 요격미사일 협정(ABM)을 폐기하고, 새로운 MD망 구축을 위해 동맹국들과의 공조 유지를 위한 외교적 노력을 기울였다.

2. 한국에 미국의 사드 배치는 날로 고도화되고 있는 북한의 핵·미사일 능력에 대응하기 위한 것이다.

2-1. 성주 기지에 반입된 사드를 운용하면 대한민국의 2분의 1~3분의 2지역과 한미동맹의 군사력을 방어할 수 있는 능력과 태세를 획기적으로 강화할 수 있다.

2-2. 수도권 방어를 위해 한국형 미사일 방어체계, PAC-2를 PAC-3로 개량하고, M-SAM(중거리), L-SAM(장거리) 지대공 미사일을 개발·배치한다.

3. 사드는 중국 ICBM을 탐지 및 요격할 수 없다.

3-1. 사드의 X-밴드 레이더 종말단계 모드의 유효 탐지거리는 600km~800km이며, 요격 고도는 150km로 직격 파괴(hit to hit) 방식으로 요격한다.

3-2. 중국 중동부 지역에서 발사하여 표적을 미국의 워싱턴이나 로스앤젤레스 같은 인구 밀집 지역으로 가정한다면 그 비행 궤적은 한반도를 경유하지 않고 북극 지역을 통과한다. 중국 남부지역에서 발사되어 미 서부지역을 타격하는 탄도미사일의 경우, 한반도 상공을 1,000km 고도로 비행하기 때문에 요격 고도 150km인 사드로는 요격이 불가능하다.

3-3. 종말모드 레이더를 전진모드 레이더(최장 2,000km)로 바꿀 수 있지만, 성주기지가 아니라 미 본토에서만 가능하다. 레이더 탐지 각도를 북한지역에서 중국 쪽으로 돌릴 수 있지만, 안전 구역 재설정 등 절차가 복잡하고 시간이 걸린다.

4. 사드 배치가 미 MD체계 편입 또는 MD체계 개발비 제공의 의미를 갖지 않는다. 다만 북한 미사일 방어와 관련한 상호운용성을 위해 탐지정보를 공유할 뿐

이다.

4-1. 한국형 미사일 방어체계는 북한 미사일에 대한 요격체계로 미국의 MD와 목표, 범위, 성능이 다르다. 미사일 공동개발, 생산, 배치, 운용, 연습, 훈련 전 분야를 협력하는 미국 MD 체계의 편입과 무관하다.

4-2. 상호운용성은 "북한 미사일에 대한 탐지, 식별 및 궤적에 대한 정보를 미국의 우수한 정보 감시체계로부터 받는다"는 의미이다. 과장된 해석은 경계해야 한다는 입장이다.

5. 중국은 사드 배치 문제를 기술적 문제보다 동북아 지역의 전략적 균형을 훼손하는 문제로 인식했다.

5-1. 사드 체계의 적용 범위, 특히 X-밴드 레이더의 탐측 범위가 한반도 방위 수요에서 벗어나 중국의 전략적 안보 이익을 직접적으로 훼손하고 한반도 비핵화를 악화시키는 요인이다.

5-2. 사드는 이를 매개로 한 한미동맹과 한·미·일방위협력을 강화시키는 촉진제의 역할을 한다. 이는 중국의 부상과 동시에 한미동맹을 약화시키려는 중국의 기본 전략과 정면으로 배치된다.

6. 중국은 미국에 비해 국력이 약하고 한국보다 강하다. 강압 외교는 강대국에 성공할 수 없다. 중국은 한국에 특유의 들볶는 전술을 사용에 사드 철수를 노렸지만, 성공할 수 없었다.

6-1. 중국은 사드 소유국(미국)이 아니라 배치국(한국)의 정부보다 국민을 상대로 제재를 가했다. 1962년 미국은 쿠바에 배치된 소련의 미사일 철수를 위해 소련 정부를 상대로 실시한 해상 봉쇄 등 강압 외교와 대조된다. 이는 중국이 한국의 경제·문화의 대중 의존성을 약점으로 이용한 것이다.

6-2. 중국은 관영 매체를 동원하여 한국 내의 성주군 주민, 야당과 정권에 비판적인 학자와 언론 등의 사드 반대여론을 확산시켰다.

6-3. 중국은 자국민 내부에 한류 금지령(한한령)을 발동해 자국 방송사의 한국방송물 방송 자제와 중국인 단체 관광을 금지시켰다.

6-4. 사드 부지를 제공한 롯데마트의 영업정지(전국 99개 중 75개) 한국 수출상품에 세관 통관 거부 및 한국 제품 대신 중국 제품을 사라는 마케팅 활동을 노골적으로 펼쳤다.

6-5. 한국은 무역제재의 물증 확보가 어려워 WTO 제소를 포기했지만, 한국의 중간재에 의존하는 중국의 가공무역 덕택에 보복을 잘 견뎌냈다. 그러나 중국 의존도가 높은 한국 무역은 무역 다변화를 추구하지 않는 한 중국 위험은 상수로 남아 있다.

6-6. 중국은 기존에 합의한 군사교류를 중단시켜 '전략적 협력 동반자' 관계를 무효화하는 상황을 만들었다. 중국 군용기의 KADIZ 무단 진입 회수는 사드배치 2년 만에 2.8배로 증가했다. 그러나 중국은 위의 2가지 군사행동을 사드 배치 중단과 공식적으로 연결시키지 않았다.

7. 주요 안보 사안은 정쟁의 이슈가 되더라도 국익 중심의 결정으로 안보정책의 원칙과 일관성을 유지해야 한다.

7-1. 더불어 민주당은 사드 배치에 무당론을 유지했으나, 정권 장악 후 북한의 핵과 미사일 위협이 고조되자, 사드 배치를 조건부, 단계적으로 추진을 결정했다.

7-2. 국민의 당은 한미 합의는 존중돼야 하나, 배치 비용 요구 시 국회 동의를 주장했다.

7-3. 바른미래당은 배치를 당연시했지만, 비용 요구 시 직접 구매를 요구했다.

7-4. 정의당만이 배치의 원점 재검토와 비용 요구 시 반납을 주장했다.

7-5. 정부는 안보정책에 대한 국민의 알 권리(특히 성주 주민)를 충족시킬 필요가 있으나, 정당이나 시민단체들의 반사드 여론과 중국을 의식해 사드의 임시 배치를 결정했다.

8. 정부는 3불(사드의 추가 배치, 미국 MD 개입, 한·미·일 군사동맹 배제) 입장 표명을 통 해 중국으로부터 3개(북핵의 평화적 해결, 한반도 전쟁 방지, 한한령 해제) 지원을 받고자 했으나, 득보다 실이 컸다. 한국의 안보 족쇄인 3불 입장을 재검토해야 한다.

8-1. 북한 핵·미사일 방어를 위해 MD를 배치했다. 북한 핵 위협이 배제되지 않는 한 MD 배치와 운용은 제로 옵션을 충족시킬 수 있는 수준으로 강화돼야 하며, 이러한 방어 무기의 반입 여부를 중국과 협상 카드로 사용해서는 안 된다.

8-2. 중국 또한 한국에 3불 표명을 실제 행동으로 이행하기를 지속적으로 촉구하고 있으며, 한한령 해제를 공식화하지 않고 있는 점에 유의해야 한다.

8-3. 사드 배치에 대한 중국의 반발과 제재 조치는 앞으로 한국 방어와 억제를 위한 미국의 전략무기 배치에 미칠 파장을 예측하도록 한다.

9. 한국은 일본과 안보협력을 강화해야 하지만 군사동맹으로 발전시킬 수 없으며, 일본에 대한 안보(한반도 유사시 자위대 진입 거부)도 유의하는 이중정책을 펴야 한다.

9-1. 한국은 일본과 맺은 군사정보보호협정, 한·미·일 3국 해군의 연합 미사일정보훈련 등 군사협력을 꾸준히 확대 강화하고 있다.

9-2. 일본 자위대가 미·일 방위협력지침의 개정에 따라 한반도 유사시 개입할 수 있는 시나리오가 많아지고 있다. 미군의 측방지원의 지역적 범위가 한반도 내부까지 확대 또는 자위대 병참 부대의 한국 상륙 가능성 등이다.

9-3. 일본이 북한 유사사태 시 자위대의 북한에 대한 군사행동에 한국과 사전 협의하도록 만들어야 한다.

북핵 위기: 벼랑 끝의 북미협상과 한국 중재역할의 한계

1. 강압 전략의 개념

군사력의 역할은 크게 3가지가 있다. 억제(deterrence)는 상대가 도발하겠다는 의지를 멈추게 하는 것이며, 방위(defense)는 발생한 도발을 물리치는 것이다. 강압(coercion)은 상대에 위협을 가해 도발을 중지하는 등 자국의 요구에 순응하도록 강요하는 것을 의미한다. 이를 위한 군사력 사용에는 차이가 있다. 억제는 군사력 사용의 위협을 통해서 한다. 방위는 실제 군사력을 사용한다. 강압은 무력시위가 주가 되나 필요시 제한된 군사력을 사용한다. 역사적으로 존재한 전쟁과 위기는 억제는 실패한다는 사실을, 강압은 그 성공의 확률이 아주 낮다는 교훈을 남기고 있다. 따라서 어느 나라든 군대의 존재 이유는 방위, 그 목적은 전투의 승리에 두고 있다.

북한의 핵 개발 억제는 실패했다. 북한의 핵 개발은 진행 중이다. 강압에 의해 이를 중지, 포기시키는 일은 어렵다. 강압의 수단은 외교적 고립, 경제, 금융제재, 군사 옵션 등을 포함한다. 이 가운데 군사 옵션은 그 사용 위협으로부터 실제 제한적, 처벌적, 시위적 사용에 이르기까지 정교한 방책을 필요로 한다. 왜냐하면 군사 옵션이 상대를 순응시키지 못하고, 전쟁으로 확대될 때 강압의 생명은 끝나고 전승을 위한 방어라는 비싼 전쟁의 대가를 치러야 하기 때문이다. 따라서 '확전' 여부는 군사 강압 선택의 필요 전제 조건이다. 군사 강압은 한 국가의 평시 외교와 안보 전략을 지원하는 수준에서 운용되고 있다.

강압이 성공하기 위해서는 몇 가지 요건이 충족돼야 한다.[1] 첫째, 표적 국가(북한)가 핵을 만들려는 동기보다 이를 저지하려는 강압 국가의 의지가 보다 강하다는 메시지를 표적 국가에 인지시켜야 한다. 둘째, 표적 국가의 위협 인지에 의한 순응을 유도하기 위해서는 긴박감을 조성해야 한다. 금지선(red line) 설정, 필요시 시간부 최후통첩, 제한적 무력사용 등이 포함된다. 셋째, 순응과 비순응 시 표적 국가 가 입을 수 있는 당근과 채찍을 제시해야 한다. 미국은 북한이 완전한 비핵화를 이행할 때 얻을 수 있는 당근으로는 제재 해제, 체제의 안전보장, 북·미 외교 관계 정상화 등을 제시하고 있다.

강압 수단은 목표 달성에 적합해야 하며, 실현 가능성이 중시된다. 또한 수단은 정치적으로 용납돼야 한다. 수단은 국제성을 지닌다. 미국은 쿠바 미사일 위기(1962. 10.) 때 '쿠바 침공'보다 위험이 적은 '해상 봉쇄'를 선택했다. 그리고 흐루쇼프(Nikita Khrushchyov) 소련 서기장으로 하여금 쿠바에 배치한 수십 기의 미사일 철수를 압박하는 효과를 거두었다. 1993년 8월 화학무기 제조 물질을 실은 선박으로 의심받았던 중국 화물선 은하호가 이란으로 향하던 중 사우디아라비아 담망항에서 24일간 미 7함대에 억류된 채 사찰을 받았다. 미 해상 차단은 중국 현임 국방부장을 비롯한 180여 명의 장군들이 미국의 공개 사과와 재발 방지 보장을 받아내라는 외침에도 불구하고 덩샤오핑(鄧小平)으로 하여금 도광양회(韜光养晦), 즉 '재능을 감추고, 모호성을 기르라'는 외교지침을 내리는 데 영향을 미친 사건이다.[2]

이스라엘군은 이라크 오시라크(1981년)와 시리아의 핵 시설을 폭격, 파괴했다. 그러나 상대가 외교적으로 항의한다거나 군사적으로 맞대응하지 않았다. 따라서 정치적으로나 군사적으로 문제를 일으키지 않은 강압의 성공 사례이다. 하지만 한반도의 경우는 다르다. 미국의 대북 군사 옵션은 한반도 전장화 위험을 동반해 한국의 사활적 핵심 이익을 침해할 가능성이 크기 때문이다. 따라서 한반도에 군사 옵션 실시는

---

1) Alexander George and Williams E. Simmons, *The Limits of Coercive Diplomacy*, Boulder: Westviews, 1994, pp. 16~17; 한용섭, 「한반도 평화와 군비통제」, 박영사, 2004, 제2장; 황병무, "'북의 전쟁협박' 잠재우려면 대북 강압외교가 효과적," 「중앙일보」, 1994.3.28.

2) 황병무, "중국 '도광양회(韜光养晦)'의 속셈은," 「국민일보」, 2001.6.18.

한미 간 긴밀한 협의와 합의 및 공조가 필수적이다.

북한은 강압의 일환으로 벼랑 끝 전술(brinkmanship)을 선호했다. 북한은 미국에 비해 국력이 약하다. 그러나 냉전기 북한은 미국에 대해 푸에블로호(Pueblo) 납치(1968년 1월)와 EC 121 정찰기 격추 사건(1969년 4월)을 일으켰다. 북한의 목표는 해상과 공중에서 미군의 북한에 대한 정찰 활동을 중지시키고자 하는 데 있었다. 푸에블로호 사건의 경우 북한은 11개월 동안 29차례 회담을 거친 후 미국으로부터 사과를 받아내고, 82명의 승무원을 석방했지만, 푸에블로호는 돌려보내지 않았다.[3] 북한이 일으킨 판문점 도끼만행 사건(1976년 8월)은 국제적, 외교적 노력이 소진되자 유엔군 사령부의 해체를 위해 노린 벼랑 끝 전술이었다. 1970년대 초 북한은 유엔총회에서 유엔사 해체를 시도했으나 실패했다. 베트남 전쟁에서 북베트남이 승리한 이후 김일성은 한국과 대만에서 미군을 몰아낼 목적으로 마오쩌둥에게 연합 공격을 제안했지만, 이 또한 거부되었다.[4] 판문점 도끼만행 사건은 냉전 당시 미국을 겨냥한 북한의 마지막 벼랑 끝 전술이었다. 하지만 북한의 강압전술은 실패했다. 미국의 강력한 보복성 강압에 유엔사의 해체는커녕 미국 측에 휴전회담 이후 김일성이 최초로 '유감'을 표명해야만 했다.

탈 냉전기 북한의 강압 전술은 변했다. 구술로는 전쟁 위협을 서슴지 않지만, 행동은 항상 신중했으며 계산된 모험을 택했다. 강압의 수단도 가입한 국제레짐, 예컨대 핵 비확산조약(NPT), 국제원자력기구(IAEA)의 탈퇴로부터 핵과 미사일 발사 시험 등이 추가되었다. 강압의 목표는 핵 위기가 군사충돌로 확대되는 것을 막기 위해 미국을 협상 테이블로 불러들여 당근을 제공하고 채찍을 피하면서 체제 안전보장과 외교 관계 정상화를 도모하는 데 두었다.

북한은 특유의 게릴라 전술을 사용했다. 안보상의 의혹을 만들어 표적 국가(미국)를 협상 테이블로 나오게 한다. 하나의 문제가 해결되면 다른 곳에서 위협이나 의혹을 만들어 협상을 유도하거나 강요한다. 한 곳에서 협상에 실패하면 다른 곳을 노려 목적을 달성할 때까지 상대를 들볶는다. 끝으로 북한은 협상 의제를 세분화해 상대로부터 많은 보상을 시도하는 살라미(salami) 전술을 펴면서 상대가 강요하거나 보상

---

3) 황병무, "북한「게릴라 국가」술책 면밀 파악,"「세계일보」, 1998.9.15.; Ramon P. Pando, *North Korea–U.S. Relations under Kim Jong Il*, Routledge, 2014, 권영근·임상순 역,『북한 핵위기와 북·미관계』, 서울: 연경문화사, 2016, 제1장 참조.

4) Chae Jin Lee, *A Troubled Peace : U.S. Policy and the Two Koreas*, Baltimore, MD: Johns Hopkins University Press, 2006, 78~80쪽.

이 만족스럽지 못하다고 생각할 때 합의 이행을 중지한다.5)

2. 제1차 핵 위기

1) 북핵의 국제 문제화

북핵 위기가 시작된 1990년대 초는 북한에게 내우외환이 겹친 시기였다. 동서독이 통일하고 소련과 동구의 공산정권이 몰락했다. 북한의 동맹국인 소련과 중국이 북한의 만류에도 불구하고 한국과 국교를 수립했다. 북한 경제는 1980년대 연평균 성장률 2~3%대를 유지하다가 1989년 이후에는 마이너스 3~5%로 역전되었다. 공산권 경제 블록이 해체된 1990년대 초 북한 경제는 지속적으로 마이너스 성장을 기록하였고, 성장률은 마이너스 10~15%에 달했다. 특히 북한의 전력난은 극심했다. 반면 남한의 경제는 지속적으로 성장하여 1993년에 이르면서 북한 경제의 10배 규모를 달성했다.6)

6·25전쟁 중 미국의 핵 사용 위협을 받은 북한이 핵무기에 관심을 가지기 시작한 것은 1962년 10월 쿠바 미사일 사태였다. 소련이 미국에 굴복한 것을 본 김일성은 국방의 자위 노선을 선포하고, 미국의 핵 공격에 대비한 지하 요새를 구축함과 동시에 핵무기를 보유하고자 했다. 1964년 김일성은 중국으로 핵 개발 기술문건을 얻고자 노력했으나 거절당했다. 1976년 8월 판문점 도끼 만행사건이 일어났을 때, 핵무기를 탑재한 B-52가 발진하여 무력시위를 펼치는 과정에 문제의 미루나무를 절단했다. 같은 해 지미 카터(Jimmy Carter) 대통령 후보는 남한에 700개의 핵무기가 있다고 주장했다. 남한의 핵무기 존재는 '승인도 부인도 하지 않는 정책'을 위반하고 북한에 도발 자제를 경고한 것이다. 이러한 군사 강압을 통해 정전협정 체결 이후 최초로 구두로나마 김일성의 '유감' 표명을 받아냈다.

미국 부시(George H. W. Bush) 행정부(1989~1992)는 탈냉전 정책을 실시했다. 부시 행정부의 대한반도 정책 검토보고서 「National Security Review 28」에 따르면 일면 북한의 침공을 억제하기 위한 조치를 강화하면서, 남북대화를 추진하고 북한이

---

5) 황병무, "북한 햇볕 아래 길들이기," 「국민일보」, 1999.6.30.

6) Joel S. Wit, Daniel B. Poneman, Robert L. Gallucci, *Going Critical : The First North Korean Nuclear Crisis*, 김태현 역, 『북핵 위기의 전말: 벼랑 끝의 북미 협상』, 모음북스, 2005, 5~6쪽.

위험한 핵 농축 및 재처리 시설의 획득을 못하도록 비확산 레짐에 묶어놓는 것을 제안하고 있다. 또한, 북한이 테러리즘과 결별하고 핵·생화학 무기와 탄도미사일 관련 국제거래를 제한하였다. 그 보상은 점진적인 미 북 관계의 정상화에 두었다.[7]

1991년 9월 27일 부시 대통령은 전 세계에서 지상 발사 전술핵무기를 일방적으로 철수할 것이라고 발표했다. 그리고 소련도 상응하는 조차를 취할 것을 촉구했다. 이 선언은 재래식 분쟁이 핵전쟁으로 확대될 가능성을 크게 줄이는 동시에 양국 지도자들 간에 신뢰 회복을 위한 획기적인 외교적 제스처가 될 수 있었다. 이 선언과 함께 부시 대통령은 한국에 배치된 전술핵무기도 철수하라고 비밀리에 명령했다.[8]

부시 선언은 남북대화에도 큰 영향을 미쳤다. 남북대화가 추진력을 얻어 1991년 12월 양측 대표는 '남북한 기본합의서'에 서명했다. 또한, 미국의 압력성 권고에 따라 노태우 대통령은 한국이 핵무기를 제조, 보유, 저장하지 않을 뿐 아니라 재처리도 포기하겠다고 선언했다. 1991년 12월 31일 남북한은 「한반도 비핵화 공동선언」에 합의했다. 이 비핵화 선언은 핵무기 제조의 두 가지 방식인 플루토늄 재처리와 우라늄 농축을 금지하는 내용을 명시해 문서상으로 남북한은 핵무장의 길이 모두 막히게 되었다. 이는 미국의 외교적 승리로 평가했다. 힘을 앞세운 미국이 배후에서 남북한에 영향력을 행사했기 때문이라는 것이다. 왜냐하면 NPT 규정에 따르면 IAEA 안전조치하에서 진행되는 우라늄 농축과 플루토늄 재처리는 허용되고 있기 때문이다.[9]

북한은 1985년 5월 NPT를 조인했다. 50MW 원자로 착공과 동시에 소련으로부터 경수로 지원을 받기 위해서였다. 하지만 IAEA 핵안전협정의 서명을 거부해왔다. 1991년 9월 IAEA 총회에서 북한 핵안전협정의 가입을 촉구하는 결의안을 채택했다.

북한은 남북한 총리급 회담을 통한 몇 가지 합의에도 불구하고, 미국과의 고위급 회담을 원하고 있었다. 북한은 핵안전협정의 가입을 협상 카드로 쓰기 시작했다. 미국이 한국 내 핵무기 부재의 확인에 협조할 경우 핵안전협정에 서명할 수 있다는 조건을 내걸었다. 미국은 1992년 팀스피리트 훈련의 중지, 그리고 미·북 고위급 회담의 가능성을 북측에 제시했다. 1992년 1월 초 한국 정부는 금년 팀스피리트 훈련의

---

7) 김태현 역, 앞의 책, 7~8쪽.
8) Don Oberdorfer, *The Two Koreas : A Contemporary History*, Reading: Addison Wesley, 1997, pp. 259~260.
9) 김태현 역, 앞의 책, 11~12쪽.

중지를 발표했다. 1월 말 미 국무부 정치담당 차관 아놀드 캔터(Arnold Kanter)의 북한 노동당 국제비서 김용순과의 회담이 뉴욕에서 열렸다. 이는 예비회담이었다. 중요한 의제에 대한 어떠한 합의도 없었다. 김용순은 북미 고위급 회담을 열어 한반도 긴장완화를 비롯한 북미 관계 정상회의 필요성을 강조했다. 특히, 김용순은 미군 주둔을 용인하는 뜻을 직접 미국 측에 전달했다. 연방통일 이후에도 동아시아 안정을 위해 단계적인 미군의 철수도 가능하며 기존의 한미안보조약도 존중될 것이라는 북한의 방침을 밝혔다.[10]

북한은 1월 핵안전협정에 서명하고, 4월에 비준을 마쳤다. 그리고 북한은 17개의 핵시설에 대한 보고서를 IAEA에 제출했다. IAEA는 1992년 5월부터 이듬해 1월까지 6차례의 임시사찰을 실시했다. 7월에 실시된 2차 사찰 때부터 IAEA는 재처리 공장 옆에 있던 방대한 규모의 미신고 2개의 시설(500호 빌딩)을 발견했다. 이것을 시찰하려면 북한의 동의가 필요했고, 동의하지 않을 경우 특별사찰 규정을 원용해야 했다. IAEA는 핵폐기물 저장시설로 확신한 2개의 미신고 시설에 대한 사찰을 요구했다. 북한은 이를 거부했다. 1993년 2월 25일 IAEA는 추가 시설에 대한 특별사찰을 요구하는 결의안을 채택했다. 30일(3월 25일까지) 이내에 북한에게 대답을 요구하는 일종의 최후통첩이었다. 북한은 3월 12일(현지시간) NPT 탈퇴를 선언했다.[11]

북핵 위기의 시작이었다. 미국에는 클린턴(Bill Clinton) 정부가, 한국에는 김영삼 정부가 출범했다. 클린턴 대통령은 기자들에게 "매우 우려스럽고 매우 실망스럽다"라고 말했다. 김영삼 대통령은 취임사에서 "어떤 동맹국도 민족보다 나을 수 없다"라고 선언했지만, 사태의 심각성을 인식하고 긴급 국무회의를 소집했다. 한국군은 워치콘(Watch Condition)-3을 발령했다. 미국 국가안보회의 산하에 북핵문제를 전담할 각료급 장관급 위원회(Principal Committee)와 차관급 위원회(Reputy Committee)를 설치했다. 북한 외교부 제1부장 강석주는 NPT 조약 제10조에 규정된 탈퇴 조항을 들어 "국가의 최고 이익" 보호를 위해 필요한 조치라고 주장했다. "미국이 북한에 대한 핵위협을 중단하고 IAEA가 독립성과 형평성의 원칙으로 돌아가기 전"에는 입장을 바꾸지 않을 것이라는 북한의 주장은 곧 북한의 입장에 타협의 여지가 있음을 암시했다. 또한, 북한은 이러한 NPT 탈퇴 선언을 미국에게 주고받는 거래(quid pro quo)를 강권하는 협상 수단으로 생각했다.[12]

---

10) 황병무, "북한의 '주한미군' 수용의 속셈," 「경향신문」, 1992.7.18.
11) 정종욱, 『정종욱 외교 비록 : 1차 북핵 위기와 황장엽 망명』, 서울: 기파랑, 2019, 39~41쪽.

미국 행정부는 북한 핵 활동의 의도와 목적을 정확히 진단하기는 어려웠다. 하지만 정책 목표는 '북한이 핵을 가져서는 안 된다', 즉 북한의 비핵화에 두었다. 미국의 초기 처방, 즉 대응 방안은 점진적 확대(gradual escalation) 전략이었다. 대북 연합세력을 형성하여 북한에 압력 수위를 높이는 가운데 중국의 참여를 유도하고 미 북 대화를 통해 미국의 목표를 달성한다는 것이다. 미국의 목표는 평양의 NPT 복귀, 안전협정에 따른 의무 사항의 준수, 남북한 한반도 비핵화 공동선언의 이행 등 비확산 관련 모든 의무 이행에 두었다. 미·북 관계 개선은 그 후에 논의할 사항으로 구분했다. 한국 정부는 이 안을 통보받았을 때 찬성했다. 하지만 여하한 군사행동은 포함될 수 없다고 강조했다.[13)]

「차관급 위원회」의 위원들은 이 방안의 효과성에 대해 확신감이 없었다. 그도 그럴 것이 북한은 세습 독재체제이다. 북한은 합의한다 해도 약속을 종종 어기는 나라로 신뢰할 수 없다. 압력이 통하지 않지만 그나마 압력이 없으면 더 통하지 않는다. 심지어는 실패할지 모르지만 시도는 해봐야 한다는 분위기였다.

미국은 미·북 대화를 진행하면서 대북 연합세력인 IAEA를 앞세우고 남북 비핵화 공동선언의 이행을 위한 한국의 역할도 이용하려는 계획이었다.

IAEA 특별이사회는 3월 18일 북한에게 3월 31일까지 특별사찰을 수용할 것을 요구하는 결의안을 통과시켰다. 북한은 불응했다. 유엔 안전보장이사회는 북핵 해결을 위한 결의안 825호를 통과시켰다. 북한에 2월 25일 자 IAEA 이사회 결의안에 따른 안전협정의 이행을 요구하고 사무총장에 북한과 협의할 것을 요청하는가 하면 모든 가맹국이 해결을 위해 노력할 것을 촉구했다.

6월 2일(북한 NPT 탈퇴 효력 발생 10일 전) 뉴욕에서 제1차 미－북 회담이 개최되었다. 미국의 협상 대표는 갈루치(Robert L. Gallucci) 국무부 정치군사담당 차관보이고 북한 대표는 강석주 외교부 제1부부장이었다. 미국은 협상의 목표를 북한의 NPT 잔류에 두었다. 6월 11일 미·북 공동성명서가 마무리되어 위기는 일단 진정되었다. 공동선언들은 몇 가지 합의된 원칙들을 담고 있었다. ① 핵무기를 포함한 무력의 위협과 사용이 없을 것이라는 보장, ② 양국 주권의 상호존중, 내정 불간섭, ③ 모든 범위의 핵 안전조치의 공정한 적용, ④ 탈퇴가 필요하다고 인정하는 동안 NPT 잔류 등이었다.[14)] 미국은 북한의 과거 핵 활동을 확인하고, 미래의 핵 활동을 금지해야

12) 김태현 역, 앞의 책, 42~43쪽.
13) 김태현 역, 위의 책, 37~38쪽.

하는 분명한 의도가 있었다. 하지만 이번 협상에서 북한의 NPT 잔류가 중요했다. 따라서 미국은 북한이 흑연감속로(Graphite–Moderated Reactor) 원자로를 포기하고 경수로로 대체할 의사가 있다고 했을 때, 액면 그대로 받아들이지 않았다. 미국은 북한에 대화를 계속하는 조건으로 안전조치의 계속성을 유지하여 IAEA의 사찰을 수락하고 재처리를 포기하며, 5MW급 원자로의 연료봉 교체에 IAEA 입회를 제시했을 뿐이다.

2) 미국 군사 옵션 검토의 파장

이 무렵 미 행정부는 군사력의 사용을 외교전략 일부분으로 통합시킬 필요성을 인식한다. 11월 15일 「장관급 위원회」는 팀스피리트 훈련을 제3차 북미회담 성사의 카드로 이용하는 문제를 비롯한 군사 강압에 관련 대안을 논의했다.[15] 존 샬리 카쉬빌리(John Shalikashvili) 합참의장은 북한은 병력, 주요 무기, 탱크, 화기 및 로켓 발사대 등에서 수적인 우세를 누리고 있지만, 한·미 연합군은 우수한 훈련과 준비태세 및 강력한 공군력을 바탕으로 북한의 우세를 상쇄할 수 있다고 말했다. 레이크(Anthony Lake) 국가 안보보좌관은 영변 핵시설 파괴의 가능성에 대해 질문했다. 합참의장은 가능하지만, 북한이 보유하고 있다고 판단되는 플루토늄은 이동이 쉽기 때문에 파괴를 장담할 수 없다고 말했다. 울시(Woolsey) CIA 국장은 플로토늄의 위치가 파악되지 않고 있다고 덧붙였다. 또한, 영변 주변의 대공 시설과 산악지형 때문에 공격이 어렵다고 말했다. 공격이 성공한다 할지라도, 그 효과는 핵 프로그램을 몇 년 늦추는 수준에 한정될 것이다. 합참의장은 38선을 중심으로 북한의 군사적 대응이 예상된다고 답변했다.

해상 봉쇄에 대한 대안도 논의되었다. 부시 행정부 시절 국방부 차관보를 지낸 스티븐 해들리(Stephen Hadley)와 국무부 차관보를 지낸 아놀드 캔터(Arnold Kanter)의 연구보고서는 북한 근해에서 다국적 해군 훈련을 실시하는 안을 제시했다. 참석자들은 이 안이 지나치게 도발적이라는 데 의견을 같이했다. 국방부가 연구한 해상봉쇄를 통해 경제제재를 단행하는 안에 대해서는 '어마어마한 숫자의 함선'이 필요하다는 의견이었다.

---

14) 한용섭, 『북한 핵의 운명』, 박영사, 2018, 83~84쪽.
15) 김태현 역, 앞의 책, 127~130쪽.

「장관급 위원회」를 통해 앞으로 사용할 수 있는 강압 전략의 한계가 드러났다. 첫째, 당장 쓸 수 있는 채찍이 많지 않으며, 제대로 된 강압 전략을 마련하려면 시간이 걸릴 것이다. 둘째, 북한에 압력을 행사하기 위한 대화의 중단은 별도 효과를 볼 것 같지 않다는 것이다. 회의가 마무리되면서 몇 가지 지시가 내려졌다. 첫째, 정보기관들은 제재 조치가 북한에 어떤 영향을 미칠 것인지 세밀하게 조사할 것. 둘째, 국방부는 한국에 추가 파병이 필요한지 아니면 어떤 특수한 군사훈련이 필요한지 검토할 것 등이다. 이러한 지시는 군사 강압을 정책 대안으로 만들기 위한 정보 수집과 평가에 관련된 것이다. 한반도에 전운이 감돌 수 있음을 암시하고 있었다.

「장관급 위원회」 이후 미국은 IAEA와 북한 간 대화, 남북한 대화 그리고 3차 미·북 회담의 개최 문제를 조절했다. 팀스피리트 훈련 중단은 협상 카드였고, 3차 북미회담 또한 대북 회담을 통한 비핵화 카드였다. 김영삼 대통령은 11월 하순 미국을 방문하여 클린턴 대통령과의 대담에서 당근 위주의 북한의 안전조치 이행을 반대하면서 남북대화 없는 팀스피리트 중단은 있을 수 없다는 입장을 밝혔다.[16] 한편 북한은 안전조치 이행을 강조한다면 NPT 탈퇴를 하겠다고 위협했다.

12월 29일의 미·북 합의는 이러한 입장을 반영한 타협의 산물이었다. 첫째, 9월 8일 IAEA가 북한에 보낸 서한에 명시된 7개 시설에 대한 IAEA의 사찰을 시작한다. 둘째, 같은 날 북한은 특사 교환을 준비하기 위한 남북대화를 재개한다. 셋째, 그 대신 한국은 팀스피리트 훈련을 중단한다. 넷째, 미국과 북한은 제3차 북미회담의 일정을 발표한다.

미국은 이때만 해도 북핵 해결을 일괄타결안에 입각한 시차적 이행 등을 검토하면서 IAEA와 한국을 앞세워 핵 위기 해결의 성과를 미·북 회담에 이용하려 했다. 북한은 일괄타결 형식을 빌린 선별타결 전략을 택했다. 이행 순서를 선별적으로 만들어서 자신들에게 유리한 결과를 만들어내려고 했다. 남북회담과 IAEA 사찰을 가능한 한 지연시키면서 팀스피리트 훈련의 중단을 요구했다.[17] 북한은 IAEA와 남한은 미국의 앞잡이라는 인식이 강했다. 이들과의 협상은 중요하지 않다. 핵 카드를 이용해 미국으로부터 많은 당근을 얻는 것이 목적이었다. 때문에 미북 회담의 개최를 강력히 희망했다. 회담 성과는 "악마는 디테일에 있다"라는 경귀를 협상가들이 주목해야 했다.

---

16) 「Washington Post」 November 23, 1993, A32쪽.
17) 정종욱, 앞의 책, 68쪽.

12월 합의를 깨는 사건이 일어났다. 패트리어트 미사일의 한국 배치는 1993년 말 미국 국방부가 승인했고, 백악관에 보고되어 클린턴 대통령의 최종 승인을 기다리고 있었다. 「차관급 위원회」는 IAEA와 북한과의 회담에 미칠 악영향을 우려해 2월 말 회담이 끝날 때까지 배치를 미루는 방안이 논의되었다. 그런데 1월 26일 「뉴욕타임즈」는 1면에 패트리어트 미사일 배치에 대한 기사를 실었다. 레이크 안보보좌관이 언급한 '해외주둔 미군과 동맹국을 보호하는 일이 중요하다'라는 내용을 포함해 최종 결정은 아직 내리지 않았다. 하지만 북한이 미국의 패트리어트 미사일 배치를 억제하지는 못할 것이라고 명기했다.[18]

이 정보 유출은 정치적 파장을 불러일으켰다. 더욱이 이 시점에 미 상원은 구속력이 없지만 2가지 조치를 행정부가 취해줄 것을 요구했다. 첫째는 대북 제재를 지지하는 내용이고 둘째, 한국에 핵무기의 재배치를 재고하도록 촉구하는 내용이었다.

한국 정부와 국민에게 부정적인 파장을 일으켰다. 한국 국민들은 미국이 한국을 전쟁으로 몰아가고 있다고 우려하기 시작했다. 기업들은 수출이 타격을 받고 있다고 아우성쳤다. 한국 정부는 패트리어트 미사일 배치는 핵 위기가 발생하기 전 결정된 군 현대화 계획의 일부분이라고 해명하면서 긴장이 고조되고 있다는 언론 보도를 부인했다.[19] 김영삼 대통령은 이 미사일 문제가 북한이 특사 교환을 거부하기 위한 구실로 이용될 수 있다고 우려했다.[20] 한편 한국 정부는 미국으로부터 미사일 배치 시기의 결정에 압력을 받고 있었다.

북한은 1월 31일 공식적인 외교부 성명을 통해 패트리어트 미사일 배치를 '간과할 수 없다'라고 경고하면서 미국이 약속을 어겼다고 주장했다. 북미관계 개선에 대한 북한의 열망을 과대평가하지 말라고 경고하고 미국이 북한을 붕괴하기 위해 시간을 벌고 있다고 비난했다. 그리고 북한은 NPT에서 탈퇴하고 재처리를 재개할 것이라고 위협했다. 2월 3일 자 노동신문은 무력 충돌의 가능성까지 암시하면서 평양의 위협을 심각하게 받아들여야 한다고 경고했다.[21]

북한의 경고는 무력시위를 동반했다. 북한군은 12월 초 정기적인 동계 훈련을 감행하면서, 기습 공격으로 연결하는 작전을 수행했다. 그리고 두 기의 새로운 장거리

---

18) Michael Gordon, "U.S. said to plan patriot missile for South Korea, New york Times," January 26, 1994.
19) 「연합뉴스」, 1994.2.8.
20) 「한겨레」, 1994.1.27.
21) 김태현 역, 앞의 책, 153~154쪽.

탄도미사일과 그 모형을 선보였다. 미국 정보기관이 이를 포착하도록 해 북한의 미국에 대한 저항 의지를 인식하도록 했다.[22]

미국 정보기관은 북한의 경고를 심각하게 받아들였다. 북한의 행동이 협상의 카드가 아니라 적대행위의 임박 단계라면 '전쟁 경보'를 발령해야 한다는 문제를 놓고 심각하게 논의했다. 전쟁 경보는 발령하지 않기로 결정했다. 하지만 핵 문제 해결에 유리한 거래를 도출하기 위해서는 군사적 행동이 외교를 도와야 한다. 국무부와 국방부의 정책 조율에 대한 필요성이 강조되었다.[23]

12월 미북 합의 이후 북한은 IAEA의 사찰에 협조하지 않았다. 1994년 2월 3일 블릭스 IAEA 사무총장은 미국에 대해 안전조치의 계속성이 깨어져 이 문제를 유엔 안보리에 회부해야 한다고 경고했다. 워싱턴에서는 2월 8일 「장관급 위원회」가 다시 열려 패트리어트 문제를 논의했다. 동시에 빈 회담이 결렬되면 유엔에서 대북제재를 위한 협의가 필요함을 재확인했다.

미 행정부는 북한 지도부와의 통신 채널이 부족함을 느꼈다. 유엔에서 대북 제재를 논의하기 이전에 미·북 회담의 수석대표보다 높은 지위, 즉 김일성과의 접촉을 모색했다. 김일성과 친분관계를 유지하고 있는 빌리 그레엄(Billy Graham) 목사를 평양에 보내기로 결정하고, 김일성에게 전달할 클린턴 대통령의 '구두 메시지'를 건네주었다. 이 메시지에는 핵 문제의 빠른 진전이 이루어지기를 기대한다는 클린턴 대통령의 희망이 담겨 있었다.

1월 29일 그레엄 목사는 김일성 주석의 환대를 받으면서 단독으로 대담할 기회를 가졌다. 그레엄은 김일성이 클린턴 대통령과의 정상회담을 얼마나 절실히 원하는지 잘 알고 있었다. 그는 핵 위기가 성공적으로 해결된다면 북미정상회담도 가능할 것이라는 자신의 견해를 덧붙였다. 김일성은 그레엄에게 북한이 핵무기를 보유할 계획은 과거에도 없었고, 앞으로도 없을 것이라고 보증했다. 왜 미국이 IAEA 말만 듣고 북한의 말에는 귀를 기울이지 않는지 물었다. 북미정상회담 제안에 대해 그레엄 목사가 '다리' 역할을 해줄 것을 요청했다.[24]

2월 12일 강석주 제1부부장은 갈루치 차관보에게 김일성 주석이 대화로 핵 위기를 해결하기로 결심했다는 내용의 편지를 보냈다. 2월 15일 윤호진 참사관은 IAEA

22) 「조선일보」, 1994.3.20.
23) 김태현 역, 앞의 책, 155~158쪽.
24) 김태현 역, 위의 책, 159~162쪽.

본부를 방문하여 IAEA의 모든 사찰 및 요구를 수용하겠다고 말했다. 이로써 12월 합의 이후 발생한 위기는 일단 넘기게 되었다.

뉴욕에서 북미 고위급 회담이 열렸다. 1994년 2월 25일 슈퍼 화요일에 4가지 사항에 합의했다. IAEA의 조기 사찰이 3월 1일을 기해 완수하도록 허용되고, 북미회담이 3월 21일 개최되며, 1994년 팀스피리트 훈련은 중단된다고 명기했지만, 남북특사 교환을 위한 실무접촉은 기일의 명기 없이 개시된다고 기록되었을 뿐이다. 2월 합의과정에서 IAEA 사찰단은 북한의 비협조로 과거 핵 활동을 확인하는 데 실패했고, 북한의 미래 핵 활동의 위험성을 탐지했을 뿐이다. 「장관급 위원회」는 이 모든 문제의 해결을 위해서는 유엔 안보리에 제소하는 길 외에 다른 선택이 없다는 비판적 분위기가 짙어가고 있었다.[25] 한편 남북한 비핵화 공동선언에 입각한 남북 간 상호사찰을 위한 판문점 남북 실무자 회담 또한 위태로웠다.

3) 북한의 벼랑 끝 외교: '서울 불바다' 발언과 IAEA 탈퇴

한국은 남북대화의 성과를 원하고 있었다. 하지만 북한은 자기 핵 개발에 족쇄를 채우려는 회담으로 인식하고 있었다. 3월 3일 판문점에서 만난 북측 협상대표 박영수는 남측 협상대표 송영대에게 남북특사 교환으로 네 가지를 수용하라고 주장했다. 남한은 모든 핵 관련 군사훈련을 중지하고 국제사회의 대북제재에 참여해서는 안 되고, 패트리어트 미사일 배치 계획을 취소하고, 심지어 김영삼 대통령이 취임 시 말한 '핵 가진 자와 손을 잡지 않겠다'는 발언을 취소하라는 주장이었다. 송영대는 거부했다. 3월 9일 양측 대표는 다시 만났다. 박영수는 과거의 조건이 너무 과도한 것을 느꼈는지 서면 합의 대신 패트리어트 미사일 배치를 연기할 것이라고 발표만 하면 된다고 미끼를 던지면서 그러면 나머지 문제는 해결될 것이라고 했다. 송영대는 한미동맹의 결정을 언급할 입장이 아니었다. 회담은 성과 없이 끝났다.[26]

3월 14일 IAEA는 북한으로부터 사찰단을 철수시켰다. 그리고 실패한 사찰문제를 다루기 위해 3월 21일 특별이사회의 개최를 준비하기 시작했다. 사찰단이 북한을 떠나기 전 강석주는 갈루치에게 일종의 최후통첩을 보냈다. 특사 교환이 북미회담 이후에 열려야 한다는 주장 외에 미국이 팀스피리트 훈련 중단과 북미 회담 등 약속

25) 김태현 역, 위의 책, 175~176쪽.
26) 「연합뉴스」, 1994.3.9.

을 지키지 않는다면 북한은 일체의 남북대화를 중단할 것이며, 미국 및 IAEA와 더 이상 협조하지 않겠다. 그리고 3일 이내에 회답을 달라고 요구했다. 미국은 북측에게 3차 북미회담 예정일인 3월 21일 이전에 사찰을 완료하고 교환해야 하며, 안전조치의 계속성을 방해해서는 안 된다고 응답했다.[27]

이러한 민감한 시기 3월 16일에 남북 실무회담이 열렸지만, 성과 없이 3월 19일로 날짜를 다시 잡았다. 3월 19일 박영수 북측 대표는 송영대 남측 대표에게 "서울은 여기에서 멀지 않다. 전쟁이 나면 서울은 불바다가 될 것이다. 그러나 당신은 살아남기 어려울 것이다." 이어 회담은 결렬되었고, 박영수는 악수도 하지 않고 회의장을 빠져나갔다. 정부는 여론을 움직이고 북한을 궁지에 몰기 위해 이 내용을 방송에 내보내기로 했다. 그날 저녁 국민들은 저녁 뉴스를 통해 박영수의 협박 장면 등 편집되지 않은 화면을 그대로 시청했다.[28]

제3차 북미회담은 결렬되었다. 박영수의 '불바다 발언'은 남한 정부로 하여금 대북 강경노선으로 선회하도록 만들었으며, 한미동맹의 대북공조를 더욱 강화시켰다. 한국 정부는 미국의 패트리어트 미사일 배치를 승인했으며, 국방부 장관은 국회에 출석하여 한미 연합군의 전쟁 계획에 대해 상세히 증언했다.[29] 안보정책 조정회의(북 NPT 탈퇴 선언 직후 설치, 통일 부총리 의장, 외교안보수석 간사)를 주 1회 정례화하고 필요시 수시 개최하되 전략 기획단(통일부), 핵 대책반(외교부) 간 정책 조정을 강화했다.[30]

미국의 충격은 더욱 컸다. 북미회담 결렬이 미국에 준 가장 큰 교훈은 더 이상 IAEA와 한국을 뒤에서 미는 예인선이 아니라 핵 위기 해결을 위해 이들을 앞에서 끄는 견인차 역할을 해야 한다는 것이었다. 한반도 정책의 일관성과 효과적인 정책 조정을 관리할 「한반도 정책 고위조정그룹(Senior Steering Group on Korea, SSK)」을 설치했다. 그리고 갈루치아 비확산실장 폰먼(Daniel Poneman)은 한반도에 관한 국방부의 정기회의에 참석하도록 만들었다. 슬로콤(Walter B. Slocombe) 국방부 차관 주재의 한반도 정기회의는 외교적 상황이 악화될 경우 한국에 미군 전투력을 보강하기 위한 군사계획, 미국의 전쟁 계획을 수행하기 위한 방안, 영변 핵시설에 대한 공격

27) 「연합뉴스」, 1994.3.18.
28) 「한겨레」, 1994.3.23.
29) 「연합뉴스」, 1994.3.21.
30) 정종욱, 앞의 책, 43~44쪽, 280쪽.

을 위한 여러 가지 대안을 검토했다.31) 또한 미 국방부의 결정에 따라 패트리어트 미사일 3개 포대와 그것을 보호하기 위한 84기의 스팅어(Stinger) 대공 미사일이 부산항으로 수송됐다.32)

3월 21일 IAEA 이사회는 안전조치 계속성을 위한 사찰의 실패를 인정하고, 북핵 문제를 안전보장이사회에 회부했다. 미국은 중국과 결의안 초안에 포함된 '추가적 조치'에 대해 긴밀히 협의했다. 중국은 이것이 대북제재를 의미한다고 생각했기 때문이다. 미국은 중국으로 하여금 의장성명에 합의하게 하는 데 오랜 기간의 외교적 노력을 기울였다. 중국은 1964년 핵 실험한 국가로서 NPT를 미 제국주의와 소련 수정주의자들이 그들의 반혁명적 세계적 공모를 위한 거대한 사기라고 낙인찍었다. 그리고 베이징 당국은 핵무기를 갖는 사회주의 국가들이 평화애호국가들 가운데 증대하면 할수록 세계의 안전을 보다 증대할 것이라면서, 초강대국들의 핵 독점을 파기할 것을 주장했다. 중국은 1980년대 미중 관계가 정상화되면서 IAEA 회원국이 되었다. 그리고 1992년 NPT 회원국이 되었으며, 핵확산을 주창, 고무 및 관여하지 않는다는 원칙의 고수를 천명했다.33)

1994년 3월 31일 미국은 중국의 협조를 얻어 안보리에서 의장성명서를 통과시킴으로써 북한이 사용 후 핵연료의 측정을 허용할 것을 압박하면서 순응을 하지 않을 시 제재 위협을 경고할 수 있었다. 공을 북한으로 넘기면서 외교적 해결 가능성을 남겨놓았다.

북한의 1차적 대응은 핵 연료봉 교체 카드였다. 4월 19일 강석주는 갈루치에게 서신을 보냈다. 북한이 5MW 원자로의 연료봉 교체를 시작하기로 했다면서 플루토늄이 들어 있는 사용 후 연료봉이 핵무기 제조를 위해 전용되지 않는다는 것을 확인할 수 있도록 IAEA의 참관을 허용한다는 내용이었다. 4월 28일 북한은 정전협정 무효를 선언하고 군사정전위원회의 탈퇴와 동시에 폴란드 대표단의 철수를 요구했다. 5월 4일 북한은 연료봉의 일방적 교체를 강행하겠다고 선언했다. 다음 날 갈루치는 강석주에게 서신을 보내고 연료봉 교체 시 미·북 대화는 불가능하며 3차 회담도 중단될 것이라고 위협했다.

5월 19일 페리 국방장관은 클린턴 대통령에게 한반도 전쟁 발발 시 피해 상황과

---

31) 김태현 역, 앞의 책, 203~204쪽.
32) 「연합뉴스」, 1994.4.18.
33) 황병무, 『신중국 군사론』, 법문사, 1995, 446~456쪽.

준비태세에 관한 보고를 했다. 그리고 하이네만 IAEA 북핵 사찰관이 선발대로 평양에 도착했고, 곧 사찰팀이 방북했다. 5월 27일 블릭스 총장은 안보리에 사찰 실패의 보고를 했다. 북한이 사용 후 연료봉을 보관함에 마구잡이식으로 넣었기 때문에 과거 정보를 추출하는 데 핵심인 각 연료봉의 원자로 노심에서의 정확한 위치를 파악하는 것이 불가능했다는 것이다. 이는 북한이 IAEA 사찰단의 참관을 허용하되 사용 후 핵연료의 측정을 할 수 없도록 이른바 '짚더미에서 바늘 찾기' 식 연료봉 보관함을 만들었다.[34)]

5월 30일 미국 주도로 안보리는 의장성명을 다시 채택했다. 북한이 연료봉 측정 가능성을 보존하는 방법으로 사용 후 연료봉을 처리할 것과 동시에 IAEA와 북한 간의 즉각적인 협의를 촉구하는 내용이었다. 「장관급 위원회」에서는 대북 제재 효과에 대해 확신이 없었다. 참석자 중에서 어느 누구도 대북제재를 통해 북한으로 하여금 비확산 관련 의무를 이행하거나 핵 활동을 중단 또는 공개하도록 할 수 있다고 생각하는 사람은 없었다. 「장관급 위원회」는 북한이 연료봉 교체를 중요한 협상 카드로 이용하여 미국과의 협상에서 협상력을 높이려 한다고 생각하고 있었다. 6월 4일 미국은 3차 미·북 회담 취소를 선언했다. 그리고 미 국가안보회의는 대북제재 초안을 마련하여 각 부서에 회람시키고 24시간 내 의견을 제출할 것을 요구했다. 북한이 연료봉 제거 완료를 공언한 6월 8일 미국은 뉴욕 북한대표부에 전화로 미북 3차 회담의 개최 여부는 북한의 행동에 달려 있다고 경고성 통보를 했다. 6월 10일 중국 외교부는 주창준 북한 대사를 초치해 안보리에 대북 제재안이 상정 시 중국 영향력의 한계를 인정하고 북한이 신축성 있게 대응할 것을 권고했다. 6월 13일 북한은 IAEA 탈퇴라는 벼랑 끝 전술을 택했다. 결과적으로 보아 연료봉 교체는 한반도를 전쟁 직전까지 몰고 가고 있었다.

4) 미국의 군사 옵션 준비와 한국의 반발

5월 초 윌리엄 페리(William Perry) 미 국방장관은 한반도의 군사대비태세와 한반도 유사시 미국의 군사 활동의 지원 여부를 확인하기 위해 서울과 도쿄를 방문했다. 먼저 서울을 방문한 그는 김영삼 대통령을 만난 자리에서 대북제재가 한미 군사태세

---

34) "North Korea Foils Efforts to Heart its Nuclear Efforts," New York Times, May 29, 1994, p. A1.

를 강화하기 위한 조치와 아울러 실시해야 한다는 점을 상기시켰다. 그는 이병태 국방장관을 만난 자리에서 자신의 철학을 요약해 말했다. “우리는 전쟁을 시작하지 않을 것이다. 우리는 전쟁을 도발하지도 않을 것이다. 그러나 우리는 준비부족으로 전쟁을 자초하는 일은 없어야 할 것이다.” 그는 최근 제재를 전쟁선포로 간주하겠다는 북한의 엄포를 경시할 수 없다는 입장이었다. 패트리어트 미사일 배치, 대북 정찰능력을 강화하고 신형 AH-64 아파치 헬기의 배치 및 브래들리(Bradley) 장갑차의 신형으로 대체 등은 북한의 엄포가 선제공격으로 현실화되지 못하도록 억제태세를 강화한 것이라는 의미였다.[35]

이어서 도쿄를 방문한 페리 국방장관은 일본이 미국의 군사 활동을 지원할 준비가 되어 있는지 확인하고자 했다. 이 문제에 대한 최초의 협의는 1993년 한반도에의 위기의 가능성이 높아질 때 시작되었다. 미군에 대한 병참 지원 외에 유엔이 대북제재를 결의할 경우 미 해군의 해상작전에 대해 일본이 지원하는 문제에 대해 논의했다. 그는 아이치 카즈오(愛知和男) 방위청 장관에게 미국이 일본과 사전에 협의하지 않고 움직이는 일은 없을 것이라고 말했다. 아이치 장관은 일본이 한반도 유사시 군사적으로 대응할 수 있도록 특별법을 준비하고 있다고 응답했다. 페리는 일본의 지원을 확인하고 귀국했다.[36]

페리 국방장관은 귀국 후 통합군과 지역군의 사령관들을 포함한 전 미군의 4성 장군들을 펜타곤의 ‘탱크’라 불리는 비밀회의실로 소집해 제2의 한국전쟁에 대한 계획을 수행하기 위한 필요한 조치들을 검토했다. 5월 19일 페리 국방장관, 샬리카쉬빌리 합참의장 및 게리 럭(Gary Luck) 주한미군 사령관은 ‘탱크’회의 결과를 클린턴 대통령과 고위 간부들에게 보고했다.[37]

페리 장관은 북한은 1995년까지 통일될 것과 ‘불바다’ 협박을 계속하고 있으며, 핵 개발 외에 이란이나 리비아 같은 나라에 무절제한 미사일 수출을 계속하고 있는 동북아뿐 아니라 중동지역의 불안정을 부추기는 위험한 나라임을 강조했다. 그는 미군이 영변 핵시설을 공격하여 핵 프로그램을 몇 년 뒤로 돌려놓을 수 있다고 말했다. 그렇지만 이는 자칫 북한의 군사적 반응을 유도할 수 있으며, 잘못하면 전쟁으로 이어질 수 있다고 했다. 페리 장관은 두 가지 점에서 북한의 오판 가능성을 우려했다.

35) 김태현 역, 앞의 책, 216~218쪽.
36) 김태현 역, 위의 책, 219쪽.
37) Oberdorfer, 앞의 책, pp. 314~318.

첫째, 북한이 미군의 전력을 과소평가하고 승리를 과신할 경우, 둘째, 미국의 한반도 전력 증강을 도발을 위한 준비로 인식하고 선제공격을 할 가능성이다. 끝으로 그는 한국과 일본이 미국의 북한 핵 시설 공격을 지지하지 않을 것이라고 덧붙였다.

샬리카쉬빌리 합참의장은 한반도 군사력 균형과 전쟁 발발 시 한미 연합군이 승리하겠지만, 그에 따른 인명피해와 비용에 대해 설명했다. 북한군이 수적으로 우세함을 지적하고 미군 전력을 위험 수위에 맞춰 증강해야 한다고 말했다. 하지만 일부 정보 당국의 의견과 달리 그는 전쟁 경보를 발령할 만큼 위험한 징조가 북한에서 나타나지 않다고 판단했다. 또한 합참의장은 컴퓨터 분석을 인용, 미군 3만 명과 한국군 45만 명의 인명피해를 예상했다. 1백만 명의 민간인 사상, 6백억 달러 이상의 전비, 한국 경제의 1억 달러의 피해를 언급했다.

서울에서 도착한 럭 한미연합사령관은 서울 방어를 위한 레이더 구입과 배치 등 북한에 대한 전력 강화를 위한 조치를 취하도록 한국을 설득하고 있다고 보고했다. 그는 그러나 한국 사람들의 마음을 돌리는 것은 전함의 방향을 돌리는 것만큼 어렵다고 말했다. 이날 군 지도자들은 북핵 해결에 한미 간 긴밀한 협조체제가 유지돼야 하며, 북한의 공격을 당해내야 하는 것은 남한이기 때문에 긴장이 고조될수록 동맹관계를 유지하는 일이 어려워질 것은 분명했다. 페리 국방장관의 방한 이후 이병태 국방장관과 직접 전화를 위한 직통 전화선이 개설되었다. 페리 장관은 전화선이 설치된 날 이 장관에게 전화를 걸어 핵 문제가 유엔 안보리에 다시 회부되면 한미 연합군의 방어태세를 강화할 필요가 있다고 말했다.

5월 19일 브리핑 이후 미 행정부는 제2의 한국전쟁을 막기 위해 필요한 모든 조치를 취하는 방향으로 움직이고 있었다. 6월 10일 페리 국방장관은 대통령에게 제출한 주례 보고서에서 현시점에서 핵 문제에만 집중하는 것이 올바른 정책 목표이지만 북한 정권의 종말을 촉진하는 노력도 중요하다고 제시했다. 아침에 열린 「장관급 위원회」에서는 남한 내의 미군 전력 증강과 대북제재 및 북한에 탈출구를 열어주는 문제를 논의했다. 군사력 증강의 속도 문제를 집중적으로 다룬 뒤 3가지 대안을 준비했다. 첫 번째 대안은 2,000명의 비전투부대를 파견해 대규모 증원을 위한 준비 임무를 부여한다. 제2의 대안은 1만 명의 지상군, 수 개의 전투기 대대, 1척의 항공모함 파견, 제3의 대안은 5만 명의 지상군, 400대의 항공기, 다수의 로켓 발사대와 패트리어트 미사일이었다. 또 예비군의 소집과 경제제재를 집행할 추가적인 항공모함 전개도 포함돼 있었다. 타이밍이 중요했다. 북한이 유엔제재를 전쟁 행위라고 주장하고 있는 만큼 제재가 실행되기 전에 전비 태세를 갖추는 것이 매우 중요했다. 따라서 전력 증강은 유엔의 제재가 실행에 옮기기 전에 완료돼야 한다고 강조했다.[38] 럭 한미연합사령관은 한국의 군부는 미군의 빠른 증강을 달가워하지 않는 것으로 보고했다. 레이니 주한 미 대사와 주한 미군 작전팀은 대북제재가 시행되기 전에 남한에 거주하고 있는 미국 시민들을 미리 대피시켜야 한다고 주장했다. 수만 명에 달하는 미국인들이 대피 길에 오르면 한국 사회는 큰 혼란에 빠지고 북한은 그들을 노려 국지도발을 감행할 수 있다는 우려가 제기되었다.[39]

6월 10일 빈에서 열린 IAEA 이사회는 IAEA 차원의 대북 제재안을 의결했다. IAEA가 해마다 북한에 지원하고 있는 25만 달러의 기술지원금 중 의료비를 제외한 지원금을 삭감한 상징적인 것이었다. 북한은 사흘 후 IAEA를 탈퇴했다. 또 영변에 머무르고 있는 IAEA 사찰단을 추방하겠다고 위협하고 나섰다. 이에 갈루치는 북한이 만약 사찰단을 추방한다면 북한이 주장하는 '핵 프로그램이 평화적 목적'을 의심케 하는 '매우, 매우 심각한 사태'라고 강력히 경고했다.[40]

6월 14일 「장관급 위원회」가 열려 군사력 증강, 제재안 의결, 그리고 대결 상황을 돌리기 위한 북한의 출구전략에 대해 논의했다. '오시라크(Osirak) 옵션'이 논의되었다. 오시라크는 1981년 이스라엘이 공중폭격을 통해 파괴한 이라크의 원전시설과 그 시설이 있던 지명의 이름이다. 이러한 옵션을 영변의 핵시설에 적용할 경우 발생할 수 있는 군사적, 정치적 문제를 검토해야 한다. 「워싱턴 포스트」에 실린 칼럼에서 두 전직 안보·외교 관료들은 북한이 IAEA의 지속적인 사찰 및 감시 활동을 보장하지 않는 이른바 금지선(Red Line)을 넘을 경우 그러한 공격을 감행해야 한다는 주장을 펴고 있었다.[41] 위원회에서 즉시 결정할 문제는 아니었고, 오시라크 옵션에 동의한다 하더라도 미 군사력 증강이 완료된 후, 그리고 한국 정부와도 사전에 협의해야 할 사안이었다.

영변 핵 시설 공격안에는 ① 영변 재처리 시설 공격, ② 재처리 시설 및 5MW급 원자로, 사용 후 '연료봉 저장고 등 영변의 다른 핵 시설 함께 파괴, ③ 모든 핵

38) Oberdorfer, 위의 책, pp. 324~326.

39) Leon V.Sigal, *Disarming Strangers: Nuclear Diplomacy with North Korea*, Princeton University Press, 1998, p. 122.

40) New York Times, June 14, 1994, p. A1.

41) Brent Scowcroft and Arnold Kanter, "Korea : Time For Action," 「Washington Post」 June 15, 1994, p. A25.

시설과 북한의 보복 능력 약화를 위한 주요 군사시설 파괴 등 3가지 방안이 있었다. 첫째, 재처리 시설을 폭격하면 북한의 핵 프로그램을 몇 년 후퇴시킬 수 있을 것이다. 전면전 가능성도 낮다. 그러나 문제는 북한이 이미 추출한 것으로 여겨지는 핵탄두 한두 개 분량의 플루토늄이 재처리 시설에 남아 있다는 보장이 없었다. 둘째 안의 모든 핵 시설 파괴는 제한폭격에 비해 위험도 크고 방사능 물질의 유출 확률도 높은 데다 북한의 보복으로 전면전 가능성이 높았다. 셋째 안은 둘째 안을 채택할 때 북한의 군사시설까지 폭격해야 한다는 논리적 귀결이었다. 하지만 한·일뿐만 아니라 세계적인 반대 의견이 높아질 것이다.[42)]

주한 미 대사관은 한반도 전쟁 발발이 임박하면 한국에 거주하고 있는 미국인을 안전하게 소개(疏開)할 책임을 지고 있고, 1990년대 초 한국에 거주하고 있는 미국인은 10만 명에 육박했다. 교민 소개 계획에 따르면 주한 미국인들은 북한의 장사정포 사정거리 밖으로 소개하는 데 초점을 두었다. 한국의 운송수단을 대거 동원하는 준비가 필요했다. 6월 11일 클린턴 대통령이 병력 증파를 결정할 것이라는 소식을 들은 럭 사령관과 레이니 대사는 합동 건의문을 작성해 워싱턴으로 보냈다. 이 건의문에서 그들은 "워싱턴에서 내리려는 결정은 수만 명의 미국인 안전에 영향을 미칠 수 있으며, 그에 대한 고려와 준비가 부족하다"라고 지적했다.[43)]

한반도 상공에 전운이 감돌게 되자 김영삼 대통령은 처음으로 국가안전보장회의를 주재하고 대비태세를 점검했다. 김 대통령은 한미 양국군이 비상경계에 들어간 것은 호전적인 북한 정권에 억제력을 확보하려는 것이었을 뿐 전쟁을 목표로 선제 북폭을 감행한다는 것은 상상할 수 없었다. 그는 16일 오후 비밀리에 레이니 대사를 집무실로 불러 강력하게 경고했다.

"클린턴 대통령이 이럴 수가 있습니까? 미국이 북한을 폭격하면 그 즉시 우리 남한도 북한의 포격으로 초토화됩니다. 내가 분명히 말하지만 내가 있는 한 전쟁은 절대 안 되고 가족 등 미국인들의 소개도 안 됩니다. 지금 바로 클린턴 대통령에게 연락해 내 이야기를 분명히 전하세요. 나는 한국군의 통수권자로서 우리 군인 60만 중에 절대 한 사람도 동원하지 않을 것입니다. 미국이 우리 땅을 빌려서 전쟁을 할 수는 없어요. 전쟁은 절대 안 됩니다."[44)]

---

42) Oberdofer, 앞의 책, p. 323; 「Washington Post」 October 20, 1994, p. B1.
43) 김태현 역, 앞의 책, 266~267쪽.
44) 김영삼, 『김영삼 대통령 회고록 (상)』, 조선일보사, 2001, 316쪽.

김영삼 대통령의 회고록에는 레이니 대사가 직접 백악관의 클린턴 대통령에게 전화했다는 보고를 받고 '일단 숨을 돌렸다'고 기록되었다. 그날 새벽 클린턴 대통령으로부터 전화를 받은 김 대통령은 클린턴 대통령을 거세게 몰아붙였다. 김 대통령의 항의성 경고에는 레이니 대사에게 전달한 내용과 거의 비슷하지만 "전쟁은 절대 안 됩니다. 나는 우리 역사와 국민에게 죄를 지을 수는 없소"라는 결연한 의지를 전달했다. 김 대통령은 그날도 뜬눈으로 밤을 지새웠다. "그즈음은 내 재임 중 가장 힘들었던 한 시기였다"라고 기술하고 있다.

김 대통령과 클린턴 대통령이 통화한 사실의 진위 여부에도 불구하고 미국 측이 북한에 대한 선제 폭격 문제를 한국 측과 협의한 증거는 존재하지 않는다.[45] 한국 정부는 걸프전쟁을 연상시키는 CNN 취재팀이 한국에 체류하면서 언론에 주한 미 대사관이 거주 교민 소개 대책을 강구한다는 보도를 통해 전쟁 발발의 긴박감을 느꼈다. 방북 중재를 앞둔 카트 전 미국 대통령이 서울에 체류했던 이틀 동안 주가가 4% 하락했고, 라면 회사는 쇄도하는 주문 때문에 생산량을 30% 증가시켰다. 미국은 선제타격안이 결정되지 않았기 때문에 한국에 알릴 필요가 없었을 것이다. 미국은 선제타격을 실시 단계에 이른다면 한국에 통보가 불가피하다. 김 대통령이 명시한 '미국도 한국 땅을 빌려 전쟁'을 해야 하기 때문이다. 문제는 '협의' 후 '통보'가 아니라 '통보' 후 '협의'라는 절차가 될 때 한국은 한반도 전쟁 문제에 형식상 협의 절차는 걸치나 사실상 배제된다. 1976년 미루나무를 재절단하는 '폴 버니안 작전'은 미국이 일방적으로 결정하고, 실시 단계에서 우리 군에게 경계조를 요청한 사례가 이를 증명한다.

제1차 핵 위기 이후 한국의 역대 정부(김대중, 노무현, 문재인)는 핵 위기가 발생할 때마다 '전쟁은 안 된다', 북한의 비핵화는 평화적으로 해결돼야 한다는 기조를 공개적으로 주장하고 있다. 그런데 위기가 심각해질수록 북한은 '서울 불바다', "제재는 곧 전쟁이다" 선언 같은 벼랑 끝 전술을 구사한다. 이러한 벼랑 끝 전술에 우리도 강압 전술(경제제재나 무력시위)로 맞서왔다. 이는 전쟁으로 가기 위한 것이 아니라

---

45) 그 당시 북핵 위기 협상에 참여한 미국 관료들은 백악관에는 문제의 기간에 김 대통령이 민간인 철수나 임박한 전쟁에 대해 클린턴 대통령과 통화한 기록이 없다고 주장했다(김태현 역, 486쪽). 하지만 정종욱 외교·안보 수석은 김 대통령이 클린턴 대통령에게 전화로 "전쟁은 절대로 안 된다"라고 말한 것을 들은 적은 없지만, 그 당시 김 대통령의 생각이나 고민을 알고 있었기 때문에 "전쟁은 절대로 안 된다"라는 뜻을 어떠한 소통의 채널(레이니 대사 등)을 이용해 전달했을 것이라고 믿었다(정종욱, 앞의 책, 80~81쪽).

북한이 군사도발을 억제하고 협상장으로 나오도록 하는 강압 전략의 일환이다. 필요시에 전쟁 위협을 통해 상대를 굴복시키는 것이 군사 강압의 목표이다. 양자가 전쟁으로 돌입하면 군사 강압은 실패한다. 이 점에서 군사 강압은 외교의 보조 수단이 돼 상대(북한)가 협상장으로 나오도록 하는 데 제1차적 목표를 두어야 한다.

지미 카터 전 미국 대통령의 방북 외교는 북미 간 벼랑 끝 대치 국면에 돌파구를 마련했다. 카터는 6월 15일 방북해 저녁 김영남 외교부장의 만찬에 초대받았고, 16일 아침 김일성 주석과 대담했으며, 이어 강석주 외교부 제1부부장을 만났다. 그 대담 내용을 차례로 옮긴다.[46]

김영남: 재임 시절 카터의 주한미군의 철수 결정을 들면서 "우리는 그때부터 각하가 좋았더랬습니다."

카터: IAEA 사찰단을 추방한다면 그 의도는 무엇인가?

김영남: 사찰단은 이 나라에서 더 이상 할 일이 없다. 내일 핵 전문가를 만나면 알게 될 것이다.

카터: 건배를 제의하면서, 핵 문제 해결을 촉구한다.

김영남: 제재는 곧 전쟁이다.

6월 16일 아침 카터는 김일성과 대담했다.

카터: 미·북한이 정치체제는 다르지만, 우정을 방해할 이유가 없다. IAEA가 사용 후 핵 연료봉을 지속적으로 감시하는 것이 무엇보다도 중요하다. 사찰단은 반드시 잔류해야 한다. 미국이 제재를 추진한다면 북핵 자체에 주는 타격은 크지 않더라도, 북한과 국제사회를 분열시키는 결과를 초래할 것이다. 이 위기는 미·북 사이의 의사소통 부족에서 생긴 오해에서 발생한 것이다. 현재 남한에는 미국의 핵무기가 없다. 미국은 한반도를 비핵화하기 위한 일련의 과정에 착수할 예정이다.

김일성: 남한에 미국의 핵무기가 없는 것은 좋은 일이다. 미국이 신형 경수로를 얻는 것을 도와주면 현재의 흑연 감속로 원자로를 해체할 용의가 있다. 우리는 전기가 필요하다. 전력 수요를 충족하지 못하면 경제성장도 제대로 되지 않는다. 신형원자로를 확보하면 NPT에 복귀할 것이며, 더 이상 투명성 문제는 없을 것이다.

46) 김태현 역, 앞의 책, 272~276쪽.

카터: 사찰단 비자가 6월 22일 만료된다. 사찰단의 체류를 허락할 것인가?
김일성: (강석주가 옆에 선 채로 '좋다'고 대답하시라고 조언) 미국도 무엇인가 보답을 해야 할 것 아닌가?
카터: 미 정부에 신형원자로 공급과 또 한 차례 3차 북미회담을 건의하겠다.

오찬 후 카터와 강석주는 회담했다.

강석주: 이 나라의 인민과 군인은 제재에 맞설 것이다. 제재가 통과된다면 각하가 여태 하신 모든 노력은 쓰레기통에 던져질 것이다. 사찰단도 추방하고 감시 장비를 철거할 것이다.
카터: 김일성 주석과의 합의에 대해 백악관에 연락하고 나면 제재는 철회해야 한다고 주장할 것이다.
강석주: 두 곳의 미신고 시설에 대한 특별사찰은 생각해서는 안 된다. 북미 간 신뢰가 쌓인 후에만 가능하고, 미국이 경수로 구입을 지원하는 행동을 통해서 입증해야 가능하다.

카터 전 대통령은 평양에서 서울에 도착 즉시 김영삼 대통령과 만났다. 그는 김일성 주석이 김영삼 대통령과 아무런 조건과 준비 없이 만날 용의가 있음을 김 대통령에게 전달했다. 이는 김영삼 대통령이 카터에게 미리 건넨 외교적 카드였다. 남북정상이 아무런 조건 없이 만나자는 김 대통령의 제안에 대한 김 주석의 답변이었다. 김일성은 카터 센터가 남북 간의 신뢰 구축을 위해 노력할 수 있느냐고 물어보아 카터는 내정 간섭할 생각이 없지만, 남북 간의 소통에 도움이 된다면 가능하다고 답변했다고 말했다.[47]

북한의 벼랑 끝 전술은 미국으로 하여금 카터를 북한으로 보내 북·미 양자 회담을 끌어내는 효과가 있었다. 북한에게는 체면을 유지한 채 물러설 수 있는 탈출구를 제공했다. 미국에게는 제3차 북미회담의 당면 조건을 '사찰단 잔류'로부터 북한 핵 프로그램의 주요 요소에 대한 '동결'로 상향 조정할 수 있었다. 한국에게는 무엇보다도 전쟁 위기를 해소해 안도의 숨을 쉬면서 남북정상회담의 개최에 한 걸음 다가섰다.

---

47) 김태현, 앞의 책, 271쪽, 정종욱, 앞의 책, 289~290쪽.

5) '제네바 합의' 이행과 북한의 남한 배제 전략

1994년 10월 21일 서명한 미·북 기본합의서 혹은 합의틀(Agreed Framework)은 미·북 3차 회담의 2단계를 거쳐 성립된다. 제1단계 회의(1994년 8월 5일~8월 12일)에서 합의 초안(Agreed Minutia)을 만들어내고, 제2단계 회의(9월 23일~10월 21일)에서 합의틀로 마무리된다. 그리고 합의틀에 기초한 경수로 공급협정은 1995년 6월 13일 쿠알라룸푸르에서 한반도에너지개발기구(KEDO)와 북한 사이에서 채택되었다.

협상 과정은 치열한 공방과 우여곡절의 연속이었다. 전 협상 과정에서 미·북이 언행(speech－act) 면에서 협박과 무력시위가 감행된 시기는 미·북 제3차 회담의 제2단계, 그리고 경수로 공급협정의 합의 단계였다. 이해관계가 상충된 이슈는 북한의 현존 원자로의 동결과 사용 후 핵연료의 반출보다도 과거 핵 활동에 대한 특별사찰 문제였다. 경수로 공급 이슈는 재정 부담의 문제가 아닌 '한국형 경수로' 명칭을 삭제하려는 북한의 끈질긴 저항과 압박과 관련된 것이었다.

1994년 10월 초 제3차 미·북 협상 제2단계 회의가 진행되고 있었다. 미국은 협상에서 우위를 점하고자 그리고 협상이 결렬될 것에 대비해 대책을 세웠다. 페리 국방장관은 10월 협상에 차질이 생기면 남한에 군사력 증강을 진행한다는 제안을 「장관급 위원회」의 위원들의 동의를 받아놓았다. 한국 정부에 북한의 장사정포에 대항하기 위한 레이더 체계의 구축을 종용하고 있었다. 미 태평양 함대 사령관 론 글라테퍼(Ron Glataper)는 1976년 판문점 도끼 만행 사건 때 동해에 배치되었던 항공모함 키티호크(Kitty Hawk)의 동북아 배치를 밝혔다. "강력한 군사력으로 외교를 지원한다는 외교 원칙을 따른 것"이라고 말했다.[48)]

북한은 반발했다. 강석주는 미국 측이 북한의 요구를 거절할 때마다 회담을 교착시켜 전쟁 준비의 빌미를 삼으려고 한다고 비난했다. 갈루치는 "우리나라가 너의 나라와 전쟁을 하려고 들면 준비 따위는 필요 없다"라고 맞받았다. 강석주는 당황하여 한동안 입을 열지 못했다. 사찰문제에 대해 북한 군부는 이례적으로 성명을 발표하고, 직설적인 표현을 썼다. "신성한 공화국 주권을 보호할 의무가 있는 우리 인민군은 특별사찰이라는 미명하에 군사시설을 공개하려고 하는 어떠한 시도도 결코 승낙할 수 없다."[49)]

---

48) 「Washington Times」, October 6, 1994.
49) 김태현 역, 앞의 책, 360쪽, 366쪽.

미국은 김일성도 최고 관심을 보였던 경수로 제공문제와 특별사찰을 연계시켰다. 군사 강압보다 당근을 주어 북한을 설득하라는 것이다. 갈루치는 강석주에게 경수로 부품의 80%가 공급되면 두 곳의 의심 시설에 대한 IAEA의 사찰을 받을 것인지 물었다. 강석주는 북한 군부는 벌써부터 경수로 프로젝트가 북한의 군사시설을 공개하기 위한 수작에 불과하다고 믿고 있다며 응답을 회피했지만, 협상의 초점은 북한의 특별사찰 수용과 경수로 공정의 연계문제로 모아졌다. 북한은 '특별사찰'이라는 용어 사용을 거부했다. 미국은 시기를 양보했다. 북한은 경수로 부품의 75%까지, 핵심 부품이 제공되기 이전 안전협정을 이행하기로 했다. 경수로 공정 시기를 5년 또는 7년으로 잡을 때 특별사찰은 그 기간 동안 유예된다. 따라서 특별사찰 이행의 신뢰성은 의심할 수밖에 없었다. 그 기간 중 북한은 과거 핵 활동을 규명할 수 있는 재료를 없앨 수 있기 때문이다.

시간은 누구의 편이었을까? 1994년 제네바 합의틀 이후 첫 번째 열린 노동당 비서국 회의에서 전병호 북한 군수공업부장은 "제네바 합의로 5~6년 벌었다. 그동안 영변 핵시설을 다른 곳으로 옮길 수 있는 시간을 벌었다"라고 말했다.[50] 미국 측은 미국대로 낙관적인 전망을 했다. 갈루치는 "당시 북한 붕괴설이 돌고 있었기 때문에 경수로가 완공될 즈음이 되면 그 경수로가 한국의 소유가 될 수 있다." 하지만 시간은 중·단기적으로 미국 편이었지만, 장기적으로 북한 편으로 판명되었다.

협상의제 면에서 북한은 수세적이었고, 협상 카드도 미국에 비해 부족했다. 미국은 빠른 시일 내에 북한의 현제와 미래의 핵 활동의 동결과 핵 시설의 해체 및 사용 후 핵연료의 반출을 위해 IAEA를 내세워 압박했다. 또한, 미국은 북한이 위의 이슈에 순응하려는 협상태도를 취하지 않을 경우 협상을 중단한다고 위협했다. 미국은 북한에 줄 수 있는 경수로 카드를 최대로 활용했다. 한편 북한은 협상 과정에서 미국의 압박에 대항하기 위해 "원자로를 재가동하겠다. 연료봉을 재처리하겠다. 또는 사용 후 핵연료의 해외 반출은 주권 사항이다" 등의 협박과 엄포 수준의 카드를 행사했다. 하지만 북한은 경수로 공정의 일정에 핵시설의 동결, 폐쇄, 건설 중단 등을 연계해 시간 벌기 작전을 펼쳐 궁극적으로 의무 이행을 회피했다. 몇 가지 사례를 들어본다.[51]

---

50) 전병호의 발언은 1997년 2월 귀순한 황장엽 전 북한 노동당 비서의 전언이다. 한용섭, 「북한 핵의 운명」, 91쪽.

51) 제네바 합의 이행 4가지 사안에 대한 경과는 다음을 참고할 것. 김태현 역, 앞의 책, 334쪽,

첫째, 북한은 미국이 경수로를 제공한다는 대통령의 각서를 받는 시점에서 50MW와 200MW 원자로 건설작업을 동결한다. 경수로 제1기가 완성된 시점에 해체를 시작하여 제2기가 완성될 시점에 해체를 완료하기로 했다. 대신 에너지 손실의 보전을 위해 매년 50만 톤의 중유를 제공받기로 합의했다.

둘째, 북한은 미국 측이 주장하는 연료봉 해외 반출에 대해서 매우 부정적이었다. 북한 땅을 떠나면 협상카드가 사라지기 때문이다. 사용 후 연료를 영변에 보관하되 미 전문가들이 그것을 재처리 없이 부식의 방지를 도와달라고 했다. 하지만 미국은 그것을 즉시 반출하라고 강력히 주장했지만 허사였다. 미국과 북한은 최초 경수로의 핵심 부품의 공급이 시작될 무렵에 사용 후 연료봉의 해외 반출을 시작하여 그것이 완성될 무렵까지 그 반출을 끝내기로 타협했다.

셋째, 북한은 사실상 한국형 경수로를 받으면서 한국의 개입과 심지어 경수로 명칭 사용도 거부했다. 더욱이 북한은 남북대화 재개에 관련 회담을 두 번이나 결렬의 벼랑 끝으로 몰아갔다. 강석주는 남북대화와 경수로 공급과는 무관하다는 것을 별도의 비공개 문서로 확인해달라고 했다가 갈루치에게 거부당했다. 결국 "북한은 합의틀이 (남북)대화를 촉진할 분위기를 조성함과 동시에 남북대화에 참여할 것"이라는 애매한 표현으로 남북대화 재개 조항이 삽입되었다.

넷째, 핵사찰 시기이다. 경수로 사업의 상당 부분(significant position)이 완료될 때 그러나 핵심 원자력 부품(key nuclear component)의 인도 이전에 북한이 안전조치를 완전히 이행할 것을 규정했다(제네바 기본 합의 제4조 3항). 이후 북한의 사찰 거부는 제네바 기본 합의를 붕괴시킨 핵심 원인의 하나였다.

북한의 한국 배제는 1995년 3월 경수로 공급협정이 체결될 때 불거졌다. 북한은 체면 문제 때문인지 '한국형 경수로' 명칭 사용을 절대 반대했다. 북한은 4월 21일까지 공급협정이 체결되지 않으면 핵 프로그램의 일부를 동결 해제하고, 동결 해제 기간 동안만 협상을 계속할 것이라는 이른바 '시한부 최후통첩'을 하였다. 미국은 한반도에너지개발기구(KEDO)를 3월에 설립해 북한과의 협상을 맡길 계획이었다. 그 기간 동안 미국이 북한을 상대해야 할 입장이었다. 미국은 한국이 경수로 자금을 지원하고 주도적 역할을 해주길 바라고 있었으며, 경수로의 경우 미국 회사가 설계하고 한국형으로 개조한, 즉 한국 표준형 원자로밖에 없다고 판단했다.

383~384쪽, 394~395쪽, 438~439쪽 참조.

하지만 북한의 태도는 완강했다. 미국은 만약 영변의 핵 활동이 재개된다면 영변을 폭격한다는 옵션을 살려둘 필요가 있었다. 다양한 외교적 군사적 옵션을 검토하기 위한 실무그룹이 재가동되었다. 국방차관 월트 슬로콤(Walt Slocombe)을 위원장으로 한 그룹에는 갈루치, 폰먼, NSC 아시아 담당 국장 스탠리 로스(Stanley Roth), CIA 부국장 더글러스 맥이친(Douglas McEachin) 및 국방부와 합참에서 각각 파견된 2명의 중장급 장성 등이 포함되었다. 이들은 1994년 봄에 마련했던 서류를 다시 꺼내 여러 옵션을 검토했다. 군사적 옵션 실시 시 재빨리 한국에 군사력을 증강해야 했다. 실무그룹은 한국의 동의가 어렵고, 비용이 많이 들뿐 아니라 장기적 전개도 전략적으로 문제가 있다는 정치, 전략적 제약사항을 확인했다. 미국은 새로운 경수로 명칭을 제공했고, 북한은 2중 구조의 합의문에 동의했다. 한국은 마지못해 동의했다.52)

6월 13일 회담 개최지인 말레이시아 쿠알라룸푸르(Kuala Lumpur)에서 합의 후 서울·워싱턴에서 경수로 공급 합의문을 각각 발표했다. "두 개의 냉각 루트가 달린, 발전능력 약 1,000MW급 고압 경수로 두 기로 구성"될 것이라는 합의문의 내용을 공개했다. 이 용어가 경수로 공급협정에서 북한에 제공하는 원자로를 표현하는 명칭이 되었다. 6월 7일 미국의 제안에 따라 "북한과 KEDO는 한국이라는 내용이 언급되지 않은 경수로 공급협정을 체결하고, KEDO는 별도로 한국을 경수로의 제공자로 선정한다"라고 합의했다.53)

제네바 합의가 가까워진 10월 8일 김영삼 대통령은 「뉴욕타임즈」와의 인터뷰에서 미국이 북한과의 타협을 반대하는 입장을 표명했다. "북한의 경제가 붕괴하기 직전인 지금의 상황은 미국이 강하게 나갈 때지 타협할 때가 아니다. 시간은 우리 편이다. 북한은 결코 믿을 수 없다. 대화를 통해 좋은 결과가 올 것이라고 믿지 않는다. 미국이 설익은 타협에 만족하고 언론이 그것을 좋은 합의라고 부른다면 그것은 더욱 큰 위험을 가져올 뿐이다.54)

김 대통령이 지적한 세 가지 연계된 북한의 작전에 주목할 가치가 있다. 첫째, 북한은 붕괴 직전의 내우에 시달리고 있다. 둘째, 북한은 믿을 수 없다. 국내 경제의 붕괴에 직면한 북한이 협상을 통해 핵 시설과 핵물질을 보호하기 위해 미국을 기만

52) 김태현 역, 위의 책, 441쪽.
53) Oberdofer, 앞의 책, 367쪽.
54) James Sterngold, "South Korean President Lashes out at U.S.," *NYT*, October 8, 1994.

하고 있다. 셋째, 미국이 북한의 기만에 속아 협의를 한다 해도 그 이행은 보장되지 않는다. 시간은 우리 편이니 계속 압박을 가하면서 북한 내우를 이용해 핵 투명성이 완전히 보장될 때 경수로를 제공해야 한다고 주장한 것이다. 이외에도 김 대통령은 미국이 붕괴 직전의 북한과 대화를 서두르지 말라고 충고했다.

김 대통령의 충고는 무시되었다. 미국은 나름대로 상황인식과 정책 목표를 달성하기 위해 협상을 중시하고 있었다. 미국은 북한의 붕괴설을 미심쩍어 했지만, 핵 프로그램의 진행 속도가 빠르다고 인식하고 있었다. 더욱이 북한 리더십은 어떠한 국내외적 난관에 직면하더라도 핵 개발을 추진하려는 의지를 보이고 있었다. 미국은 '시간은 북한 편'이라고 인식했다. 그렇다면 북한의 현재와 미래의 핵 활동의 중지는 빠르면 빠를수록 좋다. 유엔 안보리의 성명이나 결의는 협상의 보조 수단이다. 군사적 옵션은 위험부담이 너무 커 실용적 대안이 아니다. 그렇다면 협상만이 유일한 수단이었다. 하지만 북한도 벼랑 끝 전술을 사용하는 등 저항이 만만치 않다. 협상에 대해 북한의 핵 위협을 일거에 '해결'할 수 없다. 북한의 과거를 규명하는 것보다 플루토늄을 추가로 확보하는 것을 막는 일이 가장 중요하다. 일단 플루토늄의 동결을 우선 확보하고, 나머지 문제는 포기하는 것이 아니라 미루기로 했다. 제네바 협상팀은 플루토늄 프로그램의 8년간 '동결'을 제네바 합의의 가장 큰 성과로 평가했다. 한승주 전 외교부 장관 또한, 북한의 핵 위협을 일거에 해결할 수 없는 "주어진 현실 속에서 바로 그 시간은 우리 편에 있다"고 생각하고 이번 타협안을 긍정적으로 받아들였다고 한다. 한 장관은 제네바 합의를 "양쪽에 모두 제한된 성공이고, 부분적 승리를 의미한다"고 했다.[55]

3. 제2차 핵 위기의 전망

1) 9·19 공동성명과 북한의 핵실험

제네바 합의 이후 북한은 경수로 사업에 유리한 정치적 환경을 조성하고 유지할 책임이 있었다. 하지만 북한은 동해안 잠수함 침투사건(1996년 9월), 대포동 미사일 발사 실험(1998년 8월), 서해교전(2002년 6월), 고농축 우라늄 핵 개발 의혹(2002년 10

55) 한승주, 『세계화 시대의 한국외교: 한승주 전 외교부장관 연설기고문』, 지식산업사, 1995, 201~205쪽. 김태현 역, 앞의 책, 474~475쪽.

월) 등의 문제를 야기하여 경수로 사업의 정치적 기반을 훼손하였다. 잠수함 침투사건과 대포동 미사일 발사사건 및 서해교전은 자금지원을 담당한 한국과 일본으로 하여금 각각 경수로 사업의 지지를 유보하는 계기를 만들었다. 고농축 핵 개발 의혹 사건은 결국 경수로 사업에 대한 미국의 지지가 철회되는 발단을 제공했다.

미국 행정부는 제네바 합의 직후부터 경수로 사업 추진과 미·북 관계 개선에 뚜렷한 의지를 보여주지 못했다. 더욱이 미국 협상팀이 북한 조기 붕괴의 가정 아래 경수로 제공에 동의하였다는 언론의 보도는 북한이 미국의 경수로 제공 의지를 의심하게 만들었다.[56] 9·11테러(2001년)를 겪은 후 2002년을 '전쟁의 해'로 선포한 부시 대통령은 연두 교서(2002년 1월)에서 이미 악의 축으로 지정한 북한의 대량살상무기의 보유와 확산을 막아야 한다고 강조했다. 그는 북한이 보유한 대량살상무기는 다른 불량 국가에 수출되어 그 지역의 전략적 안정을 해치거나 테러집단에 넘겨져 테러의 세계화를 촉진할 위험을 부각시켰다. 제네바 합의에 대한 재검토에 착수했고, 기본합의문 이행의 개선을 북미 간의 협상의제로 제시하고자 했다.[57]

북한은 1990년대 중·하반기 기근과 식량부족으로 '고난의 행군' 시기를 맞아 선군정치를 체제유지 수단으로 표방하고 있었다. '내우'에도 불구하고 북한은 영변 핵 시설을 동결한 상태에서 고농축 우라늄 프로그램을 비밀리에 추진하고 있었다. 고농축 우라늄 프로그램은 플루토늄 프로그램처럼 시급한 문제는 아니었다. 그것이 진척된 정도가 낮았기 때문이다. 그러나 위험도가 높았다. 우라늄 원폭기술은 플루토늄 원폭기술에 비하여 훨씬 쉽기 때문이다.

미 국무부 동아태차관보 제임스 켈리(James Kelly)가 방북(2002년 10월 3일~10월 5일) 했다. 제2차 북핵 위기가 시작됐다. 켈리가 고농축 우라늄 프로그램에 관한 증거를 제시했다. 북한은 예상과 달리 고농축 우라늄 보유 사실을 인정했다. 북한은 새로운 협상 카드를 만들고자 한 것이다. 미국은 제네바 합의에서 과거 핵 활동도 규명하지 못한 상태에서 우라늄 농축시설이라는 새로운 위협을 해소해야 할 부담을 알게 되었다. 그것도 선제하기보다 뒷북치는 형태로 협상 의제화를 해야 했다.

미국은 12월 KEDO에 중유 공급을 중단하도록 요구했다. 북한은 핵시설 가동을 재개한다고 맞대응했다. 그리고 핵시설 활동을 통제하고 있던 감시용 카메라 철거를 국제원자력기구에 요청했다. 그 후 북한은 사찰 요원들에게 북한으로부터 철수를 요

---

56) 경수로 사업지원기획단, 「KEDO 경수로 사업지원백서」, 다해 미디어, 2007.7., 288~289쪽.
57) 황병무, "부시 대통령의 방한과 한반도," 「국민일보」, 2002.2.18.

청했고, 이들은 이것을 받아들였다. 북한은 2003년 1월 10일 NPT에서 탈퇴를 선언하는 성명서를 발표했다. 2월 부시 대통령은 북한을 '악의 축' 국가로 지목한 가운데 군사적 공격을 포함한 모든 대안을 검토하고 있다고 위협했다. 북·미 맞대응(tit for tat) 전략이 위기를 조성해가고 있었다. 하지만 미국은 3월 20일에 시작된 이라크 전쟁에 정책의 우선순위를 두고 전략자산을 투입해야 할 입장이었다.[58)]

미국은 북한과의 3자 회담 중재를 중국에 요청했다. 3월 6일에는 3자회담이 성사되었다. 이 3자 회담은 2003년 8월 시작된 6자 회담의 기폭제가 되었다. 북한의 3자 회담 참여는 미국의 군사 강압에 선군정치를 내세워 북미 간 극한 대립을 완화하려는 의도가 보였다. 로동신문에 실린 한 기명 논설(2002년 6월 2일)은 "6·15(남·북) 공동선언은 선군정치의 산물이다. 미국 부시 행정부가 2002년을 전쟁의 해로 선포하고 핵 선제타격 전략을 표방, 핵무기를 상용 수단으로 바꿨지만, 북한에 실제로 '힘'을 사용하지 못하고 있는 이유는 자폭 정신으로 무장한 군인, 미국의 심장부를 강타할 수 있는 수단, 전 인민 무장화·요새화의 함정, 강군·강민 일치의 보루, 군사의 천재로 알려진 김정일 선군정치 때문이다."[59)]

로동신문의 논설은 부시 행정부가 핵무기를 상용 수단으로 하는 핵 선제 타결 전략을 수립했다고 지적하고 있다. 미국이 대북 압박을 위해 이러한 정보를 유출했을 수도 있다. 럼스펠드 국방부 장관은 임명된 지 얼마 되지 않아서 2002년 12월 미국 전략사령부에 미국 역사상 처음으로 북한과 이란을 대상으로 선제적(preemptive)이고, 공격적(offensive)인 타격력을 사용할 공격계획을 마련할 것을 명령했다. 이러한 타격에 재래식 전력 외에도 소형 전술핵을 동원한 선제공격을 포함했다. 북한이 미국 본토를 대량살상무기를 동원해 공격할 징후가 있거나, 재래식 전력으로 파괴가 어려운 목표를 파괴할 필요가 있을 경우 핵무기를 사용해서 선제타격할 수 있다는 내용이다. 이는 「개념계획(CONPLAN) 8022」으로 2004년 1월 성립되었다가 2007년 7월 폐지되었지만, 다른 전략 핵전쟁 계획인 「OPLAN 8044」는 남아 있다는 것이다.[60)]

---

58) Ramon P. Pardo, *North Korea－U.S. Relations under Kim Jong Il*, 2014, 권영근·임상순 역, 『북한 핵 위기와 북·미 관계』, 연경문화사, 2016, 104~106쪽.

59) 황병무, "북한의 '전쟁관, 선군정치'를 알아야," 「국방일보」, 2003.2.22.

60) 「Washington Post」 2005.5.5., 미 전력사령부 뉴스 기자, JFCC for Peace and Global Strike Achieves Initial Operational Capability, 2005.12.11.(URL : https://creterkorea.tistory.com/118)

북한은 미국이 사용할지도 모르는 군사 옵션에 핵 보유 선언으로 대응했다. 2005년 2월 10일 북한 외무성은 북한을 고립·압살시키려는 부시 행정부의 공공연한 정책에 맞서 자위 차원에서 핵무기를 제조, 보유했다. 이것이 미국의 공격 가능성에 대항한 억제력이라고 주장했다.61) 북한은 2006년 10월 9일 처음으로 핵실험을 했다. 1년 앞서 핵 보유 선언은 북한이 핵 폐기를 미국과의 '국교 정상화' 수단, 즉 협상의 수단으로 삼겠다는 목표와는 다른 것이다. 북한 핵 보유의 진정한 의도가 무엇인지 암시한 것이다.

2005년 9월 19일 6자회담의 공동성명서가 발표되었다. 이 성명 1항에서 '한반도의 검증 가능한 비핵화'라는 대원칙 아래 북한은 모든 핵무기와 현존하는 핵 계획을 포기하는 대신 나머지 5개 참가국(중·미·러·일·한국)은 경제 지원을 하기로 합의했다. 북·미, 북·일 간 관계 정상화 약속과 함께 남한은 200만 kw의 전력을 공급한다는 제안을 재확인했다.

그런데 라이스(Condoleezza Rice) 미 국무장관은 공동성명을 발표, 한 시간도 되지 않아 북·미의 「평화공존」 부분을 삭제하라고 크리스토퍼 힐(Christopher Hill) 6자 회담 수석대표에게 알려왔다. 이는 미국 행정부 내 강경파의 의견을 반영한 것이었다. 힐은 우다웨이(武大伟) 중국 수석대표에게 달려가 '평화공존' 조항은 냉전시대 낡은 조항이니 미·북이 "평화롭게 함께 존재한다(exist peacefully together)"라는 구절로 수정했다.62) 미국은 9·19 공동성명에서 '북한에 대한 핵무기 불위협 또는 불사용에 관한 보장'이라는 이른바 소극적 안보를 약속했다. 북한의 핵 폐기 이행에 앞서 「평화공존」이라는 적극적 안전보장을 제공할 의사가 없었다. 특히, 미국 행정부 내의 강경파들은 더욱 그러한 입장이었다.

미국은 또 압박카드를 제시했다. 2005년 9월 19일 공동성명 발표 직후 미 재무부는 북한 당국을 위해 돈세탁을 한 혐의로 방코델타아시아(Banco Delta Asia)를 제재한다고 발표했다. 이 은행은 포르투갈 식민지였던 마카오에 있는 데 김씨 집권 세력의 재산을 관리하고, 북한 엘리트들에게 사치품을 조달하기 위해 이 계좌에 들어있는 약 2,200만~2,500만 달러가 동결되었다. 이 BDA 제재 사건은 미 국내적으로 강경파 대 온건파의 논쟁을 야기했고, 국제적으로 중국의 반대와 북한의 저항을 초

61) 권영근 외 역, 앞의 책, 129쪽.
62) Christopher R. Hill, *Outpost : Life on the Frontline American Diplomacy*, 2014, 이미숙 역, 『크리스토퍼 힐 회고록: 미국 외교의 최전선』, 서울: 메디치미디어, 2015, 304~307쪽.

래했다. 노무현 정부는 출범 초기부터 북한 핵 보유를 막는 것과 미국의 군사 행동을 막는 일에 신경을 곤두세웠고, 그중 미국의 군사행동을 막는 일을 더욱 중요시했다. 따라서 한·미 간에도 대북 정책에 관한 이견으로 대립을 야기시켰다. 아래에 2005년 11월 17일 경주에서 열린 한미정상회담에서 대북 포용 대 압박을 둘러싼 두 대통령의 대담을 정리해본다.[63)]

> 노무현: 미국이 추구하는 민주주의와 시장경제라는 가치를 표본적으로 구현하는 나라가 한국이다. 중국과 베트남은 물론 북한도 결국 이렇게 변화할 것으로 본다.
>
> 부시: '북한의 변화', 좋은 말이다. 북한이 대량살상무기를 제조하고 미국 화폐를 위조하여 유통하는가 하면 인민을 극심하게 탄압하고 있다. 이런 정권의 변화를 위해 전략을 함께 수립하자.
>
> 노무현: 독재국가는 외부의 영향이나 내부의 자체 변화로 붕괴될 수 있겠으나 전투기나 미사일을 동원한 압박은 오히려 내부를 단결시킬 것이다. 그보다는 쌀과 비료가 더 큰 변화를 가져올 것으로 본다.
>
> 부시: (그런 변화의 방식에 관심이 없는 듯) 북한이 핵을 포기하도록 압력을 가해야 한다. 만약 북한이 거부하면 미국은 북한의 핵무기 확산은 물론, 화폐위조와 불법자금 조달을 막기 위해 한·중·일·러와 협력을 동원해야 한다. 특히 한국과 중국이 대북 압박에 가담해야 한다.
>
> 노무현: (다소 굳은 표정으로) 지금 각하와 나 사이에 손발이 맞지 않는다. 안에서는 6자회담을 하면서 밖에서는 압박을 행사하면, 북한은 미국이 결국 자기를 붕괴시키려는 것으로 볼 것이다. 그렇게 하면 북한은 문을 걸어잠그고 변화를 거부할 것이다.
>
> 부시: (얼굴이 굳어지기 시작) 전 세계에서 미국 화폐를 가장 많이 위조하는 북한을 두고 보란 말인가? 만약 누군가가 한국 화폐를 위조하고 있다면 그냥 두겠는가?
>
> 노무현: BDA로 인한 미국 대북 금융제재는 우연의 일치인지 모르겠지만, 대북 압박이 6자회담의 진전이 아니라 오히려 지장을 초래한다면, 전략적으로 생각해볼 필요가 있다. 지금 북한은 이라크처럼 될 것이라는 공포를 가지고 있다.
>
> 부시: 미국의 법 집행과 6자회담은 별개 문제이다. 이라크는 전혀 다른 경우이다. 북한은 미국에 모든 탓을 돌리고 있다.

---

63) 한국의 6자회담 수석대표인 송민순 회고록에서 대담을 재구성했음. 송민순, 『빙하는 움직인다』, 경기: 창비, 2016, 215~218쪽.

노무현: 우리 사이에 큰 목표를 함께 하고 있으니 구체적인 방법을 조율해나가면 될 것이다. 각하는 북한에 대해 전략적 고려나 전술적 접근보다는 철학적으로 김정일을 받아들이기 어려운 것 같다.

부시: 맞는 말이다. 나는 싫다면 싫다. 둘러대는 사람이 아니다. 나는 악한 역(bad cop)을 맡고, 노 대통령은 착한 역(good cop)을 해서 협력을 하자.

그러나 부시 대통령의 말대로 대북정책이 압박과 포용으로 나눠질 수 없었다. 우리식 표현을 빌린다면 국제 한미공조와 민족(남북)공조가 병진할 수 없었다. 이후 한국은 미국의 북한 비핵화를 위한 대북 압박정책에 남북관계 개선을 종속시켜야 했다. 북한 역시 비핵화와 북·미 외교 관계 정상화를 우선적으로 연계시키는 정책을 추진하면서 남·북 협력(민족공조)을 이용해 미국의 대북 압박이나 선제공격을 저지하려 했다. 이러한 북한의 한미공조에 대한 이간 의도는 2000년 6·15 남북공동선언 이후 남한에 끊임없이 시도되었다.

김대중 대통령 임기 말 2002년 4월 3일 임동원 특사는 북한을 방문해 김용순 비서와 대담 시 '국제공조가 민족공조를 해치는 요인'이라고 말하면서 김용순은 부시 행정부의 전쟁정책으로 남북관계가 크게 후퇴, "미국의 전쟁정책에 추종해온 남측에도 응분의 책임이 있다"라며 비난 공세를 폈다. 더욱이 그는 "6·15 공동선언의 기본정신을 존중하고 우리민족끼리 공조해나가겠는가 아니면 민족을 등지고 외세와 공조하겠는가"라며 양자택일을 요구했다. 또한 그는 "남쪽 주적론이나 부시의 악의 축이나 일맥상통하는 것으로 합동군사훈련과 주적론을 비난하면서 민족이 힘을 합쳐 평화를 지키겠는가 아니면 외세와 결탁하여 전쟁의 길로 나가겠는가"를 밝히라고 압박했다.

임 특사는 "민족공조와 국제공조는 양자택일이나 서로 대립, 상호모순되는 개념이 아니라 상호보완적 개념이다. 한반도 문제가 아니라 민족 내부 문제인 동시에 국제 문제라는 이중적 성격을 띠고 있었다. 민족공조를 위해서라도 국제공조가 필수적이다"라는 주장을 폈다. 특히, 그는 "한국 정부가 추진하고 있는 국제공조는 반북 적대 공조가 아니라 각국의 대북 관계 개선을 도와 평화를 실현하기 위한 국제공조이다." 그러면서 김대중 대통령은 북한을 공격하거나 침공하지 않겠다는 부시 대통령의 다짐을 받아놓았다고 말했다.[64]

64) 임동원, 『피스 메이커: 남북관계와 북핵문제의 20년』, 서울: 중앙, 2008년, 595~596쪽.

4월 4일 백화원 영빈관 만찬에서 임 특사는 김정일 위원장에게 부시 독트린을 설명했다. 그는 "부시 행정부는 9·11사태 이후 대량살상무기 확산과 테러에 반대하는 전쟁을 선포하고 외교적 협상보다는 군사적 조치를 선호하고 있다. 아프가니스탄 침공에 이어 이라크 선제공격의 목표가 되고 있는데, 위원장께서 듣기가 거북하시겠지만, 다음 목표는 이란과 북한의 정권교체와 선제공격을 공언하는 실정이다"라고 말했다. 그는 이어서 부시 행정부의 대외정책과 세계전략이 클린턴 행정부와 전혀 다르다는 것을 북한에서도 올바르게 인식해야 함을 환기시켰다.[65)]

미국의 금융제재에 대한 북한의 첫 번째 반응은 비핵화 논의인 6자회담에 참여하지 않겠다는 입장이었다. 북한은 금융제재를 경제전쟁으로 간주했다. 이에 대해 미국은 비핵화는 미·북 관계 정상화와 관련된 문제이지 미국 국내법을 위반한 BDA 제재와는 별개 문제라고 주장하면서 북한의 요구를 수용하지 않았다. 결과적으로 6자회담은 북한이 최초로 핵실험을 한 이후 두 달이 지난 2006년 12월에나 재개되었다.

북한은 계획되고 계산된 고장도 벼랑 끝 전술을 감행했다. 2006년 7월 4일과 5일 장거리 대포동 미사일 1발을 포함하여 모두 8발의 미사일을 시험 발사했다. 이로부터 3개월 뒤인 2006년 10월 9일 북한은 최초로 핵실험을 단행했다. 장거리 미사일 발사와 핵실험은 비핵화 협상력을 높인다는 수준을 넘어 북한이 미국에 핵 억제력의 보유를 과시하려는 전략적 의미가 있었다.

미국은 중·러를 동원해 안보리 제재 결의로 맞섰다. 2006년 7월 15일 장거리 미사일 발사에 대한 안보리 결의안 1695호를 통과시켰다. 이 결의안에는 대북 대량살상무기·미사일 활동 관련 물자와 기술, 금융자원을 금지하고 감시하는 내용이 포함되었다. 북핵실험 제재 안보리 결의안(1718호, 2006년 10월 14일)에는 최초로 안보리 산하에 북한제재위원회의 설치를 비롯해 대북 금수조치, 화물검색도입, 제재대상 자산 동결 및 여행 통제가 포함되었다. 중국은 북한에 핵실험 자제를 요청했다.[66)] 북한은 중·러의 동의에 의한 안보리 제재 결의에 압박을 받았다. 더 이상 협상 카드도 없었다. 계좌의 동결이 해제되어 북한 은행에 입금되지 않았지만, 6자회담에 복귀했다.

---

65) 임동원, 위의 책, 598쪽.
66) 안보리 결의 1718호의 요약문은 「조선일보」, 2006.10.16.

2) 9·19 공동성명 이행의 실패: 문서로 남은 북핵 해결 로드맵

2007년 9·19 공동성명 이행을 위한 초기 조치를 담은 2·13 합의문이 발표되었다. 참가자들은 '행동 대 행동'의 원칙에 따라 단계적으로 9·19 공동성명을 이행하기 위해 상호조율된 조치를 취하기로 합의했다. 북한 핵시설의 폐기를 위한 과정으로 동결(freeze)과 폐쇄(shut down), 불능화(disablement) 등의 용어가 사용됐다.[67]

이 중 동결은 북한 비핵화 1단계 조치로 평북 영변에 있는 5MW 원자로 등 핵시설의 가동을 중단하는 것을 말한다. 1994년 북·미 제네바 합의 당시 북한이 연간 중유 50만t과 경수로 건설을 대가로 핵 시설 동결에 합의해놓고, 이를 재가동해 플루토늄을 추출했다. '폐쇄'는 북한이 언제든지 재가동을 할 수 있는 동결과는 달리 핵시설에 대한 북한 기술자들의 접근과 수리를 하지 못하도록 하는 것이다. 핵시설 자체는 그대로 둔다는 약점을 지니고 있다.

핵 시설이 해체(dismantling)가 될 때 핵시설을 가동할 수 없다. 이전 단계로 '불능화(disablement)' 조치를 취하도록 했다. '불능화'는 핵 시설의 핵심 부품을 제거해 기술적으로 핵 시설의 재가동을 막는다는 개념이다. 그러나 '불능화'의 구체적인 방법을 아직 확정되지 않은 상태이며 제거된 부품을 다시 결합할 경우 재가동이 가능하다는 한계가 있다.

2·13 합의는 과거 제네바 합의가 '동결'에 목적을 두었다면 '불능화'에 목적을 두었다. 미 6자회담 수석대표인 크리스토퍼 힐 미 국무부 동아시아 담당 차관보가 2007년 9월 2일 스위스 제네바에서 북 6자회담 수석대표 김계관 북한 외무성 부상과 북미관계 정상화 실무그룹 2차 회의를 한 뒤 기자회견에서 질문에 답한 내용은 아래와 같다(제네바: AP 연합뉴스).[68]

북한 문제 해결 로드맵			
	북한이 할 일	나머지 5개국이 할 일	비 고
1단계	·영변 5MW 원자로 등 5개 핵시설 폐쇄	·중유 5만t 제공	·북한 핵시설 폐쇄 (7월 14일) ·중유 5만t 제공 완료 (8월 2일)

67) 2·13 합의문 전문은 「중앙일보」, 2007.2.14.
68) 인용은 「동아일보」, 2007.9.4.

2단계	· 핵시설의 불능화 · 모든 핵 프로그램의 신고	· 중유 95만t 상당의 에너지 지원 · 테러지원국 명단 삭제 · 적성국 교역법 적용 중단	· 제네바 2차 북-미 관계 정상화 실무그룹 회의에서 연내 불능화와 신고에 합의
3단계	· 핵물질 폐기 · 우라늄 농축 프로그램 (UEP) 폐기	· 6 · 25전쟁 종전 선언 · 평화협정 협상 · 북-미, 북-일 수교 협상	· 미국, 2008년까지 마무리 희망
4단계	· 핵무기 폐기	· 북-미, 북-일 수교 마무리 · 평화협정 체결	· 미국, 2008년까지 마무리 희망

2007년 2월 13일 합의의 2단계, 내용인 핵 시설의 불능화와 모든 핵 프로그램의 신고, 그리고 검증 문제는 6자회담의 성과를 좌우했던 사안이었다. 2017년 10 · 3 합의는 북한이 12월 31일까지 핵시설 불능화와 핵 프로그램의 신고를 완료할 것을 명시했다. 전문가들은 2007년 10월 내내 협의를 진행해 핵시설 불능화에 대한 11단계를 합의했다. 불능화의 목표는 영변 핵시설을 영원히 가동하지 못하게 하거나 복구 비용이 엄청나게 들어가도록 하는 것이었다. 11월 힐 수석대표는 북한 영변을 방문해 원자로 폐쇄 여부를 점검하기 위해 미국 엔지니어들이 북한 요원들을 지원해 핵시설 불능화 작업을 진행 중인 모든 곳을 방문했다. 그리고 2008년 6월 파괴된 냉각탑 내부 구조의 불능화 상태를 확인했다.[69]

미국은 당시 북한이 플루토늄 원자로에서 핵무기를 6개가량 만들 수 있는 물질을 충분히 생산해냈음을 알고 있었다. 우라늄 농축 문제에 대한 진전을 알기 위한 정보도 필요했다. 따라서 미국은 북한에게 5개 핵시설 이외의 모든 핵시설을 선언하고 검증 프로토콜에 관한 합의를 요청했다. 하지만 북한은 불능화의 대상, 검증의 주체, 방식에 대해 불충분하고 부정확한 선언을 했다. 검증의 대상과 범위는 북한이 지금까지 IAEA에 신고한 대상, 즉 5개 핵시설에 한정됐고, 검증의 주체도 미국의 앞잡이로 여기는 IAEA를 거부했다. 그리고 검증방식에 대해서도 협의하려 하지 않았다. 이는 부시 행정부가 추구한 북한 핵무기의 완전하고 검증 가능하며 돌이킬 수 없는 폐기(CVID)와는 거리가 먼 것이었다.[70]

미국이 북한을 설득하거나 압박할 카드가 아주 제한되었다. BDA에 동결된 2,500

69) 이미숙 역, 『힐 회고록』, 메디치미디어, 2015, 356~357쪽.
70) 한용섭, 『북한 핵의 운명』, 박영사, 2018, 103쪽.

만 달러는 북한의 불능화의 대상 등에 대한 선언 직전 2007년 6월 25일 북한 계좌로 입금되어 더 이상 협상 카드로 사용할 수 없었다. 9월 이스라엘군이 시리아 사막에 건설 중인 핵시설을 폭격했다. 그 시설은 북한 기술자들이 건설하고 있었다. 부시 대통령은 그 폭격 사진을 힐 대표에게 직접 보여주도록 지시했다. 이 사진을 본 김계관은 옹색한 표정으로 영변 핵시설 책임자를 본적이 없다고 말했을 뿐이다.[71)]

미국에 남은 대북 압박카드는 북한을 '적성국 교역법' 대상 국가에서 삭제와 테러지원국 명단에서 제외시키는 일이었다. 이는 2·13 합의와 10·3 합의에 명시된 것이다. 적성국 교역법은 1950년 12월 16일 북한에 적용되었다. 이 법에 따라 2007년 당시 미국은 북한을 적으로 간주했으며, 거의 60년 동안 북미 간에 공식적인 무역이 이루어지지 않았다. 북한에 대한 몇 가지 중요한 제재가 아직도 유효한 상태에 있었다. 테러지원국 명단에 들어 있는 국가는 국제통화기금 및 세계은행과 같은 국제 금융기관으로부터 융자와 대부에 제한을 받으며, 미국의 특정 원조프로그램에 지원할 수 없었다. 북한에게는 '적성국 교역법'의 제외와 테러지원국 명단에서의 삭제는 북미 외교 관계 정상화와 국제금융지원을 받는 전제 조건이었다.

미국은 북한에 핵 프로그램에 관한 완벽한 목록 제출을 포함한 영변 핵시설 불능화에 관한 보다 강력한 모니터링과 검증을 요구했다. 그리고 북한이 이에 동의할 때 테러지원국 해제를 하겠다고 채찍과 당근을 연계시켰다. 또한, 미국은 한국이 추진하려는 남북정상회담을 영변 핵시설의 폐쇄와 연계시키려 했다. 힐 국무차관보는 2007년 5월 중순, 방미한 신기남 국회정보위원장과의 면담에서 "북한이 6자회담에 열의를 보이지 않는 상황에서 남북정상회담을 하는 것은 적절하지 않다"라고 했다. 그리고 한반도 정전체제를 종전체제로 전환하는 문제(2·13 합의 3단계)에 대해서 그는 "북한이 '영변 원자로를 폐쇄'하면 정전협정을 종전협정으로 바꾸는 절차를 시작할 수 있을 것"이라고 말했다.[72)] 미국은 남북정상회담의 성사마저도 가능한 한 대북 압박카드로 사용하고자 했다. 그러나 한국 정부는 남북한 간 신뢰 조성이 역으로 북한의 비핵화에 도움이 될 것으로 생각했었다.

북한은 미국의 강압에 일면으로 순응하는 태도를 보이면서 일면으로 특유의 벼랑 끝 전술로 맞섰다. 2008년 6월 26일 평양은 6자회담 중국 대표 측에 핵 프로그램 목록에 관한 선언을 전달했다. 그리고 6월 27일 북한은 영변의 냉각탑을 폭파함

71) 이미숙 역, 앞의 책, 349~350쪽.
72) 「중앙일보」, 2007.5.17.

으로써 불완전하고 부정확한 선언 내용을 이행한 것처럼 보이도록 했다. CNN을 포함한 전 세계 텔레비전 카메라가 이 역사적인 현장을 기록했다. 임기 말에 임박한 부시 대통령은 오벌 오피스(Oval Office)에서 현장을 지켜보면서 참모들에게 이렇게 이야기 했다. "저것이야말로 검증 가능하다는 사실을 보여주는 것이네요." 하지만 한국의 전문가들은 핵실험을 한 북한이 영변의 냉각탑 하나를 폭파했다고 핵 폐기로 가리라고 생각하는 사람은 없었다.[73] 6자회담 미 수석대표인 힐은 베이징에서 우다웨이(武大伟) 6자회담 의장에게 '우리가 불능화 단계를 눈으로 보여줄 인증의 제스처가 필요하다'라고 말하자 우다웨이가 동의하고 북한을 설득해 이루어진 폭파였다. 미 협상팀은 냉각탑 폭파는 2008년 6자회담의 마지막 성과로 평가했다.[74]

북한은 미 측이 설정한 8월 11일이 지나도 북한을 테러지원국 명단에서 제외시키지 않자, 8월 14일 영변 핵시설 불능화 중단을 선언했다. 그 후 북한은 IAEA 사찰요원들을 추방했으며, 9월에는 영변 원자로를 재가동시킬 것이라고 위협했다. 미국은 10월 11일부로 북한을 테러지원국 명단에서 삭제했다. 강압 카드가 효력 없이 협상의 실패를 자인하는 꼴이 되었다. 부시 행정부가 추진했던 6자회담은 사실상 종말을 맞았다.[75]

협상팀은 국내의 비판 여론을 의식했는지 협상의 성과를 "북한 원자로가 폐쇄되고, 플루토늄을 만들어내는 사용 후 연료봉이 더 생산되지 않게 된 것"이라고 했다. "우리는 한 걸음 한 걸음씩 '행동 대 행동' 원칙을 견지하여 협상했다. 그것은 우리가 무언가 받아내기 전에 북한에 양보하지 않았다." 즉, 나쁜 행동에 보상하지 않았다고 말했다.[76] 어느 곳에서도 부시 행정부 8년간 농축 우라늄 프로그램 의혹으로 시작된 6자회담이 그 의혹 규명에 성과를 냈다거나 과거 핵물질의 반출 그리고 핵실험을 막지 못한 실책을 느끼거나 아쉬워하지 않았다. CVID의 비핵화 검증 목표는 냉각탑 폭파로 달성한 것처럼 홍보했다. 결국, 한미는 검증되지 못한 북핵 시설 불능화에 유류보상을 하였다. 지난 제네바 합의 때는 북핵 동결에 경수로 2기를 제공한 것과 유사하다.

힐은 '한미관계가 6자회담 이전보다 좋은 상태로 발전된 것'을 성과로 꼽았다. 그

---

73) 황병무 "북 냉각탑 폭파만으로 안심 일러,"「국민일보」, 2008.6.28.
74) 이미숙 역, 앞의 책, 367~368쪽.
75) 권영근 외 역, 앞의 책, 172~174쪽.
76) 이미숙 역, 앞의 책, 370~373쪽.

는 "6자회담 이전 한국의 많은 사람들 가운데 협상이 진전되지 않은 이유가 '흉악한' 북한보다 호전적인 미국 때문이라는 인식이 팽배했으나, 그것이 바뀌었다"라고 말했다. 그래서 협상의 휴식기를 가질 만한 좋은 시점이며, 새로운 행정부(오바마 정부)에 그간의 성과를 넘겨주는 데 좋은 타이밍이기도 했다는 것이다. 미국의 '호전성'은 군사 옵션을 말한다. 부시 행정부 1기, 한국 정부와 국민들은 미국의 대북 군사 옵션이 실현돼 한반도가 전장화될 수 있는 최악의 상황을 우려했다. 협상팀은 한반도에 전쟁 없이 북핵 위기를 봉합해 한국민을 안심시키고, 평화적으로 해결할 비핵화 업무를 차기 정권에 넘겼다는 것이다. 한국 정부와 국민은 비핵화 방법과 수단 선택의 역설에 직면했다. 완전하고 검증 가능하며 돌이킬 수 없는 북한의 비핵화는 '당근' 위주 협상만으로는 안 되고 그렇다고 전쟁에 의한 해결을 용인할 수 없다. 강압은 외교(협상)의 보조 수단으로 활용하는 데 한계를 느꼈다. 북핵 불용은 우리의 기본 정책이다. 북한은 '자위적 핵은 협상물이 아니다'라고 강변했다. 문재인 정부는 출범 직후부터 민족공조와 국제공조 사이의 갈등을 안은 채 북한 비핵화 과정에 관여해야만 했다.

4. 제3차 핵 위기의 전망

1) 미국 '전략적 인내'하의 북한 핵, 미사일 모험

김정일은 후계자 지위를 굳힌 직후 2009년 1월 17일 외무성 대변인 기자 문답에서 "미국과 관계 정상화 없이는 살아갈 수 있어도, 핵 억제력 없이는 살아갈 수 없으며, 핵 문제와 북미 관계 정상화는 철두철미하게 별개 문제"라고 선언했다. 김정일이 북미 관계 개선을 위해 핵 억제력을 강화했다면, 김정은은 핵 억제력 강화가 목적이며 북미 관계로 인해 핵 억제력의 강화를 늦추거나 포기하지 않겠다는 의미였다. 북한이 핵과 북미 관계의 분리를 공개 거론한 것은 이때가 처음이었다. 북한은 2009년 5월 25일 제2차 핵실험을 감행한다. 김정은은 2011년 12월 17일 김정일이 사망하자 12월 30일 최고 사령관에 추대되며, 2012년 4월, 당 제1비서와 국방위원회 부위원장직에 올랐다.[77]

2011년 미국 오바마(Barack Obama) 행정부는 아시아 재균형정책(Rebalance to

77) 이종주, "김정은의 핵 강압 외교 연구,"「현대 북한 연구」 제22호 3집, 2019, 98~102쪽.

Asia)을 천명하고, 중동에 치우친 미국의 자원을 아태지역으로 재배분하여 중국의 부상에 미국 주도의 국제질서를 관리하고자 했다. 한편 중국은 2012년 11월 18차 공산당 대회에서 선포한 '신형대국관계'로 대응했다. 신형대국관계는 미·중 관계의 미래 비전으로 양국의 전략적 신뢰 강화와 핵심 이익 존중, 호혜 협력 강화 및 국제문제 협력 증진이 핵심 요소였다. 미·중은 한반도 비핵화와 평화·안정 등의 목표를 공유하면서도 북한의 비핵화 방법 면에서는 우선순위의 차이로 충돌했다. 오바마 행정부는 대북 압박과 제재를 통한 북한의 정책 변화를 유도하는 이른바 '전략적 인내(Strategic Patience)' 정책을 밀어붙이면서 중국의 협력을 요구했다. 그러나 중국은 북한의 정세 안정에 우선순위를 두고 비핵화가 추진되도록 식량과 에너지 등 체제 유지의 필수 자원을 지원했다.

북한은 2010년 초부터 2011년 한 해 동안 북미 평화협정의 체결을 지속적으로 요구했다. 그러면서도 북한은 핵과 미사일 능력의 강화를 추진했다. 2009년 4월 5일 북한은 장거리 로켓을 발사했고, 5월 25일 2차 핵실험을 단행했다. 6월 12일 유엔 안보리는 대북제재 결의안(1874호)을 통과시켰다. 대량살상무기, 미사일 활동에 기여 가능한 금융거래를 금지하는 항목이 포함되었다.

정부는 북한이 장거리 로켓을 발사한 직후 대량살상무기 확산방지구상(PSI)에 참여를 발표하려다 안보 부서내의 이견으로 발표를 미뤘다. 외교부는 즉각 참여를 원했으나, 북한을 자극할 우려가 있다는 통일부의 신중결정론이 제기된 것이다.[78] 정전협정 제15항은 "상대방의 군사통제하에 있는 육지와 인접한 해변에 대해 어떠한 종류의 봉쇄도 하지 못한다"라고 규정하고 있다. 한국이 PSI 참여는 한반도 주변 해역에서 안보적 이유로 북한 선박을 억류 등 해상 차단을 할 수 있다. 남한은 북한 2차 핵실험 다음 날 PSI 참여를 발표했다. 북한은 이를 인식한 듯 '남한이 PSI에 참여하면 선전포고로 간주하겠다'라고 공갈을 늘어놨다. 따라서 북한이 군사도발을 할 가능성이 커졌다. 한국의 한 언론은 북한 군사도발에 주의하라는 사설을 실었다.[79]

북한군은 2010년 3월 26일 '천안함 폭침' 사건을 일으켰다. 우려가 현실이 되었다. 남북관계는 냉각되었다. 정부는 5월 24일 천안함 대응 7대 조치를 발표했다. 이 가운데 한미연합훈련의 강화, 선제적 자위권 발동, 대북 심리전 재개, 북한 상선의 우리 해역 진입 금지, 대량살상무기의 해상 차단 등 5대 조치가 포함되었다. 5·24

78) "대통령이 나서서 'PSI 혼선 바로 잡아야,"「조선일보」 사설, 2009.4.17.
79) "정부 PSI 참여 결정 이후 北 동태 놓쳐선 안 된다,"「조선일보」 사설, 2009.5.27.

조치가 발표되자 북한군은 오히려 대북 확성기 재개 시 그 시설들을 조준 사격하겠다고 엄포를 놓았다. 군 당국은 북한 응징을 위한 대북 심리전 재개 시기를 '추가 도발 시'라는 억제적 국면으로 낮췄다. 정부는 8월에 시작되는 한미연합의 을지프리덤가디언(UFG) 훈련에는 처음으로 개성공단 인질 억류사태에 대비해 인질구출 작전과 관련된 훈련을 포함했다.[80]

북한은 2010년 11월 연평도에 포격 도발을 감행했다. 그 무렵 한국계 미국인 에디 전(Eddie Jun)을 불법 종교 활동 혐의로 체포했다. 2011년 4월에 가서야 억류 사실을 발표했다. 북한은 2010년 11월 영변 우라늄 농축시설을 전격 공개해 그간의 의혹이 사실임을 증명했다. 그런가 하면 2011년 4월 북한을 방문한 카터 전 미국 대통령에게 보낸 친서에서 김정일은 이명박 대통령과의 정상회담을 수용할 준비가 되어 있다는 사실과 6자회담도 재개할 준비가 되어 있다는 사실을 밝혔다.[81]

북한의 2차 대담 군사도발은 이명박 정부의 대북 강경노선(비핵 · 개방: 3000)에 대한 응징의 성격이 강하다. 미국인 억류와 우라늄 농축시설 의혹의 공개 등은 미국을 협상 테이블로 나오게 하는 저강도 강압술이다. 또한, 북한은 이명박 정부에게도 고강도 강압 전술을 통한 정책 변화를 유도해 남북대화를 원하고 있었다. 현인택 전 통일부 장관은 2011년 6월 남북정상회담 개최를 위한 실무접촉이 있었으나, 천안함 침몰 사과 수위를 놓고 이견이 해소되지 않아 결렬되었음을 밝히고 있다.[82] 그 당시 이명박 정부의 비핵화의 핵심은 북한이 비핵화에 대한 진정한 조치의 표명에 두었다.

중국은 천안함과 연평도 사태 이후 북한을 비난하면서도 두 가지 사태가 한반도 정세 안정을 악화시킬 것을 우려했다. 중국은 중재자의 역할을 자처했다. 2011년 4월, 남 · 북 양자 대화가 북미 대화를 촉진시키고 이 북미 대화가 6자회담의 틀 안에서 다자대화를 촉진시킬 수 있도록 남북대화와 북미 대화의 병행 추진을 제안했다.[83] 남북대화는 북한의 사과 거부로 성사될 수 없었다. 그러나 북미 대화는 추진되었다. 북한은 이 시기 심각한 기근으로 허덕이고 있었다. 오바마 행정부는 대통령 선거를 앞두고 '전략적 인내' 정책의 성과가 필요했다.

---

80) 황병무, "5 · 24 조치와 군사력의 역할," 「서울신문」, 2010.8.9.
81) 권영근 외 역, 앞의 책, 213~214쪽.
82) 현인택 통일부 전 장관 인터뷰, 「동아일보」, 2020.1.7., A23쪽.
83) 「조선일보」, 2011.4.27.

2011년 7월과 10월 글린 데이비스(Glyn Davies) 국무성 대북정책 특별대표와 김계관 북한 외무성 제1부상 사이에 회담이 진행됐다. 김정은이 국무 위원장에 오른 직후인 2012년 베이징에서 가진 3자회담에서 2·29 합의가 이루어졌다.[84]

그 합의는 ① 우라늄 농축 프로그램(UEP) 중단, ② 핵·미사일 실험 유예(모라트리엄), ③ 국제원자력 기구의 사찰단 복귀 등 비핵화 사전조치를 취하고 미국은 북한에 24만 톤의 식량을 지원한다는 내용을 골자로 하고 있다. 문제는 이 합의 내용을 알리는 공식 발표문에 있었다. 북측은 핵·미사일 동결은 '결실 있는 회담이 진행되는 기간'이라고 못 박았다.[85] 회담이 잘되지 않으면 언제든지 핵·미사일 실험을 재개하겠다는 뜻이다. 미 국무부 공식 발표문 또한, 북한에 대한 식량(영양) 지원은 미측의 모니터링을 조건으로 내걸었다. 이 합의문은 비핵화를 위한 실질적인 조치를 규정한 것이 아니라 앞으로 일어날 수 있는 북한의 핵과 미사일 실험을 억제해 핵위기의 재발을 방지하려는 데 있었다.

북한은 두 달도 안 돼 4월 13일 장거리 미사일 발사를 감행해 2·29 합의를 파기했다. 또한, 12월 12일 장거리 미사일을 발사했다. 안보리는 2013년 1월 22일 대북 제재 결의안(2087호)을 채택했다. 이 결의안에는 공해상에서 의심 선박에 대한 감시 강화의 기준을 마련해 필요시 해상 차단을 허용토록 했다. 북한의 응답은 핵실험이었다. 2월 12일 3차 핵실험을 감행했다. 안보리는 다시 뒷북을 쳤다. 3월 7일 안보리 결의(2094호)를 가결했다. 핵·미사일 관련 금수 품목을 확대하고, 금융제재 강화(결의 위반 북한 은행의 해외 신규 활동 금지 등)가 주 내용이었다. 북한은 핵보유국 선언으로 맞섰다. 3월 9일 핵보유국 지위 영구화 선언, 3월 31일 경제건설 및 핵 무력 건설 병진 노선 채택, 4월 1일 자위적 핵보유국 공고한 법 제정, 2016년 5월 제7차 당 대회를 계기로 병진 노선을 당 규약에 명기하는 등 일련의 조치를 통해 북한은 국제사회의 강력한 반대를 무릅쓰고 핵보유국 공식화를 시도해왔다.

2016년은 오바마 정권의 마지막 해이고, 2017년 초반, 한국은 박근혜 대통령의 탄핵 정국 후 정권이 문재인 정부로 넘어가는 시기였다. 북한은 2016년 한 해 동안 4차 핵실험(1월 6일)과 5차 핵실험(9월 9일)을 감행했다. 안보리는 4차 핵실험과 장거리 미사일 발사(2월 7일)에 대해 3월 2일 제재 결의(2270호)를 단행했고, 5차 핵실

84) URL : http://blog.naver.com/Posrpoint.nhn?blogId=kimhs2769&logNo=221223959145 (검색일: 2020.3.28.)
85) '조선 외무성 대변인「조미회담 문제에 언급」,' 조선 중앙통신, 2012.2.29.

험에 대한 제재 결의(2321호)를 11월 30일 가결했다.[86)]

오바마 행정부에 들어서 북한은 4회의 핵실험을 단행했다. 유엔 안보리는 대북 제재 결의안을 가결하고, 그 실시를 국제사회에 촉구했다. 문제는 북한의 핵실험 억제를 위한 강압 수단인 외교, 경제, 금융제재의 효과가 없었다는 점이다. 북한 생존의 결정적인 식량과 에너지를 중국이 안보리 제재 결의와 관계없이 제공했기 때문이라는 중국 요인을 지적할 수 있다. 하지만 전문가들은 북한이 붕괴도 개방도 안하고 국제적인 제재에 버틸 수 있는 이유를 내재적 내구성에서 찾고 있다.

북한은 정치적 측면에서 일당독재에 의해 지배층이 강력한 단결력을 유지해 노선투쟁이 거의 없었으며, 사회의 저항세력이 정치적 안정을 위협할 수준에 이르지 못했다. 북한은 고난의 행군 시설에 군대를 동원해 농사를 짓도록 했고, 돈주 중심의 자본가 계층과 이들에 기생하는 중·하층 관료 및 국가 기관의 외화벌이 회사들이 연합하여 생산성을 높이면서 충성심을 이끌어냈다. 또한, 부족한 외화를 획득하기 위해 광물 수출과 관광 수입, 외부 지원의 수취 및 해외에 파견된 노동자의 임금을 이용했다.[87)] 하지만 북한 핵은 국내 경제건설에 유리한 대외적 평화로운 국제환경의 조성에 걸림돌로 남아 있다. 북한은 자력갱생을 통해 제재, 봉쇄로부터 경제 안정을 지속적으로 유지할 수 있을지 의문으로 남아 있다.

미국 의회 조사국은 2016년 「한미관계 보고서」에서 오바마 행정부의 대북 정책이 평양의 정책 변화에 '불충분한 압력'을 행사했고, '불충분한 인센티브'를 제공했다고 비판했다. 2015년 한·미 군 당국은 신작전계획 5015에 따라 북한의 대량살상 무기의 시설과 유사시 지휘부를 공격하는 계획을 준비, 연습했다. 한국에는 능동적 억제(Proactive Deterrence)로 알려진 작전계획이 연평도 포격도발 이후 작성되었다.[88)]

2016년 8월 22일 한·미 양국군은 연례적인 대규모 연합훈련인 을지프리덤가디언(UFG) 연습을 시작했다. UFG 연습은 미 증원 병력이 참가하지만, 실제로 야외에

86) 오바마 정부 시절 북한의 4회의 핵실험과 1회의 장거리 미사일 실험에 대한 유엔 안보리의 대북 제재 결의 현황은 「2016 국방백서」 국방부, 2016, 240쪽을 참고할 것.

87) 박형중, "북한은 왜 '붕괴도 개혁·개방'도 하지 않을까?," 「현대 북한연구」 제16집 1호, 2013, 36~64쪽; 김근식·조재욱, "북한의 시장화 실태와 시장권력 관계 고찰," 「한국과 국제정치」 제33집 3호, 2017(가을), 167~194쪽.

88) U.S. Congressional Research Service Report, *U.S.－South Korea Relations*, October 20, 2016, pp. 19~20.

서 기동훈련을 하는 것이 아니다. 지휘부 연습(CPX)으로 워게임 프로그램을 이용해 시뮬레이션으로 진행한다. 훈련 기간 미군의 전략무기를 한반도에 전개할 계획이 없었다. 그러나 북한은 인민군 총참모부 대변인 성명에서 UFG 연습이 '핵전쟁 도발 행위'라며 '우리의 자주권이 행사되는 영토와 영해, 영공에 대한 사소한 침략 징후라도 보이는 경우 가차 없이 우리식의 '핵 선제타격'을 퍼부어 도발의 아성을 잿더미로 만들어버리겠다'라고 했다. 이는 북한이 우리의 재래식 연습에 '핵 선제타격'이라는 공갈을 서슴없이 할 정도로 핵무기를 강압 수단으로 사용하려는 의도를 보인 것이다.[89] 하지만 북한은 핵 능력이 고도화되면 될수록 대북제재가 강화되면서 경제 상황이 악화되었고, 특히 미국의 군사공격을 받을 위험성이 높아지는 핵 보유 딜레마에 빠져가고 있었다.

2) 미·북의 벼랑 끝 대결

2017년 출범한 트럼프 행정부는 5차례의 핵실험과 수차례 장거리 미사일 발사를 감행한 북한을 상대해야 했다. 미 행정부는 지난 10여 년간 북한의 지속적인 호전성을 억제하고 특히 4월 25일 북한 인민군 창건 85주년 기념일에 맞춰 북한이 6차 핵실험이라는 마지노선을 넘지 못하도록 하는데 중국과 일본과의 대북 압박을 위한 공조를 서둘렀다. 24일 트럼프 대통령은 시진핑 중국 주석과의 통화에서 중국의 안보리 결의 제재에 적극 참여와 북·중 교역 중단까지를 논의했다. 중국 관영 「환구시보(環球時報)」는 최근 북한에 6차 핵실험 시 대북 원유제공 중단 또는 축소를 경고한데 이어 '미국이 북한 핵 시설을 '외과 수술' 식으로 타격해도 이를 묵인할 것'이라는 내용의 사설을 실었다.[90] 이 「환구시보」 사설은 2009년 2차 핵 실험이후 장거리 미사일 발사(2012년 12월) 그리고 3차 핵실험(2013년 2월) 등으로 한반도 긴장을 고조시키면서 중국의 자제 조언을 듣지 않자 나온 반응이었다. 중국 지도자들에게는 북한이 더 이상 이념과 전략적 완충지대라는 면에서 지정학적 '자산'이기보다는 '부담' 또는 '위험'이 되고 있다는 인식이 팽배했던 것이다.[91]

4월 25일 일본 도쿄에서 한·미·일 6자회담 수석대표 회의를 열고 북한이 추가 도발할 경우 '충격요법'을 포함한 징벌적 조치를 시행하기 위해 구체적 방안을 협의

89) 「조선일보」, 2016.8.23.
90) 「조선일보」, 2017.4.25., A10쪽.
91) 황병무, "동맹관리의 덫에 빠진 중국의 出口 전략," 「월간조선」 2013.7., 228~237쪽.

했다. 이어 5월 4일(현지시각) 워싱턴 D.C.에서 열린 미국과 아세안(ASEAN: 동남아국가연합) 10개국 외교부 장관 회담에서 미국은 아세안 회원국들에게 북한과 외교관계를 최소화하고 자금줄 차단에 나서줄 것을 요청했다. 자금줄 차단을 위해서 아세안 회원국들은 북한의 돈세탁과 밀수를 단속하고, 합법으로 위장한 채 외화벌이를 하고 있는 북한 사업체를 조사해야만 한다고 했다.[92]

트럼프 행정부는 의회 내의 대북정책 혼선을 방지하고, 행정부와 군이 한목소리로 대북 압박의 경고를 보내도록 했다. 5월 26일 상원의원 100명을 대상으로 백악관에서 '대북 정책 브리핑'을 실시했다. 이 브리핑에는 트럼프 대통령의 짧은 인사말 뒤 퇴장한 후 렉스 틸러슨(Rex Wayne Tillerson) 국무장관, 제임스 매티스(James Norman Mattis) 국방부 장관, 댄 코츠(Dan Coats) 국가 정보국장(DNI), 조셉 던퍼드(Joseph Dunford) 합참의장이 번갈아가며 북한 상황과 미국의 대응방안을 설명했다.

26일 해리 해리스(Harry B. Harris) 미 태평양사령관은 미 하원 군사위 청문회에서 '사드는 곧 운용될 것'이라고 말하면서 "우리는 수많은 선제타격 옵션도 갖고 있다"고 강조했다. 특히 김정은은 대륙 간 탄도미사일 개발은 곧 성공할 것이라고 예측했다.[93] 이러한 군사 옵션은 5월 2일 토머스 레이먼드 통합특수전사령부 사령관의 하원 군사위원회 소위 증언에서도 확인되었다. 그는 "미군은 한반도 유사시 북한의 핵·미사일·화학무기 시설을 타격해 무력화할 준비돼있다"라고 답변했다.[94]

2017년 5월, 트럼프 행정부는 북한 비핵화를 위한 경제제재와 군사 옵션 및 대북 압박외교에 다 걸기(all in)를 했던 시기였다. 트럼프 대통령의 지시로 한국 임무센터(KMC)가 CIA 내에 신설되었다. 지휘 요원이 수백 명에 이르는 방대한 조직이었다. 지휘 간부 사무실이 백악관에 있었고, 대북제재와 군사 옵션 및 북한과의 협상 의제를 검토했다. 2018년 2월 마이크 펜스 미 부통령이 평창올림픽 개회식 참석 차 방한했을 때 KMC 고위 인사가 북한 맹경일 통일전선부 부부장과 만났으며, 이를 토대로 폼페이오(Michael Richard Pompeo) 미 국무장관과 북한 김영철 통일전선부장의 회동이 성사되었다.[95]

2017년 하반기 KMC 내에서 미국이 북한을 타격하는 20여 가지의 대북 군사 행

92) 「조선일보」, 2017.5.6., A3쪽.
93) 「중앙일보」, 2017.4.28., 4쪽.
94) 「중앙일보」, 2017.5.5.
95) 「동아일보」, 2017.5.16.

동 시나리오를 검토한 것으로 알려졌다. 군사 옵션이라고 하면 영변 폭격, 북한 지도층에 대한 참수 작전의 수준을 넘어 20여 가지의 다양한 시나리오를 놓고 어떻게 실행하고 북한의 반응에 어떻게 대응할 것인가의 논의가 진행되었다.[96] 이 비슷한 시기 2017년 봄 하버드대 학술지「국제안보, International Security」봄호에 실린 '군사 옵션'은 단순한 학술지 기고문이 아니라 군사 옵션에 대해 반대하는 내부 논자들을 겨냥한 것으로 보인다. 키어 리버(Keir A. Lieber) 조지타운대 교수 등은 이 기고문에서 북핵시설을 정밀 타격할 땐 사망 100명 미만으로 최소화하면서 95% 이상의 확률로 목표물을 파괴할 수 있다고 주장했다. 폭발력 0.3kt의 핵폭탄 B61과 폭발력 455kt의 핵폭탄 W88을 각각 사용했을 때 북한 핵무기 시설을 무력화하는 파괴력과 인명피해를 모의시험으로 비교한 결과를 공개했다. 북한 내 핵폭탄 저장고나 핵미사일 격납고, 이동식 차량 발사대(TEL) 방호시설 등 목표물 5곳에 대해 W88 두 발씩 모두 10발을 지상 폭발 방식으로 타격하면 한반도에서만 200만~300만 명이 사망하는 것으로 나타났다. 반면 B61을 목표물마다 네 발씩 모두 20발 사용하면 낙진 피해는 거의 없어 사망자 수를 100명 안쪽으로 줄일 수 있고, W88과 똑같이 95% 이상의 확률로 모두 파괴할 수 있다는 것이다. B61은 F-35 등 전투기로 투하할 수 있으며, 유도장치를 통해 목표물을 정밀 조준할 수 있어 인명피해가 적다는 것이다. 숨겨둔 핵 무력을 통한 보복 핵 공격이 억제력으로 작용할 수 있다는 반론이 있지만, 각종 전자탐지능력의 혁명적 발전 때문에 은닉도 소용이 없다는 세상이 됐다고 결론을 내렸다.[97]

미 의회 차원에서 트럼프 행정부의 대북 정책인 '최고 압박과 관여'를 지원하기 위해 '대북 차단 및 제재 현대화 법'을 통과시켰다. 5월 4일(현지 시간) 미 하원이 통과시킨 이 법안은 온라인 상거래부터 어업권 거래까지 사실상 김정은 정권으로 흘러 들어 가는 모든 자금줄을 차단할 수 있는 30여 개의 제재 항목을 상세하게 규정했다. 1·2·3차 산업의 무역 거래를 막을 수 있도록 해 북한 경제를 지탱하는 자금 원천을 끊겠다는 것이다.

북한에 대한 원유 판매 중단 항목을 넣은 것은 북한이 필요로 하는 원유의 90%

---

96)「조선일보」, 2017.5.16.

97) Keir A. Lieber and Daryl G. Press, "The New Era of Counterforce Technological Change and the Future of Nuclear Deterrence," *International Security*, Vol. 41, No. 4 (Spring 2017), pp. 9~49. 요약문은「한겨레」, 2017.6.22.

가량을 중국에서 들여오고 있어 중국이 원유 공급을 중단하면 북한은 에너지 대란에 빠지게 된다. 이 법안을 근거로 중국에 대북 석유 수출 중단을 압박할 수 있고, 북한의 식품과 농산품, 어업권, 직물 등의 구매를 금지했다. 북한은 동해와 서해의 어업권을 연간 수백억 원을 받고 중국에 넘기는 것으로 알려졌다. 해외자본의 북한에 투자를 막기 위한 조항이 들어 있다. '노예 노동'으로 불리는 북한의 해외 노동자 송출을 막기 위한 구체적 규정에는 북한 노동자를 고용하는 외국 기업을 제재대상으로 지정하도록 했다. 우리 외교부는 5일 '북한의 비핵화에 대한 진정성 있는 태도를 끌어내기 위한 초석이 될 것'이라고 했다.[98]

트럼프 행정부는 '최고의 압박'만이 아니라 '최고의 관여'를 대북 정책으로 내놓았다. 5월 7일 트럼프 대통령은 '적절한 조건에서 김정은과 대화하면 영광'이라고 했다. 틸러슨 미 국무장관은 이날 국무부 직원대상 연설에서 "대북정책 목표는 북한의 정권교체, 정권붕괴, 통일 가속화가 아니며, 38선을 넘어 북으로 올라가려는 구실을 찾는 것도 아님을 우리는 분명히 해왔다"라고 밝혔다. 그는 "북한의 미래 안보와 경제 번영은 비핵화에 의해서만 달성된다는 게 우리가 전하려는 분명하고도 단호한 메시지"라고 강조했다.

북한 비핵화를 협상으로 풀어야 한다는 주장은 미 의회 민주당 의원들도 제기했다. 5월 23일(현지 시간) 미 민주당 소속 하원의원 64명은 "북한에 대한 선제공격은 의회의 승인을 얻어야 한다"라는 내용의 서한을 트럼프 대통령에게 보냈다. 이들은 서한에서 "북한과 같은 핵무장 국가에 대해서는 선제공격이나 선전포고를 감행하기보다는 엄격한 (의회) 논의를 거치는 게 우선"이라며, "궁극적으로 한반도의 비핵화를 유도하고 재앙적 전쟁의 가능성을 낮출 수 있도록 트럼프 행정부가 직접 협상에 나서기를 바란다"고 강조했다.[99]

관건은 북한이다. 5월 14일 북한은 신형 중장거리 탄도미사일(IRBM) 화성-12형을 발사했다. 북한 중앙통신은 신형 미사일 발사 성공 사실을 보도하면서 "가혹한 재돌입(재진입) 환경에서 조종 전투부(탄두)의 말기 유도 특성과 핵탄두 폭발체계의 동작 정확성을 확증했다"라고 주장했다. 즉, ICBM 개발을 위한 대기권 재진입 기술 시험을 실시해 성공했다는 것이다. 한·미 정보당국은 IRBM과 ICBM의 중간급인 화성-12형을 통한 재진입 기술 시험에서 기술적 진전이 있었음을 확인하고, ICBM의

98) 「조선일보」, 2017.5.6., A3쪽.
99) 「중앙일보」, 2017.5.25.

가능성이 커졌다고 우려했다.[100)]

6월 말 문재인 대통령은 취임 후 처음으로 미국을 방문, 클린턴 전 대통령을 만났다. 회담의 초점은 북핵 문제였다. 공동성명 북핵 관련 부분은 "양국은 북한이 도발적 행위를 중단하고 진지하고 건설적인 대화의 장으로 복귀하도록 최대의 압박을 가해나가기 위해, 기존 제재를 충실히 이행하면서 새로운 조치들을 시행하기로 했다"라며 "제재가 외교의 수단이라는 것에 주목하면서 '올바른 여건'하에서 북한과 대화의 문이 열려 있다는 점을 강조했다"라고 밝혔다.[101)] 한국 측은 남북 대화에 주도권을 강조하면서 남북 대화의 문이 열려 있다는 것을 부각시켰다. 미 측은 대화 재개를 위한 올바른 여건을 강조했다. 미 재무부는 6월 29일(현지시각) 한·미 정상의 첫 만남인 공식 만찬을 4시간 앞두고 북한을 지원한 단둥은행 등 중국 기업 2곳과 중국인 29명에 대한 독자 제재를 전격 발표했다.[102)] 이는 문 대통령에게 남북대화가 대북제재보다 앞서나가서는 안 된다는 점을 시사한 것이다.

북한은 7월 4일 그리고 7월 28일 2차례에 걸쳐 탄도미사일을 발사했다. 유엔 안보리는 8월 5일 대북 제재 결의(2371호)를 통과시켰다. 이 결의안의 주 내용은 미 하원의 「대북 차단 및 제재 현대화 법」의 내용과 거의 비슷했다. 7월 5일 동해안에서 '한미 미사일 무력시위'가 실시됐다. 이날 사격에는 한국군의 현무－2A와 주한미군의 에이태킴스(ATACMS) 지대지 미사일이 동원됐다. 그리고 F－15K에서 발사한 타우러스 공대지 미사일로 김일성 광장이 초토화되고, 인민무력성 지휘부를 격파하는 동영상을 공개했다.[103)]

트럼프 대통령은 8월 8일(현지 시간) 북한은 더 이상 미국을 위협하지 않는 것이 좋을 것이라며, 그들(북한)은 지금껏 전 세계가 보지 못한 '화염과 분노(fire and fury)'에 직면할 것이라고 경고했다. 지난 5일 맥마스터 미 국가안보 보좌관은 장거리 핵과 미사일 개발을 내버려둘 수 없다고 북한의 핵시설과 미사일 발사대 등을 선별적 또는 시범적 타격(코피 터트리기)작전으로 서울을 위험에 빠뜨리지 않는 군사옵션을 말했다. 북한 총참모부는 예방전쟁에 정의의 전쟁으로 대응하게 될 것이라고 맞받았다. 또한 화성－12호 "괌 주변에 대한 포위 사격을 위한 작전 방안을 검토하

100) 「중앙일보」, 2017.5.17., 4쪽.
101) 「조선일보」, 2017.7.3., A3쪽.
102) 「조선일보」, 2017.7.1., A4쪽.
103) 「중앙일보」, 2017.7.6., 3쪽.

고 있다"고 위협했다.[104)]

2017년 가을 로널드 레이건호, 시어도어 루즈벨트호, 니미츠호 등 3개의 항모전단이 동시에 동해에 포진했고, 핵 잠수함의 한국 입항, 북 지하시설 전투를 상정한 육군 훈련 등을 언론에 공개했다. 미 전략폭격에 B−1B 랜서 편대가 북방한계선(NLL) 북상 작전을 편 것 또한 언론에 공개됐다. 한국의 작전기들은 이 작전에 참여했으나, 국제법 준수를 위해 북방한계선을 넘지 않았다는 공식 입장을 밝혔다.[105)]

북한은 미국의 강도 높은 군사강압에 대하여 9월 3일 6차 핵실험과 11월 29일 대륙 간 탄도미사일 화성−15형 발사를 감행하며, 핵무장 완성을 주장했다. 2018년 김정은은 신년사에서 "지난해 우리는 각종 핵 운반 수단과 함께 초강력 열핵무기 시험도 단행함으로써 강력하고 믿음직한 전쟁 억제력을 보유하게 됐다"라고 밝혔다. 김정은은 또 "우리 국가의 핵 무력은 미국이 모험적인 불장난을 할 수 없게 제압하는 강력한 억제력"이라며, "미국은 결코 나와 우리 국가를 상대로 전쟁을 걸어오지 못한다"라고 했다. 이어 "미국 본토 전역이 우리 핵 타격 사정권 안에 있으며, 핵 단추가 내 사무실 책상 위에 놓여 있다는 것, 이는 결코 위협이 아닌 현실임을 똑바로 알아야 한다"라고 경고했다.[106)]

미국은 묵시적 최후통첩형 경고로 맞섰다. 마이크 폼페이오 미 정보국장은 김정은의 신년사가 발표된 직후, 1월 22일 미 CBS 방송 인터뷰에서 북한의 미 본토 타격 능력은 몇 달(handful of months)밖에 남지 않았다고 했다. 진행자가 6개월 전에는 똑같은 발언을 했다고 하자 폼페이오 국장은 사실을 인정했다. 그는 이어 "나는 지금부터 1년 뒤에도 그 말을 할 수 있기를 바란다. 미국 행정부는 그 시한을 연장하기 위해 열심히 일하고 있다"라고 말했다. 폼페이오 국장이 말한 시한은 북한에 긴박감을 조성하기 위한 묵시적 최후통첩형 경고로 볼 수 있다. 북한이 제재와 압박에 아랑곳하지 않고 핵 무력, 특히 핵 탑재 대륙 간 탄도미사일의 전력화를 마치고 실전 배치를 완료해 그 시한 연장이 필요 없어지면 예방 타격이 불가피하다는 경고이다.[107)]

---

104) 「연합뉴스」, 2017.8.9.
105) 이왕근 공군참모총장의 10월 20일 국회 국방위원회의 공군본부 국정감사에서 증언. 「조선일보」, 2017.10.21.
106) 2018년 김정은 신년사 전문은 http://blog.naver.com//nuacmail//221176794496.
107) 황병무, "미국 대북 군사 옵션과 한국의 대응," 「RIMS Periscope」 제115호, 2018.3.1., 1~5쪽.

미국은 이러한 예방타격의 가능성에 대비해 중국과도 협의했다. 2017년 11월 미·중 정상회담 시 중국 측은 상무·세무·금융당국이 대북제재 조치의 이행사항을 미국에 설명하고, 미국 측은 대북 군사 행동을 포함한 단독행동에 더욱 신중을 기할 것이며, 중국이 주장하는 대화에 의한 문제 해결에 이해를 표시했다고 한다. 정상 회담에 이어 미국 워싱턴에서 열린 양국군 고위 관계자들 간 '합동전략대화'에서도 미·중 양국군의 충돌을 피하기 위한 위기관리 문제가 집중적으로 논의된 것으로 알려지고 있다. 양국군 정보기관 담당 간부들이 정기적으로 회의를 여는 것 외에 북한을 담당하는 중국군 북부전구와 서울의 주한미군 사령부 사이에 자동전화 설치를 합의했다.

미국이 북한 핵시설이나 미사일 발사 기지를 타격할 경우, 북한에 중국군이 전무하므로 양국 간 군사충돌이 자동으로 이어질 가능성은 희박하다. 하지만 미 지상군이나 특수부대의 북한 진격은 점령군의 성격을 지니기에 중국의 우려 사항이다. 이러한 우려를 해소하기 위해 2017년 12월 틸러슨 미 국무장관은 '북한 급변사태와 관련해 미군이 군사분계선을 넘어야 하는 상황이 생기더라도 38선 이남으로 후퇴할 것'이라고 중국에 약속했다고 밝혔다. 2018년 1월 중순 미국은 6·25 참전국 캐나다 밴쿠버 회의를 개최하고 북한 밀수방지를 위한 해상 차단 작전을 논의했다.[108)]

3) 남북한 비핵화 선언과 6·12 북미 선언의 의미

한국 정부도 민감하게 반응했다. 2017년 11월 1일 문재인 대통령은 국회 시정연설에서 한반도 문제를 평화롭게 해결하기 위한 5대 원칙을 제시하는 가운데 '우리가 이루려는 것은 한반도 평화'라며 "따라서 어떠한 경우에도 한반도에서 무력 충돌은 안 된다. 한반도에서 대한민국의 사전 동의 없는 군사적 행동은 있을 수 없다"라고 강조했다. 이어 남북이 공동선언한 한반도 비핵화 선언에 따라 "북한의 핵보유국 지위는 용납할 수도 인정할 수도 없다"라면서 "우리도 핵을 개발하거나 보유하지 않을 것이다"라며 한반도 비핵화 원칙을 재확인했다.[109)] 이어 한국 정부는 중국 정부와 한반도 군사 분쟁의 방지를 위한 전략적 제휴를 추진했다. 12월 문재인 대통령과 시진핑 주석이 정상회담에서 합의한 4대 원칙 제1항은 "한반도에서 전쟁은 절대 용

108) 황병무, 위의 글.
109) 문재인 대통령의 시정 연설인 '한반도 평화 5대 원칙' 천명의 내용은 「한겨레」, 2017.11.2., 4쪽.

납할 수 없다"라는 성명이다. 이는 대북 위협과 긴박감을 약화시키고 한미공조의 균열을 드러낸다는 비판에도 불구하고, 북핵 문제의 평화적 해결을 핵심 이익으로 생각하는 현 정부의 외교 원칙을 천명한 것으로 보인다.

평창 동계올림픽 개최를 계기로 성립된 남북 고위급 대화에 이어 남북정상회담이 성립되었다. 남북 정상 간에는 2018년 4월 27일 판문점 평화의 집에서 '한반도 평화와 번영, 통일을 위한 판문점 선언'을 채택했다. 3개 조 13개 세부 사항으로 구성된 이 선언문에는 전임 김대중, 노무현 대통령이 북한 김정일 위원장과의 공동선언문에 없던 북한 비핵화 관련 조항이 삽입되었다. 선언문 3조 4항은 '남과 북은 완전한 비핵화를 통한 핵 없는 한반도를 실현한다는 공동의 목표'를 확인하고, '비핵화를 위한 자기 책임과 역할'을 다하기로 하였다. "남과 북은 한반도 비핵화를 위한 국제사회의 지지와 협력을 위해 적극적으로 노력하기로 하였다"라고 규정하고 있다. 청와대 관계자는 29일 남북정상회담 결과 추가 브리핑을 통해 "김 위원장이 북부 핵실험장 폐쇄를 5월 중 실행할 것이라고 말했다"고 밝혔다. 또한, "폐쇄장면은 국제사회에 투명하게 공개하기 위해 전문가와 언론인들을 조만간 북한으로 초청하겠다는 뜻도 밝혔다"고 덧붙였다.[110)]

이 판문점 선언은 세 가지 국제정치적 의미를 지닌다. 첫째, 북한이 비핵화 회담을 승낙함으로써 한반도에서 군사충돌의 위험을 일단 감소시켰다. 둘째, 북미 비핵화, 평화회담을 위한 싱가포르 정상회담의 성사를 유인 및 촉진하는 역할을 했다. '트럼프 · 김정은 6 · 12 정상회담 공동성명' 제3항은 2018년 4월 27일 판문점 선언을 재확인하며, "조선민주주의 인민공화국은 한반도의 완전한 비핵화를 위해 노력할 것을 약속한다"라는 구절이 이를 암시하고 있다.[111)] 셋째, '남 · 북 9 · 19 평양 선언'과 '6 · 12 북미 공동선언'을 통해 한 · 미는 공동으로 북한에 비핵화의 실질적 조치를 이행하도록 했다. 평양 공동선언문 제5항(1)은 북측은 동창리 엔진 시험장과 미사일 발사대를 유관국 전문가들의 참관하에 우선 영구적으로 폐기하도록 하였다.[112)] 남한의 상응한 조치가 없는 북한의 일방적 '영구폐기' 약속이다. 제5항(2)은 북한이 영변 핵시설의 영구적 폐기는 미국이 6 · 12 북미 공동성명 정신에 따라 상응 조치를 취할 때로 조건을 달았다. 북한은 영변 핵 시설의 영구적 폐기에 상응 조치로 미국에 무

110) 한반도의 평화 · 번영 · 통일을 위한 판문점 선언(전문)은 「국방일보」, 2018.4.3., 2쪽.
111) 6 · 12 북 · 미 정상회담 공동성명 전문은 「국방일보」, 2018.6.14., 2쪽.
112) 9 · 19 평양 공동선언 전문은 「한겨레」, 2018.9.20.

엇을 요구했는가. 이 조건은 이어지는 북미 핵 협상에 최대의 걸림돌이 되었다.

북미 6·12 공동성명은 트럼프 대통령이 북한에 새로운 북미 관계 수립을 약속하고 한반도에 지속적이고 안정적인 평화체제 구축을 위해 함께 노력하기로 약속했고, 김정은 위원장은 한반도의 완전한 비핵화를 향한 확고한 약속을 재확인했다. 기자회견에서 트럼프 대통령은 미·북 수교는 시기상조이며, 대북제재는 당분간 유지한다고 말했다. 폼페이오 미 국무장관은 "북한의 완전한 비핵화 입증 전까지 제재 완화는 없다"라고 했다. 미·북 정상회담의 결과를 이행하기 위해 마이크 폼페이오 미국 국무장관과 북한 고위급 관리가 주도하는 후속 협상을 가능한 가장 이른 시일에 개최하기로 합의했다.

북한은 2019년 2월 28일 하노이 북미회담이 실패하기 전까지 북미 공동성명과 남북 공동성명에서 약속한 풍계리 핵실험장과 동창리 미사일 발사장의 폐기에 착수했다. 2018년 5월 23~25일 북한은 함북 길주군 풍계리에 위치한 핵 실험장 1번 갱도를 제외한 2~4번 갱도를 파괴했다. 북한은 제2차 북미정상회담을 앞두고 비핵화의 진정성을 보여 미국으로부터 상응한 보상(제재 해제)을 노렸을 것으로 보인다. 조엘 위트(Joel Wit) 전 미 국무부 북한 담당관은 2018년 12월 14일 자유 아시아방송(RFA)에 지난 10월과 11월에 촬영된 위성사진을 토대로 핵 실험장 폐기가 불분명하며, 사찰단의 검증 없는 핵 실험장 폭파는 신뢰할 수 없다고 했다.

북한은 이어 평북 철산군 동창리의 서해 위성 발사대 폐기에 착수했다는 분석이 나왔다. 북한 전문매체 <38노스>는 2018년 7월 20~22일에 촬영된 상업위성 사진을 분석, 이같이 보도했다. 하지만 한·미 양국 군사전문가들의 평가는 달랐다. 미국 군사전문가들은 북한의 중장거리 화성-12형, ICBM급인 화성-14형/15형의 발사는 이동식 발사차량(TEL)에 의해 불특정 장소에서 이루어졌다. 고체연료를 사용하는 잠수함 발사 탄도미사일인 북극성-1형, 이동식 발사차량에서 발사된 북극성-2형, 그리고 무수단 미사일까지 모두 다른 장소에서 발사 시험이 이루어졌다고 덧붙였다. 한국의 군 관계자도 "북한의 ICBM은 현재 TEL에서 발사 가능한 수준까지 고도화되었다"라고 평가했다.[113)]

113) 정의용 청와대 국가안보실장이 2019년 11월 1일 국회운영위원회 국정감사에서 "동창리 미사일 발사장이 폐기될 경우 (북한은) 대륙간 탄도미사일 능력은 없다"라고 말했다. 반면 10월 8일 국방위 국정감사에서 김영환 합참 작전본부장은 반대의 의견을 개진했다. 「서울경제」, 2019. 11. 2.

2019년 2월 28일 하노이 북·미 회담은 50분 만에 결렬되었다. 「뉴욕 타임즈」는 3월 2일(현지 시간) 회담의 실패 원인은 트럼프 대통령과 김정은 위원장의 오판 때문이라고 보도했다. 미국은 정상회담에 앞서 스티븐 비건 국무부 대북정책특별대표가 마련한 안을 북한 측에 보냈다. 정상회담 첫날인 27일 트럼프 대통령은 김정은 위원장에게 비핵화 로드 맵에 합의할 땐 보상을 시작하겠다는 안을 제시했으나 거부당하자 북한이 보유 중인 모든 핵무기와 핵물질, 핵시설 리스트를 신고하면 보상을 줄 수 있다고 제안했으나 이 또한 김 위원장은 대답이 없었다. 김정은 위원장은 영변 핵실험장의 폐기와 2016년 이후 채택된 안보리 5개 제재 해제를 고집했다고 한다. 트럼프 대통령은 미국을 타격할 수 있는 대륙 간 탄도미사일을 제거를 제안하자 김정은 위원장은 단계적으로 간다면 결국은 포괄적으로 그림으로 나갈 것이라면서 거부했다. 트럼프 대통령이 "무슨 보장을 원하느냐"고 묻자 김 위원장은 "외교관계가 없으며 70년의 적대관계와 8개월의 개인적 관계만 있을 뿐이다"라고 답하면서 안보의 법적보장이 없는 것에 불만을 나타냈다. 이러한 셈법의 큰 차이로 하노이 회담은 불발되었다. 언행 면에서 하노이 회담 결렬 이후 북한은 한동안 대미 압박 수위를 높여나갔다. 북한은 미국이 "완전하고 되돌릴 수 없는 적대시 정책 철회(CIWH) 전에는 비핵화 협상에 응할 수 없다"라는 방침을 밝히고 있다. 미국이 지속적으로 실무협상을 시도하는 것은 "국내 정치 어젠다로서 북미대화를 편의 주의적으로 사용하기 위한 시간 벌기 속임수(Time saving trick)"라고 평가 절하했다.[114)]

북한은 2020년 6월 16일, 갑자기 남북화해 상징인 개성공단 내 남북공동연락사무소(170억 한국자산)를 폭파했다. 남한의 전단 살포가 북한 존엄을 모독했다는 핑계로 대적(對敵) 징벌 조치를 김여정 노동당 제1부부장이 지시한 지 3일 만이다. 북한 총참모부는 비무장지역(감시초소, 개성공단, 금강산 관광지역)에 병력을 투입하고 대남 전단을 살포하겠다며 대남 위협의 강도를 더 높였다. 소통과 협력을 호소한 문재인 대통령의 제안과 특사방북을 일축했다.[115)]

북한의 속셈은 무엇일까? 남북공동연락사무소 폭파는 국내외에 정치, 외교적 메시지를 전하려는 북한의 계산된 모험(calculated risk)이다. 1994년 북측 대표 박영수의 '서울 불바다' 발언과 유사하다. 그때 북측은 남북한 비핵화 공동선언의 실천을

114) 존 볼턴 회고록, "그 일이 일어났던 방," 「동아일보」, 2020.6.23., A4쪽; 김성 유엔주재 북한 대사, 2019.12.10. 발언, 「매일경제」, 2019.12.12.

115) 「동아일보」, 2020.6.15., 17., 1쪽. 「조선일보」, 2020.6.17., 1쪽, 18., A27쪽.

위한 남북 특사교환을 피하기 위해 의도적으로 도발적 언행을 감행했다. 이번 폭파는 국제제재에 겹친 코로나19, 비상방역 강화로 더욱 어려워진 경제상황하에서 북한이 남한에 책임을 전가하는 내부 결속용일 수 있다.

국제적으로 북한은 북미 하노이 회담의 실패에 분노했으며 그 책임을 남한테 돌리고 있다. 2017년 말 한반도에서 고조되기 시작한 전쟁위기를 잠재우는 데 남한의 도움이 필요했다. 남한 또한 한반도에서 전쟁만은 안 된다는 입장에서 북핵의 평화적 해결을 위한 북미회담을 서둘렀다. 남한은 2018년 3월 북한에 정의용 국가 안보실장과 서훈 국정원장을 파견해 김정은과의 대화 내용을 토대로 미국을 방문, 트럼프 대통령에게 "북한은 한반도 비핵화 의지를 분명히 했다"라고 밝히면서 "되도록 빨리 만나고 싶다"는 김정은의 제안을 전했다. 트럼프 대통령은 즉석에서 "김정은을 만나겠다"라고 답했다. 존 볼턴(John Bolton) 전 백악관 국가안보보좌관은 최근 발간한 회고록 「그 일이 일어났던 방: 백악관 회고록」에서 "이 모든 외교적 대혼란은 한국의 창조물이었다"며 한국의 "통일 어젠다와 더 관련 있었다"고 했다. 미·북의 실질적 전략이 논의되지 못하고 한국 정부의 평화공세로 회담이 진행됐다는 의미이다.[116] 북한은 비핵화의 진정성을 보이기 위해 6월에 열린 북미회담의 앞뒤에서 5월과 7월 각각 풍계리 핵실험장과 동창리 미사일 발사대 일부를 폐기, 폐쇄했다.

한국은 미·북 비핵화 협상을 견인하는 역할을 담당했다. 그리고 북미회담과 별도로 남북 신뢰구축과 상생 경제협력의 낙관적 전망을 내놓을 수 있었다. 그러나 북한은 하노이 회담에서 영변 핵시설 폐기만으로 유엔제재 해제를 기대했으나 완전한 비핵화 없이는 유엔제재의 해제가 불가능하다는 미국 측의 결의에 당황하고 망신을 당했다. 또한 남한으로부터 개성공단 재가동, 남북한 경협, 제재완화 노력이 보이지 않았다. 더욱이 그 후 북한에는 존엄을 모독하는 남쪽의 삐라만이 날아들고 있다. 북한은 계산된 벼랑 끝 카드를 빼들었다. 북한이 스스로 위기를 만들고 남한에 "이번 위기는 값을 계산해야 종결된다." "올바른 실천으로 보상하라"고 위협하였다.[117] 이는 북한의 오판이며 억지이다. 북한은 지난 핵 위기를 전쟁 위험에서 협상 테이블로 옮겨온 남한의 노력을 기억해야 한다. 완전한 비핵화의 개념정의와 이행 로드맵에 대한 합의 없는 미·북 협상의 결과는 기만적일 수밖에 없다. 한국 정부 중재의 한계이다.

정부는 기존 대북정책의 기조를 유지한 가운데 미국과 북한을 설득해 미북 정상

116) 「조선일보」, 2020.6.19., A3쪽.
117) 「조선일보」, 2020.6.17., 1쪽, 18., A27쪽.

회담을 재개하고 북한의 일부 비핵화(영변핵시설+일부 고농축 우라늄, 대륙 간 탄도미사일 시설의 불능화/폐기)에 미국이 스냅백(약속 불이행 시 제재 재도입)을 전제로 일부 제재 해제 등을 교환하는 스몰딜+알파, 톱다운 방식 타협안을 계속 추진한다는 방침인 것으로 알려졌다.[118] 북한은 6월 24일 며칠 전 발표한 대남군사행동을 보류한다고 밝혔다. 이른바 위기 확대는 남한의 대응을 보아가면서 결정한다는 메시지를 보내 한국의 순응을 유도하려는 의도가 깔려 있다.

정부는 통일부 장관의 교체를 시작으로 국가안보실장과 국정원장(박지원)을 지북파로 교체했다. 북한의 남북연락사무소 폭파의 책임을 지고 사퇴한 김연철 통일부 장관은 퇴임사에서 "권한에 비해 짐이 너무 무거웠다"고 했다. 통일부의 북한 사업에 관한 권한의 제한은 북한 핵실험 이후 유엔 제재로 발생했다. 북핵 실험 이전 금강산 관광(1998.4.－2008.7.)과 개성공단 사업(2004.12.－2016.2.)은 시작됐다가 관광객 피격사망과 북한의 연이은 핵실험으로 중단됐다. 이번 신임 통일부장관(이인영)은 지북파이지만 대북협력사업의 권한은 유엔제재로 전임자보다 커질 수 없다는 한계를 지니고 있다. 대북화해 협력에 관한 희망적 정책기조와 그 조기성과에 매달릴 때 정부가 북한에 구걸한다는 비판을 면하기 어렵다.[119] 전문가들은 신임 대북 정책팀이 관변적, 집단적 사고를 벗어나 비핵화에 우선순위를 두고 대북정책을 실시하기를 바랄 뿐이다.

제4차 핵 위기는 잠재해 있으나 핵협상의 가능성도 열려 있다. 하지만 과거의 단계적 핵 협상 예로 본다면 완전한 비핵화의 전망은 불확실하다. 북한이 완전한 핵포기와 북미 관계정상화를 교환할 의사가 없음이 제3차 핵 위기 협상에서 나타났다. 북한 핵은 동맹과 미국 본토를 위협하는 수준으로 고도화됐다. 미국은 제재 이외의 핵 협상 카드가 제한되었다. 군사 옵션은 전쟁 위험과 한국의 절대 반대로 사용이 어려운 대안이다.

비핵화 협상은 장기화될 전망이다. 북한에 김정은 리더십이 유지되는 한 완전한 비핵화의 달성은 희망사고에 그칠 가능성이 크다. 아니면 불완전한 비핵화(소수의 북핵탄두의 인정)와 미국의 대북 소극적 안보보장(북한 체제의 위협 배제)의 잠정 체제를

118) 「중앙일보」, 2020.6.25., 1쪽, 4쪽, 「동아일보」, 2020.7.6., 1쪽, A4쪽.
119) 유엔사무총장과 노무현 정부시절 외교부장관을 지낸 반기문 국가 환경기후회의 위원장은 현정부 대북정책에 대해 "조급한 마음으로 구걸하는 태도"라고 했다. 여권 일각에서 나오는 주한미군 철수론에 대해서도 "경악스럽고 개탄스럽다"고 했다. 「조선일보」, 2020.7.9., A6쪽.

타협할 수도 있다. 우리는 비핵화와 남북관계 발전의 병행 추진 기조하에서 당사자로서 또는 중재자로서 역할을 수행해야 한다. 그러나 남북관계 발전이 비핵화를 유인하기보다 비핵화가 남북관계를 추동한다는 사실을 중시해야 한다. 남북 협력이 필요하다면 그러한 사업이 북한 비핵화에 어떠한 도움을 줄지 한미 워킹그룹을 설득할 수 있어야 한다. 북한은 남북연락사무소 폭파에서 속내를 드러냈듯이 국내외 정세의 변화에 따라 외세배격을 위해 남한에 연합과 투쟁의 통일전선전략을 신축적으로 적용하고 있다. 우리는 북한에 상생의 길을 가기 위한 평화로운 국제환경을 조성하는 책무는 북한에 있으며 벼랑 끝 모험은 보상받지 못하고 대가를 치를 뿐이라는 정부의 결의를 표명할 필요가 있다. 우리가 남북관계를 국가관계가 아닌 민족 간 특수관계라는 편견에 함몰될 때 북한이 휘두르는 연합과 투쟁의 통일전선 전략에 이용되기 쉽다. 북한이 핵 폐기를 기만할 때 평화로운 국제환경의 조성은 늦어지며, 이 결과 남북 상생의 평화경제와 한반도 평화체제의 추진도 어려워진다. 북한의 통일전선전략에 휘둘리지 말고 미·북 간 완전한 비핵화 협상이 성공하도록 외교적 노력을 기울이면서 불완전한 비핵화를 관리할 군사적 대비책을 마련해야 한다.

5. 정책적 의미

한반도의 완전한 비핵화를 위한 1, 2, 3차 협상과정과 결말의 정책적 명제를 제시한다.

1. 비대칭적 안보이익이 충돌할 때 강대국이라 할지라도 사활적 핵심 이익을 수호하려는 약소국을 무력으로 굴복시킬 수 없는 한 당근과 채찍에 의해 그 협상목표(완전한 비핵화)를 달성하기가 어렵다. 30여년의 벼랑 끝 협상은 북한 핵시설의 동결도 실패한 채 북한의 핵 물질 보유와 6차의 핵실험을 허용했다.

1-1. 제1차 핵 위기를 해소한 제네바 합의는 양쪽 모두 부분적 승리였다.

1-1-1. 미국이 북한을 NPT와 IAEA 체제에 묶어두고 플루토늄 프로그램을 추진할 수 있는 핵 시설을 약 8년간 동결시킬 수 있었다. 나머지 비핵화 문제는 단계적으로 해결할 수밖에 없었다.

1-1-2. 북한은 미국의 군사력 사용 위협으로부터 벗어날 수 있었으며, 미국으로부터 관계 개선과 중유와 경수로 2기의 제공을 약속받았다. 또한,

미 신고시설에 대한 사찰을 유예하고, NPT와 IAEA 탈퇴는 협상 카드로 유보하고 있었다.

1－2. 제2차 핵 위기 결말인 9·19 공동성명과 2·13 합의는 북한의 핵시설 불능화였으나 그 이행중단과 북한 핵실험 등 북한의 부분적 승리였다.

1－2－1. 미국은 6자회담을 통해 북한으로부터 영변 5개의 핵시설 폐쇄, 불능화와 모든 핵 프로그램의 신고와 검증을 약속받았다. 대신 나머지 5개국은 중유와 에너지 지원과 미국은 북한에 대한 테러지원국 명단 삭제(2017년 재지정), 적성국 교역법 적용 중단을 약속했다.

1－2－2. 북한은 영변의 1개 냉각탑 폭파로 불능화의 검증을 선전했으며, 핵 프로그램 목록을 선언했을 뿐 과거 핵 활동과 우라늄 농축 의혹을 해소하지 않았다. 더욱이 북한은 핵실험과 장거리 대포동 미사일을 발사했고, '북한 핵은 자위권'에 속한다고 주장했다.

1－3. 오바마 행정부는 평양의 정책변화에 "불충분한 압력"을 행사했고 "불충분한 인센티브"를 제공했다. 북한은 핵 보유를 자처하면서 핵과 경제의 병진정책을 선포했다.

1－3－1. 미국은 대북 압박과 제재를 통한 '전략적 인내' 정책으로 북한의 변화를 유도했으나 성과가 없었다.

1－3－2. 북한은 4회의 핵실험과 수차의 장거리 전략 미사일 발사로 핵미사일 능력을 강화했다.

1－3－3. 북한은 5회의 안보리 제재결의에 따른 외교, 경제, 금융, 무역제재에 내재적 내구성으로 맞섰다.

1－3－4. 한국은 2회의 남북정상회담(2000.6.15., 2017.10.4.)의 목표를 북한 비핵화보다 남북한 신뢰구축에 두었다.

1－4. 제3차 핵 위기 결말인 남북 판문점 선언, 미·북 공동선언 및 남북 평양 공동선언에도 불구하고 미·북은 상호오판으로 약속 이행을 위한 로드맵 합의에 실패했다.

1－4－1. 미국은 새로운 미·북 관계의 수립을 약속했으나 미·북 수교는 시기상조이며 북한이 모든 핵무기, 핵물질, 핵시설을 내놓는 조건으로 제재 해제를 밝혔다.

1－4－2. 북한은 풍계리 핵실험장과 동창리 미사일 발사대 일부를 폐기·폐

쇄로 비핵화의 진정성을 보이면서 영변 핵시설 폐기와 유엔제재 해제를 바꾸려 했으나 실패했다.

1-4-3. 미국은 북한 핵시설의 폐기와 핵물질, 핵무기 반출의 사찰에 의한 검증이라는 완전한 비핵화의 목표를 협상의 목표로 내걸고 있다. 한편 북한은 미국이 완전하고 되돌릴 수 없는 적대 시 정책 철회 전에는 비핵화 협상에 응할 수 없다고 주장한다. 미국에 셈법을 바꾸라고 권고성 경고를 하고 있다.

1-4-4. 30여 년 전 한반도 비핵화 협상 시작 이후 북한의 행 능력은 강화돼 협상 여건 면에서 대북 제재를 제외하면 미국이 불리한 입장이다.

2. 한국은 내우(북핵) 해결을 위해 어떤 경우에도 외환(전쟁)을 용인할 수 없다. 북핵 문제의 평화적 해결이 역대 정부의 기본 입장임을 선언했다.

2-1. 클린턴 미국 행정부에서 대북 군사 옵션이 정책 의제화되는 낌새를 눈치챈 김영삼 대통령은 "미국이 우리 땅을 빌려서 전쟁을 할 수 없다. 전쟁은 절대 안 된다"라고 했다.

2-2. 부시 독트린 선포 후 한반도에 전운이 감돌고 있을 때 당시(2002년 4월) 김대중 대통령은 북한을 공격하거나 침공하지 않겠다는 부시 대통령의 다짐을 받아놓았다.

2-3. 노무현 대통령은 이라크 파병 결정 시 부시 대통령으로부터 군사 옵션을 배제한 북핵의 평화적 해결을 촉구했다.

2-4. 문재인 대통령은 트럼프 대통령의 '화염과 분노' 발언과 김정은 위원장의 "핵 단추가 내 사무실 책상 위에 놓여 있다"라는 등 최후통첩성 경고를 주고받을 때, 국회 시정 연설(2017년 11월 1일)과 그해 12월 시진핑 주석과 공동 성명에서 어떤 경우에도 한반도에서 무력 충돌은 안 된다며 한반도에 대한민국의 사전 동의 없는 군사적 행동은 있을 수 없다고 강조했다.

3. 남북한은 부분 민족국가이다. 국가이익이 민족이익을 앞선다. 한반도 비핵화는 국가 간 지정학적 문제로 국제공조가 앞선다. 한국의 중재역할은 한계에 부딪쳤다.

3-1. 한국은 판문점 선언을 통해 처음으로 한반도 비핵화를 위한 북미협상을 견인, 중재하는 역할을 했다.

3-2. 북한은 기대를 건 하노이 회담이 실패하자 남한과의 통일전선이 대미 협상에 도움이 되지 않는다는 것을 깨닫고 남북공동연락사무소를 폭파했다.

3-3. 북한 비핵화에 국제공조가 필수이다. 북한의 완전한 비핵화 없이 남북간 상생의 평화경제와 평화체제를 수립, 발전하기가 어려웠다.

4. 북한의 완전한 비핵화의 전망은 북한에 김정은 리더십이 유지되는 한 밝지 않다. 불완전 비핵화로부터 북핵 관리 대안들이 미·중의 일각에서 나오고 있다.

4-1. 북한 핵보유를 제한적(10-20개)으로 보장하고 더 진전된 운반능력을 개발하지 않는 것을 확실히 보장하는 사찰에 동의하도록 하고, 미국은 북한의 체제와 안전을 보장한다.

4-2. 북한의 불완전한 비핵화에 대한 한국의 핵 억제책을 강구해야 한다.

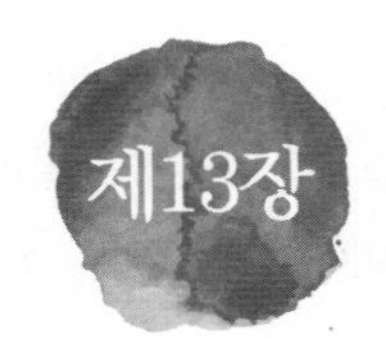

주한미군의 미래와 한국의 국방과제

1. 미국의 확장억제 전략과 태세

미국은 북한 핵과 미사일 능력이 고도화됨에 따라 한국에 대한 확장억제의 공약을 지속적으로 재확인하면서 억제의 신뢰성 제고를 위해 한국과 긴밀히 협의해오고 있다.

2006년 10월 북한이 1차 핵실험을 감행한 후 열린 제38차 SCM에서 럼즈펠드(Donald Rumsfeld) 미 국방장관은 '미국의 핵우산 제공을 통한 확장억제'를 지속한다고 말했다.[1] 그런데 2009년 9월 북한이 2차 핵실험 실시 후 열린 제41차 SCM에서 게이츠(Robert Gates) 미 국방장관은 확장억제를 구체적으로 표현한다. "미국의 핵우산, 재래식 타격 능력 및 미사일 방어능력을 포함하는 모든 범주의 군사 능력 운용"이라는 확장억제 구성의 3종 세트 무기체계를 제시했다. 그리고 한미 양측은 확장억제의 효율성 제고를 위해 긴밀히 협력해나가기로 합의했다.[2]

2013년 2월 북한이 제3차 핵실험을 감행했다. 10월 2일 열린 제45차 SCM에서 김관진 국방장관과 척 헤이글(Chuck Hagel) 국방장관은 북한 핵·미사일 위협에 대한 억제방안을 향상시키기 위해 「북한 핵·미사일 위협 대비 맞춤형 억제전략」을 공

1) 「2006 국방백서」 국방부, 2006, 214~216쪽.
2) 「2010 국방백서」 국방부, 2010, 302~304쪽.

식적으로 승인했다. 동 전략은 전·평시 북한의 주요 위협 시나리오에 대한 억제의 맞춤화를 위해 동맹의 전략틀을 확립하고 억제 효과를 극대화하기 위한 '동맹능력'의 통합을 강화할 것이다. 양국은 앞으로도 한국에 대한 확장억제의 신뢰성, 능력, 지속성을 보장하기 위해 억제 관련 사안을 긴밀히 협의해나가기로 하였다.

양 장관은 미사일 위협에 대한 탐지·방어·교란 및 파괴(4D)의 포괄적인 동맹의 미사일 대응전략을 지속적으로 발전시켜 나아가기로 합의했다. 김관진 장관은 한국이 신뢰성과 상호운용성이 있는 대응능력을 지속 추구하는 것과 한국형 미사일방어체계(KAMD)를 발전시켜나갈 것을 재확인했다.[3] 그리고 2014년 10월에 열린 제46차 SCM 공동성명에서 한민구 국방장관은 앞에서 언급한 4D 능력을 2020년대 중반까지 발전시켜나갈 것을 약속했다. 양국 국방장관은 맞춤형 억제전략의 이행사항을 주기적으로 점검해나가기로 합의했고, 맞춤형 억제전략 TTX가 맞춤형 억제전략에 대한 동맹의 이해를 재고하고 상황별 정치·군사적 대응절차를 마련하는 데 기여했다는 점에 주목했다.[4]

맞춤형 확장억제의 수단은 무엇인가? 이는 2016년 북한이 4차·5차 핵실험과 장거리 미사일 발사 후 미군은 B-52, B-1B 장거리 폭격기와 F-22 스텔스 전투기, 노스캐롤라이나 핵 잠수함, 스테니스 항모전단 등을 전개한 것에서 밝혀졌다. 이 밖에도 미국은 캘리포니아 반덴버그 공군기지에서 지상기반 요격체(GB) 발사시설, 미니트맨Ⅲ 대륙 간 탄도미사일 시험 등이 미국의 확장억제에 대한 이해와 신뢰를 재고하는 무기체계로 평가하였다.[5] 주목할 점은 이 모든 무기체계가 미국 본토에 배치되었다가 한반도 유사시 전개된다는 것이다.

한·미 양국은 「한미억제전략위원회」를 구성하여 4D 작전개념 이행지침(CPIG, Concepts, Principles, Implementation, Guidelines)을 만들고, 맞춤형 억제전략(TDS)의 실행력을 제고하기 위한 정책과 절차를 지속적으로 발전시켜 나아가기로 합의했다.[6]

한국 국방부는 2019년 1월 국방중기계획(2019~2023)을 발표했다. 국방부는 중기계획을 발표하기 앞서 북한의 핵·미사일 위협에 대비한 「한국형 3축 체계」라는 용어를 '핵·대량 살상무기(WMD) 대응체계'로 변경했다. 또한, 3축 체계를 구성하는

---

3) 「2014 국방백서」 국방부, 2014, 260~262쪽.
4) 위의 글, 263~265쪽.
5) 「2016 국방백서」 국방부, 2016, 131~132쪽.
6) 제48차 SCM 공동성명, 2016년 10월 20일; 「2016 국방백서」 국방부, 2016, 259~262쪽.

사업인 한국형 미사일 방어체계(KAMD)는 '한국형 미사일 방어'로 킬체인(Kill-Chain)은 '전략표적타격', 대량응징보복(KMPR)은 '압도적 대응'으로 개념을 보완했다. 중기계획에는 그동안 사용했던 한국형 3축 체계 관련 용어들이 새로운 단어로 대체 및 반영됐다.[7)]

국방부 관계자는 "핵·WMD 대응체계'로 개념을 바꾼 것은 기존 '한국형 3축 체계'에서 적용 범위를 확장한 것"이라고 말했다. 이 관계자는 "국방개혁 2.0의 가장 큰 변화는 북한의 위협에 대한 대응 일변도에서 전 방위 위협에 대한 대응으로 범위를 넓힌 것"이라며 "앞으로 있을 미래 잠재적 위협에 대비하기 위해 중장기적인 관점에서 국방 분야를 발전시켜나가겠다"라고 설명했다. 그는 "이전 능력발전체계의 확장과 함께 4D로 표현되는 작전 수행 개념도 발전시켰다"라며 "기존 개념보다 확장, 세분화한 새로운 개념을 통해 작전 건설·운영을 발전시킬 계획"이라고 밝혔다. 그러면서 "관련 용어의 개념은 변경됐지만, 관련 사업은 변함없이 추진한다"라고 덧붙였다.

5년간 270조가 투입되는 국방중기계획에 의하면 핵 및 대량살상무기의 위협 대응에 전체 방위력 개선비의 70%에 육박하는 65조 6,000억 원을 배분했다. 국방부는 이 예산으로 군 정찰위성, 중고고도 정찰용 무인 항공기, 장거리 공대지 유도탄 등 전략표적 타격 능력을 갖출 계획이다. 또 탄도탄 조기 경보 레이더, 탄도탄 작전통제소 성능 개량, 철매-Ⅱ 성능 개량 등 한국형 미사일 방어능력과 고위력 미사일, 대형 수송헬기 성능 개량 등 '압도적 대응 능력'을 지속적으로 확보 및 보장해나간다는 방침이다.[8)]

미국 행정부 또한 북한 핵을 현실적 위협으로 받아들이고 대비를 강화하고 있다. 트럼프 미 대통령이 2018년 10월 20일(현지시각), 1987년 12월 소련과 체결했던 역사적 중거리 핵 전력조약(INF, Intermediate-Range Nuclear Forces Treaty) 포기를 공식 선언했다. 미국은 그 탈퇴 이유로 러시아가 작년 2월 INF가 금지하는 SSC-8 순항미사일의 실전 배치를 들었다. 그러나 그 실질적 이유는 중국과 북한을 겨냥한 것이다. 미국은 1987년부터 지금까지 INF에 묶여서 아·태 지역 지상에 중거리 미사일을 전혀 배치하지 못하고 공군 전투기와 해군 함정에 탑재된 미사일 및 대륙 간 탄도미사일에 의존하여 역대 힘의 균형을 유지해왔었다.

---

7) "2019~2023년 국방중기계획발표," 「국방일보」, 2019.1.14., 1쪽.
8) 위의 글, 3쪽.

그러나 중국과 북한은 INF 협정에 아무런 구속을 받지 않고 중거리 미사일을 개발, 배치해왔다. 중국은 반 접근 · 지역거부(A2 · AD, Anti－Access, Area Denial) 전략에 따라 280여기의 미사일은 95%가 INF 금지 종목이다. 그중에서도 미 항공모함 킬러로 알려진 둥펑(東風)－21 외에 둥펑－17(사거리 700km)은 한국 타격용, 그리고 괌 기지를 사거리에 넣고 있는 둥펑 26은 백두산 인근에서 중국 동남해안에 배치되어 있다. 북한 또한, 중장거리 미사일 화성－12형을 마음대로 시험 발사했다.[9)]

트럼프 행정부는 2018년 2월에 발간하는 '핵 태세 검토(Nuclear Posture Review) 보고서'를 통해 "효과적인 핵전력을 유지하기 위해서는 냉전 시대의 유산을 재편해야 한다"라며 전술핵 배치 가능성을 시사했다. 특히 김정일 정권이 핵 능력을 보유함으로써 두 가지 오판할 상황을 우려하고 있다. 첫째, 남한 영토나 해군 함정에 대한 대담한 도발을 감행하거나, 둘째, 일본 영토의 상공으로 미사일을 발사하더라도 응징을 면할 수 있다고 오판할 수 있다는 것이다. 미국은 국가안보전략의 중요한 역할 중 하나인 동맹국과 파트너에 대한 외부로부터의 핵과 비핵공격에 대한 억제와 방어를 위한 핵 능력을 보유해야 한다. 그리고 미국의 이러한 맞춤형 전략은 동맹국들이 신뢰할 수준이어야 한다. 신뢰성의 약화는 동맹국에게 핵확산을 유발하는 요인이라고 인식했다.[10)]

핵 태세 검토 보고서에 의하면 미국은 두 가지 유형의 신형 비전략 핵무기의 획득을 결정했다. 그 하나는 잠수함 발사 탄도미사일에 장착하는 파괴력이 약한 탄두이며, 둘째는 새로운 해상 발사 크루즈 미사일용이다. 2018년 12월 말 미군은 전술핵을 장착한 오하이오급 잠수함 USS 테네시함을 실전 배치했다. 이 잠수함에는 트라이덴트－Ⅱ가 장착되는데 미국은 이 미사일에 5~7kt 수준의 저위력 핵탄두를 탑재한 것으로 알려졌다. 기존에는 히로시마 · 나가사키에 투하했던 핵폭탄 위력의 23배 수준인 90~475kt 위력의 핵탄두를 장착했다. 잠수함의 전술핵 탑재는 대북 '코피' 작전용으로 사용하더라도 코피 작전 이후 북한의 반격 의지를 꺾는 효과가 있을 것으로 보인다. 이 잠수함이 한반도 해역에 상시 배치될 때 신뢰성 있는 확장억제전력이 될 수 있다.

---

9) 박동선, "미국의 중거리 핵전략 조약(INF) 탈퇴와 우리의 안보환경," 한국외교협회, 「외교광장」, 2019.2.28., XIX : 2; 황병무, "동북아 위협의 핵, 중국 해 · 공군력의 실체," 「월간조선」, 2012.11., 248~258쪽.

10) U.S. Department of Defense, Nuclear Posture Review(NPR), February 2018, XVI－XIII, 12~13쪽.

주한미군은 최신에 무인 정찰공격기인 그레이 이글-ER(Extended Range)을 증강 배치하는 것으로 알려졌다. 2020년 9월까지 6대가 추가 배치되면 총 12대로 늘어난다. 그레이 이글은 최대 75km 밖의 목표물을 탐지할 수 있고, 적의 움직임을 아파치 헬기에 실시간으로 전송해 정확한 공격을 유도하는 기능 외에 유사시 상대방 정권 수뇌부와 지휘관에 대한 제거 작전에도 활용할 수 있는 것으로 알려졌다. 이란군 사령관 암살 이후 북한 수뇌부에 대한 경고 카드가 될 수 있다.[11)]

주한미군은 성주에 배치된 사드 포대의 성능 개량 2단계 일정을 밝혔다. 주목할 점은 이 사업이 인도-태평양사령부의 연합 긴급 작전 요구(JEON)로 적시하고 약 2억 달러의 예산을 투입한다는 것이다. 2021년 상반기에 성주 사드의 업그레이드가 완료되면, 주한미군의 대북 미사일 방어 작전이 변화한다. 북한 미사일 위협 고조 시 작전반경(포격 범위) 확대를 위해 사드 발사대를 기지 밖으로 빼서 북쪽으로 전진 배치하는 방안을 실행에 옮길 수 있다는 것이다. 하지만 우리 군은 사드 발사대의 성주기지 밖 배치는 한미 간의 협의사안이라고 밝히고 있다. 중국 또한, 주한미군의 사드 발사대 분리 배치를 자국을 겨냥한 조치라고 발발할 것이라는 관측도 나온다.[12)]

미국이 2020년 하반기 사드와 신형 패트리어트로 준중거리 미사일(MRBM, Medium-Range Ballistic Missile), 중장거리 탄도미사일(IRBM, Intermediate Range Ballistic Missile)을 동시 요격(simultaneous engagement)하는 시험을 계획한 것으로 알려지고 있다. 미국의 이러한 요격 시험은 처음이다. 북한이 유사시 회피 기동이 가능해 요격하기 힘든 대남 타격 신종무기(단거리 탄도미사일)를 비롯해 북극성-1, 2, 3형(MRBM)과 화성-12형(IRBM) 등을 총동원해 다양한 고도로 섞어 쏘는 방식으로 공격할 것으로 예상되는 만큼 주한미군 요격망을 더 촘촘하고 탄탄하게 만들기 위한 성능시험을 하겠다는 것이다. 군 관계자는 앞으로 "북한 미사일 위협이 고도화될수록 사드를 주축으로 한미 요격망의 동시 요격 시험이 더욱 강도 높게 진행될 것"이라고 말했다. 이는 사드와 패트리엇 체계를 통합 운용하는 것으로 성주기지에 신규장비 반입이 필요하다.[13)]

---

11) 유용원, "美 최신 '킬러 드론' 연내 주한 미군 배치," 「조선일보」, 2020.4.6.
12) 윤상호, "성주 사드 업그레이드, 내년 상반기 완료," 「동아일보」, 2020.3.24.
13) 윤상호, "신형 北 미사일 맞서... 美, 하반기 사드-패트리어트 시험," 「동아일보」, 2020.4.11., 정효식, "성주 사드 세지는데 공개 못하는 국방부", 「중앙일보」, 2020.6.1., 1쪽.

2. 한국의 북핵 대응 논쟁: 전술핵 배치에서 핵 옵션까지

북한 핵 무력이 고도화되기 시작하자 한국 내의 전문가들과 정치권에서는 북핵 대응을 위한 기존의 핵 억제정책의 재검토와 새로운 대안이 필요하다는 의견들이 표출되어 쟁점화되고 있다.

제1대안은 미국의 전술핵을 한국에 재배치하자는 전성훈 전 통일연구원장의 주장이다. 이 주장의 대전제는 북한 핵 위협에 노출된 한국에 한·미 간 각종 협의 채널 구축이다. 전략자산의 일시적인 전개와 같은 무력시위로 한정하는 것은 대단한 모순일 뿐 아니라, 한국 안보를 소홀히 한다는 비난을 초래한다는 것이다. 따라서 한반도에서 공포의 균형을 안정되게 구축할 수 있는 방법은 미국의 전술핵 탄두를 조속히 재배치하는 것이며, 전술핵무기로 중력투하탄(Gravity bomb) B－61 계열과 이중 기능 전투기(dual capable aircraft)를 명시했다. 이러한 배치 목적은 억제와 협상을 통한 북핵 폐기라는 점을 국제사회에 당당하게 선포할 것을 덧붙였다. 북핵 폐기 시 배치된 전술핵을 철수할 수 있다는 점을 암시했다. 끝으로 이 전술핵 재배치는 국론결집도 중요하지만, 무엇보다도 대통령의 지도력과 결단력이 중요함을 강조하면서 성사 여부의 공을 대통령에게 넘겼다. 그리고 전술핵 배치 요구를 미국이 거부 시 자체 핵무장의 길로 나설 수밖에 없다는 배수진의 언사도 남겼다.[14)]

정치권에서는 자유 한국당이 주한미군 전술핵 재배치를 당론으로 채택했다. 홍준표 자유 한국당 대표는 2017년 10월 하순 방미를 앞두고 CNN과의 인터뷰에서 “북핵이 마지막 단계에 와 있는 만큼 한국에 전술핵을 재배치해 북한과 추후 협상해야 한다”라며 “이것이야말로 북한과 동등한 위치에 서는 것”이라고 밝혔다. 그러면서 이번 방미의 목적은 “안보에 대한 한국 국민의 절박한 생각을 전하고 한국의 여론을 미국 의원들에게 전달하려는 것”이라고 강조했다.[15)]

이 같은 보수 야당의 움직임과 달리 한미 양국 정부는 전술핵 재배치에 부정적인 입장이다. 조명균 전 통일부 장관은 10월 18일 한 강연에서 “전술핵 재배치는 유사시 동맹국에 핵 억제력을 제공한다는 미국의 핵우산 정책에 대한 근본적인 변경을

---

14) 전성훈, “북한의 핵 독점시대에 우리의 대응 : 미국 전술핵의 한반도 재배치,” 「아산정책연구서」, 2017.8.7., 1~17쪽.

15) 차세현, “군사적 효용성 이미 상실 vs 북핵 억제 위해 여전히 유용,” 「중앙 SUN DAY」, 2017.10.22~23., 6쪽.

요구하는 것이기 때문에 굉장히 어렵다"라는 기존 입장을 재확인했다. 조 장관은 구체적으로 그 부정적인 이유를 ① 북한의 핵무장 인정 효과, ② 유사시 북한의 공격 표적, ③ 주한미군의 방위비 분담금 증액, ④ 사드 체계 배치 때와 유사한 지역 주민의 거센 반발 등을 들었다.[16)]

천영우 전 외교안보수석은 전술핵 재배치보다는 고성능 비핵자산을 대폭 증강해 전진 배치하는 것이 더 실속 있는 대안이라고 주장한다. 그는 정상적 핵무장 국가에 적용되는 공포의 균형에 기초한 억제이론이 체제위기로 주민을 학살하고 외부의 군사개입을 막으려 할 때 북한에 적용될 가능성이 적다는 것이다. 둘째, 오산 미 공군기지에 배치된 전술핵이 우리에게는 더 든든해보일지 몰라도 김정은으로서는 오하이오급 전략핵 잠수함(SSBN, Sub-Surface Ballistic Nuclear)에서 발사될 핵미사일을 더 두려워할 수밖에 없다. 위치가 노출된 가까운 육상기지에 배치된 전술핵은 오히려 북한이 핵으로 선제공격하기에 용이한 표적을 제공한다. 따라서 우리 안보의 취약성과 한반도의 전략적 불안정성을 더욱 높일 수 있다. 배치된 전술핵은 국내적으로 반미세력을 결집하고, 주한미군의 철수와 동맹 해체의 기폭제를 제공할 구실이 될 수 있다. 셋째, 미국은 '핵 선제 사용'의 원칙을 천명하고 있지만, 유사시 응징보복으로 사용할 가능성이 높다. 응징보복에만 사용할 전술핵이라면 한국이 아닌 북한의 선제공격에서 안전하게 보호할 수 있는 곳에 두어야 한다.

천 수석은 미국의 확장억제 전력 중 선제 사용이 불가능한 전술핵의 역할을 축소하고, 대신 북한의 지하 핵미사일 시설 파괴에 더 효과적이면서도 자위적 범위 내에서 선제 사용도 가능한 BU-57과 같은 고성능 비핵자산을 대폭 증강해 전진 배치하는 대안이 더욱 실용적이라는 것이다.[17)]

자유 한국당의 전술핵 배치안은 '하노이 협상 결렬' 이후 한·미 핵 공유협정 등 포괄적 한미동맹 강화책으로 바뀐다. 황교안 대표는 2019년 10월 24일 국회 국기게양대 앞에서 '강력한 한미동맹을 복원해 완전한 북핵 폐기에 이르자는 외교안보 대안(代案) 정책인 '민평론(民平論, 국민중심평화론)'을 내놨다. 그는 한미 간 미군 전술핵의 한반도 배치를 포함한 공유협정의 체결을 내세웠다. 킬체인, 한국형 미사일 방어체계(KAMD, Korea Air and Missile Defense), 대량응징보복(KMPR, Korea Massive Punishment and Retaliation) 3축 체계의 조기 구축도 덧붙였다.[18)]

---

16) 위의 글.
17) 천영우, "전술핵 재배치가 해법이 될 수 없는 이유," 「동아일보」, 2017.10.21.

이외에도 2017년 대선 정국을 맞아 유승민 바른정당 후보가 4월 초 발표한 안보 공약에서 미국이 한국에 제공하는 핵전력을 한·미가 공동으로 운영할 수 있도록 미국에 요구해나가겠다고 했다. 지금이 6·25 이후 최대 안보위기 상황이라며 '한·미 핵 공유'가 군사 주권 확대와 북핵 억제력 강화에 동시에 실행할 수 있는 방안이라고 했다. 유승민 의원은 "국방부는 대통령을 설득하여, 한·미 전술핵 공유를 정부의 공식 입장으로 전하라"고 촉구했다.[19)]

미국이 '핵 공유'를 제공하고 있는 군사파트너는 나토 18개국이다. 이 중, 5개국(벨기에, 독일, 이탈리아, 네덜란드, 터키)에 배치된 전술핵(B-61, 핵폭탄 180기)은 미 공군이 관리한다. 회원국들은 핵무기 배치 및 핵 공격작전계획을 결정하며 핵무기의 사용에 대해서도 일정 부분 권한을 갖는다. 하지만 유사시 핵무기 사용에 대한 최종적 결정은 미국이 한다. 나토 식 핵 공유는 핵무기 이전과 양도를 금지한 NPT 위반이 아니라고 미국이 주장하는 근거다.

2019년 7월 미국의 국방대학교는 아시아 동맹국과 비전략적 핵 능력을 미국의 관리 아래 공유를 제안하는 보고서를 미 정부에 제출했다. 그 목적은 전술적 핵 공유를 통해 한·일 양국에 안보보장에 대한 신뢰를 증대하고, 북한의 핵·미사일 개발을 억제하며, 중국에 북한의 무모한 도발을 사전에 억제하도록 압박하는 효과를 거둘 수 있다는 것이다. 미 공화당 소속 제임스 인호프(James Inhofe) 상원 군사위원장도 한-미-일 핵 공유협정 체결을 검토할 뜻을 밝혔다.[20)]

스티븐 비건 미 국무부 대북 특별대표는 9월 6일(현지 시간) 북한 비핵화 협상이 실패하면 한·일 등이 핵무장을 검토할 수 있다고 말했다. 국내외 소식통은 미·북간 실무협상을 위한 물밑 접촉이 교착상태에서 비건이 북한과 중국을 향하여 돌직구를 날린 것이라고 평가한다.[21)]

로버트 게이츠 전 미 국방장관은 <월 스트리트 저널>의 한 칼럼니스트와의 인터뷰에서 북한 핵 폐기가 어려우니 북한의 핵 보유를 제한적으로 보장하고 사찰로 검증하는 제안을 했다. 그는 미국이 북한의 정권안정을 보장하고, 정권교체를 포기하는 대신 북한이 10~20개 핵무기 보유만을 인정하되, 더 이상의 핵무기나 더 진전

18) 「동아일보」, 2019.10.25.
19) "유승민 'NATO 식 핵 공유 추진' 다음 정부 검토할 만하다," 「조선일보」 사설, 2017.4.7.
20) 「조선일보」, 2019.9.21., A8쪽.
21) 「중앙일보」, 2019.9.10.

된 운반능력(ICBM: Inter-Continental Ballistic Missile)을 개발하지 않는 것을 확실히 보장하는 사찰에 동의하는 제안을 중국을 앞세워 북한으로부터 확인하자고 했다.[22] 중국 또한, 북핵 폐기보다 북핵 관리에 방점을 두는 대안을 모색하고 있는 것으로 알려지고 있기 때문이다.

북한은 2000년대 초 이후 테러와의 전쟁에서 미국에 협력한 대가로 미국의 제재를 뚫고 핵 보유국 지위를 얻어낸 파키스탄 모형을 받아들여, 핵확산금지조약 체제 하에서 인도, 파키스탄, 이스라엘과 같은 비공인 핵보유국이 되길 바라고 있다. 하지만 북한의 핵은 동북아에 미치는 핵 확산의 위험 외에도 미국의 안보이익을 위협하고 있다. 인도의 핵은 중국 견제에, 파키스탄은 이란과 아프가니스탄의 대테러 전쟁에 미국을 도왔으며, 이스라엘의 핵 무장은 중동의 반미국가들을 견제하는 데 도움이 됐다.[23] 북한은 위의 3개국과 달리 미국 위협 때문에 핵을 개발했고 미국과 동맹을 위협하고 있다. 북한 핵무장은 한반도 평화체제의 수립에 큰 걸림돌이 될 것이다.

한국이 미국과 핵 공유협정을 체결한다면 북한의 핵 억제를 위한 미국 공약의 신뢰성을 높임으로써 한반도 핵 위기 시 미국의 방기에 의구심을 해소할 수 있는 장점이 있다. 나토 동맹국들이 핵 공유협정을 체결한 목적도 유럽에서의 핵 위기 발생 시 미국이 소련으로부터 워싱턴을 공격받을 위험을 무릅쓰고 동맹국들을 보호할 책임과 결의에 대한 의문 때문이었다.

하지만 우리가 나토 식 핵 공유 모델을 따른다면 남한 내 전술핵을 재배치해야만 한다. 이는 한반도 비핵과 원칙을 포기해야 한다. 북한의 완전한 핵 폐기 시까지 조건부 배치라고 주장해도 북한의 핵무장을 인정하는 셈이 된다. 미국 전문가들은 사드 운용도 제대로 안 되는데 전술핵을 배치할 수 있을지 의문시한다. 마크 에스퍼(Mark Thomas Esper) 미 국방장관이 2019년 12월 13일(현지 시간) 새로운 장거리 미사일을 개발하면 아시아와 유럽 동맹국들과 배치를 논의할 것이라고 밝혔다. 청와대 당국자는 이에 앞서 "한·미는 한반도 벗어나는 전략자산을 배치 않기로 약속했다"

22) 「월스트리트저널」, 2017.7.10., 인용은 「한겨레」, 2017.7.12.
23) 북한은 1994년 파키스탄에 노동미사일 10기의 기술을 제공하고 핵기술을 전수받았다. 파키스탄의 핵 개발 아버지로 알려진 압둘 카다르 칸 박사는 적어도 6년간 북한에 우라늄 농축 기술과 설계도면, 기술적 조언을 제공했고, 1999년 북한을 방문했을 때 안내인이 산속 깊은 곳에서 플루토늄 핵 탄두 3개가 들어 있는 상자를 보여주었다고 했다. '북한 핵 전수' 칸 박사 "북한 핵 미사일 완성했을 것," 「연합뉴스」, 2013.5.12., 김환기, "핵 보유국 인정 헛꿈 꾸는 북한," 「세계일보」, 2020.7.2.

라고 밝혔다.[24] 주한 중국 대사는 11월 28일 국회강연에서 “미국이 한국에 중국본토를 겨냥하는 전략무기를 배치하면 어떠한 후과를 초래할지 여러분도 상상할 수 있을 것”이라고 엄포를 놓았다.[25]

이러한 연루의 문제점을 극복할 수 있는 대안은 한반도 유사시 전개되는 핵 잠수함에 전술핵을 탑재하는 방법, 그리고 괌에 배치된 전술핵을 유사시 한국과 공동으로 사용한다는 전제하에 우리의 전폭기를 괌으로 보내 미 공군과 함께 훈련하는 방안을 고려해볼 수 있다.[26] 이러한 방안은 북한을 자극하지 않고 한반도 비핵화 협상에 장애가 되지 않는다. 한미 당국은 한반도 위기 시 미 전략자산의 운용절차를 합의하고, 정례적으로 훈련해야 한다.

한국의 전직 국방부 당국자와 전문가들은 미국 전문가들과 회의 시 전술핵 재배치, 핵 공유, 자체 핵무장 같은 얘기가 나온 것은 미국의 확장억제 신뢰성을 개선하기 위한 구체적 대책이 필요하기 때문이라고 말한다.[27] 현실주의 성향이 강한 전문가들은 미국의 전술핵 재배치나 핵 공유는 현실성이 없고, 한국이 공개적, 한시적으로 자체 핵무장을 해야 한다고 주장한다.

박정희 정부 이후 정치권에서는 자체 핵무장을 주장하는 의견들이 많았다. 정몽준 한나라당 전 대표가 대표적이었고, 2006년 6자 회담이 교착되고 앞길이 막히자 노무현 대통령은 “우리도 핵무기를 갖출 수밖에 없다”라면서 그 검토를 지시했다고 한다.[28] 2010년 18대 국회 국방위원장이던 원유철 의원은 연평도 포격 사건 현장에 가서 민가가 포격 당한 것을 보고 핵을 가진 김정은 정권이 앞으로 무슨 행동을 할지 모른다는 생각을 갖게 됐다. 그는 “핵에는 핵 말고는 방법이 없다. 북한이 핵을 내려놓을 때까지 우리도 핵전력을 갖자는 조건부이자 시한부 무장론”을 주장했다.[29]

---

24) 「중앙일보」, 2019.8.7., 3쪽.
25) 「한겨레」, 2019.11.29.
26) 배명복, “나토 식 핵 공유는 사실상의 전술핵 재배치,” 「중앙일보」, 2019.12.19., 29쪽.
27) 조선일보 주관, “브루킹스 연구소·국가전략 연구원 비공개 토론회,” 「조선일보」, 2020.1.17., A6쪽.
28) 송민순 “한국은 북핵 중재자가 아니다... 과감한 플레이어로 나서야,” 「중앙일보」, 2019.10.8., 27쪽.
29) 예영준, “‘핵에는 핵’... 한미 핵 공유론에 힘 실리다,” 「중앙일보」, 2019.11.21., 24쪽. “생존차원의 최후의 지렛대로서 NPT를 위반하지 않는 범위에서 핵무장 직전 단계까지 준비하는 ‘90% 핵무장 옵션’” 주장은 홍관희, “핵우산만으로는 충분하지 않다,” 「조선일보」, 2016.10.19. “우리는 핵무장한 북한과 평화적 공존에 자신이 없다면 독자적 핵무장을 모색할 시점이 되었다,” 이창위, 「북핵 앞에선 우리의 선택」, 서울: 궁리, 2019, 296~298쪽.

그러나 이러한 주장이나 견해가 우리 정부 내에서 정책 의제화된 적이 없다.

우리가 독자적 핵무장을 하려면 국내적 문턱 외에도 기술적 및 국제정치적 문턱을 넘어야 한다. 원자핵공학자인 서균렬 서울대 교수는 「중앙일보」와의 인터뷰에서 한국의 독자적 핵무장의 기술적 문턱은 그리 높지 않을 것으로 말했다. 그는 "시험용 플루토늄탄 완성에 3개월, 실전용 우라늄탄과 플루토늄탄 1개씩 완성하는 데 6개월이면 된다. 첫 핵탄두를 만드는 데 1조 원이 들고 그 이후로는 비용과 시간이 크게 줄어든다"고 말했다. "미국이 첫 원자탄을 만들 때보다 혹은 인도·파키스탄·북한이 핵무기 개발에 성공했을 때보다 현재 한국의 원자력 경쟁력이 훨씬 높기 때문에 결심만 하면 어려운 일이 아니다"라고 덧붙였다.[30]

현 시점에서 핵무장은 지정학적 위험이 너무 크다. 그렇다고 핵무장을 영원히 포기하는 것 역시 불확실한 동북아 안보 상황에서 강대국 간 대립과 경쟁 속에서 부대끼며 살아야 하며, 한반도 유사(변란 등 내우)시 외군 개입의 위험성을 안고 있다. 주한미군의 주둔은 영원히 보장할 수 없다. 미국은 안보이익 변화에 따라 제2의 애치슨 라인을 선포할 수 있고, 유사시 미군 주둔이라는 역외 균형자로 그 역할을 축소할 수 있다. 이때 역내 강대국 간 세력경쟁은 한국 안보·외교의 자율성을 제약·속박할 수 있다. 미래 불확실한 지정학적 위험에 대비해 우리는 전술핵 옵션의 잠재력을 갖출 필요가 있다.

3. 주한미군의 미래와 유엔사 역할 변화의 전망

2018년 5월 16일(현지 시간) 김정은 북한 국무 위원장은 극비 방문한 마이크 폼페이오 국무장관(당시 CIA 국장)에게 ① 현시점에서 주한미군 주둔 인정, ② 평화체제 후 규모 축소라는 2단계 해법을 제시한 것으로 전해졌다. 김 위원장은 "주한미군이 연습하고 훈련하며 전략무기를 들여오는 건 신경이 쓰인다"라며 "하지만 (한국) 안의 사정도 그렇고 (한·미) 동맹 문제도 있으니 용인한다기보다는 일단 현 상태 그대로 받아들이겠다"라고 말했다고 한다.

다만 김 위원장은 "앞으로 평화가 계속 유지되고 아무런 문제가 없으면 미국도 어떤 성의를 보여야 하는 것 아니냐"라며 "나도 이렇게 하면 (미국도) 예컨대 규모를

30) 예영준, 앞의 글.

줄인다거나 전략무기를 뺀다거나 하는 정도의 성의를 보여주길 기대한다"라고 덧붙였다고 북·미 협상에 정통한 외교 소식통은 전했다.[31]

김 위원장이 주한미군에 대해 이와 같은 2단계 해법을 구체적으로 제시한 것은 처음이다. 역사적으로 김일성 주석은 1992년 1월 북·미 평화협정 체결이 처음 논의될 당시 김용순 노동당 비서를 미국에 파견해 아널드 캔터(Arnold Kanter) 국무부 차관에게 "북미 수교가 이뤄지면 주한미군 철수를 요구하지 않을 것이고, 주한미군은 한반도 통일 이후에도 주둔할 수 있을 것"이란 입장을 전한 것으로 알려졌다. 김정은 국방위원장도 2000년 6월 김대중 대통령과의 첫 남북 정상회담에서 1992년 김용순 비서 방미 시의 제안을 언급하면서 "나 역시 '통일이 돼도 미군은 한반도에 있어야 한다'는 김대중 대통령과 같은 견해를 갖고 있다"라고 말했다고 한다.[32]

김정은 위원장의 주한미군의 용인 입장은 평화협정을 얻기 위한 협상 전략의 일환일까? 김일성 이후 3대는 주한미군에 대한 지정학적 위협 인식이 동일했다. 즉, 북미 관계가 정상화돼 상호 간 평화가 유지되면 주한미군은 지역의 안정과 평화유지를 위한 균형자 역할을 할 것으로 인식한 것이다. 중국도 1970년대 중미 관계 정상화 이후 주한미군을 대소 견제용으로 인식하면서도 북한에 들으라고 한반도 통일의 저해 요인으로 선전했다.

아·태 지역에서 중미 패권경쟁은 심화되고 있다. 중국은 군사적으로 반 접근 거부 전략태세를 강화하고 정치·경제적으로 '일대일로' 전략을 추진하고 있다. 미국은 2019년 인도·태평양 전략보고서에서 한미동맹을 미국의 동맹에 있어 핵심 축(linchpin)으로 표현하는 등 한미동맹이 미일동맹과 함께 미국의 중요한 역내 동맹의 한 축으로 지목하고 있다. 미국은 지리적으로 중국본토와 가장 가깝게 위치한 평택기지(Camp Humphreys)의 상징적, 실질적 역할을 강조함으로써 한국이 미국의 대중국 견제전략에서 갖는 중요성을 강조하고 있다.[33]

미국의 국방수권법(NDAA, National Defense Authorization Act)은 주한미군의 감축에 대한 예산 통제를 통해 대통령의 권한을 일정부분 제한하고 있다. 주한미군의 감축은 ① 미국 국익에 부합하고 동맹의 안전을 심각하게 악화하지 않으며, ② 국방

---

31) 김현기·정효식(워싱턴 특파원), "김정은 '주한미군' 현재 론 수용... 평화지속 땐 규모 축소를," 「중앙일보」, 2018.5.18., 3쪽.
32) 위의 글.
33) 김주리, "트럼프 행정부의 인도·태평양 전략과 한국에 대한 함의," 「국방정책연구」 제35집 4호, 2019(겨울)(통권 제126호), 42~68쪽, 57~58쪽.

부장관이 감축에 대해 한국, 일본 등 동맹국과 적절한 협의를 거쳤다고 의회 군사위원회에 확약(certifies)하는 경우를 적시했다.[34] 이 법은 주한미군의 감축 조건으로 미국의 국익, 동맹의 안전, 그리고 한·미 협의를 제시했다. 한국에서도 주한미군의 문제는 한국과 지역의 안정, 유지 그리고 한·미 양국의 문제이며, 북한과 흥정의 대상이 될 수 없다는 견해가 지배적이다. 따라서 주한미군의 위상 변화는 평화협정이 체결되더라도 평화가 정착될 때까지 논의해서는 안 된다는 것이다. 이는 평화협정이 평화를 담보할 수 없다는 역사적 경험에서 나오는 신중론이다.[35]

국책 연구기관인 통일연구원은 2018년 12월 12일 정전협정을 차후 대체할 수 있는 '한반도 평화협정' 초안을 공개했다. 이 초안은 협정 체결 시점에 대해 '북한의 비핵화 약 50% 달성 시점'이라면서 평화협정 발효 이후 90일 안에 유엔사를 해체하고, 남·북·미·중이 참여하는 '한반도 평화관리위'를 설치하자고 했다. 유엔사 해체 외에 미·중 핵무기 한반도 전개·배치 금지, '외국군과 대규모 연합훈련 금지' 등이 담겼다. 2020년 이내 모든 핵물질 폐기를 요구했고, 비핵화 완료 이후 '주한미군 감축'을 시사하는 조항도 들어갔다.[36] 이 초안의 주요한 특징은 평화협정의 체결로 한반도에 가급적 외군을 배제하고 우리끼리 평화, 안전 공동체를 만들어보자는 것이다. 주한미군은 철수가 아니라 감축이 들어 있다. 한반도 안정과 평화의 지정학적 리스크 관리에 소수의 주한미군의 필요성을 인정한 것이다.

로버트 에이브럼스(Robert B. Abrams) 주한미군 사령관 지명자는 2018년 9월 25일(현지 시간) 의회 청문회에서 "남북이 평화협정을 맺어도 유엔 정전협정은 소멸되지 않는다"라고 증언했다. 이는 유엔사의 임무(존재)가 해체될 수 없다는 의미이다.[37] 전작권 전환과 남북 군사 신뢰 구축을 추진하려는 한국 측에는 유엔사의 존재를 유념하라는 암시적 증언이었다. 2019년 8월 한미 군 당국이 전작권 전환 기본운용능력을 점검하는 연합훈련에서 에이브럼스 사령관이 유엔군 사령관의 자격으로 지휘권을 행사하겠다고 주장했고, 전시를 가정한 워게임이 아닌 사전 훈련 일부를 지휘했다.[38]

미국 측은 유엔군 사령관은 평시 유엔사 교전 규칙을 적용해 한국군에 작전에

34) "미 국방수권법 한국에 잘못 알려져,"「중앙일보」, 2018.12.21.
35) 류제승, "북 비핵화·체제보장 빅딜해도 주한미군은 별개다,"「중앙일보」, 2018.6.11., 26쪽.
36)「조선일보」, 2018.12.13., 1쪽.
37)「조선일보」, 2018.9.27., A5쪽.
38) 양승식, "韓美, 지난달 연합훈련 때 지휘권 마찰,"「조선일보」, 2019.9.4., A8쪽.

관한 지시를 내릴 수 있다는 입장이다. 그리고 정전협정이 유지되는 한 미래연합사에 지휘권을 행사할 수 있다는 주장이다. 이는 평시 정전협정 준수 여부를 관리하는 유엔사의 임무를 전반적인 한반도 위기관리로 확장하려는 것을 의미한다. 한국 측은 한국군은 전쟁이 발발하면 정전협정이 '파기'된 것으로 간주하고 전환받은 작전권을 전적으로 행사한다고 생각한다. 반면 미군은 전쟁발발을 정전협정 파기가 아닌 '위반'으로 볼 수 있기 때문에 유엔사의 권한이 일정 부분 있다고 주장한다.[39)]

유엔사는 유엔사 후방기지(일본)를 통해 한반도로 집결한 병력을 미래 연합사에 제공할 역할을 한다. 또한, 미군은 한반도 전시 상황에서 항공모함, B1-B 등 각종 전략자산을 투입하는 최대 전력 제공국이 된다. 미군이 전작권 전환 이후 수십만에 이르는 유엔군, 그리고 전략자산을 포함한 미 증원군의 작전권을 한국군 사령관에게 맡길 것인지 의문이 아닐 수 없다.[40)]

미국은 2019년 5월에 독일을 전시전력 제공국에 포함하려 했다가 한국의 반대로 무산됐다. 6월 미 합참은 '유엔사 관련 약정 및 전략지침'을 통해 유엔사 전력 제공국의 정의를 '유엔 안보리 결의에 근거해 유엔사에 군사적, 비군사적 기여를 했거나 할 국가'로 규정해 일본 등을 전력 제공국으로 참여시키려는 것 아니냐는 논란이 있었다. 주한미군은 7월 9일 내놓은 '전략 다이제스트'라는 발간물에서 유엔사를 '다국적군 통합을 위한 기반체계를 제공하여 다자간 참여를 조율하는 중요한 수단'이라고 규정했다.[41)] 2018년 1월에는 밴쿠버에서 유엔 참전국 회의를 개최하고 북한 밀수방지를 위한 해상 차단 작전을 논의했다.

한국은 정경두 국방장관 명의로 2019년 7월 유엔군 사령부 소속 16개국에 "유엔사가 전력 제공국을 추가하려면 한국과 협의해야 한다"라는 취지의 입장을 전달한 것으로 알려졌다.[42)] 정 장관의 입장문 전달은 한반도 유사시 유엔사의 권위를 빌려

---

39) 우리 「국방백서」에 의하면 "연합사와 유엔사는 상호지원 및 협조관계이다. 정전업무에 관하여는 연합사령관은 유엔군 사령관의 통제를 받도록 되어있다." 전쟁이 아닌 "북한의 도발(침투, 습격, 혹은 각종 공격 행위 등)은 일차적으로 정전협정의 위반사항으로 이는 곧 유엔사에 대한 도전이며, 이를 즉각 저지하는 대응수단을 갖지 않은 유엔군 사령관은 연합군 사령관에게 이에 대처하도록 요구한다"라고 기록되어 있다. 「1995~1996 국방백서」, 국방부 1995.10., 110쪽.

40) 이철재·이근평, "유사시 한반도 증원전력 69만 유엔군은 누가 지휘," 「중앙일보」, 2019.9.18., 14쪽.

41) 「중앙일보」, 2019.7.12., 14쪽.

42) "정경두 '유엔사 확대, 한국 동의 필요' 16개국에 입장문," 「중앙일보」, 2019.10.15.

한국이 원하지 않는 국가의 군대가 한반도 작전에 개입하는 것을 원치 않기 때문이다. 외군차용은 우리가 필요할 때 그리고 우리가 원하는 국가에 한정하는 것이 원칙이다. 2016년 북한의 5차 핵실험에 대응해 미국이 한국 상공에서 한국·미국·일본 3개국 공군기들이 편대 비행하는 방안에 의향을 물어왔으나, 한국이 국민감정을 고려해 난색을 표명했고, 실현되지 않았다고 아사히(朝日) 신문이 보도했다.[43] 이 또한 우리가 정한 외군차용의 원칙을 기초로 결정한 것이다. 하지만 미국은 동북아시아에서 한·미·일 삼각 군사협력을 강화하려 한다. 앞으로도 일본을 유엔사가 인정하는 전력 제공국 결정여부는 우리의 중요한 안보 결정 사안으로 남아 있다.

미국은 유엔사 존속을 평화협정의 체결과 별개의 사안으로 보고 있다. 또한, 평화협정이 체결되더라도 항구적인 평화체제가 구축될 때까지 유엔사를 한반도 평화체제의 감시기구로 운용하면서, 아태지역 안정과 평화를 위한 미국과 지역 국가들과의 전략적 제휴를 강화하는 중요한 수단으로 활용할 가능성이 크다.[44]

9·19 남북군사합의 중 상당수가 유엔사의 동의가 필요하다. 유엔사가 DMZ 관할권이 침해되는 것에 매우 민감하다. DMZ 내 GP(감시초소) 11곳 시범 철수, 판문점 공동 경비구역 비무장화, 한강 하구 공동 이용, DMZ 내 공동 유해 발굴 등은 유엔사의 동의가 필요한 사안이다. DMZ 내 인근 20~40km 비행금지구역의 설정은 주한미군 사령부와 협의가 필요한 사안이다. 2018년 10월 제50차 한미안보협의회는 한국 합참－유엔사－연합사 간 관계 관련 약정(TOR)에 합의했다. 당시 국방부는 "한미 국방부는 한반도에서 무력분쟁을 예방하는 역할을 수행해온 유엔군 사령부를 지속 유지하고 지원하며, 한국 합참, 연합군 사령부 간의 상호관계를 발전시킨다"라고 설명했다.[45]

한국은 중장기적으로 주한미군의 철수에 따른 포기의 위험보다 연루로 인한 사안을 관리해야 할 부담이 커질 것으로 보인다. 미국은 방위비 부담 협상에서 "부자나라인 한국이 특정한 방위(사드)에 방위비 더 낼 수 있고 더 내야 한다"라는 입장이다. 한국은 전년 대비 13% 인상이 "공정하고 균형 잡히고 포괄적인 합의"라고 주장한다.[46] 한미 양국은 '상호방위'라는 동맹이익을 고려할 때 실무적으로 타협이 어려

---

43) 유용원, "美, 한국 상공 '한미일 편대비행' 제의했었다."「조선일보」, 2016.10.19.
44) 평화체제 전환과 유엔사 지위 및 역할 변경 등에 관한 최근 연구는 김병기, "유엔군 사령부의 지위와 역할변화 연구,"「국방대학교 박사학위 논문」, 2019. 12., 185~193쪽 참조.
45)「한겨레」, 2019.9.4., 2쪽.
46) 윤상호 "'사드비용' 방위비 협상 막판 변수로,"「동아일보」, 2020.3.27., A31쪽. 1979년 6월

운 방위비 부담 문제를 수뇌회담을 열어 해결점을 찾아야 할 것이다.

한편 중국은 한국에 배치된 사드를 자국 안보에 위협이 되고 있다고 하면서 지난 몇 년간 한국에 들볶는 전술을 펴왔다. 그것도 모자라 2019년 10월 1일 건국 70주년 열병식에서 처음 공개한 신형 초음속 미사일 둥펑(DF)－17에 대해 중국 관영 매체가 '한국에 배치된 사드로 방어하기에 어려울 것'이라며 이 미사일의 타격 목표에 한국이 포함된다는 사실을 밝혔다. 2020년 5월 말 한국 국방부와 주한미군이 경북 성주 사드 기지의 노후한 요격 미사일을 교체한 데 대해 중국 외교부는 "미국은 중국의 이익을 해치지 말고 중국과 한국의 관계도 방해하지 말라"고 밝혔다. 그는 또 "중국과 한국은 사드 문제의 단계적 처리에 명백한 공동 인식이 있다"며 "우리는 한국이 사드 문제를 적절히 처리하고 중·한 관계 발전과 지역의 평화와 안정을 수호하기를 희망한다"고 했다.[47] 사드의 성능개량이나 추가배치를 미국에 허용해서는 안 된다는 의도가 숨어 있다. 사드는 한국 방위를 위한 한국에 배치된 무기이다. 앞으로 더욱 큰 문제점은 미·중 간의 패권경쟁이 심화되면 될수록, 그리고 한미동맹의 지역화가 추진될수록 우리가 연루돼 발생되는 지정학적 리스크를 관리할 과제가 많아진다는 것이다.

미국은 남중국해에서 다국적군 연합작전을 통한 '황해의 자유 작전'을 펼치면서 한국의 참여를 종용했다. 한국은 항해의 자유 작전에 원칙적 찬성을 표명했으나, 연합작전의 참여를 삼가왔다. 한국이 북한을 상대한 한미동맹이 대중 견제로 확대되는 것을 원치 않는 중국의 입장을 고려한 것이다.

최근 미국은 호르무즈 호위연합체에 한국의 참여를 독려했다. 한국 정부는 "한국이 수입하는 원유의 70%와 가스의 30%가 통과하는 호르무즈 해협에서 한국 유조선을 보호해야 한다는 필요성과 느슨해진 한미동맹을 강화해야 한다"라는 입장에서 2020년 1월 21일 청해 부대의 파견을 결정했다. 하지만 정부는 미국과 이란의 마찰로 중동 지역에 전운이 고조되자 '파견'이라는 용어를 써가며 호위 연합인 국제해상

청와대에서 카터 미 전 대통령과 박정희 전 대통령 간 방위비 부담을 둘러싼 설전이 벌어졌다. 카터 대통령이 북한의 방위비가 GNP 대비 20% 이니 한국도 방위비(GNP 대비 5%)를 올릴 것을 강요하자, 박 대통령은 20% 쓰면 폭동이 일어난다고 거절했다. 해제된 미 외교 기밀문서를 통해 밝혀진 내용. 손효주, "39년 전 박정희－카터 주한미군 철수 설전," 「동아일보」, 2018.11.26., A16쪽.

47) 박수찬(베이징 특파원), "한국에 中은 미사일 압박," 「조선일보」, 2019.10.3., A6쪽. 「조선일보」, 2020.5.30., 1쪽, 6쪽.

안보구상(IMSC)에 참여가 아니라 청해 부대의 작전지역을 확대하는 독자 파병 방식의 우회로를 택했다.[48] 이는 미·이란 간 발생할 수 있는 군사 분쟁에 연루를 방지하자는 것이었다. 이란 대사는 1월 9일 「중앙일보」와의 단독 인터뷰에서 "한국이 호르무즈 파병 시 이란 국민의 분노를 살 것"이라고 경고했다.[49] 우리 외교부는 이란 측이 부정적인 반응을 보인 것에 대해 한·이란 관계를 관리해나가도록 노력해나갈 것이라고 이란 측에 전했다.

미국은 미일동맹의 지역화를 촉진하면서 한미동맹의 지역화와 연계를 시키려 하고 있다. 1996년 4월 발표된 미·일 신안보선언에 기초한 미일방위협력의 지침(1997년 9월)에 따라 일본은 아태지역에서 평화와 안전에 중요한 영향을 미치는 주변 사태('지역'이 아닌 '상황'의 의미)가 벌어졌을 때 미군의 활동을 지원하기 위해 일본 내 시설 이용과 후방지원을 약속했다. 일본은 인도·태평양 지역에서 미국이 추구하는 지역 네트워크 강화에 핵심 국가이다. 일본은 이 지역에서 미국이 주도하는 연합훈련에 적극 참여하고 있다. 미국은 한국이 한·일 갈등을 일으키는 사안에 부정적인 반응을 보이고 있다. 한국이 한·일 군사 정보보호협정(GSOMIA)을 파기하자 미국은 우려를 표명했다. 2019년 10월 1일(현지 시간) 미 국무부는 한국 전투기의 독도 상공 비행에 대해 "(한·일 간에) 진행 중인 문제를 해결하는 데 생산적이지 않다"라고 부정적인 입장을 밝혔다. 과거 한일 갈등에 중립적인 입장을 유지해온 미 국무부가 공개적으로 한국에 부정적인 반응을 보인 것은 이례적인 일이다.[50] 한·일 안보갈등 해소에 미국의 눈치를 보아야 하는 것이 오늘날 우리 안보의 현실이다.

4. 한국 주도의 책임 국방을 향하여

2018년 10월 한미 국방부는 전시작전통제권 전환 이후 굳건한 연합방위태세를 유지하기 위한 연합방위지침을 마련했다. 그 지침 중 한국 국방부는 "연합방위를 주도할 수 있는 능력을 지속 발전시키고 미국 국방부는 한국의 방위를 위한 보완 및 지속능력을 계속 제공한다"라고 규정하고 있다. 그리고 "한국 국방부는 외부의 침략

---

48) 「조선일보」, 2020.1.22., A4쪽.
49) 「중앙일보」, 2020.1.10., 8쪽.
50) 조의준(워싱턴 특파원), "美 국무부 '한국전투기, 독도 비행은 비생산적'," 「조선일보」, 2019.10.3., A6쪽.

을 억제하기 위한 책임을 확대해나가며 미국 국방부는 확장억제를 지속 제공한다"라고 덧붙였다. 마지막으로 "한미 국방부는 전시작통권 전환 이후의 연합방위체제가 한미상호방위조약에 따른 한반도의 평화와 안보를 더욱 굳건히하는 데 인식을 같이하고 한미동맹을 상호보완적이고 미래 지향적으로 발전시켜나가기로 노력한다"라고 맺고 있다.[51]

한미 국방부 장관은 2015년에 「조건에 기초한 전작전환계획(COTP, Conditions-based Operational Control Transition Plan)」의 수정안에 서명하고, 전작권 전환에 필요한 조건을 조기에 충족시키기 위해 긴밀히 협력하기로 했다.[52] 한국군은 전작권 전환에 필요한 조건을 충족시킬 수 있는 전력을 포함해 책임국방을 구현할 수 있는 전력을 발전시키고 그 운용계획인 전략도 개발해야 한다.

국방 당국은 향후 30년을 내다보고 미래전 수행에 적합하며 한국의 국력에 걸맞는 목표 군사력을 설정하고, 이를 일관성 있게 추진해나가려 하고 있다. 군사력 건설을 위해서는 외부의 위협에 대해 어떻게 대응할 것인가 하는 기본 전략이 구상되어야 한다. 주변국은 모두 군사 강국이다. 한국적 맞춤형 전략을 개발해야 한다. 이 전략을 구현하기 위한 군사력 건설 소요가 도출되는 것이다. 이러한 방위전략은 전장 공간(battle space)의 설계와 병행하여 발전된다. 즉, 군사력이 적용되어야 할 범위와 공간을 상정하고, 이에 맞는 능력을 갖추어나가야 한다.[53]

한반도의 지정학적 위치를 고려해볼 때 서울 중심 세 권역의 군사 목표를 달성할 수 있는 전력을 발전시켜야 한다.

첫 번째 권역(감시권)은 평시나 위기 시 우리의 국가이익에 심대한 영향을 미치는 의사결정의 원천 권역(주변국 수도)으로 상대방에게 방위의 관심과 의지를 인지시켜야 한다. 적의 군사도발 징후 포착 시 군사적 예방 활동을 전개해 아 측 의지와 능력을 상대에게 인지시키고, 필요시 비대칭 전력과 전략적 타격전력을 효과적으로 운용해 상대에게 군사도발 시 감수해야 할 정치·군사적 손실을 경고해야 한다.

---

51) '전시 작전통제권 전환 이후 연합방위지침' 2018.10.31.; 「2018 국방백서」, 국방부, 2018, 283~284쪽.

52) '제50차 안보협의회의(SCM) 공동성명,' 2018.10.31., 워싱턴 D.C. 「2018 국방백서」, 276~280쪽.

53) 한반도 전장 공간에 따른 전력 운용과 발전에 따른 논의는 차영구·황병무 편, 『국방정책의 이론과 실제』, 오름, 2004, 제18장, 21세기 한국 국방의 방향; '선진형 기술 강군과 군사기술혁명(MTR) 방향' 한국전략문제연구소 특별보고서, 2019.11. 참조.

그림 1 한반도 전장 공간

이를 위한 목표 전력은 상대방 전략적 중심의 군사 활동을 전천후로 감시·정찰하고 조기 경보할 수 있는 수단(감시·정찰전력)을 확보해야 한다. 그리고 상대방 주요 전략적 표적을 선별 타격할 수 있는 장거리 정밀 유도무기 전력을 최소, 필수적 수준으로 보유하고, 필요시 상대의 정보 인프라 및 군 지휘통제체계의 마비를 위한 사이버·전자전력 확보도 필요하다.

두 번째 방위권에서의 군사 분쟁에 대응을 위한 군사전략 목표와 요망 목표 전력이다. 적이 도서·영해·국경선 일대에서 제한적 군사도발을 할 때 우리 군은 사이버·전자전·정밀 교전·특수전 등을 결합해 공세적으로 대응해야 한다. 전략형 비대칭 전력과 원거리 정밀 타격전력의 사용 가능성을 상대에게 인지시키고, 실전 태세를 준비해 상대의 전쟁 확대 의지를 저지시켜야 한다.

국지·제한전이 발생할 경우 상대의 의지를 조기에 포기시키기 위해 신속하게 전장에 투입할 수 있는 첨단전력이 필요하다. 동맹국의 군사력이 투입될 수 없고, 투입하더라도 시간적 제한을 받기 때문에 독자적으로 대응할 수 있는 신속대응전력이 확보돼야 한다. 감시·정찰 및 지휘통제 전력, 사이버·전자전 전력, 입체 고속기동 타격전력 및 방공·미사일 방호 전력 등의 확보는 필수적이다.

셋째 외부로부터 전면전 침공을 받았을 때 주권과 생존권 보호를 위한 군사전략 목표와 이를 구현할 수 있는 전력이다. 국가 총력전으로 적의 침략 기도를 포기하도록 강요하는 데 군사전략 목표를 두어야 한다. 한반도의 지리·지형적 특성을 활용하는 거부방위를 통해 적에게 막대한 피해를 강요해야 한다. 이를 위해 전략적 비상수단과 비대칭 전력을 선별 사용해 적의 중심을 타격·응징전을 감행해야 한다. 또한, 적의 항공 및 탄도·순항 미사일 공격에 대한 방공·미사일 대책도 강구해야 한다.

총력전에 필요한 전력은 기반전력과 장거리 타격전력, 신속대응전력 및 동맹전력이다. 동맹국의 지원전력은 전개에 상당한 시간이 걸린다. 지상기반전력에는 지역군단, 보병사단 및 지역 향토사단과 동원사단, 급속 동원 및 전개 부대 등이다. 해상기반 전력은 해역 함대, 근해 및 연해 작전 함정, 잠수함 등이 포함된다. 그리고 공중기반전력은 전술 비행단, 중·저 성능 전투기 및 지원기, 방공·미사일 방어체계 등이다.

향후 국제 역학 구도의 변화에 따른 전쟁 위험은 우리의 방위권에 대한 국지도발과 국지 제한전이다. 상대의 의도는 우리 영토의 영구점령이 아니다. 상대의 요구에 따라 우리의 국익을 양보하거나 특정 강대국에 우리의 편승을 막고자 하는 것이다. 우리 영해와 영공 밖에서 해, 공군력의 무력시위나 미사일 발사 등 우리 방위권에 대한 강압 전략도 포함된다.

이러한 국지 분쟁과 군사위기가 발생한다면 우리는 기반전력과 신속대응전력을 투입해 조기에 분쟁을 진압해야 한다. 성공적인 전투 효과는 상대로 하여금 군사도발을 통해 우리의 국익을 양보받거나 길들일 수 없다는 교훈을 학습시킬 수 있다. 이는 또한 미래 국지 제한전을 억제시킬 수 있는 요인이다. 초기 진압에 실패했을 때 사후 응징보복은 현 한미연합체제하에서는 어렵다. 유사 사태 재발 시 보복하겠다는 엄포(뒷북치는 일)나 재발 방지를 위한 신속대응력 강화(소 잃고 외양간 고치는 일)는 상대에게 경고가 될지는 몰라도 제한 국지도발 억제에 큰 도움이 되지 않는다. 왜냐하면 상대는 동일한 전술로 동일한 표적에 도발하지 않기 때문이다.[54)]

문재인 정부 출범 이후 국방부가 공세적 기동전투에 걸맞은 군 구조의 재설계를 공식화하고 있다. 합동참모본부는 한반도 유사시 최단 시간 내 주도권 확보를 위한 동시타격계획과 종심기동작전 수행 방안을 구체화하고 있다고 밝히고 있다.[55)]

＜2021－2025＞ 국방중기 계획에 따르면 100조 1000억 원을 전 방위 안보위협에 주도적으로 대응할 첨단전력 확보에 투자할 방침이다. 아래에 분야별 전력을 제시한다.[56)]

---

54) 6·25전쟁 이후 북한 군사도발 유형과 억제 실패에 대한 교훈은 황병무, 『전쟁과 평화의 이해』, 199~259쪽 참조.

55) “7대 국방개혁 과제 중점적으로 추진,” 「국방일보」, 2017.10.13., 1쪽; 합참, “군사전략 전쟁수행 개념 새로 정립,” 「국방일보」, 2017.10.17., 1쪽.

56) 「국방일보」, 2020.8.11., 1쪽, 3~4쪽, 「중앙일보」, 2020.8.11., 1쪽, 5쪽, 「동아일보」,

감시·정찰 분야에서 영상·신호 정보 수집능력(전작권 환수 조건)을 획기적으로 확충할 예정이다. 군사용 정찰위성, 국산 중고도 무인정찰기, 초소형 정찰위성을 개발해 한반도 전역을 거의 실시간 파악이 가능하도록 영상 촬영 주기를 향상할 것이라는 목표를 세웠다.

미사일 전력도 강화한다. 한반도 전역에 걸친 탄도미사일 위협에 복합 다층방어가 가능한 탄도탄 대응전력 강화에 힘을 기울인다. 패트리어트. 철매-2 성능을 개량하고 대탄도탄요격미사일을 2배 이상 증강시켜 지금보다 약 3배정도의 요격미사일을 확보할 계획이다. 북한 장사정포 위협으로부터 수도권 및 핵심 중요시설을 방호할 수 있는 요격체계(한국형 아이언돔) 개발에 착수 할 예정이다. 장사정포는 북한의 방사포(다연장 로켓)와 170mm 자주포를 가리키는 것으로, 북한 "서울 불바다"(1994) 위협 당시 핵심 재래식 전력으로 주목받았다. 이 한국형 아이언돔은 북한 핵 도발을 억제하기 위한 비대칭전략무기로 개발되고 있다.

지상전력은 기동화-네트워크를 통한 압도적 화력 보유에 초점을 맞췄다. 대대급 이상에 구축된 지휘통제체계를 소부대까지 확장하고 작전사령부에서 개인 전투원까지 지휘통신 네트워크로 연결해 전쟁상황을 공유할 수 있도록 할 계획이다. 이를 위해 군 위성 통신체계-2, 전술정보통신체계(CTICN), 대대급전투지휘체계, 개인전투지휘체계 전력화에 나설 예정이다. 이러한 지휘통신 네트워크는 국지적 군사충돌 발생 시 작전사령부의 신속한 상황조치를 가능케 한다. 군구조 개편으로 확대된 작전지역에서 효과적으로 전투능력을 향상시키기 위해 차륜형 장갑차 배치를 완료하고 중형 전술차량을 전력화 하는 등 보병사단의 기동화율도 높힌다. K9 자주포의 성능개량, 230mm 다연장 전술지대지 유도무기 등을 전력화해 화력개선에 나설 계획이다.

해상 상륙전 분야는 지역, 입체적 해양작전 능력 구현에 중점을 두었다. 2021년까지 경항모 확보사업도 본격화 할 예정이다. 3만 톤급 규모인 경항모는 수직이착륙 전투기를 탑재, 해상기동부대의 지휘함 역할을 할 뿐 아니라 초국가. 비군사적 위협에도 대응할 수 있는 다목적 군사기지 역할을 할 것으로 기대된다. 이지스함 추가 전력화, 6,000톤급 한국형 차기 구축함, 3,600~4,000톤급 잠수함 건조, 상륙 공격헬기, 상륙돌격장갑차-2 등 개발을 진행한다. 이 경항모에 소형 원자로를 동력으로

2020.8. 11., A6쪽.,「중앙일보」, 2020.8.26. 1, 2쪽.

사용할 것으로 예상(미국과 협의)되는 장보고-3(4,000톤급) 잠수함과 이지스함을 더하면 소규모 항모전투단을 구성할 수 있다. 이 항모전투단은 동북아에서 해상수송로 보호와 지역해군으로서 해양세력균형의 한 축을 담당할 수 있다.

한국형 전투기(KF_X)사업으로 대표되는 공중·우주 전력은 KF_X 양산에 착수한다는 목표를 세웠다. 최정예 스텔스 전투기인 F-35 40대를 추가 도입하고 이 중 절반을 경항공모함에 실어 운용하는 F-35B에 할당한다. F-35A는 적의 공중 은밀침투와 핵시설의 외과수술식 타격이 가능하다. F-35B는 짧은 활주 공간에서 출격과 수직이착륙도 가능하다. 독도와 이어도 수호작전을 펼치는 우리의 수상전투단을 주변국 스텔스 전투기 위협으로부터 적시에 엄호할 수 있다. F-35B는 경항모에 실려도 공군이 운용할 방침이다. 그동안 선진국에 의존해왔던 항공무장분야의 본격적인 연구개발 길이 열리는 계기가 된다. KF_X에 장착할 장거리 공대지 유도탄과 공대함 유도탄을 개발할 계획이다.

4차 산업혁명 핵심기술을 활용, 지·해·공을 아우르는 유·무인 복합전투체계를 구축할 계획도 세웠다. 5개년 기간 중 연구 개발하는 지상무기체계로는 소형정찰로봇, 무인수색차량, 다목적 무인차량이 꼽힌다. 무인수상정, 정찰용 무인잠수정, 수중자율기뢰탐색체 등 해양무인체계와 초소형 무인기, 통신 중계드론, 중대형 공격드론 수직이착륙형 무인항공기 등 공중 무인체계도 전력화할 예정이다.

차제에 국지 제한전 및 우발적 군사충돌 상황에 대비한 기존의 계획을 재검토하여 적극적 거부작전계획을 수립하고 실전에 버금가는 연습과 훈련을 강화해야 한다.

전쟁사의 대가 클라우제비츠의 『전쟁론』에는 억제라는 개념이 없다. 억제라는 용어는 핵 시대에 등장했다. 그러나 핵 시대에도 신 클라우제비츠 전쟁학파는 전쟁을 국익 추구를 위한 합리적 수단으로 인정하고, 전쟁의 수단과 방법이 변했음을 주장하면서 신개념 무기체계가 초전의 승패를 결정함을 강조한다. 이는 아무리 전쟁을 억제하려 해도 억제는 실패하기 때문에 전승을 위한 국방태세를 유지하라는 것이다. 주변 강대국에 둘러싸여 있는 부분 민족국가인 우리에게는 경각심을 주는 경구(警句)이다.

우리는 북한으로부터 평화를 지키면서 북한과 함께 안정된 평화를 만들어야 한다. 또한, 외부의 국지 제한전과 군사 강압 전략을 저지하면서 안정과 평화를 유지해야 한다. 정권의 성격(보수, 진보)이 바뀌어도 이러한 안보 현실은 엄중하다. 안보문제가 정치 수단이 돼 우리 안보에 허점이 생겨서는 안 된다. 안보문제에 관한 한국론을 결집해야 국권과 국민의 안전을 지킬 수 있는 힘이 강해진다. 또한 우리는 내우를 자력으로 해결하지 못해 외군을 불러들이거나 외세의 영향력에 의존했던 과거의 실패를 되풀이해서는 안 된다. 끝으로 한미 연합방위체제의 운용으로부터 얻은 지식은 미래 한국군 군 구조 및 교리, 전략발전에 중요한 자산으로 활용해야 할 것임을 잊어서는 아니 된다. 조선 조 말기 한반도 역학구조의 변화에 따라 우리의 군사개혁이 청군, 일군, 노군, 및 미군에 의존해 추진돼 한국적 군구조의 정체성을 상실한 교훈을 항상 상기해야 한다.

5. 정책적 의미

1. 미국은 맞춤형 확장억제의 수단을 강화함으로써 동맹국과 파트너에 맞춤형 확장 억제 태세의 신뢰성을 제고해 동맹국들에게 핵확산을 막고자 한다.
   1-1. 기존 중거리 핵전력 조약(INF)을 파기, 전술핵 지상 배치의 족쇄를 풀었다.
   1-2. 신형 전술핵 획득을 결정했다.
   1-3. 성주 배치 사드 포대의 성능 개량과 신형 패트리어트로 요격력 강화 계획을 추진한다.
2. 한국은 '핵·대량살상무기' 대응체계 개선과 능력 강화를 위해 방위력 개선비를 중기적으로 대폭 증액하면서 미국의 맞춤형 확장억제태세의 보완을 모색하고 있다. 그 보완책으로는
   2-1. 한국 내 전술핵 재배치는 한·미 양국이 수용할 의사가 없다.
   2-2. NATO 식 핵 공유안 또한, 한국 내 전술핵 재배치 여부가 논쟁점이다.
   2-3. 한국은 전술핵 옵션의 잠재력을 보유해야 한다.
3. 동아시아 안보지형의 변화에 따른 주한미군의 위상 변화(철수, 감축)는 미국의 국익, 동맹의 안전 및 동맹국과의 협의를 조건으로 결정될 것이다.
   3-1. 남·북한, 미·중이 평화협정을 맺어도 주한미군은 지역안정자의 역할을 담당할 가능성 크다.
   3-2. 미국은 국익과 국력 변화에 따라 한반도 유사시 주류 형태의 주둔정책을 채택할 가능성을 배제할 수 없다.
4. 미국은 유엔사를 다국적군 통합을 위한 기반으로 다자간 참여를 조율하는 수단

으로 활용하려고 한다.

4－1. 미국은 전시 전력제공국의 확대(독일, 일본 포함)를 바라지만, 한국은 사전 협의를 요구하고 있다.

4－2. 한미 국방부는 유엔군 사령부를 지속 유지하고 지원하며 한국 합참, 연합군 사령부 간의 상호관계를 발전시킬 것을 약속했다.

5. 한미동맹의 지역화가 추진될수록 우리가 연루돼 발생되는 지정학적 위험을 관리 할 과제가 많아질 것이다.

5－1. 남중국해 항해의 자유 작전에 참여여부.

5－2. 인도·태평양 지역 네트워크화에 참여문제.

5－3. 미일동맹과 한미동맹의 지역화를 위한 연계 문제.

5－4. 청해 부대의 호르무즈 해협에 파견 문제 등 유사한 파견상황의 발생 가능성 상존.

6. 한국군은 향후 30년을 내다보고 미래전 수행에 적합하며 한국의 국력에 걸맞은 군사전략목표와 이를 구현할 수 있는 목표 군사력을 3개의 전장 공간(Battle space)에 따라 설정하고, 이를 일관성 있게 추진해나가야 한다.

6－1. 군사 강국들인 주변국의 위협에 대응하기 위한 한국적 맞춤형 방위전략의 수립이 필요하다.

6－2. 한반도 전장 공간을 감시권, 방위권, 결전권으로 나눠 군사 목표를 달성할 수 있는 목표 전력을 발전시킨다.

6－3. 향후 안보지형에 따른 가장 큰 전쟁 위험은 우리의 방위권에 대한 국지도발과 국지 제한전이다. 우리는 기반전력과 신속대응전력을 투입, 조기에 분쟁을 진압함으로써 상대에게 어떠한 군사도발도 우리를 길들일 수 없다는 교훈을 주어야 한다.

참고문헌

[국 문]

1. 저서

김구, 『백범일지』, 조선인쇄 주식회사, 1948.
김영삼, 『김영삼 대통령 회고록, 상』, 조선일보사, 2001.
김영호, 『한국전쟁의 기원과 전개 과정』, 두레, 1998.
김옥균, 『갑신일록』, 서울대 도서관 소장.
김용구, 『임오군란과 갑신정변』, 도서출판사, 2004.
김정렴, 『아! 박정희 ; 김정렴 정치회고록』, 중앙 M&B, 1997.
김준엽, 『장정』, 나남, 1987.
김철범 편, 『한국전쟁을 보는 시각』, 을유문화사, 1990.
류병현, 『한미동맹과 작전통제권』, 한국 재향군인회 안보복지대학, 2007.
리홍원 외, 『동북인민혁명투쟁사』, 참한출판사, 1989.
박명림, 『한국 1950 : 전쟁과 평화』, 나남, 2002.
박영준, 『제3의 일본』, 한울, 2008.
박희도, 『돌아오지 않는 다리에 서다』, 샘터, 1988.6.
서용선, 『한국전쟁 시 북한 점령정책』, 국방군사연구소, 1995.
성황용, 『근대동양외교사』, 명지사, 2001.
소련 과학아카데미(편), 『레닌그라드로부터 평양까지』, 함성, 1989.
송민순, 『빙하는 움직인다』, 창비, 2016.
심헌용, 『한말 군 현대화 연구』, 국방부 군사편찬연구소, 2005.
유윤식, 『한국군 월남 파병 정책 결정』, 국방대학교, 2003.
이동현, "연합국의 전시 외교와 한국", 한국 정치외교사학회 편, 『한국외교사Ⅱ』, 집문당, 1995.
이선근, 『대한국사』, 신 태양사, 1973.
이창위, 『북핵 앞에선 우리의 선택』, 궁리, 2019.
이태진, "1894년도 청군 출병 과정의 진상 : 자진 출병설 비판"; 이태진, 『고종 시대의 재조명』, 태학사, 2000.
임동원, 『피스 메이커 : 남북관계와 북핵문제의 20년』, 중앙, 2008년.
임동원, 『혁명전쟁과 대공 전략 : 게릴라전을 중심으로』, 양서각, 1967.
임은, 『김일성 왕조 비사』, 한록양서, 1962.

장호근, 『6·25전쟁과 정보실패』, 인쇄의 창, 2018.
정용욱, "태평양 전쟁기 미국 전략 공작국(OSS)의 한반도 공작", 광복 60주년 기념 학술회의, 백범 김구 선생 기념사업회, 2005년 10월 7일.
정일권, 『전쟁과 휴전』, 동아일보사, 1986.
정일형, 『유엔과 한국문제』, 신명문화사, 1961.
정종욱, 『정종욱 외교 비록 : 1차 북핵 위기와 황장엽 망명』, 기파랑, 2019.
『중국의 광활한 대지 위에서』, 연변인민출판사, 1987.
지복영, 『역사의 수레를 밀고 끌며 : 항일 무장 독립운동과 백산 지청천 장군』, 문학과 지성사, 1995.
지안첸, "한국전쟁시 중국의 개입과 공산 불럭의 협력", 황병무·이필중 편, 『6·25 전쟁과 한반도 평화』, 국방대학교 안보문제연구소, 2000.
진단학회, 『한국사 : 최근세편, 현대편』, 을유문화사, 1961.
진단학회, 『한국사, 현대편』, 을유문화사, 1961.
차영구·황병무 편, 『국방정책의 이론과 실제』, 2004, 오름.
최경락·정준호·황병무, 『국가안전보장서론, 존립과 발전을 위한 대전략』, 법문사, 1989.
최병옥, 『개화기의 군사정책연구』, 경인문화사, 2000.
프란체스카 여사, 『이승만 대통령(1)』, 중앙일보사, 1984.
하우봉·이선아, 『이재 황윤석』, 홍디자인, 2016.8.
한국전략문제연구소 역, 『중공군의 한국전쟁사』, 세경사, 1991.
한용섭, 『한반도 평화와 군비통제』, 박영사, 2004.
한용섭, 『국방정책론』, 박영사, 2012.
한용섭, 『북한 핵의 운명』, 박영사, 2018.
한용원, 『남북의 창군』, 오름, 2008.
한승주, 『세계화 시대의 한국외교: 전 외무부장관 연설기고문』, 지식산업사, 1995.
한시준, 『한국광복군 연구』, 일조각, 1993.
한표욱, 『한미외교 요람기』, 중앙일보사, 1984.
홍순권, 『한말 호남지역 의병 운동사 연구』, 서울대학교 출판부, 1994.
홍장규, "한미국지도발계획", 『디펜스 21』, 2012.6.
황병무, 『국가안보의 영역, 쟁점, 정책』, 봉명, 2004.
황병무, 『국방개혁과 안보외교』, 오름, 2009.
황병무 『신중국 군사론』, 법문사, 1995.
황병무, 『21세기 한반도 평화와 편승의 지혜』, 오름, 2003.
황병무, 『전쟁과 평화의 이해』, 오름, 2001.
황태연, 『갑오왜란과 아관망명』, 청계, 2017.
흑룡강민족출판사, 『조선의용대 3지대』, 1987.

2. 역 서

Barry Buzan, 「People, States and Fears : An Agenda for International Security in the Post Cold War Era」, Boulder, Lynn Reinner, 1991, 김태현 역, 『세계화 시대의 국가안보』, 나남, 1995.

Christopher R. Hill, 「Outpost : Life on the Frontline American Diplomacy」, 2014, 이미숙 역, 『크리스토퍼 힐 회고록 : 미국 외교의 최전선』, 메디치미디어, 2015.

Joel S. Wit, Daniel B. Poneman, Robert L. Gallucci, 「Going Critical : The First North Korean Nuclear Crisis」, 김태현 역, 『북핵 위기의 전말 : 벼랑 끝의 북미 협상』, 모음북스, 2005.

Ramon P. Pando, 「North Korea－U.S. Relations under Kim Jong Il」, Routledge, 2014, 권영근 · 임상순 역, 『북한 핵 위기와 북 · 미관계』, 연경문화사, 2016.

Richard Frank, 「MacArthur」, 김홍래 역, 『맥아더』, 플래닛미디어, 2015.

洪學智 저, 홍인표 역, 『중국이 본 한국전쟁』, 고려원, 1992.

3. 논 문

김계동, "북한 급변사태 시 주변국 관계," 국방대 안보문제연구소 안보학술논집, 제22집, 2011.

김규범, "1956년 '8월 전원회의 사건' 재론 : 김일성의 인사정책과 '이이제의' 식 용인술," 「현대북한연구」 22권 3호(2019).

김근식 · 조재욱, "북한의 시장화 실태와 시장전력 관계 고찰," 「한국과 국제정치」 제33집 3호, 2017, 가을호.

김동엽, "사드 한반도 배치의 군사적 효용성과 한반도 미래," 「국제정치논총」 52:2(2017).

김동욱, "유엔군 사령부의 법적 지위," 대한국제법학회 · 한국국제정치학회 공동연구시리즈 I, 2013.12.

김병기, "유엔군 사령부의 지위와 역할변화 연구," 국방대학교 박사학위 논문, 2019년 12월.

김일석, "한미동맹의 미래 발전," 차영구 · 황병무 편, 「국방정책의 이론과 실제」, 오름, 2003.

김주리, "트럼프 행정부의 인도 · 태평양 전략과 한국에 대한 함의," 「국방정책연구」 제35집 4호, 2019, 겨울호(통권 제126호).

김학노, "한반도 지정학적 인식에 대한 재고 : 전략적 요충지 통념 비판," 「한국정치학보」 53:2(2019, 여름).

나종우, "왜란의 발발과 조선의 청병외교," 「군사」 제60호, 2006.

남궁영, "남북정상회담과 통일방안의 새로운 접근," 「한국정치학회보」 제36집 1호(2002년 봄).

박동선, "미국의 중거리 핵전략 조약(INF) 탈퇴와 우리의 안보환경," 한국외교협회, 「외교광장」, 2019년 2월 28일.

박영실, "정권회담을 둘러싼 북한·중국 갈등과 소련의 역할," 「현대 북한연구」 제14집 3호, 2011.

박진홍, "청일전쟁기 조일 간의 군사관계 : 양호도순무영의 설치과정과 조선군 지휘권에 관한 문제를 중심으로,” 「한국 근현대사 연구」 2016, 겨울호, 제79집.
박찬승, “동학농민 전쟁기 일본군·조선군의 동학도 학살,” 「역사와 현실」, 한국 역사연구회 제 54호, 2004.12.
박형중, “북한은 왜 ‘붕괴로 개혁·개방’도 하지 않을까?” 「현대 북한연구」 제16집 1호, 2013.
서용원, “한국전쟁 시 점령정책 연구,” 국방조사 연구소, 1995.
서인환, “임오군란 당시의 중앙군 조직과 군비실태,” 「국사관논총」 제90집, 2000년 6월.
“선진형 기술 강군과 군사기술혁명(MTR) 방향,” 한국전략문제연구소 특별보고서, 2019년 11월.
신영순, “THHAD 논쟁에 얽힌 虛와 實,” 한국전략문제연구소 월간보고서, 「국가전략」, 2014.12. No.3.
신상진, “중국의 미얀마 코캉사태 대응 전략 : 북한 급변사태에 주는 시사점,” 「통일정책 연구」 제20집 1호, 2011.
양상현, “대한제국의 군제개편과 군사예산,” 「역사와 경제」 61, 2006.12.
양영조, “남한과 유엔의 북한지역 점령정책 구상과 통치,” 「한국근현대사 연구」, 2012년 가을호 제62집.
엄정식, “미국의 무기 이전 억제정책에 대한 박정희 정부의 미사일 개발전략”, 「국제정치논총」 제53집 1호(2013).
이광린, “미국 군사 교관의 초빙과 연무공원,” 「진단학보 제28호」, 1965.
이기범, “유엔군 사령부의 미래역할 변화와 한국의 준비”, 아산정책연구원, 2019년 7월.
이상호, “웨이크 섬(Wake Island) 회담과 중국군 참전에 대한 맥아더 사령부의 정보 인식,” 「한국 근현대사연구」 2008년 여름, 제45집.
이수형, “동맹의 안보 딜레마의 포기 · 연루의 악순환, 북핵 문제를 둘러싼 한미의 갈등관계를 중심으로,” 「국제정치논총」 제39집 1호(1999).
이완범, “미국의 38선 획정과정에 대한 연구(1944~1945),” 한국국제정치학회 연구 발표회, 1995년 3월.
이재학, “상황적 억제이론으로 본 한국전쟁 기간 트루먼 행정부의 핵무기 불사용 결정,” 「국제정치논총」 제54집 3호, 2014.
이종주, “김정은의 핵 강압 외교 연구,” 「현대 북한 연구」 제22호 3집, 2019.
전성훈, “북한의 핵 독점시대에 우리의 대응 : 미국 전술핵의 한반도 재배치,” 아산정책연구서, 2017년 8월 7일.
최종철, “주한미군의 전략적 유연성과 한국의 대응전략 구상,” 「조정기의 한미동맹, 2003~2008」, 서울 경남대 극동문제연구소, 2009.
한명기, “조선의 명군에 대한 결전 요구와 군사작전,” 국방부 군사편찬연구소, 「임진왜란기 조명연합작전」, 2006.
홍장규, “한미 국지도발계획,” <디펜스 21> 2012.6.
황병무, “일본이 시행한 군제개혁과 경군: 갑오 · 을미개혁을 중심으로,” 「육사논문집」 제5집, 1967.9.
황병무, “한국전쟁과 중국의 외교정책”; 김철범 편, 「한국전쟁을 보는 시각」, 을유문화사,

1990.
황병무, “동북아 위협의 핵, 중국 해·공군력의 실체,” 「월간조선」 2012년 11월.
황병무, “미국 대북 군사 옵션과 한국의 대응,” 「Rims Periscope」 제 115호, 2018.3.
황병무, “북한 급변사태를 통일의 기회로,” JPI.Peace net. 2015.8.18.
황병무 ‘주변국 해군력과 한국 해군 현대화 문제,’ 「신 해양 질서와 해군의 진로」 제6회 함상 토론회, 해군본부, 1997.7.
황병무, “1970년대 한반도 문제에 대한 중공의 인식,” 「아세아 연구」 제30집 2호, 1987.

4. 정부 문건

경수로 사업지원기획단, 「KEDO 경수로 사업지원백서」, 다해 미디어, 2007년 7월.
국방부, 「국방백서, 1994~1995」.
국방부, 「국방백서, 1995~1996」.
국방부, 「국방백서, 1996~1997」.
국방부, 「2004 국방백서」, 2004.
국방부, 「2006 국방백서」, 2006.
국방부, 「2010 국방백서」, 2010.
국방부, 「2012 국방백서」, 2012.
국방부, 「2014 국방백서」, 2014.
국방부, 「2016 국방백서」, 2016.
국방부 군사편찬연구소, 「독립군과 광복군 그리고 국군」, 2017.
국방부 군사편찬연구소, 「6·25전쟁사 Ⅰ, 전쟁의 배경과 원인」, 2004.
국방부 전사편찬위원회, 「한국전쟁 휴전사」, 1989.
국방부 전사편찬위원회, 「국방조약집」 제1집, 국방부, 1988.
국방부 정훈국, 「한국 전란 1년지」.
군사편찬연구소, 「한미군사관계사」.
공군본부, 「유엔 공군사(하)」, 1978.
김현욱, 「제51차 한미안보협의회의(SCM) 성과 및 과제」, ‘국립외교원 안보연구소, 주요 국제 문제 분석, 2019-35.
대한민국 국방부, 「한국동란 1년지」, 서울, 1951.
「대한민국 임시정부 자료집」10 (한국 광복군Ⅰ).
대한민국 재헌국회 속기록 제2회, 국회 제24차 회의, 1949년 2월 7일.
외교부, 「2007년 외교백서」.
외교부, 「2013년 외교백서」.
외교통상부, 「한국외교의 50년」 1948~1998, 1999.12.
육군군사연구소, 「한국군사사 근·현대 Ⅱ」, 서울, 경인문화사, 2012.
육군본부 군사연구소, 「한국군사사 근·현대 1」, 서울, 경인문화사, 2012.

이북5도위원회, 「이북5도 30년사」, 1981.
전사편찬위원회, 「한국전쟁사」 제1권, 서울, 1967.
한국국방연구원, "주한미군 감축 관련 대응 방향," 「국방현안보고」, 2004.6.12.
「한국전쟁 자료 총서 50 : 미국무부 한국 국내상황 관련 문서 XII」, 국방부 군사편찬연구소.
"한미 미사일 지침 개정 주요 내용 및 의미, 기대효과," 청와대 정책소식, Vol 135, 2012.10.23.
Message from J.C.S to commander in Chief, Far East Command, 10. 7, 1950, 「한국전쟁자료총서 49 : 미 국무부 한국 국내 상황 관련 문서 XI」, 국방부 군사편찬연구소, 1999.

[영 문]

1. 저 서

Alexander George and Williams E. Simmons, 「The Limits of coercive Diplomacy」, Boulder, Westviews, 1994.
Anatoly Torkunov, 「The War in Korea, 1950~1953」 ; Its Origin, Bloodshed and Conclusions Tokyo, ICF Publishers, 2001.
Barry Buzan, Ole Waever, Jaap De Wilde, 「Security: A New Framework for Analysis」, Lynne Rienner, Boulder, Co., 1998.
Chae Jin Lee, 「A Troubled Peace : U.S. Policy and the Two Korea」, Baltimore, MD : Johns Hopkins University Press, 2006.
Chen Jian, 「China's Road to the Korean War : The Making of the Sino-American Confrontation」, New York, Columbia University Press, 1994.
Council on Foreign Relations documents on American Foreign Relations(1953), Peter Curleols, New York, Harper Brothers, 1954.
Dean Acheson, 「The Korean War」, New York, W.W. Norton Company, Inc., 1971.
Don Oberdorfer, 「The Two Koreas : A Contemporary History」, Reading : Addison Wesley, 1997.
Douglas MacArthur, 「Reminiscences」, New York : McGraw-Hill Book Company, 1964.
D.Clayton James, 「The Years of MacArthur, vol 3, Triumph and Disasters, 1945~1964」 Boston, Houghton Mifflin, Company, 1985.
Erik Van Ree, 「Socialism in new zone : Stalin's Policy in Korea, 1945~1947」, Oxford Beng, 1989.
Glen D, Paige, 「The Korean Decision」, New York, The Free Press, 1968.
Harry S. Truman, 「Years of Trial and Hope」, New York, Doubleday company, 1950.
K. M. Panikkar, 「In Two Chinas : Memoirs of a Diplomat」, London, George Allen, Unwin, 1995.
Leon V. Sigal, 「Disarming Strangers: Nuclear Diplomacy with North Korea」, Princeton University Press, 1998.

Mark E. Manynetal, “U.S · South Korea Relations,” Congressional Research Service, February. 12, 2014.
Melvin Gurtov and Byong－Moo Hwang, 「China under Threat : the Politics of Strategy and Diplomacy」, Baltimore, London, Johns Hopkins University Press, 1980.
Mel, Gurtov/Byong－Moo Hwang, 「China's Security: The New Roles of the Military」, Boulder, London, Lynne Rienner Publishers, 1998.
Michael C. Sandusky, 「America's Parallel」, Alexandria, Old Dominion Press, 1983.
Richard G. Head, Frisco W. Short and Robert C. McFarlane, 「Crisis Resolution: Presidential Decision Making in the Mayaguez and Korean Confrontations」, Boulder, Colo.: Westview Press, 1979.
Richard Nixon, 「The Real War」, New York, Warner Books, 1981.
Robert A Scalopino and Chonqsik Lee, 「Communism in Korea, part 1」, Berkeley, Cl. C. Press, 1972.
Strobe Talbott ed., 「Khrushchev Remembers」, NY : Little Brown, Co., 1970.
Tang Tsou, 「America's Failure in China, 1941～1950」, Chicago, University of Chicago Press, 1967.
Truman Harry. S, 「Memories : Years of Decisions Vol Ⅰ」, New York, Doubleday & company. Inc, 1955.
Yim Rouise, 「The Forty Year Fight for Korea」, Seoul, 1958.

2. 논 문

Byong Moo Hwang, “The Evolution of U.S－China Security Relations and its Implications for the Korean Peninsula,” Asia perspective 4:1, Spring－Summer 1990.
Byong Moo Hwang, “The Role and Responsibility of China and the Former Soviet Union in the Korean war,” International Journal of Korean studies XVI : Fall/Winter, 2010.
Keir A. Lieber and Daryl G. Press, “The New Era of Counterforce Technological Change and the Future of Nuclear Deterrence,” International Security, Vol. 41, No. 4 (Spring 2017).

3. 외국정부 문건

Coded Message No.651, January 36, 1951, the 8th Directorate of the General Staff, Armed Forces of the Soviet Unions, Archives of the President of Russia, Torkunov.
Commander in Chief, Far East Mac Arthur to the Join Chief of Staff, 1950.11.7., FRUS, 1950 VII.
“Conversation between Stalin and Kim Il Sung, March 7, 1949,” 「Archives of the

President of Russia」, Torkunov.

Ferial Ara Saeed and James J. Przystup, “Korean Futures : Challenges to U.S. Diplomacy of North Korean Regime Collpase, Strategic perspectives 7,” Center for strategic Research Institute for national strategic studies, National Defense University, U.S.A., September 2011.

FRUS, 「The Conferences at Malta and Yalta」, 1945.

FRUS, Conference of Berlin, 1945, vol Ⅱ.

FRUS, 1949, vol, Ⅵ.

FRUS. 1950, Ⅶ, Korea

James F. Schnabel, 「The U.S. Army in the Korean War : Policy and Direction : The First Years」, Washington. D.C. Office of the Chief Military History in U.S.A army, 1972.

Kirk to Archeson, 2, 3, and 5 October, 1951 ; FRUS, 1951.

NSC－68(4.14), 「FRUS」, 1950.1.

Ridgeway to JCS, 10 July 1951, FRUS, 1951, VII.

The U.S. Department of the Army, Korea, 1950, Washington D.C, Government Printing Office, 1952.

UNGA, Res, 376(V), October 7, 1950.

U.S. Congress House, the Committee on Foreign Affairs, Hearings Korean Aid, 81st congress 1st session, 1949년 9월.

U.S. Congressional Research Service Report, 「U.S－South Korea Relations」, October 20, 2016.

U.S. Congress, Senate Hearings, Mutual Defence Treaty with Korea, Appendix VII.

U.S Department of Defense, 「Nuclear Posture Review(NPR)」, February 2018.

U.S. Department of Defence, 「The Entry of Soviet Union into The War against Japan : Military Plans, 1941~1945」, Washington D.C, 1955.

U.S. Military Government, South Korea Interim Government Activities, Seoul, No. 26

[중 문]

柴成文, 趙勇田, 「板門店 談判」, 解放軍出版社, 1992.8.

閻學通, 「歷史的慣性 : 未來十年的中國與世界」, 北京 中國出版社, 2013.

恩想軍動研究所 編, 「日本共産党事典」, 東京全猊社, 1978.

中华人民共和国国务院新闻办公室, 「中国的军事战略」, 2015.

「周恩來軍事文選 제四권」, 人民出版社, 1997.

[신문기사]

「경향신문」

「국민일보」

「국방일보」
「동아일보」
「매일경제」
「서울경제」
「세계일보」
「시사저널」
「연합뉴스」
「월스트리트저널」
「이데일리」
「조선일보」
「중앙일보」
「한겨레」
「한국일보」
「New York Times」
「Washington Post」

[인터넷 홈페이지]
한국 외교부 홈페이지
<URL : http://www.mofa.go.kr/www/index.do>

찾아보기

인명색인

ㄱ

가드너 194
가오강 229, 240
가우스 180
갈루치 362, 369, 373
강건 186
강경화 345
강석주 361, 362, 369, 376
강춘식 334
게리 럭 371
게이츠 304, 414
고르바초프 315
고무라 주타로 116, 130
고바야카와 히데오 111
고종 39, 82, 131, 137
고토 쇼지로 49
공친왕 48
광목대비 31
구스노제 요시히코 107, 114
권정호 21
권중현 166
권형진 116, 120
그레이트 하우스 70
기우만 125
기쿠치 겐조 32
김계관 389, 391, 396
김관진 324, 326, 332, 414, 415
김광협 186
김구 180, 197
김규식 197
김근식 397, 439
김기수 22
김대중 412
김두봉 185
김무현 217
김문현 79
김병국 16, 19
김병기 428, 439
김병덕 17
김병시 82, 92, 125
김보현 28
김사철 86
김삼룡 216
김상호 217
김성 407
김성식 329
김여정 407
김연철 409
김영남 376
김영백 171
김영삼 361, 364, 374, 377, 381, 412
김영우 329
김영철 399
김영호 328, 329
김영환 406
김옥균 47, 54, 59
김용순 361
김용태 79
김우빈 340
김웅 237
김원봉 179, 184
김윤식 19, 25, 30, 89, 116

김일 186
김일성 186, 219, 228, 240, 247, 261, 262, 263, 376, 425
김정렬 283
김정은 407, 424
김정일 384, 388, 393, 395
김주리 425, 439
김준엽 184
김진호 106, 117
김창봉 186
김책 186
김하락 126
김학규 184
김한정 329, 330
김현기 425
김홍집 17, 19, 21, 28, 32, 60, 102, 116, 128
깐쥔 156

ㄴ

남관표 345
남일 249
네스청 83
노능서 184
노무현 295, 296, 412, 423
노재현 285, 300
닉슨독트린 217, 266

ㄷ

다비도프 63
다이 64, 70, 107, 115, 117, 120
다케조에 49, 55, 58, 67
대원군 114
던 193
데니 64, 72, 74, 76
덴펠드 204
도우웰 64, 65
딘 애치슨 234
딩루창 29, 32, 65, 83

ㄹ

라이스 277, 385
랜스다운 158
량치차오 60
러스크 193, 194, 231
럭 372, 373, 374
럼즈펠드 414
레드포드 204
레이니 374
레이크 363
로바노프 127, 132, 135, 153
로버트 게이츠 421
로버트 에이브럼스 426
로즈 고테밀러 337
로즈베리 65
론 글라테퍼 378
루스벨트 162
류제승 324, 426
리수창 29
리지웨이 236, 243
리커창 348
링컨 193, 194

ㅁ

마샬 192, 232
마오 229, 262
마오쩌둥 206, 261
마이크 펜스 399
마이크 폼페이오 403, 424
마젠중 30
마크 에스퍼 422
마튜닌 154
매킨지 87
맥마스터 347, 349, 402
맥아더 8, 193, 224, 232, 233, 235
맥코맥 193
맹경일 399
머릴 64
명성황후 17
묄렌도르프 47, 59, 65
무라비요프 137

무쓰 무네미쓰 85, 88, 90
무정 185
문상균 336
문재인 328, 330, 332, 344, 347, 348, 402, 404, 412
미나미 고시로 97
미우라 111, 114
민겸호 17, 27, 28
민긍호 169
민비 29
민영목 54, 63
민영익 17, 47
민영준 74, 90
민영환 105, 135
민응식 42
민종묵 17
민창식 28
민태호 17, 18, 28, 54

ㅂ

박근혜 281, 329, 396
박동선 417, 439
박승환 168
박영수 367, 368
박영호 54
박영효 59, 66
박일우 185, 237, 261
박정양 17, 74, 75, 116
박정희 264, 289, 292
박제순 166
박헌영 197
박형중 397, 440
박효삼 185
박희도 300
반기문 277, 409
반노프스키 137
방호산 261
배명복 423
백선엽 243
버드 184
버터워스 202
번스 190
Barry Buzan 4
베버 94
베베르 73, 127
베시 268
베이야드 75
벨 278
변영태 245
본스틸 193
브라운 153, 290
브래들리 232
블릭스 370
비신스키 244
비에라 300
빌리 그레엄 366
빗테 110
빙햄 47
뿌짜타 136

ㅅ

사전트 183, 184
산죠 사네토미 22
샬리카쉬빌리 371, 372
서경석 341
서광범 54, 59, 66, 115, 116
서먼 306
서재필 42, 54, 59, 131, 138
손금주 330
손원일 204
손탁 138
송근수 18
송민순 423
송영길 327, 331
송영대 367, 368
수지 340
쉬광위 336
슈페예르 127
슈펠트 19, 25
스기무라 후카시 85, 86
스나이더 282
스즈키 190
스캐퍼로티 323
스탈린 188, 193, 195, 199,

214, 228, 238, 240, 245
스테판 월트 5
스티븐 비건 407, 421
스티븐 새벗 333
스티븐 해들리 363
스티코프 215
스틸웰 299
스팀슨 191
스페이에르 153, 154
슬로콤 368
시진핑 332, 344, 404
신기남 391
신성모 236
신응희 169
신정희 29, 38, 96, 98
신태휴 66
실 102
심상학 74
심상훈 32, 55, 116
심순택 17, 79
싱글러부 269
쑹중핑 336
쓰지 가쓰사부로 59

ㅇ

아놀드 캔터 361, 363
아이젠하워 245
아이치 카즈오 371
안경수 115
안기영 21
안재홍 197
안철수 330
안토노프 192
압둘 카다르 칸 422
애치슨 202, 217, 220, 224, 250
애틀리 236
야마가타 아리토모 76, 132
양승식 426
양정우 186
어윤중 26, 27, 30, 32, 71, 78, 79, 128
엄세영 65
에디 전 395
예영준 423
예즈차오 83
오도리 케이스케 86, 87, 91
오바마 396
오오시마 요시마사 86, 94
오원철 280
오진우 186
오코너 64
왕이 336, 345
왕펑자오 85, 88, 89
요리모토 23
요시다 기요나리 29, 250
요시모토 34
우범선 119
우상호 329
우슈찬 244, 248
우에스기 신키치 76
우장칭 35, 38, 48, 49
울시 363
원유철 423
월트 슬로콤 381
웨드마이어 202
웨스트 모어랜드 291, 293
웨이 392
위안스카이 56, 72, 73, 87, 90
윌리엄 페리 370
윌리엄스 204
윌스 26
유길준 116, 124
유세남 126
유승민 331, 421
유용원 418, 428
유인석 130
윤경환 54
윤병구 162
윤상호 418, 429
윤웅렬 28, 54, 151
윤자덕 28
윤치호 37, 63
윤치화 23
윤태준 32, 54
이강년 169

이경직 71
이경하 38
이규태 96, 97
이근택 166
이근평 427
이노우에 가오루 34, 36, 60, 72, 96, 101
이도재 97
이두황 97, 98, 119
이명박 395
이범래 119
이범석 183, 184, 201
이범진 105, 115, 120, 127, 138
이병태 371
이선교 227
이세호 293, 300
이소응 124, 126
이승만 161, 162, 196, 198, 201, 204, 207, 208, 220, 224, 245
이와쿠라 도모미 36
이완용 115, 120, 166
이왕근 403
이유원 21, 24
이윤용 115, 128
이은찬 168
이인영 168, 169
이재면 29, 38, 115
이재선 21
이재완 54
이재원 54
이조연 26, 54
이주하 216
이준용 74, 102, 114, 121
이지용 160, 166
이철재 427
이청천 179
이최응 19, 28
이토 히로부미 85, 134, 166
이학균 106, 117
이해찬 332
이회정 29
임상준 29
임성남 341
임영신 209

ㅈ

장더장 349
장도무 32
장면 202, 220, 224
장수성 29
장예쑤이 341
장제스 180, 181, 205
장준하 184
저우언라이 231, 263
저우푸 26, 30
전병호 379
전봉준 79
전성훈 419
정경두 427
정몽준 423
정범조 17
정승조 306
정의길 28
정의용 406
정일권 267
정진석 329, 330
정효식 418, 425
제임스 인호프 421
제임스 켈리 383
조명균 419
조병갑 79
조병세 83, 91
조병식 128
조병옥 202, 225
조병직 86
조엘 위트 406
조영하 32, 54
조인승 126
조재욱 397, 439
조지 부시 296, 315, 383, 392
조희연 102, 115, 119, 120, 124
존 볼턴 408
존 샬리 카쉬빌리 363
존 위컴 285
존 포스터 덜레스 218

주더 185
주보중 186
지미 카터 268, 376

ㅊ

차세현 419
채명신 292
척 헤이글 414
천세환 59
천슈탕 72
천영우 420
천이 263
최규하 267
최덕신 245
최시형 77
최용건 186, 217, 237
최익현 124
최제우 77
최창익 185
최현 186
추미애 327, 328

ㅋ

카시니 109
카터 377, 395
커존 66
커크 244
커트 캠벨 305
케네디 289
케틀러 156
콜 315
쿵쉬안유 345
퀴리노 205
크리스토퍼 힐 385, 389
클라크 247, 249
클리브랜드 75
클린턴 361, 371
키어 리버 400

ㅌ

태프트 161
톰 코넬리 218
트럼프 401, 402, 416
트루먼 193, 195, 232, 235
틸러슨 401, 404

ㅍ

파니카 231
펑더화이 229, 237, 247
페리 369, 371, 372, 378
포터 267
폰먼 368
폼페이오 399, 406
푸챠아타 153
필립 하비브 282

ㅎ

하세가와 166
하야시 곤스케 163
하야시 다다스 158
한규직 54
한민구 332, 415
한성조 28
한스 모겐소 5
한승주 382, 442
한주경 301
해리 해리스 399
해리만 188
해리슨 249
핸슨 볼드윈 216
허봉학 186
허위 168
헐 180, 192
헨리 키신저 280
현석운 23
현영운 160
현인택 395
현홍택 106, 115, 117
호리모토 18, 28
홍계훈 80, 115
홍명희 197
홍순목 29

홍쉐즈 239
홍영식 17, 54, 59
홍우창 23
홍재학 20
홍재희 28
홍준표 331, 419
황교안 420
황윤석 171
황스린 38
황준헌 19
황현 97
흥선대원군 17
힐 390, 391, 392

사항색인

ㄱ

가렴주구 79
가쓰라 - 태프트 조약 161, 165
각료급 장관급 위원회 361
각서 250
감국(監國) 대신 73
감군지휘사 125
감축 8
갑신일록 51, 56
갑신정변 66
강건국가 4
강경노선(비핵·개방: 3000) 395
강대국 4
강압 성공 요건 357
강압 전력 111
강화유수 28
강화파천 55
개정 미사일 지침 286
개편 16
개혁정책 19
개화당 50
갱도건설 241
거류지 보호 132
거문도 64, 65
거울 이미지 8
건릉제실 17
결의 214
결의 제390호(A) 251
결의 제390호(B) 251
결의안 201
결의안 825호 362
결의안(UNSCR 82) 221
경리통리기무아문사(약칭 堂上經理事) 16
경복궁 17
경북 성주 324
경수로 공급 합의문 381
경수로 명칭 사용 거부 380
경수로 제공문제 379
경운궁 137
경제건설 및 핵 무력 건설 병진 노선 채택 396
경제력 3
계동궁 55
계산된 모험 67, 215
계엄사령관 225
고난의 행군 시기 383
고농축 우라늄 프로그램 383
고농축 우라늄 핵 개발 의혹 382, 383
고무라-베베르 협정 131, 132
고성능 비핵자산 420
고체연료 288
공동 간섭 110
공동 국지 도발 대비계획 전략지시(SPD) 304, 306
공동성명 198, 402
공세적 기동전투 433
공유 제안 보고서 421
관제개정 144
관찰사 71
광무 139, 142
광복군 7, 187
광복군 복원선언 186
광복군 행동준승 179
광제호 152
교련병대 17, 18, 28
교민 소개 계획 374
교전규칙 303

교정청 92
교환 공문 65
교환 문제 244
구두 메시지 366
국가 미사일 방어체제(NMD) 322
국가 안보보좌관 363
국가 위기관리 기본지침 306
국가 이익 4, 10
국가 존속 310
국가 총력전 432
국가보도연맹 216
국가안보실장 332
국가안전보장 1
국가의 구성 3대 요소 1
국가의 주권 4
국내 정진대 184
국론 통일 246
국무부 훈령 281
국민운동 공동 집행위원장 341
국민의당 328
국방과학연구소 285
국방대학교 421
국방백서(1995~1996) 273
국방변환 276
국방부 대변인 336
국방부 장관 332
국방부 차관 368
국방수권법 425
국방장관 236, 369
국방중기계획 415, 416
국방차관 381
국외(局外) 중립 160
국제공조 4
국제체제론적 219
국지도발 9
국지도발 공동작계에 대한 한미의 대립점 305
국토방위 42, 44
국회 시정 연설 347, 404
국회정보위원장 391
군 구조의 재설계 433
군국기무처 101
군대 해산 167
군대 해산의 조칙 167
군무국 143
군무대신 164
군무부 공작계획대강 181
군부대신 102
군비 의견서 76
군비 확장 10개년 계획 134
군사 강압의 목표 376
군사 옵션 400
군사도발의 보복 면제 299
군사력 3, 9, 203
군사력 사용 유형과 전략 2
군사력 건설 264
군사안보 1, 2
군사압박 36
군사위 청문회 399
군사임무전환이행 275
군사적 비호권 127
군사정보보호협정(GSOMIA) 336
군사정전위원회 250
군사협력 18
군자리 239
군제 42, 44
궁성수위병규칙 117
궁정 쿠데타 113
그 일이 일어났던 방: 백악관 회고록 408
그레엄 목사·김일성 대담 366
그레이 이글-ER 418
글린 데이비스·김계관 회담 396
금계랍(키니네) 15
금위영 17
기기국 43
기반전력 433
기본운용능력 9, 309
기연해방영 62, 63
기자회견 235
긴급 전문 228
길림조선상민수시무역장정 40
김영삼 대통령의 회고록 375
김정은 신년사 403

ㄴ

나쁜 행동 392
남북 판문점 선언 411
남북 평양 공동선언 411
남북공동연락사무소 407, 413
남북대화 364
남북정상회담 405
남북정상회담의 목표 411
남북한 10
남북한 지도자 회담 198
남북한 합의형 평화적 통일기반 314
남북협상 198
남침의 제1조건 215
남침징후 220
남한 215
남한 양단 전략 217
남한 주둔 201
남한교련병대 41
내각 붕괴 102
내각군주제 116
내각제 129
내각책임제 208
내각책임제 개헌안 208
내무부 62
내우 219
내우외환 5, 6
내재적 내구성 397
내정개혁 91
냅코와 독수리 작전 210
너는 너대로 싸우고, 나는 나대로 싸운다 (你打你的, 我打我的) 339
넌-워너안 271
노동당 제1부부장 407
노무현·부시 대담 386
노예 노동 401
뉴욕타임즈 365, 381
능동적 억제 397
니미츠호 403
니시·로젠 협정 154

ㄷ

다독사건 153
다변 외교 19
단발령 집행 124
당 5전 51
당포함 298
대구 총파업 197
대기권 재진입 기술 시험 401
대담 30
대량살상무기 311, 316
대륙 간 탄도미사일(ICBM)급 화성-14형 333
대륙세력 5
대리공사 23
대립 200
대만지원법안 206
대북 억제 7
대북 위기관리 총괄기구 315
대북 제재 결의(2371호) 402
대북 제재 결의안(2087호) 396
대북 제재안 373
대북 차단 및 제재 현대화 법 400
대북제재강화법안 344
대북한 지원 원칙 215
대원군 21, 29, 38, 54
대원군의 감국 84
대일 선전포고 193
대청정토책안 77
대토벌 작전 170
대한 139, 142
대한민국 건국 강령 179
대한시설강령 163
대한제국 직제표 143
대한제국제 143
대한청년단 227
대항 111
더불어 민주당 328
도광양회 338, 357
도미 외교 196
도미노 현상 65
독립관 139
독립군 168
독립동맹 185
독립신문 131, 138, 147

독립제국 139
독립협회 154
독수리 작전 183
독일 110
독일영사 47
돌아오지 않는 다리 300
동결(freeze)과 폐쇄(shut down), 불능화(disablement) 389
동래부사 23
동별영 28
동북변방군 229
동북항일연군 186
동시타격계획 433
동아시아 전략구상 272
동창리 미사일 발사대 406, 411
동학교문 77
둥펑(DF) - 17 417, 429
둥펑(東風) - 21 417
들볶는 전술 10, 335, 339

ㄹ

랑군 폭파 사건 299
랴오닝호 343
러·일 공동 보호 문제 131
러·일 공동 주둔 131
러·일의 양강체제 5
러시아 109, 132, 158, 311
런던 199
로·일 협상안 157
로·청 65
로널드 레이건호 403
로바노프·야마가타 제1차 비밀회담 133
로일전쟁 163
롯데 마트 340
리바디아 조약 25
리훙장 25

ㅁ

만민공동회 154
만인소 19
만주군 187
만한 교환 157, 158
만한(滿韓) 교환 협정 154
망명정부 7
맞춤형 확장억제 10, 415
매천야록 97
맥아더 라인 224
맥아더 청문회 234
맥아더 · 트루먼 전략논쟁 223
맥아더의 보고서 221
맥아더의 해임 236
면담 289
모스크바 215, 240
모화관 139
무기개발위원회 280
무력시위 50, 343
무예별감 28
무위소 17
무위영 18, 28
문의관 30
미 3성조정위원회 실무팀 210
미 8군 사령부 222
미 극동공군 245
미 극동군 사령부 221
미 연합정보위원회 190
미 전략공작국 182
미 합동참모본부 234
미·북 공동성명서 362
미·일 방위협력지침 350
미·북 공동선언 411
미·북 기본합의서 혹은 합의틀 378
미·소 양 점령군 196
미·영 · 소 외상회의 199
미국 111
미국 국가안보보좌관 347
미국 국가안보회의(NSC-8) 203
미국 정부 311
미국과 주변국 협의팀 315
미국의 국익, 동맹의 안전 및 동맹국과의 협의 436
미국의 군사 옵션 준비와 한국의 반발 370
미군 의회조사국 278
미군 주둔 361
미군의 작전구역 189

미루나무 절단 작전 299, 300
미사일 방어 322
미신고 2개의 시설(500호 빌딩) 361
미얀마의 코캉 사태 313
미우라 113
미일방위협력의 지침(1997년 9월) 430
민란 71
민왕후 시해 111
민요 71
민정장관 225
민족 이익 4, 10
민족(남북)공조 387
민족공조 4
민족자주연맹 197
민중 봉기 215
민평론(民平論, 국민중심평화론) 420
민후시해사건의 진상 111
밀사 외교 161
밀사 현상건 160
밀서 73
밀약 132

ㅂ

반 접근·지역거부 417
반공포로 8, 248
반덴버그 공군기지 415
반도 147
반박문 198
반사드 여론몰이 339, 340
방곡 78
방북 263
방북 외교 376
방위공약 260
방위권 432
방위권에 대한 국지도발과 국지 제한전 433
방중단의 사드 설득 외교 331
방코델타아시아 385
배상 187
배상금 78
배치현황 39
백곰 미사일 280, 284
번봉 27
범정부 파병지원추진위원회 297
법률검토팀 315
베베르-고무라 각서 137
벼랑 끝 전술 358, 377
별기군 18
별초군 58
병인양요 17
보고서 214, 233
보부상 128
보은군 집회 79
복합상소 71
봉천반도 117, 118
봉천여조선변민교역장정 39
부분 민족국가 4, 10
부시 독트린 선포 412
부작용 15
부재 7
북 2차 핵실험과 대북제재 결의안(1874호) 394
북·중·소 동맹 261
북·중 연합지휘부 237
북경 215
북묘 58, 59
북미 6·12 공동성명 406
북미 고위급 회담 367
북양대신 74
북중국 작전계획 183
북진의 찬·반 양론 223
북진통일 외교 207, 208
북한 9, 199, 360, 373, 384, 422
북한 군수공업부장 379
북한 문제 해결 로드맵 389
북한 유사사태 310, 312
북한 정부 310
북한 진입 199
북한 테러지원국 재지정 법안 344
북한 핵 414
북한시정 방침 226
북한시정요강 225
북한의 5차 핵실험 342
북한의 강압 전술 358
북한의 계산된 모험 407

북한의 미래 안보와 경제 번영 401
북한의 비핵화 362
북한의 완전한 비핵화 전망 413
북한제재위원회 388
북한행정대책위원회 226
북핵 문제 10
북핵 위기 361
북핵 해결 로드맵 389
분열 200
불가능한 재활용 기술(파이로프로세싱) 283
불균형 6
불바다 발언 368
불복종 237
불충분한 압력 411
불충분한 인센티브 411
붕괴 직전의 내우 381
비공인 핵보유국 422
비대칭 동맹 265
비례성 원칙 306
비무장지대 남침용 땅굴 굴착 268
비밀지령 199
비변사 17
비전략적 핵 능력 421
비주둔군 동맹체제 8
비탐(秘探) 사항 144
비핵화 401
비확산실장 368
빨치산파 186

ㅅ

사거리 285
사드 반대 단체 334
사드 배치 9, 330, 334
사드 배치에 관한 약정서 323
사드 배치에 대한 국내 정파 간 논쟁 327
사드 배치에 대한 국민여론 332
사드 배치에 대한 당론 분열 328
사드 배치와 관련한 정부 입장 333
사드 배치의 국회 비준 동의 324
사드 배치의 당위성 345
사드 보복 340
사드 보복 해제 348
사드 포대의 성능 개량 2단계 418
사드(Terminal High Altitude Area Defense) 323
사드와 패트리엇 체계를 통합 운용 418
사령관 64
사설 398
사세보 251
사업 철수 명령 340
사용 후 핵연료를 재처리 283
사이러스 반스·박 대통령의 면담 298
사전 승낙 114
사주 50
사찰 실패 370
사할린 195
사할린 강제노동 187
사활적, 정치적, 외교적 노력 310
사회·문화력 3
살라미(salami) 전술 358
삼군부 17, 29
상공장관 209
상민수륙무역장정 44
상주 공관 24
상호방위조약 246
상호운용성 327
상호원조조약 260
샤프 279
서경권 144
서약문 114
서울 불바다 367
서한 224
서해 위성 발사대 폐기 406
서희부대 295
석방 카드 8
선군정치 384
선봉장 96
선전포고 161
선조총 43
선혜청 도봉소 27
성명 160, 348
성주주민대책위원회 334
세력균형 3, 5
세력권 5

소련 88독립저격여단 186
소련 88여단 한인부대 7
소련 공산당 중앙위원회 정치국 214
소련군의 작전지역 189
소련대사 214
소련의 붕괴 338
소련파 261
소모사 125
소사 151
소성리 사드철회 334
소총 150
속방 조항 26
송전만 65
쇄국정책 21
수구세력 46
수비대 111
수석대표 389
수소 폭탄급 6차 핵실험 333
수신사 22
수호조규속약 35, 36
순의군 125
슈퍼 화요일 4가지 사항 합의 367
스냅백 409
스몰딜+알파, 톱다운 방식 타협안 409
스탈린의 작전 지휘 조정 238
승인된 행위 306
승하 29
시나웨이보(新浪微博)의 여론 조사 340
시리아 357
시모노세키 강화조약(下關조약, 馬關조약) 108
시범적 타격(코피 터트리기)작전 402
시설 통제와 폐기 311
시어도어 루즈벨트호 403
시위대 106, 164
시위혼성여단사령부 166
신 맥아더 라인 224
신 아태전략 272
신 클라우제비츠 전쟁학파 435
신건친군 41
신건친군우영 41
신건친군좌영 41
신문물 15
신섭 21
신속대응전력 432, 433
신시대 중국 국방 337
신임 8군 사령관 236
신임 통일부장관(이인영) 409
신작전계획 5015 397
신협약안 을사협약 166
신형 비전략 핵무기의 획득 417
신형대국관계 394
실각 17

ㅇ

아관망명 127
아관이어 6, 127
아르빌 297
아시아 재균형정책 393
아시아·태평양 안보협력 백서 336
악마는 디테일에 있다 364
악의 축 384
악한 역(bad cop) 387
안보 이슈 295
안보 포퓰리즘 335
안보리 369, 370, 396
안보리 결의 제84호 250
안보리 결의(2094호) 396
안보리 결의(UNSC Resolution 83) 221
안보리 결의안 1695호 388
안보리 결의안 1718호 388
안보법률안(집단자위권 법안) 311
안보영역 1
안보정책 조정회의 368
안전보장 1
안전보장이사회 362
압도적 대응 416
애치슨 라인 7
애치슨 선언 205, 207, 215
애통소 125
야마가타-로마노프 밀약 6
약소국가 4
약체국가 4
얄타 회합 189
양강(청·일)체제 6

양국맹약 93, 96
양단 216
양무호 151, 152
양비청 131
양이정책 21
양절(兩截)체제 27
양해사항 277
양호도순무영 96
양호도위사 78
양호초토사 80
어영청 17
억제의 부재 213
억제의 중요성 322
언론 발표문 296
엎어놓은 한 장의 카드 217, 218
에버레디(Everready) 플랜 248
여순사건 203
역모 21
연경당 58
연계 5
연동적 위협관 6
연두 교서 383
연료봉 교체 370
연료봉 재처리 379
연루 9
연무공원 107
연안파 261, 263
연평도 교전 302
연평도 포격 도발 395
연합군사령부 307
연합권한위임사항(CODA) 308
연합방위지침 430
연합작전구역(KTO) 내 자위대 350
열강 5
영·일 동맹 158
영국 110
영국 수상 236
영남 폭동 197
영변 핵 시설 공격안 373
영변의 냉각탑 폭파 391
영선사 19, 25, 30
영약삼단 74
영의정 28, 79, 125
영추문 127
영향력 311
예조참의 22
오시라크(Osirak) 옵션 373
오판의 근거 219
옹립 음모 사건 102
완전운용능력 9, 309
완충지대 5
왕비 시해 사건 116
왕성 수비대 42, 44
왕성사변 116
왕후 폐위의 조칙 116
외교력 3
외교부 제1부부장 362
외교안보 2
외교의 수단 402
외구 147
외국 군대 201
외군 147
외군 철수 7
외군차용 7, 79, 260
외무경 36
외무대신 90
외무상 137
외병차용 80
외병차입 80
외부로부터 전면전 침공 432
외침 42, 44
요격체계(한국형 아이언돔) 434
요코다 251
요코스카 251
용병 지역의 분할 133
용암포 159
용호영 62
우라늄 8
우발사태 9
우자오유 56
우정국 피로연 51, 52
우주 발사체 288
우파·중파·좌파 정치세력 200
운산(40도선 이북)전투 231

운현궁 28
워싱턴 특별대책위원회의 299
워싱턴 포스트 269, 281
원산항 16
원수부 6, 142, 143, 148, 163
원수부 관제 143
원수부 총장 144
원자로 재가동 379
원자폭탄 215, 235
원폭 피해자 187
웨이크섬 232
위기협의 306
위무사 97
위상변화 11
위정척사 운동 21
위정척사파 130
위협관 1, 42, 44
유격부대 217
유고 169
유사주류 264
유엔 한국위원단 198
유엔 한국통일부흥위원단 232
유엔군 사령부 8, 221, 250
유엔군 사령부와 이승만의
북한지역 관할권 논쟁 225
유엔군 후방지휘소 251
유엔사 지휘체계 251
유엔사의 동의 428
유엔사의 재활성화 305
유엔주재 북한 대사 407
육군 부대(사단) 구조 238
육군 참모총장 202
육군법률 147
육군본부 227
육군상 137
육군편제강령 119
윤음 39
율곡계획 264
율곡사업 268
을미개혁 101
을지프리덤가디언(UFG) 397
음모 114
의견서 111
의병대장 130
의병봉기 124
의병부대 130
의장성명 370
의장성명서 369
의정부 17, 129
의화단 난 155, 157
의화단 최종의정서 156
이동식 발사차량(TEL) 406
이라크 오시라크 357
이라크 자유 작전 295
이라크 추가 파병 결정 295
이리(伊犁) 분쟁 25
이양 221
이어 127
이재난고 171
이중 기능 전투기 419
익문사 146, 160
인계철선 267
인도·태평양 전략보고서 425
인도적 지원팀 315
인민 전쟁 170
인민군 제1군단 239
인민안보 6
인민일보 339, 340
인민지원군 8
인아거왜 108
인천상륙작전 222
인천해전 163
인터뷰 330, 381
일관기록 130
일반 환경영향평가 343
일반명령 제1호 192, 194
일본 24, 28, 50, 164, 207, 283, 311
일본 장사패 137
일본 주둔군 132
일본군 34, 50, 187
일본군 위안부 187
일진회 166
일진회원 170
임동원 특사와 김용순 비서와 대담 387

임무 304
임시배치 334
임시정부 7
임오군란 증후군 82
입경 34
입장문 전달 427
입장표명 10

ㅈ

자동전화 설치 404
자위단 170
자이툰 부대 297
자치위원회 226
작전권 관련 논쟁 292
작전권 행사 9
작전지휘권 291
작전통제권 9, 290
작전통제권 전환 협의 역사 309
잠재력 10
잠정합동조관 95
장관급 위원회 364, 367, 370, 372
장어영 18
장제스 증후군 207
재배치 419
재조지은 230
적극 외교 노선 338
적극적 자위 조치 303
적기지 공격능력 보유 351
적성국 교역법 391
전 미국 국방장관 304
전국인민대표대회 상무위원장 349
전략 다이제스트 427
전략대화 341
전략방침 240
전략적 모호성 344
전략적 유연성 8, 276, 277
전략적 인내 394, 395, 411
전략정책단 정책 193
전략표적타격 416
전문 228
전술핵 419, 421
전술핵 배치 요구 419
전술핵 사용 235
전술핵 옵션 10
전신선 보호 132
전역 미사일 방어체계(TMD) 322
전장 공간 11
전장 공간(battle space)의 설계 431
전쟁 374, 375
전쟁 원인 219
전쟁포로 244
전주성 함락 81
전진 배치 420
전촌전소작전 170
전투부대의 파병 결심 290
전후어영 41
절영도 153
점령 64
접주 79
정미(丁未)의병 168
정미의병 169
정변 모의 50
정병 128
정보·과학 기술력 3
정보과정 219
정보실패 220
정보융합팀 316
정보조직 219
정부 협상안 274
정부의 위협관 147
정상회담 296, 348, 404
정의당 334
정전 3인 위원회 242
정전반대 결의안 243
정전정책 242
정전협정 249
정책 검토보고서 359
정책 논쟁 311
정책 대안 311
정책 목표 362
정책운영팀 316
정치력 3
정치세력 7
정치안보 2

정치화 295
정한론 49
제10차 한미 안보협의회 269
제1차 미·북 회담 362
제1차 절교장 90
제2차 북핵 위기 383
제2차 영·일 동맹조약 165
제2차 전역 234, 235
제2차 파병 결정 295
제2차 한일협정 165
제2차 핵실험 393
제38차 SCM 414
제3차 김홍집 내각 104
제3차 노인정 회담 92
제41차 SCM 414
제42차 한미안보협의회의 277
제46차 SCM 공동성명 414, 415
제50차 한미안보협의회 428
제5차 전역 240
제국익문사 6, 142, 144
제네바 합의 410
제대신헌의 19
제마부대 295
제물포 조약 35
제재 결의(2270호) 396
제재 결의(2321호) 397
조·중상민·수륙 무역장정 92
조·로 밀약설 74
조·로 수호조약 48
조·로 수호통상조약 65
조·미 수호조약 48
조·영 수호조약 48
조·이 수호조약 48
조·일 민국 혼성 특공대 114
조·일 양국맹약 94
조건 11
조건에 기초한 전작전환계획 431
조공 폐지 54
조선 27, 118
조선 간섭 36
조선 공동 간섭안 72, 88
조선 공산당 북조선 분국 199
조선 방조 36
조선 왕조 5
조선 의용군 210
조선 중립화 37
조선군 증강계획 136
조선의 비극 87
조선의용군 7, 185
조선의용대 178, 181, 184, 185
조선일보 330
조선책략 19, 20
조일(朝日) 18
조일수호조약(朝日修好條約) 15
조청상민수륙무역장정 39
존립위기사태 351
존화주의적 130
종두법 15
종심기동작전 수행 방안 433
종주권 39
좌의정 83, 91
주둔군 동맹체제 8
주변 4강 312
주일유엔군 지위협정 250
주전권 47
주전소 47
주차(駐箚) 일본 헌병대 164
주차군 166
주한 중국 대사 423
주한미군 8, 11, 260
주한미군 감축 관련 미국 측 기본계획 274
주한미군 단계별 감축 인원과 일정 275
주한미군 사령부 404
주한미군에 대한 지정학적 위협 인식 425
주한미군의 위상 변화 436
주화수호 19
중·러의 엄숙한 입장과 정당한 우려 336
중·소 동맹조약 215, 230
중거리 핵 전력조약 416
중견국 4
중국 242
중국 공산당 199
중국 군용기의 무단 진입 실태 343
중국 리스크 342

중국 외교부장 336
중국 인민지원군 229
중국 팔로군 199
중국군 북부전구 404
중국백서 205, 206
중국의 군사개입의 조건 311
중국의 사드 반대 이유 337
중국인민지원군 229
중국지원군의 1차 공세 233
중력투하탄(Gravity bomb) B-61 계열 419
중립국 감독위원회 250
중재자 10, 395
즉시 철수 201
지구전 241
지도자 - 자율적 참여자 294
지역 안보문제 311
지원군 철수 262
지정학적 위험 11, 437
지정학적 정체성 5
지조법(地租法) 폐지 54
지휘권 221
지휘통신 네트워크 434
직제 146
직통 전화선 372
진먼·마주 263
진위대 149
진위별칙 149
징병조례 150

ㅊ

차관급 국방전략대화 342
차관급 위원회 361, 362, 365
차이나 데일리 339
착한 역(good cop) 387
참모총장 192
참살 128
참여 110
참전 국가 222
창군 요원 187
창덕궁 55, 56
척양 71
척왜 71
천안함 대응 7대 조치 394
천안함 폭침 302, 394
철도 경찰 227
철수 130, 196, 267
철의 삼각지대 243
첫 번째 권역(감시권) 431
청·로 밀약 136
청·일의 양강체제 5
청·조 연합 36
청국 공사 85
청군 39
청동포 43
청별기군 41
청병(請兵) 결정 82
청와대 280
청와대 국가안보실장 406
청한론(淸韓論) 76
초기 대응 306
총력전에 필요한 전력 433
총리아문 25
총서 26
총융청 17
총참모장 192
총포화약취체법 171
최후통첩형 경고 403
춘생문 119, 120
출병 조건 134
충돌 5
충분성 원칙 306
취약성 1
칙령 제120호 106
칙령 제157호 116
칙령 제5호 106
친군 4영 47
친군별영 62
친군전영 41
친군후영 42
친서 245
친소세력 263
친수밀칙 52
친수칙서 53
친위대 148, 164

친청 사대 46
침묵의 수칙 268

ㅋ

카데나 251
카이로 선언 180
카이로 회담 180
카터·김영남 대담 376
캔사스선 222, 240
캘리포니아 민병대 한인부대 181
코뮤니케 236
쿠릴 195
쿠바 미사일 위기 357
클라우제비츠의 『전쟁론』 435
킬 체인 305

ㅌ

타격·응징전 432
탄도탄 요격 미사일협정(ABM) 323
탄약 150
탐지 415
태정대신 22
태평양 동맹 204, 207
태평천국란 25
테러지원국 명단 391, 392, 411
텐진조약 60, 83
통감정치 166
통리군국사무아문 62
통리기무아문 16, 19
통수권 조항 76
통신사 146
통신원 145
통일기반 구축팀 316
통일부흥위원단 226
통일연구원 426
통일전선부 부부장 399
통한결의안 231
트루먼 독트린 202
특별사찰 378, 379
특사 교환 364
티토화 206, 236

ㅍ

파벌 대립 101
파병 명령 229
파월 전투부대 291
판문점 공동경비구역 276
판문점 도끼만행 사건 268, 358
판문점 선언 405
팔로군 181
패인 66
패트리어트 323
패트리어트 미사일 365
페테르부르그 25
펜타곤의 탱크 371
편승 3
편제 107
평시 작전통제권 308
평양 198
평양시찰보고 227
평화적 해결 10
폐기(CVID) 390
폐정쇄신 87
포공국 150
포기(abandonment)와 연루(entrapment) 및 제한(restraint) 265
포로 교환문제 247
포로협정 체결 247
포츠담 회담 192
포츠머스(Portsmouth) 회담 165
표태(表態: 입장표명) 345
푸에블로호 납치사건 298
풍계리 핵실험장 406, 411
프랑스 110

ㅎ

하나부사 18, 23, 34
하도감 28
한·미 미사일 지침 288, 289
한·미 제1군단 혼성 사령부 267
한·미 핵 공유 421
한·미 핵 공유협정 420
한·미·일 군사정보 공유협정 323
한·일 군사 정보보호협정

(GSOMIA) 350, 430
한·미 수호조약 162
한국 283
한국 3不 입장표명 347
한국 경제부흥법안 206
한국 경제원조법안 206
한국 광복군 선언문 178
한국 광복의 국제성 209
한국 국회 243
한국 방공식별구역(KADIZ) 339, 343
한국 육군 187
한국 임무센터(KMC) 399
한국 정부의 대응과 과제 312
한국 조항 165
한국 합참 - 유엔사 - 연합사 간 관계 관련 약정(TOR) 428
한국 해방의 국제성 7
한국군 9
한국군의 제1차 파병 결정 289
한국방위 260
한국방위의 한국화 272, 273
한국의 역대 정부 375
한국의 주도권 310
한국의 중간재 342
한국의 중재역할 한계 412
한국적 맞춤형 전략 431
한국전쟁 222
한국전쟁의 침략자로 낙인 242
한국형 3축 체계 415
한국형 경수로 378, 380
한국형 미사일방어체계(KAMD) 415, 416
한국형 원자력 잠수함 284
한류 제한 조치 331
한미 군사위원회(MCM) 307
한미 연합사령관 323
한미공조 387
한미관계 392
한미관계 보고서 397
한미동맹 261
한미동맹 위기관리 각서 279
한미동맹체제 265
한미상호방위조약 249, 259
한미상호방위조약 제2조 265
한미안보협의회 299
한미억제전략위원회 415
한미연합사령관 307, 372
한반도 전장 공간 432
한반도 정책 고위조정그룹 368
한반도 평화와 번영, 통일을 위한 판문점 선언 405
한반도 평화협정 초안 426
한반도에너지개발기구 378
한성신보 102, 111
한성조약 60
한시적 연방제형 315
한일 공수동맹 조약 162
한일 군사정보공유약정 323
한일의정서 161, 163
한일청구권협정 187
한한령 327
합동전쟁기획위원회 193
합동조관 93
합참 작전본부장 406
합참의장 232
항공강압작전 245
항공모함 키티호크 378
항구적 자유 작전 294
항모전단 403
항미원조 229
항복선 194
항왜원조 229
해관총무사 153
해군 설치의 방략 151
해방아문 63
해병대 기지 251
해산 130
해산설 108
해상 차단 작전 404
해양세력 5
해외 주둔 미군 재배치 273
해외파병 9
해체(dismantling) 389
핵 공유협정 422
핵 및 대량살상무기의 위협 대응 416
핵 연료봉 교체 카드 369

핵 태세 검토(Nuclear Posture Review) 보고서 417
핵 프로그램 목록에 관한 선언 391
핵·WMD 대응체계 416
핵무기 공동 관리 236
핵무기 철수 270
핵보유국 선언 396
핵시설 폐기 389
핵시설의 동결, 폐쇄, 건설 중단 379
핵실험 388
핵안전협정 361
핵연료 8
핵연료 재처리 금지 283
핵연료 해외 반출 379
핵전쟁 도발 행위 398
핵폭탄 B61 400
핵폭탄 W88 400
핵확산 안전 조치 316
행동 대 행동 원칙 392
행정명령 제26A호 226
행정부 359
허세 외교 208
헌법 76
헌법의해 76
헌병보조원 170
헐선(Hull's Line) 192
헤이그 밀사 사건 167
헤징(위험분산)전략 10
협상 291
협상 카드 344, 370
협의 290
형조참판 23
혜상공국 54, 128
호남 의병 170
호르무즈 호위연합체 429
호위군 148
홍교 137
화기 150
화성 - 12형 401
화성 - 15형 403
화염과 분노 402
화이군 6영 33, 49
화이트비치 251
화재 17
화적 71
확산방지구상(PSI) 394
확장억제 구성의 3종 세트 무기체계 414
확전 235
환경영향평가 절차 332
환구시보(環球時報) 398
환어지 경운궁 137
황국중앙총상회 128
황성신문 152
황토현 79
회견 197
회담 26, 232, 261
후방기지 199
후텐마 251
훈련대 108, 113, 119
훈련대 폐지 119
훈련도감 17
훈련연대 107
훈령 280
훈령 제77호 227
휴전 246, 249
휴전 반대 246
희망사고 215, 219
힘의 균형 5
힘의 전이 49

기타

1, 2, 3차 협상과정과 결말의 정책적 명제 410
10·3 합의 390, 391
10대 군사임무전환 276
1968년 1·21사태 298
1초(일본) 다강체제 142
2005년 9월 19일 공동성명 385
2021 - 2025 국방중기 계획 433
2·13 합의 389, 391, 411
2·29 합의 396
38노스 406
38도선 7, 194
38도선 분할안 134

39도선 북부 중립화 159
3不 10, 345, 349
3가지 대안 372
3가지 두려움 239
3개의 전장 공간 437
3국 간섭 103, 108, 110, 111
3난 80
3단계 미사일 방어(MD) 323
3대 경성 국력 3
3대 연성 국력 3
3불(不)에 1한(限) 345
3성 조정위원회 193
3영 48
3차 개정 288
3차 핵실험 396
3축 체계 420
4D 능력 415
4D 작전개념 이행지침 415
4영의 무장 43, 44
4영의 영사 66
5·9 대선 330
5개 핵시설 390
5대 원칙 347
5영군문 29
64명의 특공대 300
6·12 북미 공동선언 405
6·25전쟁 203
6월 4일 천안문 사태 338
6자회담의 공동성명서 385
6차 핵실험 398, 403
8대신 166
8월 종파 262
9·19 공동성명 389, 411
9·19 남북군사합의 428
9·27 훈령 224
9개 준승 180, 181
B-1B 랜서 편대 403
BDA 제재 385
CBS 방송 인터뷰 403
CIA 270, 363
GPR 개념 274
IAEA 373
IAEA 사무총장 366
IAEA 탈퇴 370, 373
IAEA 특별이사회 362
IAEA 핵안전협정 360
INF 협정 417
KEDO 381
KEDO 중유 공급 383
KMC 399
NPT 360
NPT 탈퇴 384
NSC-40/5 242
NSC-68 217, 218
NSC-68/2 218
NSC-68/3 218
NSC-68/4 218
NSC-8/2 203
NSC-81/1 223
NSC-9 203
PSI 참여 394
UFG 연습 398
UNSCR 84 221
X-밴드 레이더 323, 325, 333, 335
乙巳保護條約 165

저자약력

황병무(1939. 6. 25일생)

[학력]

전주고등학교, 서울대 외교학과 학사, 동대학원 정치학 석사
미국 유타 주립대학교 정치학 석사
미국 캘리포니아 대학교(리버사이드 캠퍼스) 정치학 박사

[경력]

육군사관학교, 비교사회, 정치학 교관(육군 중위로 임관, 제대)
국방대학교 교수
국방대학교 안보문제연구소장
미국 랜드(RAND) 연구소 유급 초빙 연구원
한국국제정치학회 회장, 편집위원회 위원장
외교통상부 정책자문위원장
대통령 국방발전자문위원회 위원장(노무현 대통령)
대통령 통일고문회의 고문(노무현 대통령)
대통령 안보자문단 위원(박근혜 대통령)

[저서]

『국방개혁과 안보외교』
『한국 안보의 영역, 쟁점, 정책』
『21세기 한반도 평화와 편승의 지혜』
『전쟁과 평화의 이해』
『신 중국 군사론』
『게릴라』(역서)
「China under Threat」 with Melvin Gurtov, Johns Hopkins University Press, 1980.(공저)
「China's Security」 with Melvin Gurtov, Lynne Rienner, 1998.(공저)

[평전]

姜懿庭, 「在威脅與被威脅之間:韓國學者黃炳茂對中國安全意圖的解讀」, 국립대만대학 정치학계, 2014.

[상훈]

2000. 10. 세종문화상(국방 · 안보 분야)
2003. 11. 보국 훈장 천수장

한국 외군의 외교·군사사

초판발행 2020년 9월 28일
중판발행 2021년 10월 15일

지은이 황병무
펴낸이 안종만·안상준

편 집 황정원
기획/마케팅 정연환
표지디자인 이미연
제 작 고철민·조영환

펴낸곳 (주) 박영사
서울특별시 금천구 가산디지털2로 53, 210호(가산동, 한라시그마밸리)
등록 1959. 3. 11. 제300-1959-1호(倫)
전 화 02)733-6771
f a x 02)736-4818
e-mail pys@pybook.co.kr
homepage www.pybook.co.kr
ISBN 979-11-303-1064-0 93390

정 가 29,000원